21 世纪高职高专新概念规划教材

Photoshop 图像处理实用教程

（第四版）

丰洪才　向云柱　陈珂　樊昌秀　等编著

内 容 提 要

本书保持了以前各版的语言风格、编写思路和编写格式，与前三版相比主要有如下的变化和修改：操作系统改为 Windows 7，Photoshop 的版本改为 CS6，结合该版本的特点，增加了一些内容，重点章节增加了综合性实例，删除了一些理论性较强的内容，此外每章增加了内容概述和教学目标，同时每章还给出了大量习题，包括选择题、填空题、判断题、简答题和操作题五种题型。全书共分 11 章，主要内容包括：Photoshop 的安装与卸载，Photoshop 的基本功能与基本操作，Photoshop 工具与绘图，范围选取与图像编辑，图层、通道、路径和蒙版，图像滤镜的使用，Photoshop CS6 的自动化功能，艺术效果，视频与动画，3D 设计和图像的导入与导出。

全书针对初学者的特点，精心策划、准确定位、概念清晰、例题丰富、深入浅出，实例分析透彻、安排合理，内容丰富新颖，逻辑性强、文字流畅、通俗易懂，可读性、可操作性强，适合作为高等职业学校、高等专科学校图像处理课程的教材，供各专业学生使用；也可作为各类短训班的培训教材，还可供有关技术人员参考。

本书所配电子教案及书中素材均可以从中国水利水电出版社网站以及万水书苑免费下载，网址为：http://www.waterpub.com.cn/softdown/或 http://www.wsbookshow.com。

图书在版编目（CIP）数据

Photoshop图像处理实用教程 / 丰洪才等编著. -- 4版. -- 北京 : 中国水利水电出版社, 2014.6
21世纪高职高专新概念规划教材
ISBN 978-7-5170-2000-4

Ⅰ. ①P… Ⅱ. ①丰… Ⅲ. ①图象处理软件－高等职业教育－教材 Ⅳ. ①TP391.41

中国版本图书馆CIP数据核字(2014)第096311号

策划编辑：雷顺加　　责任编辑：魏渊源　　封面设计：李　佳

书　　名	21 世纪高职高专新概念规划教材 Photoshop 图像处理实用教程（第四版）
作　　者	丰洪才　向云柱　陈珂　樊昌秀　等编著
出版发行	中国水利水电出版社 （北京市海淀区玉渊潭南路 1 号 D 座　100038） 网址：www.waterpub.com.cn E-mail：mchannel@263.net（万水） sales@waterpub.com.cn 电话：（010）68367658（发行部）、82562819（万水）
经　　售	北京科水图书销售中心（零售） 电话：（010）88383994、63202643、68545874 全国各地新华书店和相关出版物销售网点
排　　版	北京万水电子信息有限公司
印　　刷	北京蓝空印刷厂
规　　格	184mm×260mm　16 开本　22 印张　592 千字
版　　次	2001 年 7 月第 1 版　2001 年 7 月第 1 次印刷 2014 年 6 月第 4 版　2014 年 6 月第 1 次印刷
印　　数	0001—4000 册
定　　价	39.80 元

再版前言

《Photoshop 图像处理实用教程》自从 2001 年出版发行以来，承蒙出版社、用书单位师生和其他广大读者的关心和爱护，我们收到了来自各方面的一些宝贵意见，随着 Photoshop 版本的提高，出版第四版的要求越来越多，因此，我们组织编写了《Photoshop 图像处理实用教程》（第四版）。本教程保持了以前各版的语言风格、编写思路和编写格式，与前三版相比主要有如下的变化和修改：操作系统改为 Windows 7，Photoshop 的版本改为 CS6，结合该版本的特点，增加了一些章节的内容，重点章节增加了综合实例，删除了一些理论性较强的内容，此外每章增加了内容概述和教学目标，其中教学目标列出了每章的教学要点和教学要求，同时每章还给出了大量的习题，包括选择题、填空题、判断题、简答题和操作题五种题型。全书共分 11 章，主要内容包括：Photoshop 的安装与卸载，Photoshop 的基本操作，Photoshop 工具与绘图，范围选取与图像编辑，图层、通道、路径和蒙版，图像滤镜的使用，Photoshop CS6 的自动化功能，艺术效果，视频与动画，3D 设计和图像的导入与导出。

本书凝聚了作者多年的教学经验和智慧，内容丰富新颖，体系结构合理，概念清晰，逻辑性强、文字流畅、深入浅出，通俗易懂，可读性、可操作性强，针对初学者的特点，精心策划、准确定位、例题丰富，实例与知识点结合恰当，分析透彻，安排合理，是学习 Photoshop 图像处理的理想教材。

本书由武汉轻工大学丰洪才负责全书的统筹安排和部分章节的编写，参加本书编写的还有该校的向云柱、陈珂、樊昌秀、金凯和湖北经济学院袁小娟，汪军、贾瑜、刘兵、吴煜煌、欧阳峥峥、袁操、左翠华。前三版参编的作者还有汪军、管华、贾瑜和徐军利等，在本书的编写出版过程中，得到了中国水利水电出版社的大力支持，并提出了许多宝贵的修改意见，在此一并致谢。

本书适合作为高等职业学校、高等专科学校图像处理课程的教材，供高职高专各专业学生使用；也可用作各类短训班的培训教材，还可供有关技术人员参考。需要与本书相关的教学资源的用书单位，可与作者取得联系，作者将全力配合用书单位师生的教学工作。

由于作者水平有限，加上时间仓促，书中难免有不当之处，敬请各位读者批评指正，以便对该书修订时改进。请将您的意见和建议用 E-mail 的方式发送到以下信箱：fenghc@whpu.edu.cn。

编　者

2014 年春天于汉口常青花园

目　录

第 1 章　Photoshop 概述

Photoshop 是一个优秀的、功能强大的图像处理软件。将大自然中漂亮的景观或者人物拍成照片输入计算机以后，利用 Photoshop 可以创作出优秀的作品。本章主要介绍如何在 Microsoft Windows 7 简体中文版中正确地安装、启动和卸载 Photoshop CS6，介绍 Photoshop CS6 的启动界面、功能特点和 Photoshop 的一些基本概念，包括图像类型、图像文件的格式、图像的尺寸和分辨率、颜色模式、色调、色相、饱和度、对比度等，这些概念对于熟练掌握 Photoshop 的基本操作，提高 Photoshop 的使用能力和技巧，具有非常重要的意义。

- 熟练掌握 Photoshop CS6 的安装、启动和卸载方法。
- 掌握工作环境中各种面板的设置和用途；掌握状态栏和工具选项栏中各个选项的含义和用途；熟悉 Photoshop CS6 标题栏、菜单栏、工具箱和图像窗口。
- 熟悉常见的图像类型和图像文件的格式。
- 理解图像的尺寸和分辨率、颜色模式、色调、色相、饱和度和对比度等概念。
- 熟练掌握 Windows 和 Photoshop 对话框中常用控件的操作和使用方法。
- 了解 Photoshop 的基本功能和 Photoshop CS6 的特点。

1.1　Photoshop 的安装、启动与卸载

1.1.1　使用 Photoshop CS6 的基本环境

和其他软件一样，正确地安装 Photoshop 是使用的前提，在安装之前了解软件对系统的需求是十分必要的。本书主要以 Microsoft Windows 7 简体中文版为操作系统平台介绍 Photoshop CS6，下面主要介绍在 PC 机上使用 Photoshop CS6 需要的软硬件配置要求，具体如下：

CPU：Intel® Pentium® 4 或者 AMD Athlon® 64 处理器（2GHz 或更快）。

内存和硬盘空间：内存至少 1GB，2.5GB 以上可用磁盘空间。硬盘空间和内存越大，Photoshop 处理图像的速度也就越快。

显示器和显卡：1024×768 分辨率的显示器（推荐 1280×800）与 OpenGL®2，16 位或更高配置的显卡，512MB 显存（推荐 1GB）。

系统软件：Microsoft Windows XP（带 SP3）；Windows Vista Home Premium、Business、Ultimate 或 Enterprise（带 SP1，推荐 SP2），Windows®7 SP 1，Windows 8，或 Windows 8.1。

提示：上面所述只是在启动和使用 Photoshop CS6 时所需的基本配置，如果要使系统的配置更

齐全、更完美，还可以配备一些输入和输出的设备，如扫描仪、彩色喷墨打印机等。此外，GPU 加速功能需要 Shader Model 3.0 和 OpenGL 2.0，多媒体功能需要 QuickTime 7.6.2，软件在线服务需要 Internet 连接。

1.1.2 安装 Photoshop CS6 的基本步骤

下面以在 Microsoft Windows 7 简体中文版中安装 Photoshop CS6 为例，介绍其安装方法，步骤如下：

（1）在存放 Photoshop CS6 的存储介质中运行 Photoshop CS6 的安装文件 Setup.exe，安装文件首先进行初始化，如图 1.1 所示。

可以通过 Microsoft Windows 7 中任何一种应用程序的运行方法执行 Photoshop CS6 的安装程序，比如通过"计算机"，执行光盘中 Photoshop CS6 的安装程序文件 Setup.exe。

（2）如图 1.2 所示，为 Adobe Photoshop CS6 软件许可协议界面，安装向导提示是否接受软件许可协议。首先需要选择 Photoshop 所使用和显示的语言，可默认选择的"简体中文"，单击"接受"按钮继续，若单击"退出"按钮则会退出 Adobe Photoshop CS6 的安装。

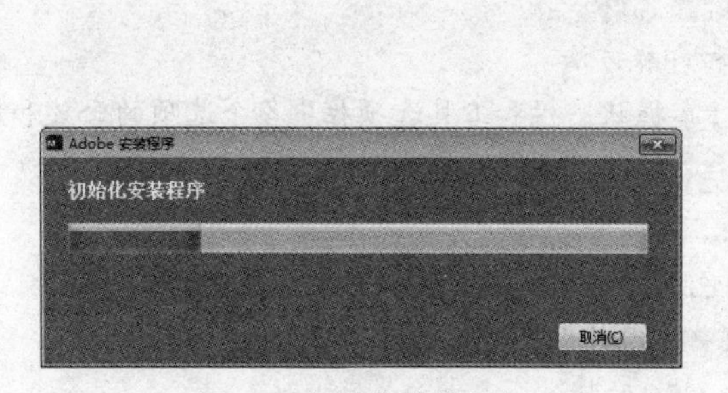

图 1.1　初始化安装程序

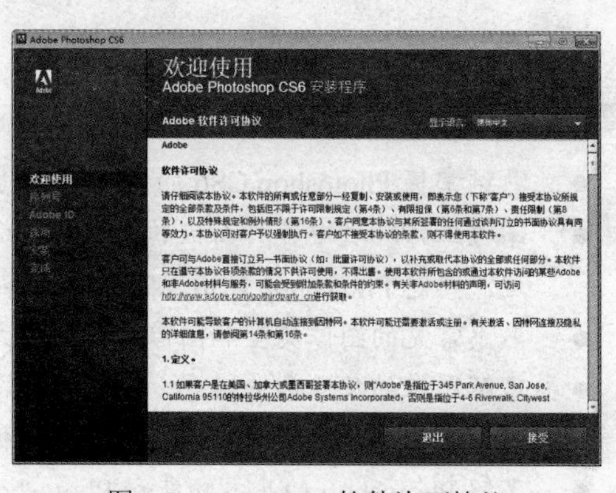

图 1.2　Photoshop 软件许可协议

（3）接下来，安装向导要求输入产品安装序列号，如图 1.3 所示。在输入正确的产品序列号并选择语言后，单击"下一步"按钮继续，若单击"上一步"按钮，可返回到上一步的界面。也可以先选择安装试用版，在安装完成以后再输入产品的序列号。

提示：如果安装时没有产品的序列号，可以选择"试用"选项，这样就不用输入序列号即可安装，可以正常使用软件 30 天。30 天过后则再次需要输入序列号，否则将不能正常使用。

（4）如图 1.4 所示，安装向导提示输入 Adobe ID（Adobe 用户身份识别号，也就是用户的电子邮件地址）。用户如果要注册软件并设置 Adobe CS Live 联机服务的访问权限，那就可以创建 Adobe ID，方法是点击该界面中的"创建 Adobe ID"按钮，打开如图 1.5 所示的创建 Adobe ID 窗口；如果用户已经有 Adobe ID，则可输入电子邮件地址和密码；也可以选择点击"跳过此步骤"忽略输入 Adobe ID。

在创建 Adobe ID 窗口中，输入用户的电子邮件地址（Adobe ID）和密码、用户名字和姓氏、选择用户所在的国家和地区，再选择是否允许 Adobe 及其代理商公司依照 Adobe 在线隐私政策使用用户的个人信息，包括通知用户有关 Adobe 及其产品和服务信息，点击"创建"按钮创建用户的 Adobe ID；也可以选择点击"跳过此步骤"忽略创建 Adobe ID。

（5）如图 1.6 所示，安装向导提示选择 Photoshop 安装的位置，默认情况下安装程序将 Photoshop

安装在“C:\Program Files\Adobe”文件夹下，如果不想将 Photoshop 安装到默认的路径和文件夹中，则可以通过单击“浏览到安装位置”按钮改变默认安装的文件夹。此外，在 Microsoft Windows 7 64 位操作系统环境下，默认选择“Adobe Photoshop（64Bit）”和“Adobe Photoshop CS6”两个复选项，单击“上一步”按钮，可返回到上一步的界面，单击“安装”按钮则打开如图 1.7 所示的安装进度窗口，开始安装 Photoshop。

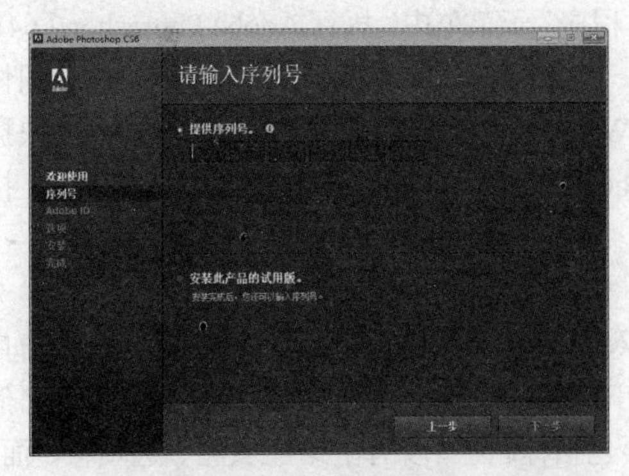

图 1.3　输入产品序列号

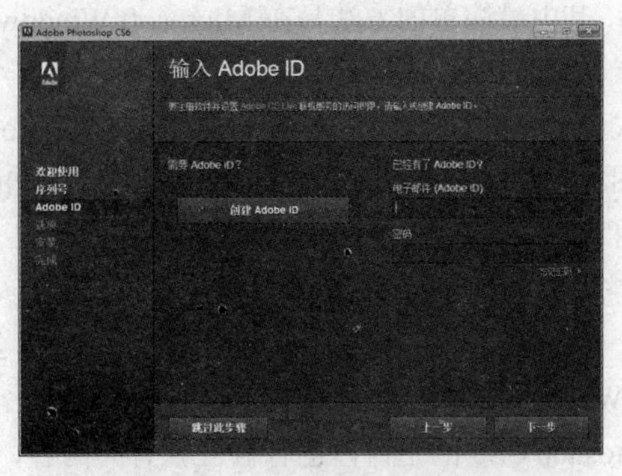

图 1.4　输入用户 Adobe ID

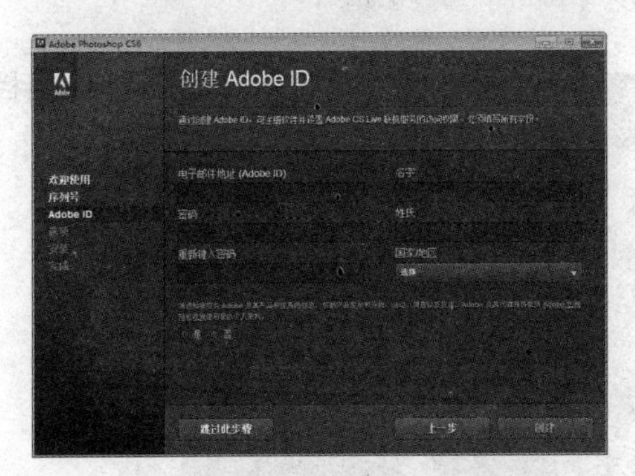

图 1.5　创建用户 Adobe ID

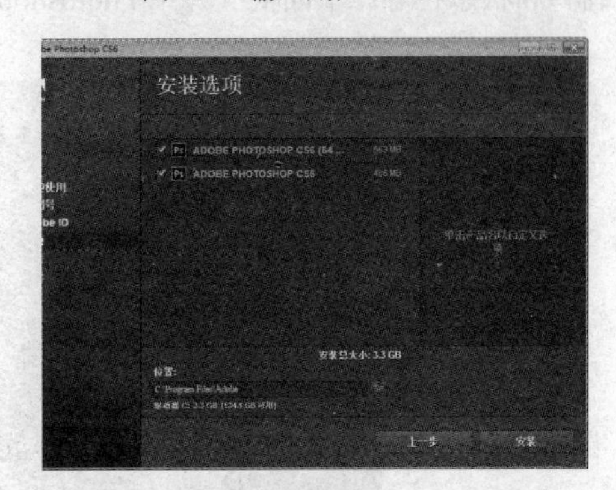

图 1.6　选择 Photoshop 的安装路径

（6）如图 1.8 所示，安装完成。安装向导提示的安装完成对话框，单击“完成”按钮结束安装。此时，若点击窗口中左边的“Ps”按钮将启动 Photoshop（64Bit），若点击窗口中右边的“Ps”按钮将启动 Photoshop CS6。

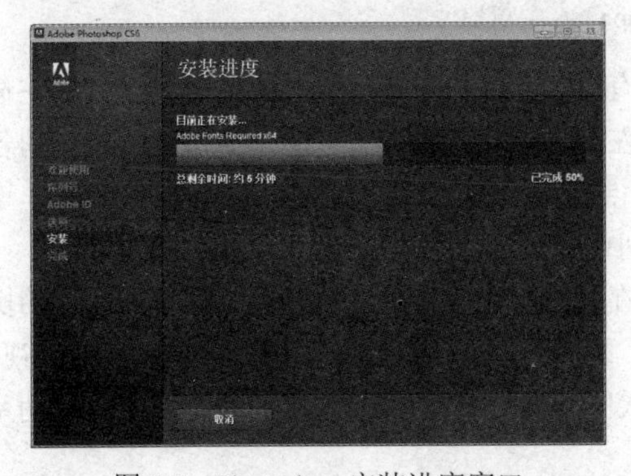

图 1.7　Photoshop 安装进度窗口

图 1.8　Photoshop 安装完成窗口

通过以上的操作步骤就可以顺利完成 Photoshop CS6 软件的安装。此后，就可以启动 Photoshop 开始工作了。

1.1.3 Photoshop 的启动与界面

1. Photoshop CS6 的启动

在安装了 Photoshop CS6 以后，Microsoft Windows 7“开始”菜单的“程序”子菜单中就会建立名为 Adobe Photoshop（64Bit）和 Adobe Photoshop CS6 的菜单。有很多方法可以启动 Photoshop CS6，其中最简单的方法是在 Microsoft Windows 7“程序”子菜单中，执行 Adobe Photoshop（64Bit）或者 Adobe Photoshop CS6 命令（以下全部以 Adobe Photoshop CS6 为例）。此外，也可以使用快捷方式启动 Photoshop CS6，其方法是先在 Microsoft Windows 7 桌面上建立 Photoshop CS6 的快捷方式图标，以后只要双击该快捷图标即可启动 Photoshop CS6。在 Photoshop CS6 启动完毕后，接着就可以尽情发挥你的才华，创作出优秀的作品了。

2. Photoshop CS6 的界面

无论采用什么方法启动 Photoshop CS6 都会进入一个类似于图 1.9 所示的工作窗口，该窗口遵循 Windows 传统窗口风格，例如可以最小化和关闭窗口、使用滚动条、激活多个窗口等。但是 Photoshop CS6 的主窗口也有自己独有的内容，主要包括标题栏、菜单栏、工具箱、选项栏、面板、图像窗口和状态栏等。下面依次介绍 Photoshop CS6 主窗口中包含的内容。

图 1.9 Photoshop CS6 主窗口

（1）标题栏。标题栏位于窗口的顶端，是所有 Windows 应用程序所共有的。它的最左边是 Adobe Photoshop CS6 的标记“Ps”。单击菜单栏最左边的图标按钮可打开系统菜单，菜单中的各命令是操作系统将对此程序进行的操作，菜单栏最右边的按钮用于调节应用程序的窗口状态，这 3 个按钮与 Windows 应用程序窗口的风格一致，分别代表最小化、最大化/还原和关闭窗口。

（2）菜单栏。Photoshop CS6 菜单栏和标题栏在同一行中，其中包括有关图像编辑处理的操作命令，默认情况下共有 10 组下拉式菜单，即文件、编辑、图像、图层、文字、选择、滤镜、视图、窗口和帮助。其中帮助菜单是 Windows 操作系统软件特有的，它与 Windows 操作系统的帮助系统融为一体。

为了方便使用菜单命令，Photoshop CS6 在菜单上设置了各种标记，生动地指明了菜单命令的不同类型。下面就以 Photoshop CS6 的“图像”菜单为例对菜单命令的类型简单介绍，如图 1.10 所示。

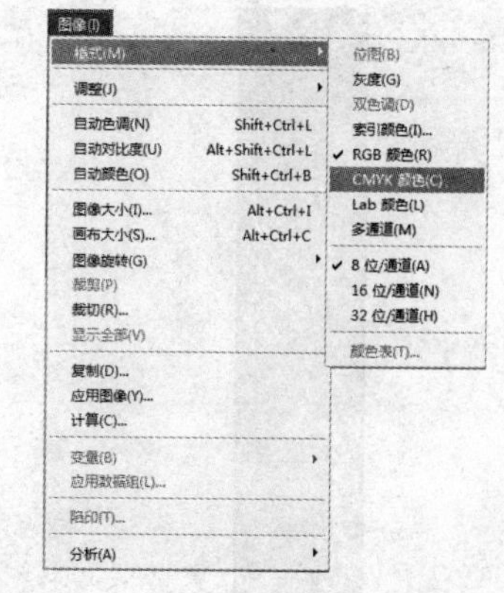

图 1.10　Photoshop 中的“图像”菜单

- 普通菜单命令：此类命令在菜单上没有任何特殊标记，单击此类命令将直接执行相应的功能。如图 1.10 中的“模式”菜单中的“灰度”子菜单命令即属于此种类型。
- 对话框命令：此类命令在菜单上命令名称之后带有一个省略号标记，单击此类命令会打开一个对话框。如图 1.10 中的“图像大小”命令即属于此种类型，单击后将打开“图像大小”对话框。
- 子菜单命令：此类命令在菜单上命令名称之后有一个较小的三角形标记，当鼠标指向此命令时会打开一个子菜单。如图 1.10 中的“模式”命令就是一个子菜单命令。
- 开关命令：此类命令的特点是命令执行后，命令名称左侧将加上选择标记“√”，如图 1.10 中“模式”子菜单中的“RGB 颜色”命令，单击此命令后，将把当前图像的颜色模式转变为 RGB 模式。关于 RGB 模式请参见 1.3.5 节。
- 颜色较暗的菜单：表示此菜单命令在目前状态下是无效的。如图 1.10 中的“裁剪”命令就是一个在目前状态下无效的菜单命令。

菜单命令的执行也可以通过键盘来打开菜单并执行，操作方法是按住 Alt 键不放，然后按下菜单栏名称后面括号中的字母，再按下子菜单栏名称后面括号中的字母即可执行该命令。例如，执行“图像”菜单中的“画布大小”命令，就可以先按住 Alt 键不放，然后按下“图像”菜单名称后面括号中的字母“I”，再按下“画布大小”子菜单名称后面括号中的字母“S”，即可执行该命令。本书中称这种命令的执行方式为快捷方式，相应的按键称为快捷键，记为 Alt+字母、Alt+字母+字母或者 Alt（Ctrl、Shift）组合+字母，如“画布大小”的快捷键为 Alt+I+S 和 Alt+Ctrl+C。

（3）选项栏。选项栏的主要功能是设置各个工具的参数，当用户选取任意一个工具后，选项栏中的选项将发生变化，不同的工具有不同的参数，如图 1.11 所示即为选取工具的选项栏。关于选项栏的使用，在本书后面的章节中都会根据相应的工具对其选项栏作详细介绍。

图 1.11　选取工具的选项栏

（4）工具箱。工具箱中提供了用于图像处理的工具，如图 1.12 所示，可以利用这些工具对图像或选区进行操作。初次启动 Photoshop CS6 时，工具箱显示在窗口的左边，要想在窗口内移动工具箱，只需用鼠标按住工具箱顶端的灰色条拖动到需要的位置即可。

工具箱中的工具可以用于选择、绘画、编辑和查看图像。大多数工具都有相关画笔和选项面板，以限定工具绘画和编辑效果。要显示或隐藏工具箱可以执行“窗口/工具”菜单命令，如图 1.13 所示。

（5）面板。面板是 Photoshop 特有的图形工具界面，用于图像及其应用工具的属性显示与参数设置等，帮助监控和修改图像。如图 1.14 所示，它其实也是一种窗口，但它总是浮动在活动窗口的上方，因此在任何时候都能访问面板，除非该面板被关闭。

在默认情况下，面板是成组出现的，分别是导航器、直方图；颜色、色板；调整、样式；历史记录；图层、通道、路径；属性。要想显示某个面板，只需单击该面板的标签即可。

图 1.12　Photoshop 的工具箱

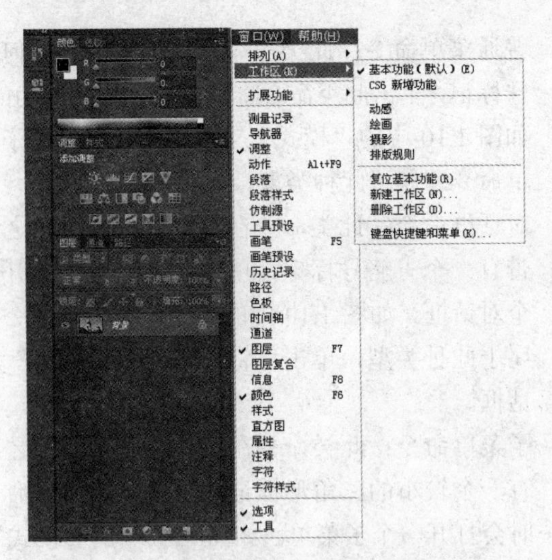

图 1.13　Photoshop 的面板和窗口菜单

在操作时可以显示或隐藏面板，要显示或隐藏面板，可以执行“窗口”菜单中的相应命令，比如要显示/隐藏图层面板，可以执行“窗口/图层”命令，若“窗口/图层”菜单上有“√”标记则显示图层面板，并将所选面板显示为其所在面板组的当前面板，否则隐藏图层面板，同时，也隐藏整个面板组。关于面板的使用，在本书后面的每一章节都会对相应的面板作详细介绍。

（6）对话框。单击菜单中的对话框命令后，就会打开一个对话框。对话框实际上是一种特殊的窗口，可以在其中进行改变设置、指定添加信息、选择文件等工作。如图 1.15 所示的“色彩范围”对话框是 Photoshop CS6 中较典型的对话框。

一个典型的对话框通常由选项卡、选项组和按钮等组成，功能较为单一的对话框通常没有选项卡，如图 1.15 所示的色彩范围对话框中就没有选项卡，而如图 1.14 所示的“面板”对话框就由路径、通道和图层三个选项卡组成。选项卡是由共同完成某特定功能的选项组组成，在对话框中单击选项卡对应的标签可以显示对话框的不同选项；域用于单项设置，按钮用来响应操作。

图 1.14　“面板”对话框

图 1.15　“色彩范围”对话框

在 Photoshop CS6 的对话框中，通常有以下不同的域。

- 文本框：用于输入表达特定信息的文本，如文件名、文件夹名等。
- 复选框：它是一个触发开关，通过设定它的开头状态让程序完成相应的功能，用鼠标单击选中时，其方框中会出现一个“√”；用鼠标单击不选中时，其方框中的“√”会消失。图 1.15 所示中的“反相”选项即为复选框。在一组复选框中，可选定多个复选框。
- 单选按钮：它也是一个触发开关，在一组选项单选按钮中，只能选定其中一个。

- 数值框：可在数值框中输入数值或滚动输入数值，如图 1.15 中的“颜色容差”数字框。
- 下拉列表框：可以单击框右边的下箭头打开它并选择数据，如图 1.15 中的“选区预览”下拉列表框。
- 列表框：用鼠标单击列表框中的项目即可选中数据。

在选项卡、域和按钮之间可通过 Tab 键切换，也可以在按下 Alt 键的同时按下选项卡、域或按钮名称后括号中的字母来使用键盘切换。

（7）图像窗口。如图 1.9 所示，图像窗口是 Photoshop 的常规工作区，是 Photoshop 操作对象即图像的放置区域，用来显示图像文件，供浏览、描绘和编辑。Photoshop CS6 图像窗口带有自己的标题栏和状态栏，其中标题栏提供打开的图像文件的详细信息，包括文件名、缩放比例、颜色模式等。

状态栏在图像窗口底部的左下方，用于显示与图像相关的有用信息，例如现用图像当前的放大倍数、文件大小和现用工具的简要说明。如图 1.16 所示，状态栏由 3 部分组成。左边是缩放框，用于显示当前图像窗口的显示比例，与图像窗口标题栏中的显示比例一致。要想改变图像窗口的显示比例，可执行以下步骤，单击状态栏左端的缩放框，这时鼠标变为输入状态，输入一个需要的显示比例，然后按 Enter 键，则图像窗口就会按新的比例显示。状态栏中的文本行说明了当前所选工具及所进行操作的功能与作用等信息。状态栏中间是预览框。单击预览框右边的黑色箭头将打开一个弹出式菜单，如图 1.16 所示，该菜单中包括以下几项内容。

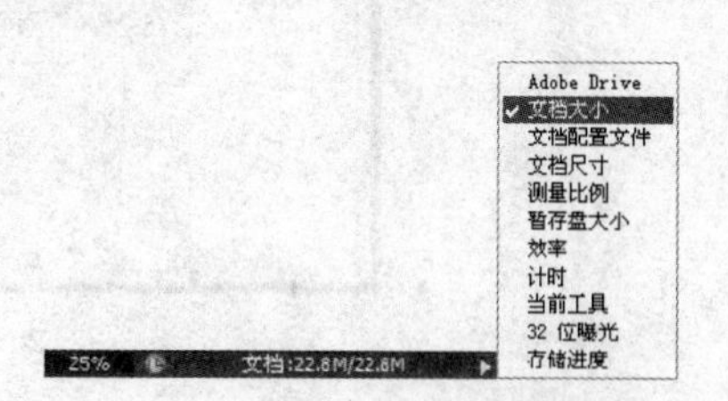

图 1.16　状态栏的弹出式菜单

- Adobe Drive：显示文档的 Version Cue 工作组状态信息。Adobe Drive 能够连接到 Version Cue CS6 服务器，连接后可以在 Windows 资源管理器中查看服务器的项目文件。
- 文档大小：状态栏中会出现两组数据，显示有关图像中的数据量的信息。左边一组数据显示了拼合图层并存储文件后的大小，右边一组数据显示了包含图层和通道的近似大小。
- 文档配置文件：在状态栏中显示图像所使用的颜色配置文件的名称。
- 文档尺寸：显示当前打开文档的尺寸。
- 测量比例：在状态栏中显示文档的比例。
- 暂存盘大小：选择该选项后，状态栏上会出现两组数据，左边一组数据表示程序用来显示所有打开的图像的内存量，右边一组数据表示可用于处理图像的总内存量。如果左边的数据大于右边的数据，则将启用暂存盘作为虚拟内存。
- 效率：显示在内存中运行操作和在硬盘间来回交换数据所需的时间。当达到 100%时为最佳状态，表明 Photoshop CS6 不依赖于硬盘上的虚拟内存。
- 计时：显示最后一项操作所花费的时间，时间单位以秒计。
- 当前工具：显示工具箱中当前处于活动状态的工具。
- 32 位曝光：用于调整预览图像，以便在计算机显示器上查看 32 位/通道高动态范围（HDR）图像的选项。但是只有文档窗口显示 HDR 图像时，该选项才可以用。
- 存储进度：显示保存文件时的进度条。

提示：如图 1.17 所示，Photoshop CS6 对软件的操作界面提供了更加灵活、自由的控制方法，主要体现在对于软件界面颜色的设置。执行“编辑→首选项→界面”命令，在弹出的“首选项”对话框中一共有 4 种颜色方案可供用户选择。

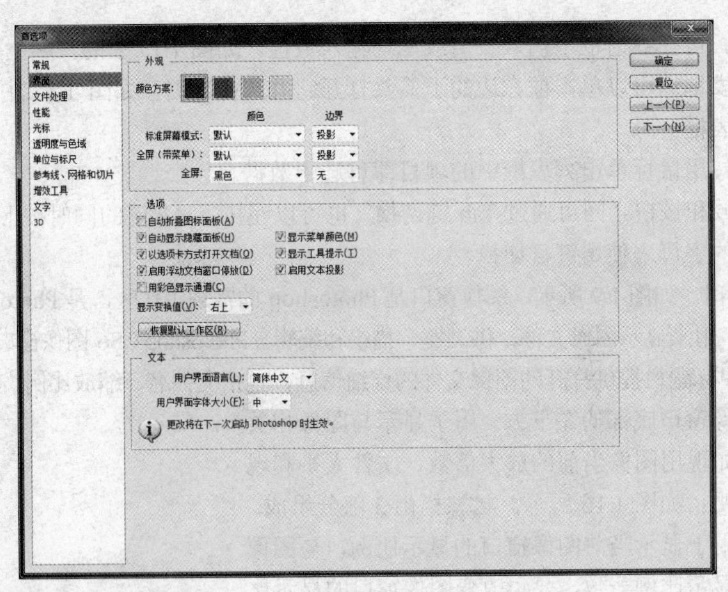

图 1.17 “首选项”界面对话框

1.1.4 卸载 Photoshop CS6

在 Microsoft Windows 7 中要卸载 Photoshop CS6 是非常简单的，可以通过 Microsoft Windows 7 控制面板的“程序和功能”完成，其步骤如下：

（1）在 Microsoft Windows 7 任务栏上单击“开始”按钮，在弹出的子菜单中用鼠标单击选择执行“控制面板”命令，打开控制面板窗口，在窗口中双击“程序和功能”图标打开“添加/删除程序”对话框。

（2）在卸载或更改对话框中选择或双击 Adobe Photoshop CS6，然后单击“卸载”按钮，此时会出现如图 1.18 所示的“卸载选项”对话框，其中有“删除首选项”复选框，如果选中该复选框，则卸载 Adobe Photoshop CS6 的同时也会删除所选产品的通知、警报、报告和其他首选项，单击“卸载”按钮打开如图 1.19 所示的“卸载”对话框。

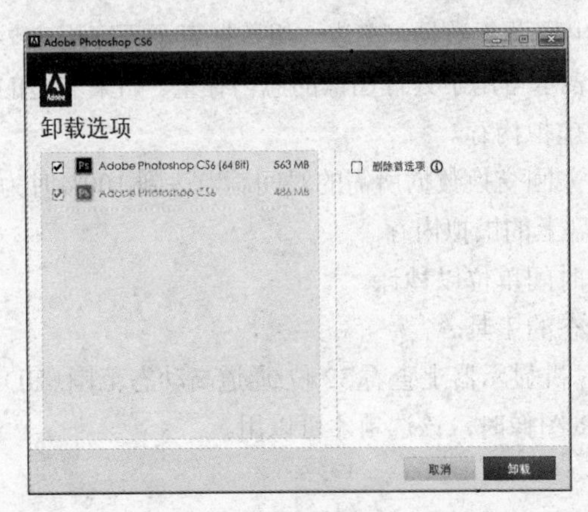

图 1.18 “卸载选项”对话框

图 1.19 “卸载”对话框

（3）卸载程序开始从硬盘中卸载 Adobe Photoshop CS6。当全部卸载后，系统给出卸载完成对话框，单击“关闭”按钮完成卸载。

1.2　Photoshop 的基本功能和 CS6 的特点

利用 Photoshop 可以对图像进行各种平面处理，绘制简单的几何图形，给黑白图像上色，对图像进行格式和颜色模式的转换。利用 Photoshop 也可以创作出能构想出来的超现实的“电脑特技”作品。

1.2.1　Photoshop 的基本功能

Photoshop 的功能十分强大，它可以支持多种图像格式和颜色模式，能同时进行多图层处理。它的绘画功能与选取功能使编辑图像变得十分方便，它的图像变形功能可用来制造特殊的视觉效果。Photoshop 具有开放的结构，能接受广泛的图像输入设备。

1. 支持大量图像格式

（1）支持多种高质量的图像格式，包括 PSD、EPS、TIF、JEPG、BMP、PCX、FLM、PD、PICT、GIF、PNTG、IFF、FPX、RAW 等 20 多种图像格式。

（2）根据用户的需要可以将某种格式的图像存储为其他格式的图像。

2. 处理图像尺寸和分辨率

（1）可以按要求任意调整图像的尺寸，可以在不影响分辨率的情况下改变图像的尺寸。

（2）可以在不影响尺寸的同时增减分辨率，以适合图像的要求。

（3）剪裁功能可以方便地选用图像的某部分内容。

3. 图层功能

（1）支持多图层工作方法。

（2）图层可以合并、合成、翻转、复制和移动。

（3）特技效果可以用在部分或全部图层。

（4）调整层可在不影响图像的同时，控制图层的透明度。

（5）拖曳功能可以轻易地把图像中的图层从一个图像复制到另一个图像中。

（6）文本层可以随时任意修改文本内容和格式。

4. 绘画功能

（1）加深和减淡工具可以有选择地改变图像的曝光度。

（2）海绵工具可以选择性地增减颜色的饱和度。

（3）使用画笔工具、铅笔工具、直线工具可以绘制图形。

（4）使用文字工具可以添加文本，进行不同格式文本排版。

（5）可自行设定画笔形状，设定画笔的强度、画笔边缘和画笔的大小。

（6）选择不同的渐变样式，可以产生多种渐变效果。

（7）使用图章工具可以修改图像，复制图像某部分内容到其他图像的特定位置。

（8）使用模糊、锐化和涂抹工具可以产生形象化的作品。

5. 选取功能

（1）在图像内选取某一个颜色的范围，可以做成一个有渐变效果的蒙版。

（2）快速蒙版功能可直接在图像上制作、修改及显示选择区域。

（3）矩形选框和椭圆形选框可以选取一个或多个不同尺寸大小和形状的选择范围。

（4）套索工具可选取不规则形状和大小的图形，使用磁性套索工具还可以模拟选择边缘像素的反差，自动定位选择区域，使选择范围变得更为简单易行。

（5）魔棒工具可根据颜色范围自动选取所要的图像部分。

（6）羽化边缘功能可以用于混合不同图层之间的图像。

（7）可以对选择区域进行移动、增减、安装和存储等操作。

6. 色调和色彩功能

（1）饱和度功能可以容易地调整图像的颜色和明暗度。

（2）可选择性地调整色相、饱和度和明暗度。

（3）根据输入的相对或绝对值，选色修正可分别调整每个色板或色层的油墨量。

（4）取代颜色功能可帮助选择某一种颜色，然后改变其色调、饱和度和明暗度。

（5）可分别调整暗部色调、中间色调和亮部色调。

7. 图像旋转和变换

（1）可以按固定方向进行翻转和旋转，也可以按不同角度进行旋转。

（2）可以进行拉伸、倾斜和自由变换效果选择。

（3）改变图像分辨率时，有技巧地重组分辨率使之符合输出效果。

8. 支持多种颜色模式

（1）可有弹性地转换多种颜色模式，包括黑白、灰度、双色调、索引颜色、HSB、Lab、RGB 和 CMYK 模式等。

（2）CMYK 预览功能可以在 RGB 模式下查看 CMYK 模式下的图像效果。

（3）可利用多种调色板选择颜色。不但可以使用 Photoshop 提供的颜色表，还可以自己定义颜色表以方便选择颜色。

（4）可利用 PANTONE 色混合制作高质量的双色调、三色调和四色调。

（5）支持与设备无关的 CIELAB 颜色和 PANTONE、FOCOLTONE、TOYO、DIC 和 TRVMATCH 颜色系统。

9. 开放式结构

（1）支持 TWAIN_32 界面，可接受广泛的图像输入设备，如扫描仪和数字照相机。

（2）Adobe Photoshop 工具界面已成为 Photoshop 处理图像的标准。

1.2.2 Photoshop CS6 新增的特性功能

Photoshop CS6 在传承了 Photoshop CS5 的基础上增添了许多新的功能，例如新增的自定义操作界面颜色、自动存储功能、文本样式和段落样式、全新规划的滤镜菜单、自适应广角滤镜等。启动 Photoshop CS6 以后，执行“窗口→工作区→CS6 新增功能”命令，打开“CS6 新增功能”工作区中，对于新增功能的菜单命令将会以淡蓝色显示。

（1）全新用户界面： Photoshop CS6 使用全新典雅的界面，深色背景的选项可凸显用户的图像，数百项设计改进提供更顺畅、更一致的编辑体验。随着 Photoshop 不断发展和升级，在其功能日益强大的同时，其应用范围也随之越来越广泛，如今已经可以满足动画、摄影、绘画、排版等方面的需要。Photoshop CS6 使用全新的 Photoshop CS6 工作区可以根据用户的不同需求，提供不同的工作区，从而更好地方便用户对软件的使用。

（2）Mercury 图形引擎：全新的 Adobe Mercury 图形引擎拥有前所未有的响应速度，让用户工作起来如行云流水般流畅。当我们使用 Photoshop CS6 的液化、操控变形和裁剪等主要工具进行编辑时，能够即时查看实时效果。

（3）自动后台存储与恢复：用户在使用 Photoshop 制作或处理图像时，经常会出现因为没有及时保存而丢失了当前所做操作的情况，因此浪费了很多时间，并且极大地降低了工作的效率。在 Photoshop CS6 中提供了自动存储与恢复功能，可以有效地避免上述情况的发生。Photoshop CS6 的自动恢复选项可在后台工作，因此可以在不影响用户操作的同时存储编辑内容。默认情况下，Photoshop CS6 每隔 10 分钟存储用户工作内容，以便在意外关机时可以自动恢复用户的文件。在“编辑→首选项→文件处理”项目中可以设置系统自动保存的时间，对文件进行存储。当用户设置了自动存储后，如果由于系统原因造成了 Photoshop 意外退出而丢失的图像编辑工作将在下一次软件启动时自动恢复。

（4）全新的裁剪工具：Photoshop CS6 可以使用全新的非破坏性裁剪工具快速精确地裁剪图像。Photoshop CS6 加强了“裁剪工具”的功能，在该工具的选项栏上增添了一个“拉直”功能，可以轻松地修复倾斜的图像；另外，还增加了多种比较实用的裁剪视图方式，从而方便用户裁剪出符合构图比例的图像。Photoshop CS6 新增的“透视裁剪工具”，将裁剪的功能发挥到了极致，该工具具有裁剪透视图像的功能，更能够满足用户的不同需求。

（5）自适应广角和油画滤镜：Photoshop CS6 也对“滤镜”菜单进行了全新的规划和设计，将一些相同类型的滤镜添加到滤镜库中，并且还同时优化了“液化”等滤镜的功能；此外，还添加了效果明显且较为实用的滤镜命令。Photoshop CS6 的“滤镜”菜单中新增了“自适应广角”和“油画”滤镜，这两种滤镜的艺术效果非常强，使用这两种滤镜可以将一张普通的数码照片处理成效果丰富的艺术欣赏作品。自适应广角功能能够轻松拉直全景图像或使用鱼眼或广角镜头拍摄的照片中的弯曲对象，全新的画布工具会运用个别镜头的物理特性自动校正弯曲，而 Mercury 图形引擎可让用户实时查看调整结果。使用 Mercury 图形引擎支持的油画滤镜，快速让用户的作品呈现油画效果。控制用户画笔的样式以及光线的方向和亮度，以产生出色的效果。

（6）场景模糊、光圈模糊和倾斜偏移：在 Photoshop CS6 中，新增了 3 个专门针对数码摄影图像进行处理的模糊滤镜：“场景模糊”、“光圈模糊”和“倾斜偏移”。灵活运用这 3 个滤镜，可以轻松地将照片打造成只有专业相机才能拍摄出来的景深效果。

（7）重新整合的 3D 功能：在 Photoshop CS6 中，凸出 3D 功能增加了多种凸出方式，其中包括使用选区、路径、文字、图层直接凸出为 3D 网格的功能，并且还将 3D 对象的选择功能赋予 3D 面板，将选择对象的参数设置与修改赋予“属性”面板。此外，还将 Photoshop CS5 中的视图工具和 3D 工具整合成为了 3D 模式工具，并且增加了 3D 副视图等强大的 3D 功能。

（8）全新的“时间轴”面板：Photoshop CS6 将“动画”面板更改为“时间轴”面板。将制作帧动画和视频动画整合在一个面板中，并且可以通过单击相应的按钮，实现在这两种面板之间的快速切换。

（9）重返的“联系表Ⅱ”：联系表功能是一个非常实用的功能，在 Photoshop CS6 版本中终于归来了。使用该功能可以非常方便地创建类似单位联系表的文件，通过执行“文件→自动→联系表Ⅱ”命令，即可应用该功能。

（10）制作 PDF 演示文稿：PDF 演示文稿是 Photoshop CS6 中新增的一个自动项目，使用该功能可以方便、快捷地将图像制作成 PDF 文稿，以供用户浏览使用，同时也可以将图片合并到已经完成的 PDF 文稿中，再次生成一个新的 PDF 文稿。

（11）内容识别修补：Photoshop CS6 提供了非常强大的“内容识别修补”功能用于修补图像，用户可以轻松选择示例区域，使用“内容识别”制作出神奇的修补效果。

（12）全新和改良的设计工具：Photoshop CS6 提供了全新的改良设计工具，比如应用文字样式以产生一致的格式、使用矢量涂层应用笔划并将渐变添加至矢量目标，创建自定义笔划和虚线，快速搜索图层等，能帮助用户更快地创作出更高级的设计。

（13）全新的 Blur Gallery：Photoshop CS6 能够使用简单的界面，借助图像上的控件快速创建照片模糊效果。创建倾斜偏移效果，模糊所有内容，然后锐化一个焦点或在多个焦点间改变模糊强度。Mercury 图形引擎可即时呈现创作效果。

（14）预设迁移与共享功能：Photoshop CS6 可以轻松迁移用户的预设、工作区、首选项和设置，以便在所有计算机上都能以相同的方式体验 Photoshop、共享用户的设置，并将用户在旧版中的自定设置迁移至 Photoshop CS6。

（15）改进的自动校正功能：Photoshop CS6 可以利用改良的自动弯曲、色阶和亮度/对比度控制增强用户的图像。Photoshop CS6 智能内置了数以千计的手工优化图像，为修改图像奠定基础。

（16）Adobe Photoshop Camera Raw 7 增效工具：Photoshop CS6 借助改良的处理和增强的控制集功能帮用户制作出最佳的 JPEG 和初始文件，展示图像重点说明的所有细节的同时仍保留阴影的丰富细节等。

（17）肤色识别选择和蒙版：创建精确的选区和蒙版，让用户不费力地调整或保留肤色；轻松选择精细的图像元素，例如脸孔、头发等。

（18）创新的侵蚀效果画笔：使用具有侵蚀效果的绘图笔尖，产生更自然逼真的效果。任意磨钝和削尖炭笔或蜡笔，以创建不同的效果，并将常用的钝化笔尖效果存储为预设。

（19）脚本图案：利用全新的“脚本图案”更快地制作几何图案填充。

（20）支持更多相机机型：使用 Adobe Photoshop Camera Raw 7 增效工具，可存放任意摄像机中的图像。该增效工具支持 350 多种相机机型。

（21）10 位色深支持：使用 10 位色深支持更精确地呈现图像在视频中的效果。原原本本地查看用户拍摄的像素，降低或免除仿色需求，并减少摩尔纹或条纹的产生。

（22）支持 3D LUT：使用 3D 查询表（LUT）更轻松地润饰视频中的图像，包括 Adobe SpeedGrade。当用户需要调整原始色彩数据时可打开色彩 LUT 查看。

（23）文字样式：节省时间并帮助确保一致的文字样式，让用户只需单击一下就能将格式应用至选择的字母、线条或文本段落。

（24）矢量图层：使用矢量图层应用描边并为矢量对象添加渐变效果。

（25）锐化矢量渲染：只需单击即可使像素对齐矢量对象的边缘，产生更锐利清晰的图像。

（26）自定义描边和虚线：轻松创建自定义描边和虚线。

（27）光照效果库：运用全新的 64 位光照效果库获得更佳的性能和效果。此增效工具采用 Mercury 图形引擎并提供画布上的控制和预览功能，让用户更轻松地呈现光照增强效果。

（28）喷枪笔尖：借助流畅逼真的控件和精细的绘图颗粒制作真实的喷枪效果。

（29）新增绘画预设：使用新增的预设能够创建出真实的绘图效果，从而简化绘图流程。

（30）Adobe Bridge CS6 使用可视化组织和管理用户的媒体，采用跨平台 64 位支持，提供高速性能。

（31）改良的 Adobe Mini Bridge：Adobe Mini Bridge 被重新设计为优质的胶片，能够更快更方便地存取图像和文档。

（32）增强的 TIFF 支持：处理更多种类的 TIFF 文件，让用户处理更大的位深度和文件大小。

（33）自动重新取样：在调整图像大小时产生最佳效果会自动选取最佳的重新取样方式。

（34）填充文本：在处理文本时可插入“假文（lorem ipsum）”填充文本以节省时间。

（35）提高最大画笔尺寸：使用最大 5 000 像素的画笔大小来编辑和绘图。

（36）兼容 Adobe 移动应用程序：Adobe Touch Apps 和 Photoshop 配套应用程序（需单独购买）能够为用户提供 Photoshop CS6 不具备的创意工具。直观的触屏功能便于使用，且能够轻松精确地执行多种创意任务。

这里只介绍了 Photoshop CS6 最主要的新特性，如果读者需要了解更多 Photoshop CS6 的新特性，可以到 Adobe 官方网站去查询，中文网址为：http://www. myadobe.com.cn/。

1.3 Photoshop 的基本概念

Photoshop 是一个图像处理软件，在使用它之前，必须了解一些关于图像和图形方面的知识，特别是对 Photoshop 的一些术语和概念性的问题要有所了解。例如，图像有哪几种类型，又有哪些图像格式和颜色模式以及它们的特点和作用。只有掌握好这些知识，才能按要求有效地发挥创意，创作出高品质、高水平的艺术作品。

1.3.1 图像类型

在计算机中，图像是以数字方式来记录、处理和存储的，所以图像也可以说是数字化图像。图像类型大致可以分为以下两种：向量图像和点阵式图像，这两种类型的图像各有特色，也各有其优缺点，两者之间的优点恰巧可以弥补对方的缺点，在绘图与图像处理的过程中，往往必须将这两种形态的图像交叉运用，才能相互搭配，使作品更为完善。

1. 向量式图像

向量式图像也就是矢量式图像，它以数学矢量方式来记录图像的内容，它的内容以线条和色块为主，例如一条线段的数据只需要记录两个端点的坐标、线段的粗细和颜色等，因此它的文件所占的存储容量较小，也可以很容易地进行放大、缩小或旋转等操作，并且不会失真，精确度较高并可以制作 3D 图像，但这种图像有一个缺点，不易制作色调丰富或色彩变化太多的图像，而且绘出来的图像不是很逼真，无法像照片一样精确表现出自然界的景象，同时也不易在不同的软件间交换文件。制作向量式图像的软件有：FreeHand、Illustrator、CorelDRAW、AutoCAD 等，美工插图与工程绘图多半在向量式软件上进行。

2. 点阵式图像

点阵式图像是由许多点组成的，这些点称为像素。当许许多多不同色彩的点（即像素）组合在一块后便构成了一幅完整的图像；例如照片由银粒子组成，屏幕图像由光点组成，印刷品由网点组成。点阵式图像在存储时，需要记录下每一个像素的位置和色彩数据，因此，图像像素越多（即分辨率越高），文件也就越大，处理速度也就越慢。但由于它能够记录下每一个点的数据信息，因而可以精确地记录色调丰富的图像，可以逼真地表现自然界的图像，达到照片般的品质。点阵式图像弥补了向量式图像的缺陷，它能够制作出色彩和色调变化丰富的图像，可以逼真地表现自然界的景象，同时也容易在不同的软件间交换文件，这就是点阵式图像的优点；其缺点则是它无法制作真正的 3D 图像，并且图像缩放和旋转时会产生失真的现象，同时文件较大，对内存和硬盘空间的要求也比较高。

Adobe Photoshop 属于点阵式的图像处理软件，用它存储的图像多为点阵式图像，但它能够与其他向量式软件交换文件，可以打开向量式图像。在制作 Photoshop 图像时，如果像素的数目和密度越高图像就越逼真，而记录每一个像素或色彩所使用的位元素决定了它可能表现出的色彩范围，如果用 1 位数据来记录，那么它只能记录 2 种颜色（$2^1=2$）；如果以 8 位来记录，便可以表现出 256

种颜色或色调（$2^8=256$），因此使用的位元素所能够表现的色彩也越多。通常使用的颜色有16色、256色、增强16位和真彩色24位，一般所说的真彩色是指24位（$2^8\times2^8\times2^8=2^{24}$）的。

常用的制作点阵式图像软件除了Adobe Photoshop外，还有Corel Photopaint、Design Painter等。

1.3.2 图像文件的常用格式

在计算机绘图中，有相当多的图形和图像处理软件，而不同的软件所存储的图像格式是各不同的。不同的文件格式都有各自的优缺点，而每一种图像格式都有其独到之处。在Photoshop CS6中，它能够支持20多种格式的图像，利用Photoshop CS6可以打开不同格式的图像进行编辑并存储或者根据需要存储为其他格式的图像。但要注意，有些格式的图像只能在Photoshop中打开、编辑并存储，而不能存储为其他格式。下面介绍一些常用的图像格式和它们的特点。

1. BMP文件格式

BMP图像文件最早应用于微软公司推出的Microsoft Windows系统，它是DOS和Windows兼容计算机系统的标准Windows图像格式，文件扩展名可以为.BMP和.RLE。BMP格式支持RGB、索引颜色、灰度和位图颜色模式，但不支持Alpha通道。可以指定图像采用Microsoft Windows或OS/2格式，并指定图像的位深度。对于使用Windows格式的4位和8位图像，可以指定采用RLE压缩，这种压缩方案不会损失数据。在Photoshop中文件存储为此格式时，会出现一个对话框，如图1.20所示，从中还可以选择Windows或OS/2两种格式。

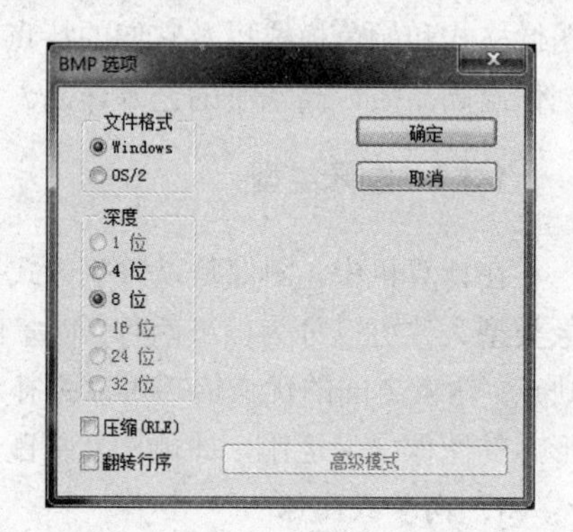

图1.20 “BMP选项”对话框

许多图像文件格式使用压缩技术以减少位图图像数据所需的存储空间。压缩技术以是否去掉图像的细节和颜色被区分为无损技术和有损技术。无损技术对图像数据进行压缩时不去掉图像细节；有损技术通过去掉图像细节来压缩图像。以下是常用的压缩技术：

- RLE（行程长度受限编码）：是一种无损压缩技术，为Photoshop和TIFF文件格式及常用Windows文件格式所支持。
- LZW（Lemple-Zif-Wdlch）：是一种无损压缩技术，为TIFF、PDF、GIF和PostScript语言文件格式所支持。这种技术最适合用于压缩包含大面积单色彩的图像，如屏幕快照或简单的绘画图像。
- JPEG（联合图片专家组）：是一种有损压缩技术，为JPEG、PDF和PostScript语言文件格式所支持。JPEG压缩为连续色调的图像，为照片提供最好的效果。
- CCITT编码：是一种黑白图像无损压缩技术的系列，为PDF和PostScript语言文件格式所支持（CCITT是“国际电话电报咨询委员会”的法语拼法的缩写）。
- ZIP编码：是一种无损压缩技术，为PDF文件格式所支持。和LZW一样，ZIP压缩对于压缩包含大面积单色彩的图像是最有效的。

2. TIFF文件格式

TIFF（标记图像文件格式）用于在应用程序和计算机平台之间交换文件。TIFF是一种灵活的位图图像格式，实际上被所有绘画、图像编辑和页面排版应用程序所支持，而且几乎所有桌面扫描仪都可以生成TIFF图像，文件扩展名为.TIF。

TIFF格式支持带Alpha通道的CMYK、RGB和灰度文件，支持不带Alpha通道的Lab、索引颜色和位图文件。TIFF 也支持 LZW 压缩。

存储 Adobe Photoshop 图像为 TIFF 格式时，可以选择存储文件为 IBM-PC 兼容计算机可读的格式或苹果计算机可读的格式。如图 1.20 所示，要自动压缩文件，需要选中 LZW 压缩选项；对 TIFF 文件进行压缩，可减少文件大小但增加打开和存储文件的时间。Adobe Photoshop 还可以读取 TIFF 文件中的题注并将题注存储在 TIFF 文件中。

在 Photoshop 中存储副本的 TIFF 的文件格式时，也会出现如图 1.21 所示的对话框，从中可以选择 PC 机或是苹果机的格式，并且可以在存储时进行 LZW 压缩以减少文件所占的磁盘空间。

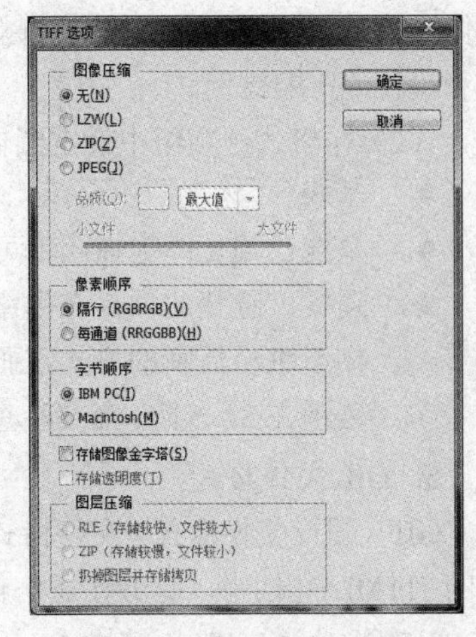

图 1.21　“TIFF 选项”对话框

3. PSD 文件格式

PSD 文件格式是 Adobe Photoshop 软件生成的图像文件格式，文件扩展名可以为.PSD 和.PDD，这种格式可以包含图层、通道和颜色模式，并且还可以存储具有调整层、文本层的图像。PSD 文件格式是惟一能够支持全部图像颜色模式的格式，它还支持网络、通道以及图层等其他所有的功能。在存储图像时，若图像中包含有图层，则必须用 Photoshop（PSD）格式存储。若要将具有图层的 PSD 格式图像存储成其他格式的图像，则在存储之前需要先将图层合并。

PSD 文件格式在存储时会将文件压缩以减少占用磁盘空间，但由于 PSD 文件格式所包含图像数据信息较多（如图层、通道、路径等），因此比其他文件格式的图像文件要大得多。PSD 文件带有图层，因而修改起来较为方便，这就是它的最大优点。

4. PCX 文件格式

PCX 图像格式最早是 Zsoft 公司的 PC Paintbrush（画笔）图形软件所支持的图像格式，文件扩展名为.PCX。随着 PC Paintbrush 软件的流行，PCX 图像格式也被大家所接受，PCX 格式已普遍用于 IBM PC 兼容计算机上。大多数 PC 软件支持 PCX 格式版本 5。PCX 格式支持 RGB、索引颜色、灰度和位图颜色模式，不支持 Alpha 通道。PCX 支持 RLE 压缩方式，支持位深度为 1、4、8 或 24 的图像。

5. JPEG 文件格式

JPEG 的英文全称是 Joint Photographic Experts Group（联合图片专家组），在 WWW 和其他网上服务的 HTML（超文本标记语言）文档中，JPEG 普遍用于显示图片和其他连续色调的图像文档。JPEG 格式的最大特色就是文件比较小，文件扩展名可以为.JPG 和.JPE。JPEG 文件经过高倍率的压缩，是目前所有格式中压缩率最高的格式，而且 JPEG 图像在打开时会自动解压缩。但是 JPEG 格式在压缩存储的过程中会以失真最小的方式丢掉一些肉眼不易察觉的数据，因而存储后的图像与原图像有所差别，没有原图像的质量好，因此，在出印刷品时最好不要用此图像格式。

JPEG 格式支持 CMYK、RGB 和灰度颜色模式，不支持 Alpha 通道。JPEG 格式保留 RGB 图像中的所有颜色信息，通过选择性地去掉数据来压缩文件。

当将一个图像存储为 JPEG 的图像格式时，会打开“JPEG 选项”对话框，如图 1.22 所示，从中可以选择图像的品质和压缩比例。可如下进行设置：

（1）拖动滑杆上的小三角滑块可以调整图像的压缩比例，改变后的数值随之会显示在“品质”框中，而其右边列表框中的显示也会随之改变，“品质”的范围在 0～12 之间，值越大，品质越低，图像失真越大，但存储后的文件越小。也可以在“品质”列表框中直接选定，从中可选择低、中、高和最佳的压缩比例。

（2）在格式选项组中设定图像品质，有以下 3 个选项供选择。

- 基线（“标准”）：选择此选项可以使图像品质输出标准化，能够在众多浏览器中使用。
- 基线已优化：选择此项可以获得最佳品质的图像。
- 连续：选择此项，在网络下载时图像文件不会由上而下安装，而是整个安装，并且由模糊渐进至清晰的方式在画面上显示出来，其渐进次数可以在其后的扫描列表框中设定，范围在 3～5 阶。需要注意的是这种方式需要较多内存，并且在部分网络浏览器中不支持。

6. GIF 文件格式

GIF（图形交换格式）文件格式是 CompuServe 提供的一种图形格式，在 WWW 和其他网上服务的 HTML 文档中，能够在通信传输时较为经济。GIF 文件格式普遍用于显示索引颜色图形和图像。GIF 是一种 LZW 压缩格式，用来最小化文件大小和电子传递时间。GIF 格式不支持 Alpha 通道。可以使用以下方法转换文件为 GIF 格式，即使用“文件/存储为”菜单命令，将位图模式、灰度或索引颜色图像存储为 GIF 格式，并指定一种交错显示。交错显示的图像从 Web 下载时，以逐步增加的精度显示，但这种格式会增加文件大小。这种格式不能存储 Alpha 通道。

7. PDF 文件格式

PDF（可移植文档格式）格式是 Adobe 公司开发的一种专为出版而制定的文件格式，与 PostScript 页面一样，PDF 文件可以包含矢量和位图图形，还可以包含电子文档查找和导航功能，并且支持超链接。PDF 文件是由 Adobe Acrobat 软件生成的文件格式，该格式文件可以存有多页信息，其中可包含图形和文本。因此，使用该软件不需要有排版或图像软件即可获得图文混排的版面。由于该格式支持超文本链接，因此是网络下载经常使用的文件格式。

Photoshop PDF 格式支持 RGB、索引颜色、CMYK、灰度、位图和 Lab 颜色模式，不支持 Alpha 通道。PDF 格式支持 JPEG 和 ZIP 压缩。位图模式文件在存储为 Photoshop PDF 格式时采用 CCITT Group 4 压缩。在 Photoshop 中打开其他应用程序创建的 PDF 文件时，Photoshop 对文件进行栅格化。存储为 PDF 格式时会出现如图 1.23 所示的对话框，从中可以选择压缩的方式。当选择 JPEG 压缩时，还可以选择不同的压缩比例来控制图像品质。

图 1.22 “JPEG 选项”对话框

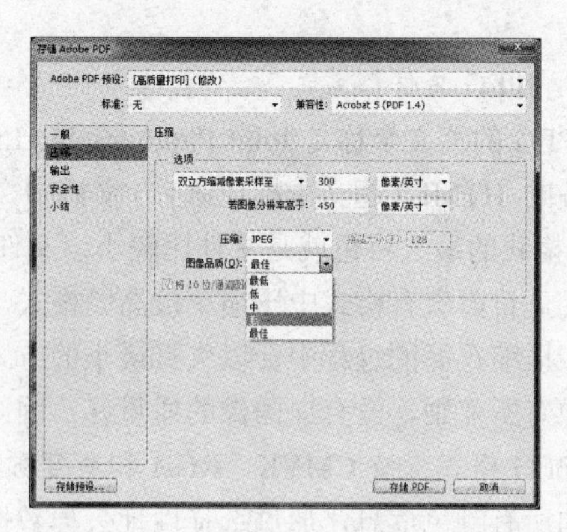

图 1.23 “存储 Adobe PDF”对话框

1.3.3 图像的尺寸和分辨率

分辨率就是指在单位长度内所含有的点（即像素）的多少。通常可能会错误地认为分辨率就是指图像分辨率，其实分辨率有很多种，可以分为以下几种类型。

1. 图像分辨率

图像分辨率就是每英寸图像含有多少个点或像素，分辨率的单位为 dpi，例如 300dpi 就表示该图像每英寸含有 300 个点或像素。在 Photoshop 中也可以用 cm 为单位来计算分辨率。当然，不同的单位所计算出来的分辨率是不同的，用 cm 来计算比 dpi 为单位的数值要小得多。在本书中若没特殊指明，所有图像分辨率的大小都是以英寸为单位的。

在数字化图像中，分辨率的大小直接影响图像的品质，分辨率越高，图像越清晰，所产生的文件也就越大，在工作中所需要的内存就越多，并且 CPU 处理时间也就越长。所以在制作图像时，不同品质的图像就需设定适当的分辨率，才能最经济有效地制作出作品，例如要打印输出的图像分辨率就需要高一些，如果只是在屏幕上显示的作品（如多媒体图像）就可以低一些。

图像尺寸大小、图像的分辨率和图像文件大小三者之间有着很密切的关系，一个分辨率相同的图像，如果尺寸不同，它的文件大小也不同，尺寸越大所存储的文件就越大。同样，增加一个图像的分辨率，也会使图像文件变大。因此修改了前二者的参数就直接决定第三者的参数。

2. 设备分辨率

设备分辨率就是指每单位输出长度所代表的点数和像素。它与图像分辨率有着不同之处，图像分辨率可以更改，而设备分辨率则不可以更改。如常见的 PC 显示器、扫描仪和数字照相机这些设备，各自都有一个相对固定的分辨率。

3. 屏幕分辨率

屏幕分辨率又称为屏幕频率，是指打印灰度图像和分色所用的网屏上每英寸的点数，它是用每英寸上有多少行来测量的。

4. 位分辨率

位分辨率也可以叫位深，用来衡量每个像素存储的信息位元素。这个分辨率决定在图像的每个像素存放多少颜色信息。如一个 24 位的 RGB 图像，即表示其各原色 R、G、B 使用了 8 位，三者之和为 24 位；而 RGB 图像中，每一个像素所存储的位元素即为 24 位。

5. 输出分辨率

输出分辨率就是指激光打印机等输出设备在输出图像中每英寸所产生的点数。

6. 网频

网频也称网线或线网，即打印灰度图像或分色时，每英寸打印机点数或半调单元数。单位是线/英寸（lpi），即在半调网屏中每英寸的单元线数。

1.3.4 色调、色相、饱和度和对比度

色调就是各种图像颜色模式下图形原色（如 RGB 图像的原色为 R、G、B 三种）的明暗度，色调的调整也就是明暗度的调整。色调的范围是 0～255，总共包括 256 种色调。例如灰度模式，就是将白色到黑色间连续划分为 256 个色调，即由白到灰，再由灰到黑。同样道理，在 RGB 模式中色调则代表各种原色的明暗度，即红、绿、蓝三种原色的明暗度，将红色加深色调就成了深红色。

色相就是色彩颜色，对色相的调整也就是在多种原色之间的变化。例如，光由红、橙、黄、绿、青、蓝、紫七种颜色组成，每一种原色即代表一种色相。

饱和度是指图像原色的彩度，调整饱和度也就是调整图像彩度。将一个彩色图像降低饱和度为 0%时，就会变成一个灰色的图像，增加饱和度时就会增加其彩度。例如，调整彩色电视机的饱和度，可以选择观看黑白或者彩色的电视节目。

对比度是指不同原色之间的差异。对比度越大，两种原色之间的相差越大，反之，就越相近。例如，将一幅灰度的图像增加对比度之后，会变得黑白更鲜明，灰度图像也就看不出图像效果，只是一幅灰色的底图。

1.3.5 颜色模式

颜色是大自然景观必不可少的组成部分，无论是在万紫千红的高山和田野还是在千变万化的宇宙，都可以见到各种不同颜色的漂亮景观。在计算机绘图中，要勾画出依附大自然的景观，则必须先设定图像的颜色。如果只是用一些简单的数据来定义颜色似乎不容易实现，因此，聪明的计算机专家便定义出许多种不同的颜色模式来定义颜色，如 RGB 模式、CMYK 模式等。不同的颜色模式所定义的颜色范围不同，所以它的应用方法也就各不相同。下面就介绍各种颜色模式的特点，以便对各种颜色模式都有一个较深刻的了解，从而合理有效地使用它。

1. RGB 模式

绝大部分的可见光谱可以用红、绿和蓝（RGB）三色光按不同比例和强度的混合来表示。在颜色重叠的位置，产生青色、洋红和黄色。因为 RGB 颜色合成产生白色，它们也称为加色。将所有颜色加在一起产生白色，也就是说，所有光被反射回眼睛。加色用于光照、视频和显示器。例如，显示器通过红、绿和蓝荧光粉发射光线产生彩色。

Photoshop 的 RGB 模式给彩色图像中每个像素的 RGB 分量分配一个 0（黑色）～255（白色）范围的强度值。例如，一种明亮的红色可能 R 值为 246，G 值为 20，B 值为 50。当 3 种分量的值相等时，结果是灰色；当所有分量的值都是 255 时，结果是纯白色；而当所有值都是 0 时，结果是纯黑色。

RGB 图像只使用 3 种颜色，在屏幕上重现多达 1670 万种颜色。RGB 图像为三通道图像，因此每个像素包含 24 位（8×3）。新建 Photoshop 图像的默认模式为 RGB，计算机显示器总是使用 RGB 模型显示颜色。这意味着在非 RGB 颜色模式（如 CMYK）下工作时，Photoshop 会临时将数据转换成 RGB 数据再在屏幕上显示。

2. CMYK 模式

以打印在纸张上油墨的光线吸收特性为基础，当白光照射到半透明油墨上时，部分光谱被吸收，部分被反射回眼睛。理论上，纯青色（C）、洋红（M）和黄色（Y）色素能够合成吸收所有颜色并产生黑色。由于这个原因，这些颜色称为减色。因为所有打印油墨都会包含一些杂质，这 3 种油墨实际上产生一种土灰色，必须与黑色（K）油墨混合才能产生真正的黑色（使用 K 而不是 B 是为了避免与蓝色混淆）。将这些油墨混合产生颜色称为四色印刷。

减色（CMY）和加色（RGB）是互补色，每对减色产生一种加色，反之亦然。

在 Photoshop 的 CMYK 模式中，每个像素的每种印刷油墨会被分配一个百分比值。最亮（高光）颜色分配较低的印刷油墨颜色百分比值，较暗（暗调）颜色分配较高的百分比值。例如，明亮的红色可能会包含 2%青色、93%洋红、90%黄色和 0%黑色。在 CMYK 图像中，当所有四种分量的值都是 0% 时，就会产生纯白色。

要用印刷色打印制作的图像时，使用 CMYK 模式。将 RGB 图像转换成 CMYK 就产生分色。如果是从 RGB 图像开始的，最好先编辑之后再转换成 CMYK。在 RGB 模式中，可以使用“CMYK 预览”命令模拟更改后的效果，而不用真的更改图像数据。也可以使用 CMYK 模式直接处理从高档系统扫描或输入的 CMYK 图像。

在处理图像时，一般不采用 CMYK 模式，因为这种模式文件大，占用较多的磁盘空间和内存。

此外，在这种模式下，有很多滤镜都不能使用，这样在编辑图像时有很大的不便，因而通常都是在印刷时才转换成这种模式。

3. 位图模式

位图模式只有黑色和白色两种颜色，所以位图模式的图像也称为黑白图像，它的每一个像素都是用 1 位的位分辨率来记录的，因此，在该模式下不能制作出色调丰富的图像，只能制作一些黑白两色的图像。当要将一幅彩色图转换成黑白图像时，必须先将该图像转换成灰度模式的图像，然后再将它转换成只有黑白两色的图像，即位图模式图像。

4. 灰度模式

灰度模式的图像可以表现出丰富的色调，表现出自然界物体的生动形态和景观，但它始终是一幅黑白的图像，就像通常看到的黑白电视机和黑白照片一样。灰度模式中的像素由 8 位的位分辨率来记录，因此能够表现出 256 种色调，利用 256 种色调就可以使黑白图像表现得相当完美。灰度模式的图像也可以直接转换成黑白图像和 RGB 的彩色图像，同样黑白图像和彩色图像也可以直接转换成灰度图像。但需要注意的是，当一幅灰度图像转换成黑白图像后再转换成灰度图像，将不再显示原来图像的效果。这是因为灰度图像转换成黑白图像时，Photoshop 会丢失灰度图像中的色调，因而转换后丢失的信息将不能恢复。同样道理，RGB 图像转换成灰度图像也会丢失许多颜色的信息，所以当由 RGB 图像转换成灰度图像，再转换成 RGB 的彩色图像时，显示出来的图像颜色将不具有彩色。

5. Lab 模式

在 Photoshop 的 Lab 模式中，光亮度分量（L）范围可以从 0～100，a 分量（由绿到红的光谱变化）和 b 分量（由蓝到黄色的光谱变化）范围可以从+120～-120。可以使用 Lab 模式处理 Photo CD（照片光盘）图像、单独编辑图像中的亮度和颜色值、在不同系统间转移图像以及打印到 PostScript Level 2 和 Level 3 打印机。要将 Lab 图像打印到其他彩色 PostScript 设备，需要先将其转换为 CMYK 模式。Lab 颜色是 Photoshop 在不同颜色模式之间转换时使用的内部颜色模式。例如要将 RGB 模式的图像转换成 CMYK 模式的图像，Photoshop 会先将 RGB 模式转换 Lab 模式，然后再将 Lab 模式转换成 CMYK 模式，只不过这一操作是在内部进行而已。因此 Lab 模式是目前所有模式中包含颜色范围最广泛的模式，它能毫无偏差地在不同系统和平台之间进行交换。

6. HSB 模式

HSB 模式是一种基于人的知觉的颜色模式，利用此模式可以很轻松自然地选择各种不同明亮度的颜色。在 Photoshop 中不能够从其他模式转换成 HBS 模式，因为 Photoshop 不直接支持这种模式，它只是提供了一个 HSB 的调色板而已。该模式也提供了三个定义颜色的参数：H（色相）是从物体反射或透过物体传播的颜色。在 0～360 度的标准色轮上，色相是按位置度量的。在通常的使用中，色相是由颜色名称标识的，比如红、橙或绿色。S（饱和度），有时也称彩度，是指颜色的强度或纯度。饱和度表示色相中灰成分所占的比例，用从 0%（灰色）～100%（完全饱和）的百分比来度量。B（亮度）是颜色的相对明暗程度，通常用从 0%（黑）～100%（白）的百分比来度量。

7. 多通道模式

多通道模式可以将任一个由多通道组成的图像转换成多通道模式。在每个通道中使用 256 灰度级。以下准则适用于将图像转换为“多通道”模式。

- 可以将一个以上通道合成的任何图像转换为多通道图像，原来的通道被转换为专色通道。
- 将彩色图像转换为多通道时，新的灰度信息基于每个通道中像素的颜色值。
- 将 CMYK 图像转换为多通道可创建青、洋红、黄和黑专色通道。
- 将 RGB 图像转换为多通道可创建青、洋红和黄专色通道。

- 从 RGB、CMYK 或 Lab 图像中删除一个通道会自动将图像转换为多通道模式。

需要注意的是，不能打印“多通道”模式中的彩色复合图像，而且，大多数输出文件格式不支持多通道模式图像，但是，能以 Photoshop DCS 2.0 格式输出这种文件。

8. 双色调模式

双色调模式用两种颜色的油墨来制作图像。该模式与灰度模式相似，是由灰度模式发展而来的。如要将其他模式的图像转换成双色调模式的图像，必须先转换成灰度模式才能转换成双色调模式。转换时，可以选择单色调、双色调、三色调和四色调，并选择各个色调的颜色，但要注意在双色调模式中颜色只是用来表示“色调”而已，所以，在这种模式下彩色油墨只是用来创建灰度级的，不是创建彩色级的，当油墨颜色不同时，其创建的灰度级也是不同的。通常选择颜色时，都会保留原有的灰色部分作为主色，其他加入的颜色为副色，这样才能表现比较丰富的层次感和质感。

9. 索引颜色模式

索引颜色模式在印刷中很少使用，但在制作多媒体应用时却十分实用。因为这种模式的图像比 RGB 模式的图像小得多，大概只有 RGB 模式的三分之一，所以可以大大减少文件所占用的磁盘空间。当一个图像转换成索引颜色模式后，就会激活“图像”菜单中“模式”子菜单下的“颜色表”命令，以便编辑图像的颜色表。

RGB 和 CMYK 模式的图像可以表示出完整的各种颜色使图像完美无缺，而索引颜色模式则不能完美地表现出颜色丰富的图像，因为它只能表现 256 种颜色，因此会有失真的现象，这是索引颜色模式的不足之处。索引颜色模式是根据图像中的像素进行统计颜色的，然后将统计后的颜色定义成一个颜色表；由于它只能表现 256 种颜色，所以在转换后只选出 256 种使用最多的颜色放在颜色表中；颜色表以外的颜色则会被相近的颜色所匹配。因而索引颜色模式的图像在 256 色和真彩色 16 位的显示屏幕下所表现出来的效果是没有很大区别的。

Adobe 是全球第二大个人电脑软件公司，为客户、专业创意人员及企业提供了世界领先的数码图像、设计和文本技术平台。利用 Adobe 产品可以创作、印刷和交付在各种不同种类的媒体上的真实、丰富的内容，包括图形设计、图像和动态媒体创作工具软件。Photoshop CS6 是对数字图形编辑和创作专业工业标准的一次重要更新，引入强大和精确的新标准，提供数字化的图形创作和控制体验。

Photoshop 支持向量式图像、点阵式图像两种图像类型和 20 多种格式的图像。BMP 图像文件格式支持 RGB、索引颜色、灰度和位图颜色模式，但不支持 Alpha 通道。TIFF 图像文件格式用于在应用程序之间和计算机平台之间交换文件，是一种灵活的位图图像格式，支持带 Alpha 通道的 CMYK、RGB 和灰度文件，支持不带 Alpha 通道的 Lab、索引颜色和位图文件。PSD 文件格式是惟一能够支持全部图像颜色模式的格式，在存储图像时，若图像中包含有图层，则必须用 PSD 格式存储。PCX 格式支持 RGB、索引颜色、灰度和位图颜色模式，不支持 Alpha 通道。JPEG 格式普遍用于显示图片和其他连续色调的图像文档，JPEG 文件经过高倍率的压缩，其最大特色就是文件比较小，JPEG 格式支持 CMYK、RGB 和灰度颜色模式，不支持 Alpha 通道。GIF 文件格式普遍用于显示索引颜色图形和图像，用来最小化文件大小和电子传递时间，GIF 格式不支持 Alpha 通道。PDF 文件可以包含矢量和位图图形，PDF 格式支持 RGB、索引颜色、CMYK、灰度、位图和 Lab 颜色模式，不支持 Alpha 通道。

分辨率就是指在单位长度内所含有的像素的多少。图像分辨率就是每英寸图像含有多少个点或像素。图像尺寸大小、图像的分辨率和图像文件大小三者之间有着很密切的关系。设备分辨率就是指每单位输出长度所代表的点数和像素，它与图像分辨率有着不同之处，图像分辨率可以更改，而设备分辨率则不可以更改。屏幕分辨率又称为屏幕频率，是指打印灰度图像和分色所用的网屏上每英寸的点数，它是用每英寸上有多少行来测量的。位分辨率也可以叫位深，用来衡量每个像素存储的信息位元素。输出分辨率就指激光打印机等输出设备在输出图像中每英寸所产生的点数。网频也称网线或线网，即打印灰度图像或分色时，每英寸打印机点数或半调单元数。

色调就是各种图像颜色模式下图形原色的明暗度，色调的调整也就是明暗度的调整。色相就是色彩颜色，对色相的调整也就是在多种原色之间的变化。饱和度是指图像原色的彩度，调整饱和度也就是调整图像彩度。对比度是指不同原色之间的差异。

不同的颜色模式所定义的颜色范围不同，其应用方法也就各不相同。RGB 模式给彩色图像中每个像素的 RGB 分量分配一个从 0 ~ 255 范围的强度值。在 CMYK 模式中，每个像素的每种印刷油墨会被分配一个百分比值，要用印刷色打印制作的图像时，使用 CMYK 模式，将 RGB 图像转换成 CMYK 就产生分色。位图模式的每一个像素都用 1 位的位分辨率来记录。灰度模式的图像可以表现出丰富的色调，灰度模式中的像素由 8 位的位分辨率来记录。Lab 模式是目前所有模式中包含颜色范围最广泛的模式，它能毫无偏差地在不同系统和平台之间进行交换。HSB 模式是一种基于人的知觉的颜色模式，利用此模式可以很轻松自然地选择各种不同明亮度的颜色，Photoshop 不直接支持这种模式，它只是提供了一个 HSB 的调色板。多通道模式可以将任一个由多通道组成的图像转换成多通道模式，在每个通道中使用 256 灰度级。双色调模式用两种颜色的油墨来制作图像。索引颜色模式的图像比 RGB 模式的图像小得多，可以大大减少文件所占用的磁盘空间，在制作多媒体应用时十分实用。

一、选择题（每题可能有多项选择）

1. 下列哪个是 Photoshop 图像最基本的组成单元？（　）

   A. 节点　　B. 色彩空间　　C. 像素　　D. 路径

2. 下面对向量图像、点阵式图像描述正确的是（　）。

   A. 向量图像的基本组成单元是像素

   B. 点阵式图像的基本组成单元是点和路径

   C. Adobe Photoshop CS6 能够生成向量图像

   D. Adobe Photoshop CS6 能够生成点阵式图像

3. 下面哪种色彩模式色域最大？（　）

   A. HSB 模式　　B. RGB 模式　　C. CMYK 模式　　D. Lab 模式

4. 当 RGB 模式转换为 CMYK 模式时，下列哪个模式可以作为中间过渡模式？（　）

   A. Lab　　B. 灰度　　C. 多通道　　D. 索引颜色

5. 下列哪种色彩模式是不依赖于设备的？（　）

   A. RGB　　B. CMYK　　C. Lab　　D. 索引颜色

6. 下面哪些因素的变化会影响图像所占硬盘空间的大小？（　）

A．像素大小　　B．文件尺寸
C．分辨率　　D．存储图像时是否增加后缀

二、填空题

1．CMYK 模式的图像有________个颜色通道。
2．在图像窗口下面的状态栏中，当显示文件大小的信息时，“/” 左边的数字表示________。
3．索引颜色模式的图像包含________种颜色。
4．色彩深度是指在一个图像中________的数量。
5．图像必须是________模式，才可以转换为位图模式。

三、简答题

1．简述在 Windows 7 简体中文版中安装 Photoshop CS6 的过程。
2．启动 Photoshop CS6 后，其状态栏中主要有哪些状态信息。
3．Photoshop 有哪些主要的特点和功能。
4．请列举三个图像文件的格式，并简要说明其特点。
5．什么是色调、色相、饱和度和对比度？
6．Photoshop CS6 主要支持哪几种颜色模式？
7．简单说明减色和加色的区别。

第2章　Photoshop的基本操作

本章主要介绍Photoshop的一些基本操作，包括Photoshop的新建、打开、保存、置入等文件操作，新建窗口、改变窗口的大小和位置、切换窗口以及与窗口有关的一些辅助工具的使用操作，显示区域的大小和显示比例的控制，图像尺寸、颜色模式、色调和色彩的控制以及系统参数的设置，这些内容对于学习和熟练掌握Photoshop都是非常重要的。

- 熟练掌握建立新图像文件、保存图像文件以及打开、关闭、置入图像文件和图像窗口的操作的各种方法。
- 熟练掌握Photoshop三种不同屏幕显示模式之间的切换以及标尺、测量器、网格和参考线的使用方法。
- 熟练掌握图像缩放、窗口移动和选择颜色的各种使用方法。
- 理解并掌握图像的各种颜色模式之间的转换方法。
- 掌握图像色调控制和色彩控制的操作和使用方法。

2.1　Photoshop的文件操作

在启动Photoshop CS6后，在Photoshop窗口中除了可以看到菜单、工具栏和面板以外，没有任何图像显示，所以，必须新建一个图像文件或者打开一个已经存在的图像文件之后，才能进行图像编辑。

2.1.1　建立新图像文件

要建立一个新的图像文件，可执行“文件/新建”菜单命令或者按下Ctrl+N快捷键，打开“新建”对话框，如图2.1所示。在“新建”对话框中可以对新文件进行如下设置。

- 名称：用于输入新文件的文件名。若不输入，则默认文件名为“未标题-1”，如连续新建多个文件，则文件名按顺序分别为“未标题-2”、“未标题-3”、……
- 预设：设置新建文件的宽度、高度、分辨率、颜色模式和背景内容等参数，默认将剪贴板参数作为新建文件的有关参数，此外还可以在下拉框中选择自定义、默认Photoshop大小等。
- 宽度、高度：设定新文件的图像尺寸，可在文本框中用键盘输入数字，但要注意在设定前需要确定文件的尺寸单位，即在其后面列表框中选择习惯使用的单位，如像素、厘米、毫米、英寸、磅、派卡和列。

- 分辨率：设定新文件图像的分辨率大小和单位，通常使用的单位为“像素/英寸”。
- 颜色模式：新文件图像的颜色模式，可以通过其下拉列表框中的下箭头选择位图、灰度、RGB 颜色、Lab 颜色或 CMYK 颜色。
- 背景内容：该选项组用于设定新图像文件的背景层颜色，从中可以选择白色、背景色或透明色。

设定新文件的各参数后，单击“存储预设”按钮，即可将设置的新建文件预设参数存储，也可以修改预设的新建文件参数；“删除预设”按钮可将存储的新建图像参数预设删除；高级选项中包括“颜色配置文件”和“像素长宽比”两项内容。单击“确定”按钮，完成建立新文件。此时出现如图 2.2 所示的图像窗口，其文件名为“未标题-1”，显示比例为 100%，颜色模式为 RGB，这些都显示在图像窗口标题栏中，接下来就可以在新建图像中尽情发挥了。

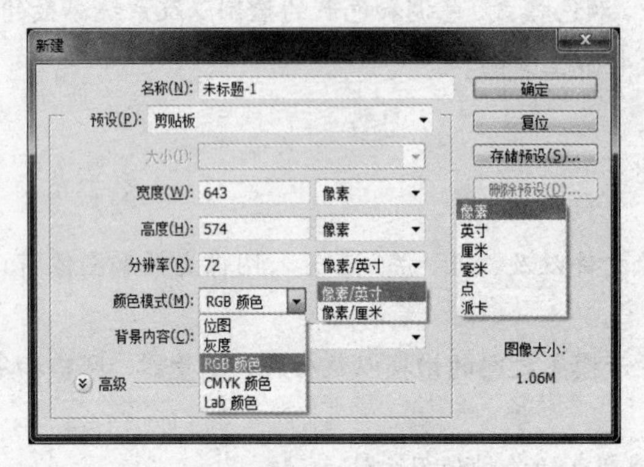

图 2.1　新建图像文件对话框

图 2.2　新建的图像文件

对于新建的文件，可以使用“文件/文件简介”菜单命令，打开文件简介对话框，从文件的标题、作者等方面对文件作一些描述。

2.1.2　保存图像文件

在创作完一幅好的图像作品或者打开以前的图像进行编辑和修改后，都要进行保存才能得到成果。下面详细介绍保存图像的各种方法。

1. *以当前格式存储文件*

保存一幅以前从未保存过的图像，可单击“文件/存储”菜单命令或者按下 Ctrl+S 组合键，如图 2.3 所示，打开如图 2.4 所示的“存储为”对话框。

在“存储为”对话框中可设定保存文件的选项如下：

（1）单击“保存在”列表框中的下箭头打开下拉列表，从中选择一个存放文件的位置，即文件夹、硬盘驱动器或者网络驱动器。若要在对话框中建立一个新文件夹来保存文件，可单击“新建文件夹”按钮；若要回到上一级目录，则可单击“往上一层”按钮；若要在“文件和文件夹列表”中打开文件夹，可以双击该文件夹。

（2）在“文件名”框中输入新文件的文件名。文件名称可以是英文字母、数字字符或汉字，但不能输入一些特殊符号，如星号（*）、点号（.）、问号（?）等。此外，可以键入一个指定的路径保存文件，例如输入 C:\My documents\图片，按下 Enter 键即可保存文件，但要注意输入的路径必须正确无误。

（3）单击“格式”列表框中的下箭头打开下拉列表，从中选择存储文件的格式。注意：若图像含有图层，则只能使用 Photoshop CS6 自身的格式（. PSD）保存，否则，在存储为其他格式的图像文件之前，需要先合并图层。

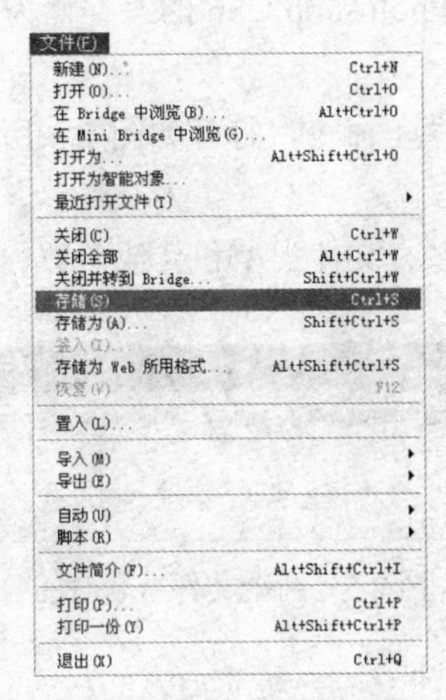

图 2.3　执行文件存储

图 2.4　“存储为”对话框

（4）存储选项：在存储选项中为灰色的选项，表示该图像没有包含相关的内容，比如，如果注释为灰色，表明该图像文件中不含注释内容。

- 作为副本：有很多排版软件（如 Word）可以插入图形文件，但它却受图像格式的限制，有很多图像格式（如 PSD）不能插入。因此，为满足要求，需要将 PSD 转换成 BMP 格式或其他格式的图像。但是，如果将带层的 PSD 图像保存为 BMP 图像，在转换后会合并所有图层，将失去易于修改的弹性，所以，为了能将同一个文件以不同的格式或不同的文件名保存，就需要使用 Photoshop CS6 中的“作为副本”选项。保存图像的副本可以将一幅图像保存为不同格式的文件，然而，不同图像格式的作用和特点是不一样的，会因文件的内容和颜色模式的差异而有所不同。比如“图层”只能保存在 PSD 格式中，Lab 颜色模式只能以 TIF、EPS、RAW 和 PSD 格式保存，所以，在将图像保存为其他格式的文件时，需要对各种文件格式的特点和作用有所了解。关于图像文件格式的内容请参见 1.3.2 节。
- 图层：选中该选项可以使图像中的所有图层合并。该选项只有在存储为 PSD 格式时，才会被置亮表示可用，即可以选择是否合并图层；其他格式则默认为合并所有图层。
- Alpha 通道：若不选择该选项，在保存图像时会丢弃图像中的 Alpha 通道。
- 注释：若不选择该选项，在保存图像时会丢弃图像文件中的注释内容。
- 专色：是特殊的预混油墨，用于替代或补充印刷色（CMYK）油墨。在印刷时每种专色都要求专用的印版。

（5）使用小写扩展名：该复选框可以设定当前保存的文件扩展名是否为小写。选中表示为小写，不选中则表示为大写。

（6）缩略图：选中该复选框可以保存文件的预览缩图，即用此选项保存的图像文件，能够在打开对话框中预览显示。

作好上述设定后，单击“保存”按钮或按下 Enter 键即可完成新图像的保存。若图像以前已经保存过，则按下 Ctrl+S 或单击“文件/存储”菜单命令时，将不会打开“存储为”对话框，而直接进行文件保存。

2. 以不同文件格式存储

在编辑图像时，经常会在原图像的基础上进行创作。为了保留一份编辑前的图像，在对图像编辑前最好先将图像存储为另一个文件。这时，可以使用 Photoshop CS6 的“存储为”功能，操作如下：

（1）按下 Ctrl+Shift+S 组合键或执行“文件/存储为”菜单命令，打开如图 2.4 所示的“存储为”对话框。

（2）在“存储为”对话框中设定文件存储位置、文件名、文件类型和其他参数。具体设置可参照“以当前格式存储文件”中的内容。

（3）设定完毕，单击“保存”按钮即可。

在“存储为”文件时，若在文件存储位置存在同名文件，则保存时会出现如图 2.5 所示“文件已经存在，要替换它吗？”的提示信息，单击“确定”按钮则覆盖，单击“取消”按钮则取消“存储为”操作命令。因此，在进行“存储为”操作时最好更改图像文件名或者改变保存的位置。

图 2.5　两个文件重名时的警告

2.1.3　打开、恢复和关闭图像文件

1. 打开图像文件

要对已经存在的图像进行编辑，必须先打开它。打开图像可按以下方法进行：

（1）执行“文件/打开”菜单命令或者按下 Ctrl+O 组合键，打开“打开”对话框，如图 2.6 所示。此外，双击 Photoshop CS6 桌面也可以打开如图 2.6 所示的“打开”对话框。

图 2.6　“打开”对话框

（2）打开“查找范围”列表框查找图像文件所存放的位置，即文件所在驱动器和文件夹。

（3）在“文件类型”列表框中选定要打开的图像文件格式，若选择“所有格式”选项，则文件夹中的全部文件都会显示在对话框中。

（4）选中要打开的图像文件，单击“打开”按钮文件即可被打开，也可以直接在文件和文件夹列表中双击要打开的图像文件。

在“文件名”文本框中可直接键入文件的完整路径来打开图像，例如，键入 C:\My documents\图片.psd。若输入路径和文件名不正确，则无法打开图像。

Photoshop CS6 还能一次性地打开多个图像文件。先打开“打开”对话框，然后找到图像文件所在的文件夹，就可以选择需要打开的文件了。如果要打开多个连续的文件，则可先单击连续的第一个文件，然后按下 Shift 键单击连续的最后一个文件；如果要打开多个不连续的文件，则在选中一个和多个文件后，按下 Ctrl 键再单击其他文件，如图 2.7 所示。选中图像文件后，单击“打开”按钮或按下 Enter 键就可以将所选文件按次序打开。但要注意的是，在 Photoshop CS6 中打开文件的数量是有限的，打开文件的数量取决于使用的计算机所拥有的内存和磁盘空间的大小，内存和磁盘空间越多，能打开的文件数目也就越多，此外打开文件的数量还与图像的大小有着密切的关系，如果是一个几十兆或者是上百兆的图像，则只能打开一两个图像，如果内存和磁盘空间太少，有可能一个都打不开，因为打开一个图像文件至少要有该图像文件的 3～5 倍的虚拟空间。

另外，Photoshop CS6 自动保存最近打开过的文件，这些文件名包含在“文件/最近打开文件”子菜单中，使用“文件/最近打开文件”菜单命令可以打开最近打开过的文件。Photoshop CS6 自动保存最近打开过的文件数目默认为 10 个，这个数目可以通过“编辑/首选项/文件处理”菜单命令，打开“首选项”对话框，在其中的“近期文件列表包含”中设置自动保存最近打开过的文件数目，最大值为 30。

2. 浏览图像文件

执行“文件/在 Mini Bridge 中浏览”菜单命令，打开如图 2.8 所示的浏览对话框，在 Photoshop CS6 中浏览图像文件，双击要打开的文件即可在 Photoshop CS6 中打开。

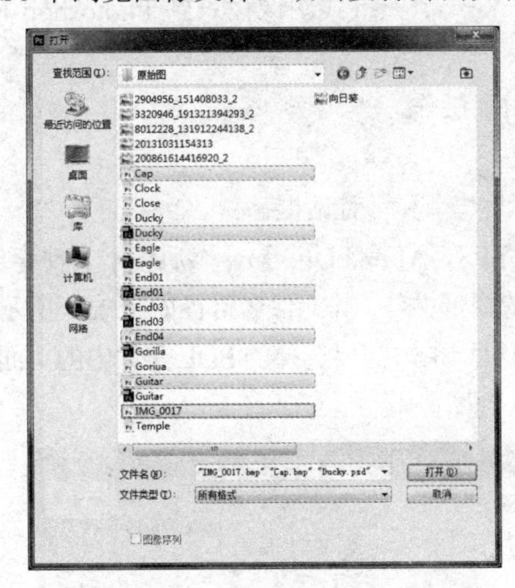

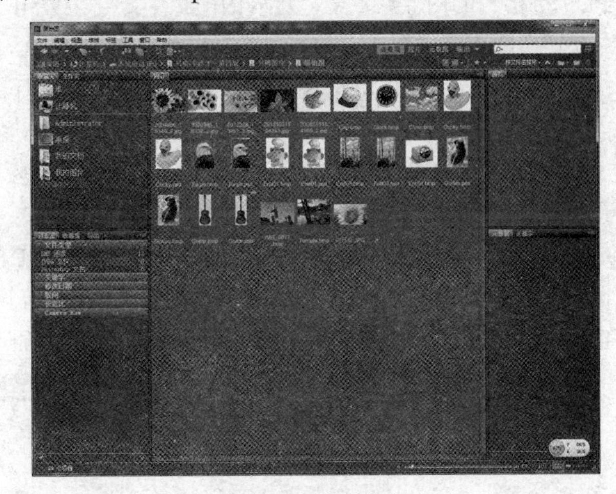

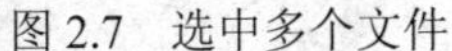

图 2.7　选中多个文件　　　　图 2.8　文件浏览窗口

3. 恢复图像文件

图像在编辑过程中，如果想放弃编辑，返回到上一次保存图像时的状态，可以单击“文件/恢复”菜单命令。

4. 关闭图像文件

保存图像后，就可以将它关闭。要关闭一个图像，只需要单击图像窗口标题栏右侧的“关闭”按钮即可，如图 2.9 所示。关闭图像还有以下几种方法：

- 双击图像窗口标题栏左侧的“控制窗口”图标，如图 2.9 所示。

- 单击“文件/关闭”菜单命令。
- 按下 Ctrl+W 或 Ctrl+F4 组合键。

以上方法均可关闭当前活动的图像窗口。如果打开了多个图像窗口，并想将它们全部关闭，则可以执行“文件/关闭全部”菜单命令或按下 Alt+Ctrl+W 组合键，这样就可以将打开的图像文件全部关闭，而不用逐一进行关闭，如图 2.10 所示。

图 2.9 关闭图像窗口

图 2.10 关闭全部图像窗口

5. 置入图像

Photoshop CS6 是一个位图编辑软件，但它提供了置入矢量图像的功能，该功能能将 EPS、AI 和 PDF 等格式的图像贴置于已打开的图像中，它主要用于将一个矢量式图像插入到 Photoshop 图像中并转换成点阵式图像。

要将 EPS、AI 或 PDF 的图像插入到图像中，可进行如下操作：

（1）打开一个要往其间置入图像的背景图像。

（2）执行“文件/置入”菜单命令打开如图 2.11 所示的“置入”对话框。

（3）在“文件类型”列表框中选定要插入的文件格式（EPS、AI 或 PDF 等），然后搜索文件存放的位置。假设从 Photoshop CS6 的安装目录中插入一个 PDF 的图形文件，其文件名路径如图 2.11 所示。接下来选定要插入的文件名，在如图 2.12 所示的对话框中，用鼠标单击需要选择的 PDF 文件中的页面，再单击“确定”按钮即可将一个 EPS、AI 或 PDF 的图像插入到图像中。

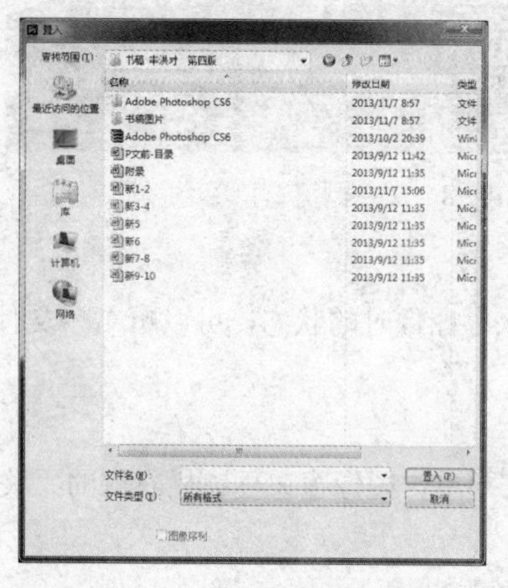

图 2.11 “置入”对话框

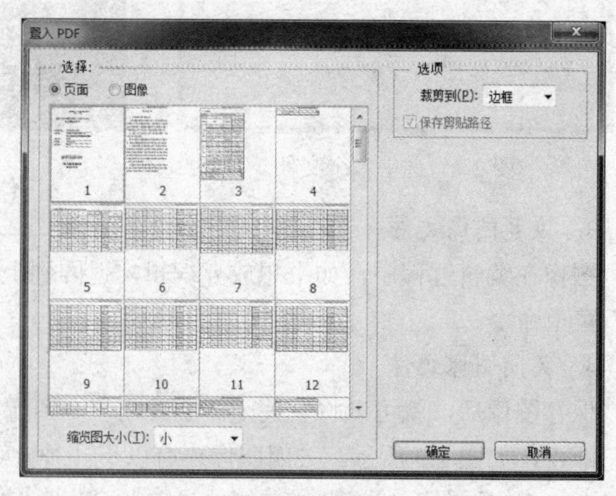

图 2.12 PDF 页面选择对话框

如图 2.13 所示，插入一个 EPS、AI 或 PDF 的图像文件后，在图像中会增加一个新图层，并且在确认粘贴之前是浮动的，可以改变它的位置、大小和方向。此时若按下 Esc 键则可取消置入图像。

图 2.13　置入后的图像

将鼠标指向浮动图像的矩形框线内，按下鼠标拖动即可移动图像到新位置，如图 2.14 所示，将鼠标指向框线边缘的控制点上，鼠标指针变为↖↘ ↙↗ ↔ ↕ 的光标时，按下鼠标拖曳可改变图像大小。若按下 Shift 键并拖曳还可以固定比例进行放大和缩小，如图 2.15 所示。若将鼠标移到框线外侧变成↷的光标时拖曳，即可改变图像的方向，如图 2.16 所示。设定完毕后，在图像框线内双击即可确认将图像置入。

图 2.14　移动图像位置

图 2.15　改变图像大小

图 2.16　改变图像方向

完成置入后，在“图层”面板中将增加一个新图层。使用“置入”命令置入图像事实上与用“粘贴”命令粘贴图像的操作是一样的。使用“粘贴”命令也可以将一幅矢量图从其他软件中复制后粘贴到 Photoshop 图像中。

2.2　图像窗口的操作

在 Photoshop 中可以同时打开多个图像，因此，经常要在多个图像之间进行切换，改变图像窗口的颜色模式以及改变图像窗口的位置和大小、新建图像窗口等。这些操作能使编辑图像更加便捷，简化操作，下面就介绍这方面的内容。

2.2.1　改变图像窗口的位置和大小

要把一个图像窗口摆放到屏幕适当的位置，需要进行窗口移动。移动的方法很简单，首先将光标移动到窗口标题栏上按下鼠标不放，然后拖动图像窗口至适当的位置松开鼠标即可。

图像窗口也可以进行缩小和放大。将鼠标指针移动到图像窗口的边框上，当鼠标指针变成↖↘ ↙↗

↔↕ 的形状时，按下鼠标拖动即可改变图像窗口的大小。

2.2.2 图像窗口切换

在编辑图像时，为了方便操作，经常要将图像窗口以最大化或最小化显示，所以，就要使用图像窗口标题栏右侧“最小化”▭或“最大化”▭按钮，来缩小或放大窗口。

当打开多个图像后，屏幕会显得很乱。为了查看方便，就要进行窗口排列。执行“窗口/排列/六联”菜单命令，如图 2.17 所示，可将图像窗口以六联窗口的方式排列，效果如图 2.18 所示。还可以执行“窗口/排列/四联”等菜单命令，可将图像窗口以四联窗口方式排列，如图 2.19 所示。

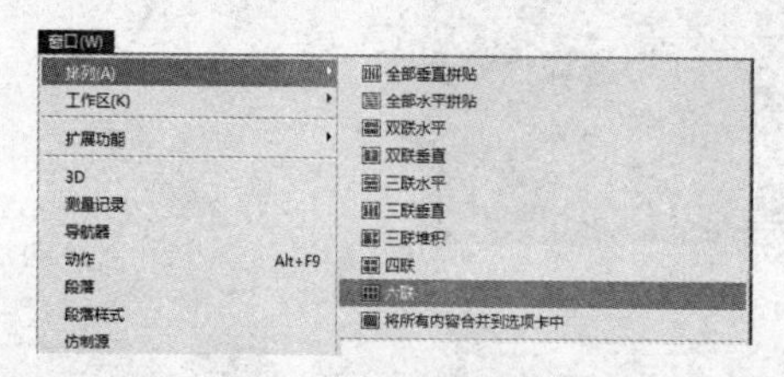

图 2.17 “窗口/排列”菜单

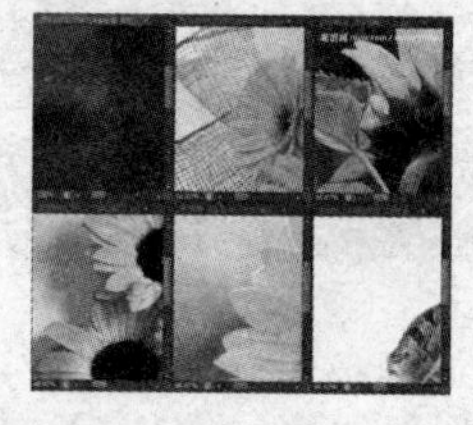

图 2.18 六联窗口显示

图 2.19 四联窗口显示

在 Photoshop 中，对多个图像窗口进行切换有多种方法。

（1）单击打开“窗口”菜单，可以看到在“窗口”菜单最底部显示出当前已经打开的文件清单，单击上面的文件名即可切换至该窗口，使之成为当前活动的窗口，其中打“√”号的表示当前活动窗口。

（2）用快捷键进行切换，可按下 Ctrl+Tab 或 Ctrl+F6 组合键切换到下一个图像窗口，按下 Ctrl+Shift+Tab 或 Ctrl+Shift+F6 组合键切换到上一个图像窗口。

2.2.3 切换屏幕显示模式

在 Photoshop 中有 3 种不同的屏幕显示模式：普通模式、带有菜单栏的全屏模式和全屏模式。3 种模式的切换可以通过如图 2.20 所示工具箱中的更改屏幕模式中的 3 个屏幕模式按钮来实现。

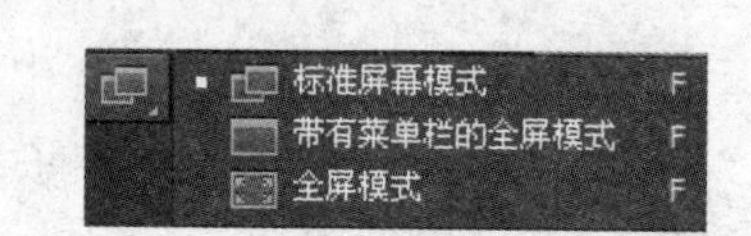

图 2.20 工具箱中的更改屏幕模式

其中，“标准屏幕模式”可切换至标准屏幕模式的窗口显示。该模式下，窗口显示 Photoshop 的所有组件，如菜单栏、标题栏和滚动条等；“带有菜单栏的全屏模式”可切换至带有菜单栏的全屏模式，在此模式下，不显示滚动条和标题栏，只显示菜单栏、图像显示区域和面板，以便提供较大的操作空间；“全屏模式”可切换至黑底模式，在此模式下，隐藏滚动条和标题栏，并以黑色的底色显示，这种模式可以非常清晰地查看图像效果。

2.2.4 新建图像窗口

在新建图像窗口之前，首先要弄明白新建图像窗口和新建图像文件的区别。新建一个图像文件是在没有图像的基础上建立一个图像窗口，代表的是一个新文件；新建图像窗口只是在当前活动窗口再新建一个或多个图像窗口，而并非再新建一个文件，新建图像窗口中的内容和原来窗口中的内容是属于同一个文件的。下面介绍新建图像窗口的过程。

首先打开一个图像窗口，然后执行“窗口/排列/为‘×××’新建窗口”菜单命令，即可出现一个当前图像的新窗口，新窗口的名字与原有窗口名字完全相同。

新建图像窗口是为了更加方便地对图像进行修改和编辑，例如当新建了两个图像窗口后，可以将图像窗口以不同的显示比例显示，然后进行编辑或查看这两个窗口中不同区域的图像内容。不管在哪一个图像窗口中进行了修改，都会马上反映到另一个图像窗口中，这样可使查看和编辑操作变得更加便利。

2.2.5　标尺、测量器、网格和参考线的使用

Photoshop CS6 提供了可以作为图像编辑时测量及定位的工具，这些工具分别是标尺、测量器、网格和参考线。

1. 标尺

标尺可以显示出当前光标所在位置的坐标值，使选择更加准确。执行“视图/标尺”菜单命令或按下 Ctrl+R 组合键可以显示出标尺，如图 2.21 所示。

当鼠标在窗口中移动时，其坐标值也会在标尺上随之改变。在默认情况下标尺的原点在窗口左上角，其坐标值为（0,0）。为了适应要求，方便操作，可以调整原点的位置，如图 2.22 所示，将鼠标指向标尺左上角的方格内按下鼠标拖曳，在适当处释放鼠标后，其原点即可改变。若要还原标尺的原始位置，可在标尺左上角双击，如图 2.23 所示。

图 2.21　标尺显示

图 2.22　改变标尺原点

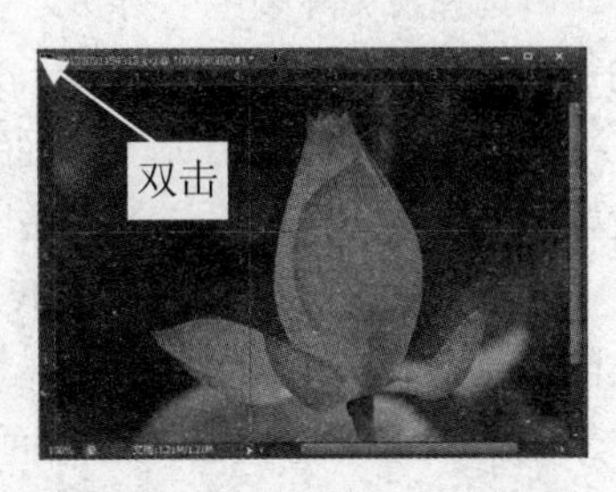

图 2.23　还原标尺原点

一般情况下标尺是以“厘米”为单位的，若习惯于使用其他单位时，可以执行“编辑/首选项/单位与标尺”菜单命令或在图像中双击标尺可打开“首选项”对话框，如图 2.24 所示。打开“单位与标尺”列表框，从中即可选择标尺的单位，如像素、英寸、厘米、点、派卡和百分比。

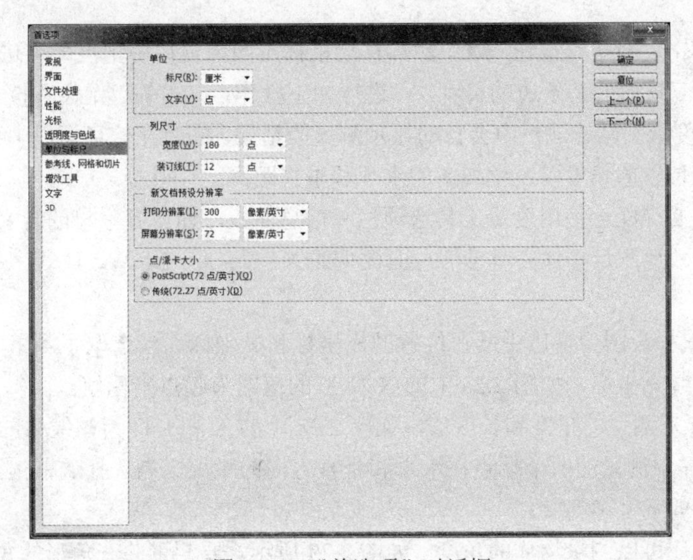

图 2.24　“首选项”对话框

此外，更改标尺的单位也可以使用信息面板。执行“窗口/信息”菜单命令打开信息面板，单击右侧的黑三角，打开面板菜单，如图 2.25 所示，执行其中的“面板选项”命令，打开“信息面板选项”对话框，如图 2.26 所示。在该对话框中即可设定：

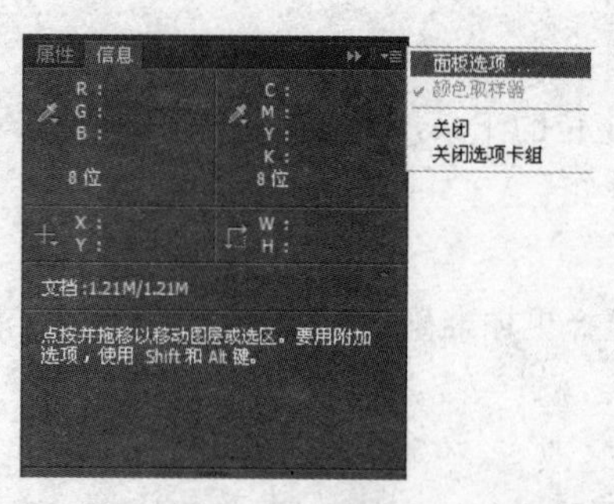

图 2.25　信息面板

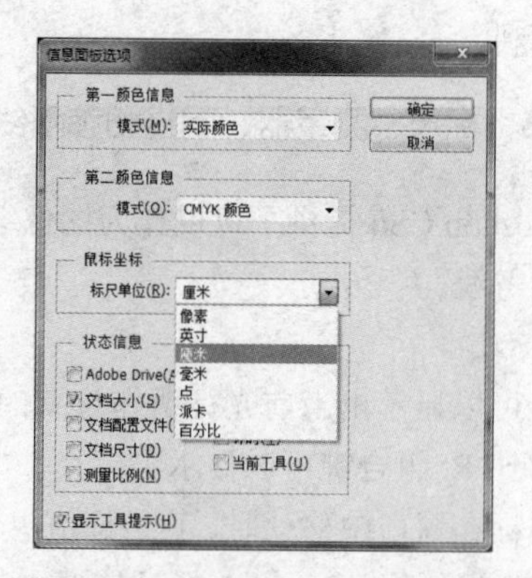

图 2.26　“信息面板选项”对话框

（1）第一颜色信息：信息面板中第一栏的颜色数据，可以任意选择不同颜色模式显示色彩信息。若选择“实际颜色”则以文件像素原本的模式及参数显示；若选择“油墨总量”则显示总印墨的量；若选择“不透明”则显示为不透明度等。

（2）第二颜色信息：信息面板第二栏的颜色数据，可以自由设定显示颜色信息，设定的方法同第一栏颜色信息。

（3）鼠标坐标：打开“标尺单位”列表框，从中可以设定标尺的单位。

当然，也可以直接在信息面板中切换标尺单位，如图 2.27 所示。

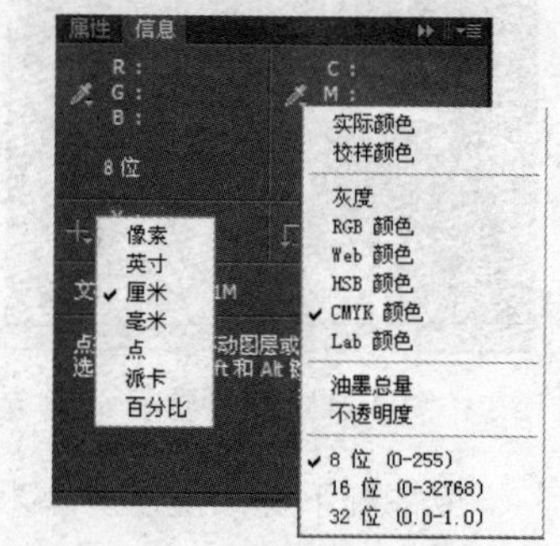

图 2.27　信息面板

2. 测量器

Photoshop CS6 提供了一个非常方便并且好用的测量工具，即度量工具。该工具可以测量图像中任何两点之间的距离，也可以测量物体的角度。

在工具箱中单击度量工具按钮（▭），然后移动鼠标至图像窗口中拖曳即可进行测量，如图 2.28 所示。假设要测量三角形的某条边的长度，可进行如下操作：在线条起始位置按下鼠标拖曳至线条的末尾处，此时，度量工具选项栏中会自动显示测量的结果，同时在信息面板中也可以看到测量出的长度和线条所在位置的角度以及该线条的水平和垂直距离。

使用度量工具必须配合使用度量工具选项栏和信息面板，懂得各字母的含义是非常有必要的，这样才能准确、有效地测量物体。对于信息面板中的 X、Y、A、L、W、H 等字母代表的含义解释如下：

X、Y：显示鼠标在图像窗口中所在位置的横坐标和纵坐标。当选取了测量工具后，则指定测量的起始坐标或者终点坐标，如图 2.28 中的 X 和 Y 的值即为起点坐标值。

A、L：分别显示测量的角度和长度值，如图 2.28 中的 A 和 L 即为该线条的角度和长度。

W、H：分别显示测量的两个端点在水平和垂直方向的距离。当选择选框工具选取范围时，即分别显示选择范围的宽度和高度。

使用度量工具还可以测量物体的角度。如图 2.29 所示，要测量此三角形的角度，可操作如下：

先按图 2.29 中拖曳测量出第一条线段，然后按下 Alt 键并移动鼠标到第一条线段一端点上光标成形状“⊿”时拖曳，如图 2.29 所示。在信息面板中可以看到测量后的结果，其中 A 后面数值即为三角形的角度，L1 后面的 217.79 为第一条线段长度，L2 后面的 171.00 为第二条线段的长度，而 X、Y 则为测量第二条线段的终点坐标。

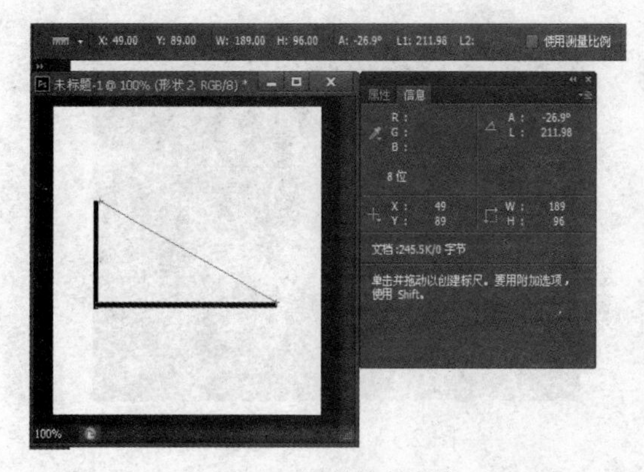

图 2.28　测量线的长度

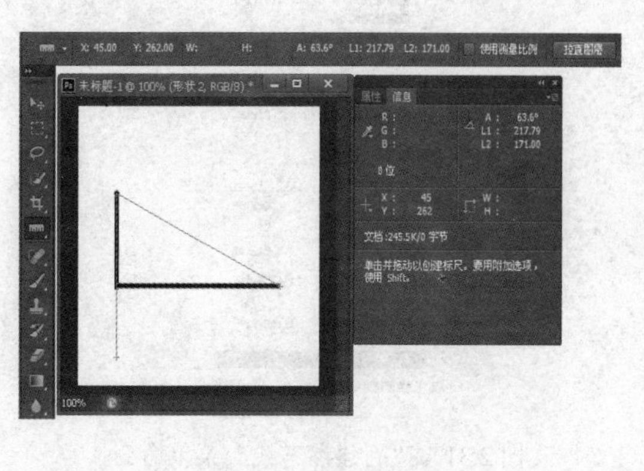

图 2.29　测量角度

需要说明的是，若按下 Shift 键并拖曳鼠标可以沿水平、垂直或 45 度角的方向进行测量；将鼠标移到测量线的支点上按下鼠标拖动，可改变测量的长度和方向；将鼠标移到测量线上拖动，可改变测量的位置。若要删除测量线，用鼠标将它拖出图像窗口即可。

3. 网格

网格可以用来对齐参考线，方便制作图像时对齐物体。显示和隐藏网格可以执行“视图/显示/网格”菜单命令或按 Ctrl+'组合键，图 2.30 为显示网格前后的图像。

隐藏网格

显示网格

图 2.30　显示/隐藏网格

执行“视图/对齐到/网格”菜单命令可以在移动物体时自动贴齐网格或者在选取区域时自动沿网格位置进行定位选取。

4. 参考线

参考线与网格一样也可以用于对齐物体到参考线，它比网格要方便得多，可以任意设定其位置。在使用参考线之前，首先必须建立参考线，这可以通过先显示标尺，然后在标尺上按下鼠标拖动至窗口中实现，如图 2.31 所示，也可以使用“视图/新建参考线”菜单命令打开的新参考线对话框实现。参考线可以建立多条，并按水平和垂直的方向建立。此外，参考线可以进行移动、显示或隐藏、锁定和删除等操作。

（1）移动参考线：先选择移动工具（![move]），再将鼠标指向参考线拖动即可移动参考线。若按下 Alt 键并单击参考线可使参考线在水平和垂直方向之间切换。

（2）显示或隐藏参考线：执行“视图/显示/参考线”菜单命令可以显示或隐藏参考线，如图 2.32 所示。

图 2.31 “新建参考线”菜单命令

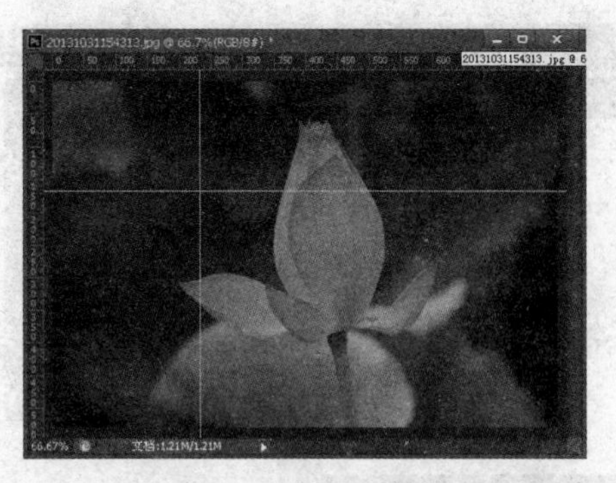

图 2.32 显示参考线

（3）锁定参考线：单击“视图/锁定参考线”菜单命令可锁定参考线，锁定后参考线不能移动。

（4）清除参考线：执行“视图/清除参考线”菜单命令可清除图像中所有参考线。如果只想删除其中某一条参考线，则可以用鼠标拖动参考线至标尺中的方法进行删除。

（5）对齐到参考线：执行“视图/对齐到/参考线”菜单命令可以在移动物体时自动贴齐参考线或者是在选取区域时自动沿参考线位置进行定位选取。

参考线和网格都可以设定更改其颜色和线型，执行“编辑/首选项/参考线、网格和切片”菜单命令打开预置对话框，如图 2.33 所示，从中可以设定网格和参考线的线型和颜色。

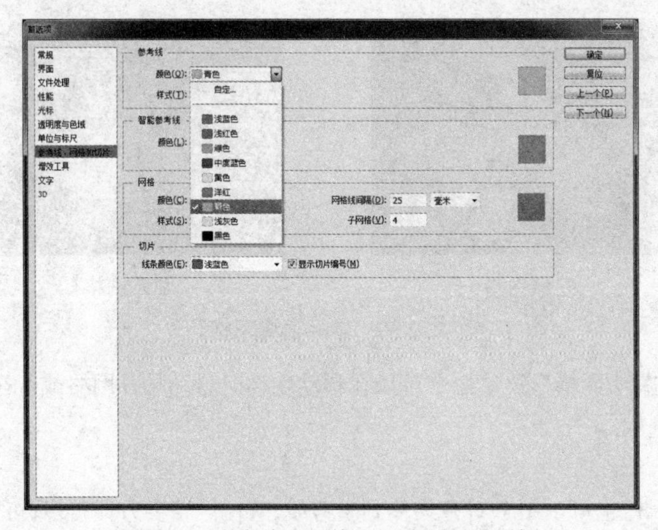

图 2.33 参考线、网格和切片预置对话框

- 参考线：用于选择参考线的颜色和线型（直线或虚线），当单击其右边的颜色框时，则可进行参考线颜色选择，也可以选择“自定”打开拾色器对话框选择参考线颜色。
- 网格：从中可以选定网格的颜色、线型（直线、虚线和点线）、网格线间距和子网格。子网格用于设定两个网格之间还可以平均细分为多少等份，范围在 1～100 之间，子网格只能用虚线表示。当单击其右边的颜色框时，则可进行网格线条颜色选择。

- 切片：用于选择切片线条的颜色，当单击其右边的颜色框时，则可进行切片线条颜色选择。

2.3　显示区域的控制

在制作图像时，经常要将图像进行缩小和放大显示，以便于编辑操作。比如，可以将一幅图像放大数倍后，进行填充颜色、绘制图形等操作。当图像放大后，往往在窗口中不能完整显示，这样就需要移动窗口中的图像，以便于编辑其他图像区域。下面就介绍如何改变图像的显示比例和移动图像的操作。

2.3.1　使用放大镜工具调整显示比例

在工具箱中单击缩放工具按钮（），如图 2.34 所示，再将鼠标移至图像窗口中变成带有“+”的放大镜形状时，单击鼠标可使图像的显示比例增大一倍。当要对图像窗口中的显示比例缩小时，可以按下 Alt 键，当光标为带有“－”的放大镜形状时，单击图像窗口。

需要注意的是，图像的显示比例是指图像中的每一个像素与屏幕上一个光点的比例关系，而不是与图像实际尺寸的比例。改变图像的显示比例，并不会改变图像的分辨率和图像尺寸大小。

使用缩放工具还可以指定放大图像中的某一块区域。只需将放大镜光标移到图像窗口中，然后拖曳鼠标选取一个要放大显示的范围即可，如图 2.35 所示。

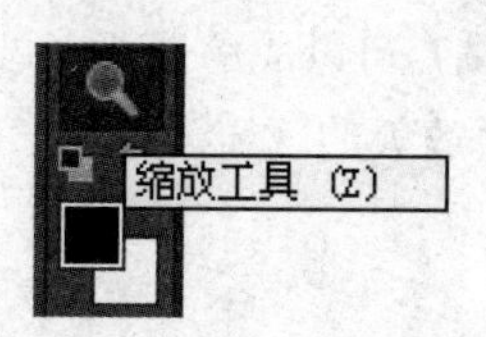

图 2.34　缩放工具按钮

图 2.35　指定放大图像中的某一块区域

此外，不管在工具箱中选中了哪一种工具，若按下 Ctrl+Space+单击，则可以实现放大图像显示比例；若按下 Alt+Space+单击，则可实现缩小图像显示比例。

缩放工具有一个选项栏与它配合使用。在选中缩放工具后，按下 Enter 键即可打开选项栏，如图 2.36 所示。选中面板中的“调整窗口大小以满屏显示”复选框，则 Photoshop 会在调整显示比例的同时调整图像窗口的大小，使窗口以最合适的大小显示在屏幕上。双击缩放工具按钮，可使窗口显示比例显示为 100%。

图 2.36　缩放工具选项栏

2.3.2　调整显示比例的其他方法

在 1.1.3 节中介绍状态栏时，已经谈到过利用状态栏左侧的显示比例框可以调整视图的显示比例。调整显示比例还有多种方法，可以使用“视图”菜单和“导航器”面板进行调整显示比例。

执行“视图/放大”和“视图/缩小”菜单命令，可以成倍地放大和缩小窗口的显示比例。此外，还有四个用于调整窗口大小的方法。

- 执行“视图/按屏幕大小缩放”菜单命令可使窗口以最合适的比例完整地显示出来。
- 执行“视图/实际像素”菜单命令可使图像以 100%的比例显示，即按 1:1 的比例显示。
- 执行“视图/打印尺寸”菜单命令可使图像按打印尺寸显示。
- 在任何时候，按下 Ctrl++或 Ctrl+-键可以成倍地放大或缩小窗口显示比例。

此外，如图 2.37 所示，使用选项栏中的适合屏幕、实际像素和打印尺寸也可以调整图像的显示比例。

图 2.37　缩放工具选项栏

利用 Photoshop 提供的导航器面板，可以很方便地实现调整显示比例，并且可以移动图像。执行“窗口/导航器”菜单命令可以打开导航器面板，如图 2.38 所示，使用面板的文本框和其右边的滑杆就可以实现调整显示比例。

图 2.38　导航器面板

- 在文本框中键入数值，然后按下 Enter 键即可调整图像的显示比例。放大比例的最大极限为 1600%，最小的极限由当前图像的分辨率和尺寸确定，通常在 0.4%以下。
- 拖动滑杆上的滑块（▲）可以随意缩小和放大窗口显示比例；单击滑杆左侧的按钮（▲）可以成倍地缩小显示比例，单击滑杆右侧的按钮（▲）可以成倍地放大显示比例。
- 按住 Ctrl 键，然后在导航器面板的缩略图上拖过想要放大的区域。

2.3.3　移动显示区域

图像在放大数倍或数十倍后，在窗口中是显示不下的，所以，要查看窗口中的其他内容，就需要借助滚动条才能查看。但在黑屏或是全屏显示的屏幕模式下，图像窗口不显示滚动条，因此，需要使用其他工具来移动。

在工具箱中单击抓手工具按钮（✋），然后将鼠标移到图像窗口中，如图 2.39 所示，此时光标呈小手形状，拖动即可移动窗口中的图像。若双击抓手工具按钮，则可以使窗口以最恰当的显示比例完整地显示出来，此功能与执行“视图/按屏幕大小缩放”菜单命令功能相同。

移动图像还可以使用导航器面板，如图 2.40 所示，将鼠标移动到面板中的红色框线内，此时光标呈小手形状，拖动即可移动窗口中的图像。其中红色矩形框内的区域代表当前窗口中显示的图像区域，而框外部分则表示没有显示在窗口中的图像区域。将鼠标移动到框线外的区域中，光标呈手形状，单击可以跳至当前位置显示图像。

图 2.39　抓手工具和图像的移动效果

图 2.40　利用导航器面板移动窗口

导航器面板的矩形框线可以自由设定其颜色。在导航器面板单击右上角黑色小三角形打开该面板菜单，执行其中的“面板选项”命令，如图 2.41 所示，打开如图 2.42 所示“面板选项”对话框，从中可以设定框线颜色。

图 2.41　导航器面板

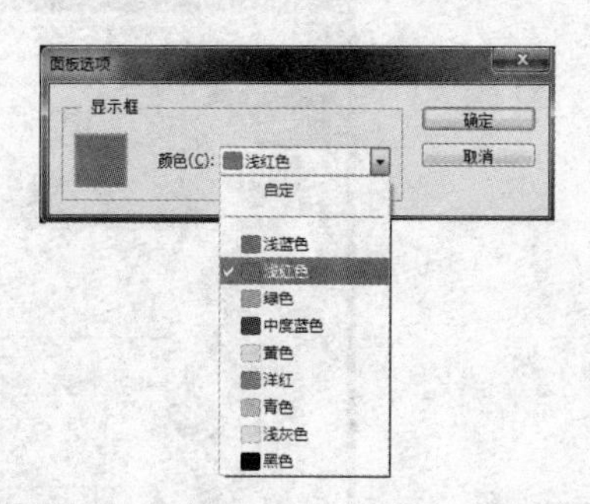

图 2.42　导航器 “面板选项”对话框

此外，在任何时候，若按下空格键，则光标在图像窗口中显示为手形光标，此时可以进行图像移动。

2.4　系统参数设置

在编辑图像时，往往需要根据个人的喜好对 Photoshop 的操作环境进行设置，这样有助于编辑操作，如设定网格和参考线的颜色、标尺和单位。除此之外，还可以设定内存、显示方式和光标、滤镜的位置等。

2.4.1　设定内存和磁盘

使用 Photoshop 需要相当大的内存，特别是在执行一些滤镜命令时，内存更是显得宝贵。使用 Photoshop 时提高性能的最佳方法是增加系统上安装的内存数量，增加安装的内存数量会极大地提高 Photoshop 的整体性能，内存的配置多多益善。在 Photoshop 中，可以对内存进行有效管理，以获得最佳的操作环境。

执行“编辑/首选项/性能”菜单命令，打开“首选项/性能”对话框，如图 2.43 所示。在“内存使用情况”选项组中，可以设定内存的使用率，可以在“让 Photoshop 使用”文本框中输入可以让 Photoshop 使用内存的数量，也可以通过下面的滑块来调节，内存数值越大 Photoshop 速度越快，但会减少系统可用的内存。

在编辑图像操作时，如果计算机中的内存不能满足操作需要，则 Photoshop 会自动启用硬盘空间作为虚拟内存来补充，这种方法称为虚拟内存技术。虚拟内存是在 RAM 数量不足时的工作阶段用来存放数据的磁盘空间，也称暂存盘。Photoshop 的虚拟内存技术通过将图像数据交换到硬盘驱动器上来打开和操作大图像。暂存盘上可用的空间数量必须大于或等于分配给 Photoshop 的内存数量。为保证较好性能，Photoshop 会将整个内存内容写入闲置时的暂存盘。如果暂存盘的可用空间不足，Photoshop 会退出占用的附加内存，而不管已分配给程序多少。这就是说，如果已给 Photoshop 分配 60MB，而在暂存盘上只有 10MB 的可用空间，则 Photoshop 只能使用 10MB 的内存。

在设定当内存不足时，用于作为虚拟内存的磁盘，如图 2.43 所示的对话框。在“暂存盘”选项组中可以设定 4 个可作为虚拟内存的磁盘，它们之间有优先顺序，只有当主磁盘（即在“1”框中选定的磁盘）中的空间不足时，才会使用“2”框中设定的磁盘，依此类推才能使用“3”和“4”框中设定的磁盘。单击“确定”按钮即可设定。

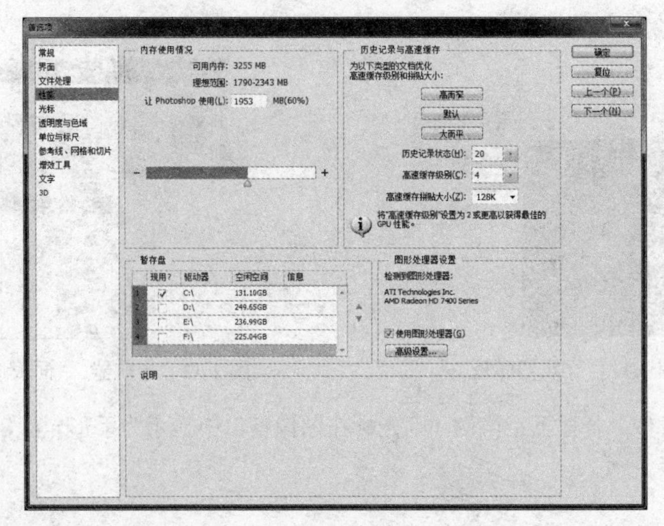

图 2.43 “首选项/性能”对话框

以下准则有助于分配暂存盘：

可以使用文件系统支持的多达 4 个任意大小的暂存盘。Photoshop 能使用这些暂存盘创建多达 200GB 的暂存盘空间。

- 要获得最佳性能，暂存盘应与正在编辑的任何大文件不在同一磁盘上。
- 暂存盘应不在用于虚拟内存的磁盘上。
- 暂存盘应为本机盘，也就是说，不应通过网络访问暂存盘。
- 暂存盘应为常规（不可移）介质，应定期去除碎片。
- RAID 磁盘阵列是专用暂存盘卷标的较好选择。

2.4.2 设定显示方式和光标

在 Photoshop 中，图像在屏幕上显示的效果与显示器颜色是息息相关的。一个 24 位的 RGB 图像能够表现出 1677 万种颜色（即通常说的真彩色），然而，在 256 色的显示模式（显示器颜色）下它所能表现出的颜色只能是 256 色。因此，在制作图像时，需要对显示器的颜色和一些显示方式进行设置。

在 Photoshop 中设置光标，方法是执行“编辑/首选项/光标”菜单命令，打开如图 2.44 所示的对话框。Photoshop 有很多种光标，选中某一工具后，在图像窗口中就以该工具的形状为光标，以便辨识当前所选择的工具。在工具绘图中，为了能够更精确地描绘图像，可以设置光标的形状。首先打开如图 2.44 所示的“首选项/光标”对话框，在“绘画光标”和“其他光标”选项组中即可选择。

绘画光标选项组主要用于设置绘图工具的光标，如铅笔、直线、画笔、图章、模糊和锐化、加深和减淡等工具。有 4 个单选项和一个复选项可以设置。

- 标准：用各种工具的形状作为光标，为标准模式。
- 精确：选择此项可以切换为十字形的指针形状。十字形的指针中心点为工具作用时的中心点，该形状的指针可以很精密地绘图和编辑。

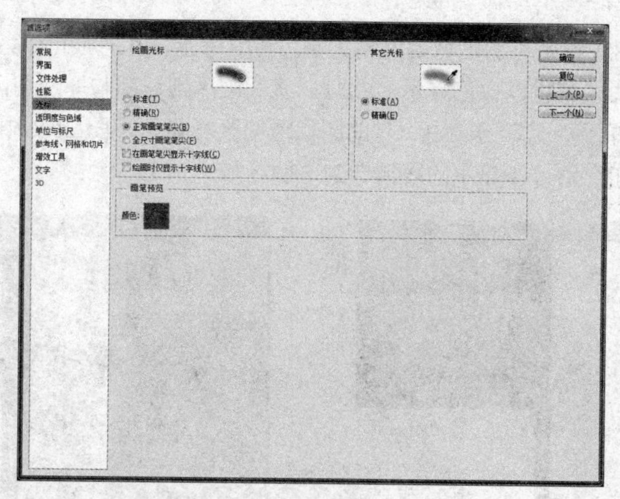

图 2.44　“首选项/光标”对话框

- 正常画笔笔尖和全尺寸画笔笔尖：选择此项时光标分别切换为不同画笔的大小显示，其光标的圆圈大小即是当前选择的画笔大小，这样可以精确地看到画笔所覆盖的范围。
- 在画笔笔尖显示十字线：此复选框只对正常画笔笔尖和全尺寸画笔笔尖有效，用于控制是否在画笔笔尖显示十字线。
- 绘画时仅显示十字线：此复选框只对正常画笔笔尖和全尺寸画笔笔尖有效，用于控制绘画时仅显示十字线。

其他光标选项组用于设定除绘图工具以外工具的光标。有两个选项可设置，即标准和精确。按下 Caps Lock 键可以快速切换光标显示。

2.4.3　设定透明区域显示

当对一个透明的“图层”进行操作时，可以设定透明区域的显示，以便于区分透明区域和非透明区域，这样可以对编辑图像带来方便。

要设定透明区域显示，首先执行“编辑/首选项/透明度与色域”菜单命令，打开如图 2.45 所示的“透明度与色域”对话框，从中即可设定透明区域的颜色：

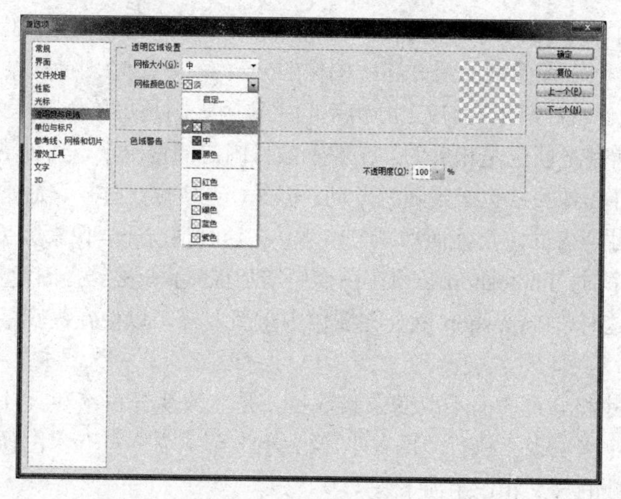

图 2.45　“透明度与色域”对话框

- 网格大小：用于设定透明区域的网格大小。其中有无、小、中和大 4 种选择。当选择“无”选项时，透明区域将以白色显示，此时，就很难区别透明与非透明区域了。图 2.46 与图 2.47 即为选择了“无”与“中”时的图像透明区域显示，图 2.47 中的图像与图层面板中的“预览缩图”的方格显示的区域即为透明区域。

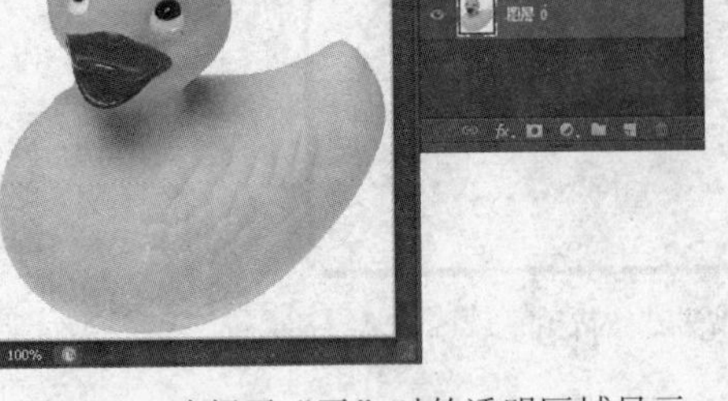

图 2.46 选择了“无”时的透明区域显示

图 2.47 选择了“中”时的透明区域显示

- 网格颜色：用于设定透明区域颜色。透明区域的网格是由两种颜色交叉组合而成的，一种是白色，另一种就是在列表框中选择的颜色。当选择“自定”选项时，会打开拾色器对话框自行选择一种颜色作为网格的颜色，选择后的颜色会显示在其右侧的预览框中。
- 色域警告：在该选项组中可以设定色域警告的颜色和不透明度。

2.5 图像的控制

2.5.1 图像的尺寸与分辨率的控制

不管是打印输出的图像，还是屏幕上显示的图像，制作时都需要设定图像的尺寸和分辨率。这样才能按要求去创作，同时也能节省硬盘空间或内存，提高工作效率。这是因为图像分辨率和尺寸越大，文件也越大，处理速度也越慢。

1. *修改图像尺寸和分辨率*

屏幕上图像的显示尺寸是由图像的像素尺寸加上显示器的大小和设置确定的，图像的文件大小与其像素尺寸成正比。一个图像的品质好坏跟图像的分辨率和尺寸大小是息息相关的，同样大小的图像，其分辨率越高图像就越清晰，而决定分辨率的主要因素则是每单位尺寸内所含有的像素数目。因此，像素数目与分辨率之间也是相关的。在像素数目固定的情况下，当分辨率变动时，图像尺寸也必定跟着改变，同样图像尺寸也必定随之变动。但是，在实际工作中，通常需要在不改变分辨率的情况下调整图像尺寸或者固定尺寸而增减分辨率，在这种情况下，像素数目也就会随之改变。当固定尺寸而增加分辨率时，Photoshop 必须在图像中增加像素，反之，当固定尺寸而减少分辨率时，则会删除部分像素，这时，Photoshop 就会在图像中重新取样，以便在失真最少的情况下增减图像中的像素数目。

要改变图像的尺寸和分辨率而不改变像素数目或是在改变分辨率和尺寸的同时增减像素都可使用“图像大小”命令来实现。执行“图像/图像大小”菜单命令打开“图像大小”对话框，如图 2.48 所示，其中各选项的含义和作用如下。

- 像素大小：用于显示图像宽度和高度的像素值，在文本框中可直接输入数值进行设定，可在其后面列表框中选择百分比，即占原图的百分比为单位显示图像的宽度和高度。

- 文档大小：用于设定更改图像的宽度、高度和分辨率，可在文本框中直接输入数字更改，在其后的列表框中也可以设定单位。
- 缩放样式：在调整图像实际大小时按比例缩放效果。
- 约束比例：选中此复选框可以约束图像高度和宽度的比例，即改变宽度的同时，高度也随之改变。当取消该选项后，高度和宽度列表框后面的连续符 会消失，表示高与宽无关，即改变一项的数值不会影响另一项。
- 重定图像像素：不选取此选项时，图像像素固定不变，能够同时改变尺寸和分辨率；当选中此项时，不会同时改变图像的分辨率与尺寸。可以在“重定图像像素”框中选择 4 种插值像素的方式，即增加像素数目时，在像素间插入像素的方式。
  - 邻近（保留硬边缘）：这种方式插值像素时，Photoshop 会以邻近的像素的颜色插入，其结果不是很精确，但执行速度快，适宜使用于没有色调的线型图。
  - 两次线性：选择此选项，在插值时会通过一种平均周围像素颜色值来添加像素，生成中等品质的图像。
  - 两次立方（适用于平滑渐变）：是一种将周围像素值作为分析依据的方法，速度较慢，但精度较高。“两次立方”使用更复杂的计算，产生的色调渐变比“邻近”或“两次线性”更为平滑。
  - 两次立方较平滑（适用于扩大）：选择此选项，在插值时会依据插入点像素颜色转变的情况插入中间色，是效果最精致的方式，一种基于两次立方插值且旨在产生更平滑效果的有效图像放大方法。
  - 两次立方较锐利（适用于缩小）：是一种基于两次立方插值且具有增强锐化效果的有效图像减小方法。此方法在重新取样后的图像中保留细节。

如果使用“两次立方较锐利”会使图像中某些区域的锐化程度过高，可以尝试使用“两次立方（自动）”。

要设定插值像素的方式，也可以通过执行“编辑/首选项/常规”菜单命令，打开如图 2.49 所示的对话框，在“图像插值”列表框中完成。

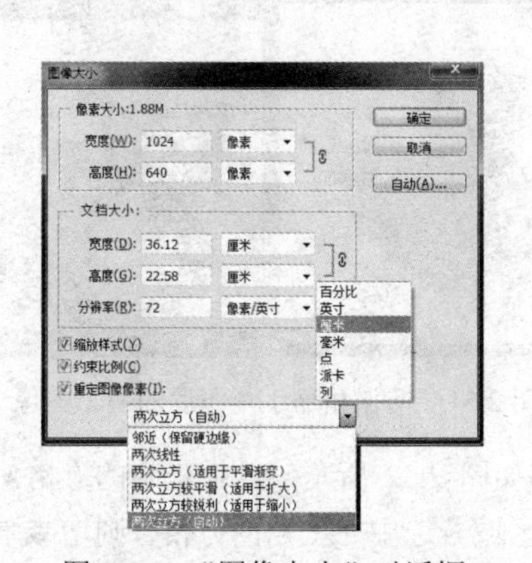

图 2.48　“图像大小”对话框

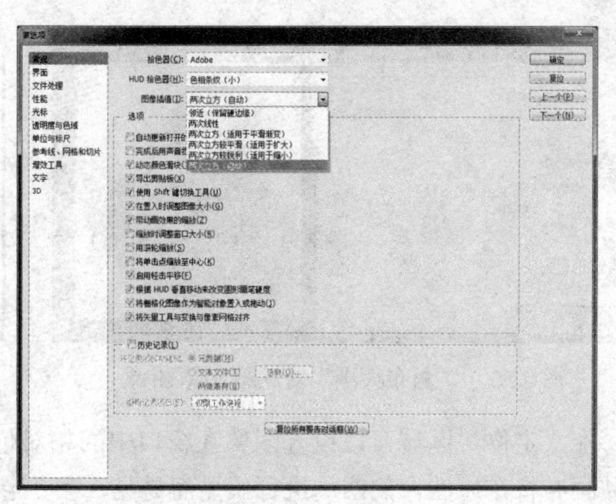

图 2.49　“首选项/常规”对话框

在“图像大小”对话框中，若按下 Alt 键，则“取消”按钮会变成“复位”按钮，单击“复位”按钮可以使对话框各选项的内容重新设置为打开对话框之前的设置。在 Photoshop 的大多数对话框中都有此功能。

在实际工作中，有时只修改图像的尺寸而不改变分辨率或只修改分辨率而不改变图像尺寸，常常被弄得晕头转向，因此，要更改图像的分辨率，可按如下方法进行：

（1）打开需要修改的图像文件，然后执行“图像/图像大小”菜单命令，打开如图 2.48 所示的“图像大小”对话框。

（2）在对话框中根据需要更改的内容（文档大小、图像分辨率或两者都更改）选择执行下列操作。

- 更改文档大小并按比例更改图像中的像素总数，则确保已选取“重定图像像素”，然后按照选取插值方式中所述，选择一种插值方式。
- 更改分辨率并按比例更改图像中的像素总数，则确保已选取“重定图像像素”，然后按照选取插值方式中所述，选择一种插值方式。
- 更改文档大小和分辨率，而不更改图像中的像素总数，则不要选择“重定图像像素”。

（3）保持图像当前的高宽比，选取“约束比例”，该选项在更改高度时，会自动更新图像宽度，反之亦然。

（4）对于“分辨率”，输入一个新的数值，如果需要，选择一种新的度量单位。

（5）最后单击“确定”按钮，即可按需要完成更改图像的分辨率。

2. 修改图像的版面尺寸

使用“图像大小”命令可以将原有的图像进行放大和缩小，但是它始终不会增加图像的空白区域或裁切掉原图像中的边缘部分。因此，要在图像中增加空白的区域，则必须用“画布大小”命令，此命令可以在原图像之外增加空白的工作区域，来增大绘图的空间或者裁切掉图像的边缘内容。

执行“图像/画布大小”菜单命令，打开“画布大小”对话框，如图 2.50 所示，其中，当前大小选项组用于显示当前图像的实际大小。在新建大小选项组中则可以设定宽度和高度值。当该值的设定大于原图像的尺寸时，Photoshop 就会将放大的图像在原图像基础上增加工作区域，如图 2.51（左）所示；当该值的设定小于原图尺寸时，则 Photoshop 会将缩小的部分裁切掉，如图 2.51（右）所示。

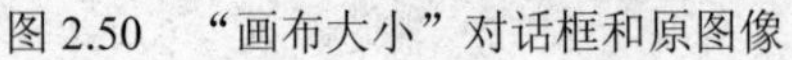
图 2.50 “画布大小”对话框和原图像

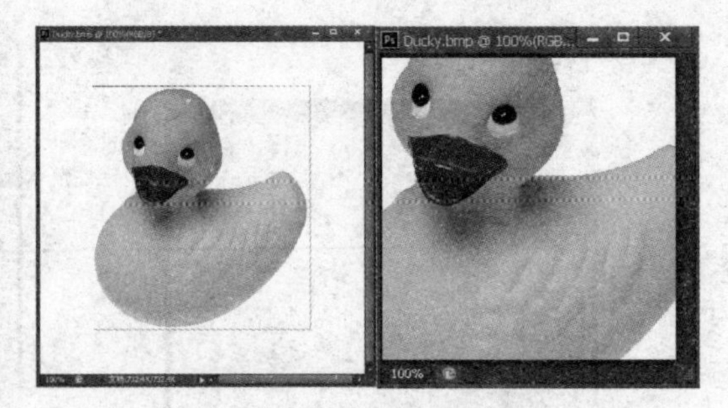

图 2.51 增加和缩小画布后的两个图像

在“定位”区域可以设置图像在窗口中的相对位置，如图 2.52 所示，选中正中的方格，表示增减画布将在原图像的四周进行。显而易见，在“定位”区域若选中左上角的方格，则增减画布将以左上角为基准进行，如图 2.52 所示，其他方格的作用与此类似。

当缩小图像的画布时，Photoshop 会给出提示对话框，提示“新图像尺寸小于原来尺寸，继续将会裁切掉部分图像”，单击“继续”按钮进行裁切。

图 2.52　在定位区域选中左上角方格与画布变化状况

3. 裁切图像

使用画布命令可以进行图像裁切，但是，此方法难以准确地掌握裁切后的结果。因此，Photoshop 提供了一个既方便又好用的工具，即裁切工具。使用裁切工具不但可以自由控制裁切的大小和位置，而且可以在裁切的同时旋转图像、改变图像分辨率等操作。关于图像裁切可以参见 4.1.4 节中的内容。

2.5.2　图像颜色模式转换

在 Photoshop 中，可以自由地转换图像的各种颜色模式。将图像从一种模式转换为另一种模式会永久性地改变图像中的颜色值。例如，将 RGB 图像转换为 CMYK 模式时，CMYK 色域之外的 RGB 颜色值被调整落入 CMYK 色域之内，因此，转换图像颜色模式之前，最好执行以下操作：

- 在图像原来模式下，进行尽可能多的编辑工作。
- 在转换之前保存一个备份。为了能在转换之后编辑原来的图像，一定要保存包含所有图层的图像备份。
- 在转换之前拼合文件。当模式更改时，图层混合模式之间的颜色相互作用也将改变。

需要说明的是，以下的模式转换会拼合文件： RGB 到索引颜色或多通道模式，CMYK 到多通道模式，Lab 到多通道、位图或灰度模式，灰度到位图、索引或多通道模式，双色调到位图、索引或多通道模式。

在选择颜色模式时，通常要考虑到以下几个方面的问题：

（1）图像输出和输入方式。输出方式就是图像是以什么方式输出，若以印刷输出则必须用 CMYK 模式存储，若只是在屏幕上显示，则以 RGB 或索引颜色模式输出较多。输入方式是指在扫描输入图像时以什么模式存储，通常使用的是 RGB 模式，因为该模式有较广阔的颜色范围和操作空间。

（2）编辑功能。在选择颜色模式时，需要考虑到在 Photoshop 中能够使用的功能，例如 CMYK 模式的图像不能使用某些滤镜，位图模式下不能使用自由旋转、图层功能等。所以，在编辑时可以选择 RGB 模式来操作，完成后存储为其他模式，这是因为 RGB 图像可以使用所有滤镜和其他 Photoshop 的功能。

（3）文件占用的内存和磁盘空间。不同颜色模式保存的文件的大小是不一样的，索引颜色模式的文件大约是 RGB 模式文件的 1/3，而 CMYK 模式的文件又比 RGB 模式的文件大得多，而文件越大所占用的内存越多，因此，为了提高工作效率和操作速度，可以选择文件较小的模式，但同时还应考虑到上述两个方面的问题，比较而言，RGB 模式是最佳选择。

1. 位图模式和灰度模式间的转换

要将一个位图模式的图像转换为灰度模式，首先执行“图像/模式/灰度”菜单命令，这时会出现一个灰度对话框，如图 2.53 所示提示是否去掉颜色，单击“确定”按钮，即完成位图模式向灰度模式的转换。若选择不再显示选项，那么，以后将一个位图模式的图像转换为灰度模式图像时，不再出现此对话框。

灰度模式转换为位图模式。灰度模式的图像是一个只有黑白两色调的图像，因此，转换成位图模式后的图像不具有 256 个色调，转换时会将中间色调的像素按指定的转换方式转换成黑白像素。只有灰度模式的图像才能转换为位图模式，所以，彩色模式在转换为位图模式时，都必须先转换成灰度模式。将灰度模式转换为位图模式，步骤如下：

（1）打开要转换的图像，执行“图像/模式/位图”菜单命令，打开如图 2.54 所示的“位图”对话框。

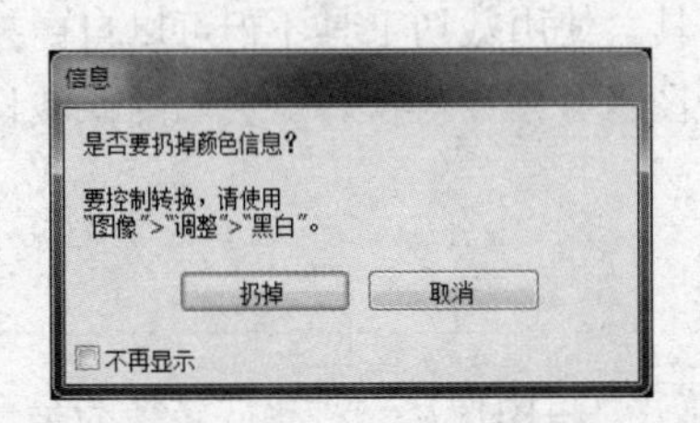

图 2.53 转换灰度提示对话框

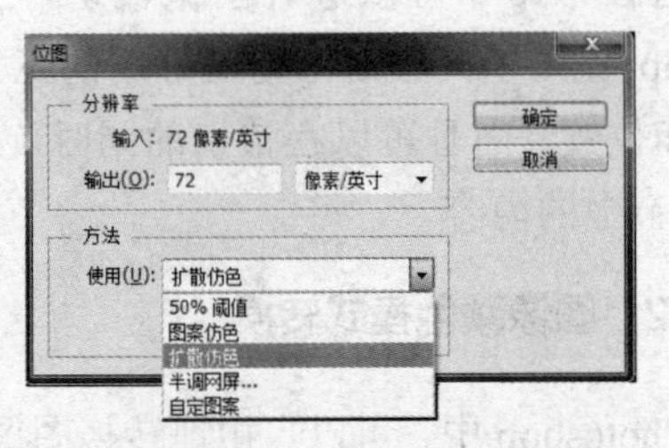

图 2.54 “位图”对话框

（2）在对话框中，设置转换位图图像的方式和转换后的分辨率大小。

- 分辨率：此选项组用于设定图像分辨率，其“输入”中显示的数字是原图像的分辨率，而在“输出”文本框中设定的是转换后图像的分辨率（其值在 1～1000 之间），当设定值大于原图的分辨率时，图像会变小，反之图像会变大。
- 方法：该选项组用来设定转换为位图模式的方式。
  - 50%阈值：将灰度值大于 128 的像素变成白色，灰度值小于 128 的像素变成黑色。即将较暗的色调转为黑色，较亮的色调转为白色。
  - 图案仿色：按规则的递色方式叠加一些几何图形显示灰度，产生较丰富的层次感。
  - 扩散仿色：从图像左上角的第一个像素开始对灰度值求偏差，高于 128 变为白色，低于 128 转换为黑色。这种算法能较完整地保持原来图的信息。
  - 半调网屏：选择此项转换时，Photoshop 会提示“半调网屏”对话框，如图 2.55 所示，其中频率选项可用于设置每英寸或是每厘米多少条网屏线；角度选项用于决定网屏的方向；形状选项用于选取网眼形状，有 6 种形状可供选择：圆、菱形、椭圆、直线、正方形和十字形。

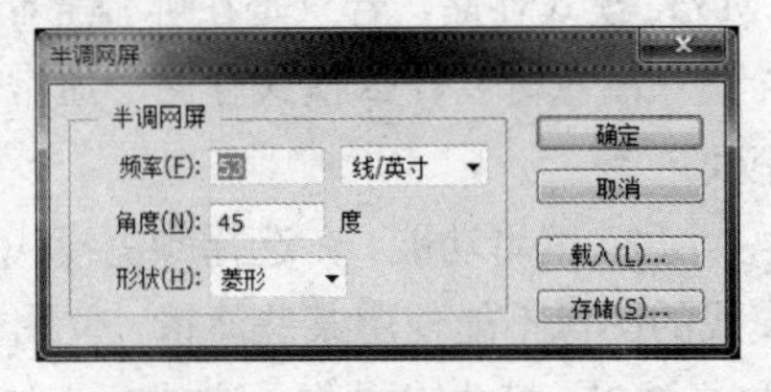

图 2.55 “半调网屏”对话框

  - 自定图案：如图 2.56 所示，选择此选项后，其下的自定图案中出现默认的自定图案，可通过单击其右边的小按钮，打开图案选择对话框，如图 2.57 所示，此时可选择一种自定义图案，也可以单击其右上角的三角形按钮，打开选项菜单，进行定义新图案、复位图案、载入图案等操作。

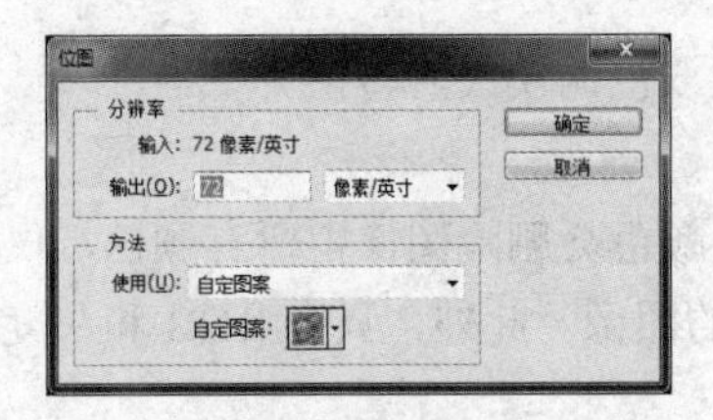

图 2.56　在位图中选择自定图案

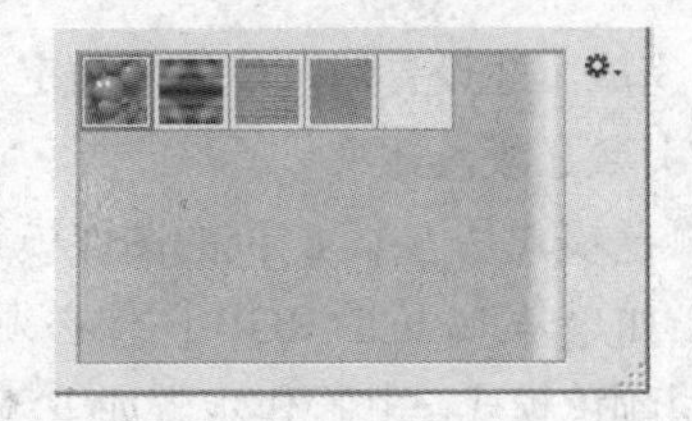

图 2.57　自定义图案及其选项

2. 灰度模式转换为双色调模式

只有灰度模式的图像才能转换为双色调模式，所以要从其他模式转换成双色调模式，必须先转换成灰度模式。下面介绍将灰度模式转换成双色调模式的方法。

（1）先打开需要转换的图像，执行“图像/模式/双色调”菜单命令打开“双色调选项”对话框，如图 2.58 所示。

（2）在对话框中可设置色调类型，即色调数目。有 4 种类型可供选择：单色调、双色调、三色调和四色调。选中某色调类型，在其下就有对应色调类型的油墨选项被激活。比如选择双色调时，则油墨 1、油墨 2 选项会被激活，如图 2.58 所示。

（3）选定色调数目后，接着可以设定油墨颜色。单击对话框中的颜色框，可以打开“拾色器”对话框，在“拾色器”对话框中点击“颜色库”按钮打开如图 2.59 所示“颜色库”对话框，从中选择油墨的颜色。

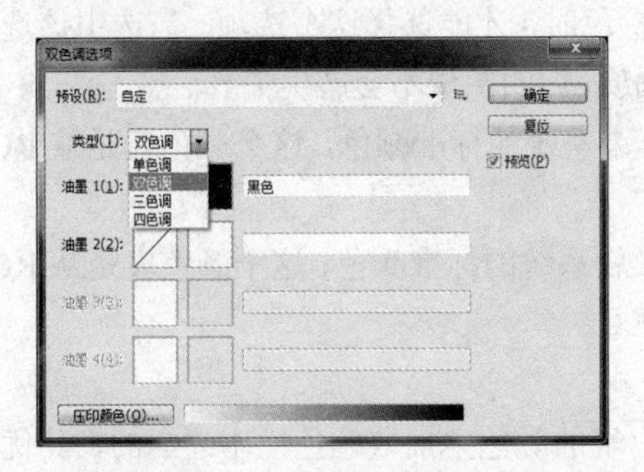

图 2.58　“双色调选项”对话框

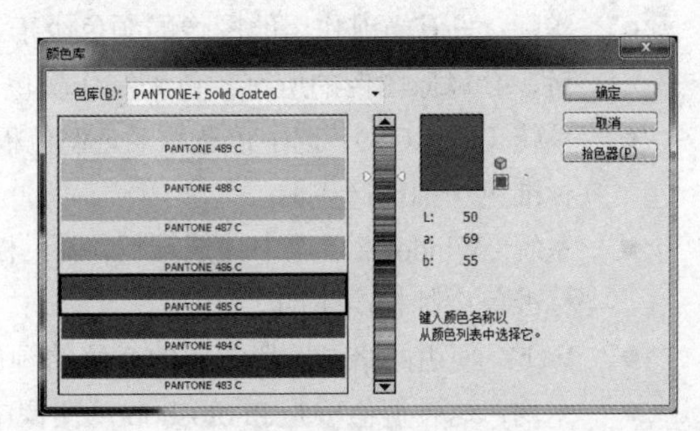

图 2.59　“颜色库”对话框

（4）对话框的油墨 1、油墨 2 等选项最左面的方框为色调曲线设置框，单击此方框会打开“双色调曲线”对话框，如图 2.60 所示。通过改变方框中曲线的形状可以改变油墨颜色的响应曲线。当改变曲线形状后，其右边文本框中的数字也发生相应的变化，也可以通过键入数值改变曲线形状。当调整满意后，单击“确定”按钮完成设定，其设定的曲线形状将显示在“双色调选项”对话框中，如图 2.60 所示的是油墨 2 设定的曲线显示。

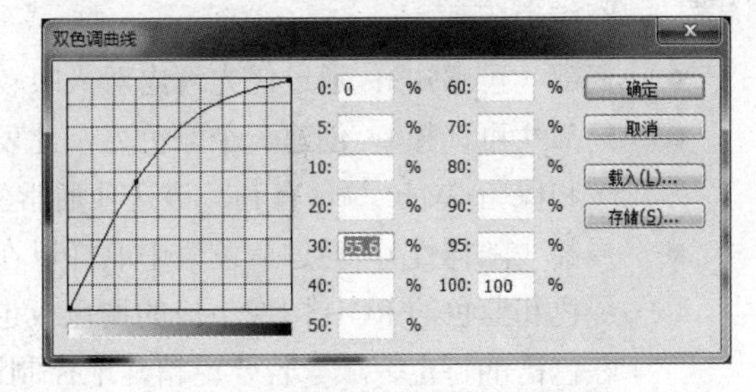

图 2.60　“双色调曲线”对话框

（5）单击“压印颜色”按钮可打开“压印颜色”对话框，如图 2.61 所示，从中设定油墨叠印部分在屏幕上显示的颜色。对话框中有 11 个颜色框，每一个颜色代表某两种油墨混合的颜色。选择双色调时，只有 1+2 颜色框被激活；选择方框时，有 1+2、1+3、2+3、1+2+3 四种组合。在选择四色调时，有 11 种组合。“压印颜色”对话框是让预览油墨叠印时在屏幕显示的颜色，并非实际输出的颜色设置，所以，实际输出时不会按照此设定。

（6）完成上述设置后，单击“确定”按钮即可完成双色调模式的转换。

3. 索引颜色模式转换

索引颜色模式是一个 8 位的图像模式，转换为索引颜色会删除图像中所有颜色，仅保留 256 色。因此，如果是 16 位的 RGB 图像必须先转换成 8 位的图像。此外，只有 RGB 和灰度模式才能转换为索引颜色模式，其操作步骤如下：

首先打开要转换的图像，执行“图像/模式/索引颜色”菜单命令，打开如图 2.62 所示的“索引颜色”对话框，接下来在对话框中可设置转换模式的各个参数。

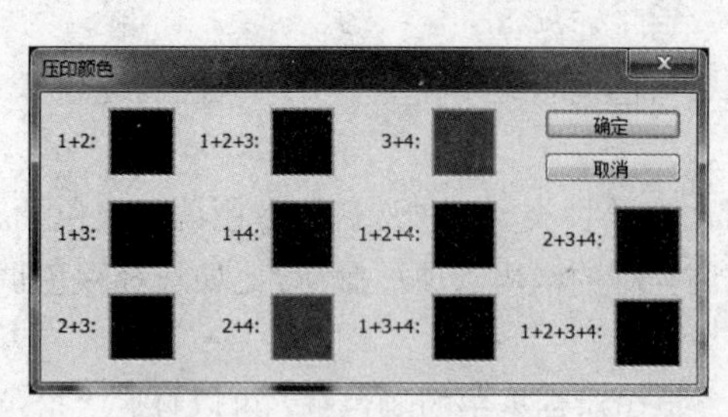

图 2.61 “压印颜色”对话框

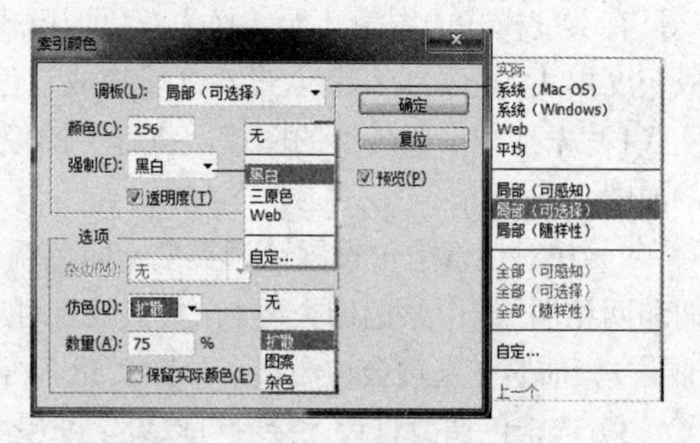

图 2.62 “索引颜色”对话框

（1）调板：该列表框用于选择转换图像的颜色表，有以下方式可以选择：

- 实际：只有当前作用的图像的颜色少于 256 种颜色时，才能选择这个选项。当选中该选项后，会以原图像的所有颜色来制作颜色表，其转换后的图像不会产生失真。
- 系统（Mac OS）：选中该选项后，调色板使用苹果系统的标准颜色，这个颜色表是从 RGB 标准色中抽样产生的。
- 系统（Windows）：选中该选项后，调色板使用微软系统的标准颜色，这个颜色表是从 RGB 标准色中抽样产生的。
- Web：使用网络浏览器常用的 8 位的颜色表。
- 平均：这种调色板是 Photoshop 从图像中最常出现的颜色中抽取颜色样本建立的，其优点是图像转换后失真较小，但是由于每一个图像的颜色表各不相同，因此会造成文件间相互合成的困难。
- 局部（可感知）：通过优先考虑对人眼较敏感的颜色来创建自定面板。
- 局部（可选择）：创建一个颜色表，此表与“可感知”颜色表类似，但对大范围的颜色区域和保留 Web 颜色有利。该选项通常生成具有最大颜色组合的图像。
- 局部（随样性）：通过从色谱中取样以在图像中显示最多的颜色来创建面板。例如，只有绿色和蓝色的 RGB 图像生成的调色板也主要由绿色和蓝色组成。大多数图像的颜色集中在色谱的特定区域。若要更精确地控制调色板，先选择图像中包含要强调的颜色的部分。Photoshop 会增强对这些颜色的转换。
- 自定：这个选项可以建立自己的调色板。选中此命令后，单击“确定”按钮，会显示颜色表对话框，可在这个对话框里编辑颜色表，并且能存储或者载入到早先建立的颜色表。
- 上一个：选择此项，选择的颜色与上一次转换的相同。

（2）颜色：该选项用于设定每一个像素所占有的位深，可设定 3～8 位/像素。位数越多其获得色彩越多，其值为 2～256 之间的整数。

（3）强制：在颜色表中强制加入下拉列表中的选项。

（4）仿色：由于转换成索引色模式后，部分颜色在 256 色下无法显示，所以，选用仿色方式可以模拟这些颜色表中没有的颜色，有 4 个选项可以供选择。

- 无：选中此项后，会把颜色表中与图像所要求的颜色最接近的颜色加到图像中。
- 扩散：用逐渐扩散加入相似的颜色来模拟缺少的颜色。
- 图案：使用几何图案仿色，规则地加入近似色彩来模拟无法表现的颜色，此选项只有在“面板”选项选中苹果机系统、Web 网、平均时才有效。
- 杂色：如果想将图像分割后用于网页，此选项可以减少分割出图像接缝处的锐利度。

（5）保留实际颜色：选择此选项，可以在保持精密的颜色下进行仿色。该选项只有当选择了“扩散”方式时才有效。

在“索引颜色”对话框设置完上述参数后，单击“确定”按钮即可完成转换。

当一个 RGB 图像转换成索引颜色模式后，“图像/模式/颜色表”菜单命令会激活，单击此命令可打开如图 2.63 所示的“颜色表”对话框。在对话框中可以编辑或保存图像的颜色表或者选择和安装其他的颜色表来改变图像颜色。在“颜色表”列表框中有 6 种默认的颜色表可供选择。

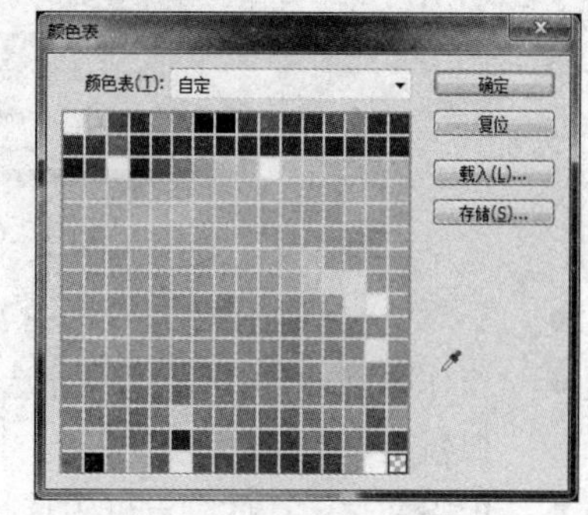

图 2.63　“颜色表”对话框

- 自定：自己定义颜色表。
- 黑体：当一个黑色物体被加热后，会由温度的不断升高而产生从黑到红到白的颜色，这个表格就是基于此建立的。
- 灰度：从黑到白的 256 个灰度色调组成的颜色表。
- 色谱：基于自然光谱，即红、橙、黄、绿、青、蓝、紫建立的颜色表。
- 系统（Mac OS）：苹果公司提供的系统颜色表。
- 系统（Windows）：微软公司提供的系统颜色表。

将带层的图像转换为索引色模式时，在执行“图像/模式/索引颜色”菜单命令之后，会出现 “是否合并层”的提示对话框，单击“确定”按钮后将会合并图层。因此，将带图层的图像转换为索引颜色模式时，最好先做一备份，以免转换后不能恢复。

4. Lab 模式的转换

Lab 模式是颜色范围最广的一种图像模式，它可以涵盖 RGB 和 CMYK 的颜色范围，并且 Lab 模式是一种独立的模式，无论在什么设备中都能够使用并输出图像。因此，从其他模式转换为 Lab 模式时不会产生失真。要转换为 Lab 模式的图像，可以执行“图像/模式/Lab 颜色”菜单命令。

5. RGB 和 CMYK 模式的转换

要转换 RGB 和 CMYK 模式，只需执行“图像/模式/RGB 颜色”和“图像/模式/CMYK 颜色”菜单命令即可。当一个图像在 RGB 和 CMYK 间经过多次转换后，会产生很大程度的数据损失，因此，应该尽量减少转换次数或制作备份后再进行转换。

若执行“视图/色域警告”菜单命令，则可以在各种颜色模式下显示超出印刷范围的颜色区域（即溢色区域），以便有效地查看最终印刷结果。

RGB 是屏幕显示的模式，也可以说是显示器的显示模式，而 CMYK 模式则是一种印刷输出的模式，由于显示器的显示模式是 RGB 模式，因而 CMYK 模式必须先转换为 RGB 才能在屏幕上显示。因此，要使 RGB、CMYK 的图像能够在屏幕上显示其效果，则还需要正确设置它们的颜色范围以及显示器的颜色范围。

6. 颜色概貌和颜色设置

ICC 颜色概貌是由国际色彩组织定义的跨程序标准，可以帮助用户在不同的平台、设备和遵从 ICC 的应用程序之间准确地重现颜色。使用 ICC 颜色概貌可以极大地简化色彩的管理。设置 ICC 颜色概貌的方法如下：

打开要设置概貌的图像文件，执行“编辑/指定配置文件”菜单命令，打开如图 2.64 所示的“指定配置文件”对话框，在指定配置文件框中选择一种概貌设置，单击“确定”按钮保存设置。

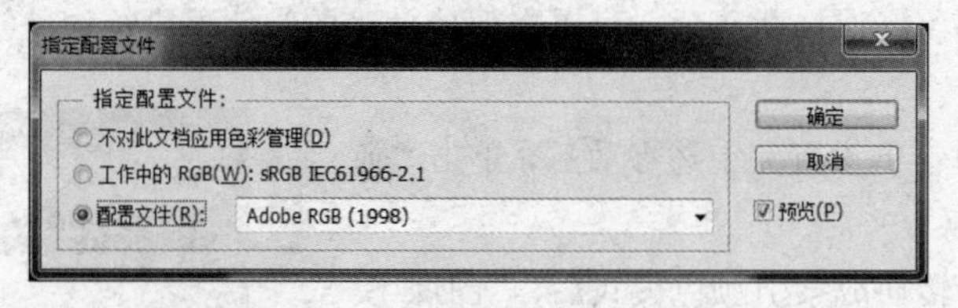

图 2.64 “指定配置文件”对话框

- 不对此文档应用色彩管理：若选择此选项，则在图像文件中不使用概貌。
- 工作中的 RGB：若选择此选项，则在图像文件中使用“颜色设置”对话框中指定的颜色概貌。
- 配置文件：在此列表框中选择一种颜色概貌。

为了更加准确地应用颜色，方便处理图像颜色，可以在进行图像处理之前设置各种模式的工作色彩空间。执行“编辑/颜色设置”菜单命令，打开如图 2.65 所示的“颜色设置”对话框进行颜色设置，该对话框中的各项参数如下：

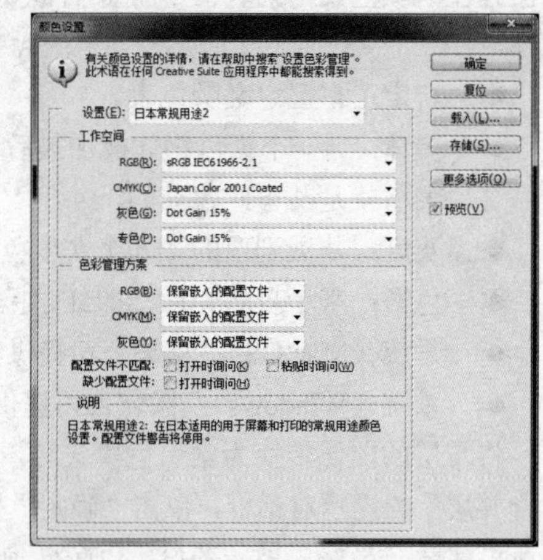

图 2.65 “颜色设置”对话框

- 设置：在此列表框中可以选择一个预设的颜色管理设置。每一种概貌设置都有相应的概貌和转换选项，在一般情况下，这些设置都提供了足够的色彩管理满足用户的需要。
- 工作空间：此选项组中，用户可以给 RGB、CMYK、灰色和专色 4 种模式定义一个工作色彩空间以及专色指定一个工作色彩空间。
- 色彩管理方案：此选项组可以分别给 RGB、CMYK 和灰色指定一个色彩管理方案。

此外，执行“编辑/转换为配置文件”菜单命令，打开“转换为配置文件”对话框，可将当前的图像文件转换为色彩配置文件。

2.5.3 设定图像的颜色

1. 前景色和背景色

不管是工具绘图，还是进行图像填充或描边，首先必须选择颜色，选择的颜色将显示在工具箱的前景色和背景色颜色框中，如图 2.66 所示，前景色显示在工具箱中较上面的颜色选择框中，背景色显示在较下面的框中。默认的前景色为黑色，默认的背景色为白色（如果查看的是 Alpha 通道，则默认的前景色为白色，默认的背景色为黑色）。利用前景色和背景色工具可以进行切换和选择颜色，具体如下：

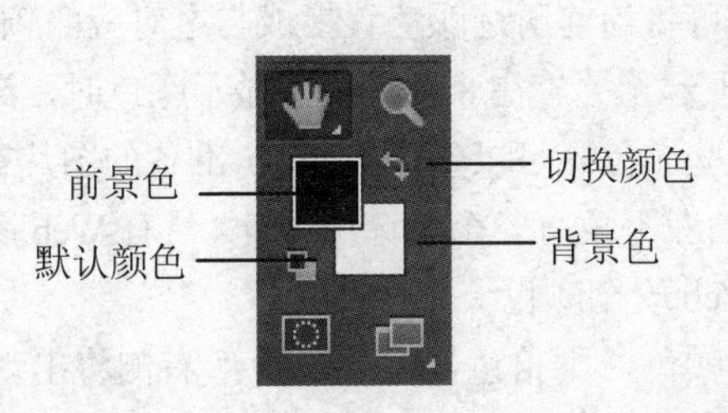

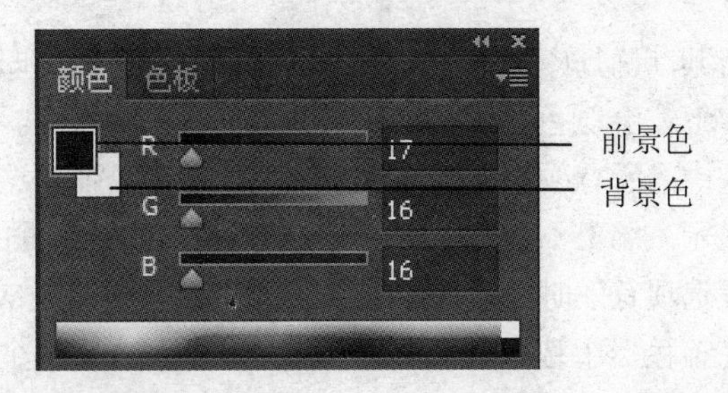

图 2.66　前景色和背景色

（1）前景色颜色框，显示当前绘图工具的颜色，用鼠标单击前景色时，可以打开拾色器对话框进行颜色选取，选择的颜色显示在前景色颜色框中。

（2）背景色颜色框，显示图像的底色，单击它也可以打开拾色器对话框进行颜色选取，选择的颜色显示在背景色颜色框中。当改变背景颜色时并不会立即改变图像的背景色，只有在使用部分与背景色有关的工具时才会依照背景色的设定来执行命令。比如使用橡皮擦工具擦除图像时，其擦除后的颜色即为背景颜色；此外，渐变工具和其他一些工具也与背景相关。

（3）切换颜色按钮（），可以将前景色与背景色互相切换，用鼠标单击这个按钮或按下 X 键也可以执行前景色与背景色互相切换。

（4）默认颜色按钮（），可以恢复前景色和背景色为初始的默认颜色，即 100%的黑色与白色，用鼠标单击该按钮或按 D 键就可以恢复前景色和背景色为初始的默认颜色。

2. 使用拾色器选取颜色

如果采用 HSB、RGB 和 Lab 颜色模式，则可以使用 Photoshop 的拾色器选择前景色或背景色。在工具箱中单击前景色或背景色颜色框或在颜色面板中单击当前的颜色选择框，都可以打开“拾色器”对话框，如图 2.67 所示。在此对话框中可以使用鼠标从颜色区域中选取颜色，或用数值定义颜色。

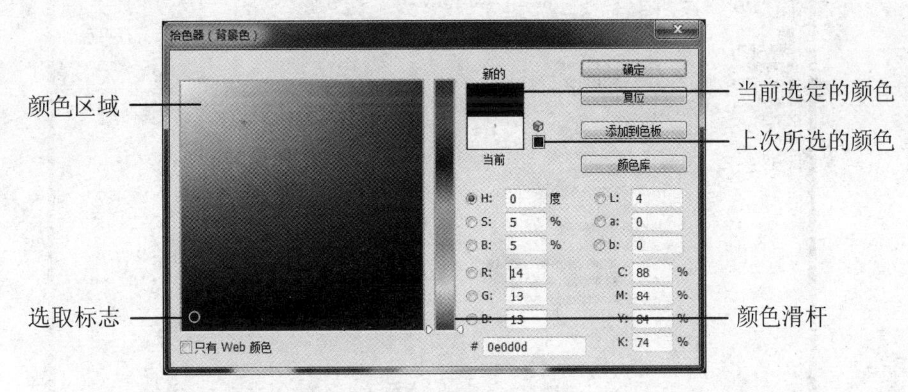

图 2.67　“拾色器”对话框

在图 2.67 中，对话框左侧的彩色方框称为颜色区域，是用来选择颜色的。颜色区域中的小圆圈是颜色选取后的标志。颜色区域右边的竖长条为颜色滑杆，可以用来调整颜色的不同色调，使用时拖动其上的小三角滑块即可，也可以在长条上面用鼠标单击来调整。在颜色滑杆右侧还有一块显示颜色的区域，其中分成两部分，上半部分所显示的是当前所选的颜色，下半部分显示的是打开“拾色器”对话框之前选定的前景色或背景色。有时，其右侧有一个带有感叹号的三角形按钮（），称为色域警告，其下面的小方块显示所选色彩中最接近的 CMYK 的色彩，一般来说它比所选的颜色要暗一些。当出现色域警告时，说明所选择的颜色已经超越打印机所能识别的颜色范围，打印机无法将其准确打印出来。单击“色域警告”按钮，即可将当前所选颜色置换成与之对应的颜色。

Web 安全颜色是浏览器使用的 256 种颜色，与平台无关。在 8 位屏幕上显示颜色时，浏览器将图像中的所有颜色更改成这些颜色。通过只使用这些颜色，可以确保为 Web 准备的图片在 256 色的显示系统上不会出现仿色。在“拾色器”对话框的左下角有一个复选项，即“只有 Web 颜色”，当此复选项有效时，拾色器中拾取的任何颜色都是 Web 安全颜色。

在拾色器中选取颜色时，如果选取非 Web 安全颜色，则拾色器中颜色矩形右侧将出现标记，单击可以选择与此颜色最接近的 Web 颜色。如果未出现，则所选颜色为 Web 安全颜色。

在对话框右下角，还有 9 个单选按钮，即 HSB、RGB、Lab 颜色模式的三原色按钮，当选中某个单选按钮时，滑杆即成为该颜色的控制器。例如单击选中 G 单选按钮，即滑杆变为控制绿色，在颜色区域中选择 R 与 B 颜色值。因此，通过调整滑杆并配合颜色区域即可选择成千上万种颜色。

在拾色器对话框中，用鼠标拖动颜色滑杆上的小三角滑块并配合颜色区域即可选择颜色，同时也可以键入数值来定义颜色。可以在任何一个模式（如 HSB 模式）下设定颜色，即 H、S、B 的文本框中键入数值，此时其他模式（如 RGB、Lab、CMYK 模式）中的数值都会发生相应的变化。设定数值后，单击“确定”按钮即可完成选定颜色的操作。在 HSB、RGB、Lab 文本框键入数字确定颜色时，取值范围可按上述方法进行设定，而 CMYK 文本框中其设定范围均为 0%～100%。

如果习惯使用 Windows 的调色板进行选色，那么可以执行“编辑/首选项/常规”菜单命令打开如图 2.68 所示的对话框，在“拾色器”列表中设定为 Windows。此后，单击前景色和背景色颜色框进行选色时，将显示如图 2.69 所示的“颜色”对话框，从中可以进行选色。但要注意，Windows 的“颜色”框中提供的颜色没有 Photoshop 的“拾色器”精密，因此，在制作印刷作品时，最好使用 Photoshop 内建的“拾色器”。

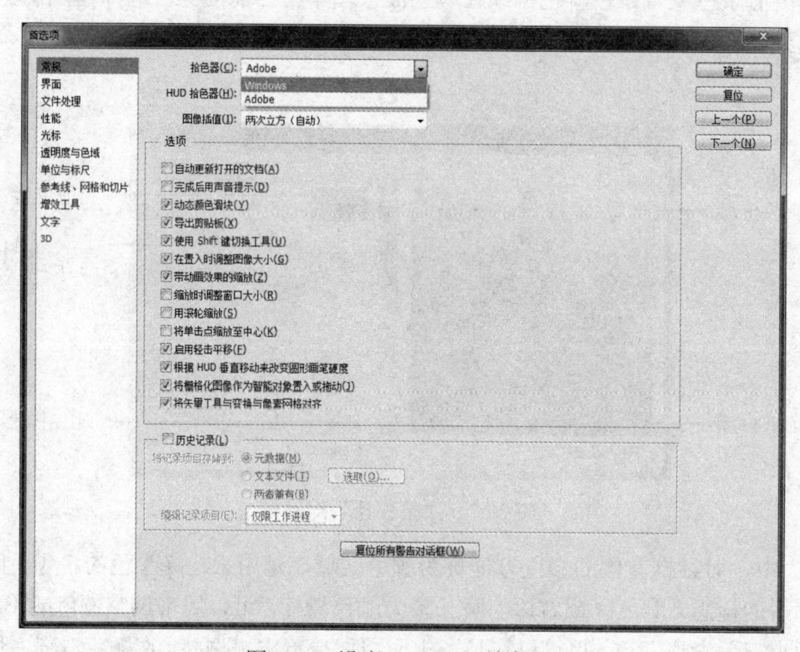

图 2.68 设定 Windows 拾色器

3. 使用“颜色库”对话框

如果在图 2.67 所示的“拾色器”对话框中，单击“颜色库”按钮可以切换到“颜色库”的选色方式，此时显示如图 2.70 所示的“颜色库”对话框。

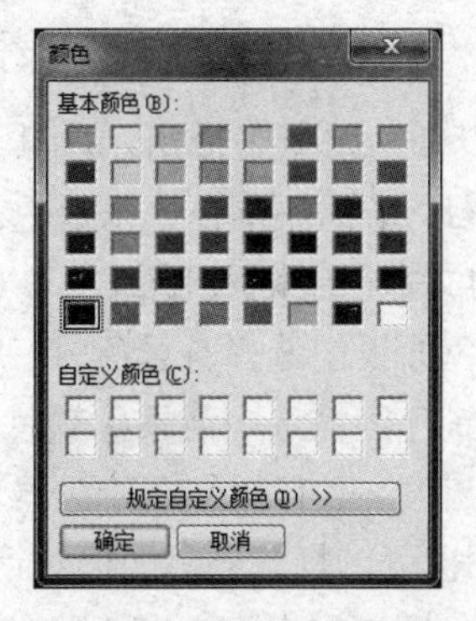

图 2.69　“颜色”对话框

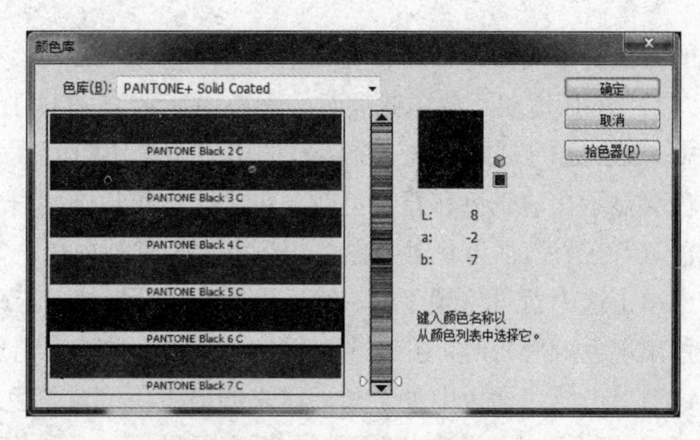

图 2.70　“颜色库”对话框

在此对话框中选择颜色，应当先打开“色库”下拉列表，选择一种色彩型号和厂牌，然后用鼠标拖曳滑杆上的小三角形滑块来指定所需颜色的大致范围，并在对话框左边选定所需要的颜色，最后单击“确定”按钮可完成颜色选择。

在“色库”下拉列表中主要有 5 个色彩体系，下面简要介绍一下这五个色彩体系的意义：

- ANPA 颜色：ANPA 是美国报纸联合会的缩写，这种颜色体系多用在报纸印刷上。
- DIC：这种色彩体系多用于日本。
- FOCOLTONE：Focoltone 是在英国开设的一家公司，这家公司自定义的色彩体系就是 FOCOLTONE，因此，这种色彩体系在英国很流行。
- TOYO：这种色彩体系是由日本的 TOYO 公司提出的，在日本很受欢迎。
- TRUMATCH：这是由美国的 Trumatch 公司提出的色彩体系，这种色彩体系多用在桌面系统上。

为什么各家印刷公司要建立自定义色彩体系呢？因为 CMYK 是一种减色，这种减色多用于印刷，但是其他模式（如 RGB 模式）中的某些颜色无法精确转换为 CMYK 模式，而进行印前桌面处理时多用 RGB 模式。当在 RGB 模式下选择了无法精确转换的颜色后，印刷起来不太方便。建立了自定义色彩体系后，这些颜色被编号并且都能精确地用 C、M、Y、K 的不同比例混合成。如果选用自定义色彩体系中的颜色进行图像处理，印刷起来会比较方便，效果亦佳。

4. 使用颜色面板

颜色面板显示当前前景色和背景色的颜色值。使用颜色面板中的滑块，可以通过几种不同的颜色模型来编辑前景色和背景色，也可以从颜色栏显示的色谱中选取前景色和背景色。

要显示颜色面板，则可以执行“窗口/颜色”菜单命令打开颜色面板，如图 2.71 所示。有时，颜色面板中的三角形内出现一个惊叹号表示溢色，也就是这种颜色不能使用 CMYK 油墨打印。三角形旁边显示最接近的 CMYK 等量值，单击警告三角形则使用 CMYK 等量值。

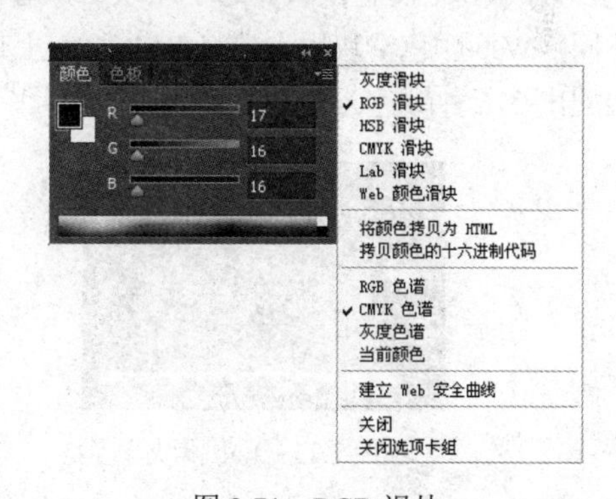

图 2.71　RGB 滑块

在默认情况下，颜色面板所提供的是 RGB 颜色模式的滑杆，其中有 3 条滑杆，分别为 R、G、B。当想使用其他颜色模式的滑杆进行选色时，则单击面板右侧的黑色三角形按钮可以打开颜色面板菜单，如图 2.72 所示，从中选择 6 种不同颜色模式的滑杆。选择不同的颜色模式的滑杆时，其选色的方法是不同的。具体说明如下：

（1）RGB 滑块。选中此项时，面板中显示 R、G、B 三个滑杆，如图 2.72 所示，其三者范围都在 0～255 之间。拖动这三个滑杆的小三角滑块即可改变 R、G、B 的不同色调来选色。设定后的颜色会显示在前景色和背景色颜色框中。也可以在滑杆后面的文本框中键入 R、G、B 的值来指定颜色。当三个值都为 0 时为黑色，都为 255 时为白色。当在颜色面板中选择背景色时，应在颜色面板中单击选中背景色颜色框，然后进行选色。当然，若选择前景色则需选中前景色颜色框。当选择颜色出现色域警告时，在前景色和背景色颜色框下会出现警示三角，其作用与在拾色器对话框中相同，若单击颜色面板中处于激活状态的前景色或背景色颜色框也可以打开颜色面板对话框。

（2）灰色滑块。选中此项后，面板中只显示一个黑色滑块，如图 2.72 所示，其中只能设置 0～255 之间的色调，即只有从白色到黑色的 256 种颜色，选取颜色时也可以用鼠标拖曳滑块或在其后键入数值。

（3）HSB 滑块。选中此项后，各滑杆变为 H、S、B 滑杆，如图 2.73 所示。通过拖动这三个滑杆上的滑块可以分别设定 H、S、B 的值，其使用方法与 RGB 滑块相同。

（4）CMYK 滑块。选中此项后，滑杆变为 C、M、Y、K 四个滑杆，如图 2.74 所示，其使用方法与 RGB 滑块相同，在此模式下不会出现色域警告。

图 2.72 灰度滑块

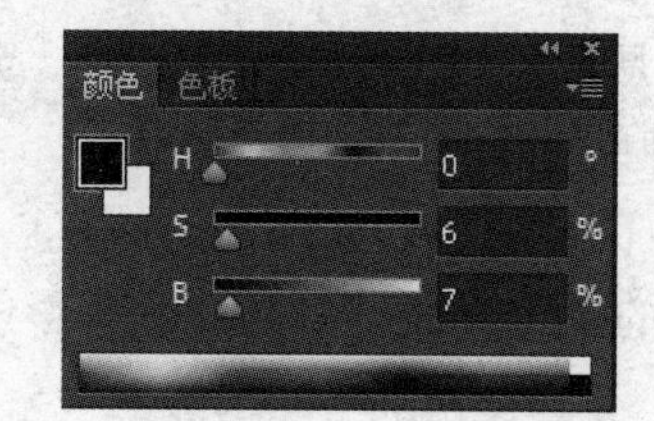

图 2.73 HSB 滑块

图 2.74 CMYK 滑块

（5）Lab 滑块。选中此项后，滑杆变为 L、a、b 三个滑杆，如图 2.75 所示。L 用于调整亮度，其范围 0～100；a 用于调整由绿到鲜红的光谱变化；b 用来调整由黄到蓝的光谱变化，后两者取值范围都在-120～120 之间。

（6）Web 颜色滑块。选中此项后，滑杆变为 R、G、B 三个滑杆，如图 2.76 所示，它与 RGB 不同，Web 颜色滑块用来选择 Web 页面上使用的颜色，每根滑杆为 6 个颜色段可以选择，总共能调配出 216 种颜色。

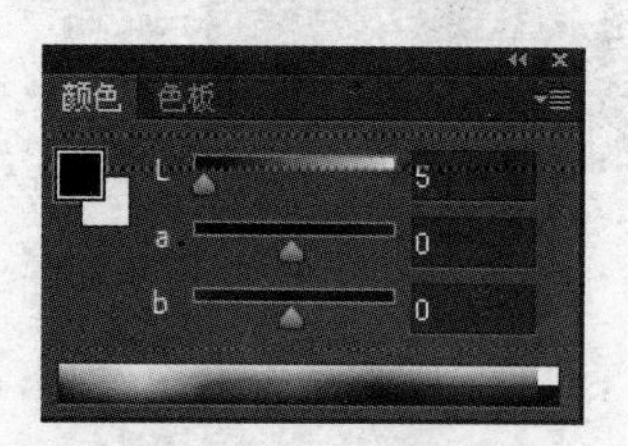

图 2.75 Lab 滑块

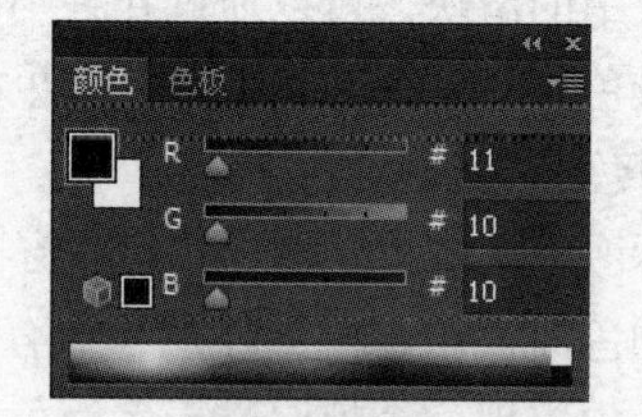

图 2.76 Web 颜色滑块

在颜色面板底部还有一个颜色条，用来显示某种颜色模式的光谱，称为光谱模式，包括 RGB 色谱、CMYK 色谱、灰色曲线图和当前颜色 4 种选项的光谱模式，默认值为 RGB 光谱。使用它也能选择颜色，将鼠标移至颜色条内时，鼠标指针变成吸管状，单击可选择一种颜色。按下 Shift 键再单击颜色条可以快速切换颜色条的光谱模式，也可以在颜色条上右击打开如图 2.77 所示的快捷菜单进行切换。

5. 使用色板面板

Photoshop 提供了一个色板面板，可以从色板面板中快速选取前景色和背景色、添加或删除颜色来创建自定色板集，也可以存储一组色板并重新载入用于其他图像。该面板中的颜色都是预设好的，不需要进行配置即可使用。下面就介绍色板面板中的操作。

要使用色板面板选择颜色，首先执行“窗口/色板”菜单命令显示色板面板，如图 2.78 所示，然后移动鼠标至色板面板的色板方格中，此时光标变成吸管形状，单击即可选定当前指定颜色。可以使用下面的方法修改色板面板中的颜色：

图 2.77　色谱模式快捷菜单

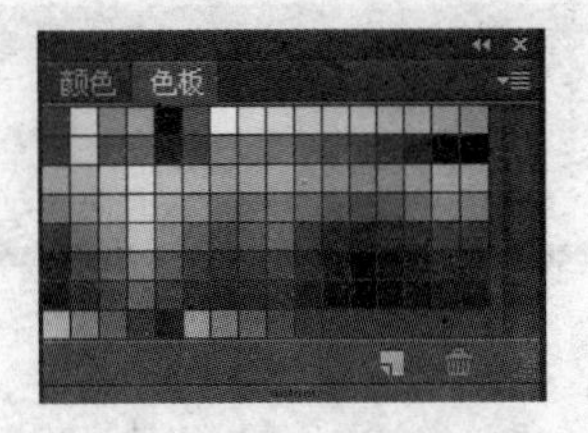

图 2.78　色板面板

（1）如果要在面板中添加色板，那么可将鼠标移至色板面板的空白处，当光标变成油漆桶形状时，单击即可添加色板，添加的颜色为当前选中的前景色，也可单击按钮将当前前景色创建为新色板。

（2）如果要删除色板面板中的色板，则按 Alt 键的同时在面板中单击要删除的色板方格即可，删除色板时，光标呈剪刀形状；也可将色板拖到删除按钮处将其删除。

当经过多次增减、替换色板后，色板面板将失去本来面目，如果想要将它恢复到初始设置，可以单击色板面板右上角的小三角形，打开色板面板菜单，如图 2.79 所示，执行其中的“复位色板”命令就可将色板面板恢复至 Photoshop 的默认设置。也可以在色板面板中安装色板，方法是在其面板菜单中执行“载入色板”命令，从“载入”对话框中可装载以前保存的色板，或者从 Photoshop 的安装目录中载入 Photoshop 内置的色板；如果要保存自己定义的色板，则可执行色板面板菜单中的“存储色板”命令。若执行“替换色板”命令则可在装入新色板的同时替换色板面板中原有色板。

执行“新建色板”命令，将弹出如图 2.80 所示的对话框，输入新色板的名称并单击“确定”按钮，即可将当前颜色添加到色板面板中。

图 2.79　色板面板菜单

6. 使用吸管工具选取颜色

当需要设置一种要求不是太高的颜色时，就可以用吸管工具完成。用吸管工具（）可从当前图像中或从另一图像的图像区域中进行颜色采样，并用采样来的颜色重新定义前景色或背景色。如果正在使用吸管，则可以用鼠标在背景窗口单击，而无须使它成为当前窗口。

吸管工具操作方法是，在选中吸管工具后，将光标移到图像上单击所需选择的颜色，这样就完成了前景色或背景色的取样工作。另外，也可以将鼠标移到色板面板或颜色面板的颜色条上单击选择颜色。在使用吸管工具取色时，按下 Alt 键单击则可以选择背景色。

点击选择工具箱中的吸管工具按钮（）后，选项栏中就打开了如图 2.81 所示的吸管选项栏，从中可以设定选择颜色的 7 种方式。打开“取样大小”下拉列表，然后使用鼠标单击可切换这 7 种选择颜色的方式。这 7 种方式也可以在选中吸管工具后，在图像窗口中右击打开快捷菜单进行切换。

图 2.80 “色板名称”对话框

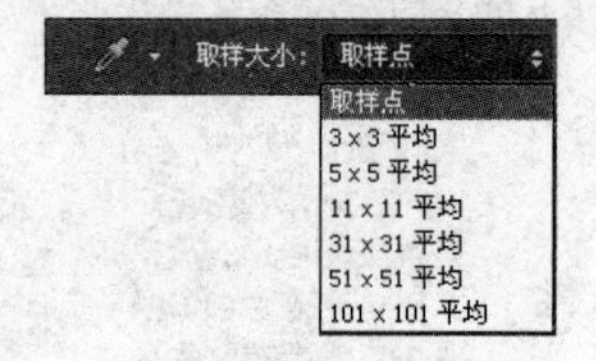

图 2.81 吸管工具选项栏

- 取样点：为 Photoshop 中的默认设置，选中它表示选取颜色精确到一个像素，鼠标单击的位置即为当前选取的颜色。
- 3×3 平均：选中此项表示以 3×3 个像素的平均值来选取颜色。
- 5×5 平均：选中此项表示以 5×5 个像素的平均值来选取颜色。
- 11×11 平均：选中此项表示以 11×11 个像素的平均值来选取颜色。
- 31×31 平均：选中此项表示以 31×31 个像素的平均值来选取颜色。
- 51×51 平均：选中此项表示以 51×51 个像素的平均值来选取颜色。
- 101×101 平均：选中此项表示以 101×101 个像素的平均值来选取颜色。

Photoshop 除提供吸管工具外，还提供了一个很方便查看颜色信息的工具，即颜色取样器工具，如图 2.82 所示，该工具可以帮助定位查看图像窗口中任一位置的颜色信息，其方法如下：

（1）在工具箱中的吸管工具上按下鼠标不放，在其中的颜色取样器工具按钮上放开鼠标，或者按下 Alt 键单击吸管工具按钮，出现如图 2.82 所示的画面，其选项栏如图 2.83 所示。

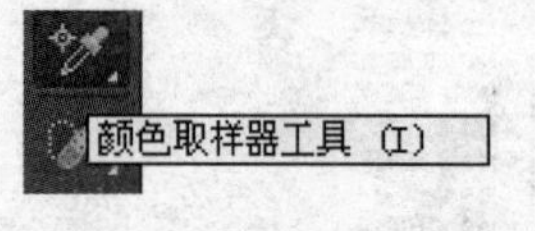

图 2.82 颜色取样器工具

图 2.83 颜色取样器工具选项栏

（2）选中颜色取样器工具后，移动鼠标至图像窗口单击即可完成颜色取样，如图 2.84 所示，此时会自动显示信息面板，并在该面板底部显示定点后的颜色信息 1、2、3……需要注意的是，用颜色工具取样时，其取样点不得超过 4 个。

（3）移动鼠标至取样点上拖动可完成移动取样点位置的任意调整。在移动过程中，可以随时查看信息面板中的数值变化，特别是在调整色调或色彩的一些对话框中，能很清楚地看到当前取样点上反映的颜色变化信息。

取样点可以显示或隐藏，在工具箱中选择其他工具时，取样点隐藏，选择颜色取样器工具时显示取样点，也可以通过执行“视图/显示额外内容”菜单命令来显示或隐藏取样点。

若要删除取样点，只需按下 Alt 键不放，并移动鼠标至取样点位置上单击即可；也可以用拖曳取样点至图像窗口区域之外的方法完成删除取样点；还可以在颜色取样器工具选项栏中单击“清除”按钮，将所有取样点清除。颜色取样器工具只能用于获取颜色信息，而不能选取颜色。此外，取样点可以保存在图像中，以便在下次打开图像后使用。

图 2.84　在图像中颜色取样及结果

2.6　图像色调控制

图像的色调控制主要是对图像的明暗度的调整，比如当一个图像显得比较暗淡时，可以将它变亮，或者是将一个颜色过亮的图像变暗。调整图像的色调，一般可以使用色阶、自动色阶和曲线命令来完成，下面介绍其具体功能和应用。

2.6.1　色调分布状况

了解图像是否具有足够的细节产生高质量输出是非常重要的。Photoshop 提供的直方图用图形表示图像的每个亮度色阶处的像素数目，显示像素如何在图像中分布，以及图像在暗调、中间调和高光中是否包含足够的细节，帮助查看整个图像或某个选项区域中的色调分布状况。下面实际查看一下。

（1）首先打开一幅图像，然后执行“窗口/直方图”菜单命令打开直方图面板，如图 2.85 所示。

如果执行“窗口/直方图”菜单命令之前先选取范围，则直方图面板中的色调分布将发生改变，如图 2.86 所示。Photoshop 只对选取范围内的所有像素的色调予以统计，然后绘制成色调分布状况图。如果要包括专色通道和 Alpha 通道的像素数据，在执行“窗口/直方图”命令时需要按住 Alt 键。

图 2.85　显示整个图像色调分布状况

图 2.86　显示区域中图像色调分布状况

单击直方图面板的右上方三角按钮，打开面板菜单，如图 2.87 所示，直方图有三种显示视图，即紧凑视图、扩展试图和全部通道视图，分别如图 2.87 和图 2.88 所示。

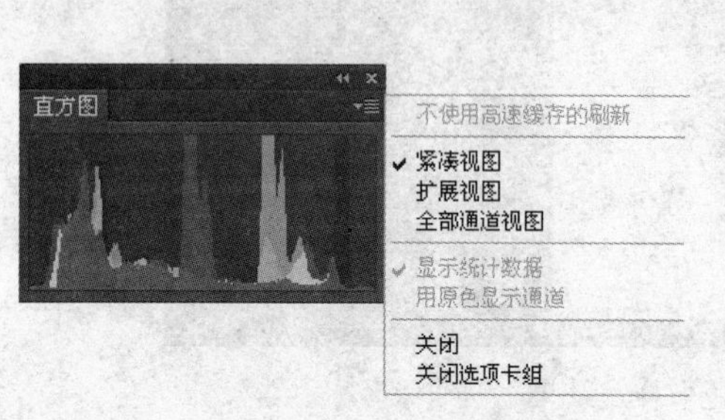

图 2.87　直方图紧凑视图和面板菜单

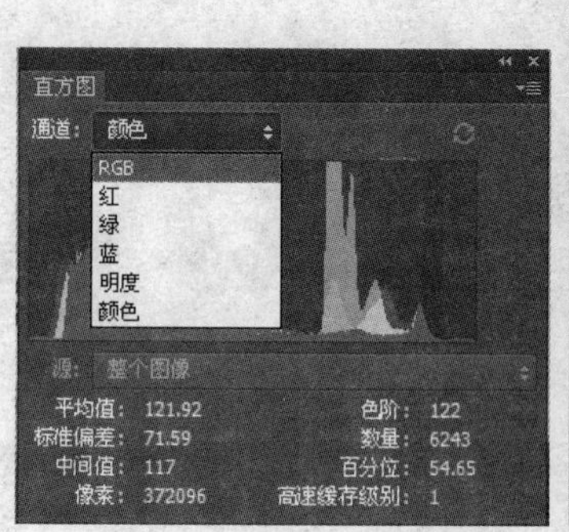

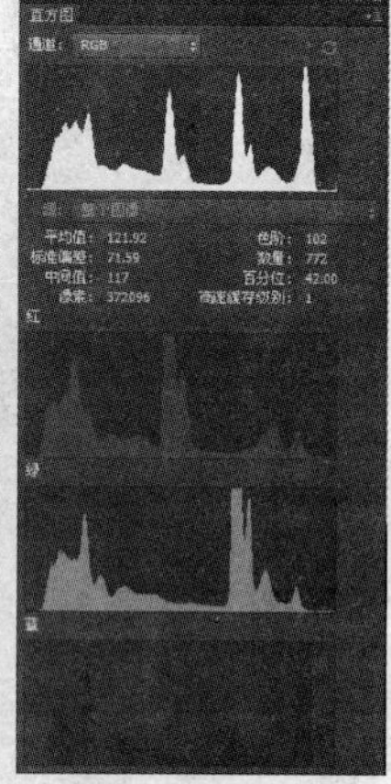

图 2.88　扩展视图和全部通道视图

（2）在直方图面板的“通道”列表框中，可以设定要查看的内容，若选择“亮度”选项，则查看所有图像通道的色调；若选择其他选项，则表示对单一的通道进行查看色调分布状况。

（3）直方图面板中间有一个色调显示直方图，其中横轴表示从最左边的最暗（0）到最右边的最亮（255）的颜色值，纵轴表示给定值的像素总数。

（4）直方图下方的数值显示了像素颜色值的统计信息：

- 平均值：图像的平均亮度值。
- 标准偏差：表示数值变化的范围。该值越小，所有像素的色调分布越靠近平均值。
- 中间值：颜色值范围内的中间值。
- 像素：用来计算直方图的像素总数。

（5）用鼠标移至直方图面板中的直方图上，则在对话框右下方会显示鼠标所在位置的数据信息。

- 色阶：显示指针下面的区域的亮度级别。
- 数量：表示相当于指针下面亮度级别的像素总数。
- 百分位：显示指针所指的级别或该级别以下的像素累计数。该值表示为图像中所有像素的百分数，从最左侧的 0% 到最右侧的 100%。
- 高速缓存级别：显示当前用于创建直方图的图像高速缓存。当高速缓存级别大于 1 时，直方图将显示得更快，因为它是通过对图像中的像素进行典型性取样（取决于放大率）而衍生出的。原始图像的高速缓存级别为 1。在每个大于 1 的级别上，将会对 4 个邻近像素进行平均运算，以得出单一的像素值。因此，每个级别都是它下一个级别的尺寸的一半（具有 1/4 的像素数量）。当 Photoshop 需要快速计算近似值时，它可能会使用较高的级别之一。在直方图面板菜单中执行“不使用高速缓存的刷新”命令，则使用实际的图像像素重绘直方图。此项内容与“首选项”对话框中的“内存与图像高速缓存”设置有关。

（6）从高速缓存（而非文档的当前状态）中读取直方图时，“高速缓存数据警告”图标⚠将出现在直方图面板中。基于图像高速缓存的直方图显示得更快，并且是通过对图像中的像素进行典型性取样而生成的。可以在“内存与图像高速缓存”首选项中设置高速缓存级别（从 2～8）。

要刷新直方图，以便它在当前状态下显示原图像的所有像素，可以执行以下操作之一：

- 在直方图中的任何位置单击 2 次。
- 单击“高速缓存数据警告”图标⚠。
- 单击“不使用高速缓存的刷新”按钮。
- 从直方图面板菜单中选取“不使用高速缓存的刷新”。

2.6.2 控制色调分布

当图像偏暗或偏亮时，可以使用色阶命令来调整图像的明暗度。调整明暗度时，可以对整个图像进行，也可以对图像某一选取范围、图像的某一图层以及某一个颜色通道进行。下面以实例来说明使用色阶命令的使用方法。

（1）打开如图 2.89 所示的图像文件，并显示通道面板。

（2）执行“图像/调整/色阶”菜单命令或按下 Ctrl+L 键打开“色阶”对话框，如图 2.90 所示。

图 2.89 图像与通道显示

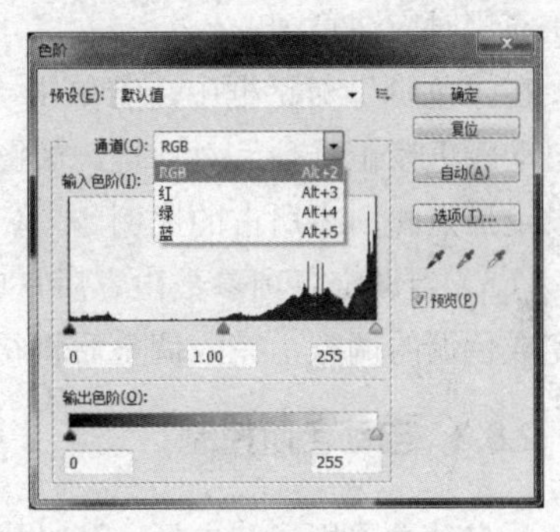

图 2.90 “色阶”对话框

（3）打开“色阶”对话框后，可以先在通道列表框中选定要进行色阶调整的通道，如图 2.90 所示选中 RGB 主通道，则色阶调整将对所有通道起作用。若只选中 R、G、B 通道中的单一通道，则色阶命令将只对当前所选通道起作用。如果在打开对话框之前先选中某通道，则色阶命令除对当前活动的通道起作用之外，还对活动的色阶或当前所选取的范围中的图像起作用。

（4）选定色阶调整的内容后，下面进行的就是真正的调整过程，在“色阶”对话框中，通常有以下几种调整方法。

1）使用输入色阶值调整。在输入色阶后面有 3 个文本框，在左侧文本框中输入 0～253 之间的数值可以增加图像的暗部色调，在中间文本框中输入 0.01～9.99 之间的数值可以控制图像的中间色调的位置，在右侧文本框图中输入 2～255 之间的数值可以增加图像亮部色调。这 3 个文本框分别与其下方的直方图上的3个小三角滑块一一对应，分别拖动这3个滑块可以很方便地高速调整暗部、中灰色以及亮部的色调。

2）使用输出色阶值调整。使用输出选项功能可以限定图像的亮度范围。在其左侧文本框中键入0～255间的数值可以调整暗部色调；在其右侧文本框中键入0～255间的数值可以调整亮部色调。从中可以看出，输出色阶与输入色阶的功能刚好相反。在输出色阶的下方有一个滑杆，滑杆上的两个小三角滑块则与它的两个文本框一一对应，拖动滑块就可以调整图像的色阶。

3）使用如图 2.90 所示的“色阶”对话框中的 3 个吸管工具。从左到右依次为黑色吸管（），灰色吸管（）和白色吸管（），单击其中的任一吸管，然后将光标移至图像窗口中，光标变成相应的吸管形状，此时单击即可完成色调调整。这 3 个吸管的含义如下：

- 黑色吸管：用该吸管在图像中单击，Photoshop 将图像中所有像素的亮度值减去吸管单击处的像素亮度值，使图像变暗。
- 白色吸管：与黑色吸管相反，Photoshop 将所有像素的亮度值加上吸管单击处的像素亮度值，提高图像的亮度。
- 灰色吸管：Photoshop 用该吸管单击处的像素的中灰点调整图像的色调分布。

可以选中“预览”复选框，用来预览调整图像色调时的真实效果。使用“载入”或“存储”按钮，可以装入或存储在“色阶”对话框的设置，其文件扩展名为.ALV。

4）使用“自动”按钮自动调整色调。单击“自动”按钮后，Photoshop 将以 0.5%的比例调整图像的亮度，它把图像中最亮的像素变成白色，最暗的像素变成黑色。这样做的目的是为了使图像中的亮度分布更均匀，消除部分不正常的亮度。但此方法在应用时会造成色偏，所以在应用时应注意。

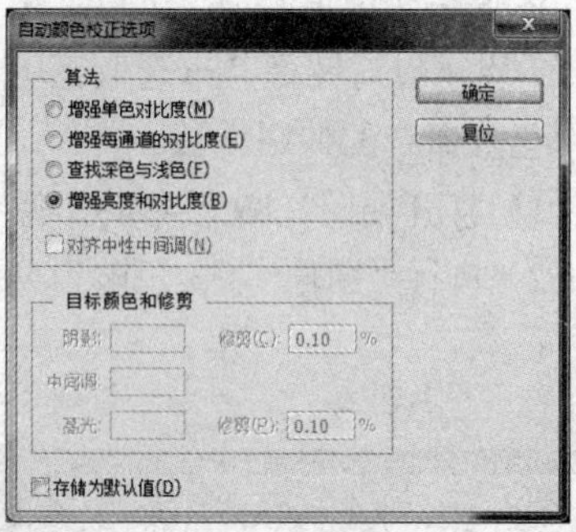

在“色阶”对话框中，若单击“选项”按钮，打开“自动颜色校正选项”对话框，如图 2.91 所示，从中可以设定黑点和白点所占的比例。

图 2.91 “自动颜色校正选项”对话框

（5）当设定各项参数内容后，单击“确定”按钮即可完成色调的调整，完成调整后将得到图像总体画面的亮度变化。

2.6.3 自动色阶控制

要自动设置黑场和白场，可以执行“图像/自动色阶”菜单命令。“自动色阶”命令的使用相当于在“色阶”命令中单击“自动”按钮的功能，可以自动执行等量的“色阶”滑块调整，即将每个通道中的最亮和最暗像素定义为白色和黑色，然后按比例重新分配中间像素值。默认情况下，“自动”功能会减少白色和黑色像素 0.5%，即在标识图像中的最亮和最暗像素时它会忽略两个极端像素值的前 0.5%。这种颜色值剪切可保证白色和黑色值是基于代表性像素值，而不是极端像素值。在像素值平均分布的图像需要简单的对比度调整时，“自动”功能会得到较好的效果。

设置此命令的目的是能够方便地以图像中不正常的高光或阴影区域进行初步处理，而不用打开“色阶”对话框来实现。“自动色阶”命令改变图像亮度的百分比以最近使用“色阶”对话框时的设置为基准。

2.6.4 色调曲线控制

色调曲线控制命令是使用非常广泛的色调控制方式，它的功能和“色阶”的原理是相同的，只不过它比“色阶”命令可以作更多、更精密的设定。色调曲线控制命令除可以调整图像的亮度以外，还有调整图像的对比度和控制色调等功能，它不是只使用 3 个变量（高光、暗调和中间调）来进行调整，还可以调整 0～255 范围内的任意点。

（1）首先打开一幅图像，然后执行“图像/调整/曲线”菜单命令或按下 Ctrl+M 组合键打开“曲线”对话框，如图 2.92 所示。曲线表格中的水平轴代表输入色调（表示像素原来的亮度值），垂直轴代表输出色调（表示新的亮度值），变化范围都在 0～255。在默认的对角线中，没有像素被映射为新值，因此所有像素有相同的“输入”和“输出”值。对于 RGB 图像，“曲线”对话框显示 0～255 间的亮度值，暗调（0）位于左边。对于 CMYK 图像，“曲线”显示 0～100 间的百分数，高光

（0）在左边。要随时反转曲线更改显示，单击曲线下面的双箭头。

（2）在“曲线”对话框中，可设定调整图像的色调和其他效果。该对话框中的通道列表框、取消、载入、存储、自动以及 3 个吸管的作用与“色阶”对话框中的作用相同，这里不再重复叙述。下面着重介绍曲线对话框中如何调整的过程，操作如下。

1）单击要调整的曲线部分，一组方向箭头标记图表上的像素位置，“输入”和“输出”值会出现在对话框的底部，如图 2.93 所示。要使“曲线”网格更精细，请按住 Alt 键再单击网格，再次按住 Alt 键单击可以使网格变大。

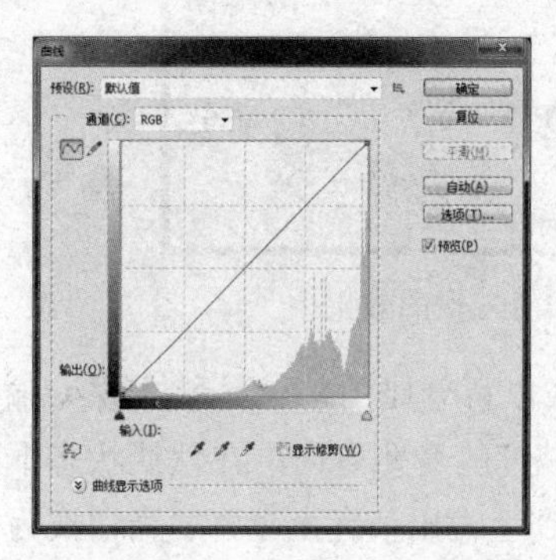

图 2.92　“曲线”对话框

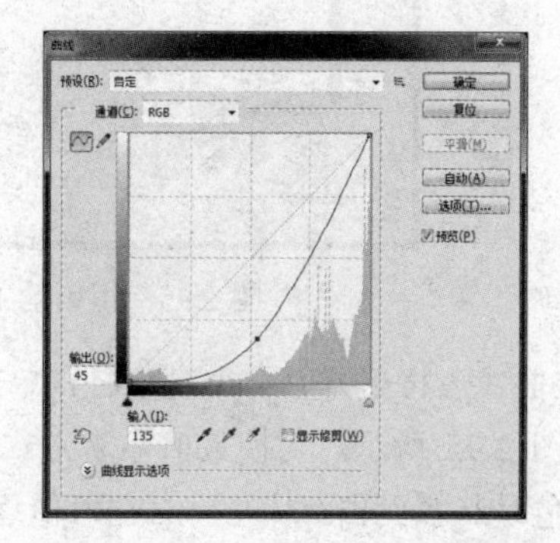

图 2.93　在图像中单击时显示像素值和位置

2）要在“曲线”对话框中调整色调亮度，必须使用曲线表格。改变表格中的线条形状即可调整图像的亮度、对比度和色彩平衡等效果。首先，可以使用曲线工具（）来调整曲线形状，选中曲线工具后，将光标移到表格中变成“+”字形光标时单击就可以产生一个节点，该点的“输入/输出”值将显示在对话框左下角的“输入”与“输出”文本框中。将鼠标移到节点上变为带箭头的十字光标时，按下鼠标并拖动即可改变曲线形状，如图 2.94 所示。当曲线越向上角弯曲，则图像色调越亮；越向下弯曲，则图像越暗。

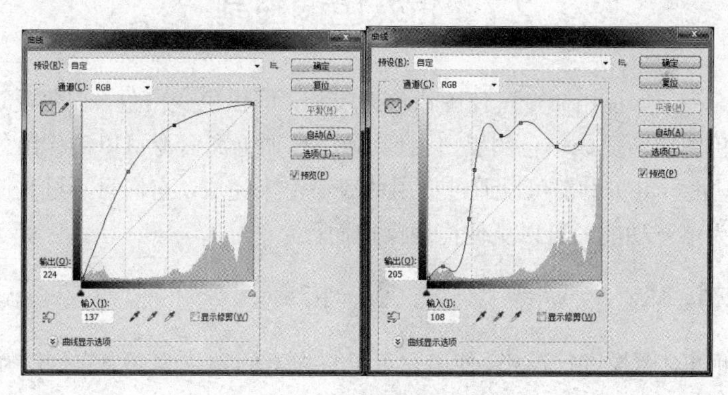

图 2.94　调整曲线形状

改变曲线形状的同时，可以观察图像预览显示，或打开信息面板查看颜色数值的变化。此外，可以创建多个节点来改变曲线形状，若要在表格中选择节点，用鼠标单击节点即可；按下 Shift 键单击可选中多个节点。选中节点后，使用键盘上的方向键可移动节点位置。若要删除节点，可将节点拖曳到坐标区域外，或者按下 Ctrl 键单击要删除的节点；此外，还可以先选中节点后，按下 Del 或 Backspace 键来删除节点。

3）可以选择铅笔工具（）调整曲线形状。在选中铅笔工具后，移动鼠标至表格中绘制即可，如图 2.95（左）所示。使用铅笔工具绘制曲线时，对话框中的“平滑”按钮会被置亮，它可以用来改变铅笔工具绘制的曲线平滑度，图 2.95（右）所示为单击平滑按钮三次后的曲线效果显示。

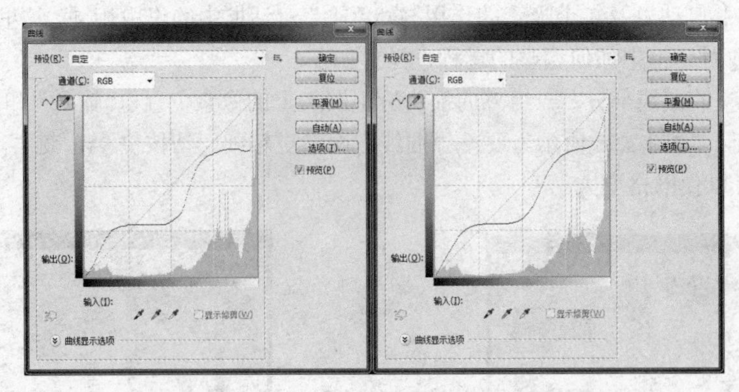

图 2.95 用铅笔工具绘制曲线及平滑三次的效果

4）在曲线表格下方有一个亮度杆，单击它可以切换成以百分比为单位显示“输入/输出”的坐标值，如图 2.95 所示。切换数值显示方式的同时即改变亮度的变化方向，在默认状态下，亮度杆代表的颜色是从黑到白，从左到右输入值逐渐增加，从下到上输出值逐渐增加。当切换为百分比显示时，则黑白互换位置，变化方向刚好与原来相反，即曲线越向左上角弯曲，图像色调越暗；曲线越向右下角弯曲，图像色调越亮。

（3）在曲线对话框中设定曲线形状后，单击“确定”按钮即可完成色调调整。

曲线的功能是十分强大的，也是最奇妙的，并非三言两语就能介绍得透彻、明了，所以，还需要在不断的实践中领会，才能懂得它的原理和使用方法，从而快速、准确地利用色调曲线的功能来调整图像的亮度和对比度等效果。

2.7 特殊色调控制

特殊色调控制命令，如反相命令可使图像色调反相，即黑色变白色，白色反过来变黑色；使用去色命令可以将彩色图像转变成单色的黑白图像；使用色调分离命令可以制作出色调分离的特殊效果等。这些命令的功能，事实上都可以通过使用曲线命令来完成，它们只不过是简化了的曲线命令的功能，并且独立为单一功能，可以更便捷地操作而已。

2.7.1 色调反相

“反相”命令可以对图像进行反相，使用它可以将像素的颜色改变为它们的互补色，如白变黑、黑变白等。将图像反相时，通道中每个像素的亮度值会被转换为 256 步颜色刻度上的相反的值。例如，值为 255 的阳片图像中的像素会变为 0，值为 5 的像素会变为 250。“反相”命令是唯一不损失图像色彩信息的变换命令。

使用这条命令可以将一个阳片黑白图像变成阴片，或从扫描的黑白阴片中得到一个阳片。但由于彩色胶片的基底中包含有一层橙色掩膜，因此，“反相”命令不能从扫描的彩色胶片中得到阴片和阳片。在使用色调反相命令之前可先选定反相的内容，如图层、通道、选取范围或者是整个图像，然后执行“图像/调整/反相”菜单命令或按 Ctrl+I 快捷键即可，如图 2.96 所示为图像反相前后的效果。若连续执行两次色彩反相命令，则图像先反色后还原。

图 2.96 图像反相前后的效果

2.7.2 色调均化

“色调均化”命令将重新分布图像中像素的亮度值，以便它们更均匀地呈现所有亮度级范围。使用此命令时，Photoshop 会查找图像中的最亮和最暗值，以使最暗值表示黑色（或尽可能相近的颜色），最亮值表示白色，之后，Photoshop 试图对亮度进行色调均化，也就是说，在整个灰度中均匀分布中间像素。这样做的目的是让色彩分布更为平均，从而提高图像的对比度和亮度。当扫描的图像显得比原稿暗，而要平衡这些值以产生较亮的图像时，可以使用此命令。图 2.97 为执行“图像/调整/色调均化”菜单命令后的效果显示。

图 2.97 图像色调均化前后的效果

如果在执行色调均化命令之前先选取了范围，则 Photoshop 会打开如图 2.98 所示的对话框，其中有两个单选按钮，其功能如下：

- 仅色调均化所选区域：选择此项时，色调均化仅对选取范围中的图像起作用。
- 基于所选区域色调均化整个图像：选择此项时，色调均化以选取范围中的图像最亮和最暗的像素为基准使整幅图像的色调均化。

图 2.98 “色调均化”对话框

2.7.3 阈值

使用“阈值”命令可将一个彩色图像或灰度图像变成一个只有黑白两种色调的高对比度的黑白图像。执行“图像/调整/阈值”菜单命令后，会打开一个如图 2.99 所示的“阈值”对话框。

在“阈值”对话框中显示所有当前选区中像素亮度级的直方图，同时，可以在阈值色阶选项中指定一定的色阶为阈值，其变化范围在 1～255 之间。阈值命令将所有比该阈值亮的像素转换为白色，所有比该阈值暗的像素转换为黑色，这样，阈值命令就根据图像像素的亮度值把它们一分为二，一部分用黑色表示，另一部分用白色表示。阈值色阶值越大，黑色像素分布越广；反之，阈值色阶值越小，白色像素分布越广，图 2.100 所示为原图和阈值色阶值设定为 170 时的图像显示。

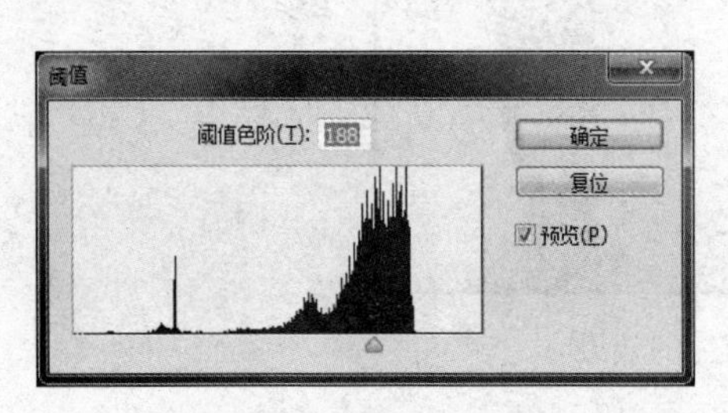

图 2.99 “阈值”对话框

图 2.100 使用阈值命令前后的图像显示

2.7.4 色调分离

使用“色调分离”命令可以将图像的色调数减少，制作出色调分离的特殊效果。色调分离命令与阈值命令的功能类似，但阈值命令在任何情况下都只考虑两种色调，而色调分离命令可以指定图像中每个通道的色调级（或亮度值）的数目，并将这些像素映射为最接近的匹配色调上，这个色调级范围在 2～255 之间。色阶值越小，图像色调变化越剧烈，色阶值越大，色调变化越轻微。在照片中制作特殊效果，如制作大的单调区域时，此命令非常有用。在减少灰度图像中的灰色色阶数时，它的效果最为明显，而且它也可以在彩色图像中产生一些特殊效果。

在打开想要进行色调分离的图像后，执行“图像/调整/色调分离”菜单命令，打开如图 2.101 所示的“色调分离”对话框，在色阶文本框中输入想要的色阶数，然后单击“确定”按钮，即可完成图像的色调分离，图 2.102 是色阶数为 3 时的色调分离前后的图像显示。

图 2.101 “色调分离”对话框

图 2.102 色调分离前后的图像显示

2.7.5 去色

“去色”命令去掉彩色图像中的所有颜色值，将其转换为相同颜色模式的灰度图像，即将图像中的所有颜色的饱和度都变为 0。但它与直接使用“图像/模式/灰色”菜单命令转变灰度图像的方法不同，用该命令处理的最方便之处在于它可以只对图像的某种选择区域进行转化，不像“灰色”命令那样不加选择地对整个图像发生作用。需要注意的是，去色命令不能直接处理灰度模式的图像。要对图像进行去色，可执行“图像/调整/去色”菜单命令。

2.8 图像色彩控制

在色调校正完成后，就可以准确测定和诊断图像中色彩的任何问题——色偏、过饱和与饱和不足的颜色。“色相/饱和度”、“替换颜色”和“可选颜色”命令可提供对特定颜色成分和属性的附加控制，可以很轻快地改变图像的色相、饱和度、亮度和对比度。通过这些命令的使用，可以创作出多种色彩效果的图像，但要注意的是，这些命令的使用或多或少都要丢失一些原图的色彩，尽管在屏幕上不会直接反映出来，但事实上在转换调整的过程中就已经丢失了数据。

2.8.1　控制色彩平衡

每个色彩调整都会影响图像中的整个色彩平衡。“色彩平衡”命令主要用于调整整体图像的色彩平衡，虽然“曲线”命令也可以实现此功能，但该命令使用起来更方便快捷，确定适合的一种色彩调整方式取决于图像和想要的效果。

色彩平衡命令提供一般化的色彩校正，让彩色图像改变颜色的混合。执行“图像/调整/色彩平衡”菜单命令或按下 Ctrl+B 组合键，打开“色彩平衡”对话框，如图 2.103 所示，利用该对话框就可以控制色彩平衡。

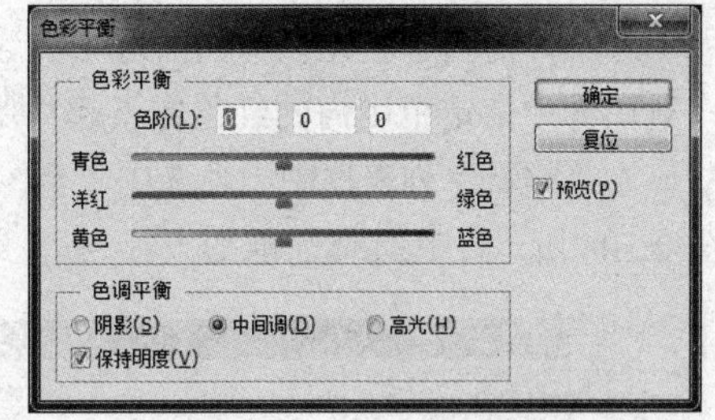

图 2.103　“色彩平衡”对话框

该对话框中最主要的选项是色彩平衡选项组，色阶右边的 3 个文本框分别对应其下面 3 个滑杆，调整滑块或在文本框中键入数值可以控制 RGB 三原色到 CMY 三原色之间对应的色彩变化。这 3 个滑块的变化范围都在-100～100 之间，滑块越往左端，图像中的颜色越接近 CMYK 的颜色，越往右端，图像中的颜色值趋于 RGB 色彩。3 个选项均为 0 时，图像色彩不变化。

对话框底部有 3 个单选按钮：阴影、中间调和高光。选中某一按钮，色彩平衡命令就调节相应色调的像素，小三角滑块的颜色也会相对应地变成黑色、灰色和白色。

对话框最底部有一个“保持亮度”复选框，选择此复选框时，在调节色彩平衡的过程中，可以维持图像的整体亮度不变。

可按如下的步骤调整图像的色彩：

（1）打开要进行处理的图像文件。

（2）打开“色彩平衡”对话框。

（3）选取“阴影”、“中间调”或“高光”以便选取要着重进行更改的色调范围。

（4）对于 RGB 图像，应选取“保持亮度”复选框以防止在更改颜色时更改图像中的亮度值。

（5）将滑块拖向想要在图像中增加的颜色，或将滑块拖离想要在图像中减少的颜色。颜色条上的值显示红色、绿色和蓝色通道的颜色变化（对于 Lab 图像，这些值表示 a 和 b 通道）。

（6）单击“确定”按钮。

2.8.2　控制亮度/对比度

“亮度/对比度”命令可以很直观、简便地调整图像的亮度和对比度。执行“图像/调整/亮度与对比度”菜单命令打开其对话框，如图 2.104 所示。在该对话框中就可以很快地进行亮度和对比度的调整。若拖动亮度滑杆上的滑块或在文本框中键入数值，范围为-100～100，则可以调整图像的亮度；若拖动对比度上的滑块或在其文本框中键入数值，范围为-100～100，则可以调整图像的对比度。

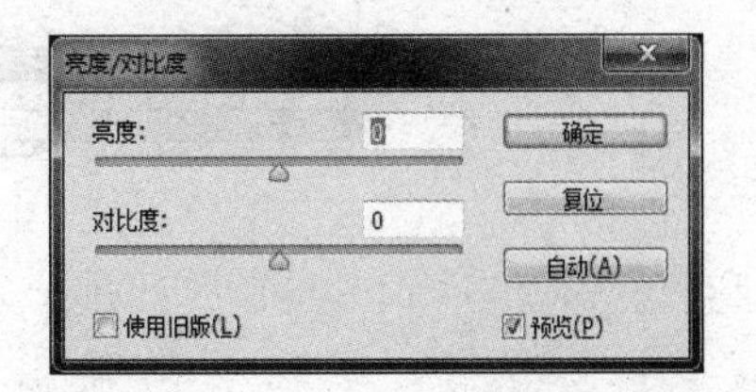

图 2.104　“亮度/对比度”对话框

亮度和对比度的值为负值时，图像的亮度和对比度下降；为正值时，图像的亮度和对比度则增加；而当值为 0 时，图像不发生变化。

2.8.3 调整色相/饱和度

“色相/饱和度”命令用于调整图像中单个颜色成分的色相、饱和度和亮度，而且，它还可以通过给像素指定新的色相和饱和度实现给灰度图像上色彩的功能。

执行“图像/调整/色相与饱和度”菜单命令打开“色相/饱和度”对话框，如图 2.105 所示。拖曳对话框中的色相（范围为-180～180）、饱和度（范围为-100～100）和明度（范围为-100～100）滑杆上的滑块或在其文本框中键入数值，可以分别控制图像的色相、饱和度及明度。但在此之前需要在“编辑”列表框中选择“全图”选项，才能对图像中所有像素起作用。若选中“全图”选项之外的选项，则色彩变化只对当前选中的颜色起作用。例如，选中“红色”选项，那么使用该命令时只对图像中指定范围内的红色像素起作用。

在“编辑”列表框中，当选中“全图”之外的选项时，对话框中的 3 个吸管按钮会被置亮，如图 2.106 所示，其具体功能如下：

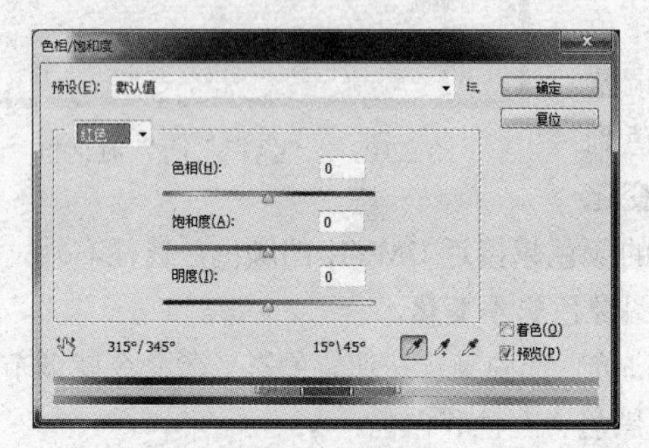

图 2.105 “色相/饱和度”对话框

图 2.106 使用吸管按钮设定颜色范围

- 移动吸管按钮（）至图像中单击，可选定一种颜色作为色彩变化的范围。
- 移动追加吸管按钮（）至图像中单击，可以在原有色彩变化范围上增加当前单击的颜色范围。
- 拖动删除吸管按钮（）至图像中单击，可以在原有色彩变化范围上删除当前单击的颜色范围。
- 拖动颜色条上的滑块可以增减色彩变化的颜色范围，如图 2.107 所示。如果要改变整个颜色范围的位置，则用鼠标在如图 2.107 所示的色彩变化的颜色范围区域内按下鼠标左右拖动即可。

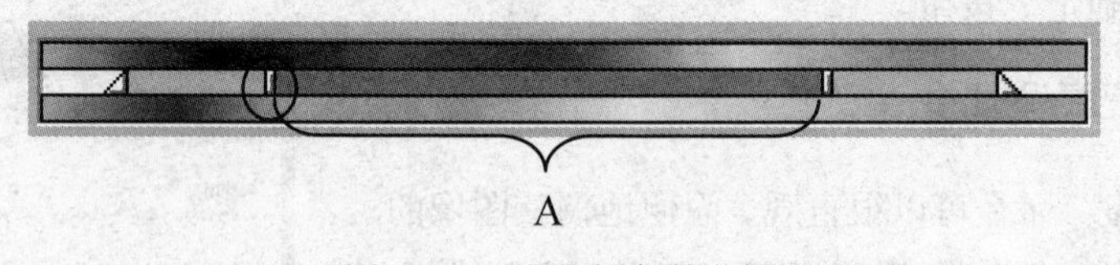

图 2.107 调整颜色的范围

需要注意的是，颜色条由上、下两部分组成，上面的颜色条显示调整前的颜色，是固定不变的，它可以识别当前设置而发生的变化；下面的颜色条显示调整如何以全饱和状态影响所有色相。

在对话框右下角有一个“着色”复选框，选中此复选框可以将一幅灰色或黑白的图像染上一种彩色的颜色，变成一个单彩色的图像。如果是处理一幅彩色图像，则选中此复选框后，所有彩色颜色都将变为单一彩色，因此，处理后图像会有一些损失。当选择着色时，Photoshop CS6 会在编辑列表框中默认选中“全图”选项。使用“载入”或“存储”按钮，可以保存对话框中的设置，其文件扩展名为.AHU。

需要注意的是，使用“着色”复选框可以将灰色和黑色图像变成彩色图像，但并不是将一个灰度模式或者黑白颜色的位图模式的图像变成彩色图像，而是指 RGB、CMYK 或者其他彩色模式下的灰色图像和黑白图像。位图和灰度模式的图像是不能使用色相/饱和度命令的，要对这些模式的图像使用该命令，则必须先转化为 RGB 模式或其他颜色模式。

可以按如下的步骤调整图像的色相/饱和度：

（1）打开需要调整的图像，然后打开“色相/饱和度”对话框。

（2）在“编辑”下拉框中选择要调整的颜色。

（3）对于色相，输入一个值，或拖移滑块，直至出现需要的颜色。

（4）对于饱和度，输入一个值或将滑块向右拖移来增加饱和度，向左拖移减少饱和度。

（5）对于明度，输入一个值或将滑块向右拖移来增加明度，向左拖移减少明度。数值的范围为-100～+100。

（6）单击“确定”按钮。

2.8.4　替换颜色

“替换颜色”命令用于在图像中基于特定颜色创建蒙版，从而调整色相、饱和度和明度值。该命令所创建的蒙版是临时的，不会创建选区。关于蒙版请参见第 5 章中的内容。

执行“图像/调整/替换颜色”菜单命令，打开“替换颜色”对话框，如图 2.108 所示。其中有一个图像预览框，显示当前已经选取的图像范围，该框下面的两个单选按钮用来显示不同的预览方式，“图像”项用来在预览框中显示整个图像，“选区”项用来在预览框中显示被选取的图像范围。“颜色容差”选项用于确定替换颜色的范围，可以直接在其后的文本框中输入数值，或移动滑杆上的滑块选择替换颜色的范围，值越大，所包含的近似颜色越多，选取的范围越大。3 个吸管工具和颜色容差选项一样用来选择颜色范围。

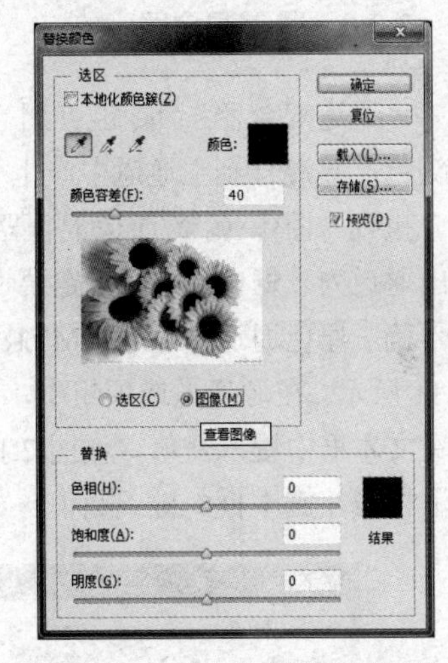

图 2.108　“替换颜色”对话框

变换选项组中的 3 根滑杆的功能与“色相/饱和度”对话框中的功能相同，只不过此处变换对所有色彩都起作用，相当于在“色相/饱和度”对话框中选择了“全图”选项，其右侧“取样”框可以显示指定的颜色所发生的变化。

2.8.5　可选颜色

“可选颜色”命令也是用于校正色彩不平衡问题和调整颜色。可选颜色校正是高档扫描仪和分色程序使用的一项技巧，它在图像中的每个加色和减色的原色成分中增加和减少印刷颜色的量。可选颜色校正基于这样的一个表，该表显示用来创建每个原色的每种印刷油墨的数量。通过增加和减少与其他印刷油墨相关的印刷油墨的数量，可以有选择地修改任何原色中印刷色的数量而不会影响任何其他原色。例如，可以使用可选颜色校正来显著减少图像绿色成分中的青色，同时保留蓝色成分中的青色不变。

图 2.109　“可选颜色”对话框

执行“图像/调整/可选颜色”菜单命令，打开“可选颜色”对话框，如图 2.109 所示。通过使用青、洋红、黄和黑 4 根滑杆，可以针对选定的颜色调整 C、M、Y、K 的比重来修正各色的网点增益和色偏。各滑杆的变化范围都为-100～100。

对话框底部的“方法”选项组中设有两个单选按钮，其作用如下：

- 相对：选择此选项时，调整的数额以 CMYK 四色总数量的百分比来计算。例如，一个像素所占有灰色的百分比为 50%，再加上 10%后，其总数就等于原有数额 50%再加上 10%×50%，即 50%+10%×50%=55%。
- 绝对：选择此选项时，则以绝对值调整颜色。例如，一个像素所占有灰色的百分比为 50%，再加上 10%后，其总数就等于原有数额 50%再加上 10%，即 50%+10%=60%。

可以按如下的步骤使用“可选颜色”命令。

（1）打开需要调整的图像，然后打开“可选颜色”对话框。

（2）从对话框顶部的“颜色”列表框中选取要调整的颜色。这组颜色由加色原色和减色原色与白色、中性色和黑色组成。

（3）选择一个调整“方法”。

（4）拖移滑块以增加或减少所选颜色中的成分，使用信息面板可显示前后的颜色值。

（5）单击“确定”按钮。

2.8.6　通道混合器

“通道混合器”命令能使用当前颜色通道的混合来修改颜色通道，即可以指定改变某一通道中的颜色，并混合到主通道中产生一种图像合成的效果。

执行“图像/调整/通道混合器”菜单命令，打开“通道混合器”对话框，如图 2.110 所示，在输出通道列表框中，可以设定要调整的色彩通道，若对 RGB 模式图像作用时，该列表框中显示红、绿、蓝三原色通道；若对 CMYK 模式图像作用时，则显示青、洋红、黄、黑 4 个色彩通道，如图 2.111 所示。在源通道选项组中，可以调整各原色的值。RGB 模式的图像调整红、绿、蓝 3 根滑杆，或在文本框中键入数值，如图 2.110 所示；CMYK 模式的图像则要调整青色、洋红、黄色、黑色 4 根滑杆或在文本框中键入数值，如图 2.111 所示。

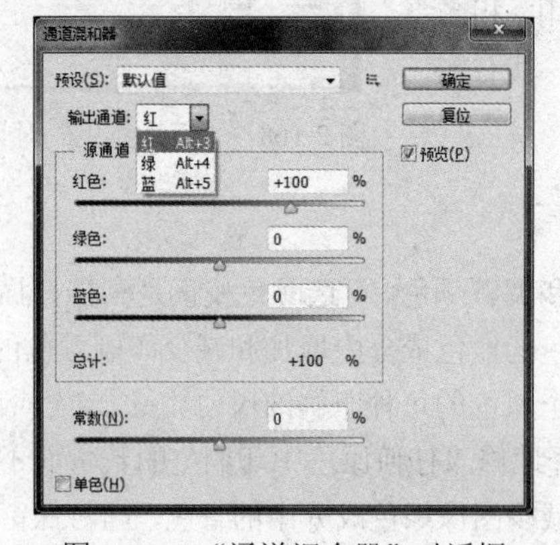

图 2.110　“通道混合器”对话框

图 2.111　混合 CMYK 色彩通道

在对话框的底部还有一根常数滑杆，拖曳此滑杆上的滑块或在文本框中键入数值（范围为-200～200）可以改变当前指定通道的不透明度。在 RGB 的图像中，常数为负值时，通道的颜色偏向黑色，常数为正值时，通道的颜色偏向白色。

选中对话框最底部的“单色”复选框，可以将图像变成灰度图像，即图像只包含灰度值。此时，对所有的色彩通道都将使用相同的设置。对于打算将图像转换为灰度的图像，选择“单色”复选框非常有用。如果先选择这个选项，然后又取消选择，可以单独修改每个通道的混合，为图像创建一种手绘色调的印象。

需要注意的是通道混合器命令只能作用于 RGB 和 CMYK 颜色模式，并且在执行此命令之前必须先选中主通道，而不能先选中 RGB 和 CMYK 中的单一原色通道。

可以按如下的步骤使用通道混合器命令：

（1）打开要在图像中混合通道的图像，在通道面板中选择复合通道，然后打开“通道混合器”对话框。

（2）对于“输出通道”，选取要在其中混合一个或多个现有（或源）通道的通道。

（3）将任一源通道的滑块拖向左边以减少源通道在输出通道中所占的百分比，向右边拖移则增加所占百分比，或者在文本框内输入数值。

（4）如果需要，拖动常数滑块或输入一个值。

（5）如果需要，选取“单色”复选框，对所有输出通道应用相同的设置。

（6）单击“确定”按钮。

2.8.7　变化颜色

“变化”命令可以很直观地调整图像或选区色彩平衡、对比度和饱和度。此命令的功能相当于“色彩平衡”命令再加上“色相/饱和度”命令的功能，对于不需要精确色彩调整的平均色调图像最有用，但是此命令不能用在索引颜色图像上，而且它不提供在图像窗口中的预览功能。

执行“图像/调整/变化”菜单命令，打开“变化”对话框，如图 2.112 所示。对话框中显示在各种情况下待处理图像的缩略图，可以一边调节，一边观察比较图像的变化。“变化”对话框左上角的两个缩略图分别表示原始图像（原稿）和当前选择图像（当前挑选）。左图显示原图像的真实效果，右图显示调整后的图像效果。第一次打开该对话框时，这两个图像是一样的。随着调整的进行，“当前挑选”图像会改变以反映调整。这样在调节过程中可以很直观地对比调整前与调整后的图像。移动鼠标到原稿上单击，则可将当前挑选恢复为与原始缩略图一样的效果。

对话框左下角有 7 个缩略图，其中的当前挑选图与左上角的当前挑选图作用相同，用于显示调整后的图像效果。另外 6 个缩略图分别用来改变图像的 RGB 和 CMYK 这 6 种颜色，单击其中任一缩略图，均可增加与该缩略图相应的颜色。如单击“加深绿色”缩略图，可增加绿颜色。

对话框右上角有 4 个单选按钮，其中上面 3 个单选按钮分别用于调节阴影、中间色调、高光。“饱和度”单选按钮用于控制图像的饱和度，选择该选项时，Photoshop 就自动将对话框刷新为“调整饱和度”对话框，如图 2.113 所示。此时，在对话框左下方只显示 3 个缩略图，单击减少饱和度、增加饱和度缩略图可以分别减少和增加饱和度。

在“饱和度”单选按钮下面有一“精细/粗糙”滑杆，用来确定每次调整的数量。将滑块移动一格可使调整数量双倍增加。移动三角形滑块越往“精细”端，则每次单击缩略图调整时的变化越细微。反之，越往“粗糙”端，则每次单击缩略图调整时的变化越明显。

滑杆右侧的“显示修剪”复选框可显示图像中的超色域部分，即溢色区域，可防止调整后出现溢色的现象。此项未选，Photoshop 对溢色区域不做出反应，该选项相当于“视图/色域警告”菜单命令。

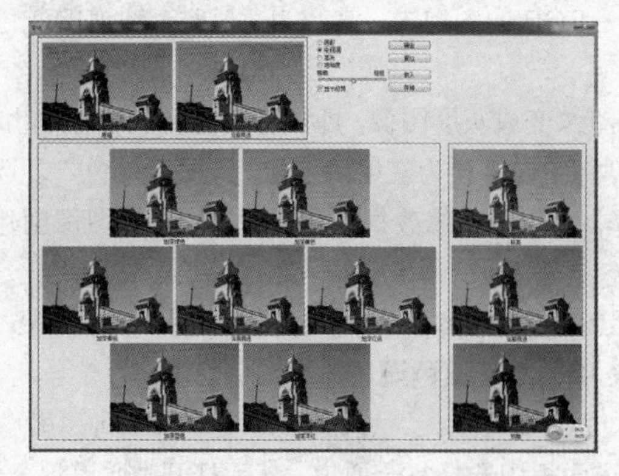

图 2.112 “变化”对话框

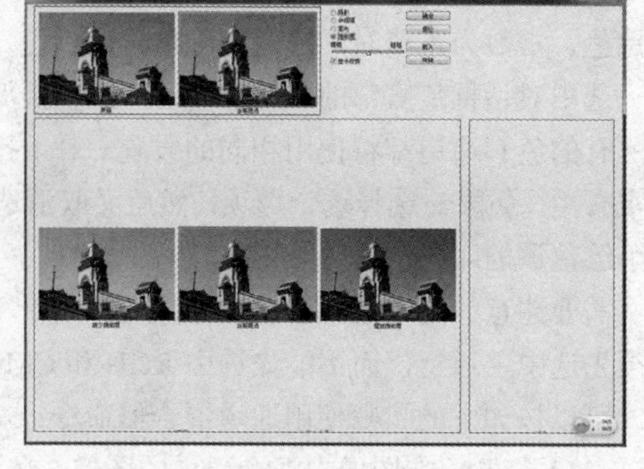

图 2.113 “调整饱和度”对话框

若要存储或载入变化对话框中的设置，可以单击“存储”或“载入”按钮。

可以按如下的步骤使用变化命令：

（1）打开需要调整的图像，然后打开“变化”对话框 。如果在“调整”子菜单中没有出现“变化”命令，则说明“变化”增效工具尚未安装。

（2）对图像进行下面的任一种调整：显示剪贴板选项，选择阴影、中间色调或高光，选择饱和度选项更改图像中的饱和度，设置精细/粗糙确定每次调整的数量。

（3）调整颜色和亮度：要将颜色添加到图像，单击相应的颜色缩略图；要减去一种颜色，单击相应的颜色缩略图。例如，要减去青色，应单击加深红色缩略图。

（4）单击对话框右侧的缩略图，调整图像的亮度。每次单击一个缩略图，所有的缩略图都会改变。中间缩略图总是反映当前的选择。

（5）单击“确定”按钮。

2.8.8 曝光度

曝光是胶卷或者数码感光部件（CCD 等）接受从镜头进光来形成影像的过程。如果照片中的景物过亮，而且亮的部分没有层次或细节，这就是曝光过度（过曝）；反之，照片较黑暗，无法实际反映景物的细节，就是曝光不足（欠曝）。使用“曝光度”命令，可以将拍摄中产生的曝光过度或曝光不足的图片处理成正常效果。“曝光度”命令不但专门用于调整 HDR 图像曝光度的功能，还可以用于调整 8 位和 16 位的普通照片的曝光度。

执行“图像/调整/曝光度”菜单命令，打开“曝光度”对话框，如图 2.114 所示。

预设：预先设置好的曝光方案。包括：默认值、减 1.0、减 2.0、加 1.0、加 2.0 和自定等。

曝光度：修改图像的曝光程度。值越大，图像的曝光度也越大。对极限阴影的影响很轻微。向右拖动滑块或者输入正值，可以将画面调亮。

位移：指定图像的曝光范围。可以使阴影和中间调变暗，对高光的影响很轻微。向左拖动滑块或者输入负值，可以增加对比度。

灰度系数校正：指定图像中的灰度程度，校正灰度系数。

吸管工具：使用“设置黑场”吸管在图像中单击，可以使单击点的像素变为黑色；使用“设置灰场”吸管在图像中单击，可以使单击点的像素变为中性灰色（R、G、B 值均为 128）；使用“设置白场”吸管在图像中单击，可以使单击点的像素变为白色。

如图 2.115 所示为一张曝光不足较暗的照片修改前后的效果。

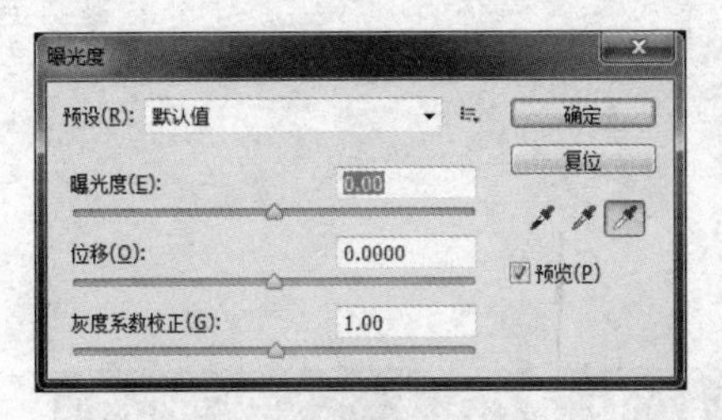

图 2.114 “曝光度”对话框

图 2.115 曝光度修改前后的效果图

2.8.9 自然饱和度

自然饱和度命令功能和“色相/饱和度”命令类似，用于调整色彩的饱和度，可以使图片更加鲜艳或暗淡，但效果会更加细腻，会智能地处理图像中不够饱和的部分和忽略足够饱和的颜色。在使用“自然饱和度”调整图像时，会自动保护图像中已饱和的部位，只对其做小部分的调整，而着重调整不饱和的部位，这样会使图像整体的饱和趋于正常，它可以在增加饱和度的同时防止颜色过于饱和而出现溢色，非常适合处理人像照片。

执行“图像/调整/自然饱和度”菜单命令，打开“自然饱和度”对话框，如图 2.116 所示。

自然饱和度：向左拖动可以降低颜色的自然饱和度，向右拖动可以增加颜色的自然饱和度。当大幅增加颜色的自然饱和度时，Photoshop 不会生成过于饱和的颜色，并且即使是将饱和度调整到最高值，皮肤颜色变得红润以后，仍然保持自然、真实的效果。

饱和度：向左拖动可以降低颜色的饱和度，向右拖动可以增加颜色的饱和度。当大幅增加饱和度时，色彩过于鲜艳，人物皮肤的颜色显得非常不自然。

如图 2.117 所示为一张人脸部颜色苍白照片经过自然饱和度命令修改前后的效果。

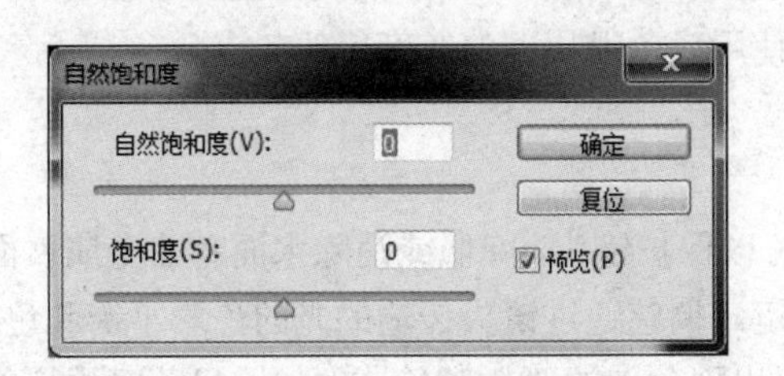

图 2.116 “自然饱和度”对话框

图 2.117 自然饱和度修改前后的效果图

2.8.10 黑白

黑白命令将图像中的颜色丢弃，使图像以灰色或单色显示，它不仅可以将彩色图像转换为黑白效果，也可以为灰度着色使图像呈现为单色效果。此外，可以根据图像中的颜色范围调整图像的明暗度。

执行“图像/调整/黑白”菜单命令，打开“黑白”对话框，如图 2.118 所示。如图 2.119 所示为一张黑白命令执行前后的效果。

（1）使用预设文件调整：在预设下拉列表中可以选择一个预设的调整文件，对图像自动应用调整。如果要存储当前的调整设置结果，可单击选项右侧的≡按钮，在下拉菜单中选择“存储预设”命令。

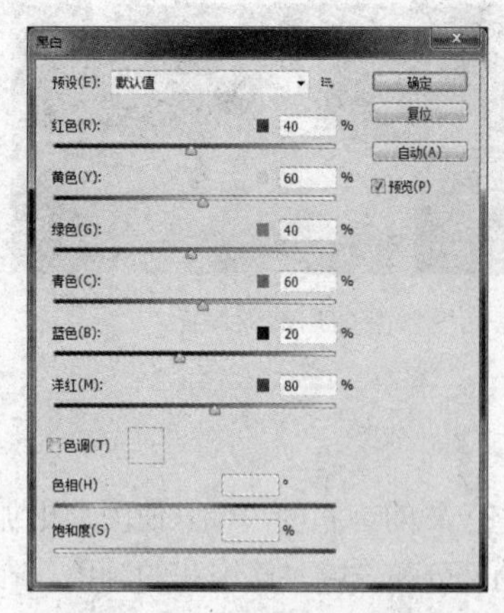

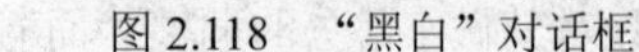

图 2.118 “黑白”对话框

图 2.119 黑白修改前后的效果图

（2）手动调整特定颜色：如果要对某种颜色进行细致的调整，可以将光标定位在该颜色区域的上方，此时光标会变成的形状，按下鼠标左键不要松开，拖动鼠标可以使该颜色变暗或变亮，向右拖动鼠标，能够使该颜色变亮，向左拖动鼠标，能够使该颜色变暗，同时，“黑白”对话框中的相应的颜色滑块也会自动移动位置。

（3）拖动颜色滑块调整：拖动各个原色的滑块可以调整图像中特定颜色的灰色调。例如：向左拖动洋红色滑块时，可以使图像中由洋红色转换而来的灰色调变暗。按住 Alt 键单击某个色卡，可以将单个滑块复位到其初始设置。

（4）为灰度着色：如果要为灰度着色，创建单色调效果，可以勾选“色调”选项，再拖动“色相”滑块和“饱和度”滑块进行调整。单击“色调”选项右侧的颜色块，可以打开“拾色器”对话框对颜色进行调整，将其修改为单色调图像。

（5）自动：单击该按钮可以设置基于图像的颜色值的灰度混合，并使灰度值的分布最大化。“自动”混合通常会产生极佳的效果，并可以用作使用颜色滑块调整灰度值的起点。

2.8.11 照片滤镜

滤镜是相机的一种配件，将它安装在镜头前面可以保护镜头，降低或消除水面和非金属表面反光，或者改变色温。照片滤镜命令可以模拟彩色滤镜，调整通过镜头传输的光的色彩平衡和色温，对于调整数码照片特别有用。“照片滤镜”可以校正出现色偏的照片颜色，例如，日落时拍摄的人脸会显得偏红，我们可以针对想减弱的颜色选用其补色的滤光镜——青色滤光镜（红色的补色是青色）来校正颜色，恢复正常的肤色。

执行“图像/调整/照片滤镜”菜单命令，打开“照片滤镜”对话框，如图 2.120 所示。

在“滤镜”下拉列表中可以选择要使用的滤镜。如果要自定义滤镜颜色，则可单击“颜色”选项右侧的颜色块，打开“拾色器”对话框调整颜色。

浓度：可调整应用到图像中的颜色数量，该值越高颜色的调整强度就越大。

保留明度：勾选该项时，可以保持图像的明度不变。如果取消勾选，则会因为添加滤镜效果而使图像色调变暗。

如图 2.121 所示为一张照片滤镜执行前后的效果。

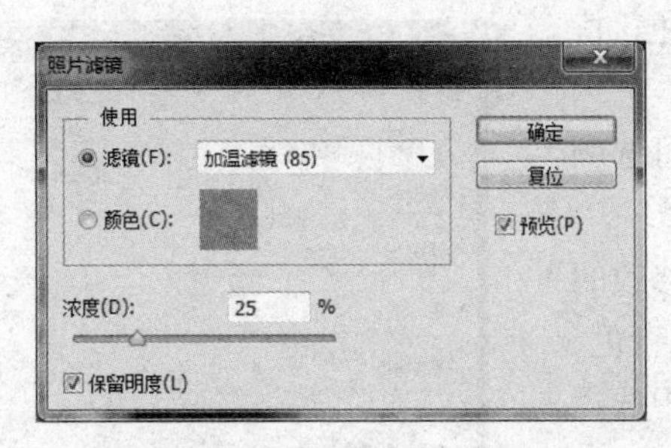

图 2.120　“照片滤镜”对话框

图 2.121　照片滤镜前后的效果图

2.8.12　渐变映射

渐变映射命令可以将图像转换为灰度，再用设定的渐变色替换图像中的各级灰度。如果指定的是双色渐变，图像中的阴影就会映射到渐变填充的一个端点颜色，高光则映射到另一个端点颜色，中间调映射为两个端点颜色之间的渐变。

执行“图像/调整/渐变映射”菜单命令，打开“渐变映射”对话框，如图 2.122 所示。Photoshop 会使用当前的前景色和背景色改变图像的颜色。“渐变映射”对话框的设置如下：

（1）灰度映射所用的渐变：点击渐变颜色条右侧的三角按钮，可以打开如图 2.123 所示的“渐变编辑器”对话框，在打开的下拉面板中选择一个预设的渐变。如果想创建自定义的渐变，则可以单击渐变颜色条，用渐变编辑器进行设置。

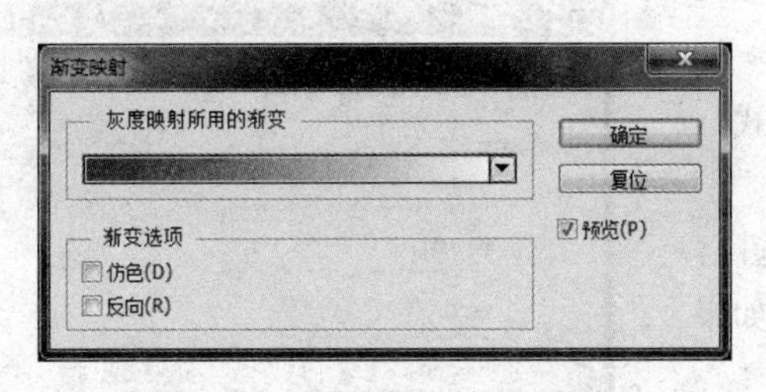

图 2.122　“渐变映射”对话框

图 2.123　“渐变编辑器”对话框

（2）仿色：选中该复选框，可以添加随机的杂色来平滑渐变填充的外观，减少带宽效应，使渐变效果更加平滑。

（3）反相：选中该复选框，可以将编辑的渐变前后颜色反转。比如编辑的渐变为黑到白渐变，选中该项后，将变成白到黑渐变。

需要注意的是，渐变映射会改变图像色调的对比度，要避免出现这种情况，可以在打开图像文件后复制图层，对复制的图层执行渐变映射命令，然后将复制图层的混合模式设置为“颜色”，这样将只能改变图像的颜色，不会影响图像的亮度，保持图像色调的对比度。

2.8.13　可选颜色

可选颜色命令可以对图像中指定的颜色进行校正，以调整图像中不平衡的颜色，该命令的最大好处是可以单独调整某一种颜色，而不影响其他的颜色，特别适合 CMYK 色彩模式的图像调整。

执行“图像/调整/可选颜色”菜单命令，打开“可选颜色”对话框，如图 2.124 所示。

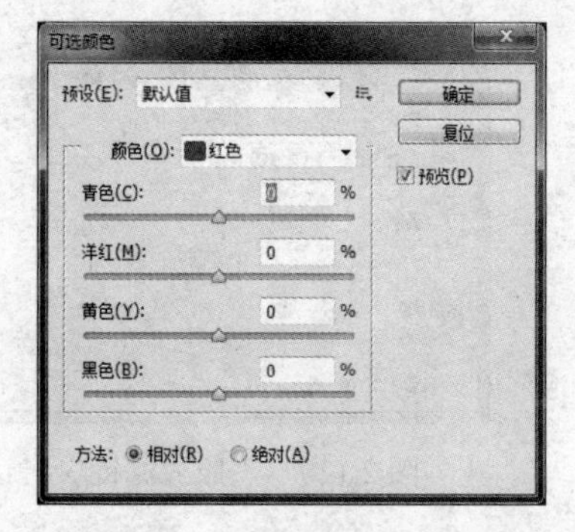

图 2.124 “可选颜色”对话框

（1）颜色/滑块：在“颜色”下拉列表中选择要修改的颜色，拖动下面的各个颜色滑块，即可调整所选颜色中青色、洋红、黄色和黑色的含量。比如在“颜色”下拉列表中选择“红色”，然后即可调整红色中各个印刷色的含量。

（2）方法：用于设置调整的方式。

选择“相对”：可按照总量的百分比修改现有的青色、洋红、黄色或黑色的含量。例如，如果从 50%的洋红像素开始添加 10%，结果为 55%的洋红（50%+50%×10%=55%）。

选择“绝对”：则采用绝对值调整颜色。比如原图像中有的青色为 50%，如果增加了 10%，那么增加后的青色就是 60%。

（3）在“可选颜色”对话框中调整所选颜色中青色、洋红、黄色和黑色的含量以后，点击“确定”按钮即可调整图像。

需要说明的是可选颜色校正是高端扫描仪和分色程序使用的一种技术，用于在图像中的每个主要原色成分中更改印刷色的数量。

2.8.14 匹配颜色

匹配颜色命令可以让多个图像、多个图层或者多个颜色选区的颜色一致。这在使不同照片外观一致时，以及当一个图像中特殊元素外观必须匹配另一图像元素颜色时非常有用。

执行“图像/调整/匹配颜色”菜单命令，打开“匹配颜色”对话框，如图 2.125 所示。

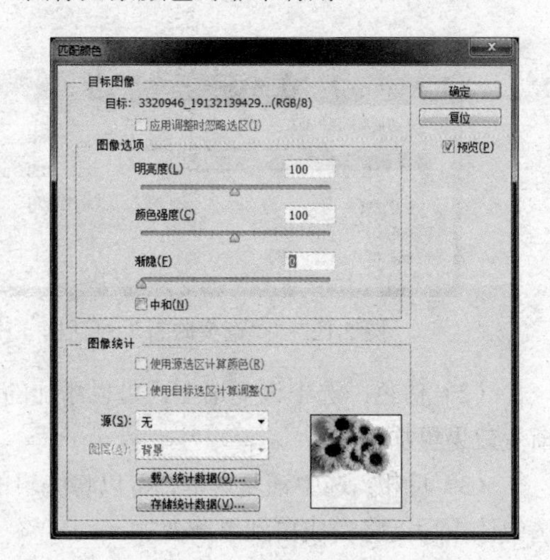

图 2.125 “匹配颜色”对话框

目标：显示了被修改的图像的名称和颜色模式，即要应用“匹配颜色”命令的文档。

应用调整时忽略选区：如果当前图像中包含选区，勾选该项可忽略选区，将调整应用于整个图像；如果取消勾选，则仅影响选中的图像。

明亮度：可以增加或减小图像的亮度。向右拖动，图像变亮；向左拖动，图像变暗。

颜色强度：用于调整色彩的饱和度。该值为 1 时，生成灰度图像。向右拖动，图像的颜色加强；向左拖动，图像的颜色减弱。

渐隐：用于控制应用于图像的调整量，该值越高，调整强度就越弱。

中和：勾选该项可以消除图像中出现的色偏。

使用源选区计算颜色：如果在源图像中创建了选区，勾选该项可使用选区中的图像匹配当前图像的颜色；取消勾选，则会使用整幅图像进行匹配。

使用目标选区计算调整：如果在目标图像中创建了选区，勾选该项可使用选区内的图像来计算调整；取消勾选，则使用整个图像中的颜色来计算调整。

源：在右侧的下拉列表中可选择要将颜色与目标图像中的颜色相匹配的源图像。如果源文件为分层文件，还可以在“图层”右侧的下拉列表中选择某个层进行颜色匹配。

图层：用于选择需要匹配颜色的图层。如果要将“匹配颜色”命令应用于目标图像中的特定图层，应确保在执行“匹配颜色”命令时该图层处于当前选择状态。

存储统计数据/载入统计数据：点击“存储统计数据”按钮，将当前的设置保存；点击“载入统计数据”按钮，可载入已存储的设置。使用载入的统计数据时，无需在 Photoshop 中打开源图像，就可以完成匹配当前目标图像的操作。

预览：显示源图像的缩览图。

下面举例说明匹配颜色命令的使用方法和步骤。

（1）如图 2.126 所示，打开两个图像文件。

（2）单击“图像 1”，将它设置为当前操作的文档。

（3）执行“图像/调整/匹配颜色”菜单命令，打开如图 2.125 所示的“匹配颜色”对话框。

（4）在“源”选项下拉列表中选择“图像 2”，然后可以调整一下“明亮度”、“颜色强度”和“渐隐”值。调整结束，点击“确定”按钮，如图 2.127 所示即可使“图像 1”和“图像 2”的色彩风格相匹配了。

图 2.126　匹配颜色前的两个图像文件

图 2.127　匹配颜色后的两个图像文件

2.8.15　颜色查找

颜色查找命令是 Photoshop CS6 中文版新增功能，主要作用是对 Photoshop CS6 图像色彩进行校正，还可以打造一些特殊图像效果。

执行“图像/调整/颜色查找”菜单命令，打开“颜色查找”对话框，如图 2.128 所示。选择 3DLUT、文件摘要或者设备连接单选按钮会弹出一个 Photoshop CS6“载入”相关色彩文件对话框，如果没有需要载入的色彩文件，可以直接关闭载入对话框。

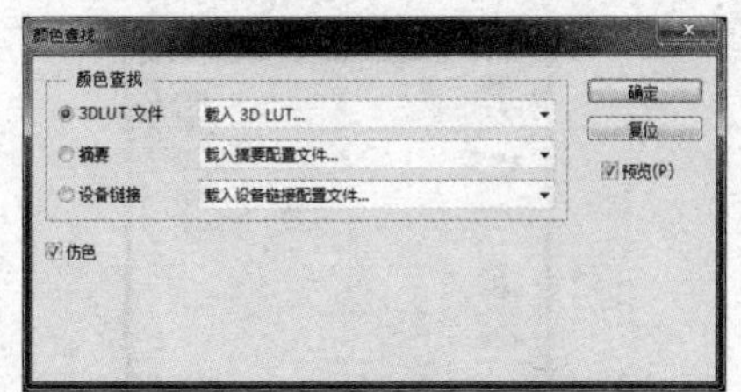

图 2.128　“颜色查找”对话框

3DLUT 文件：为三维颜色查找表文件，用于精确校正图像色彩；单击右侧的预设下拉列表，可以从其中选择一种预设效果，比如 3Strip.look。

摘要：在其右侧的预设下拉列表中单击可以选择一种预设效果。

设备连接：在其右侧的预设下拉列表中可以单击选择一种预设效果。

2.8.16 阴影/高光

“阴影/高光”命令适合纠正严重逆光但具有轮廓的图片，纠正因离相机闪光较近导致有些褪色（苍白）的照片，也应用于使阴影局部发亮但不能调整图像的高光和黑暗，它仅照亮或变暗图像中黑暗和高光的周围像素（邻近的局部），使用户可以分开来控制阴影和高光。

执行“图像/调整/阴影/高光”菜单命令，打开“阴影/高光”对话框，如图 2.129 所示。

（1）“阴影”选项组：可以将阴影区域调亮。

数量：拖动“数量”滑块可以控制调整强度，该值越高，阴影区域越亮。

色调宽度：用于控制色调的修改范围，较小的值会限制只对较暗的区域进行校正，较大的值会影响更多的色调。

半径：用于控制每个像素周围的局部相邻像素的大小，相邻像素决定了像素是在阴影中还是在高光中。

（2）“高光”选项组：可以将高光区域调暗。

数量：用于控制调整强度，该值越高，高光区域越暗。

色调宽度：用于控制色调的修改范围，较小的值只对较亮的区域进行校正，较大的值会影响更多的色调。

半径：用于控制每个像素周围的局部相邻像素的大小。

（3）调整选项组：

颜色校正：可以调整已更改区域的色彩。例如，增大“阴影”选项组中的“数量”值使图像中较暗的颜色显示出来以后，再增加“颜色校正”值，就可以使这些颜色更加鲜艳。

中间调对比度：用于调整中间调的对比度。向左侧拖动滑块会降低对比度，向右侧拖动滑块则增加对比度。

修剪黑色/修剪白色：可以指定在图像中将多少阴影和高光剪切到新的极端阴影（色阶为 0，黑色）和高光（色阶为 255，白色）颜色。该值越高，图像的对比度越强。

（4）存储为默认值：点击该按钮，可以将当前的参数设置存储为预设，再次打开“阴影/高光”对话框时，会显示该参数。如果要恢复为默认的数值，可按住 Shift 键，该按钮就会变为“复位默认值”按钮，点击它便可以进行恢复。

（5）显示更多选项：勾选该项，可以显示全部的选项。

调整结束，点击“确定”按钮，如图 2.130 所示即为“阴影/高光”命令执行前后图像的效果图。

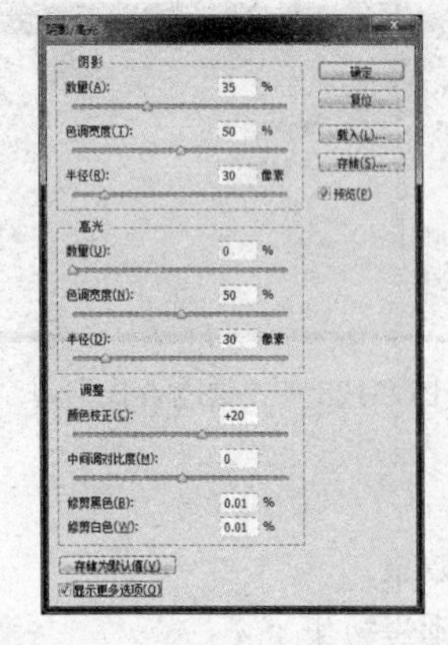

图 2.129 “阴影/高光”对话框

图 2.130 “阴影/高光”前后的效果图

2.8.17　HDR 色调

HDR 色调命令用于修补太亮或太暗的图像，可以制作出高动态范围的图像效果。

执行“图像/调整/HDR 色调”菜单命令，打开“HDR 色调”对话框，如图 2.131 所示。

（1）预设：在右侧的下拉列表中可以选择 Photoshop CS6 预先设置好的色调效果。

（2）边缘光：点击左侧的▾按钮，可以关闭“边缘光”选项组；点击左侧的▸按钮，可以打开“边缘光”选项组。

半径：控制发光效果的大小。

强度：控制发光效果的对比度。

平滑边缘：选择此项，提升细节时可以使发光的边缘更加平滑。

（3）色调和细节：可以使图像的整体色彩更加鲜艳。

点击左侧的▾按钮，可以关闭“色调和细节”选项组；点击左侧的▸按钮，可以打开“色调和细节”选项组。

灰度系数：用于调整高光和阴影之间的差异。

曝光度：用于调整图像的整体色调。

细节：用于查找图像的细节。

（4）高级：可以使图像的整体色彩更加鲜艳。

点击左侧的▾按钮，可以关闭“高级”选项组；点击左侧的▸按钮，可以打开“高级”选项组。

阴影：调整阴影区域的明亮度。

高光：调整高光区域的明亮度。

（5）色调曲线和直方图：拖动曲线，可以调整图像的整体色调。可以使图像的整体色彩更加鲜艳。

点击左侧的▾按钮，可以关闭“色调曲线和直方图”选项组；点击左侧的▸按钮，可以打开“色调曲线和直方图”选项组。

调整结束，点击“确定”按钮，如图 2.132 所示即为 HDR 色调命令执行前后图像的效果图。

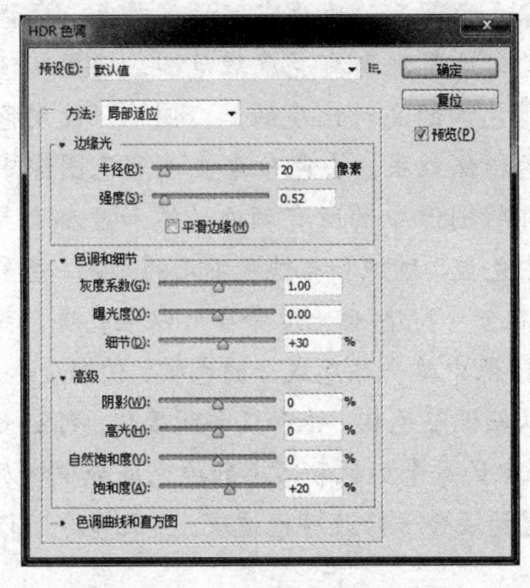

图 2.131　“HDR 色调”对话框

图 2.132　“HDR 色调”前后的效果图

Photoshop 的文件操作主要包括建立新图像文件、保存图像文件以及打开、恢复、浏览、关闭和置入图像文件。在 Photoshop 中经常要在多个图像之间进行切换，改变图像窗口的颜色模式以及改变图像窗口的位置和大小、新建图像窗口等，这些操作能使编辑图像更加便捷。在 Photoshop 中的普通模式、带有菜单栏的全屏模式和全屏模式之间的切换可以通过工具箱的 3 个屏幕模式按钮来实现。Photoshop 提供的标尺、测量器、网格和参考线可以方便地作为图像编辑时测量及定位的工具。

在制作图像时，为了便于编辑操作，经常要将图像进行缩放和移动。图像的缩放常用放大镜工具调整显示比例，也可以利用状态栏左侧的显示比例框调整视图的显示比例，还可以使用视图菜单和导航器面板调整显示比例。移动显示区域最常用的方法是借助滚动条，此外，使用抓手工具、导航器面板也是 Photoshop 中移动显示区域的重要方法。

使用图像大小命令可以将原有的图像进行放大和缩小，用画布大小命令可以在原图像之外增加空白的工作区域，来增大绘图的空间或者裁切掉图像的边缘内容。使用裁切工具可以自由控制裁切的大小和位置，还可以在裁切的同时进行旋转图像、改变图像分辨率等操作。

在工具绘图或者是进行图像填充或描边之前，需要选择颜色，选择的颜色可以使用拾色器、颜色库对话框、颜色面板、色板面板和吸管工具等。

图像的色调控制主要是对图像的明暗度的调整，一般可以使用色阶、自动色阶和曲线命令来完成。当图像偏暗或偏亮时，可以使用色阶命令来调整图像的明暗度。调整明暗度时，可以对整个图像进行，也可以对图像某一选取范围、图像的某一图层以及某一个颜色通道进行。

自动色阶命令可以自动执行等量的色阶滑块调整，即将每个通道中的最亮和最暗像素定义为白色和黑色，然后按比例重新分配中间像素值。色调曲线控制命令除可以调整图像的亮度以外，还有调整图像的对比度和控制色调等功能，它不是只使用 3 个变量（高光、阴影和中间调）进行调整，还可以调整 0 ~ 255 范围内的任意点。

反相命令可以对图像进行反相，使用它可以将像素的颜色改变为它们的互补色。色调均化命令将重新分布图像中像素的亮度值，以便它们更均匀地呈现所有亮度级范围。使用阈值命令可将一个彩色图像或灰度图像变成一个只有黑白两种色调的高对比度的黑白图像。使用色调分离命令可以将图像的色调数减少，制作出色调分离的特殊效果。去色命令去掉彩色图像中的所有颜色值，将其转换为相同颜色模式的灰度图像，即将图像中的所有颜色的饱和度都变为 0。

在色调校正完成后，就可以准确测定和诊断图像中色偏、过饱和与饱和不足的颜色。色彩平衡命令提供一般化的色彩校正，让彩色图像改变颜色的混合。亮度/对比度命令可以很直观、简便地调整图像的亮度和对比度。色相/饱和度命令用于调整图像中单个颜色成分的色相、饱和度和亮度。替换颜色命令用于在图像中基于特定颜色创建蒙版，从而调整色相、饱和度和明度值。可选颜色命令也是用于校正色彩不平衡问题和调整颜色，它在图像中的每个加色和减色的原色成分中增加和减少印刷颜色的量。通道混合器命令能使用当前颜色通道的混合来修改颜色通道。变化命令可以很直观地调整图像或选区色彩平衡、对比度和饱和度。

一、选择题（每题可能有多项选择）

1. 移动一条参考线的方法有（ ）。
   A. 选择移动工具拖拉
   B. 无论当前使用何种工具，按住 Alt 键的同时单击
   C. 在工具箱中选择任何工具进行拖拉
   D. 无论当前使用何种工具，按住 Shift 键的同时单击
2. 下面选项中对色阶描述正确的是（ ）。
   A. “色阶”对话框中的输入色阶用于显示当前的数值
   B. “色阶”对话框中的输出色阶用于显示将要输出的数值
   C. 调整输出色阶值可改变图像暗调的亮度值
   D. “色阶“对话框中共有 5 个三角形的滑块
3. 下面哪个色彩调整命令可提供最精确的调整？（ ）
   A. 色阶
   B. 亮度/对比度
   C. 曲线
   D. 色彩平衡
4. 下面的描述正确的是（ ）。
   A. 色相、饱和度和亮度是颜色的三种属性
   B. 色相/饱和度命令具有基准色方式、色标方式和着色方式三种不同工作方式
   C. 替换颜色命令实际上相当于使用颜色范围与色相/饱和度命令来改变图像中局部的颜色变化
   D. 色相的取值范围为 0～180
5. 下面对裁切工具描述正确的是（ ）。
   A. 裁切工具可将所选区域裁掉，而保留裁切框以外的区域
   B. 裁切后的图像大小改变了，分辨率也随之改变
   C. 裁切时可随意旋转裁切框
   D. 要取消裁切操作可按 Esc 键
6. 下面对图像大小命令描述正确的是（ ）。
   A. 图像大小命令用来改变图像的尺寸
   B. 图像大小命令可以将图像放大，而图像的清晰程度不受任何影响
   C. 图像大小命令不可以改变图像的分辨率
   D. 图像大小命令可以改变图像的分辨率
7. 在“曲线“对话框中，最右上角的一点能否移至右下角，使曲线水平？（ ）
   A. 不能
   B. 能
   C. 不一定
   D. 很难判断
8. 下列关于图像大小对话框的描述正确的是（ ）。
   A. 当选择约束比例选项时，图像的高度和宽度被锁定，不能被修改
   B. 当选择重定图像像素选项，但不选择“约束比例”选项时，图像的宽度、高度和分辨率可以任意修改
   C. 在“图像大小”对话框中可修改图像的高度、宽度和分辨率
   D. 重定图像像素列表框中有 3 种插值运算的方式可供选择，其中两次立方是最好的运算方式，但运算速度最慢

二、填空题

1．在 Photoshop CS6 中允许一个图像显示的最大比例范围是________%。

2．在________面板的弹出选项中可修改窗口中标尺的单位。

3．当图像偏蓝时，使用变化功能应当给图像增加________颜色。

4．________色彩模式的图像不能执行可选颜色命令。

5．________命令用来调整色偏。

三、简答题

1．在 Photoshop CS6 中存储图像文件有哪几种方式？各有什么作用？

2．在 Photoshop CS6 中打开图像文件有哪几种方式？可以一次打开多个图像文件吗？如何操作？如何置入一个矢量图像文件？

3．简述标尺、测量器、网格和参考线的作用。

4．调整图像的显示比例有哪些方法？如何调整图像的显示比例？如何移动图像的显示区域？

5．如何修改图像的尺寸、分辨率、图像的版面尺寸和图像的版面位置？

6．Photoshop CS6 支持哪些图像的颜色模式？简述 4 种图像颜色模式之间的转换方法。在设置 CMYK 颜色范围时，如何控制油墨量？

7．设置图像的前景色和背景色的方法有哪些？如何利用拾色器和吸管选取颜色？

8．如何查看和控制图像的色调分布？

9．简述使用自动色阶控制和色调曲线控制方法对图像产生的影响。

10．简述使用调整图像色相/饱和度命令对图像产生的影响。

第3章　Photoshop 工具与绘图

Photoshop 把绘图时常用的工具放在工具箱中，每个工具都用图标形式表示出来，以便于使用和操作。只有充分合理地利用这些工具，才能在实际绘图中高效地、随心所欲地制作出完美的图像作品。本章主要介绍了 Photoshop 中的常用绘图工具、文本工具和图像编辑工具以及相应的面板。为强化读者对各种工具用法的理解，最后通过两个实例结合讲述了 Photoshop 中常用工具的使用方法。

- 熟练掌握 Photoshop 中绘图工具的功能和使用方法。
- 理解 Photoshop 各种工具选项栏中的参数含义并掌握其设置方法。
- 熟悉文本工具的使用，掌握输入文本、设置文本格式、编辑文本的基本方法。
- 掌握各种图像编辑工具的使用方法。
- 熟练运用 Photoshop 工具进行图像处理并对图像缺陷进行修复。

3.1　Photoshop 绘图工具概述

Photoshop 常用的绘图工具都放置在工具箱中，它包括有 50 多种工具，如图 3.1 所示。用户可以使用文字、选择、裁剪、切片、吸管、画笔、移动、注释和缩放图像等工具进行图像处理，还可以使用工具箱内的其他工具更改前景色和背景色、使用不同的模式。

将鼠标放在工具图标上即显示工具提示，提示包括工具名称和键盘快捷键。要使用工具箱中的工具，直接用鼠标单击相应的工具图标即可。另外，还可通过快捷键选择工具，如在键盘上按 S 键选择图章工具，按 M 键选择矩形选框工具。图 3.1 即为 Photoshop 工具箱，为便于对照，图 3.1 中还列出了各个工具的名称及快捷键。

每一种工具都有一个属于它的选项栏，不同的选项栏有不同的选项设置，单击相应的工具图标即可打开相应工具的选项栏。工具的选项栏可以通过“窗口/选项”菜单打开和关闭，双击某工具，可同时打开此工具的选项栏并使“窗口/选项”菜单有效。

除了图 3.1 显示标明的工具外，工具箱中还包括一些隐含工具。在工具箱中有些工具图标右下角有一个白色小三角，这就表示该工具有相关的隐含工具，这样的工具称为一组工具。要选择隐含工具有 3 种方法：

（1）用鼠标右击相应的工具，将显示与此相对应的隐含工具菜单，然后单击需要选择的工具即可。此时，新选择工具的图标将代替原工具图标出现在工具箱中。

（2）按住 Alt 键不放，单击有隐含工具的工具图标，这时所单击的图标将在几种隐含工具图标之间循环切换，当切换到所需要的工具图标时，放开 Alt 键即可。

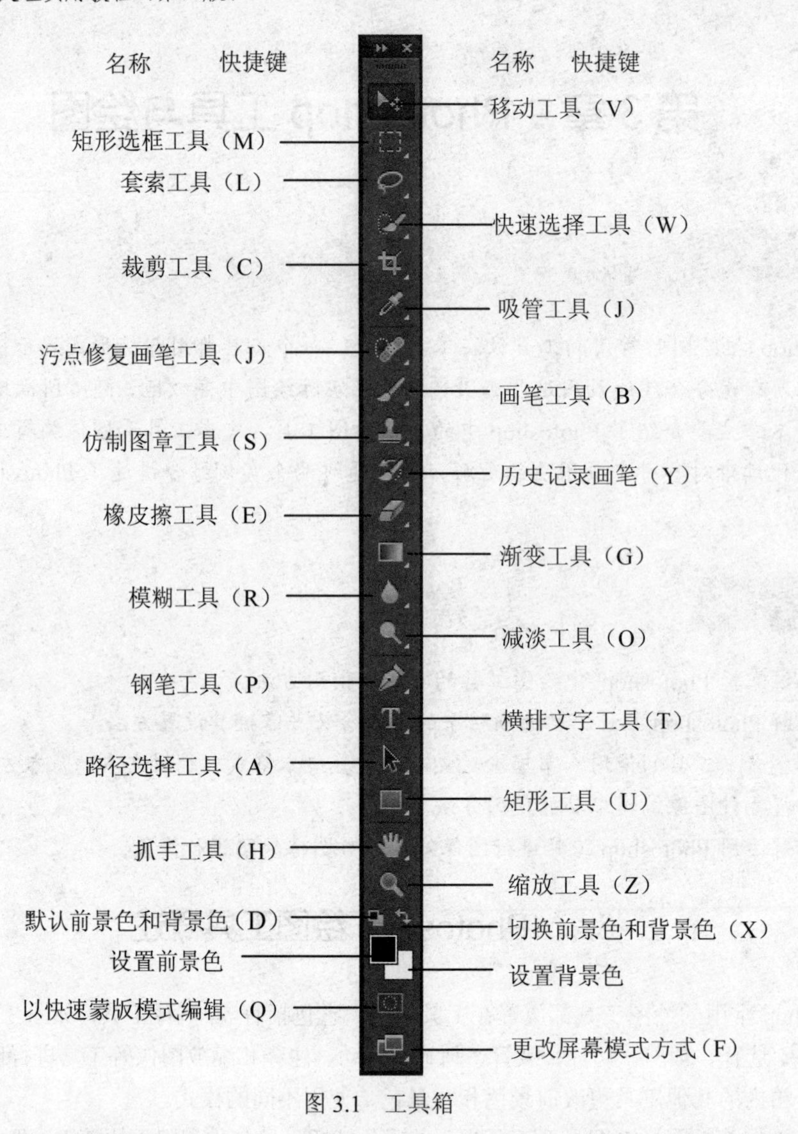

图 3.1 工具箱

（3）按住 Shift 键不放，并按工具的快捷键，也可以循环选择一组隐含的工具，但这种方式要预先设置。如果要启用或者停用该方式，首先要选取“编辑/首选项/常规”子菜单，然后选择或者取消选择“使用 Shift 键切换工具”。

图 3.2 列出了 Photoshop 中的所有隐含工具，其中，前面带有白色小点的工具表示其图标已显示在工具箱中。工具箱可以通过“窗口/工具”菜单命令显示和隐藏，当此菜单项前带有“√”标记时，显示工具箱；否则，隐藏工具箱。

3.2 工具选项栏

每一种工具都有一个属于它的选项栏，不同的选项栏都有其不同的选项设置。在众多的绘图工具（如铅笔工具、画笔工具）中，或多或少都有一些相同的特性，如混合模式、不透明度、褪色、强度等参数设置。本节将首先介绍选项栏的操作和选项栏的一些共同的参数设置。各工具选项栏中不同的参数设置将在介绍各工具时进行说明。选项栏经过设定后，将会保留当前的设置。

图 3.2　隐含工具菜单

3.2.1　显示和隐藏工具选项栏

显示和隐藏工具选项栏是通过执行“窗口/选项”菜单命令来完成的。当选择此菜单时，工具选项栏就在显示和隐藏两种状态之间切换。

通常情况下，工具选项栏位于菜单栏的下方。当显示工具选项栏时，单击工具箱中的工具，选项栏的设置随所选择的不同工具而变化。此外，双击工具箱中的工具或先选中某工具然后按 Enter 键，也可以打开该工具相对应的选项栏。

3.2.2　不透明度

几乎每个工具选项栏中都有不透明度这一选项，其值越小则透明程度越大。设置不透明度有两种方法：

- 通过工具选项栏中的不透明度文本框调整。可以在文本框中直接输入 1%～100%的百分数来决定不透明度的深浅，也可以单击不透明度框右侧的白色小三角形打开不透明度调节滑杆，用鼠标在滑杆上左右拖动其上的滑块，从而很方便地调整不透明度。图 3.3（a）所示为画笔工具选项栏，图 3.3（c）所示是设定 3 种不透明度值的情况下，用画笔工具进行绘制的图形。

- 通过图层面板中不透明度文本框或者滑杆来调整，如图 3.3（b）所示，设置方法同上。

（a）通过工具选项栏设置不透明度

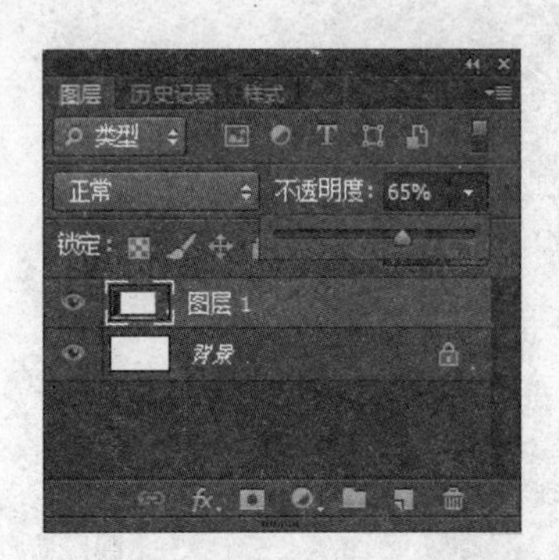

（b）通过图层面板设置不透明度

（c）3 种不透明度的效果

图 3.3　设置不透明度

3.2.3　强度

在模糊、锐化和涂抹工具的选项栏中都有强度这一选项，其值越小则这些工具应用动作的压力强度越小。例如使用模糊工具时，将此值调小，可使模糊力度减小，防止图像过于模糊。设置强度，可以通过工具选项栏中的强度文本框来调整，在文本框中直接输入 1%～100%的百分数来决定压力强度的大小，也可以单击强度文本框右侧的白色小三角形打开强度调节滑杆，用鼠标在滑杆上左右拖动其上的滑块，从而很方便地调整工具的强度。如图 3.4 所示为模糊工具选项栏的强度调整。

图 3.4　设置强度

3.2.4　混合模式

混合模式是 Photoshop 的一项较为出色的功能，Photoshop 的许多绘图工具的选项栏中都有这一选项。指定混合模式可以控制绘画或编辑工具影响图像像素的方式，通过对各种色彩的混合可以获得一些出乎意料的效果。

混合模式是指用当前绘制的颜色与图像原有的底色进行混合，从而产生一种结果颜色。当对图层进行混合时，表示当前选定的图层与在它下面的图层进行色彩混合。不同的色彩混合模式可以产生不同的效果。在观察混合模式效果时，从以下方面考虑会有所帮助：

- 基色是图像中的原色。
- 混合色是通过绘画或编辑工具应用的颜色。
- 结果色是混合后得到的颜色。

混合模式的设置有两种方法：

- 对于绘图工具而言，展开工具选项栏的模式下拉列表框，选择所需要的模式。如图 3.5（a）

所示，其中有 29 种混合模式，下面将分别予以介绍。

- 对于图层而言，展开图层面板左上角的下拉列表框，选择所需要的模式。如图 3.5（b）所示，其中有 27 种混合模式。

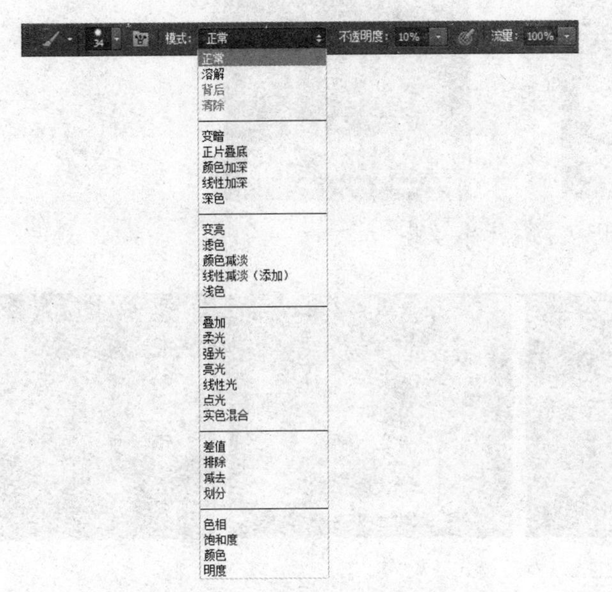

（a）通过工具选项栏设置混合模式　　（b）通过图层面板设置混合模式

图 3.5　设置混合模式

其中，“背后”和“清除”两种模式只适用于绘图工具，其他模式对于绘图工具和图层两者都适用。

1. 正常

这是 Photoshop 的默认模式，这种模式对每个像素进行编辑或绘制，使它成为结果色。选择这种模式后，当色彩是不透明的情况下，绘制出来的图像会盖住原来的底色（也就是说上一图层完全覆盖下一图层）；当色彩是半透明时才会透出底部的颜色，如图 3.6 所示。

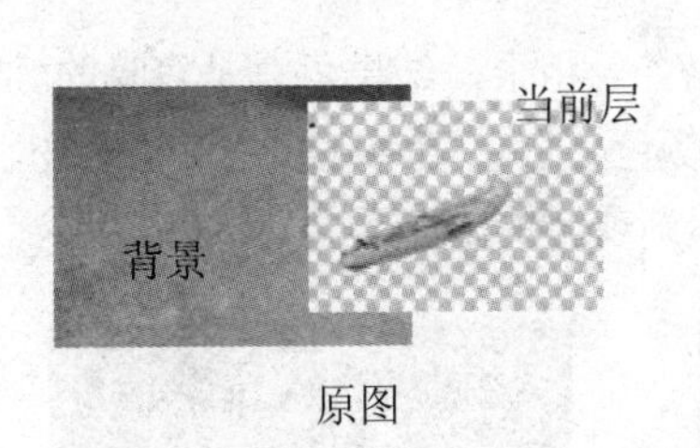

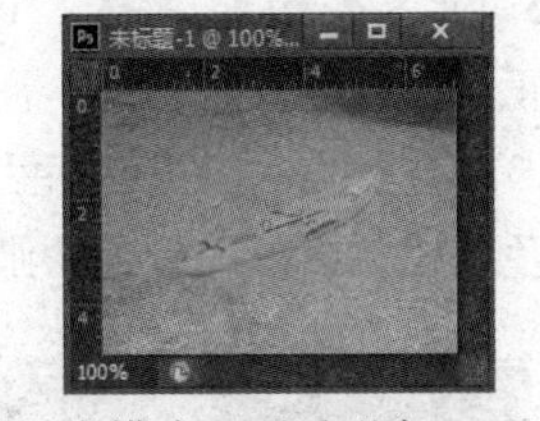

原图　　正常模式（不透明度 100%）　　正常模式（不透明度 50%）

图 3.6　正常模式效果

2. 溶解与背后

选择溶解模式，编辑或绘制每个像素，使其成为结果色。但是，结果色是对具有底色或混合颜色的像素的随机替换，达到与底色溶解在一起的效果，它取决于像素位置的不透明度。此模式在画笔和半透明的较大画笔尺寸中使用效果最好，如图 3.7 所示，当不透明度为 100%时，无法看到溶解效果。当不透明度越大时，溶解效果就越明显。

用背后模式绘图时，只能在当前图层的透明区域进行编辑或绘制，绘制出的颜色只作为当前图层的背景出现，而不会影响当前图层原来图像（不透明区域）的形状和颜色，其效果类似于在透明纸透明区域的背面绘画，如图 3.8 所示。

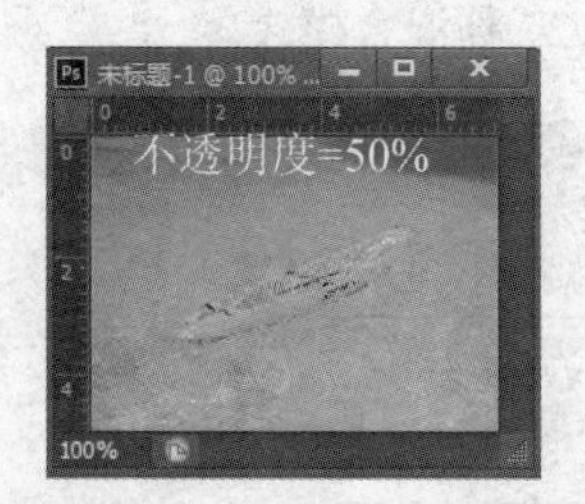

图 3.7　溶解模式效果

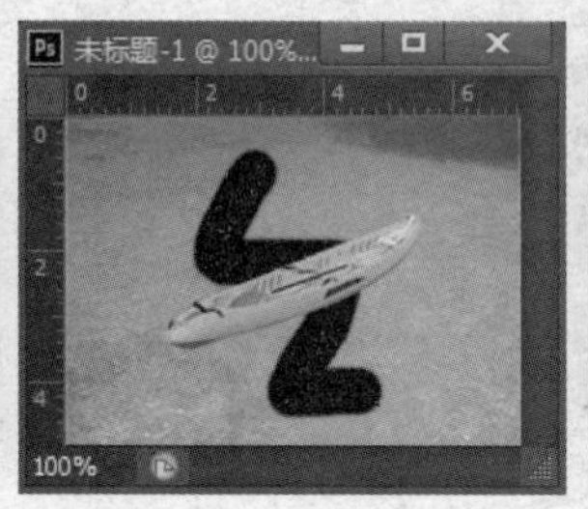

图 3.8　背后模式效果

3. 清除

清除模式必须在取消选择“锁定透明像素”的图层中使用。在这种模式下，编辑或绘制每个像素，使其成为透明，类似于在图层中使用擦除工具。它擦除任何颜色，从而使像素透明，如图 3.9 所示。

4. 变暗

变暗模式查看每个通道中的颜色信息，并选择基色或混合色中较暗的颜色作为结果色，替换比混合色亮的像素，而不改变比混合色暗的像素。它不是混合颜色后的表现，而是将两个颜色中更暗的一个原原本本地表现出来，如图 3.10 所示。

5. 正片叠底

正片叠底模式查看每个通道中的颜色信息，并将基色与混合色相乘，结果色总是较暗的颜色，如图 3.11 所示。将任何颜色与黑色相乘产生黑色，而将任何颜色与白色相乘则颜色保持不变。当用黑色或白色以外的颜色绘画时，绘画工具的连续线条产生逐渐变暗的颜色。

图 3.9　清除模式效果

图 3.10　变暗模式效果

图 3.11　正片叠底模式效果

6. 颜色加深

颜色加深模式通过增加对比度使基色变暗以反映混合色。与白色混合不会改变基色。混合后的颜色对比度变强，导致图像整体变得鲜亮，如图 3.12 所示。

7. 线性加深、深色与变亮

线性加深模式通过降低亮度使基色变暗以反映混合色。与白色混合不会改变基色。两种颜色混合时，颜色将维持比较清晰的状态，两个图像均等地表现，如图 3.13 所示。

图 3.12　颜色加深模式效果

图 3.13　线性加深模式效果

深色模式以当前图像饱和度为依据，直接覆盖底层图像中暗调区域的颜色。它可反映背景较亮图像中暗部信息，暗调颜色取代图像亮部，如图 3.14 所示。

选择变亮模式混合时，比较混合色与基色，将其中较亮的颜色作为结果色，使得比混合色暗的像素被替换，而比混合色亮的像素不变，如图 3.15 所示。

图 3.14　深色模式效果

图 3.15　变亮模式效果

8. 滤色

滤色模式查看每个通道的颜色信息，并将混合色的互补色与基色相乘。结果色总是较亮的颜色，如图 3.16 所示。用黑色执行屏幕模式使颜色保持不变，用白色执行滤色模式则生成白色。

9. 颜色减淡与线性减淡

颜色减淡模式通过降低对比度使底色变亮以反映混合颜色。与黑色混合不会改变底色。这种效果是将像素的亮度普遍提高，并不是变亮了，而是颜色变深了，如图 3.17 所示。

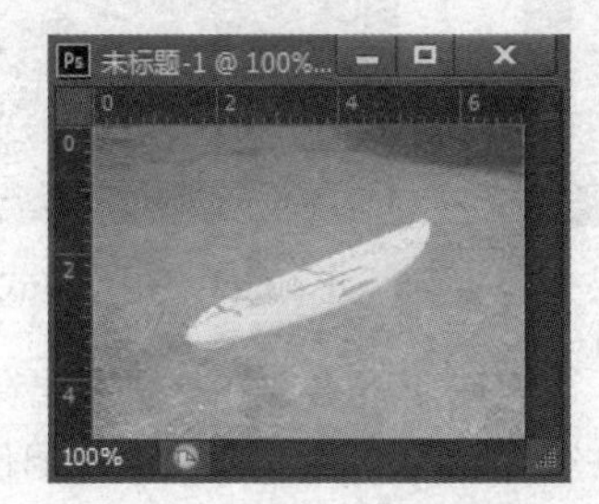

图 3.16　滤色模式效果

图 3.17　颜色减淡模式效果

线性减淡模式通过增加亮度使底色变亮以反映混合色。两个图像为均匀地混合。与黑色混合不会改变基色，如图 3.18 所示。

10. 浅色与叠加

浅色模式与深色模式正好相反。浅色模式可影响背景较暗图像中的亮部，以高光颜色取代图像暗部，如图 3.19 所示。

叠加模式对颜色执行正片叠底模式或屏幕模式，这取决于基色，图案或颜色在现有像素上叠加，同时保留基色的明暗对比，此时，基色不会被替换，但会与混合色相混，以反映原色的亮度或暗度，如图 3.20 所示。

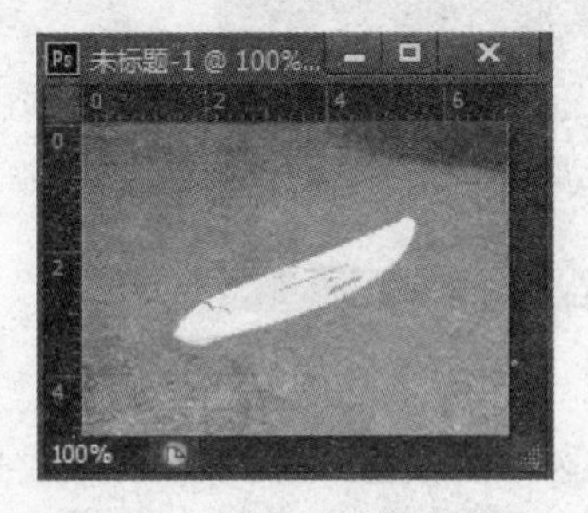

图 3.18 线性减淡模式效果

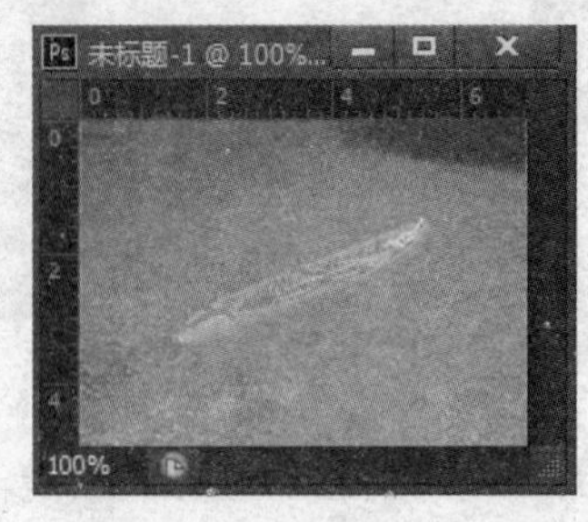

图 3.19 浅色模式效果

图 3.20 叠加模式效果

11. 柔光与强光

柔光模式根据混合色使图像变亮或变暗，致使图像的颜色柔化。如果混合色比 50%灰色亮，则图像变亮，就像被减淡一样。如果混合色比 50%灰色暗，则图像变暗，就像被加深一样，如图 3.21 所示。用纯黑色或纯白色绘画，会产生明显较暗或较亮的区域，但不会产生纯黑色或纯白色。

强光模式对颜色执行正片叠底模式或屏幕模式，这取决于混合色。如果混合色比 50%灰色亮，则以屏幕模式混合，图像变亮；如果混合色比 50%灰色暗，则以正片叠底模式混合，图像变暗，其效果是使图像中亮的部分更亮，而暗的部分更暗，如图 3.22 所示。用纯黑色或纯白色绘画会产生纯黑色或纯白色。

12. 亮光与线性光

亮光模式对颜色执行颜色减淡模式或颜色加深模式，这取决于混合色。如果混合色比 50%灰色亮，则以颜色减淡模式混合，可使图像变亮；反之，以颜色加深模式混合，可使图像变暗，如图 3.23 所示。

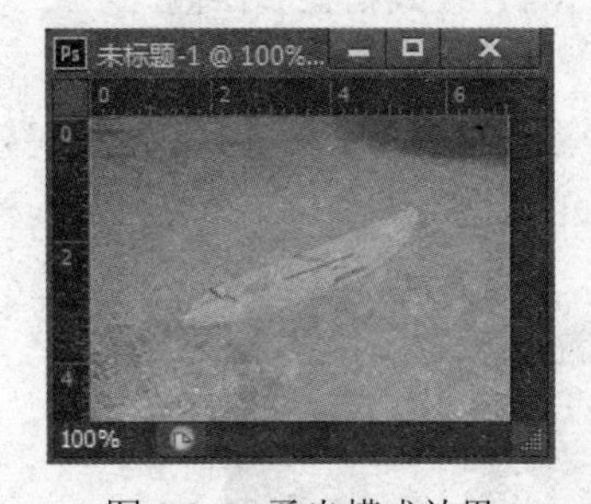

图 3.21 柔光模式效果

图 3.22 强光模式效果

图 3.23 亮光模式效果

线性光模式对颜色执行线性减淡模式或线性加深模式，这取决于混合颜色。如果混合色比 50%灰色亮，则以线性减淡模式混合，可使图像变亮；反之，以线性加深模式混合，可使图像变暗，如图 3.24 所示。

13. 点光

执行点光模式时，如果混合色比 50%灰色亮，比混合色暗的像素将被替换，比混合色亮的像素不变；反之，比混合色亮的像素将被替换，比混合色暗的像素不变，如图 3.25 所示。

图 3.24　线性光模式效果

图 3.25　点光模式效果

14. 实色混合

实色混合模式用于混合位于混合图层图像上面的背景图像的颜色，如图 3.26 所示。查看每个通道中的颜色信息，根据混合色替换颜色。如果混合色比 50%灰色亮，则替换比混合色暗的像素为白色。如果混合色比 50%灰色暗，则替换比混合色亮的像素为黑色。

15. 差值

差值模式查看每个通道中的颜色信息，并从基色中减去混合色，或从混合色中减去基色，具体取决于哪一个颜色的亮度值更大。与白色混合将使基色反相；与黑色混合则不产生变化，混合图层图像的色调越亮，效果表现越强烈，如图 3.27 所示。

图 3.26　实色混合模式效果

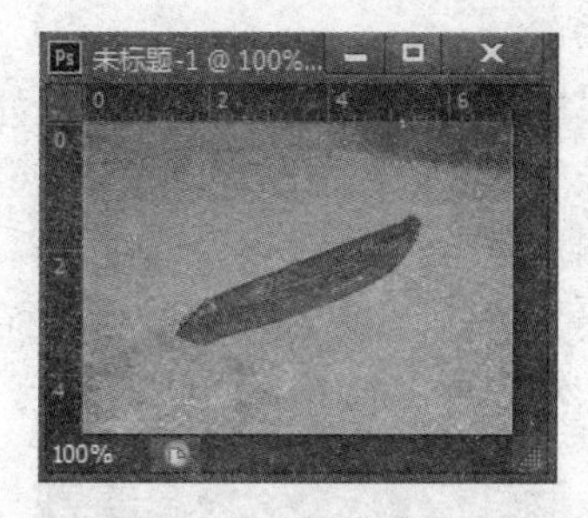

图 3.27　差值模式效果

16. 排除

排除模式创建一种与差值模式相似但对比度更低更柔和的效果。与白色混合将使基色反相；与黑色混合则不发生变化，若应用范围越小，背景图像的色调表现得越强烈，如图 3.28 所示。

17. 减去

减去模式用于混合不同的图像，减去图像中的亮部或者暗部，与底层的图像混合，如图 3.29 所示。

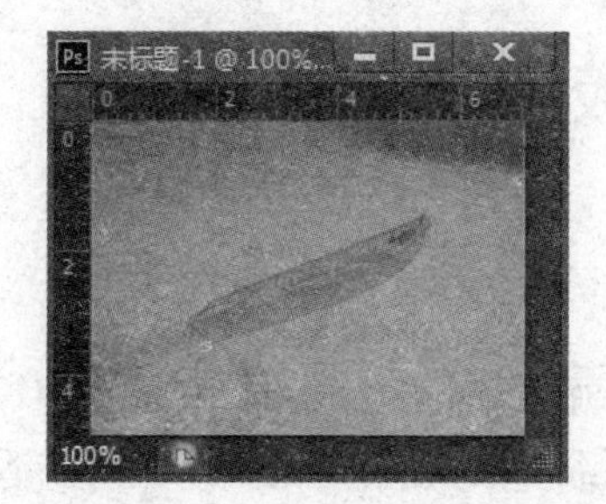

图 3.28　排除模式效果

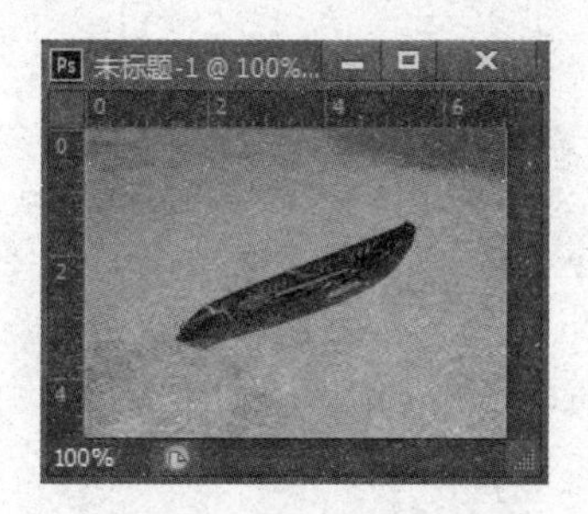

图 3.29　减去模式效果

18. 划分

划分模式用于将图像划分为不同的色彩区域，与底层图像混合，产生较亮的，类似于色调分离后的图像效果，如图 3.30 所示。

19. 色相

色相模式用基色的亮度和饱和度以及混合颜色的色相创建结果颜色，背景图像的明暗度、饱和度则表现出原始状态，如图 3.31 所示。

20. 饱和度

饱和度模式用基色的亮度和色相以及混合色的饱和度创建结果颜色，如图 3.32 所示。在无饱和度（灰色）的区域上用此模式绘画不会引起变化。

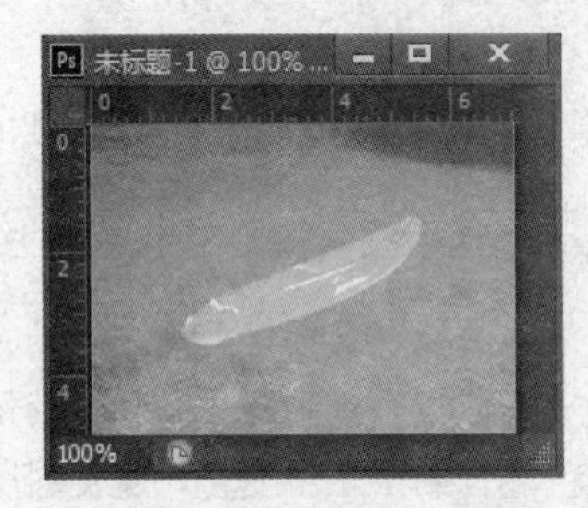

图 3.30 划分模式效果

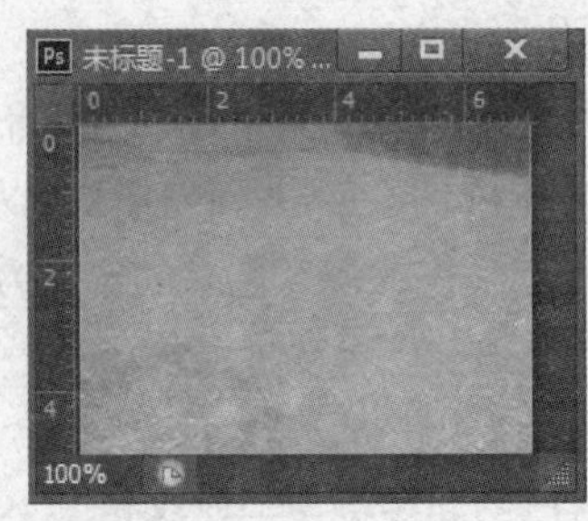

图 3.31 色相模式效果

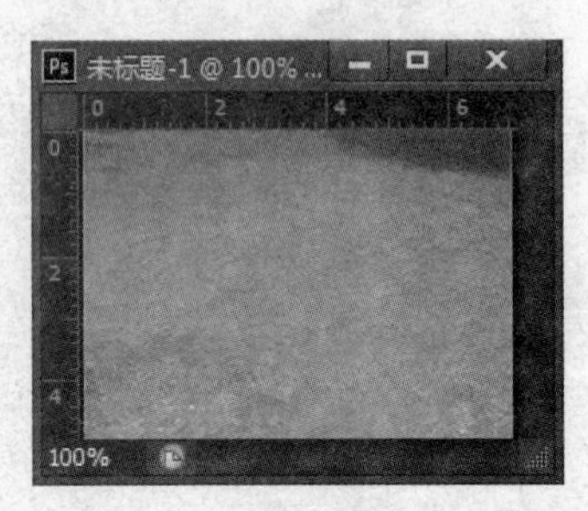

图 3.32 饱和度模式效果

21. 颜色

颜色模式用基色的亮度以及混合颜色的色相和饱和度来创建结果颜色，如图 3.33 所示。这可以保护图像中的灰色色阶，而且对于给单色图像上色以及给彩色图像着色都是很有用的。

22. 明度

明度模式能够使用“混合色”颜色的亮度值进行着色，而保持上层颜色的饱和度和色相数值不变。明度需要配合不透明度来进行设置，如图 3.34 所示。

图 3.33 颜色模式效果

图 3.34 明度模式效果

3.3 画笔面板

3.3.1 画笔面板的功能

在工具箱中，可用于绘画和编辑的工具有很多，如绘画工具（画笔、铅笔和橡皮擦等）和编辑工具（历史记录画笔、图案图章、模糊、涂抹、锐化和海绵等）。在使用这些工具时，适当地设置一个画笔，才能更好地发挥它们的作用，获得满意的效果。为了绘制一些特殊线条，除了需要设置画笔的直径外，还可能经常需要为画笔设置一些其他特性，例如：改变画笔的形状、硬度、纹理等。

画笔面板用于调整各种画笔的直径、旋转角度、圆度、硬度、间距，设置画笔的形状动态、发散、纹理填充、颜色动态等特性；还可以添加新的画笔、删除不需要的画笔或替换画笔，也可以实现画笔的保存、载入以及复位画笔。要打开画笔面板，只需单击画笔工具选项栏上的按钮或选择“窗口/画笔”菜单，如图 3.35 所示。画笔面板的左侧设置区中包含多个选项卡。

1．画笔预设

在画笔面板的设置区中单击“画笔预设”，然后在打开的右侧画笔列表中选择画笔，通过拖动“直径”滑块进行画笔大小预设，也可直接在文本框中输入 1～5000 像素的数值，如图 3.36 所示。

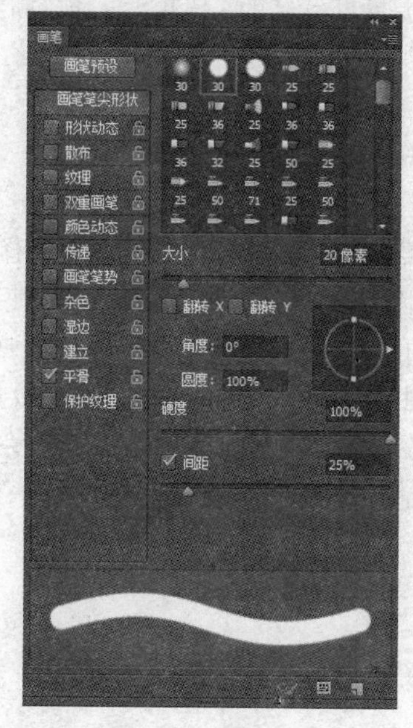

图 3.35　画笔面板

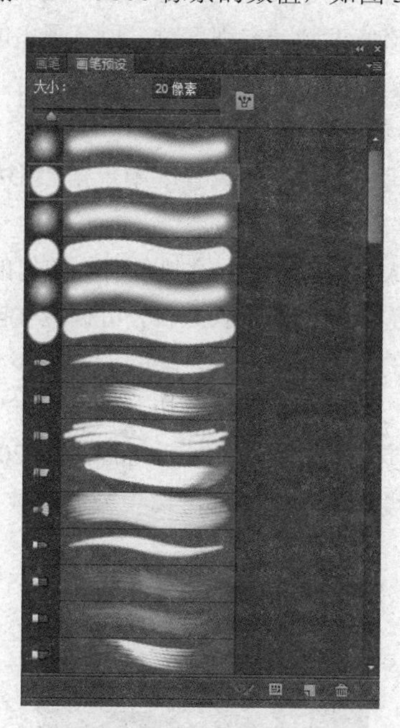

图 3.36　画笔预设面板

2．设置画笔的基本特性

在画笔面板的左侧设置区中单击“画笔笔尖形状”，然后在打开的右侧画笔列表中选择画笔并进行设置，如图 3.36 所示。

可设置画笔的基本参数如下：

- 大小：定义画笔的直径大小。通过拖动滑杆进行设置，也可直接在文本框中输入 1～5000 像素的数值，如图 3.37 所示。

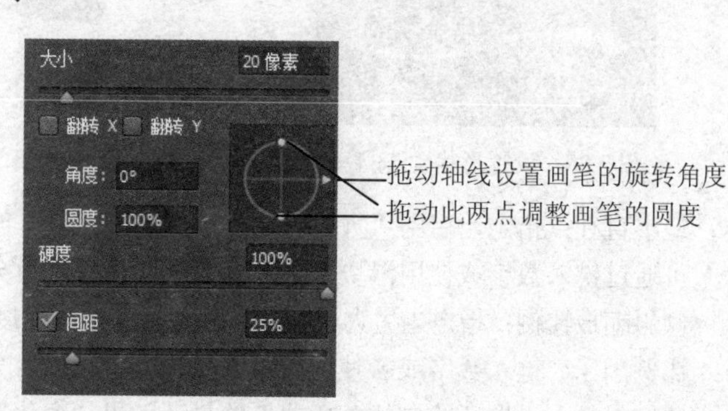

图 3.37　设置画笔的直径、角度、圆度、硬度、间距

- 角度：设置画笔的旋转角度。在其文本框中输入-180～180 之间的数值进行设置，也可通过拖动右侧的示意图中的轴线进行设置，但是，只有当画笔形状不是圆形时，该设置才有意义，如图 3.37 所示。
- 圆度：用于控制椭圆形画笔长轴和短轴的比例。可通过在文本框中输入 0%～100%的数值进行设置，也可通过调整右侧示意图中的两个圆点来调整。
- 硬度：定义画笔的硬度以及边界的柔和程度，该值越小，画笔越柔和，变化范围为 0%～100%。
- 间距：用于控制画笔绘制的线条中相邻两点之间的中心距离，变化范围为 1%～1000%。该值大到一定程度时，画笔画出的线条看起来将是断断续续的，值越大，线条断续的效果越明显。设定间距时必须选中“间距”复选框。

3. 形状动态

在画笔面板的左侧设置区中单击“形状动态”，利用右侧的控制区可设置如下参数，如图 3.38 所示。

- 大小抖动：用于绘制粗细不均匀的线条。通过在其下方的“控制”下拉列表中选择“渐隐”，输入渐隐的步长数目，可模拟实际画笔线条的渐隐速率，设置尺寸渐隐效果，使工具绘图的颜色逐渐变浅。渐隐的每个步长等于画笔笔尖的一个点，步长取值范围从 1～9999。步长值越小，渐隐越快。例如，输入 10 步长会产生以 10 为增量的渐隐。图 3.39 中，渐隐步长值分别为 9999、80、50、20 的渐隐效果。在画笔的很多设置项目（如角度抖动、圆度抖动等）中都可设置减弱参数，其用法与此类似。

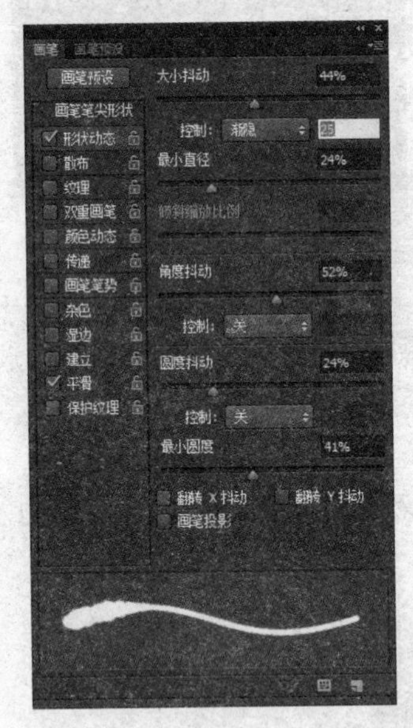

图 3.38 设置形状动态抖动

图 3.39 渐隐效果

- 最小直径：指定当启用“大小抖动”或“大小控制”时画笔笔迹可以缩放的最小百分比。可通过键入数字或使用滑块来输入画笔笔尖直径的百分比值。
- 倾斜缩放比例：指定当“大小抖动”设置为“钢笔斜度”时，在旋转前应用于画笔高度的比例因子。键入数字或者使用滑块输入画笔直径的百分比值。
- 角度抖动：设置所绘制线条弯曲处的抖动效果，变化范围为 0%～100%。

- 圆度抖动：改变画笔的圆度，从而制作出带有毛刺的线条，变化范围为 0%～100%。此外，通过其下方的“控制”下拉列表中“渐隐”的设置，可增强圆度抖动效果。
- 最小圆度：指定当“圆度抖动”或“圆度控制”启用时画笔笔迹的最小圆度。输入一个指明画笔长短轴之间的比率的百分比。
- 翻转 X 抖动/翻转 Y 抖动复选框：启用画笔沿 X/Y 轴的随机翻转。
- 画笔投影：设置画笔阴影效果。

4. 散布

设置画笔的发散效果，如图 3.40 所示，其中，利用“散布”滑块可设置发散程度，变化范围为 0%～1000%，值越大，发散程度越大；“数量”滑块可设置发散密度，变化范围为 1～16，值越大，线条密度越大；利用“数量抖动”滑块可设置发散抖动效果，变化范围为 0%～100%。

5. 纹理

设置画笔的纹理效果，如图 3.41 所示，其中，利用“纹理”滑块可设置纹理缩放比例，变化范围为 0%～1000%；可设置亮度值，变化范围为-150～150；可设置对比度，变化范围为-50～100；此外，通过选中“为每个笔尖设置纹理”复选框，可确定绘画时是否单独渲染每个线条的尖顶，还可利用下面的项目设置画笔渗透到纹理的深度、最小深度及深度抖动等。

6. 双重画笔

设置画笔的双重画笔效果，如图 3.42 所示，在此可设置所选择画笔的大小、间距、散布、数量及其与图案的混合模式等。

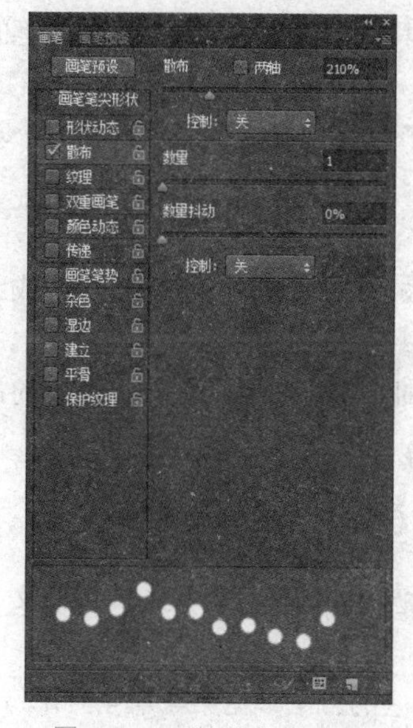

图 3.40　画笔的发散效果

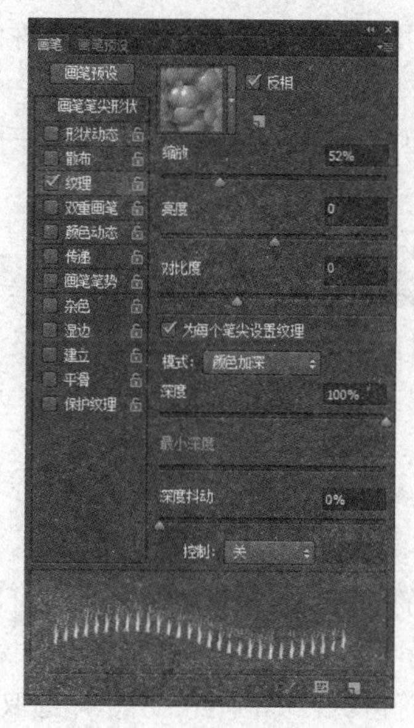

图 3.41　画笔的纹理效果

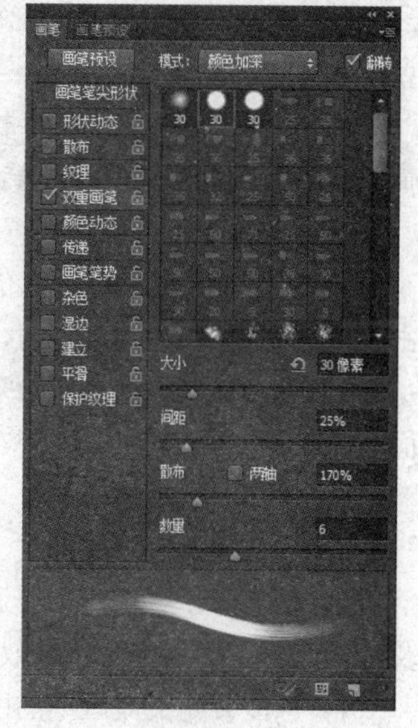

图 3.42　画笔的双重画笔效果

7. 颜色动态

设置画笔的前景/背景抖动、色相、饱和度和亮度抖动及亮度效果。

8. 传递

设置画笔的不透明度抖动与流动抖动效果以及湿度和混合抖动效果。

9. 画笔笔势

设置画笔的倾斜与旋转效果。

10. 其他

杂色：设置画笔的杂色效果，如图 3.43 所示。

湿边：设置画笔的湿边效果，其作用是产生一种水彩绘图式的湿边效果。

建立：设置画笔的喷枪效果。

平滑：设置画笔的平滑效果。

保护纹理：设置画笔的保护纹理效果。

11. 清除画笔设置

单击画笔面板右上角的按钮，将弹出画笔面板菜单，如图 3.44 所示。选择“清除画笔控制”菜单，可清除画笔的各项设置，从而恢复画笔的默认设置。

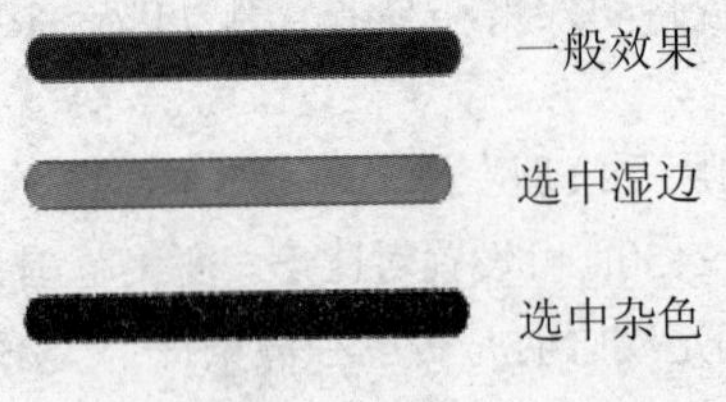

图 3.43　画笔的湿边、杂色效果

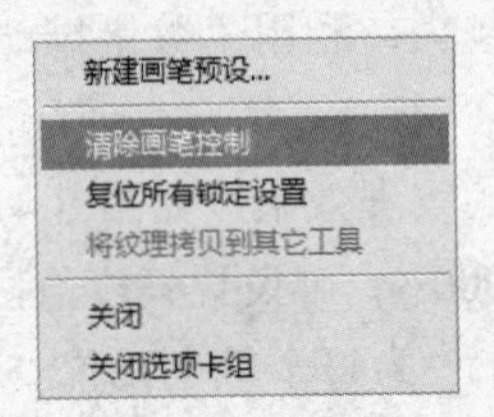

图 3.44　画笔面板控制菜单

3.3.2　建立新画笔

如果在画笔面板中没有合适的画笔，在画笔面板中，可以在现有画笔的基础上创建一支新的画笔，甚至可以将一幅图像的一部分用作一个画笔笔尖，而在图像的其他部分绘画。下面介绍画笔的建立，具体步骤如下：

（1）在画笔面板的设置区中单击“画笔笔尖形状”，然后在打开的右侧画笔列表中选择一个基本画笔，作为新画笔的原型画笔。

（2）按 3.3.1 小节所述设置画笔的各种特性。

（3）单击画笔面板右上角的按钮，在弹出的画笔面板菜单中选择“新建画笔预设”，或者单击画笔面板右下角的按钮，打开“画笔名称”对话框。

（4）在对话框中输入新画笔的名称，单击“确定”按钮，这时新画笔将被放在画笔列表的最下面。

3.3.3　自定义画笔

Photoshop 除了可以建立普通的圆形、椭圆形画笔外，还可以把选取的任意形状的图像或文字定义成画笔。下面用一个将选取的图像定义为画笔的实例进行说明。

（1）选取要定义成画笔的图像区域，如图 3.45 所示，选取选区的方法参见第 4 章 4.3 节。

（2）执行“编辑/定义画笔预设”菜单命令，打开“画笔名称”对话框，如图 3.46 所示。

图 3.45　选取图像

图 3.46　“画笔名称”对话框

（3）在对话框中输入新画笔的名称，单击“确定”按钮，即把选取的图像定义成了画笔，并且新定义的画笔立刻添加到画笔面板中。

在定义了特殊的画笔之后，就可以在此基础上制作一些特殊的效果。但要注意的是，定义特殊画笔时，只能定义画笔的形状，而不能定义画笔的颜色，即使是用彩色的图案来建立的画笔，绘制出来的图像也不具有彩色效果。

3.3.4 选择画笔

要选择画笔，有两种方法：一是在画笔面板的左侧设置区中单击“画笔预设”或“画笔笔尖形状”，然后在打开的右侧画笔列表中选择一个画笔；二是在工具箱中选择画笔、图案图章、历史记录画笔、橡皮擦、模糊及海绵等工具时，在这些工具的选项栏中都有一个共同的参数，即画笔，如图 3.47 所示。

图 3.47 画笔工具选项栏

单击画笔示例右侧的下拉按钮（），将弹出画笔下拉面板，如图 3.48 所示，在这里可以选择画笔的大小和形状。首先在画笔列表中选择一种画笔形状，每种形状都有一个预设的像素值，如果形状和预设的像素值都符合要求，直接双击该画笔，就会关闭画笔下拉面板；否则，拖动“大小”滑杆或直接在右上方的文本框中输入一个新值，就可以用所选定的画笔形状和大小绘图了。

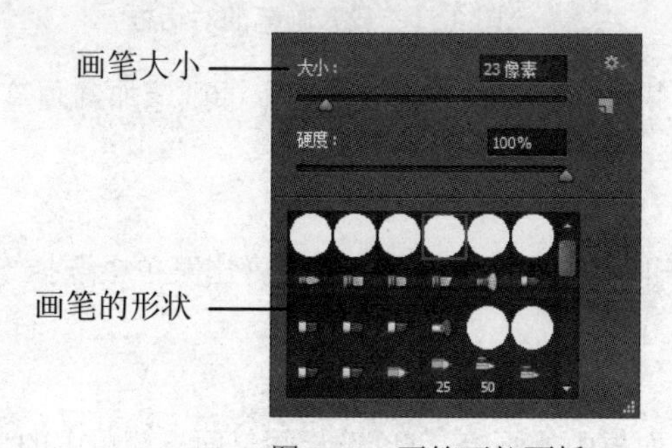

图 3.48 画笔下拉面板

默认情况下，画笔在画笔下拉面板中以“描边缩略图”的形式显示。可以改变画笔的显示模式，只需单击画笔下拉面板右上角的按钮，在弹出的画笔下拉面板控制菜单中选择“纯文本”、“小缩略图”、“大缩略图”、“小列表”或“大列表”等命令，如图 3.49 所示。

新建画笔预设...
重命名画笔...
删除画笔
仅文本
小缩览图
大缩览图
小列表
大列表
描边缩览图
预设管理器...
复位画笔...
载入画笔...
存储画笔...
替换画笔...
混合画笔
基本画笔
书法画笔
DP 画笔
带阴影的画笔
干介质画笔
人造材质画笔
M 画笔
自然画笔 2
自然画笔
大小可调的圆形画笔
特殊效果画笔
方头画笔
粗画笔
湿介质画笔

图 3.49 画笔下拉面板控制菜单

3.3.5 保存、载入、删除、替换和复位画笔

1. 保存画笔

建立新画笔后，为了方便以后使用，可以将整个画笔列表保存起来，步骤如下：

（1）单击画笔预设面板右上角的按钮，打开画笔面板控制菜单，执行其中的“存储画笔”命令，打开“存储”对话框，如图 3.50 所示。

（2）在弹出的对话框中输入要保存画笔的文件名，其文件格式为.ABR，单击“保存”按钮，就会将当前画笔面板的所有画笔存入指定的文件中。

2. 载入画笔

要载入所存储的画笔文件，只要选择画笔面板菜单中的“载入画笔”命令，在“载入”对话框中选择保存画笔的文件名，即可将其载入。此外，Photoshop 本身提供了很多有趣的画笔，可以把它加载到画笔面板中。载入画笔的具体方法如下：

（1）单击画笔预设面板右上角的按钮，打开画笔面板控制菜单，执行其中的“载入画笔”命令，打开“载入”对话框，如图 3.51 所示。

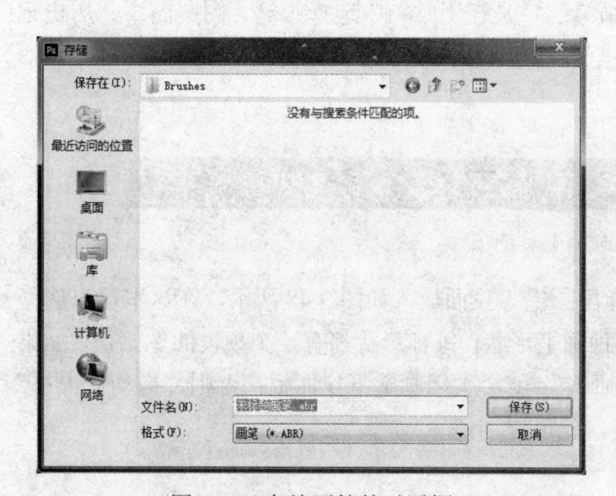

图 3.50 存储画笔的对话框

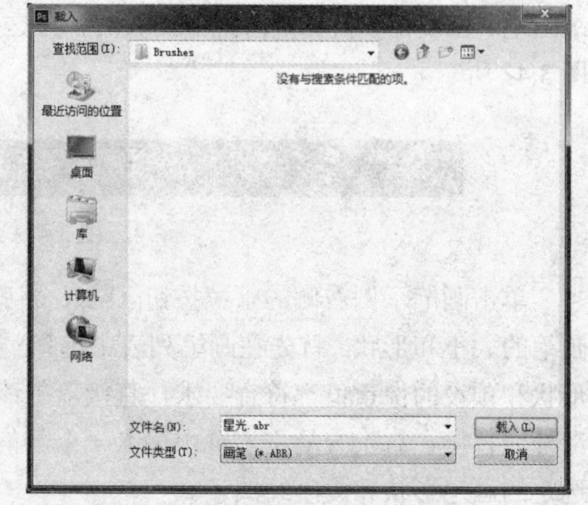

图 3.51 载入画笔的对话框

（2）在弹出的对话框中选择画笔文件，单击“载入”按钮，则此时新载入的画笔加到画笔面板之后。

3. 删除画笔

删除一个画笔的步骤是先在画笔面板上选取要删除的画笔，然后从面板的弹出菜单中选择“删除画笔”命令，即可删除指定的画笔。

4. 替换画笔

如果想用Photoshop中存储的画笔替换目前画笔面板中的画笔，可以选择画笔面板菜单中的“替换画笔”命令，在打开的替换对话框中选择一个画笔文件，单击“载入”按钮即可。

5. 复位画笔

如果想将画笔面板恢复成默认设置，只要选择画笔面板菜单命令中的“复位画笔”命令，在如图 3.52 所示的弹出对话框中选择“确定”按钮即可。

此外，通过画笔下拉面板及其控制菜单，也可以建立新画笔以及保存、载入、删除、替换和复位画笔，方法与上述方法类似。

6. 混合画笔、基础画笔、书法画笔和 DP 画笔等

这些都是系统默认的画笔集合，可以根据自己的需要进行载入。当选择其中的一个集合以后，将弹出一个 Photoshop 提示信息对话框。如图 3.53 所示。点击“确定”按钮，将替换当前笔尖选择区中的画笔；点击“追加”按钮，将在不改变原来笔尖的基础上，添加新的笔尖到笔尖选择区中；点击“取消”按钮，将取消笔尖的添加。

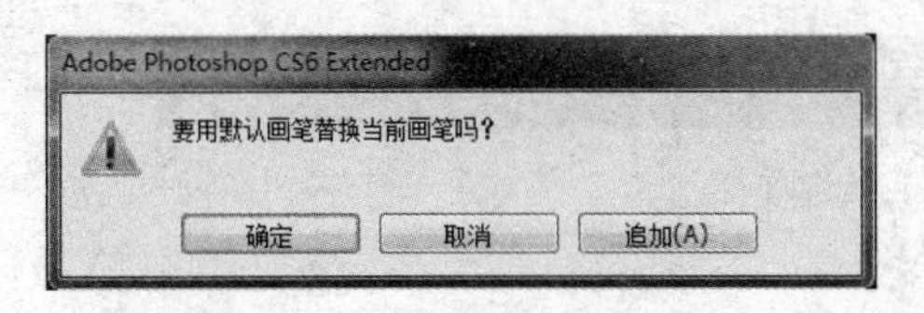

图 3.52　复位画笔提示对话框

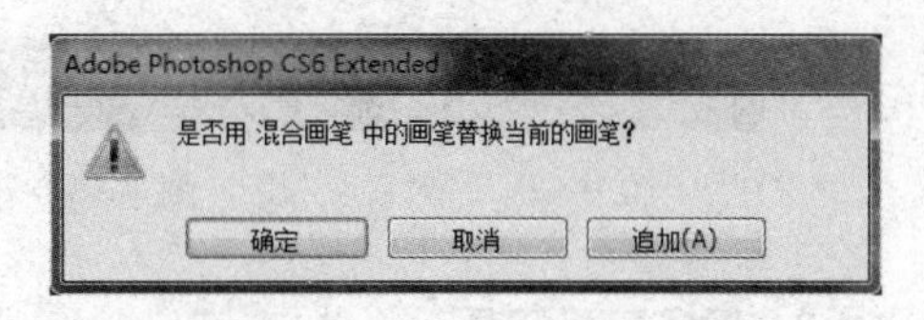

图 3.53　混合画笔提示对话框

3.4　Photoshop 绘图工具

3.4.1　画笔工具

画笔工具用于绘制柔和的彩色线条，它在图像或选择区域内绘制的图像如同毛笔画出的风格，其工具选项栏如图 3.54 所示。

图 3.54　画笔工具选项栏

使用画笔工具时，可利用工具选项栏选择画笔，设置色彩混合模式与不透明度，利用“流量”弹出滑杆设置流动速率。在画笔工具选项栏的右侧，有一个启用喷枪选项，单击此项，可使画笔具有喷涂效果，用来绘制边缘有一定虚边效果的线条。此时的画笔工具有一个特点，即在绘图区域绘制图形时，按住鼠标左键不放，会使绘制的形状颜色不断加浓，向外喷射。如图 3.55 所示，分别为使用未启用喷枪选项和启用喷枪选项的画笔工具，选择相同的参数设置，在绘图区域上按住鼠标左键几秒钟所得的结果。

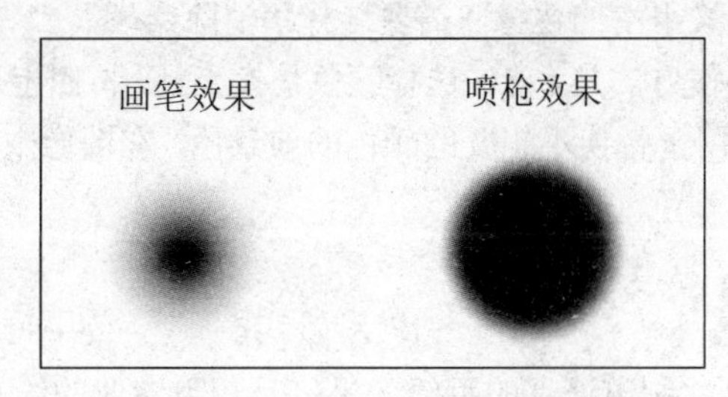

图 3.55　是否启用喷枪选项的画笔效果对比

选择画笔后，在绘图区域单击或拖动即可绘制图形。另外，使用画笔工具绘图时，如果单击鼠标确定绘制起点后，按住 Shift 键再拖动鼠标，可以绘制直线；如果按住 Shift 键后反复单击，可以自动绘制首尾相连的多条直线；如果按住 Alt 键，则画笔工具变成吸管工具；如果按住 Ctrl 键，则暂时将画笔工具切换为移动工具。

3.4.2　铅笔工具

铅笔工具用于绘制硬边手画直线，即棱角比较突出无边缘发散效果的线条，其工具选项栏如图 3.56 所示。铅笔工具的用法和画笔工具基本相同，所不同的是，铅笔工具选项栏中有比较特殊的一项，即“自动抹掉”复选框。当它被选中后，铅笔工具自动判断绘画的初始像素点，如果该像素点的颜色为前景色，则铅笔以背景色进行绘制；如果该像素点的颜色为背景色，则铅笔以前景色进行绘制。

图 3.56　铅笔工具选项栏

3.4.3　颜色替换工具

颜色替换工具能够简化图像中特定颜色的替换，可以使用校正颜色在目标颜色上绘画。需要说明的是颜色替换工具不适用于位图、索引或多通道颜色模式的图像。

如图 3.57 所示，在颜色替换工具选项栏中，通常应保持将混合模式设置为“颜色”。“取样”选项，选取下列选项之一：

- 连续：在拖移时连续对颜色取样。
- 一次：只替换包含第一次单击的颜色区域中的目标颜色。
- 背景色板：只替换包含当前背景色的区域。

图 3.57　颜色替换选项栏

对于“限制”选项，有下列 3 种选项：

- 不连续：替换出现在指针下任何位置的样本颜色。
- 连续：替换与紧挨在指针下的颜色邻近的颜色。
- 查找边缘：替换包含样本颜色的连接区域，同时更好地保留形状边缘的锐化程度。

对于“容差”，输入一个百分比值（范围为 1%～100%）或者拖移滑块。选取较低的百分比可以替换与所单击像素非常相似的颜色，而增加该百分比可替换范围更广的颜色。

为了要所校正的区域定义平滑的边缘，需要选择“消除锯齿”。

颜色替换工具的具体操作方法是，首先选择颜色替换工具，按照上述说明对选择颜色替换工具选项栏进行设置，然后选择用于替换不想要的颜色的前景色，在图像中单击需要替换的颜色，在图像中拖移鼠标即可替换目标颜色。

3.4.4　混合器画笔工具

混合器画笔工具可以绘制出逼真的手绘效果，是较为专业的绘画工具，其工具选项栏如图 3.58 所示。其选项栏中包含：每次描边后载入画笔，每次描边后清理画笔，这两项控制了每一笔涂抹结束后对画笔是否更新和清理。其他设置项：

- 潮湿：设置的值越大，画笔色彩越淡，范围为 0%～100%。
- 载入：设置画笔上的油彩量，范围为 1%～100%。
- 混合：设置多种颜色的混合，当潮湿值为 0 时，该选项无用，范围为 0%～100%。
- 流量：设置当前指针移动到某个区域上方时应用颜色的速率。

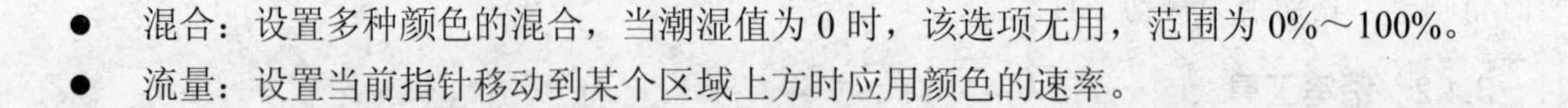

图 3.58　混合器画笔工具选项栏

3.4.5　形状绘制工具

形状绘制工具可以直接绘制形状，如矩形、圆角矩形、椭圆、多边形、直线以及自定形状等，这些形状绘制工具在同一组中，可单击工具选项栏中的图标切换。选择一种形状绘制工具后，工具选项栏中会出现各种形状绘制工具和辅助绘制工具的图标。

形状绘制工具包含以下几种：

1. 矩形工具

在工具箱中点击选择矩形工具，可打开其工具选项栏，如图 3.59 所示。

图 3.59　矩形工具选项栏

单击工具栏上的形状按钮，将弹出矩形选项设置下拉面板，如图 3.60 所示。其中：

- 形状：应用形状绘制工具绘制的是层内形状，并且绘制的形状可以用移动工具移动。
- 路径：选中时，应用形状绘制工具绘制的是路径，如图 3.61 所示。
- 像素：选中时，应用形状绘制工具绘制的是加入前景色后的图形填充。

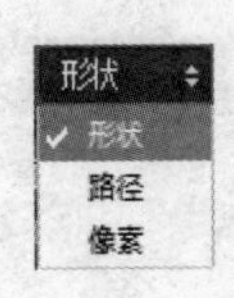

图 3.60　矩形选项设置下拉面板

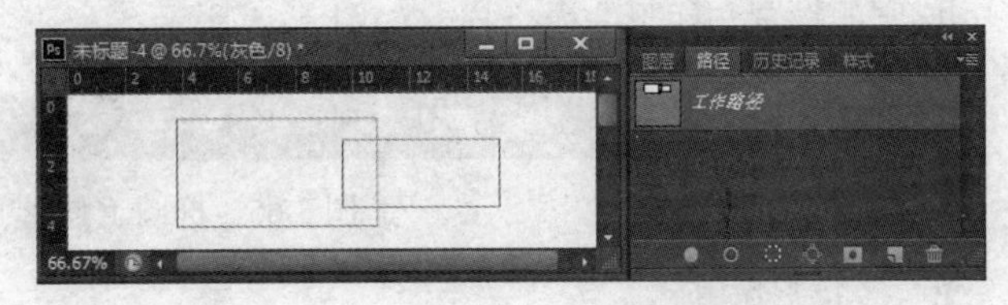

图 3.61　应用形状绘制工具绘制的路径

单击工具栏右侧的按钮，将弹出形状重叠设置下拉面板。其中：

- 新建图层：创建新的形状图层。选中时，将自动创建新图层，并把应用形状绘制工具绘制的图形放置在新图层中。
- 合并形状：形状合并。第一个形状绘制完成后，此工具才有效。在绘制第二个形状时，把两个形状合并，如图 3.62（a）所示。

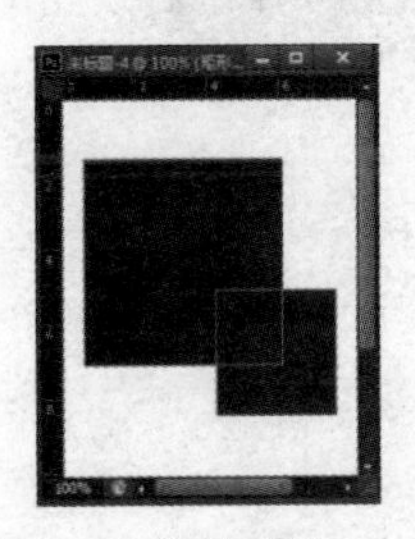

（a）合并形状

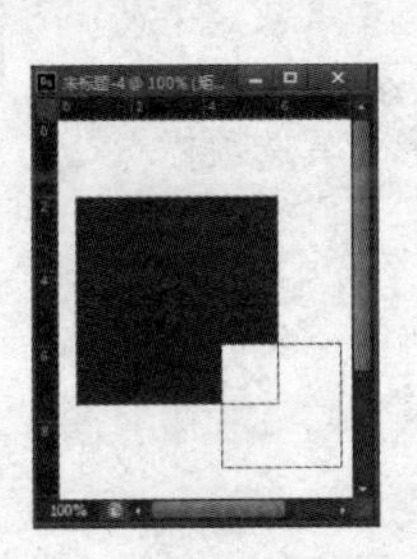

（b）减去顶层形状

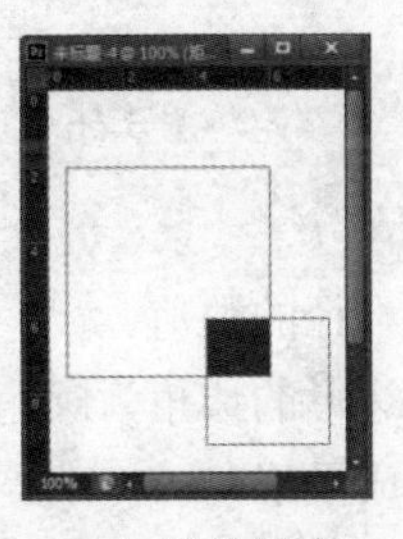

（c）形状相交

（d）排除重叠

图 3.62　形状叠加效果

- 减去顶层形状：形状相减，如图 3.62（b）所示。
- 与形状区域相交：形状交叉，如图 3.62（c）所示。
- 排除重叠形状：形状镂空，如图 3.62（d）所示。
- 合并形状组件：用钢笔工具绘制时，可合并路径的形状。

单击工具栏右侧的按钮，将弹出矩形选项设置下拉面板，如图 3.63 所示。其中：

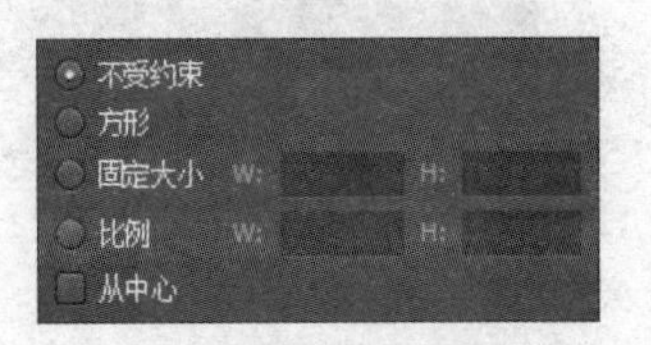

图 3.63　矩形选项设置

- 不受约束：无限制的矩形设置。

- 方形：绘制正方形。
- 固定大小：输入 W 和 H 的值绘制固定大小的矩形。
- 比例：输入 W 和 H 的相对比例绘制成比例矩形。
- 从中心：从中心开始绘制矩形。
- 对齐边缘：绘制时，将形状边缘与像素边界对齐。

2. 圆角矩形工具

圆角矩形的设置与矩形一样，惟一不同的是圆角矩形工具选项栏中加入了“半径”选项，用于设置圆角半径，如图 3.64 所示。

图 3.64　圆角矩形工具选项栏

3. 椭圆工具

椭圆的设置与矩形完全一样，如图 3.65 所示。

图 3.65　椭圆工具选项栏

4. 多边形工具

与矩形不同的是多边形工具选项栏中加入了“边”选项，用于设置多边形的边数，如图 3.66 所示。

图 3.66　多边形工具选项栏

其中：

- 半径：设置多边形半径的数值。
- 平滑拐角：设置多边形的边角为圆角。
- 星形：缩进边以形成星形。
- 缩进边依据：设置缩进边所用的百分比。
- 平滑缩进：平滑设置好的缩进边。

5. 直线工具

直线工具可以绘制线段，其工具选项栏如图 3.67 所示。

图 3.67　直线工具选项栏

其中：

- 粗细：设置线段的粗细。
- 箭头：选中此组合框中的内容，可为线段加上左箭头或右箭头。
- 起点：在线段的起始位置加入箭头。
- 终点：在线段的终止位置加入箭头。
- 宽度：将箭头宽度设为线条粗细的百分比，取值范围为 10%～1000%。
- 长度：将箭头长度设为线条粗细的百分比，取值范围为 10%～5000%。
- 凹度：定义箭头最宽部分的弯曲度，其值为箭头长度的百分比，取值范围为-50%～50%。

6. 自定形状工具

自定形状工具选项栏如图 3.68 所示，可在形状下拉列表中显示任意形状进行绘制。

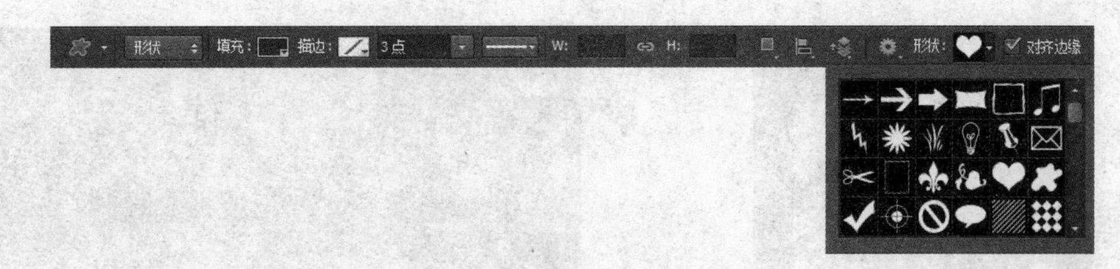

图 3.68　自定形状工具选项栏

单击形状右侧的按钮，弹出的自定形状选项设置下拉面板如图 3.69 所示。

其中：

- 不受约束：无大小限制。
- 定义的比例：限制比例以匹配指定的形状。
- 定义的大小：限制大小以匹配指定的形状。
- 固定大小：输入 W 和 H 的值绘制固定大小的形状。
- 从中心：从中心开始绘制形状。

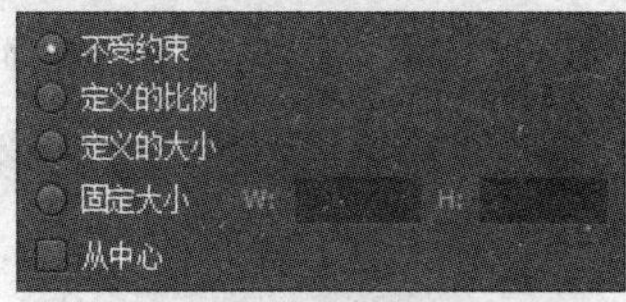

图 3.69　自定形状选项

3.4.6　文本工具

Photoshop 的文本工具包括横排文字工具、直排文字工具、横排文字蒙版工具、直排文字蒙版工具。利用文本工具可以在图像中任意放置文本，此时系统为这些文本创建一个单独的文本层。

下面以横排文字工具为例，介绍在图像中录入文本的具体操作。

（1）在工具箱中选择合适的文本工具（如），其工具选项栏如图 3.70 所示。

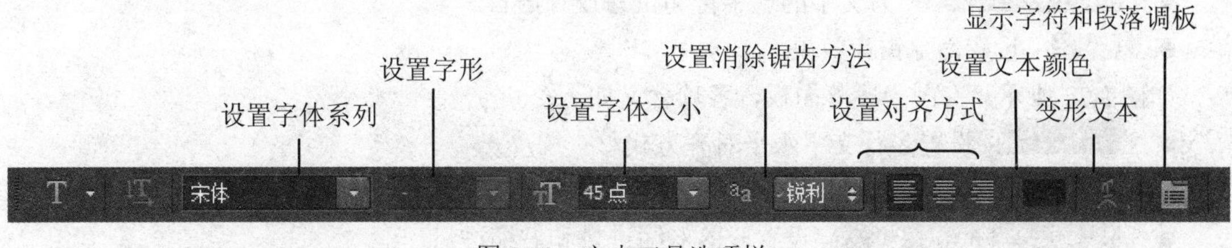

图 3.70　文本工具选项栏

（2）在工具选项栏中设置字体、字形、字体大小、消除锯齿方法、对齐方式、文本颜色等。

（3）用鼠标在图像中要放置文本的位置处单击，该位置将显示文本插入点，同时，在工具选项栏右侧添加了两个按钮，即⊘取消所有当前编辑和✓提交所有当前编辑。

（4）录入文本内容，如图 3.71 所示。由于 Photoshop 没有自动换行功能，因此录入文本时必须按 Enter 键才可以达到换行的目的。

（5）单击工具选项栏中的✓按钮，结束文本录入。

要编辑录入的文本，首先在工具箱中单击文本工具，然后单击文本所在区域，就可进入文本编辑状态进行编辑了。如果录入和编辑过程中希望移动文本的位置，可以按住 Ctrl 键单击并拖动。其他情况下，要移动文本，应首先将文本层设置为当前层，然后使用工具箱中的移动工具拖动即可。

要设置文本的字符和段落格式，首先在工具箱中单击文本工具，然后单击文本所在区域，选择要设置字符和段落格式的文本，单击工具选项栏中的按钮，将显示字符和段落面板，如图 3.72 所示，在此可进行文字的字符和段落格式的设置，其中，左图为字符面板，各项含义如下：

图 3.71 录入文本

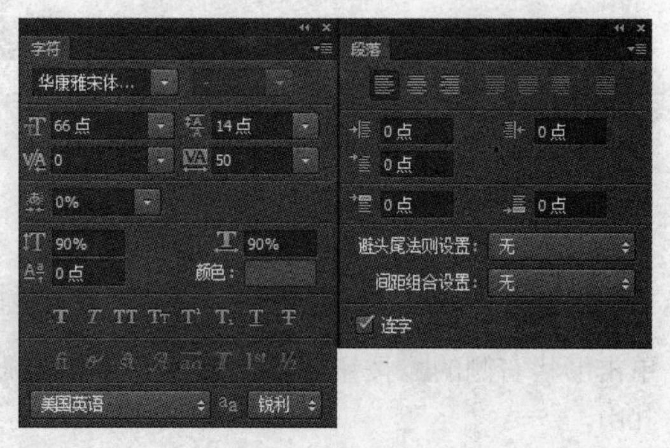

图 3.72 字符和段落面板

- 10 Cent Soviet：设置字体。
- Regular：设置样式。仅当所选字体为英文字体时，样式下拉列表才有效。
- 66 点：设置字体大小。
- 14 点：设置行间距。
- 0 50：设置文本或字符之间的间距。
- 0%：设置所选字符的比例间距。
- 90% 90%：设置垂直或水平缩放比例。
- 0 点：设置文字的基线（下边线）偏移。
- 颜色：设置文字颜色。
- T T TT Tт T¹ T₁ T Ŧ：从左至右分别使文字加粗、倾斜、放大、缩小、成为上标、成为下标、加下划线或删除线。
- 美国英语：为文字的连字符和拼写设置语言。
- 锐利：设置消除锯齿效果。

如图 3.72 所示，右图为段落面板，各项含义如下：

- ：设置多行文字水平对齐方式。
- ：设置段落文字水平对齐方式，只对段落文字有效。
- 0 点 0 点：设置段落左缩进量和右缩进量。
- 0 点：设置段落首行缩进量。
- 0 点 0 点：设置段落的段前间距和段后间距。
- 避头尾法则设置：无：选取换行集。

● 间距组合设置: 无：选取内部字符间距集。

在 Photoshop 中，默认情况下，录入的文字称为点文本。如果希望将录入的文本（单行或多行）按段落控制框排列，必须先将其转换为段落文本。要转换为段落文本，首先结束文字录入或编辑状态，然后执行“文字/转换为段落文本”菜单命令，即可将点文本转换为段落文本。段落文本有许多点文本不具备的优点，如：段落文本能自动换行、有更多的对齐方式、通过调整段落控制框可使文字倾斜排列等，如图 3.73 所示。

此外，还可对文字进行变形处理。文字变形有两种方法：一是通过“编辑/自由变换”或“编辑/变换”菜单来实现；二是使用 Photoshop 的变形设置功能，首先选择要设置变形的文字，然后单击工具选项栏中的按钮或执行“文字/文字变形”菜单命令，打开“变形文字”对话框，在该对话框的样式下拉列表中选择需要的样式，并调整样式参数，如图 3.74 和图 3.75 所示。

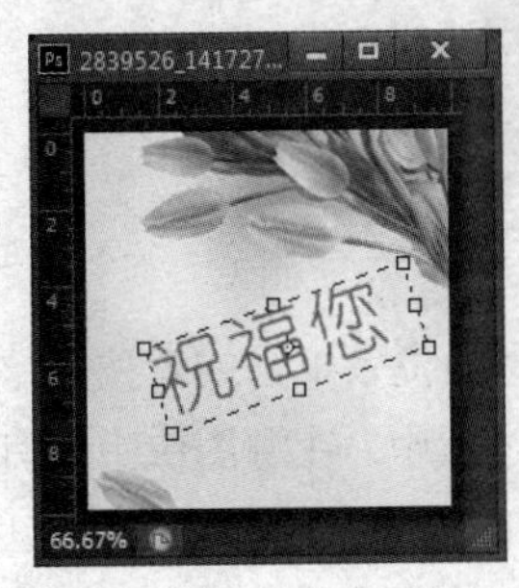

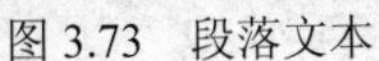
图 3.73　段落文本

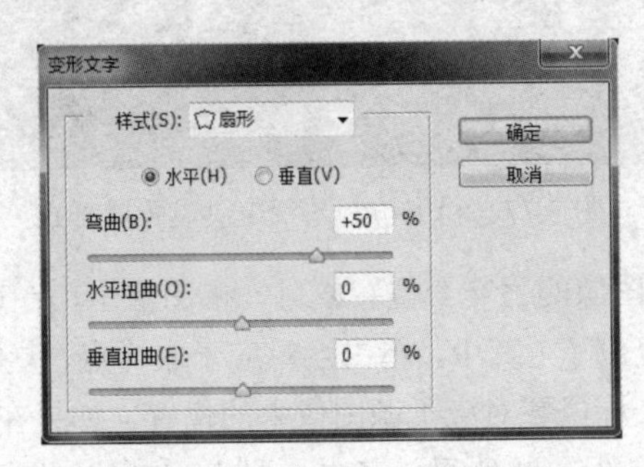

图 3.74　“变形文字”对话框

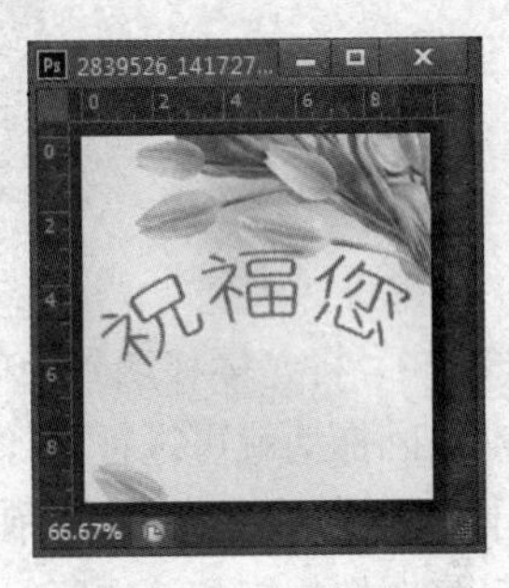

图 3.75　文字变形效果

如果希望对文字进行复杂的处理，可将文本图层转换为普通图层，执行“文字/栅格化文字图层”菜单命令即可实现。

3.4.7　图章工具

图章工具分为仿制图章工具和图案图章工具两类。仿制图章工具能够将一幅图像的全部或部分复制到同一幅图或其他图像中，而使用图案图章工具，则可以将定义的图案内容复制到同一幅图像或其他图像中。

1. 仿制图章工具

利用仿制图章工具复制图像，具体操作步骤如下：

（1）在工具箱中选中仿制图章工具，其工具选项栏如图 3.76 所示。此时光标移到图像窗口中呈现○形状。

模式: 正常　不透明度: 100%　流量: 100%　对齐　样本: 当前图层

图 3.76　仿制图章工具选项栏

（2）选择一个画笔，设置模式、不透明度和流量等。此外，还有两个选项含义如下：

● 对齐：默认情况下，该复选框被选中。选择“对齐”以应用整个取样区域一次，这时图像复制过程与停止和继续绘画的次数无关，即在复制图像过程中，无论中间执行了何种操作，都可随时继续复制操作，且仍是前面所复制的同一幅图像。当使用不同大小的画笔绘画图像时，该选项非常有用；也可以使用“对齐”选项复制单个图像的两部分，并将它们放在不同的位置。如果取消该复选框，则每次停止和继续绘画时，都从初始取样点开始应用取样区域，即每次单击都被认为是另一次复制。因为仿制图章工具对整个图像取样，所以该选项对于在不同的图像上应用图像的同一部分的多个副本很有用。

- 样本：可分别选择三种取样方式：①当前图层，此时复制图像时只从当前图层中取样；②当前和下方图层；③所有图层，从所有可见图层上提取数据。

（3）按住 Alt 键在图像中要取样的任一部分单击设置取样点，如图 3.77 所示。注意，按下 Alt 键后，光标将呈现⊕形状。该取样点是绘画时开始复制图像的位置，图例中“美丽”为取样点。

图 3.77 利用仿制图章工具设置取样点

（4）将光标移动到当前图像的另一个位置或另一幅图像中，在适当的位置单击或者按住鼠标左键来回拖动就可进行图像复制了。其中，单击点对应于取样点，复制过程中，在源图像中还有一个十字准星，用于指示当前光标位置对应于源图像中的位置。如果在目的图像窗口中定义了选区，则仅将图像复制到该选区。如图 3.78 所示，其中，A 表示在仿制图章工具选项栏中选中“对齐”选项，B 表示在仿制图章工具选项栏中选中“对所有图层取样”选项。

（a）选中 A 取消 B

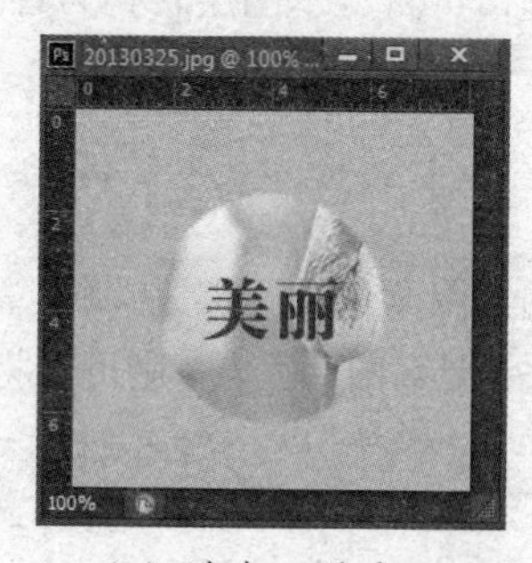

（b）选中 A 选中 B

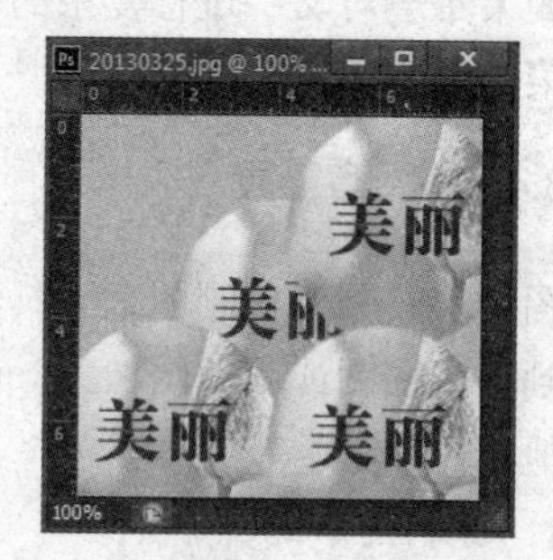

（c）同一图像中进行多次复制

图 3.78 利用仿制图章工具复制图像

2. 图案图章工具

图案图章工具的使用方法类似于仿制图章工具，其工具选项栏如图 3.79 所示，但是它们的取样方式不同。使用图案图章工具之前必须先用矩形选框工具选取一个图案，如图 3.80 左图所示，再执行“编辑/定义图案”菜单命令定义图案，然后，在工具箱中选择图案图章工具，单击工具选项栏图标右侧的下三角，将弹出可选择图案列表，选择一种图案，将光标移动到当前图像的另一个位置或另一幅图像中，在适当的位置单击或者按住鼠标左键来回拖动就可进行图像复制了。如图 3.79 右图所示为使用图案图章工具复制后的效果。另外单击可选择图案列表右上角的按钮，将弹出图案控制菜单，如图 3.81 所示。

默认情况下，选中“对齐”复选框，此时，每次停止和继续绘画，都将图案整齐排列为连续的、一致的拼图，图案沿各绘画区域依次对齐。如果取消选择“对齐”，则每次停止和继续绘画都将重新复制图案，而不考虑与前面的图像对齐与否。选中“印象派效果”复选框时，填充的图案发生模糊，产生一种印象画的效果，如图 3.80 右图所示最下面一排是选中“印象派效果”后复制的效果。

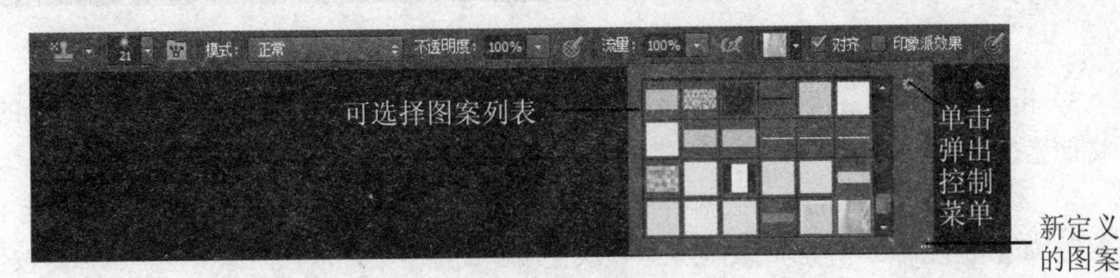

图 3.79 图案图章工具选项栏

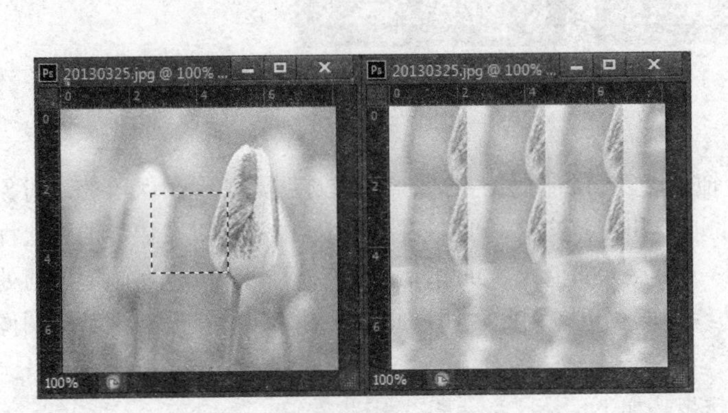

图 3.80 使用图案图章复制图像

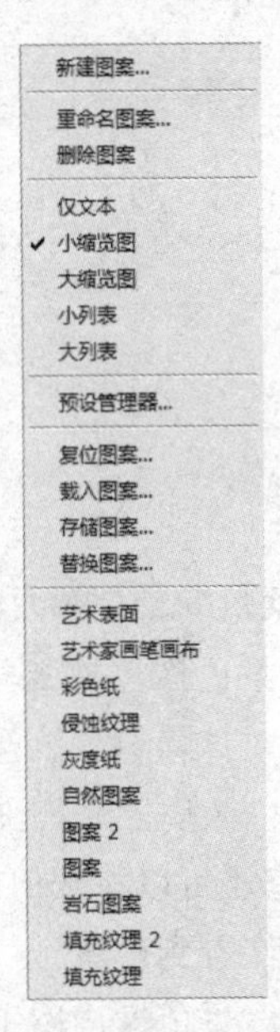

图 3.81 图案控制菜单

此外，在选择定义图案的区域时，必须用矩形选框工具来选择，而且羽化值必须为 0，否则不能定义图案。

3.4.8 橡皮擦工具

橡皮擦工具和实际使用的橡皮擦效果相似。使用橡皮擦工具擦除图像的效果其实就是在原来图像的位置上添上背景色。如果是擦除单个图层上的图像，则把擦除的图像变为透明。橡皮擦工具组中提供了橡皮擦工具、背景色橡皮擦工具和魔术橡皮擦工具 3 种擦除工具，其中，橡皮擦工具和魔术橡皮擦工具可以将图像区域抹成透明或背景色，背景色橡皮擦工具可以将图层抹成透明。

1. 使用橡皮擦工具

橡皮擦工具在图像中拖移时，可更改图像像素。如果正在背景中或锁定透明的图层中工作，像素将更改为背景色，否则像素将抹成透明。使用橡皮擦工具还可以使受影响的区域返回到“历史记录”面板中选中的状态。

使用橡皮擦工具，具体操作步骤如下：

（1）在图层面板中，选择包含要抹除区域的图层（必须为可见图层）。在工具箱中选择橡皮擦工具，其工具选项栏如图 3.82 所示。

（2）在工具选项栏中，选择一个画笔，选取要用作橡皮擦的工具模式（画笔、铅笔或块）。

图 3.82　橡皮擦工具选项栏

（3）指定抹除强度的不透明度。不透明度 100% 表示将像素抹成完全透明，较低的不透明度表示将像素抹成部分透明。

（4）如果要抹为图像的某个已存储状态或快照，请选择“状态”或“快照”，然后选中“抹到历史记录”。如果要暂时以“抹到历史记录”模式使用橡皮擦工具，可在图像中拖移鼠标时按住 Alt 键。

（5）在要抹掉的区域中按住鼠标左键来回拖动就可擦除，如图 3.83 所示。

图 3.83　以背景色填充擦除区

2. 使用背景色橡皮擦工具

用背景色橡皮擦工具在图像中拖移时，可将图层上的像素抹成透明，使得在保留前景对象边缘的同时抹除背景。通过指定不同的取样和容差选项，可以控制透明度的范围以及边界的锐化程度。背景色橡皮擦采集画笔中心（也称为热点）的色样，并删除该颜色（不论该颜色在画笔内何处出现），它还可以在任何前景对象的边缘提取颜色，因此，如果此前景对象以后被粘贴到其他图像中，将无法看到色晕。

使用背景色橡皮擦工具，具体操作步骤如下：

（1）在图层面板中，选择包含要抹除区域的图层（必须为可见图层）。在工具箱中选择背景色橡皮擦工具，其工具选项栏如图 3.84 所示。

图 3.84　背景色橡皮擦工具选项栏

（2）在工具选项栏中，选择一个画笔，指定画笔描边动态渐隐的速率。

（3）选取抹除的限制模式。

- 不连续：用于抹除出现在画笔下的色样。
- 连续：用于抹除包含色样且相互连接的区域。
- 查找边缘：用于抹除连接的、包含色样的区域，同时很好地保留形状边缘的锐化程度。

（4）对于容差，输入一个值或拖移滑块。低容差限制抹除与色样非常相似的区域，高容差抹除范围更广的颜色。

（5）选中“保护前景色”，防止抹除与工具框中的前景色匹配的区域。

（6）选取“取样”选项。

- 连续：用于在拖移时连续采集色样，使用该选项可抹除颜色不同的相邻区域。
- 一次：只抹除第一个包含单击的颜色区域。使用该选项抹除实色区域，此外若想抹除在图像的多个不连续区域内出现的单个颜色时，也可使用该选项。

● 背景色板：只抹除包含当前背景色的区域。

（7）在要抹掉的区域中按住鼠标左键来回拖动就可擦除，如图 3.85 所示，此时鼠标呈⊕形状。

图 3.85　将当前层上的像素抹成透明

3. 魔术橡皮擦工具

用魔术橡皮擦工具在图层中操作时，该工具自动更改所有相似的像素。如果正在背景中或锁定透明的图层中工作，则像素更改为背景色，否则像素抹为透明。可以选取只抹除当前图层上的连续像素或所有相似的像素。具体操作与背景色橡皮擦工具类似，其工具选项栏如图 3.86 所示。

图 3.86　魔术橡皮擦工具选项栏

3.4.9 渐变工具

渐变工具可以创建多种颜色间的逐渐混合，这种逐渐混合可以是前景色到背景色的过渡，或是背景色到前景色的过渡，或是其他颜色间的相互过渡。可以从现有的渐变填充中选取或创建自己的渐变。但是，渐变工具不能用于位图、索引颜色或每通道 16 位模式的图像。

1. 渐变工具参数设置

要绘制渐变效果，在工具箱中选中渐变工具，其工具选项栏如图 3.87 所示，利用工具选项栏设置合适的参数，然后在图像中从起点（按下鼠标处）拖到终点（释放鼠标处）就可以形成一个渐变。渐变效果根据所选用的具体的渐变工具不同而有所不同。

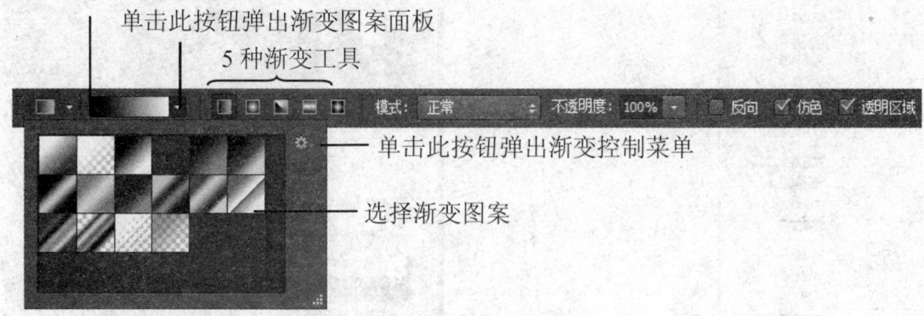

图 3.87　渐变工具选项栏

在渐变工具选项栏中，系统提供了 5 种渐变工具。

● 线性渐变：从起点到终点线性渐变。如图 3.88（a）所示，为从左侧至右侧拉一条直线后的渐变效果。

- 径向渐变：从起点到终点以圆形图案逐渐改变。如图 3.88（b）所示，为从中心向边线拉一条直线后的渐变效果。
- 角度渐变：围绕起点以逆时针环绕所产生的逐渐改变。如图 3.88（c）所示，为从中心向下边线拉一条直线后的渐变效果。
- 对称渐变：在起点两侧进行对称的线性渐变。如图 3.88（d）所示，为从中心向下边线拉一条直线后的渐变效果。
- 菱形渐变：从起点向外以菱形图案逐渐改变，终点定义为菱形的一角。如图 3.88（e）所示，为从中心向右上角拉一条直线后的渐变效果。

（a）线性渐变

（b）径向渐变

（c）角度渐变

（d）对称渐变

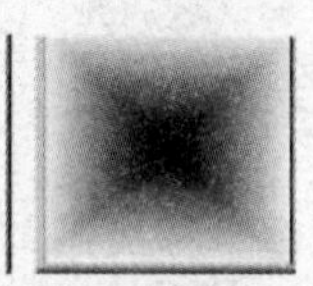
（e）菱形渐变

图 3.88　5 种渐变工具的渐变效果

单击渐变图案右侧的下拉按钮将弹出渐变图案面板，在此面板中可以选择一种渐变图案。单击此面板右上角的按钮，将弹出渐变控制菜单，如图 3.89 所示。

此外，在渐变工具选项栏中，还可设置如下参数：

- 模式和不透明度：设置色彩混合模式和不透明度。
- 反向：选中此项，则填充后的渐变颜色刚好与设定的颜色相反，例如选择了“前景色到背景色渐变”的渐变样式，填充的实际效果则是从背景色到前景色的渐变效果。
- 仿色：选中此项，可使用递色法来增加中间色调，从而使渐变效果更平缓。
- 透明区域：关闭或打开渐变图案的透明度设置。

2. 创建渐变

通过单击渐变工具选项栏中的渐变图案图标，可打开“渐变编辑器”对话框，如图 3.90 所示。利用该对话框，可以修改现有渐变，或者通过修改现有渐变的副本定义新的渐变，还可以向渐变添加中间色，在两种以上的颜色间创建混合。

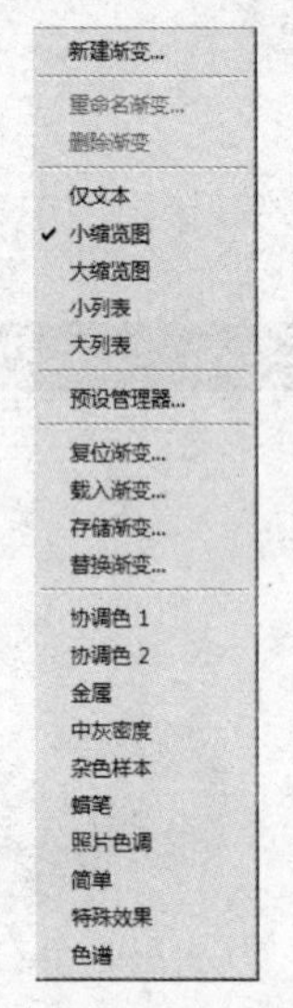

图 3.89　渐变控制菜单

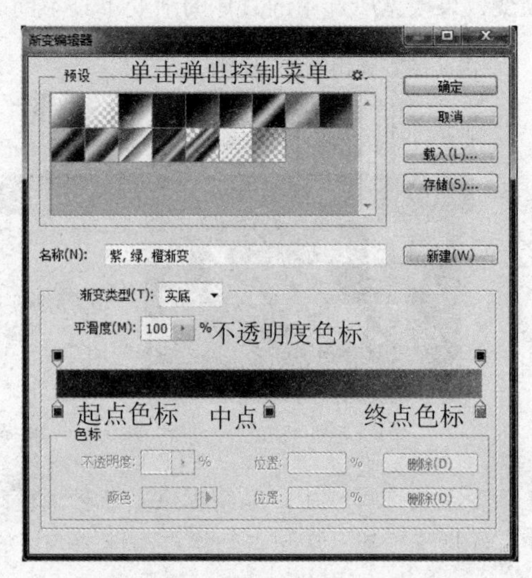

图 3.90　“渐变编辑器”对话框

创建渐变，具体操作步骤如下：

（1）在工具箱中选中渐变工具，单击渐变工具选项栏中的渐变图案图标，打开“渐变编辑器”对话框。

（2）从渐变图案列表中选择一种渐变，基于选中的渐变创建新渐变。

（3）若要定义渐变的起始颜色，单击起点色标（渐变条下方左侧的色标）。该色标上方的三角形变黑，表示正在编辑起始颜色。

（4）若要选取颜色，可执行下列任一操作。

- 双击色标，会弹出“拾色器”对话框，从中选取一种颜色，并单击“确定”按钮。
- 从颜色弹出式菜单中选取前景，以使用当前的前景色。
- 从颜色弹出式菜单中选取背景，以使用当前的背景色。
- 将鼠标定位在渐变条上（鼠标变成吸管状），单击以采集色样，或单击图像中的任意位置从图像中采集色样。

（5）若要定义终止颜色，单击终点色标（渐变条下方右侧的色标），然后，按照步骤（4）中的描述选取颜色。

（6）若要调整起点或终点的位置，可执行下列任一操作：

- 将相应的色标拖移到所需位置的左侧或右侧。
- 单击相应的色标，并为“位置”输入一个值。0%的值将色标放在渐变条的最左端，100%的值将色标放在渐变条的最右端。

（7）若要调整中点的位置（渐变显示起点颜色和终点颜色在这里均匀混合），向左或向右拖移渐变条下面的菱形，或单击菱形并为“位置”输入一个值。

（8）若要将中间色添加到渐变，在渐变条下方单击以定义另一个色标。像对待起点或终点色标那样，为中间点指定颜色并调整位置和中点。若要删除中间色，可将色标向下拖移出渐变条，或选择色标并按 Del 键。

（9）如果需要，可按如下方法设置渐变的不透明度值。

- 若要调整起点不透明度，可单击渐变条上方左侧的不透明度色标。色标下方的三角形变成黑色，表示正在编辑起点透明度。
- 执行下列任一操作设置不透明度：
  - 输入 0%（完全透明）～100%（完全不透明）之间的一个值，或拖移不透明度滑块。
  - 在渐变预览上单击，选择不透明度。
- 若要调整终点的不透明度，请单击渐变条上方右侧的透明色标，然后，按上述方法设置不透明度。
- 若要调整起点或终点色标不透明度的位置，可执行下列任一操作：
  - 向左或向右拖移相应的不透明度色标。
  - 选择相应的不透明度色标并为“位置”输入一个值。
- 若要调整中点不透明度的位置（起点和终点不透明度的中间点），可执行下列任一操作：
  - 向左或向右拖移渐变条上方的菱形。
  - 选择菱形并为“位置”输入一个值。
- 若要向蒙版添加中间不透明度，可在渐变条的上方单击，定义新的不透明度色标。然后像对待起点或终点那样，调整和移动该不透明度。若要删除中间不透明度，可将透明度色标向上拖移出渐变条。

（10）输入新渐变的名称。若要将渐变存储为预设，可在完成创建后单击“新建”按钮。

（11）单击“确定”按钮关闭对话框，新创建的渐变即被选中，可提供使用。

可将中间色添加到渐变。在渐变条下面单击以定义另一个色标。像对待起点或终点色标那样，为中间点指定颜色并调整位置和中点。若要删除中间色，可将色标向下拖移出渐变条，或选择色标并按 Del 键。

需要注意的是渐变工具不能用于位图、索引颜色或每通道 16 位模式的图像。

3.4.10 油漆桶工具

油漆桶工具可以用前景色或图案快速填充图像区域，类似于“编辑/填充”菜单命令，但它与填充命令的作用不同。使用油漆桶填充颜色时，只对图像中颜色近似区域进行颜色填充，在填充时会先对单击处的颜色进行取样，确定要填充颜色的范围。如图 3.91 所示为两个用油漆桶工具填充后的效果图。

未选取范围进行填充

选取范围进行填充

图 3.91　使用油漆桶工具填充后的效果图

使用油漆桶工具，具体操作步骤如下：

（1）指定前景色。

（2）在工具箱中选中油漆桶工具，其工具选项栏如图 3.92 所示。

图 3.92　油漆桶工具选项栏

（3）指定“填充”方式，是用前景色填充选区还是用图案填充选区。

（4）指定绘画的混合模式和不透明度。这里的不透明度是指填充时的百分比，如果选择 100%，就会按照前景色中设置的颜色进行填充，否则，就会作部分淡化处理。

（5）如果选取用图案填充选区，则单击图案示例旁的下拉按钮，并选择用作填充的图案，方法是用矩形选择工具选择出一块图像区域，执行“编辑/定义图案”菜单命令进行定义后，即可在此处选用自定义图案。

（6）输入填充的容差。容差定义的是与填充像素颜色的相似程度，其取值范围为 0～255，低容差填充与所选择像素非常相似的色值范围内的像素，高容差填充更大范围内的像素。值越大，填充的范围越大。

（7）若要平滑填充选区的边缘，可选中“消除锯齿”。

（8）若要基于所有可见图层中的合并颜色数据填充像素，可选中“所有图层”。

（9）若只填充与选择像素连续的像素，可选中“连续的”；否则，填充图像中的所有相似像素。

（10）单击要填充的图像部分，用前景色或图案填充指定容差内的所有指定像素，如图 3.93 所示。

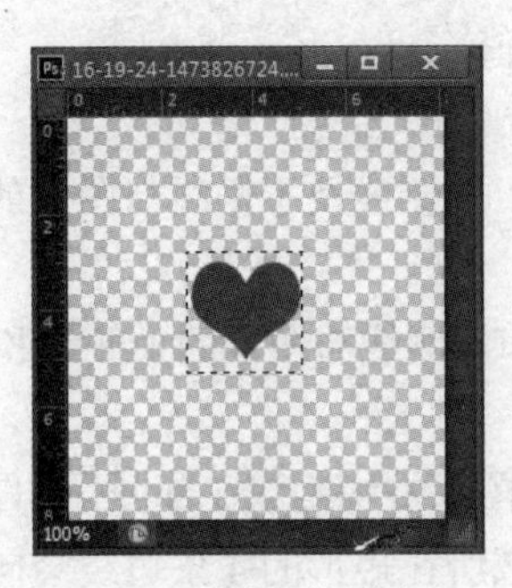

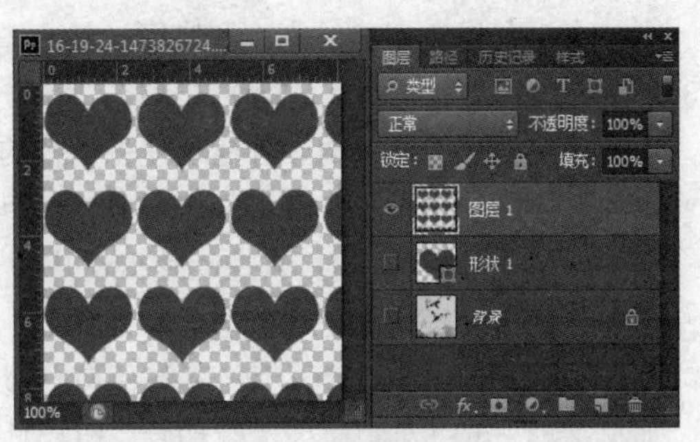

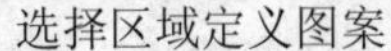

选择区域定义图案　　　　用图案填充（不透明度 100%，容差 255）

图 3.93　油漆桶工具用图案填充效果

如果正在图层上工作且不想填充透明区域，则需确保在“图层”面板中锁定了图层的透明像素。需要注意的是，油漆桶工具不能用于位图模式图像。

3.4.11　3D 材质拖放工具

3D 材质拖放工具可以对 3D 文字和 3D 模型填充纹理效果。参看第 10 章介绍。

3.4.12　切片工具

切片工具用来切割大图像，为 Web 查看有选择地优化图像。图像中切割的一块矩形区域称为切片，分为以下几种类型。

- 用户切片：使用切片工具创建的切片。
- 基于图层的切片：从图层创建的切片。
- 自动切片：创建新的用户切片或基于图层的切片时，将生成占据图像其余区域的其他自动切片。也就是说，自动切片填充图像中用户切片或基于图层的切片未定义的空间。每次添加或编辑用户切片或基于图层的切片时都重新生成自动切片。
- 子切片：创建重叠切片时生成的一种自动切片类型。子切片指示存储优化的文件时如何划分图像。尽管子切片有编号并显示切片标记，但无法独立于底层切片选择或编辑子切片。每次排序切片栈时都重新生成子切片。

切片可用于在 Web 页中创建链接、翻转和动画。切片工具组包括两种工具，即切片工具和切片选择工具。

1. 创建切片

使用切片工具可以创建用户切片，具体操作步骤如下：

（1）在工具箱中选中切片工具，其工具选项栏如图 3.94 所示。任何现有切片自动显示在图像窗口中。

图 3.94　切片工具选项栏

（2）在切片工具选项栏中选取样式设置。在样式下拉列表中有如下 3 种样式：

- 正常：通过拖移鼠标确定切片比例。
- 固定长宽比：设置高度与宽度的比例。输入整数或小数作为长宽比。例如，若要创建一个宽度是高度两倍的切片，请输入宽度 2 和高度 1。
- 固定大小：指定切片的高度和宽度。输入整数像素值。

（3）在要创建切片的区域上拖移鼠标：

- 沿图像左侧边缘拖动时，若拖动使得切片的左侧线、上侧线及下侧线与图像的左侧线、上侧线及下侧线完全叠加，则图像被切割成两部分。
- 从中心位置开始拖动时，若拖动使得切片的上侧线和下侧线与图像的上侧线和下侧线完全叠加，则图像被切割成 3 部分。
- 在中心位置拖出一个矩形块（不与任何一边叠加），图像被切割成 5 部分，如图 3.95 所示。
- 如果需要，可以在图像内继续切片。切片时绘制区域所在矩形的 4 条边线会向外延伸，如果与原来的区域叠加，就会进行区域融合，否则，就会出现新的切片区域。

按住 Shift 键并拖移可将切片限制为正方形。按住 Alt 键拖移可从中心绘制切片区域。另外，也可从图层中创建切片，首先在图层面板中选择一个图层，然后执行“图层/新建基于图层的切片”菜单命令，如图 3.96 所示。从图层中创建切片时，切片区域包含图层中的所有像素数据。如果移动该图层或编辑其内容，切片区域将自动调整为包含新的像素。

图 3.95　创建用户切片效果

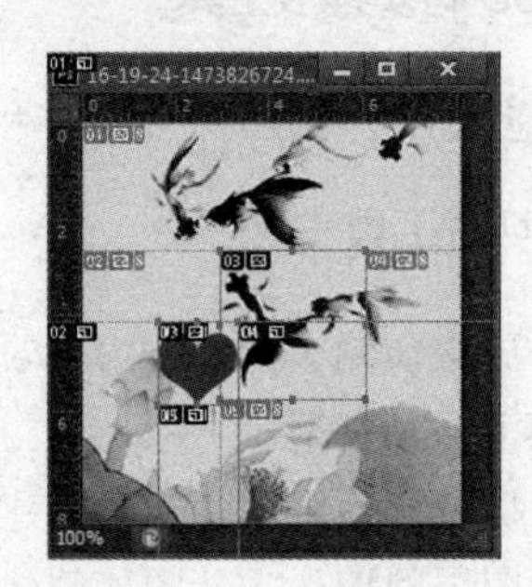

图 3.96　创建基于图层的切片效果

2. 切片选择工具

切片选择工具可以对切片后的图像进行调整和移动切片的处理。在工具箱中选中切片选择工具，其工具选项栏如图 3.97 所示。单击图像中的切片以选中单击处的切片，该切片周围会出现 8 个控制柄，如图 3.98 所示。通过拖动控制柄可以调整切片大小，用鼠标拖动可移动切片位置。

图 3.97　切片选择工具选项栏

切片选择工具选项栏中各项功能如下：

（1）：处理重叠切片，从左至右依次使选中切片置于顶层、前移一层、后移一层和置于底层。

（2）“切片选项”按钮：单击可打开“切片选项”对话框，如图 3.99 所示。

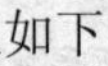

该对话框中各项含义如下：

- 切片类型：有图像切片、无图像切片和表切片三种类型。图像切片包含图像数据（包括翻转状态），是默认的切片类型；无图像切片包含纯色或 HTML 文本。由于无图像切片不包含图像数据，所以下载速度更快，Photoshop 不显示无图像切片内容，若要查看无图像切片内容，可在浏览器中预览图像。表切片充当切片子集（导出时作为嵌套表写入到 HTML 文本文件中）的容器。切片格式化和显示选项因内容类型而异。

图 3.98　选中切片

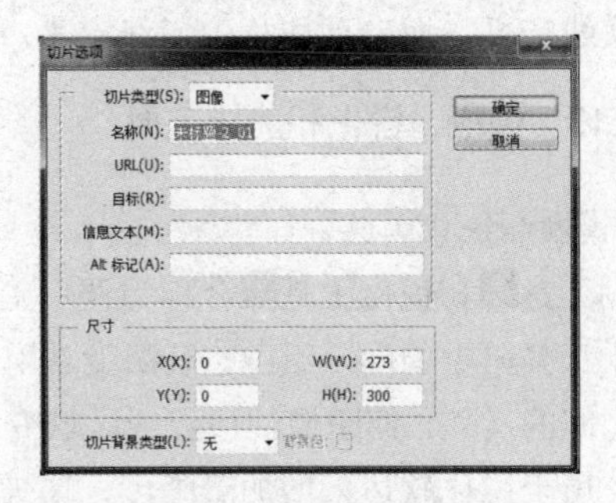

图 3.99　“切片选项“对话框

- 名称：可以在此更改切片的默认名称，该项只用于图像切片，也可以更改切片的默认命名样式。
- URL：为切片指定 URL 可使整个切片区域成为结果 Web 页的热点。用户单击热点时，Web 浏览器链接到指定的 URL 和目标帧。该选项只用于图像切片。
- 目标：如果切割图像将被使用在没有 Frame 的网页之中，可以在此设置链接的目标。
- 信息文本：定义浏览器状态区域中选中切片的默认信息。该文本是 HTML 文本，可以使用标准 HTML 标记格式化该文本。默认情况下，显示切片的 URL。该项只用于图像切片。
- Alt 标记：定义选中切片的 Alt 标记。Alt 文本出现，取代非图形浏览器中的切片图像。Alt 文本还在图像下载过程中取代图像，并在一些浏览器中作为工具提示出现。该项只用于图像切片。
- 尺寸：用来设置切片相对于图像窗口的精确位置和尺寸。其中：X 指定切片左边与图像窗口的标尺原点（标尺的默认原点位于图像的左上角）间的像素距离；Y 指定切片顶边与图像窗口的标尺原点间的像素距离；W 指定切片的宽度；H 指定切片的高度。
- 切片背景类型：从此下拉列表框中可以选择背景色，以填充图像切片的透明区域或无图像切片的整个区域。

（3）提升到用户切片：如果当前选中的切片不是用户切片时，“提升”按钮有效。单击该按钮可使其他类型切片转变为用户切片。

（4）划分切片：对当前选中的切片进行进一步的水平或垂直分割，可以等分，也可指定分割之后每块切片的大小（以像素为单位）。单击该按钮可弹出“划分切片”对话框，如图 3.100 所示。图 3.101 所示为对图 3.98 所示中标号为 03 的切片水平两等分垂直两等分之后的结果。

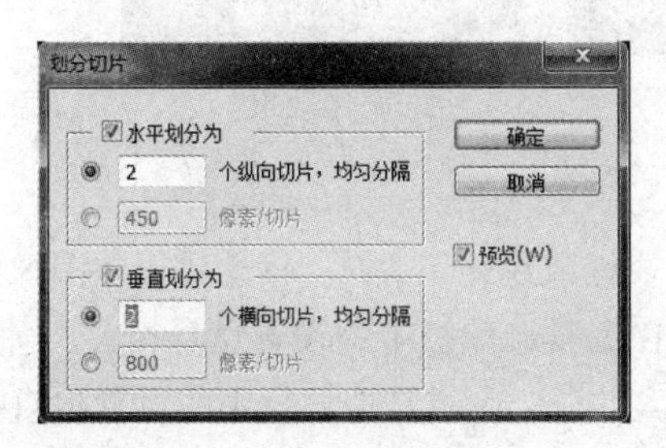

图 3.100　“划分切片”对话框

图 3.101　对切片进行水平或垂直分割

（5）显示自动切片：单击该按钮可显示图像中的所有自动切片，且按钮中的文字变为“隐藏自动切片”，再次单击则可隐藏图像中的所有自动切片。图 3.101 所示为显示图像中的所有自动切片之后的效果。用户切片、基于图层的切片和自动切片的外观不同。其中，用户切片和基于图层的切片由实线定义，而自动切片由点线定义。

3.4.13 模糊、锐化和涂抹工具

1. 模糊和锐化工具

模糊工具和锐化工具合称为调焦工具，分别可以产生清晰和模糊的图像效果。它们与涂抹工具位于工具箱中的同一组中。模糊工具用于柔化图像中的硬边缘或区域，减少细节，降低图像相邻像素之间的反差，使图像的边界或区域变得柔和，产生一种模糊的效果。锐化工具与模糊工具刚好相反，用于锐化软边来增加清晰度，增大图像相邻像素间的反差，从而使图像看起来清晰明了。需要注意的是，它们不能用于位图和索引模式图像。

使用模糊或锐化工具的具体操作步骤如下：

（1）在工具箱中选中模糊工具或锐化工具，其工具选项栏如图 3.102 所示。模糊和锐化工具的选项栏中的选项是基本相同的，锐化工具选项栏多了一项保护细节。

图 3.102 模糊和锐化工具选项栏

（2）从工具选项栏中选取画笔大小，指定混合模式和强度。

（3）选中“对所有图层取样”以使用所有可见图层的颜色数据模糊和锐化，否则，这两种工具只使用现有图层中的数据。

（4）在图像中要进行模糊或锐化的部分，用鼠标拖动模糊或锐化工具。

如图 3.103 所示是原图与模糊和锐化后的效果。

原图

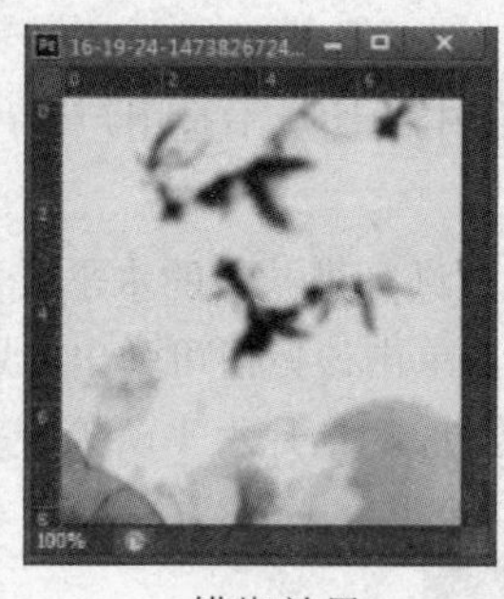

模糊效果

锐化效果

图 3.103 模糊和锐化后的效果

模糊和锐化工具的使用方法是相同的，只需在选中模糊或锐化工具后，移动鼠标在图像中来回拖动即可。但是，其作用后的效果将与所选择的画笔和在工具选项栏中的设置息息相关。选择的画笔越大，则模糊和锐化的范围越广，其效果也就越明显。此外，在工具选项栏中的设置也直接影响到这两个工具作用后的效果。

2. 涂抹工具

涂抹工具是模拟在未干的绘画上拖移手指动作绘制的效果。该工具拾取笔触开始位置的颜色，然后沿拖移的方向扩张，把最先单击处的颜色提取出来，并与鼠标拖动过的地方的颜色相溶合，使用时只需在图像中单击并拖动鼠标即可，效果如图 3.104 所示。

原图

涂抹效果

图 3.104　使用涂抹工具的效果

使用涂抹工具的步骤如下：

（1）在工具箱中选中涂抹工具，其工具选项栏如图 3.105 所示。该面板中除了模糊工具选项栏中具有的选项以外，多了一个“手指绘画”复选框，当选中此项后，鼠标拖动时，涂抹工具使用前景色与图像中的颜色相溶合，否则，涂抹工具使用的颜色来自每次单击开始之处。

图 3.105　涂抹工具选项栏

（2）从工具选项栏中选取画笔大小，指定混合模式和强度。

（3）选择“手指绘画”以使用前景色在每一笔的起点涂抹。

（4）选取“对所有图层取样”以使用所有可见图层的颜色数据，否则，只使用当前图层中的数据。

（5）在图像中要进行涂抹的部分，用鼠标拖动涂抹工具。

3.4.14　加深、减淡和海绵工具

使用加深工具和减淡工具可以改变图像特定区域的曝光度使图像变暗或变亮。使用海绵工具，则能够非常精确地增加或减少图像区域的饱和度。在“灰度”模式中，海绵工具通过将灰色阶远离或移到中灰来增加或降低对比度。当增加饱和度时能够使图像越来越接近中灰度色调；当减少饱和度时，则图像越来越远离中灰度色调，使图像黑白更为鲜明。加深、减淡和海绵工具位于工具箱的同一组中。需要注意的是，它们也不能用于位图和索引模式图像。

使用减淡、加深或海绵工具的具体操作步骤如下：

（1）在工具箱中选中减淡工具、加深工具或海绵工具，其工具选项栏如图 3.106 和图 3.107 所示。加深工具和减淡工具的选项栏中的选项是相同的。

图 3.106　减淡工具选项栏

图 3.107　海绵工具选项栏

（2）对于减淡工具和加深工具，在曝光度左侧有一下拉列表框，打开此下拉列表可从中选择加深和减淡工具的 3 种不同的工作方式。阴影更改图像的暗色部分；中间调只更改图像中灰色的中间范围；高光只更改亮的像素。

（3）对于海绵工具，需要选择如何更改颜色，加色方式处理图像时强化颜色的饱和度，使图像中的灰度色调减少，当对灰度图像作用时，则会减少中间灰度色调颜色。去色方式处理图像时降低颜色的饱和度，使图像中的灰度色调增加，当对灰度图像作用时，则会增加中间灰度色调颜色。

（4）从工具选项栏中选取画笔大小，指定减淡工具和加深工具的曝光度，或海绵工具的流量。指定减淡工具或加深工具的曝光度越大，减淡或加深效果越明显。

（5）在图像中要进行处理的部分，用鼠标拖动加深、减淡或海绵工具。如图 3.108 为加深、减淡或海绵工具的作用前后效果。

原图　　加深　　减淡　　海绵

图 3.108　加深工具、减淡工具和海绵工具作用的效果

3.4.15　修复画笔工具

污点修复画笔工具、修复画笔工具、修补工具、内容感知移动工具和红眼工具位于工具箱的同一组中，利用这 5 个工具可以在不改变原图像的形状、阴影、光照和纹理等效果的基础上，消除图像中的人工痕迹（如瑕疵、划痕、褶皱等）以及非人工痕迹。

1. 修复画笔工具

修复画笔工具通过匹配样本图像和原图像的形状、阴影、光照和纹理等，使样本像素和周围像素相溶合，从而达到自然的修复效果。

使用修复画笔工具修复图像，具体操作步骤如下：

（1）打开待修复的图像，如图 3.109（a）所示，图像中有污迹。

（2）在工具箱中选中修复画笔工具，其工具选项栏如图 3.110 所示。

（3）从工具选项栏中选取画笔大小，指定颜色混合模式和强度。

（4）若选择“源”为取样，则按住 Alt 键的同时单击取样位置设置取样点。还可以在其他打开的图像中设置取样点，如图 3.109（b）所示。若选择“源”为图案，则在图案下拉列表中选择一种图案。

（5）在图像中的污迹处，用鼠标拖动修复画笔工具。如图 3.109（c）所示为修复中的图像，图 3.109（d）所示为修复后的图像。

（a）待修补的原图像

（b）设置取样点

（c）修复中

（d）修复后

图 3.109 用修复画笔工具修复图像

图 3.110 修复画笔工具选项栏

2. 污点修复画笔工具

污点修复画笔工具与修复画笔工具的功能和使用方法近似，它能够快速修复照片中的较小污点和其他类似缺陷，其工具选项栏如图 3.111 所示。

图 3.111 污点修复画笔工具选项栏

污点修复画笔工具依据图像或图案中的样本像素进行修复，并将样本像素的纹理、光照、透明度和阴影与所修复的像素相匹配。

与修复画笔工具不同，污点修复画笔工具不需要事先选取采样点，它将自动从所修饰区域的周围取样。注意：如果需要修饰大片区域或需要更大程度地控制来源取样，则需使用修复画笔工具而不是污点修复画笔工具。

3. 修补工具

修补工具和修复画笔工具一样，也是通过匹配样本图像和原图像的形状、阴影、光照和纹理等以修补图像，但是它可以用其他区域的像素或图案修复所选区域。

使用修补工具修补图像，可以选用源、目标和使用图案 3 种修补方式，其中源和目标两种方式通过匹配样本图像与原图像的特性来修补图像。也可以选择内容识别方式修补图像，它根据周围的像素，智能识别现在的区域。

- 源：要运用这种方式，必须先选择要修补的区域。选中该项后，用鼠标将要修补的区域拖动到要取样的区域，则要修补的区域将自动用取样的区域覆盖。
- 目标：要运用这种方式，必须先选择要取样的区域。选中该项后，用鼠标将取样的区域拖动到要修补的区域，以覆盖要修补的区域。
- 使用图案：要运用这种方式，必须先选择要修补的区域，然后在图案下拉列表中选择一种修补图案，单击此按钮，即可用选择的图案覆盖要修补的区域。

使用修补工具修补图像，具体操作步骤如下：

（1）打开待修补的图像，如图 3.112（a）所示，图像中有需要修复的像素。

（2）在工具箱中选中修补工具，其工具选项栏如图 3.113 所示。

（3）选择一种修补方式。

（4）在图像中拖动鼠标选择要修补的区域，即需要修复的像素，如图 3.112（b）所示，该区域用虚线环绕。

（5）将该区域拖动到要取样的区域，即与要修补区域的颜色、图案、纹理等相似的区域，可用取样区域覆盖该区域以获得修补效果。修补中和修补后的图像如图 3.112（c）和图 3.112（d）所示。

（a）待修补的原图像

（b）选择要修补的区域

（c）选择取样区域

（d）修补后

图 3.112　用修补工具修补图像

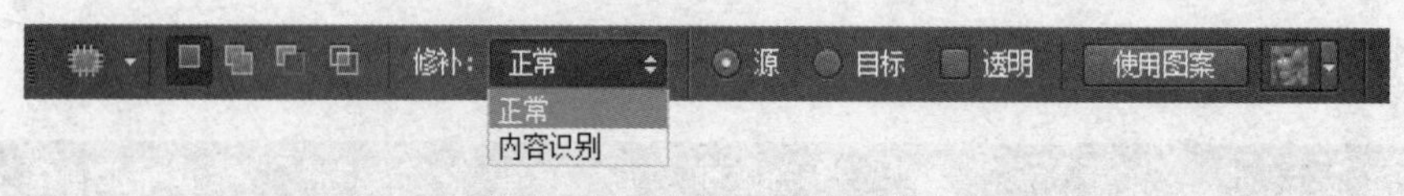

图 3.113　修补工具选项栏

如果选择目标方式，则应先选择取样的区域，将其拖动到要修补的区域即可。

4. 内容感知移动工具

内容感知移动工具是 Photoshop CS6 新增功能。它可以简单到只需选择照片场景中的某部分图像，将其移动到照片的中的任何位置，经过感知计算，便可以完成极其真实的合成效果。

使用内容感知移动工具，具体操作步骤如下：

（1）打开合成的图像，如图 3.114（a）所示，图像中有需要移位的像素。

（a）待修补的原图像

（b）选择需要移动区域

（c）移到图像到其他区域

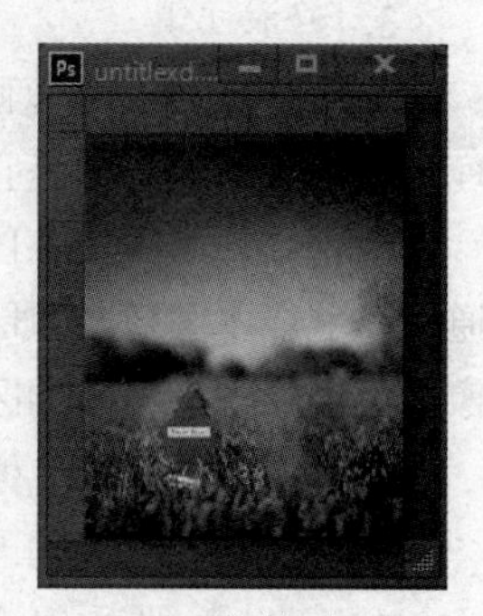

（d）修补后

图 3.114　用内容感知移动工具合成图像

（2）在工具箱中选中修补工具，其工具选项栏如图 3.115 所示。

图 3.115　内容感知移动工具选项栏

（3）选择修补模式为移动。

（4）在图像中拖动鼠标选择要移动的区域，如图 3.114（b）所示，该区域用虚线环绕。

（5）将该区域拖动到要放置的区域，选区内的图像还是与移动到的区域自动融合。融合的图像如图 3.114（c）和图 3.114（d）所示。

5. 红眼工具

红眼工具可移去用闪光灯拍摄的人物照片中的红眼，也可以移去用闪光灯拍摄的动物照片中的白色或绿色反光，其作用与修复画笔工具的作用也是大同小异。

使用红眼工具，具体操作步骤如下：

（1）选择工具箱中的红眼工具，其工具选项栏如图 3.116 所示。

图 3.116　红眼工具选项栏

其中瞳孔大小用来设置瞳孔（眼睛暗色的中心）的大小，变暗量用来设置瞳孔的暗度。

（2）在红眼中单击。如果对结果不满意，则还原修正，在选项栏中设置一个或多个参数，然后再次单击红眼，即可修复图像中的红眼区域，如图 3.117 所示。

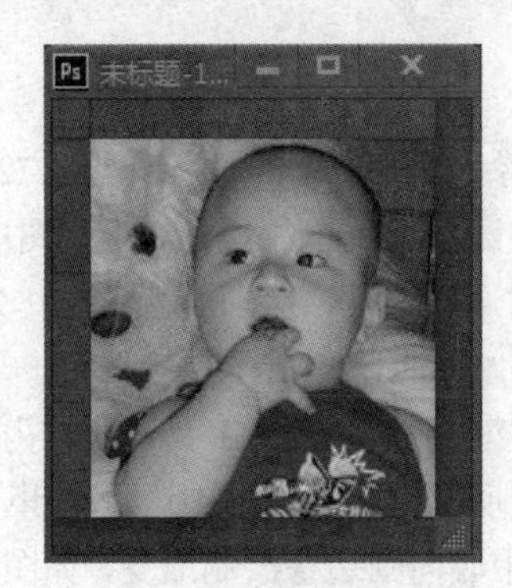

原图

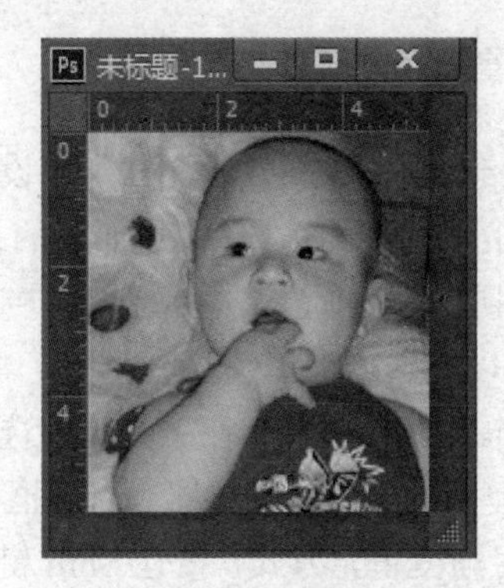

去除红眼后

图 3.117　用红眼工具去除红眼

3.4.16　注释工具

利用注释工具可以将注释附加到图像上。这对于在图像中加入评论、制作说明或其他信息非常有用。在工具箱中选中注释工具，其工具选项栏如图 3.118 所示。

图 3.118　注释工具选项栏

（1）根据需要设置选项：输入作者姓名，姓名将出现在注释窗口的标题栏中；选择注释图标和注释窗口标题栏的颜色。

（2）在图像中单击要放置注释图标的位置，将打开注释窗口，如图 3.119 所示。

（3）在注释窗口内单击，然后键入文本。如果键入的文本超出了注释窗口的满屏显示，可使用滚动条浏览。可根据需要使用系统的标准编辑命令（还原、剪切、拷贝、粘贴和全选）编辑文本。在文本区域中右击将弹出快捷菜单，选取命令或使用这些编辑命令的标准键盘快捷键即可进行文本编辑。

图 3.119　注释窗口

注释图标可在图像上标记注释的位置。点击此图标可以打开注释窗口，显示注释文本。执行“视图/显示/注释”菜单命令，可以显示、隐藏这些图标。

调整图像的大小并不改变注释图标和注释窗口的大小。图标和注释窗口与图像之间的相对位置保持不变。剪切图像将删除剪切区域内的所有注释；通过还原剪切命令可以恢复注释。

3.5　绘图工具应用实例

3.5.1　金属链条的制作

（1）新建一个 RGB 文件，文件大小设置为 150 像素×400 像素，分辨率为 72 像素/英寸，背景色为白色。打开图层面板，在图层面板的最下端单击创建新图层按钮，将在图层面板中新增加图层 1，选中图层 1 为当前层，在工具箱中选取椭圆选取工具，在画面上单击作为起始点。同时按住 Shift 键可以圈选一个正圆选取区域，并保持选区如图 3.120 所示。

（2）填充辐射渐变效果。在工具箱中选取渐变填充工具，在其工具选项栏内选择选项并单击，弹出的“渐变编辑器”对话框如图 3.121 所示，在对话框中进行编辑，然后在工具选项内选择辐射渐变填充方式，按住 Shift 键，从圆的中心向圆边缘绘制渐变，如图 3.122 所示，按快捷键 Ctrl+D 取消选择。

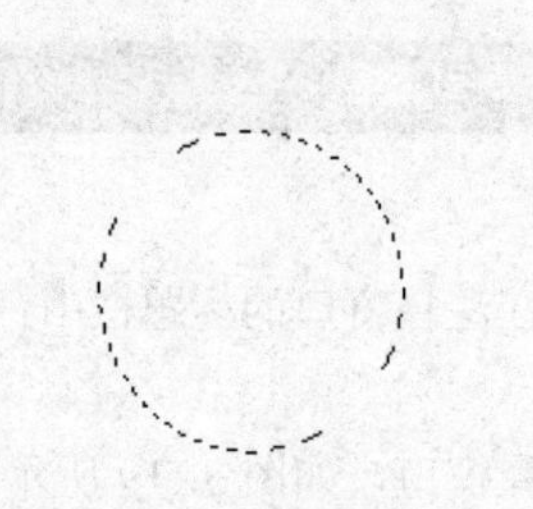

图 3.120　选取圆形区域

图 3.121　“渐变编辑器”对话框

（3）在工具箱中选择工具，在上一步填充辐射渐变圆形区域的下半部分圈选一个区域，如图 3.123 所示。在保持矩形区域选取的状态下，按住 Ctrl+Alt+↓键，向下拖动并复制所选区域如图 3.124 所示。

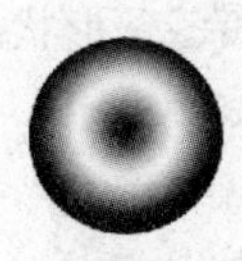
图 3.122　辐射渐变填充后的效果

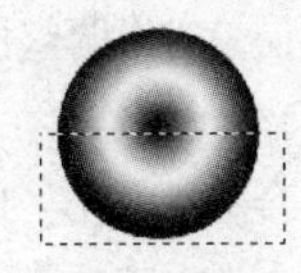
图 3.123　圈选一个矩形选取区域

图 3.124　移动并复制所选区域

（4）在工具箱中选取，在上一步绘制的圆形中选中图形的右半部分圈选一个矩形区域如图 3.125 所示。在保持矩形区域选取的状态下，按住 Ctrl+Alt+→键，向右拖动并复制所选区域如图 3.126 所示。

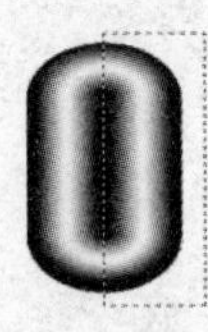
图 3.125　圈选一个矩形选取区域

图 3.126　移动并复制所选区域

（5）在工具箱中选取，在魔棒工具选项栏内设置容差为 32，然后移动鼠标选取图形中央的黑色部分，如图 3.127 所示，按 Del 键删除选取区域，如图 3.128 所示。

（6）在图层面板的最下端单击创建新图层按钮，将在图层面板中新增加图层 2，选中图层 2 为当前层，在工具箱中选取椭圆选取工具，在上一步删除区域的空白位置单击作为起始点，同时按住 Shift 键可以圈选一个正圆区域，其直径与空白位置的宽度相同，如图 3.129 所示，并保持选取区域。

图 3.127　选取黑色区域

图 3.128　删除黑色区域后的效果

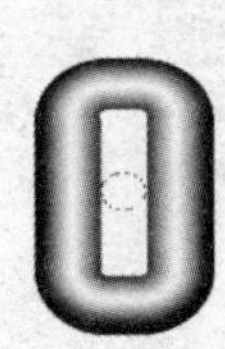
图 3.129　选取圆形区域

（7）填充圆形选取区域。在工具箱中选取渐变填充工具，在其工具选项栏内选择从前景色到背景色填充，如图 3.130 所示，在工具选项栏内选择辐射渐变填充方式，按住 Shift 键，从圆的中心向圆边缘绘制渐变如图 3.131 所示，按快捷键 Ctrl+D 取消选择。

（8）在工具箱中选择工具，在上一步填充辐射渐变圆形区域的下半部分圈选一个区域。在保持矩形区域选取的状态下，按住 Ctrl+Alt+↓键，向下拖动并复制所选区域如图 3.132 所示。

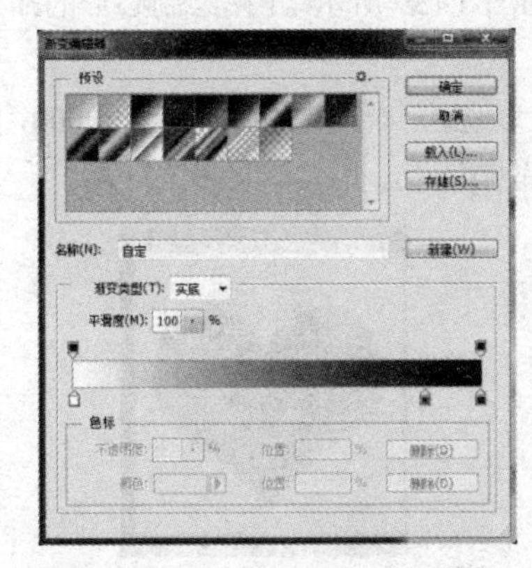

图 3.130　“渐变编辑器”对话框

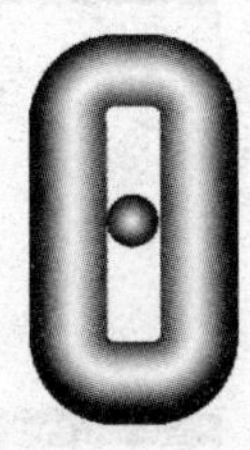
图 3.131　辐射渐变填充后的效果

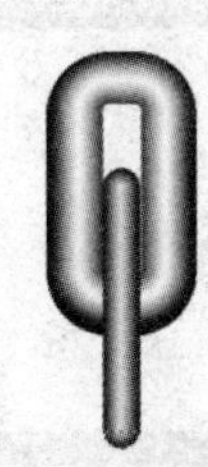
图 3.132　移动并复制所选区域

（9）组合图形。分别复制图层 1 和图层 2，并调整图形位置，组合成金属链条形状，如图 3.133 所示。

（10）为图形添加杂色。先将各图层合并为图层 1，执行“滤镜/杂色/添加杂色”命令将弹出一个对话框，设置其参数如图 3.134 所示，单击确定后得到如图 3.135 所示的效果。

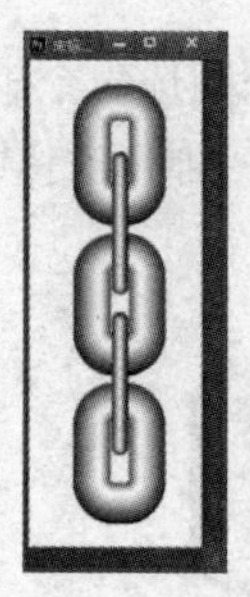

图 3.133　组合成金属链条的图形

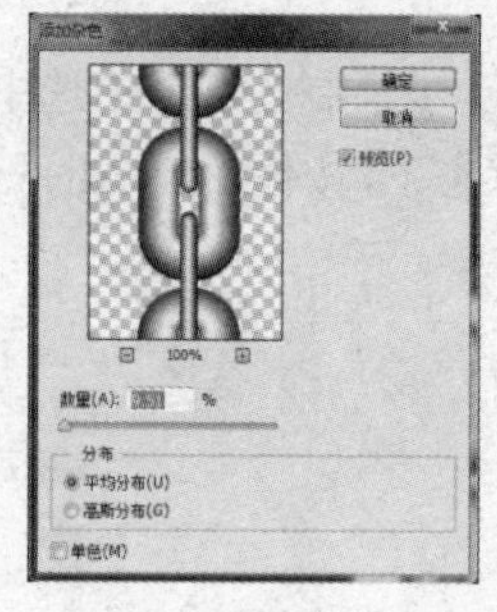

图 3.134　“添加杂色”对话框

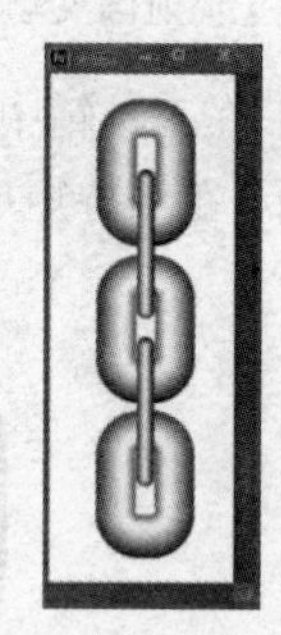

图 3.135　添加杂色后的效果

（11）添加阴影效果。执行“图层/图层样式/投影”命令，将弹出的对话框设置好，如图 3.136 所示，单击确定后即可得到金属链条如图 3.137 所示。

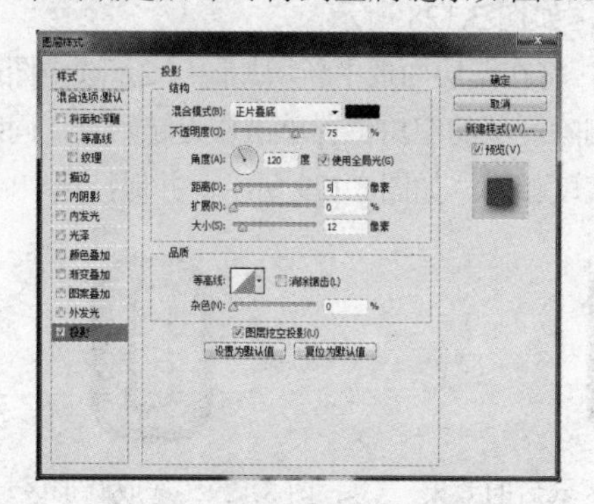

图 3.136　设置图层样式对话框

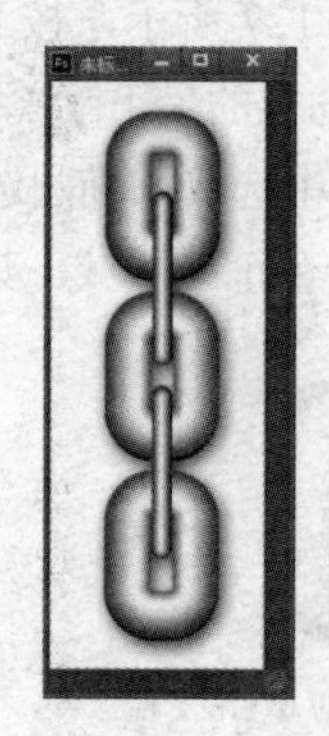

图 3.137　金属链条添加阴影后的效果

3.5.2　立体心形的制作

（1）新建一个 RGB 文件，将尺寸设定为 400 像素×400 像素，分辨率为 72dpi，背景为白色，前景色设为#ffffff。单击用前景色来填充背景层，如图 3.138 所示。

（2）新建图层 1，在工具箱中选取，绘制“心形”路径如图 3.139 所示。（在绘制心形的路径的过程中，需用直接选取工具和路径选择工具来调整。）

（3）选取该路径，在路径面板底部单击，可以将路径转化为选区。将前景色设置为#ff0000，单击用前景色来填充心形选区，如图 3.140 所示。按 Ctrl+D 键取消选取。

图 3.138　新建并填充背景层

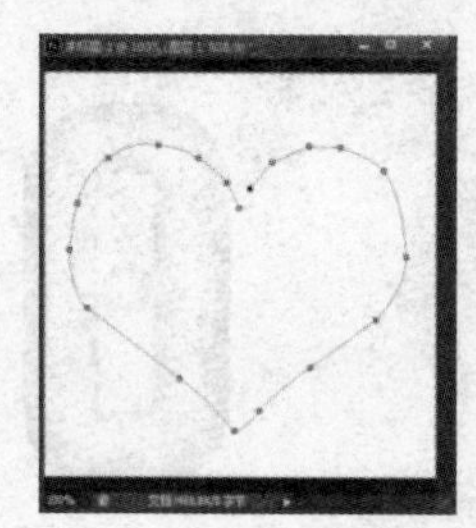

图 3.139　用路径工具勾出的心形

图 3.140　填充后的心形

（4）选取图层 1，为“心形”加一个图层样式，单击图层面板下的fx按钮，在图层样式下拉菜单中选择“斜面和浮雕”，在弹出的对话框中进行如图 3.141 所示的设置，设置好后单击“确定”按钮则心形得到如图 3.142 所示的效果。

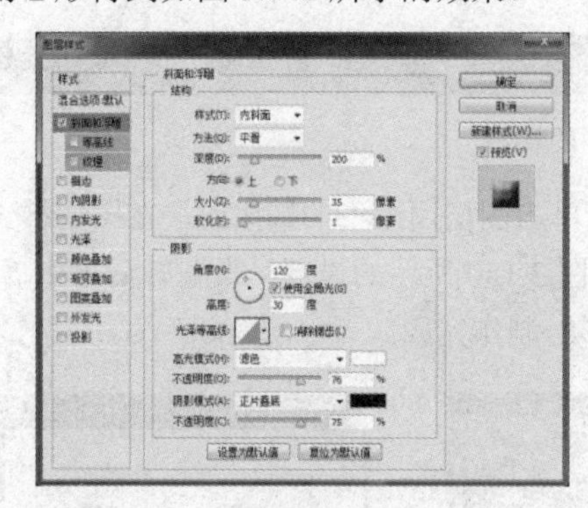

图 3.141　“斜面和浮雕”对话框

图 3.142　添加斜面和浮雕样式后的效果

（5）将图层 1 复制为副本 2 中图层样式缩小一圈，使“心形”的周围有一个厚度。首先按住 Ctrl 键单击该层，选中“心形”区域，然后选择“选择/修改/收缩”菜单命令，在弹出的对话框中设置参数为 15 像素，如图 3.143 所示，效果如图 3.144 所示。

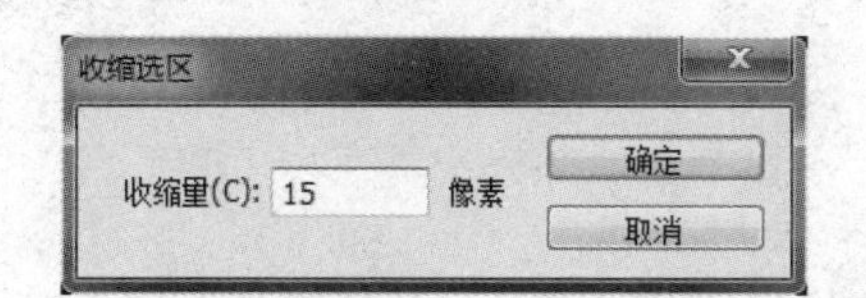

图 3.143　“收缩选区”对话框

图 3.144　执行收缩命令后的效果

（6）在缩小的范围添加蒙版，单击图层下端的增加图层蒙版图标，可以看到在图层 1 副本 2 上添加的蒙版效果，如图 3.145 所示，得到的效果如图 3.146 所示。

（7）将图层 1 副本 2，复制得到图层 1 副本 3，图层样式也一起复制，在弹出的“斜面和浮雕”对话框中将深度设置为 91，大小设置为 79，软化设置为 0，其余不变。最后将图层的不透明度设置为 40%，得到如图 3.147 所示的效果。

图 3.145　图层面板

图 3.146　添加蒙版后的效果

图 3.147　“心形”效果

（8）添加文字。单击工具箱中的T工具，在绘制好的心形中写上“LOVE”的字样，其设置如图 3.148 所示，此时会自动生成一个名为“LOVE”的文本图层，此时图像的效果如图 3.149 所示。

图 3.148 设置文字的属性

（9）栅格化文本图层，为文字添加一定的样式。单击图层面板下的fx按钮，在图层样式下拉菜单中选择“斜面和浮雕”，在弹出的对话框中进行如图 3.150 所示的设置，设置好后单击“确定”按钮则得到如图 3.151 所示的效果，至此立体的“心形”制作完成。

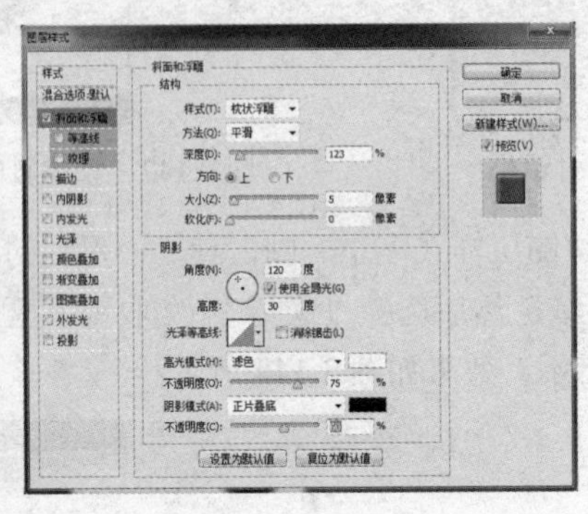

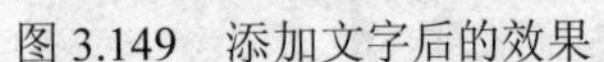

图 3.149 添加文字后的效果　　图 3.150 “斜面和浮雕”对话框　　图 3.151 “心形”绘制完成的效果

本章小结

Photoshop 提供了很多绘图工具、文本工具和图像编辑工具，可以进行丰富的图像处理，各种工具的选项栏有一些相同的操作和一些共同的参数设置。Photoshop 的绘图工具和图像编辑工具一起，再通过各种面板选项的配合，可以为用户打开一个具有无限艺术潜力的世界。

在很多工具的选项栏中都有混合模式选项，它是指用当前绘制的颜色与图像原有的底色进行混合，从而产生一种结果颜色。当对图层进行混合时，表示当前选定的图层与在它下面的图层进行色彩混合。不同的色彩混合模式可以产生不同的效果。对于绘图工具而言，可以设置 25 种混合模式；对于图层而言，可以设置 23 种混合模式。

在使用绘画和编辑工具时，适当地设置一个画笔，才能更好地发挥它们的作用，获得满意的效果。画笔面板用于调整各种画笔的直径、旋转角度、圆度、硬度、间距，设置画笔的形状动态、发散、纹理填充、颜色动态等特性，还可以添加新的画笔、删除不需要的画笔或替换画笔，也可以实现画笔的保存、载入以及复位画笔。

画笔工具用于绘制柔和的彩色线条，它在图像或选择区域内绘制的图像如同毛笔画出的风格；铅笔工具用于绘制硬边手画直线，即棱角比较突出无边缘发散效果的线条；形状绘制工具可以直接绘制形状，如矩形、圆角矩形、椭圆、多边形、直线以及自定形状等。

Photoshop 的文本工具包括横排文字工具、直排文字工具、横排文字蒙版工具和直排文字蒙版工具。利用文本工具可以在图像中任意放置文本，此时系统为这些文本创建一个单独的文本层。

颜色替换工具能够简化图像中特定颜色的替换，可以使用校正颜色在目标颜色上绘画。图章工具分为仿制图章工具和图案图章工具两类，仿制图章工具能够将一幅图像的全部或部分复制到同一幅图或其他图像中，使用图案图章工具，则可以将定义的图案内容复制到同一幅图像或其他图像中。橡皮擦工具组中提供了橡皮擦工具、背景色橡皮擦工具和魔术橡皮擦工具 3 种擦除工具，其中，橡皮擦工具和魔术橡皮擦工具可以将图像区域抹成透明或背景色。背景色橡皮擦工具可以将图层抹成透明。渐变工具可以创建多种颜色间的逐渐混合，这种逐渐混合可以是前景色到背景色的过渡，或是背景色到前景色的过渡，或是其他颜色间的相互过渡。可以从现有的渐变填充中选取或创建自己的渐变。系统提供了 5 种类型的渐变，即线性渐变、径向渐变、角度渐变、对称渐变和菱形渐变。油漆桶工具可以用前景色或图案快速填充图像区域，它只对图像中颜色近似区域进行颜色填充。切片工具用来切割大图像，为 Web 查看有选择地优化图像。图像中切割的一块矩形区域称为切片。切片分为用户切片、基于图层的切片、自动切片、表切片和子切片等。切片可用于在 Web 页中创建链接、翻转和动画。切片工具组包括切片工具和切片选择工具两种。模糊工具用于柔化图像中的硬边缘或区域，减少细节，降低图像相邻像素之间的反差，使图像的边界或区域变得柔和，产生一种模糊的效果；锐化工具与模糊工具刚好相反，用于锐化软边来增加清晰度，增大图像相邻像素间的反差，从而使图像看起来清晰、明了；涂抹工具是模拟在未干的绘画上拖移手指动作绘制的效果，它拾取笔触开始位置的颜色，然后沿拖移的方向扩张，把最先单击处的颜色提取出来，并与鼠标拖动过的地方的颜色相溶合。使用加深工具和减淡工具可以改变图像特定区域的曝光度使图像变暗或变亮。使用海绵工具，则能够非常精确地增加或减少图像区域的饱和度。修复画笔工具组包括污点修复画笔工具、修复画笔工具、修补工具和红眼工具，利用这 4 个工具可以在不改变原图像的形状、阴影、光照和纹理等效果的基础上，消除图像中的人工痕迹以及非人工痕迹。注释工具有注释工具和语音注释工具两种，利用注释工具可以将文字注释附加到图像上；利用语音注释工具可以将语音注释附加到图像上。

一、选择题（每题可能有多项选择）

1．如何使用橡皮图章工具在图像中取样？（ ）

A．在取样的位置单击鼠标并拖动

B．按住 Shift 键的同时单击取样位置来选择多个取样像素

C．按住 Alt 键的同时单击取样位置

D．按住 Ctrl 键的同时单击取样位置

2．下面哪种工具选项可以将图案填充到选区内？（ ）

A．画笔工具　　B．图案图章工具

C．橡皮图章工具　　D．喷枪工具。

3．下面对模糊工具功能的描述正确的是（ ）。

A．模糊工具只能使图像的一部分边缘模糊

B．模糊工具的强度是不能调整的

C．模糊工具可降低相邻像素的对比度

D．如果在有图层的图像上使用模糊工具，只有所选中的图层才会起变化

4．当使用绘图工具时如何暂时切换到吸管工具？（ ）

A．按住 Shift 键　　B．按住 Alt 键　　C．按住 Ctrl 键　　D．按住 Ctrl+Alt 键

5．“自动抹除”选项是哪个工具栏中的功能？（ ）

A．画笔工具 B．喷枪工具 C．铅笔工具 D．直线工具

6．利用渐变工具创建从黑色至白色的渐变效果，如果想使两种颜色的过渡非常平缓，下面操作有效的是（ ）。

A．使用渐变工具做拖动操作，距离尽可能拉长

B．将利用渐变工具拖动时的线条尽可能拉短

C．将利用渐变工具拖动时的线条绘制为斜线

D．将渐变工具的不透明度降低

7．下面哪个工具可以减少图像的饱和度？（ ）

A．加深工具 B．减淡工具

C．海绵工具 D．任何一个在选项栏中有饱和度滑块的绘图工具

8．当使用绘图工具时图像符合下面哪个条件才可选中“背后”模式？（ ）

A．这种模式只在有透明区域层时才可选中 B．当图像的色彩模式是RGB模式时才可选中

C．当图像上新增加通道时才可选中 D．当图像上有选区时才可选中

9．切片的形状可以是（ ）。

A．矩形 B．圆形 C．多边不规则形 D．菱形

10．文本图层中的文字信息哪些可以进行修改和编辑？（ ）

A．文字颜色

B．文字内容，如加字或减字

C．文字大小

D．将文本图层转换为普通图层后可以改变文字的排列方式

11．下面有关修复画笔工具的使用描述正确的是（ ）。

A．修复画笔工具可以修复图像中的缺陷，并能使修复的结果自然溶入原图像

B．在使用修复画笔工具的时候，要先按住Ctrl键来确定取样点

C．如果是在两个图像之间进行修复，那么要求两幅图像具有相同的色彩模式

D．在使用修复画笔工具的时候，可以改变画笔的大小

12．下面有关仿制图章工具的使用描述正确的是（ ）。

A．仿制图章工具只能在本图像上取样并用于本图像中

B．仿制图章工具可以在任何一张打开的图像上取样，并用于任何一张图像中

C．仿制图章工具一次只能确定一个取样点

D．在使用仿制图章工具的时候，可以改变画笔的大小

13．下面对背景色橡皮擦工具与魔术橡皮擦工具描述正确的是（ ）。

A．背景色橡皮擦工具与魔术橡皮擦工具使用方法基本相似，背景色橡皮擦工具可将颜色擦掉变成没有颜色的透明部分

B．魔术橡皮擦工具可根据颜色近似程度来确定将图像擦成透明的程度

C．背景色橡皮擦工具选项栏中的“容差”选项是用来控制擦除颜色的范围

D．魔术橡皮擦工具选项栏中的“容差”选项在执行后擦除图像连续的部分

14．下面对渐变填充工具功能的描述正确的是（ ）。

A．如果在不创建选区的情况下填充渐变色，渐变工具将作用于整个图像

B．不能将设定好的渐变色存储为一个渐变色文件

C．可以任意定义和编辑渐变色，不管是两色、三色还是多色

D．在 Photoshop CS6 中共有 5 种渐变类型

二、填空题

1．________工具能够将一幅图像的全部或部分复制到同一幅图或其他图像中，而使用________工具，则可以将定义的图案内容复制到同一幅图像或其他图像中。

2．系统提供了 5 种类型的渐变，即________、________、________、________和________。

3．________工具是模拟在未干的绘画上拖移手指动作绘制的效果。

4．________工具用来切割大图像，为 Web 查看有选择地优化图像。

5．要转换为段落文本，首先结束文字录入或编辑状态，然后执行________菜单命令，即可将点文本转换为段落文本。

三、判断题

(　　) 1．按键盘上的 F 键可以将工具箱和浮动面板隐藏掉，这样便于观看大的图像。

(　　) 2．按住 Alt 键的同时，单击工具箱中的工具，就可以在隐含和非隐含的工具之间循环切换。

(　　) 3．在工具箱中，右下角有黑色小三角的工具，表明其有隐含的工具。

(　　) 4．铅笔工具和画笔工具的不同在于铅笔工具有“自动抹掉”功能，而画笔工具没有。

(　　) 5．笔刷是不能自己定义的，只能在笔刷面板中进行调整，图案才可自定义。

(　　) 6．要改变笔触的粗细，可以使用宽度滑块，也可以向宽度文本框中键入数值来实现。

(　　) 7．渐变工具不能用于位图、索引颜色或每通道 16 位模式的图像。

四、简答题

1．在工具箱中，怎样选择隐含工具？

2．如何在原有的画笔面板添加新的画笔？

3．怎样设置画笔使其具有渐隐和湿边效果？

4．如何在图像中添加文字？

5．橡皮图章工具与图案图章工具有何不同？如何使用？

6．渐变工具包括哪几种渐变类型？如何使用？

7．如果要对图像的饱和度进行调整，应该使用什么工具？

8．使用修补工具修补图像，有哪几种修补方式？它们有何区别？

第4章　范围选取与图像编辑

Photoshop 提供了几种不同类型的选区选取工具，并提供了针对选区或选区内图像的丰富操作，各类选区选取工具和不同操作各有其特点。本章将介绍 Photoshop 中选区的概念、相关选区选取工具的使用，阐述选区的创建、保存、修改、变形等命令和相应的一些图像编辑命令。为使读者更好地理解和熟悉操作步骤，各部分都给出了一些简单的操作实例。

- 掌握选区的概念，了解并能使用 Photoshop 提供的几种类型的选取工具和选取命令。
- 理解羽化、消除锯齿的概念，掌握其设置方法。
- 领会变换对象的概念，熟练掌握选区的移动、调整、增减、自由变换等各种操作。
- 熟练掌握图像或部分图像的旋转、翻转及自由变形等操作。
- 理解历史记录面板的功能，学会使用历史记录面板恢复操作或图像。
- 学会使用填充、描边、还原和重做等编辑命令。
- 能够综合应用本章知识处理图像。

在 Photoshop 中，选区的概念是十分重要的，也是相当直观的。Photoshop 在对图像进行处理前必须对它要处理的内容加以指定，即选定选区。在 Photoshop 中，选区是一个封闭的、流动的虚线框，浮动在图像的上方，这个虚线框就是选择蒙版，其中虚线框包围的区域就叫选区，如图 4.1 所示。在 Photoshop 中，选择蒙版是一个单独的实体，与其下面的图像区域分离，蒙版可以变形、移动或转化为不同的可视格式，而不会对其下面的图像信息有任何影响，除非将选区储存起来，否则创建的蒙版在取消选区时会消失。

图 4.1　选区示意图

4.1　选框工具

在 Photoshop 中，选框工具是一种类型的选择工具，在选框工具上按住鼠标左键，就会出现如图 4.2 所示的 4 种工具：矩形选框工具、椭圆选框工具、单行选框工具和单列选框工具。

图 4.2　选框工具

4.1.1　矩形选框工具

矩形选框工具（▢）用于在被编辑的图像中或单独的图层中选择各种矩形的区域。这里就以羽化选取范围边缘的功能为例加以说明。

首先执行“窗口/选项”菜单命令打开矩形选框工具的选项栏，如图 4.3 所示，其中各选项的含义如下：

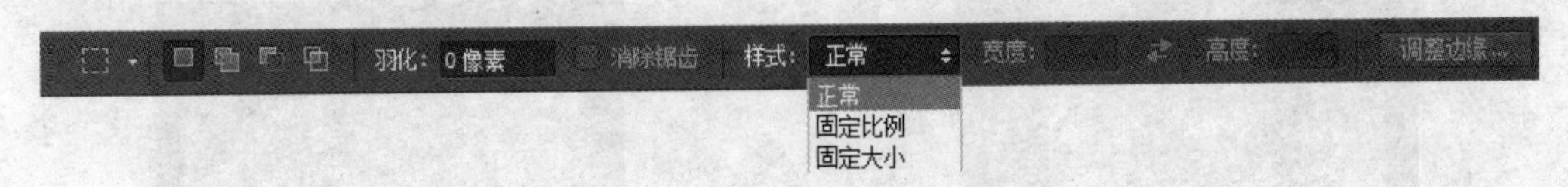

图 4.3　矩形选框选项栏

- 羽化：用于设定选择边界的羽化宽度，设定数值越大，羽化的范围越大。
- 消除锯齿：用于除去选择边界的锯齿状边缘。
- 样式：用于设定选择的类型，其中“正常”项为标准选择类型，即鼠标在图像上拖动产生的方框范围将成为选区；“固定长宽比”用于设定选取范围的宽度和高度比例。默认值为 1:1，此时可选择不同大小的正方形或圆。若设置宽度和高度比例为 2:1 时，产生的矩形选取范围的宽度是高度的 2 倍，在使用椭圆选取工具时，椭圆选取范围的长轴是短轴的 2 倍；“固定大小”为固定尺寸选择类型，尺寸大小由在选项栏中宽度和高度文本框中输入的数值决定，每次单击鼠标，都将在图像中选择出一块固定大小的矩形区域。需要注意的是，用户输入的数值必须是整数。

按住鼠标左键，使鼠标指针在图像内拖动，则可以选择出矩形选框工具的选项栏中样式项所确定类型的选区。如果图像中没有选定的选区，按住 Shift 键在图像中拖动鼠标，将选择出一个以鼠标拖动点为一角的一个正方形选区，如图 4.4 所示；按住 Alt 键在图像中拖动鼠标，将以拖动的开始点为中心选择出一个矩形或椭圆形选区；按住 Shift+Alt 键在图像中拖动鼠标，则将以拖动的开始点为中心选择出一个正方形或圆形选区。

图 4.4　配合 Shift 键选择的效果

4.1.2　椭圆选框工具

椭圆选框工具（◯）也是一种常用的选框工具，尤其在需要选择图像中的某一椭圆形区域时更是如此。它可以在图像中创建和选择椭圆形区域。

椭圆选框工具的选项栏如图 4.5 所示。椭圆选框工具的选项栏与矩形选框工具的选项栏类似，可以参见矩形选框工具的选项栏进行学习和操作。

图 4.5 椭圆选框工具的选项栏

椭圆选框工具默认时将创建椭圆形选区，如果想要创建标准的圆形选区，可在使用此工具的同时按下 Shift 键。消除锯齿功能只有在椭圆选框工具中可设置打开或关闭，在其他 3 种选框工具中则不可用。

4.1.3 单列与单行选框工具

单列选框工具（）用于在被编辑的图像中或单独的图层中选出 1 个像素的竖线区域，如图 4.6 所示。单行选框工具（）用于在被编辑的图像中或单独的图层中选出 1 个像素的横线区域，如图 4.7 所示。对于单列或单行选框工具，在要选择的区域旁边单击，然后将选区拖移到确切的位置，就完成单行或单列的选取。如果看不见选区，可以适当增加图像视图的放大倍数。

图 4.6 单列选区

图 4.7 单行选区

4.1.4 裁剪工具

裁剪工具（）用于切除选中区域以外的图像，以重新设置图像的大小。在使用裁剪工具选定区域后，将有 8 个控制点出现，可以拖动这些控制点以改变选区的大小；当鼠标处于控制点以外时，鼠标将变为形状，拖动鼠标可以旋转选区。

单击裁剪工具将打开裁剪工具的选项栏，如图 4.8 所示。在裁剪工具的选项栏中，可以选择固定目标大小，图像裁剪区域的比例大小可以在选区下拉菜单，如图 4.9 所示，或宽度、高度选项中设定。当在此处设定好后，无论在图像中如何选取，所选择的区域都将满足此处设定的宽度高度比。如果不想改变图像的尺寸比例大小，则可以选择选区中原始比例选项，这样图像的宽高尺寸将自动地设定在以前设定的宽度和高度项中。视图选项下拉菜单提供了多种裁切视图方式，如图 4.10 所示。

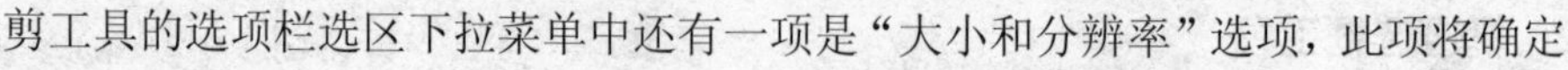

图 4.8 裁剪工具的选项栏

在裁剪工具的选项栏选区下拉菜单中还有一项是“大小和分辨率”选项，此项将确定裁剪生成图像的分辨率。因为固定目标大小项要设定图像文件的大小，因此如果只设定了文件的大小，而没有设置分辨率的数值，则裁剪后的图像将自动调整以适合设定的图像大小。如果设定了分辨率，而没有设置图像文件的大小，则图像文件的大小将自动调整，以适合设定的图像分辨率。

对于裁剪范围之外区域的处理，选项组中提供了删除裁剪的像素勾选按钮，勾上则删除裁剪范围之外的图像，这样，裁剪范围之外的区域变为透明；反之，则隐藏裁剪范围之外的图像，此时通过移动工具移动图像，仍可以看到裁剪范围之外的图像内容。

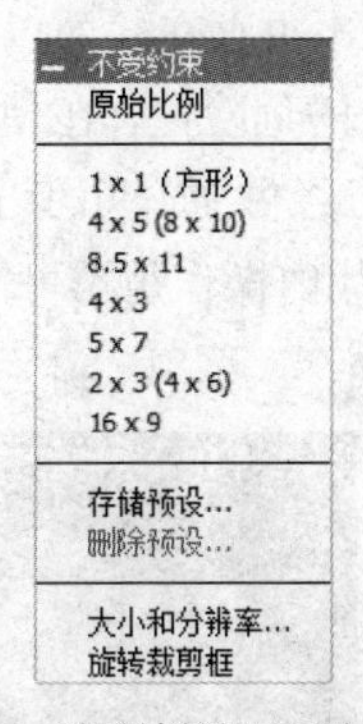

图 4.9　选项栏选区下拉菜单

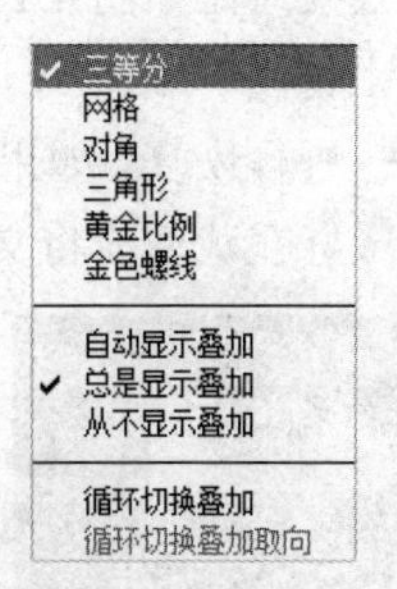

图 4.10　视图选项

单击选项栏右侧按钮，打开属性栏，如图 4.11 所示。在选中“启用裁切屏蔽”复选框后，可以激活其下面的颜色和不透明度选项，从而在颜色框中设置裁剪范围的颜色；单击不透明度右侧的小三角形按钮，可通过其对应的滑杆设置不透明度，以便更好地区分裁剪范围与非裁剪范围，有利于事先查看裁剪后的效果。选中裁切范围后，则可以对裁剪进行任意的变形和扭曲操作，其方法是移动鼠标指针至裁剪范围四周的控制点拖动；若不选中此复选框，则只能对裁剪范围进行旋转和缩放，方法是将鼠标指针移动至裁剪范围四周的控制点，当鼠标指针变为↖ ↗ ↔ ↕形状时拖动鼠标。若要旋转裁剪范围，则将鼠标指针移至裁剪范围之外的区域，鼠标指针变成↷形状时按下鼠标拖动。若按下 Alt 键拖动已选定裁剪范围的控制点，则以原图像中心点为开始点进行缩放；若按下 Shift 键拖动已选定裁剪范围的控制点，则可进行高与宽等比例地缩放；若按下 Shift+Alt 键拖动已选定裁剪范围的控制点，即以原图像中心点为开始点，高与宽等比例地缩放。

要执行裁剪有 4 种方法：一是在选区内双击进行裁剪；二是在选择后直接按 Enter 键进行裁剪；三是单击选项栏中的“提交”按钮✓；四是在工具箱中任意工具上单击，系统将弹出一个如图 4.12 所示的对话框，提示是否进行裁剪，如果确认进行裁剪，则选择“裁剪”按钮；放弃则选择“不裁剪”按钮，系统将放弃这次裁剪操作，并将选区一起放弃；选择“取消”按钮，则系统只是放弃这次裁剪操作，选区仍将存在。

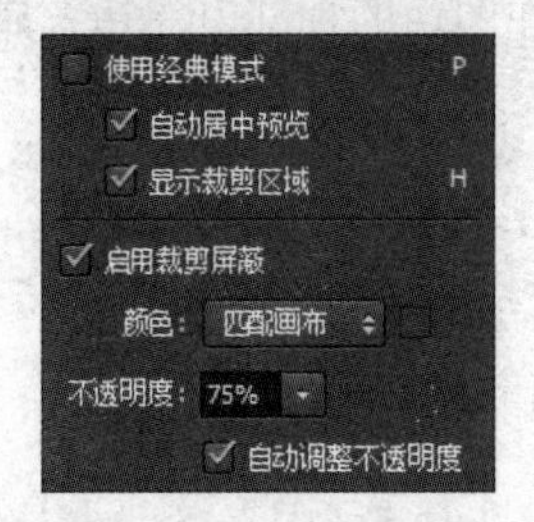

图 4.11　裁剪模式设置选项

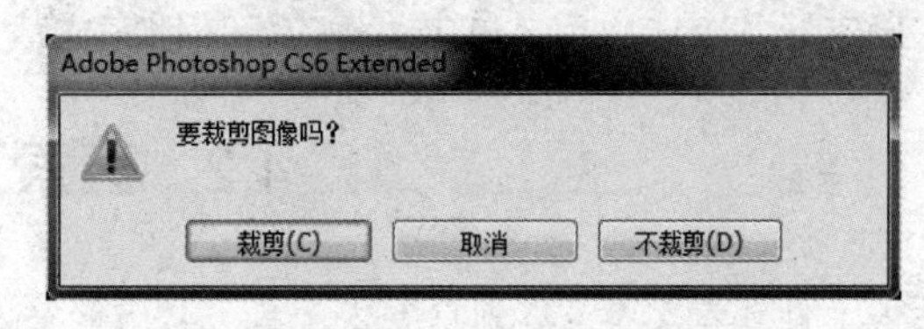

图 4.12　裁剪提示对话框

要取消裁剪操作，可按 Esc 键，或单击选项栏中的“取消”按钮⊘。

Photoshop 提供了一个与裁剪工具功能相同的命令，即裁剪命令。使用该命令也可以很方便、准确地裁剪图像，方法是先用选取工具（选框工具、套索工具或魔棒工具等）在图像中选取一个选区，然后执行“图像/裁剪”菜单命令，将选区以外不需要的内容裁剪掉。在 Photoshop 中，裁剪命令功能不但能够对裁剪区域做隐藏处理，而且进行裁剪的范围已不限制在矩形范围，任何一个形状的选取范围均可以进行裁剪。如果选取的是一个圆形或椭圆形范围，那么裁剪时就按选取范围最边缘的位置为基准进行裁剪。

当确定裁剪后，原图像变为裁剪范围的图像部分，即原图像不再存在，而以裁剪的部分代替，裁剪选取前后的效果对比如图 4.13 所示。因此裁剪工具具有一定的危险性，在使用时一定要小心，一旦操作错误马上使用“编辑/还原裁剪”菜单命令恢复，如果已经做了好几步了，还可以用历史记录面板中的命令进行恢复。如果保存后再重新打开，要想取消裁剪操作是不可能的，所以使用裁剪工具要谨慎，最好在裁剪前将文件保留一个副本。

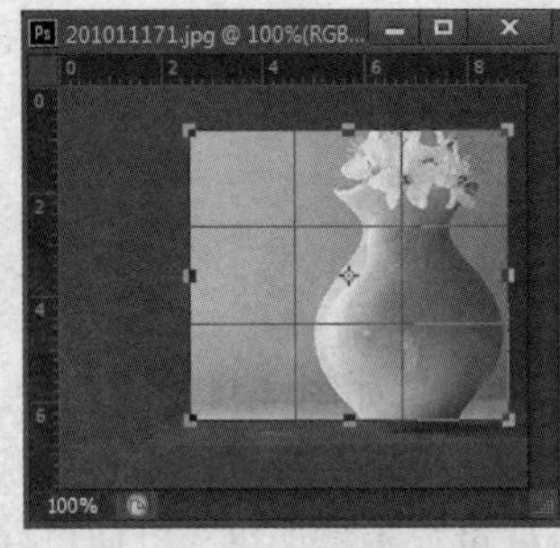

图 4.13　裁剪前后的效果对比图

Photoshop 中还有一种特殊的裁剪方法——裁切图像空白边缘。当图像四周出现空白内容而要将它裁切掉时，可以直接将其去除，而不必像使用裁剪工具那样需要经过选取裁切范围才能裁切。将要裁切的图像打开，执行“图像/裁切”菜单命令，打开如图 4.14 所示的“裁切”对话框，其中各项含义如下：

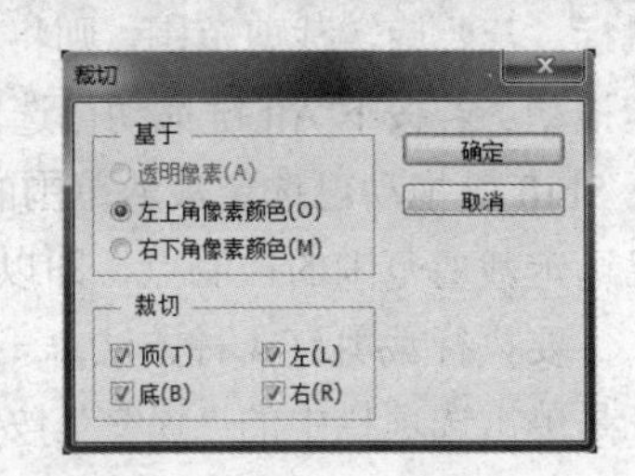

图 4.14　设置裁切选项

- 基于：在该选项组中提供了 3 种可供选择的裁切方式，它们都是基于某个位置进行裁切的。若选中“透明像素”单选按钮，则按图像中有透明像素的位置为基准进行裁切，注意：该单选按钮只有在图像中没有背景图层时有效；若选择“左上角像素颜色”单选按钮，则按图像左上角像素颜色为基准进行裁切；若选择“右下角像素颜色”单选按钮，则按图像右下角像素颜色为基准进行裁切。
- 裁切：该选项组提供了 4 种可供裁切的区域，分别是在图像的顶部、左边、底部和右边。如果选中所有复选框，则裁切四周空白边缘。

在确定好各个选项后，单击“确定”按钮完成裁切。

4.2　套索工具

套索工具共有 3 个，分别是套索工具、多边形套索工具和磁性套索工具，这些工具处于一个工具组中，要激活某个工具，只需将鼠标放在套索工具上按住鼠标左键，即可出现如图 4.15 所示的工具。

图 4.15　套索工具

4.2.1　套索工具

套索工具（）从实际的功能来说可称之为手控套索工具。该工具用在图像或某个单独的图层中以手控的方式自由进行选择，它可以选择出极其不规则的形状，因此一般用于选取一些无规则、外形极其复杂的图形。

单击套索工具，将打开如图 4.16 所示的套索工具的选项栏。在该选项栏中，羽化项可以选择边界的羽化宽度，设定的数值越大，羽化的范围越大；消除锯齿项可以有效地去除选区的锯齿状边缘。

图 4.16　套索工具选项栏

如果图像中没有选区，按住鼠标左键并拖动直至结束点处放开鼠标，系统将沿着鼠标的轨迹选出一个选区；若选取的曲线终点未回到起点，则 Photoshop 会自动封闭未完成的选取区域。若按下 Esc 键，则可以直接取消此次选取。

4.2.2　多边形套索工具

多边形套索工具（）用于在图像或某一个单独的图层中，以手控的方式进行不规则的多边形选择，它可以选择出极其不规则的多边形形状，一般用于选取一些复杂、棱角分明、边缘呈直线的图形。

单击多边形套索工具将打开多边形套索工具的选项栏，如图 4.17 所示。在多边形套索工具的选项栏中可以定义边缘羽化效果，如果选择“消除锯齿”项，则可以有效地除去锯齿状边缘。

在使用套索工具进行选取时，如果释放了鼠标键，系统将自动连接开始点和结束点，形成完整的选区；与套索工具不同的是，在使用多边形套索工具进行选取时，释放鼠标键并不代表一次选择的结束，而是继续进行选择，必须做到以下两点才可以完成选择：一是在预结束点上双击，这样系统将自动连接开始点和结束点，从而形成一个选区；二是移动鼠标至开始点，如果鼠标指针的旁边出现了一个圆形的符号，如图 4.18 所示，则代表结束点和开始点重合了，这时可以单击，完成该次选择。使用多边形套索工具时，如果选取的线段的终点没有回到起点，双击后 Photoshop 就会自动连接终点，成为一个封闭的选取范围。若在选取时按下 Shift 键，则可按水平、垂直或 45° 角的方向选取线段。在使用多边形套索工具选取时，若按下 Alt 键，则可切换为磁性套索工具的功能，而在选用套索工具时，按下 Alt 键可以切换为多边形套索工具的功能。在用多边形套索工具拖动选取时，若按下 Del 键，则可删除最近选取的线段；若按住 Del 键不放，则可删除所有选取的线段；如果按下 Esc 键，则取消选择操作。

图 4.17　多边形套索选项栏

图 4.18　用多边形套索工具选取

4.2.3　磁性套索工具

磁性套索工具（）的选择功能对于其他的套索工具可以说是有过之而无不及。磁性套索工具应用在图像或某一个单独的图层中，用来选择外形极其不规则的图形，所选图形与背景的反差越大，选取的精度越高。该工具既有套索工具的使用方便，又有路径选择的精确度，因此该工具在编辑图像时绝对是个好帮手。

双击磁性套索工具，将打开磁性套索工具的选项栏，如图 4.19 所示。

羽化：0 像素　消除锯齿　宽度：10 像素　对比度：10%　频率：57　调整边缘...

图 4.19　磁性套索工具的选项栏

在磁性套索工具的选项栏中，“羽化”和“消除锯齿”项的功能与上面所述工具相同；“宽度”用于设置与边的距离以确定路径，设定的范围为 1～256 像素，当设定好范围后，Photoshop 将以当前鼠标指针所在的点为标准，在设定的范围内查找反差最大的边缘；“边对比度”项用于设定发现边缘的灵敏度，设定范围在 1%～100%之间，设定的数值越高，则要求边缘与周围环境的反差越大；“频率”项用于设定关键点创建的频率，设定范围在 0～100 之间，设定的数值越高，则标记关键点的速率越快，标记的关键点越多。当使用了数字图形板时，可以选择是否使用“使用绘图板压力以更改钢笔宽度”项。如果选中该项，那么在进行选择时，对数字图形板的压力越大，搜索的范围就越小，即数字图形板的压力越大，套索宽度的数值越小。

对于一些有明显边缘的图像，可以将套索宽度的值设大，频率的值设小，边对比度的值设大，在拖动鼠标时误差可以大一些；对于边缘比较柔和、反差不大的图像，则将套索宽度的值设小，频率的值设大，边对比度的值设小，在拖动鼠标时尽量地贴近图像的边缘，这样选择范围更为精确。

在磁性套索工具下，如果图像中原来没有选区，按住 Alt 键，然后在图像中拖动鼠标，可以暂时切换到套索工具；如果按住 Alt 键，然后在图像中单击，在定义开始点后释放鼠标，则可以暂时切换到多边形套索工具进行选择。在进行选择时，可以随时按下 Del 键，删除最近的关键点和线段。

下面用一个实例来说明磁性套索工具的具体使用。

（1）在 Photoshop 中打开一幅图像，然后选择磁性套索工具。如果此时工具箱中显示的并不是磁性套索工具，可以单击工具组进行切换来选中磁性套索工具。

（2）在此实例中，要选取的是图像中的门，如图 4.20 所示。先来分析一下，门的上边和左边反差比较大，因此可以将套索宽度的值设大，频率的值设小，边对比度的值设大，然后进行选择；而门的下边和右边反差较小，因此在选择右边图案时，将套索宽度的值设小，频率的值设大，边对比度的值设小，在选择时尽量地贴近门的边缘，这样选择范围更为精确。根据以上分析，将磁性套索工具选项栏的宽度、边对比度和频率三项值分别设定为 3、60、40。

图 4.20　选择效果

（3）在门的左上角单击设定开始点，释放鼠标，并向下拖动鼠标，如图 4.20 所示。

（4）沿着门的边缘，尽可能靠近边缘拖动鼠标，这样 Photoshop 将沿着鼠标经过的路径标记下关键点。如果关键点设置的偏差较大，则可使用 Del 键删除这个关键点，如图 4.21 所示。

（5）删除错误关键点后，使用手工沿正确的边缘定义关键点。

（6）继续沿着门的边缘拖动鼠标。在门的下边和右边，由于边缘和背景的反差不是很大，直接拖动鼠标选择时容易出现一些错误的关键点，最好是通过手动方式高频率地定位关键点。

（7）继续选择，直到将结束点和开始点连接起来，形成完整的图案，如图 4.22 所示。

图 4.21　用 Del 键删除关键点

图 4.22　最终效果

4.3　魔棒工具

魔棒工具（![icon]）是另一种类型的选择工具，它的选择范围极其广泛，是灵活性很强的选择工具，也是选择工具中最神奇的工具之一。使用魔棒工具在图像或某个单独的图层上单击图像的某个点时，附近与该点颜色相同或相近的点都将自动溶入到选区中。需要注意的是，不能在位图模式的图像上使用魔棒工具。

双击魔棒工具将打开魔棒工具的选项栏，如图 4.23 所示。在魔棒工具选项栏中，“容差”项用于控制色彩的范围，设定的范围在 0～255 之间，输入较小的值可选择与所单击的像素非常相似的较少颜色，输入较高的值则选择更宽的色彩范围，选择的精确度就越低，其默认值为 32。“消除锯齿”项可以有效地除去锯齿状边缘。“对所有图层取样”项用于具有多个图层的图像，未选择该选项时，魔棒工具只对当前图层起作用，若选择了该选项，则对所有图层起作用，选取所有层中相近的颜色区域。“连续”项表示只能选中图像中单击处邻近区域中的相同像素；而取消选择该复选框，则能够选中图像中符合该像素要求的所有区域。在默认情况下，该复选框是选中的。

图 4.23　魔棒工具的选项栏

下面用一个实例来说明魔棒工具的使用。

（1）在 Photoshop 中打开一幅图像，然后选择魔棒工具。

（2）双击魔棒工具，打开其选项栏，将容差设置为 32，然后选中“消除锯齿”项。

（3）在图像中单击，将选择如图 4.24 所示的选区。

（4）然后在选项栏中将容差设置为 100，然后再在同一个地方单击，将选择出如图 4.25 所示的选区。

图 4.24　容差为 32 时的效果

图 4.25　容差为 100 时的效果

通过上面的实例可以非常清楚地了解到容差的作用，容差设定的数值越大，选择的范围越大；设定的数值越小，选择的范围就越小，也可以看到，如果容差值太大，就会超出想要选择的范围。因此，要想将容差设定成适当的值，需要反复试验。

需要强调的是，单凭一种选择工具是不能完成全部工作的，每个工具都有其独到之处，只有熟练地将这些工具综合起来使用，才能够达到事半功倍的效果。

4.4 色彩范围

魔棒工具能够选取具有相同颜色的图像，但它不够灵活，当选取不满意时，只好重新选取一次，因此，Photoshop 还提供了一种比魔棒工具更具有弹性的选择方法，即“色彩范围”命令。用此方法选择不但可以一面预览一面调整，还可以随心所欲地完善选区。

如图 4.26 所示，执行“选择/色彩范围”菜单命令，打开如图 4.27 所示的“色彩范围”对话框。在“色彩范围”对话框中有一个预览框，显示当前已经选取的图像范围。如果当前未进行任何选取，则会显示整个图像。该框下面的两个单选按钮用来显示不同的预览方式，其中“图像”项用来在预览框中显示整个图像，“选择范围”项用来在预览框中显示出被选取的范围。

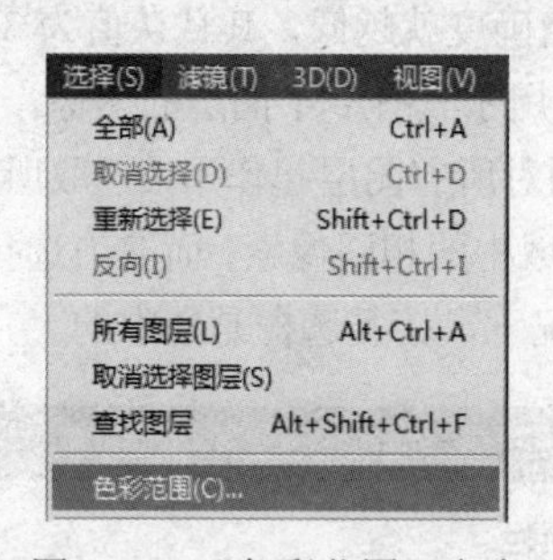

图 4.26 “色彩范围”命令

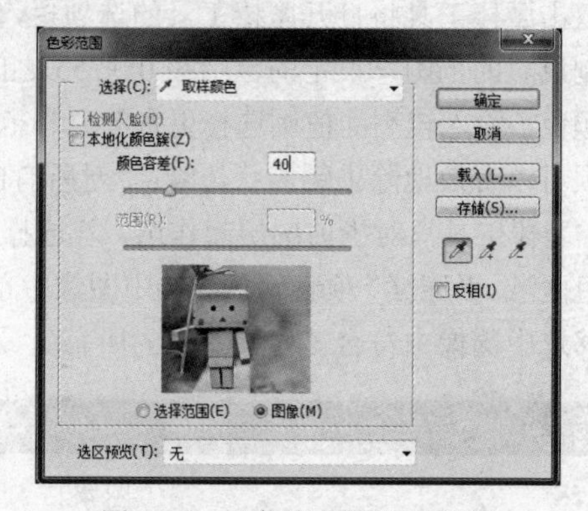

图 4.27 “色彩范围”对话框

如图 4.27 所示，打开“选择”下拉列表，选择一种选取色彩范围的方式。选择“取样颜色”时，可以用吸管吸取颜色。当鼠标移到图像窗口或预览框中时，鼠标指针会变成吸管形状，单击鼠标可选取当前颜色。选取时可设置颜色容差，颜色容差值范围为 0～200。颜色容差滑杆可以调整色彩范围，值越大，所包含的近似颜色越多，选取的范围越大，如图 4.28 和图 4.29 所示。

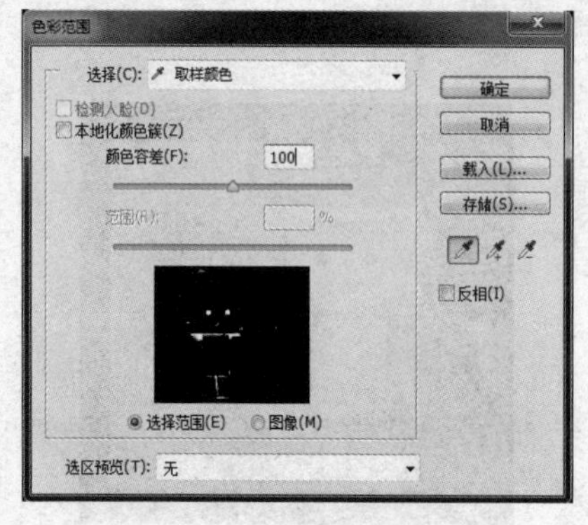

图 4.28 颜色容差值为 100

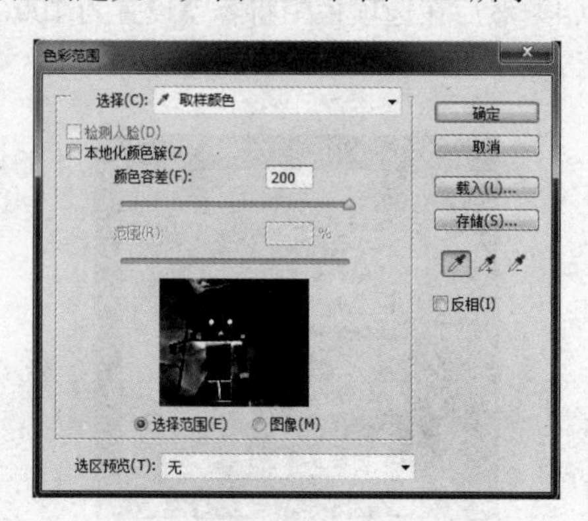

图 4.29 颜色容差值为 200

选择预设的红色、黄色、绿色、青色、蓝色和洋红选项时，则可以指定选取图像中的 6 种颜色，此时颜色容差滑杆不起作用。如果出现“任何像素都不大于 50%选择”的信息，则选区边框将不可见。可能选择了一种颜色（如红色），但图像没有包含完全饱和的该颜色。选择高光、中间调和暗调选项时可以选取图像中不同亮度的区域。选择“溢色”选项，可以将一些无法印刷的溢色选取出来，这一选项只用于 RGB 模式下的图像和 Lab 图像。

选择“选区预览”下拉列表，可从中选择一种选区色彩范围在图像窗口中显示的方式。其中“无”表示在图像窗口中不显示预览；“灰度”表示按选区在灰度通道中的外观显示选区；“黑色杂边”表示在图像窗口中用与黑色背景成对比的颜色显示选区；“白色杂边”表示在图像窗口中用与白色背景成对比的颜色显示选区；“快速蒙版”表示在图像窗口中使用当前的快速蒙版设置显示选区。选择本地化颜色簇是以选择像素为中心向外扩散的调整方式，不是对图像中的整个区域的影响，设定范围在 0%～100%之间。

使用“色彩范围”对话框中的“存储”和“载入”按钮可以存储和重新使用现有的设置。

利用“色彩范围”对话框中的三个吸管按钮，可以增加和减少选取的颜色范围。当要增加一个选取范围时，选择有“+”号的吸管；当要减少范围时，选择有“−”号的吸管。然后移动鼠标至预览框或图像窗口中单击即可完成。

选择“反相”复选框可在选区与非选区之间互换，功能与使用“选择/反选”菜单命令相同。

需要注意的是，在使用以上这些选取工具时，应灵活应用，配合各项选择工具进行操作，这样才能使选择范围更加准确和快速。

例如，在图 4.30 所示中选取“thank you”这个单词，操作如下。

（1）用矩形选框工具以最小的范围选取“thank you”。

（2）使用魔棒工具的同时按住 Alt 键，在矩形选区中单击黄色区域。

（3）执行“选择/反选”菜单命令，按 Del 键，删除所选区域。

（4）最后得到如图 4.31 所示的效果。

图 4.30　原图

图 4.31　选择的选区

4.5　选区的控制与范围调整

当在图像中选取了一个选区后，可能因选区的位置大小不合适而需要进行移动和改变，如增加或删除选区，对选区进行旋转、翻转和自由变形等，本节就详细介绍这方面的内容。要注意的是，在本节中，缩放、旋转、翻转和自由变形的对象是选区，而不是针对选区中的图像，对选区中的图像进行缩放、旋转、翻转和自由变形的操作请参见第 4.8 节的内容。

4.5.1 移动选区

在 Photoshop 中，可以任意移动选区，而不影响图像的任何内容。在实际工作中，用鼠标拖动来完成移动操作，移动时只需将鼠标移到选区内，光标变成形状，然后按下鼠标左键并拖动，如图 4.32 所示。

图 4.32 原选区与移动后的选区

有时用鼠标拖动来移动选区很难准确地移动到相应的位置，所以在移动时需要借用键盘来辅助。用键盘的方向键能够准确地移动选区，按一下方向键可以移动一个像素点；若按住 Shift 键使用方向键则以 10 个像素的增量移动选区。在移动的同时按下 Shift 键则会按 45 度或 45 度倍数的方向移动；若同时按下 Ctrl 键则可以移动选区内的图像。

4.5.2 手动调整选区

在实际工作中经常会碰到这样的问题，要在现有选区中添加选区或从选区中减去部分选区，要对选区进行添加、减去或交叉操作。在手动添加到现有选区或从选区中减去之前，应将选项栏中的羽化和消除锯齿的值设置为与原来的选区中的设置相同。

要添加到选区或再选择图像中的另外一个区域，可以按住 Shift 键（指针旁边会出现一个加号），然后选择要添加的区域；要从选区中减去一个区域，按住 Alt 键（指针旁边会出现一个减号），然后选择要减去的区域，如果用选取工具选择的区域与原来的区域没有叠加部分，则该次操作无效；要选择交叉选区，按住 Alt+Shift 键（指针旁边会出现一个十字线），然后选择与原来选区交叉的区域，Photoshop 将保留新选择区域内的原来选区部分。图 4.33 即为通过上述方法选择的交叉区域。

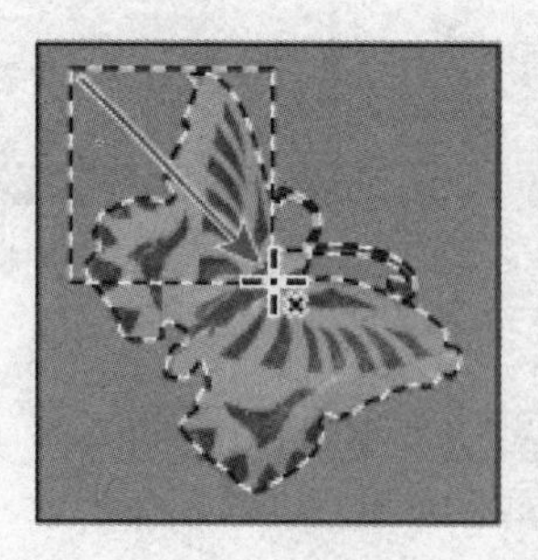

图 4.33 选区的交叉

对于魔棒工具，若一次自动选取无法将必要的部分全部选中，可按下 Shift 键，用魔棒工具单击未被选择到的部分，这样就可以将再次选中的部分加入到原先的选区中去。若原来选区里还有未被选取的空隙，可在按 Shift 键的同时，用套索工具围住空隙，将空隙追加到选区中去。

4.5.3　用数字调整选区

将选区放大或缩小，往往能够实现许多图像的特殊效果，同时也能修改还未完全准确选取的范围。要将选区放大，执行“选择/修改/扩展”菜单命令，如图 4.34 所示，打开如图 4.35 所示的对话框。在扩展量文本框中输入数值（范围在 1～100 像素之间）后，单击“确定”按钮，将选区扩展设置的像素值。

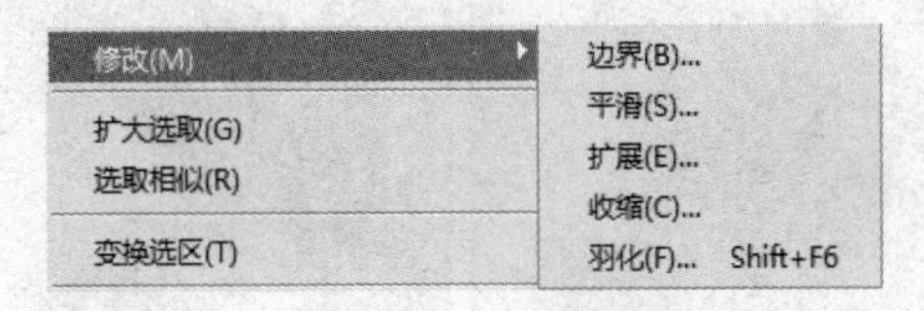

图 4.34　执行“扩展”命令

图 4.35　“扩展选区”对话框

从上面的例子中可以看出“扩展”命令的作用，该命令可以将选区均匀放大 1～100 像素，若要扩大的范围比 100 像素大时，可以通过执行多次扩展命令来完成。

当要缩小选区时，可以使用“选择/修改/收缩”菜单命令，打开如图 4.36 所示的“收缩选区”对话框。在对话框中设定收缩量（1～100 像素之间）后，单击“确定”按钮，将选区缩小设置的像素值。

要清除基于颜色的选区内外留下的零散像素，可执行“选择/修改/平滑”菜单命令，打开如图 4.37 所示的“平滑选区”对话框。对于取样半径，输入 1～100 间的一个像素值，然后单击“确定”按钮，Photoshop 会检查每个选择的像素来查找指定范围内任何未选择的像素。例如，如果输入的取样半径是 16，程序会将每个像素用作 33×33 像素区域的中心（水平和垂直方向上 16 像素）。如果范围内的多数像素被选择，则所有未选择的像素会被添加到选区；如果多数像素未被选择，则所有已选择的像素会从选区中去除。

图 4.36　“收缩选区”对话框

图 4.37　“平滑选区”对话框

若要给现有选区加框，可执行“选择/修改/边界”菜单命令，打开如图 4.38 所示的“边界选区”对话框。在边界的宽度栏输入 1～200 之间的像素值，然后单击“确定”按钮，新选区会给原来选区加框，如图 4.39 所示为扩边 5 个像素后的选区。“边界”命令创建的总是消除锯齿的选区。

图 4.38　“边界选区”对话框

图 4.39　原选区与应用“边界”命令扩边 5 像素后的选区

要扩展选区以包含具有相似颜色的区域，可以使用“选择/扩大选取”和“选择/选取相似”两个菜单命令。“扩大选取”命令可以将原有的选区扩大，所扩大的范围是原有的选区相邻和颜色相近的区域，如图 4.40 所示。颜色的近似程度由魔棒工具的选项栏中的“容差”值来决定。“选取相似”命令也可以将原有的选区扩大，类似于“扩大选取”命令，但是它所扩大的选区不限于相邻的区域，图像中所有近似颜色的区域都会被涵盖，如图 4.41 所示。同样，颜色的近似程度也由魔棒工具的选项栏中的“容差”值来决定。需要注意的是，“扩大选取”和“选取相似”命令不能在位图模式下的图像上使用。

图 4.40 “扩大选取”命令的效果

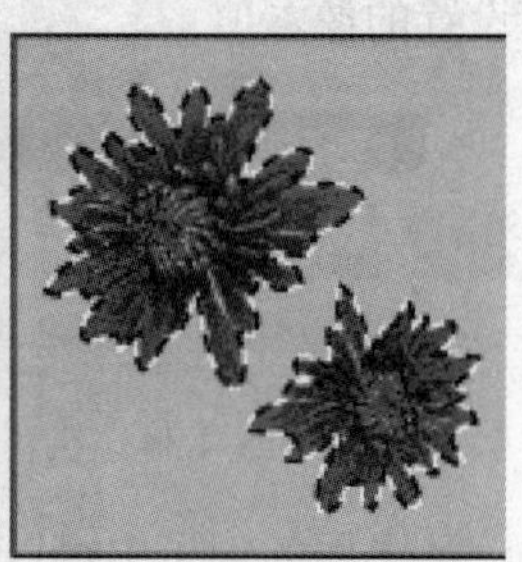

图 4.41 “选取相似”命令的效果

4.5.4 增减选区

在日常工作中常会遇到这样的问题，要将某一个图像中的某几块部分内容进行复制或移动，此时如果逐一进行操作，速度会很慢，还有改变图像位置的可能。在 Photoshop 中同时选中多个区域进行操作就便捷多了，其方法是首先用选框工具或其他选取工具选定一个选取范围，然后按下 Shift 键，此时鼠标是一个十字光标下带“＋”号的指针，然后拖动鼠标即可选择多个选取范围，如图 4.42 所示。当然，选择多个区域并不是只能选择多个椭圆形或圆形的区域，也可以使用套索工具、魔棒工具来增加选取不同形状的区域（如正方形、多边形和不规则形状的区域等）。当追加的选取范围不准确时，则可以删减掉，方法是按下 Alt 键，然后使用选取工具（包括选框、套索和魔棒工具），选取要减去的区域范围即可。

在 Photoshop 中增减选取范围时，也可以不使用 Shift 或 Alt 键，而使用选项栏上的相应按钮来完成。不论使用哪一种选取工具，选项栏上都会出现 4 个按钮，如图 4.43 所示。

图 4.42 增加选取范围

图 4.43 增加选取范围按钮

- 新建选取范围按钮：选中任一种选取工具后的默认状态，此时即可选取新的范围。
- 增加选取范围按钮：选中此按钮后，新选中的区域跟以前的选取范围合并成同一个选取范围，与按下 Shift 键增加选取范围的功能相同。
- 删减选取范围按钮：选中此按钮后进行选取操作时，不会选取新的范围。若选择的新区域跟以前的选取范围有重叠部分，重叠的部分将从以前的选取范围中减掉。该按钮与按下 Alt 键增加选取范围的功能相同。

- 相交选取范围按钮：选中此按钮后进行选取操作时，会在新选取范围与原选取范围的重叠部分（即相交的区域）产生一个新选取范围，而两者不重叠的范围则被删减；如果选取时在原有选取范围之外的区域选取，则会出现一个警告对话框，如图 4.44 所示，单击“确定”按钮后，将取消所有选取范围。相交选取范围按钮与按下 Shift+Alt 键选取范围的功能相同。

图 4.44 未选取像素警告对话框

4.5.5 选区的变换

使用 Photoshop 不仅能够对整个图像、某个层或者某个选区内的图像进行旋转、翻转和自由变形，而且能够对选区进行任意的旋转、翻转和自由变形。下面就介绍其操作方法。

1. 选区的自由变形

要对一个选区进行变形，首先必须选取一个选区，然后执行“选择/变换选区”菜单命令，如图 4.45 所示，进入选区自由变形状态，如图 4.46 所示，在框的四周有 8 个控制点，可以通过这 8 个控制点任意改变选区的大小、位置和角度。

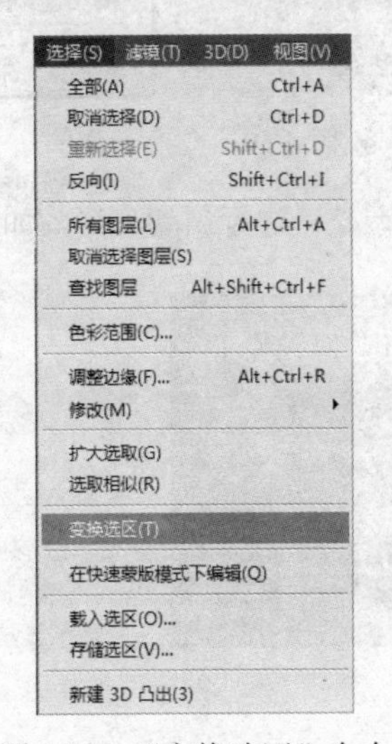

图 4.45 “变换选区”命令

图 4.46 自由变形状态

通常有以下几种方法进行选区的变换操作：

- 移动位置：将鼠标移到选区中，鼠标指针变为▶光标时拖动鼠标，可移动选区，如图 4.47 所示。
- 缩放：将鼠标移到选区的控制点上，鼠标指针变为↘ ↗ ↔ ↕ 的形状时按住鼠标左键并拖动，可缩放选区，如图 4.48 所示。
- 旋转：将鼠标移到选区外，鼠标指针变为↰形状，按住鼠标左键并顺时针或逆时针方向拖动，可将选区自由旋转，如图 4.49 所示。
- 自由变形：要进行自由变形，必须先执行“选择/变换选区”菜单命令，图像中的选区变成图 4.46 所示的自由变形状态，然后执行“编辑/变换”菜单命令打开其子菜单，如图 4.50 所示。其中除“再次”命令以外，其他命令都可以用来调整选区的尺寸、比例以及透视变形。图中黑色线框内的 6 个命令则是专门用来做自由变形的。缩放和旋转命令同上。

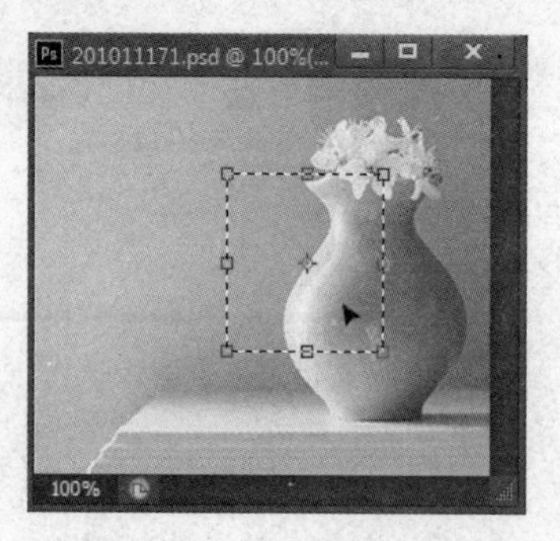

图 4.47 移动选区

图 4.48 缩放选区

图 4.49 旋转选区

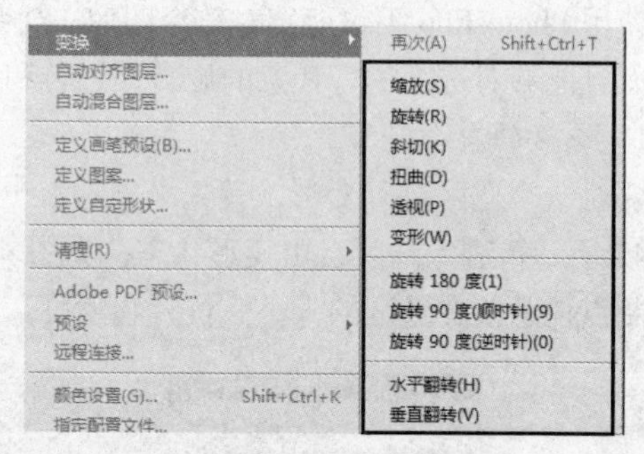

图 4.50 变换子菜单

- 斜切：选中该命令，任意拉伸选区的角点进行自由调整，进行斜切变形，如图 4.51 所示。

图 4.51 使用斜切变形

- 扭曲：选中该命令，任意拉伸框线的 4 个角点进行自由调整，如图 4.52 左图所示，但框线的区域不得为凹进的形状，如图 4.52 右图所示。

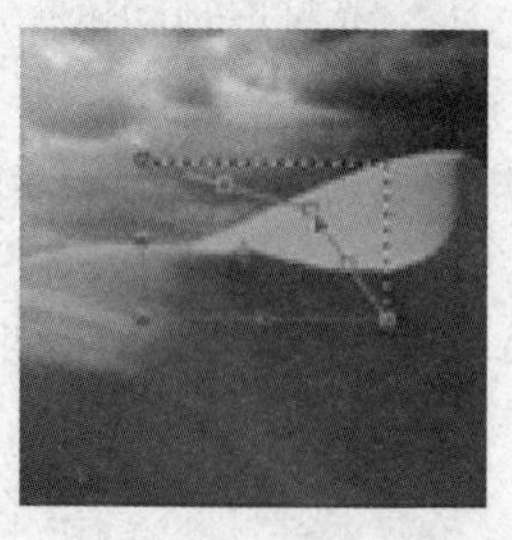
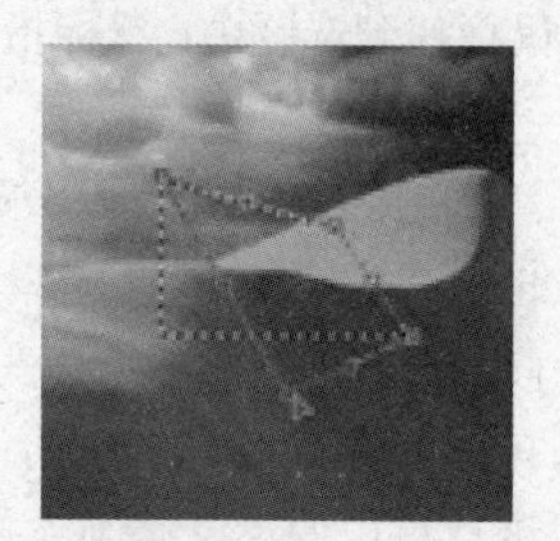

图 4.52 使用扭曲变形

- 透视：选中该命令，可以进行透视变形，拖动角点时框线会变成对称的梯形，如图 4.53 所示，这种变形往往能够做出物体的透视效果。

图 4.53　使用透视变形

- 变形：选择该命令，拖动控制点可变换图像的选区、形状或路径等。也可以使用选项栏中“变形”弹出式菜单中的形状进行变形，如图 4.54 所示。“变形”弹出式菜单中的形状也是可延展的，可拖移它们的控制点，如图 4.55 所示。使用控制点扭曲项目时，选取“视图/显示额外内容”菜单命令可显示或隐藏变形网格和控制点。

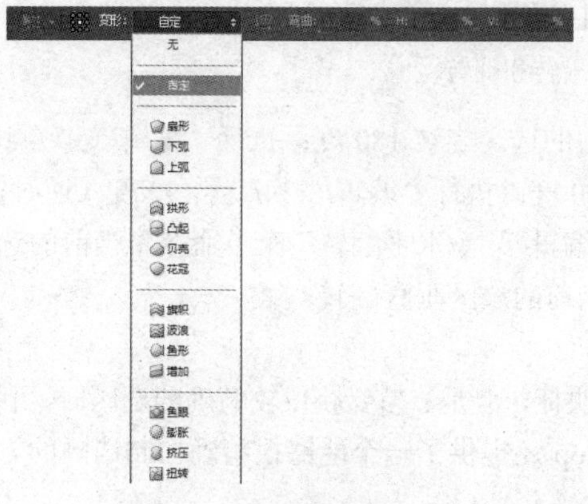

图 4.54　变形工具的选项栏

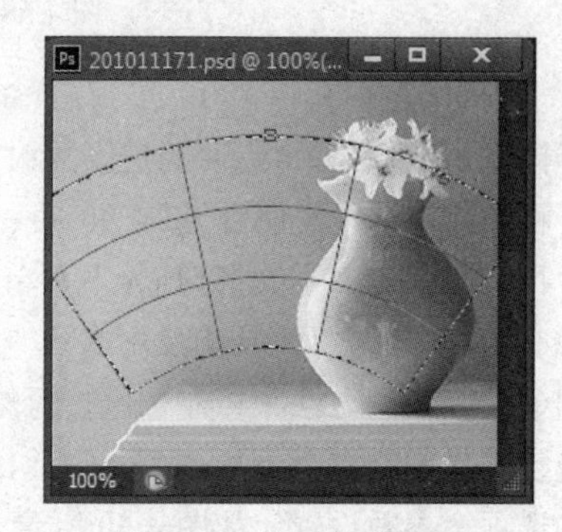

图 4.55　花冠变形效果

- 在使用上述 6 个命令进行自由变形的过程中，可以同时打开工具的选项栏，以便查看变形时的大小、角度和方向的变化。此外，在自由变形状态下，在图像的任意范围内单击出现如图 4.56 所示的对话框，可以快捷地切换到上述的 6 种转换方式。

确定好选区的大小、方向和位置后，在选区内双击或按下 Enter 键，确认刚才的设定，或者在工具箱中任意一个工具上单击，也可以确认设定，但此时会出现如图 4.57 所示的提示对话框，单击“应用”按钮确认设定，单击“取消”按钮关闭对话框，单击“不应用”按钮则关闭对话框并退出自由变形状态。

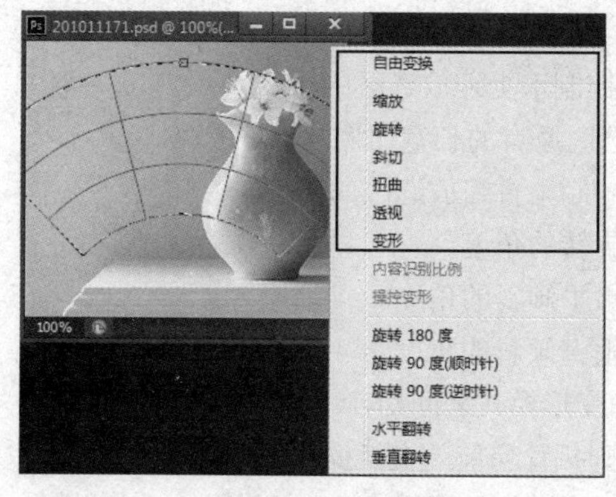

图 4.56　用快捷菜单切换变形方式

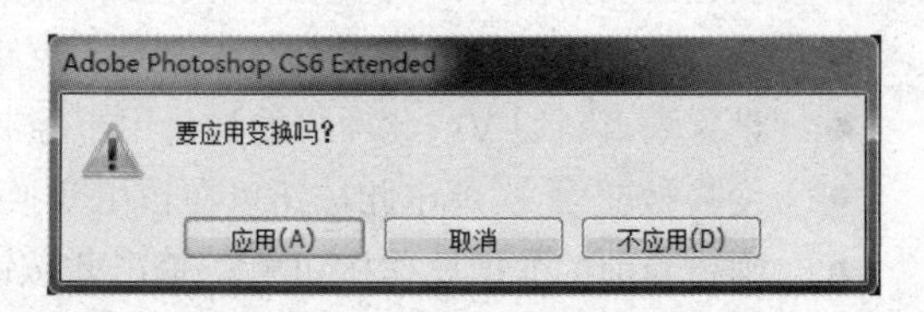

图 4.57　变换提示对话框

2. 选区的翻转和旋转

要对选区进行翻转和旋转，同样必须首先执行“选择/变换选区”菜单命令进入自由变形状态，接着执行“编辑/变换”菜单命令打开菜单，如图 4.58 所示，从中可执行旋转和翻转的 5 个命令，具体操作如下。

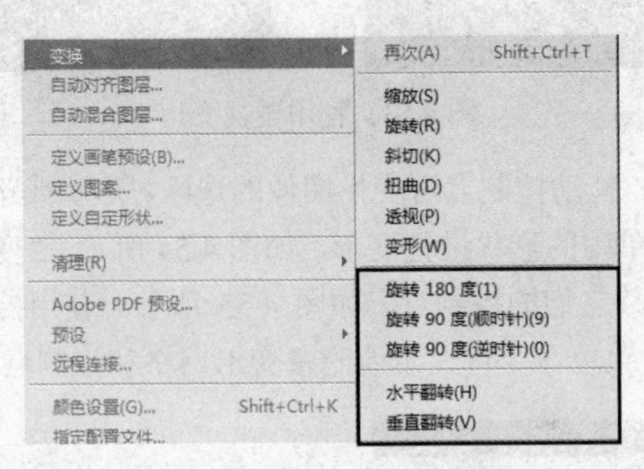

图 4.58 选区的旋转和翻转

执行“编辑/变换/旋转 180 度”菜单命令将当前的选区旋转 180 度；执行“编辑/变换/旋转 90 度（顺时针）”菜单命令将当前的选区顺时针旋转 90 度；执行“编辑/变换/旋转 90 度（逆时针）”菜单命令将当前的选区逆时针旋转 90 度；执行“编辑/变换/水平翻转”菜单命令将当前的选区水平翻转；执行“编辑/变换/垂直翻转”菜单命令将当前的选区垂直翻转。

3. 利用工具的选项栏数值控制选区

使用前面介绍的方法来控制选区，固然是方便快捷，但是，当要获得较精确的选区时，利用上述方法进行操作就有点力不从心了。因此，Photoshop 还提供了一个能够很精确控制选区的方法，即工具的选项栏参数设置，如图 4.59 所示。

图 4.59 数字变换工具的选项栏

- 参考点位置按钮：用于控制选区的变换中心点的位置。这里提供了 9 个方位，即变换框架上的 8 个控制柄和一个中心的位置。要将选区的变换中心点设在其中的哪个位置，只需在此按钮的相应位置上单击即可。
- 设置参考点的水平位置 X：此项中的数值用于控制选区的变换中心点的水平位置。
- 使用参考点相关定位△：可以相对于当前位置指定新位置。
- 设置参考点的垂直位置 Y：此项中的数值用于控制选区的变换中心点的垂直位置。
- 设置水平缩放比例 W：此项中的数值用于控制水平缩放选区的比例。
- 保持长宽比按钮：在对选区缩放时保持选区原有的长宽比例。
- 设置垂直缩放比例 H：此项中的数值用于控制垂直缩放选区的比例。
- 设置旋转角度：此项数值用于控制选区旋转的角度。
- 设置水平斜切 H：此项中的数值用于控制水平倾斜的角度。
- 设置垂直斜切 V：此项中的数值用于控制垂直倾斜的角度。
- 变换按钮：单击此按钮可在自由变换和变形模式之间切换。
- 确定当前的变换操作按钮✔：单击此按钮则执行当前的变换操作。
- 取消当前变换操作按钮：单击此按钮则取消当前的变换操作。

4.5.6　调整边缘区域

使用调整边缘可以对选区进行深入的修改。首先打开一幅图像，在图像中创建一个矩形选区，如图 4.60 所示。点击矩形选区工具条上调整边缘按钮 调整边缘... ，出现如图 4.61 所示的“调整边缘”对话框。

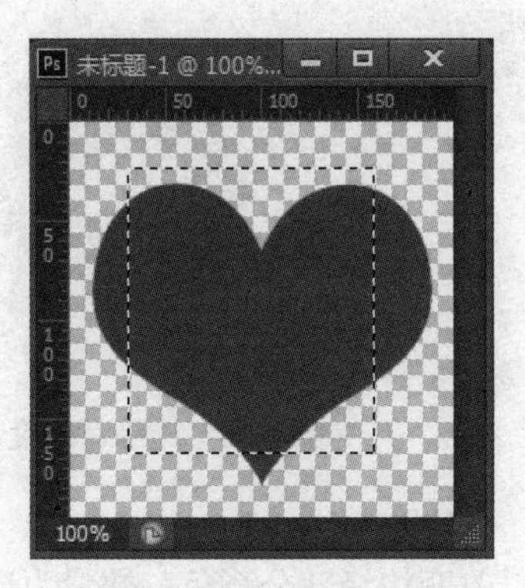

图 4.60　打开的图像

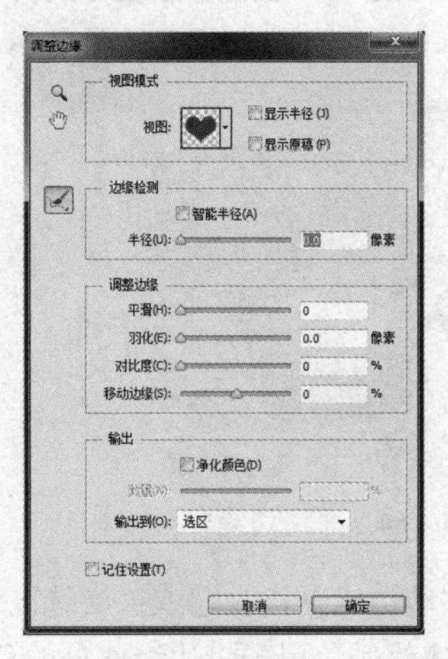

图 4.61　“调整边缘”对话框

下面介绍“调整边缘”对话框。

（1）视图模式包含 7 种选区显示方式，分别为：闪烁虚线是最传统的选择模式，用虚线显示选区的边缘范围；叠加是使用淡淡的红色将不是选择区的位置屏蔽掉，将主体用原始颜色显示；黑底是指将选择出来的图层剪切出来并粘贴到一个黑色的底上，便于观察；白底是指使用白色为底检查抠图的情况；黑白模式是指用白色表示选中区域范围，同时黑色为选区外范围；背景图层是指使用 Photoshop 默认的透明背景为底，以便检验抠出的图像；显示图层是指在没有使用蒙版的情况下查看整个图层。如图 4.62 所示，列举了各种视图模式显示方式。

（2）边缘检测用于让选区根据图像中颜色的分布进行向外扩张或向内收缩动作，半径范围 0～250 之间。

（3）调整边缘选项组可以对选区进行平滑、羽化、扩展等处理。如图 4.63 所示。

图 4.62　视图模式

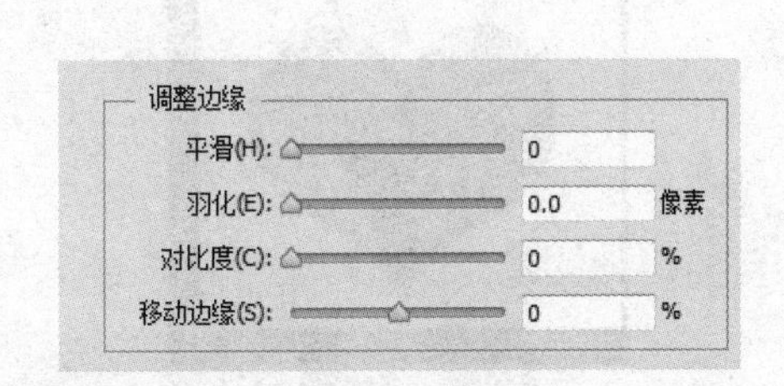

图 4.63　调整边缘

- 平滑是用于减少选区边界中的不规则区域，创建更加平滑的轮廓；范围为 0～100 之间，数值越大，选区边缘越平滑。效果如图 4.64 所示。
- 羽化可以柔化选区边缘，范围为 0.0～1000.0 像素，数值越大，选区边缘越柔和。效果如图 4.65 所示。
- 对比度可以增加选区边缘的对比度，去除模糊的不自然感。数值越大，对比度越强。范围为 0%～100%。效果如图 4.66 所示。

图 4.64　平滑边缘

图 4.65　羽化边缘

图 4.66　边缘对比度设置

- 移动边缘是指收缩或扩展选区边缘。范围为-100～+100。

（4）净化颜色用于将边缘部分的色彩进行净化，可以改变边缘部分颜色；数量为净化颜色的程度，范围 0%～100%之间。

（5）提供 6 种输出选择模式包括：选区、图层蒙版、新建图层、新建带有图层蒙版的图层、新建文档和新建带有图层蒙版的文档。

（6）调整半径工具：可以如同画笔直接在图像上画出需要的选取范围；抹除调整工具清除掉不要的选取范围。

4.6　选区的存储与载入

一个好的选区往往是来之不易的，需要花费很多时间才能完成选取。因此，在使用完选区之后，有时需要把它保存起来，以备日后重复使用。保存后的选区将成为一个蒙版显示在通道面板中，当需要时可以从通道面板中装载进来。

要保存一个选区，首先要用选取工具选取一个范围。打开一幅图像，如图 4.67 所示，用魔棒工具在白色区域单击，执行“选择/反向”菜单命令。

然后执行“选择/存储选区”菜单命令，此时会出现一个“存储选区”对话框，如图 4.68 所示，在“名称”项中填入名称“ax”，单击“确定”按钮就保存了该选区。

图 4.67　打开的图像

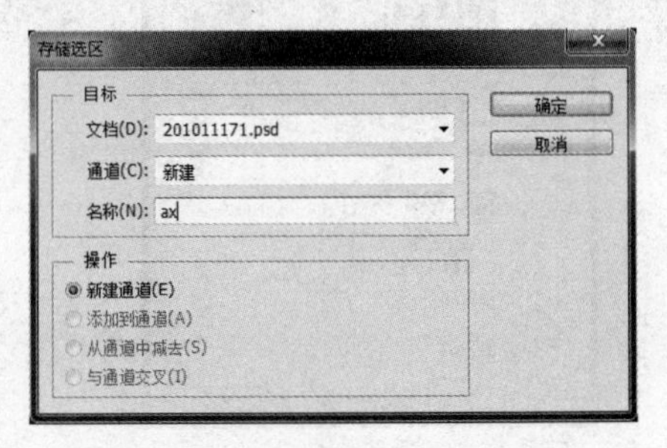

图 4.68　“存储选区”对话框

要载入存储的选区，执行“选择/载入选区”菜单命令，出现如图 4.69 所示的对话框，从通道下拉列表框中选择所需要的通道名称，单击“确定”按钮，将保存的通道用于图像中。

若在载入存储选区之前图像已有一个选区，则“载入选区”对话框中可设定载入选区的方式。其中“新建选区”表示创建一个新的选区，取代图像上已有的任何选区；“添加到选区”表示保持图像上的选区不变，将通道上的选区加入到原有的选区中；“从选区中减去”表示如果通道中的选区与图像上的选区有重叠，则最终选区将是从图像原有选区中去掉重叠部分后所形成的区域，如果选区不重叠，那么图像上的选区将不受影响；“与选区交叉”表示如果通道中的选区与图像上的选区相重叠，则重叠部分将成为选区，如果没有重叠部分，那么在图像上就没有选区。下面介绍载入选区的三种方法。

第一种方法是载入在当前图像上建立的存储选区。

首先打开已经建立存储选区的图像文件，执行“选择/载入选区”菜单命令，对话框如图 4.69 所示，然后由通道下拉列表中选取所要载入的选区，单击“确定”按钮，将保存的选区载入到图像中，如图 4.70 所示。

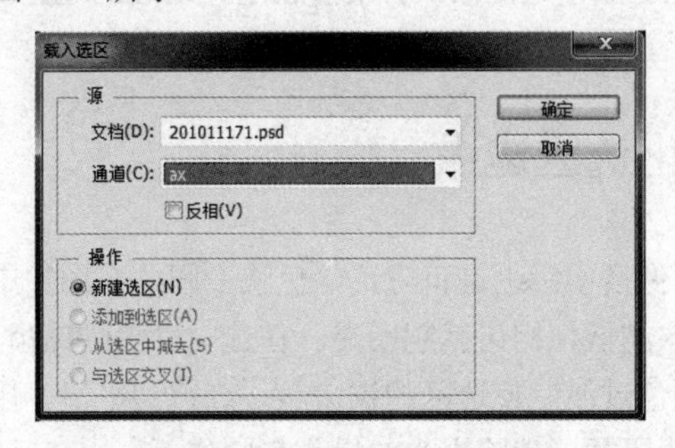

图 4.69　“载入选区”对话框

图 4.70　载入选区后的效果

第二种方法是载入在其他图像上建立的存储选区。要注意只有那些在与当前图像大小相同的图像文件上创建的存储选区，才能被载入到当前图像上。

下面介绍载入其他图像的存储选区的方法。首先制作一个与当前图像同样大小的新文件。执行“图像/复制”菜单命令，填入所复制图像的名称，如图 4.71 所示，然后使用“滤镜/滤镜库/艺术效果/粗糙蜡笔”菜单命令，用默认数据，保存该图像，建立一个与原图像大小一样的新图像，如图 4.72 所示。

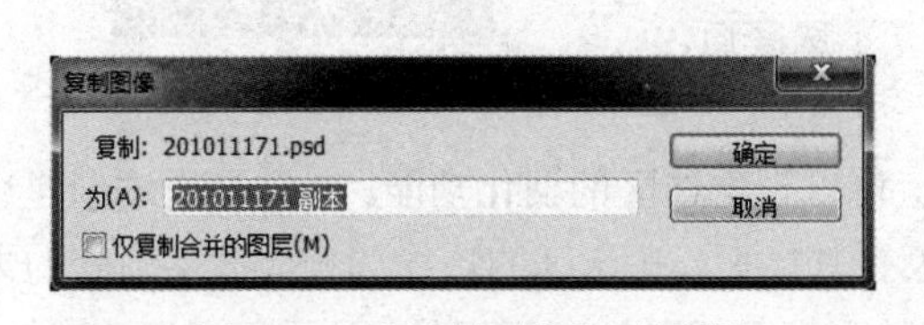

图 4.71　“复制图像”对话框

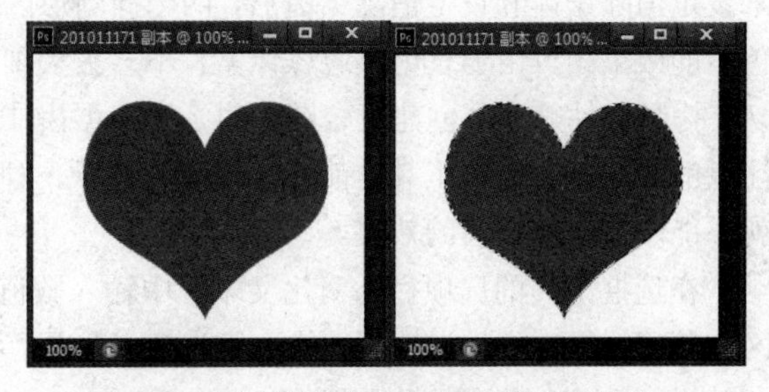

图 4.72　复制图像装入原始图像的存储选区

执行“选择/载入选区”菜单命令，在如图 4.69 所示的文档下拉列表中选择一个文件，在通道下拉列表中选择“ax”，单击“确定”按钮，图像上出现同样的选区，如图 4.72 所示。若要隐藏或显示选区边框，可以执行“视图/显示/选区边缘”菜单命令。

第三种方法是直接将一个图像中的选区拖移到另一个图像中，此时两个图像的大小不必相同。

打开图像大小不同的一幅图像。回到源图像窗口，将鼠标移动到选区中，按住鼠标左键拖动至目标图像窗口，结果如图 4.73 所示。

图 4.73　从其他图像拖动选区

若要取消选区，可执行“选择/取消选择”菜单命令；如果使用的是矩形选框、椭圆选框或套索工具，单击图像中选区外的区域也可取消选区。取消选区后，若要重新选择最近的选区，可以执行“选择/重新选择”菜单命令，Photoshop 会重新载入在当前图像中取消选择前的选区。

4.7　软化选区边缘

Photoshop 的图像是由像素组合而成的，而像素实际上是正方形的色块，因此在图像中有斜线或圆弧的部分就容易产生锯齿状的边缘，分辨率越低，锯齿就越明显。在选中“消除锯齿”项后，Photoshop 通过软化每个像素与背景像素间的颜色过渡，使选区的锯齿状边缘得到平滑，用肉眼就不易看出有锯齿的感觉，从而使画面看起来更为平顺。消除锯齿的操作步骤如下：

（1）“消除锯齿”选项可用于套索工具、多边形套索工具、磁性套索工具、椭圆选框工具和魔棒工具。使用这些工具时，在选项栏中显示该选项，如图 4.74 所示。

图 4.74　消除锯齿设置

（2）在所选工具的选项栏中选取“消除锯齿”。图 4.75 就是未设定消除锯齿和设定消除锯齿后，两个椭圆形区域经过填充颜色后的效果图。由于只更改边缘像素，不会丢失细节，因此在剪切、拷贝和粘贴选区创建复合图像时，消除锯齿非常有用。需要注意的是，使用这些工具之前必须指定该选项，建立了选区后，就不能添加消除锯齿的效果。

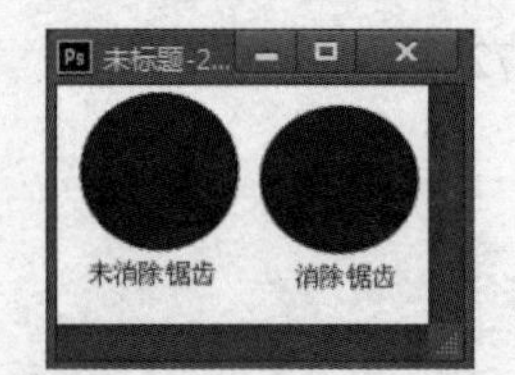

图 4.75　有无消除锯齿效果图

在选框工具的选项栏的羽化文本框中输入数值，可以设定选区的羽化功能。羽化是通过创建选区与其周边像素的过渡边界，使边缘模糊。设定了羽化功能后，在选区的边缘部分会产生渐变的柔和效果。羽化边缘的设置步骤是双击选框、套索、多边形套索或磁性套索工具，显示各自的选项栏，如图 4.76 所示，输入一个羽化值。该值定义羽化边缘的宽度，范围为 0～250 像素之间。图 4.77 为未羽化的选区和图像效果图，图 4.78 为有羽化的选区和图像效果图。可以将羽化添加到一个现有的选区。在移动、剪切或拷贝选区时，羽化效果会变得很明显。但是，羽化会造成选区边缘上一些细节的丢失。

图 4.76　设置羽化

图 4.77　无羽化效果

图 4.78　有羽化效果

羽化值大的小选区会很模糊，将看不到它的边缘，因此不可选。如果出现“任何像素都不大于50%选择”的警告信息，应减小羽化值或增加选区尺寸。需要注意的是在工具的选项栏中设定羽化值与在对话框中有所不同，在选项栏设定羽化是在选取范围之前设定，而在对话框中设定则是选取范围之后设定。若选取范围已经具有羽化功能，使用羽化命令再次设定时，则选取范围的羽化值等于原有的羽化值与再次设定的羽化值之和。

4.8　图像的旋转与变形

在 Photoshop 中可以对各种对象进行旋转和翻转操作，例如在导入图像文件时进行旋转和翻转，或者对图像的选区、图层、路径和文本内容等进行旋转和翻转。这些旋转和翻转操作是基本一样的，只是针对的对象不同。旋转和变形的命令分为两类，分别放置在“编辑”和“图像”菜单中，下面介绍它们的功能和用法。

4.8.1　旋转和翻转整个图像

对整个图像进行旋转和翻转，主要通过“图像/图像旋转”子菜单中的命令完成，如图 4.79 所示。执行这些命令之前，不需要进行选取，直接就可以使用。但要注意，这些命令是针对整个图像的，所以，即使在图像中选取了范围，旋转或翻转的对象也是整个图像。

图 4.79　“旋转画布”子菜单

“旋转画布”各子菜单命令的含义分别为：“180 度”菜单命令可将整个图像旋转 180 度；“90 度（顺时针）”菜单命令可将整个图像顺时针旋转 90 度；“90 度（逆时针）”菜单命令可将整个图像逆时针旋转 90 度；“水平翻转画布”菜单命令可将整个图像水平翻转；“垂直翻转画布”菜单命令可将整个图像垂直翻转。以上效果如图 4.80 所示。

在“图像/图像旋转”子菜单中有“任意角度”菜单命令，执行此命令可以打开“旋转画布”对话框，如图 4.81 所示，可以自由设定旋转的角度和方向。角度在“角度”文本框中设定值，范围在-359.99～359.99之间，而方向则由顺时针和逆时针单选按钮决定。

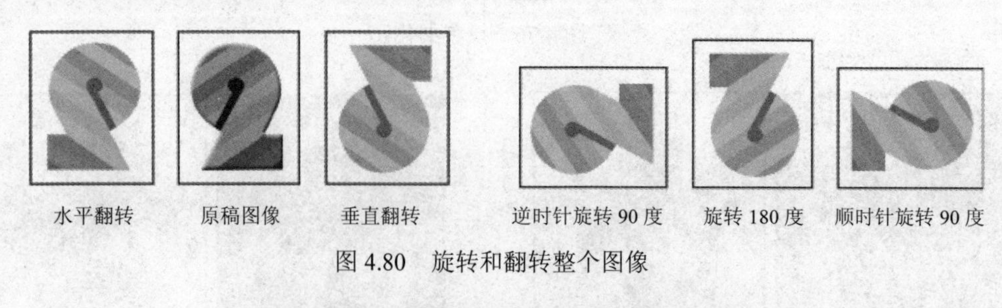

图 4.80　旋转和翻转整个图像

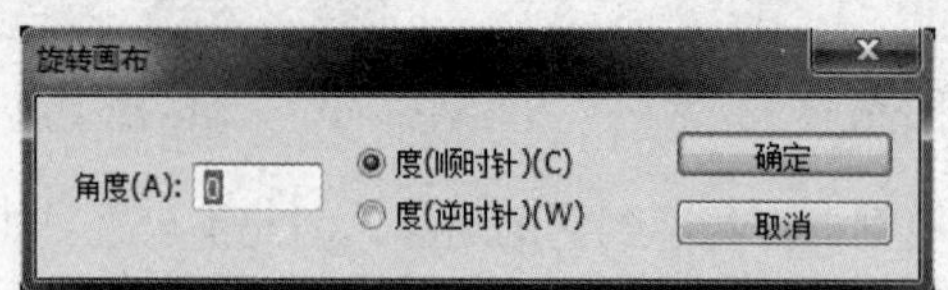

图 4.81　“旋转画布”对话框

4.8.2　旋转和翻转局部图像

要对局部的图像进行旋转和翻转，首先选取一个范围，然后执行“编辑/变换”子菜单中的旋转和翻转命令。这些命令的功能请参见 4.5.5 节中的内容。如图 4.82 所示为局部图像旋转和翻转前后的效果图。要注意，局部旋转和翻转图像与旋转和翻转整个图像不同，它只对当前图层有效。

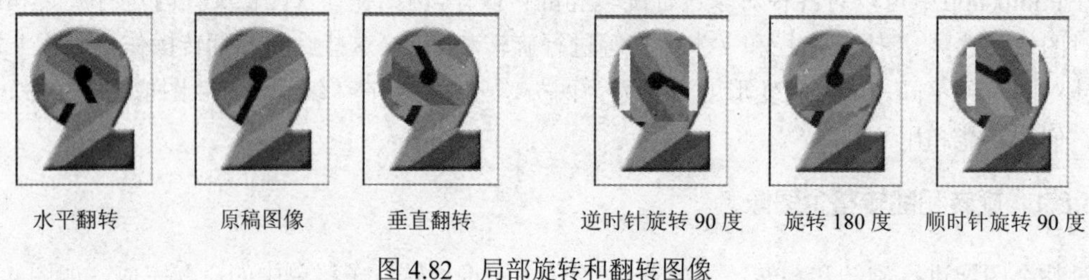

图 4.82　局部旋转和翻转图像

4.8.3　自由变形

对图像进行自由变形的操作，与 4.5.5 节中介绍的“选区的变换”操作大同小异，只是自由变形的对象不同，因此执行“编辑/变换”子菜单中的命令就可以完成。要注意，如果先执行了“选择/变换选区”菜单命令，进行自由变形的对象是选区。

分别执行缩放、旋转、斜切、扭曲、透视、变形命令可以完成 6 种不同的变形操作，这些命令的操作参见 4.5.5 节。在这些命令的上方有一个“再次”菜单命令，该命令只有当已经执行过旋转或变形命令后才可使用，即执行此命令可以重复上一次的旋转或变形命令。当进行自由变形时，选项栏会发生变化，变成与旋转、变换图像相关的参数设置，从中可以执行“编辑/自由变换”菜单命令打开数字对话框，用准确的数字来控制图像的旋转、翻转的角度以及尺寸和比例。

4.9　还原和重做

在 Photoshop 中，可以执行还原和重做操作。只要没有保存并关闭图像就可以恢复所有的编辑操作，并将图像的全部或部分恢复到最后存储的版本，还可以很轻松地指定删除没有用的某几步操作。

4.9.1　还原和重做命令

“还原”和“重做”菜单命令可以帮助还原或重做最近的一次操作。在没有进行任何还原操作之前，“编辑”菜单中显示为“还原 XX”命令，如图 4.83 所示。当执行还原命令后，该命令就变成了“重做 XX”菜单命令，如图 4.84 所示。

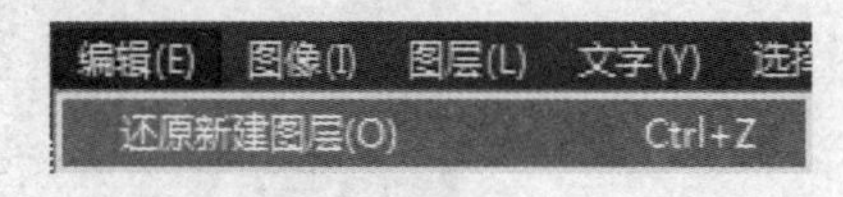

图 4.83　“还原”命令

图 4.84　“重做”命令

若仅要还原多次执行的操作，可以执行“编辑/后退一步”菜单命令。如果操作不能还原，该命令菜单会变灰。不管什么编辑操作均可用“还原”和“重做”菜单命令来还原和重做，如果要更快捷地进行还原和重做，可以按下 Ctrl+Z 组合键。

4.9.2　历史记录面板

历史记录面板主要用于还原和重做操作，该面板使 Photoshop 更为出色，它可以跳到在当前工作阶段中创建的图像的任何状态，使得操作更加方便快捷。

历史记录面板如图 4.85 所示，该面板由两部分组成，上半部分显示的是快照的内容，有关快照的详细内容参见 4.10.1 节；下半部分显示的是编辑图像的所有操作步骤，每次对图像进行一次更改，该图像的新状态就被添加到历史记录面板中，每个步骤都按操作的先后顺序从上到下排列。状态是从顶部向下添加的，也就是说，最旧的状态位于列表的顶部，最新的状态位于底部，并且列出的每一状态都带有更改图像使用的工具或命令名。

要显示历史记录面板，执行“窗口/历史记录”菜单命令。下面打开一个图像举例说明历史记录面板的操作。

（1）在 Photoshop 中打开如图 4.86 所示的文件。

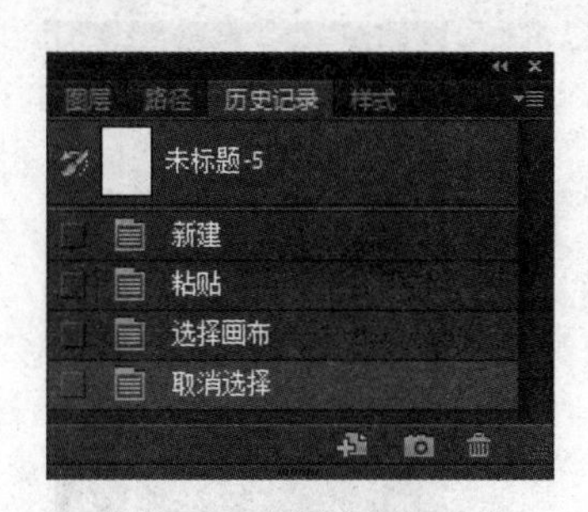

图 4.85　历史记录面板

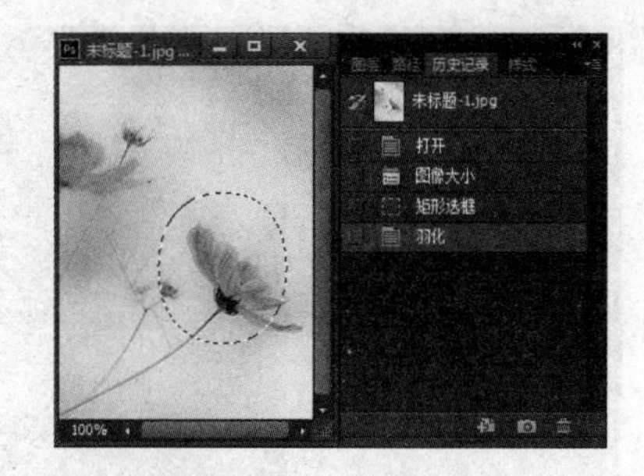

图 4.86　羽化边缘后的图像和历史记录面板

（2）用矩形选框工具在图像中选取一个矩形范围，执行“选择/羽化”菜单命令，设定羽化值为 30 像素，单击“确定”按钮后，得到如图 4.86 所示的历史记录面板。

（3）选择填充区域中的图像，执行“选择/取消选择”菜单命令取消选区，可得到如图 4.87 所示的画面，从图中的历史记录面板中可以看出已经进行了 6 步操作。

这时，如果想恢复图像到编辑的某一步操作，则只需在“操作步骤区”中单击想要恢复的步骤即可，单击后以蓝色显示出当前作用的步骤，同时，图像显示也与操作步骤的操作结果一致。如图 4.88 所示，单击“矩形选框”操作步骤就可以将图像恢复到刚选取矩形范围时的画面。在历史记录面板中“矩形选框”步骤后面的操作步骤都显示为灰色，表示这些操作已不起作用。如果从所选状态继续工作，灰色步骤将被扔掉。当然，如果选择一个状态然后更改图像，消除以后的所有状态，可以使用“还原”命令来还原最后的更改并恢复消除的状态。

图 4.87　填充后的图像和历史记录面板

图 4.88　恢复至矩形选框

在编辑的过程中可以随时创建新图像作为备份图像，如在画面中单击历史记录面板底部的创建新文件按钮（ ），则可以建立一个新文件，这个图像文件为当前步骤操作编辑后的结果，并且新文件名也以当前操作步骤来命名，如图 4.88 所示。新创建的文件，可以一样进行编辑和保存。

若在图 4.89 所示的画面上单击创建新快照按钮（ ）可以建立一个新快照内容，默认情况下，文档最初状态的快照显示在面板的顶部。有关快照的详细操作请参见 4.10.1 节。

没有用的操作步骤可以删除。选中要删除的步骤，如图 4.90 所示，然后单击历史记录面板底部的删除按钮（ ），此时出现一个提示对话框，如图 4.91 所示，提示是否要删除，单击“是”按钮后即可删除；也可以先选中要删除的步骤，在该步骤上右击，出现如图 4.92 所示的菜单，选择“删除”项，也可将当前的操作步骤删除。还可以将该状态拖到删除按钮中以删除此项及它之后的操作步骤。

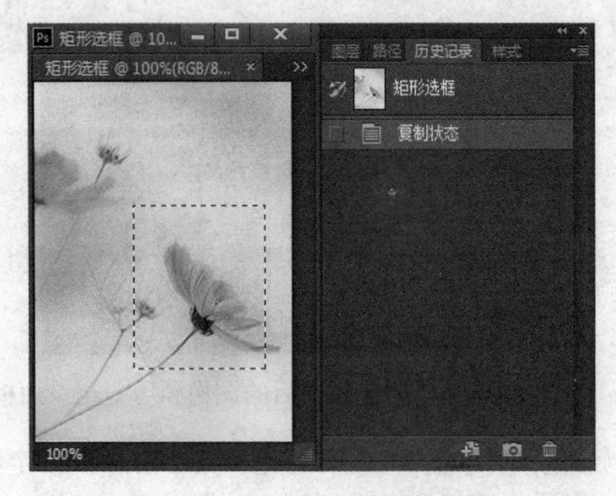

图 4.89　创建新文件后的图像

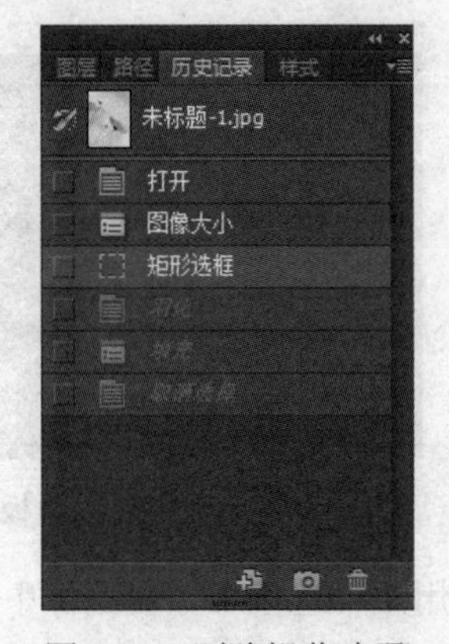

图 4.90　删除操作步骤

要注意，在默认的历史记录面板选项设置下，删除某一步骤时，其后面的步骤都将被删除，除非在历史记录面板菜单中的“历史记录选项”命令的对应对话框中设置了“允许非线性历史记录”复选项，则删除当前步骤并不会删除其后面的步骤。

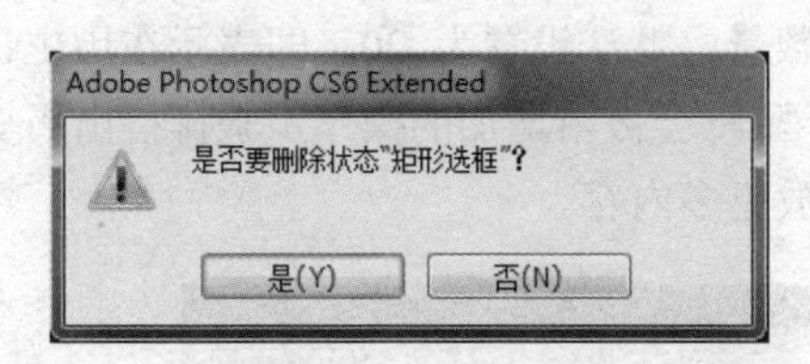

图 4.91　提示是否删除

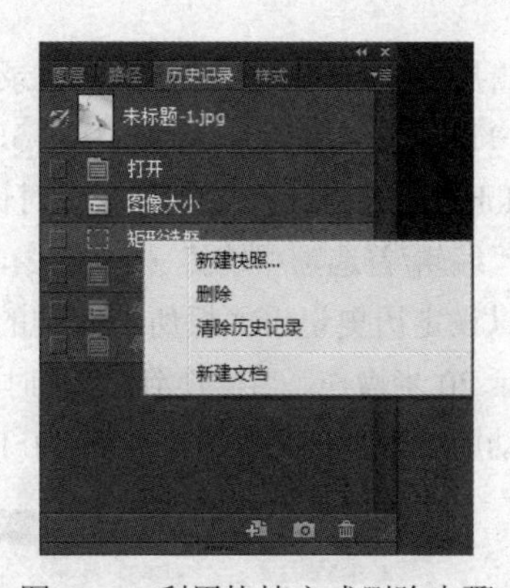

图 4.92　利用快捷方式删除步骤

历史记录面板还提供了一个面板菜单，用于完成在此面板中的操作和一些选项的设置，单击历史记录面板右上角的小白三角箭头，打开如图 4.93 所示的面板菜单。各命令功能如下：

- 前进一步：单击此命令可以将当前步骤前进一步。
- 后退一步：单击此命令可以将当前步骤后退一步。
- 新建快照：功能同“创建新快照”按钮，用于创建快照内容。
- 删除：用于删除历史记录面板中的快照和历史操作步骤。
- 清除历史记录：用于清除历史记录面板中除当前步骤以外的其他所有步骤。
- 新建文档：用于建立新文件，功能等同“创建新文件”按钮。
- 历史记录选项：执行此命令可打开如图 4.94 所示的“历史记录选项”对话框，从中可以设定历史记录面板的内容。若选择“自动创建第一幅快照”复选框，在打开文件时，会在历史记录面板中建立第一幅快照内容；选择“存储时自动创建新快照”复选框，将在保存文件时会自动地建立一个新快照；若选择“允许非线性历史记录”复选框，则可以在删除某一步操作时，不删除这个步骤后面的步骤；选择“默认显示新快照对话框”，则在单击新快照按钮（📷）时弹出“新快照”对话框；选择“使图层可视性更改可还原”复选框，更改图层可视性这一步骤将在历史记录面板中显示出来，可以像其他步骤一样操作，若不选择该选项，则更改图层可视性步骤不在历史记录面板中显示。

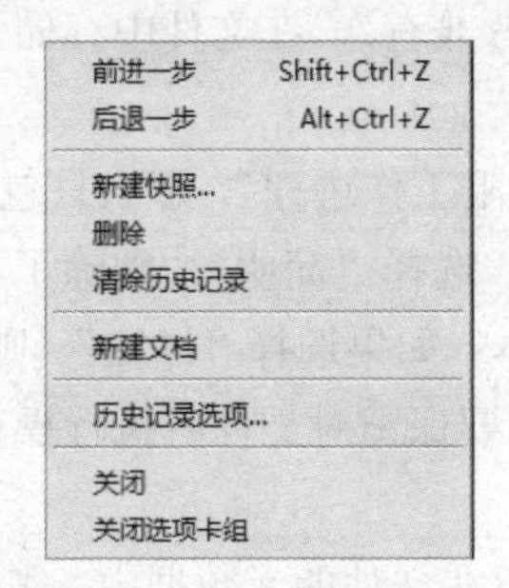

图 4.93　历史记录面板菜单

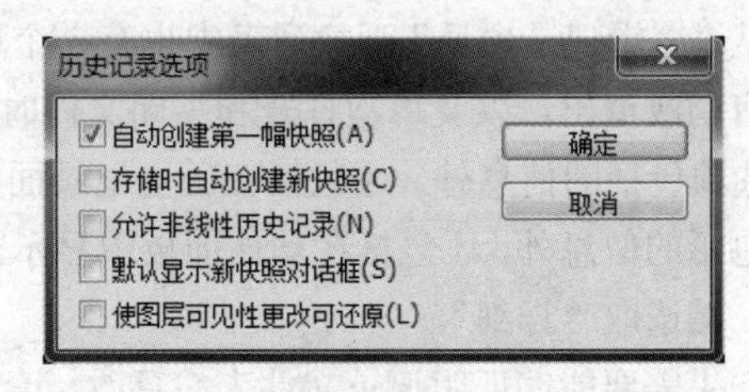

图 4.94　“历史记录选项”对话框

需要说明的是，对于对软件范围的更改操作，如对面板、色彩设置、动作和首选项的更改，因为不是对某个图像的更改，因此它们不会被添加到历史记录面板。另外，若要在整个工作阶段中保留某个状态，应建立该状态的快照。关闭并重新打开文档后，上一工作阶段中的所有状态和快照会从历史记录面板中清除。

Photoshop 具有跟踪编辑历史记录功能，可在外部的日志文件以及附加到各个文件上的元数据中存储编辑历史记录。如果需要详细记录在 Photoshop 中对一个文件所做的操作（无论是出于个人记录、客户记录的需要还是法律的需要），编辑历史记录可以保留对图像所做操作的文字记录。可以使用 Adobe Bridge 或“文件简介”对话框来查看“编辑历史记录日志”元数据。

执行“编辑/首选项/常规”菜单命令，打开如图 4.95 所示的对话框。在“历史记录状态”文本框中，可以设定历史记录面板所能容纳的历史步骤的数量，默认设置为 20，即表示在历史记录面板中只显示 20 步操作，当操作到 21 步时，最前面的步骤将会被新增加的操作步骤排挤出历史记录面板，自动删除最前面的操作，以便为 Photoshop 释放更多内存。

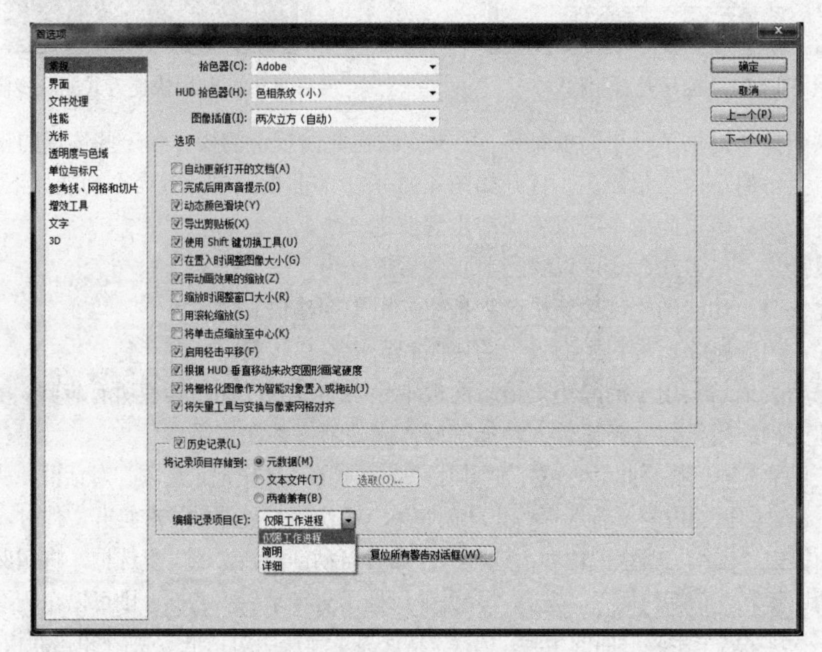

图 4.95 “首选项”对话框

在“将记录项目存储到”选项中，存储记录项目时有 3 个选项：选择“元数据”，将条目存储在每幅图像的元数据中；选择“文本文件”，将文本导出到外部文件中，这时程序将提示要命名记录文件，并在计算机上选取存储该文件的位置；若选择“两者兼有”，在文件中存储元数据，并创建一个文本文件，此时同样需要命名记录文件和选择存储位置。

从“编辑记录项目”下拉列表中也有 3 个选项：选择“仅限工作进程”，那么只包括 Photoshop 每次启动或退出，以及每次打开和关闭文件时所记录的条目；选择“简明”，则除了“仅限工作进程”选项包括的信息外，还包括在历史记录面板中显示的文本；如果选择“详细”，则除了“简明”选项包括的信息外，还包括在动作面板中显示的文本。如果需要保留对文件所执行操作的完整历史记录，请选取“详细”。

如果需要能够证明记录文件未被篡改，请将编辑记录保留在文件的元数据中。需注意的是，将许多编辑操作记录到文件的元数据中会增加文件大小，使打开和存储文件的速度变慢。

4.9.3 历史记录画笔工具

双击历史记录画笔工具（）将打开历史记录画笔工具的选项栏，如图 4.96 所示，在其中可以按使用绘画和编辑工具的选项栏所述，指定不透明度和混合模式。

历史记录画笔工具可以将图像的一个状态或快照的副本绘制到当前图像窗口。例如，可以建立用绘画工具或滤镜所作更改的快照。在还原对图像的更改之后，用历史记录画笔工具有选择地将更改应用到图像区域。除非选择的是合并的快照，历史记录画笔工具从所选状态的图层绘画到另一状态中的相同图层。历史记录画笔工具是在图像的任何状态或快照上工作，而不仅仅是当前的图像上。

图 4.96　历史记录画笔工具的选项栏

历史记录画笔工具必须配合历史记录面板一起使用，在历史记录面板内，单击状态或快照左边的列以将其用作历史记录画笔工具的源，它可以把图像在编辑过程中的该状态复制到当前图层中。例如，当对图像连续做了几个滤镜效果后，想在某些区域恢复前面的滤镜效果，那么就可以在历史记录画笔的选项面板中用历史记录画笔工具定位在该滤镜效果处，在图像中拖动鼠标，再现该滤镜的效果。

Photoshop 还提供了一个与历史记录画笔工具功能非常相似的工具，即历史记录艺术画笔工具，该工具也具有恢复图像的功能，操作方法与历史记录画笔工具相同，所不同的是，历史记录画笔工具能将局部图像恢复到指定的某一步操作，而历史记录艺术画笔工具却能将局部图像在指定的历史记录状态基础上进行风格化绘画。在使用历史记录艺术画笔工具时，同样需要配合使用历史记录面板。

历史记录艺术画笔工具的选项栏参数设置，除了可以设置前面介绍过的画笔、模式和不透明度外，如图 4.97 所示，还有以下几个选项。

图 4.97　历史记录艺术画笔工具的选项栏

- 样式：在此下拉列表中可以选择一种绘画样式来控制绘画描边的形状。有 10 种选择，分别为绷紧短、绷紧中、绷紧长、松散中等、松散长、轻涂、绷紧卷曲、绷紧卷曲长、松散卷曲和松散卷曲长。
- 区域：用于设置绘制所覆盖的像素范围，数值越大，画笔所覆盖的像素范围就越大，反之就越小。
- 容差：限定可以应用绘画描边的区域。低容差可用于在图像中的任何地方绘制无数条描边。高容差将绘画描边限定在与源状态或快照中的颜色明显不同的区域。

如果在图 4.98 中选择历史记录艺术画笔工具进行恢复图像，设置如图 4.97 所示的参数，就会得到如图 4.99 所示的效果。

图 4.98　使用历史记录画笔工具的效果

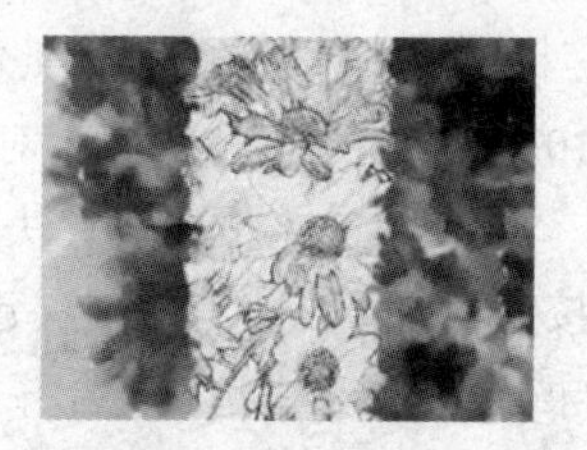

图 4.99　使用历史记录艺术画笔工具描绘的效果

4.9.4　恢复图像

在编辑图像的过程中，只要没有存储过图像都可以将图像恢复至打开时的状态。方法是执行“文件/恢复”菜单命令或按下 F12 键。若在编辑过程中进行了图像存储操作，则执行“文件/恢复”菜单命令后，恢复图像至上一次保存的画面，并将未经存储的编辑数据丢失。

在 Photoshop 中，执行恢复命令的操作会被记录到历史记录面板中，所以用户能够取消恢复操作，还原为恢复之前的步骤。

4.10 快照与图案

在 Photoshop 中可以同时存在快照和图案的内容，即将快照内容保存在历史记录面板中，将定义图案后的内容暂时保存在内存中。因此，恢复图像时，任选其一就可以恢复。

4.10.1 使用快照

利用历史记录面板可方便地使用快照，下面用例子介绍快照的使用方法。打开一幅图像，从图 4.100 所示的历史记录面板中可以看到，打开图像后，将自动建立第一个快照内容，并以当前图像文件名来指定快照的名称。如果在“历史记录选项”对话框中取消选中“自动创建第一幅快照”复选项，那么打开图像时，在历史记录面板中不会自动建立第一个快照。

接下来用矩形选框工具选取一个范围，按下 Del 键，然后再次使用历史记录面板下方的创建新快照按钮（）创建一个快照，如图 4.101 所示，从图中的历史记录面板中可以看到新建了一个快照，此时，想要恢复到某一个快照内容，用鼠标单击该快照的名称即可。

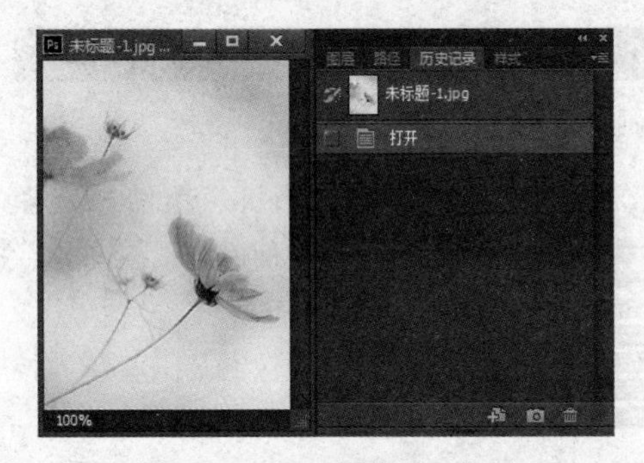

图 4.100　打开图像显示快照

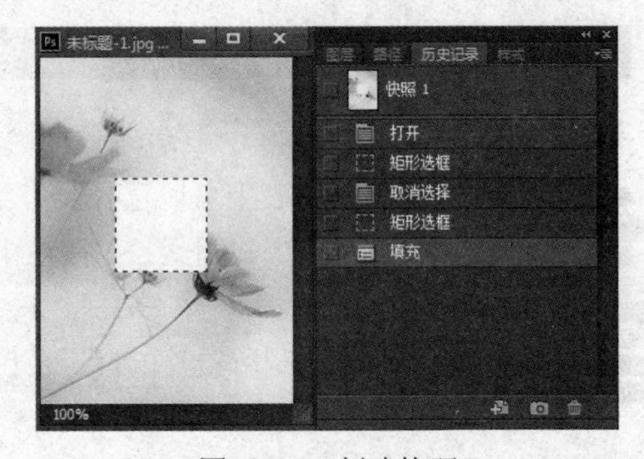

图 4.101　创建快照

需要注意的是，虽然快照内容可以建立多个，但是这些快照都是临时存放在历史记录面板中的，一旦关闭图像，就会自动地全部删除，因此快照不能在图像中保存。

在 Photoshop 中，不但可以对整个图像内容建立快照，还可以对单独的层建立快照，操作如下：

（1）按下 Alt 键单击创建新快照按钮，或者在历史记录面板菜单中单击“新快照”命令，打开如图 4.102 所示的“新建快照”对话框。

（2）在“名称”文本框中设置快照的名称，在“自”下拉列表中选择“当前图层”选项，单击“确定”按钮，就可以将当前图层建立成快照。

若在“自”下拉列表中选择“合并的图层”选项，则在建立快照的同时会合并图像中的所有层，需要注意的是不合并隐藏的层；若选择“全文档”选项，则对整个文件的内容（包括所有图层）建立快照。若要更改快照名称，可在历史记录面板中双击要更名的快照名称，此时，会激活名称，然后将原来名称删除，输入新名称即可，如图 4.103 所示。若要删除快照，在选中快照后，单击历史记录面板中的按钮。

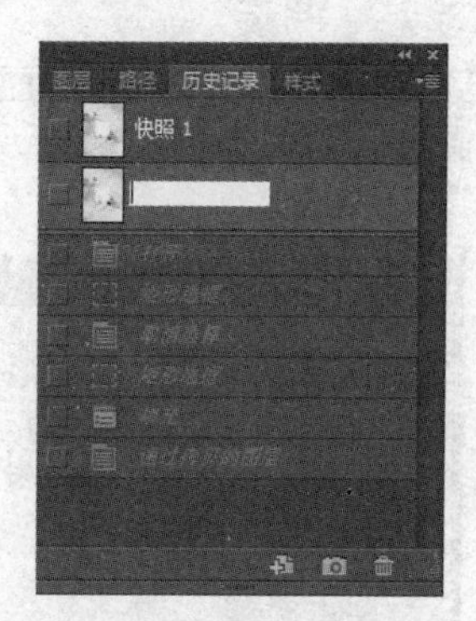

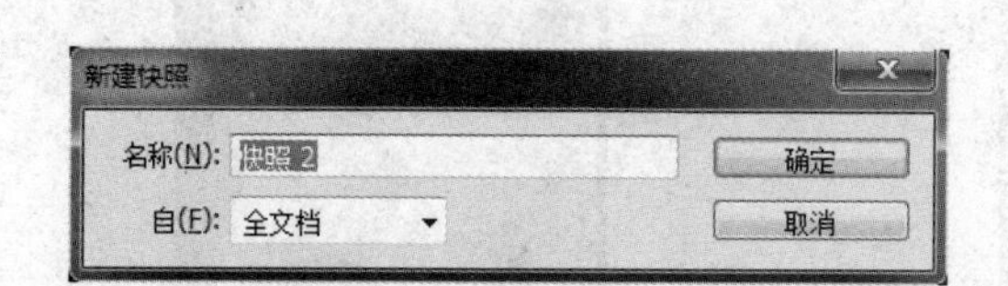

图 4.102 “新建快照”对话框

图 4.103 更改快照名称

4.10.2 使用图案

在 Photoshop 中，定义的图案内容可以反复使用，而不是临时保存在内存中的。下面以实例说明使用图案的过程。打开一个图像，用矩形选框工具选取一个选区，如图 4.104 所示。执行“编辑/定义图案”菜单命令定义一个图案，如图 4.105 所示。要注意，选取的范围必须是一个矩形，并且不能带有羽化值，否则，“编辑/定义图案”菜单命令不可以使用。

图 4.104 选取一个矩形范围

图 4.105 执行“定义图案”命令

用矩形选取工具重新选取一个范围，在工具箱中选中图案图章工具，得到如图 4.106 所示的选项栏，在图案下拉列表中选取刚才定义的图案，然后在图像空白处移动鼠标来回拖动，得到的效果如图 4.107 所示。

图 4.106 图案图章工具的选项栏

使用图案恢复图像还有一个更简单的方法，即使用“编辑/填充”菜单命令，如图 4.108 所示。此外要注意的是，当定义的图案内容是图像的某一块区域时，则用“编辑/填充”菜单命令填充图案内容后的图像是由许多个方块组成的图案，所以，此方法主要用于制作底纹图案。如图 4.109 是使用图 4.108 所示的参数填充后的效果图。

图 4.107 使用图案图章工具

用户还可以管理已定义的图案。执行“编辑/预设/预设管理器”菜单命令，打开如图 4.110 所示的对话框。在“预设类型”下拉列表中选择“图案”选项，可对现有图案进行更名、删除、载入和保存。“预设管理器”对话框的主要功能是用来管理画笔、色样、渐变颜色、样式、图案、轮廓和自定义形状。

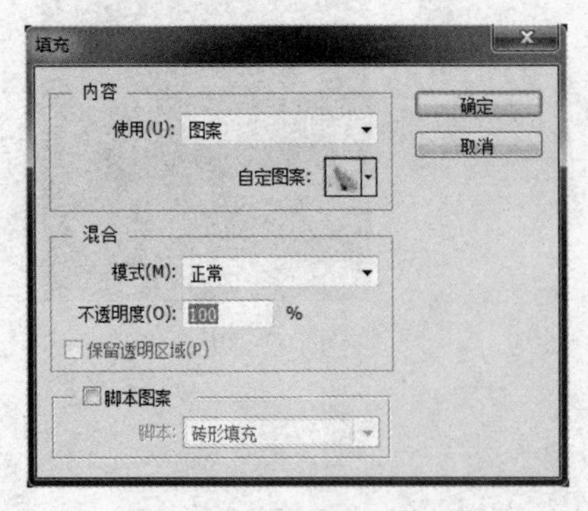

图 4.108 “填充”对话框

图 4.109 填充效果

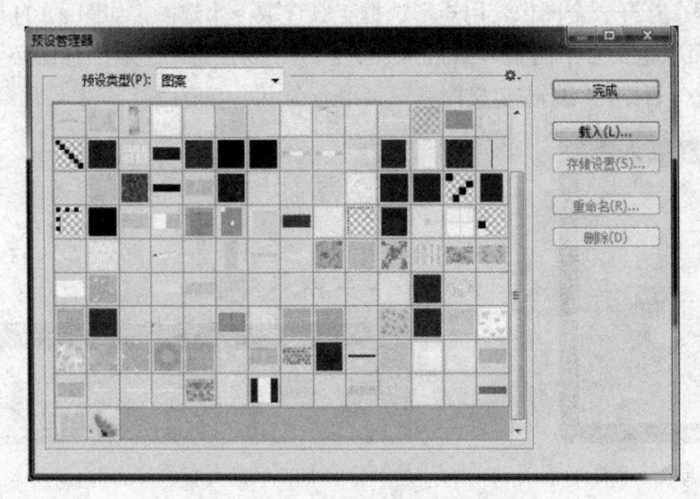

图 4.110 “预设管理器”对话框

4.11 其他编辑命令

在编辑图像时，经常要进行填充和描边的操作，通过这些简单的操作往往可得到一些特殊的图像效果。

4.11.1 选区填充

使用“填充”命令对选区进行填充，是制作图像的一种常用手法。该命令可以在指定区域内填入选定的颜色、图案或快照等。

选取一个范围，执行“编辑/填充”菜单命令打开“填充”对话框，如图 4.111 所示。

在对话框中，各选项功能如下：

- 内容：在“使用”下拉列表中选择填充的内容，有前景色、背景色、图案、历史记录、黑色、50%灰色以及白色选项。当选择图案方式填充时，对话框中的自定图案下拉列表会被置亮，从中可选择用户定义的图案填充。需要注意的是，使用“黑色”选项填充 CMYK

图像时，Photoshop 用 100%的黑色填充所有通道，这可能造成油墨超出打印机所允许的范围。

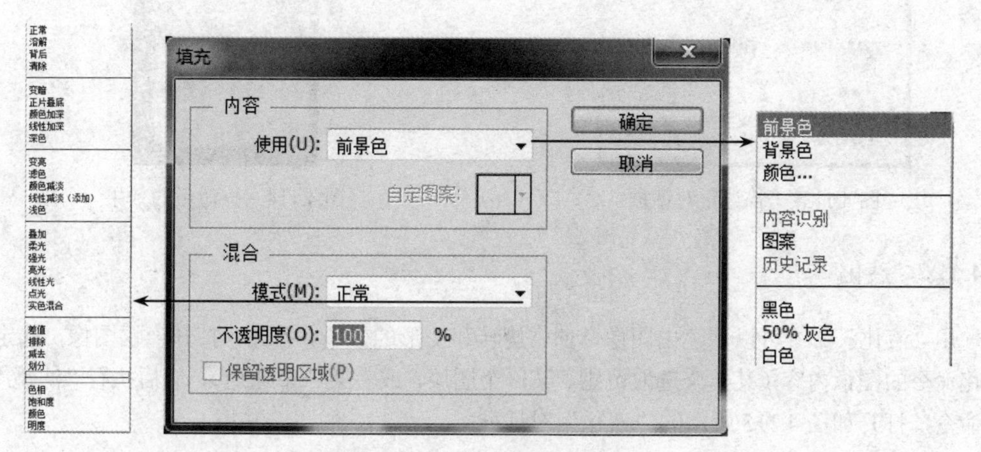

图 4.111　“填充”对话框

- 混合：用于设定不透明度和模式。
- 保留透明区域：对图层进行填充时，可以保留透明部分不填入颜色，该选项只有在对透明图层填充时有效。

完成参数设置后，单击“确定”按钮，完成填充过程，图 4.112 是填充不同内容的效果对比图。

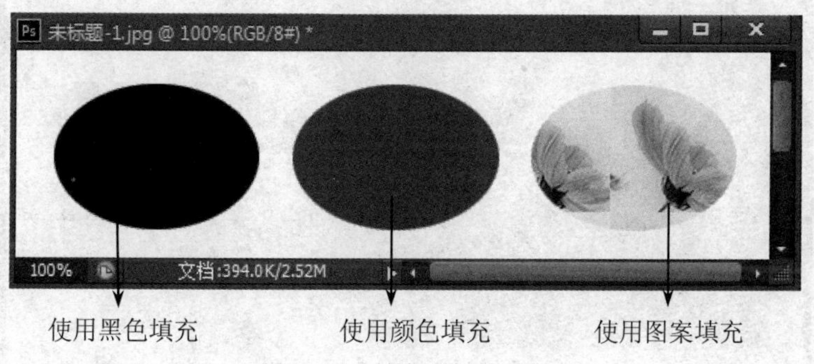

图 4.112　填充后的效果图

在填充图案时，必须事先定义图案内容，否则不能使用图案来填充；当选择历史记录来填充时，必须在历史记录面板中设定填充的内容，即历史记录画笔工具标志所在的画面；若选择快照则填充当前选定的快照内容。若要快速填充前景颜色，可按下 Alt+Del 组合键或 Alt+Backspace 组合键；若要快速填充背景颜色，可按下 Ctrl+Del 组合键或 Ctrl+Backspace 组合键，如果按下 Shift+Backspace 组合键，则可打开“填充”对话框。

4.11.2　选区描边

在选区边界上，可以用前景色进行描边。执行“编辑/描边”菜单命令，出现如图 4.113 所示的对话框，在该对话框中可以设置描边的宽度（范围在 1～250 像素之间）、位置（内部、居中、居外）和混合项（模式、不透明度、保留透明区域）等。参数设置完毕后，单击“确定”按钮，则以前景色为填充颜色描出边界的边框。如图 4.114 所示为描边的效果图。

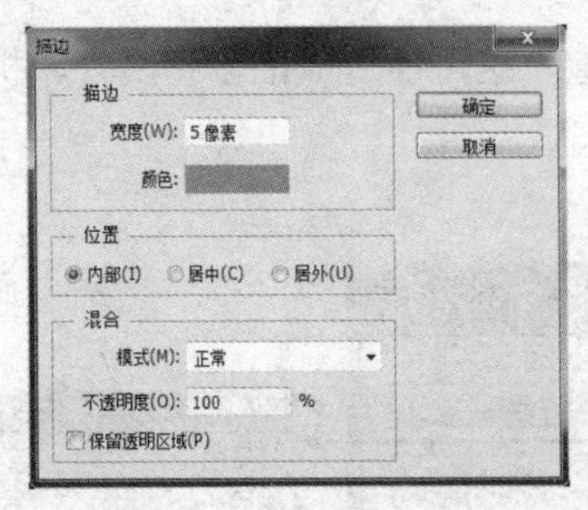

图 4.113 “描边”对话框

图 4.114 描边后的效果

4.11.3 液化

使用“液化”命令可以创建出图像弯曲、旋转和变形的效果。首先，打开一幅图像，选定要应用液化命令的图像内容（某一个选取范围、某一个图层，或者某一个通道），然后执行“滤镜/液化”菜单命令，打开如图 4.115 所示的“液化”对话框。

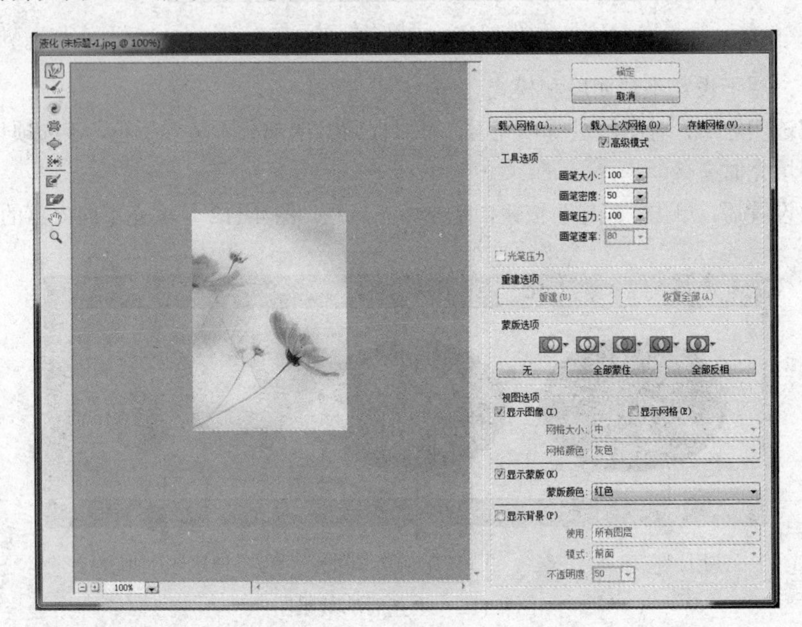

图 4.115 “液化”对话框

左侧的工具功能如下：

- 向前变形工具：按住鼠标拖移，向前推像素。
- 重建工具：用来部分或完全地恢复更改。
- 旋转扭曲工具：按住鼠标拖移，可顺时针旋转像素；在按住鼠标拖移的同时按住 Alt 键，可逆时针旋转像素。
- 褶皱工具：按住鼠标拖移，使像素朝着画笔区域的中心移动。
- 膨胀工具：按住鼠标拖移，使像素朝着离开画笔区域中心的方向移动。
- 左推工具：当垂直向上拖移鼠标时，像素向左移动；向下拖移鼠标，像素会向右移动。也可以围绕对象顺时针拖移以增加其大小，或逆时针拖移以减小其大小。
- 冻结蒙版工具：冻结预览图像的部分区域，防止这些区域被更改。选择冻结工具，在要保护的区域上拖移就可以冻结该区域。按住 Shift 键的同时单击鼠标，可在当前点和前一次单击的点之间的直线中冻结。

- 解冻蒙版工具：在图像的冻结区域上拖移，可解冻冻结的区域。按住 Shift 键单击可在当前点和前一次单击的点之间的直线中解冻。

在“液化”对话框的右侧上方，有以下两个按钮：

- 载入网格：在当前图像中使用已存储的网格。
- 存储网格：将当前图像中的网格状态保存起来，在其他图像中载入时可产生相同的液化效果。

在“液化”对话框的“工具选项”区域中，可以设置下列选项：

- 画笔大小：设置将用来扭曲图像的画笔的宽度。
- 画笔压力：设置在预览图像中拖移工具时的扭曲速度。
- 画笔速率：设置工具在预览图像中保持静止时变化的速度。
- 画笔密度：控制画笔如何在边缘羽化。
- 湍流抖动：控制湍流工具对像素混杂的紧密程度。
- 重建模式：用于重建工具，选取的模式确定重建工具如何重建预览图像区域。
- 光笔压力：使用光笔绘图板时，才可以使用该选项。

在“重建选项”区域中，可以设置以下选项：

- 重建：在“重建选项”区域中选择一种重建模式后，单击“重建”按钮可应用重建效果一次。可以应用重建多次，以便创建扭曲度较小的显示效果。
- 恢复全部：单击“恢复全部”按钮，将移去扭曲，包括在冻结区域中的扭曲。

在“蒙版选项”区域中，可以设置以下选项：

- 替换选区：显示原图像中的选区、蒙版或透明度。
- 添加到选区：显示原图像中的蒙版，以便使用冻结工具添加到选区，将通道中的选定像素添加到当前的冻结区域中。
- 从选区中减去：从当前的冻结区域中减去通道中的像素。
- 与选区交叉：只使用当前处于冻结状态的选定像素。
- 反相选区：使用选定像素使当前的冻结区域反相。

在 5 个选项中任意一个选项的弹出式菜单中有“选区”、“图层蒙版”、“透明度”选项。

- 无：单击该按钮，将移去所有冻结区域。
- 全部蒙住：单击该按钮，可冻结所有解冻区域。
- 全部反相：单击该按钮，将反相解冻区域和冻结区域。

在“视图选项”区域中，可设置以下选项：

- 显示图像：选择是否在预览时显示图像。
- 显示网格：选择是否在预览时显示网格。如果选择了“显示网格”，可选择网格大小（大、中、小）和网格颜色（红色、黄色、绿色、青色、蓝色、洋红、灰色）。
- 显示蒙版：选择是否在预览时显示冻结蒙版。如果选择了“显示蒙版”，可选择蒙版颜色（红色、黄色、绿色、青色、蓝色、洋红、灰色）。
- 显示背景：选择是否在预览时显示背景。如果选择了“显示背景”，可设置以下三个选项。一是“使用”选项，可选择某个图层或所有图层；二是“模式”选项，选择前面、后面或混合；三是“透明度”，可通过移动滑块来设置。
- 在对话框左侧选择变形工具，在工具选项组中设置工具的参数，移动鼠标指针至预览框的图像上拖动鼠标，制作出图像变形效果。单击“确定”按钮，将修改后的图像效果应用到图像中，如图 4.116 所示。

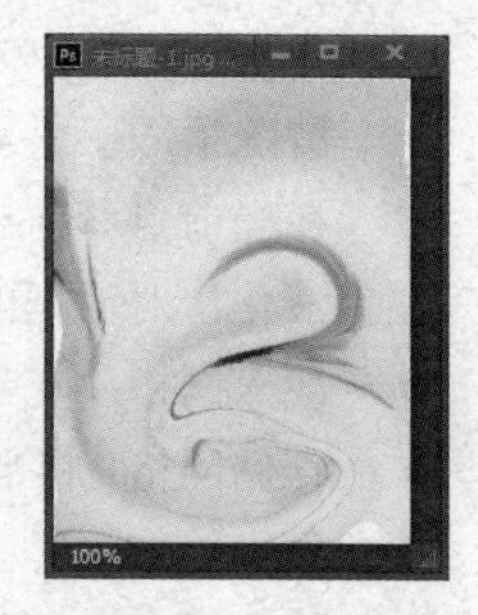

图 4.116 液化效果

4.11.4 清理内存中的数据

在 Photoshop 中编辑图像时，每一步操作都将被记录在历史记录面板中，这些历史数据占据了一定的内存，因而会减慢操作速度，影响工作效率。为了提高操作的工作效率，可将这些没有用的数据清理掉。

执行“编辑/清理”菜单命令打开子菜单，如图 4.117 所示，利用子菜单中的命令就可以清理所有暂存在内存中的数据，包括释放由还原命令、历史记录面板和剪贴板等占用的内存。其中“还原”命令用于清理还原与重做命令中的内容，在清理后还原与重做命令失效；“剪贴板”命令用于清理剪贴板的内容，因为剪切或复制后会在剪贴板中残留大量数据；“历史记录”命令用于清理在历史记录面板中的历史操作步骤，但不会清理快照内容；“全部”命令用于清理上述所有内容。

当清理内存中的数据时，Photoshop 会提示如图 4.118 所示的对话框，提示是否继续，单击“确定”按钮，完成清理。

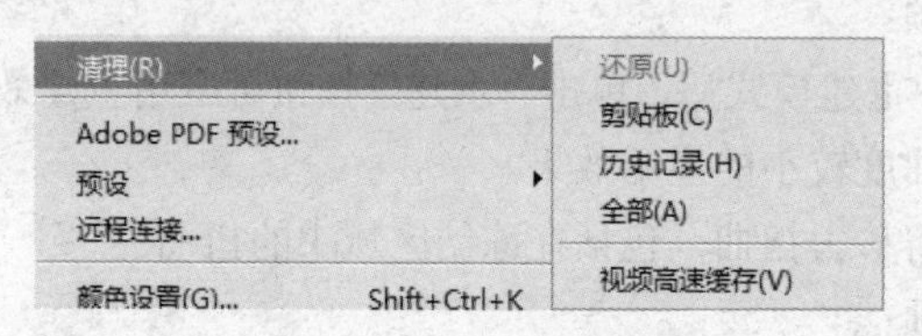

图 4.117 “清理”子菜单

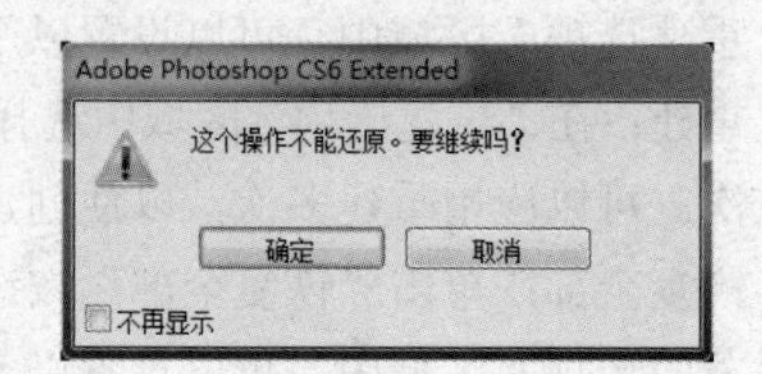

图 4.118 清理时的警告

需要注意的是，“清理”命令会永久性地从内存清理命令和在缓冲区存储的操作且不能还原。例如，执行“编辑/清理/历史记录”菜单命令会从历史记录面板中删除所有历史记录状态且不能还原。

4.12 选区与图像编辑应用实例

下面利用本章所学的知识来制作一个实例：切开的西瓜效果图，其具体操作如下。

（1）执行“文件/新建”菜单命令，新建一幅大小为 640×480 的空白图像。单击如图 4.119 所示的图层面板中的新建图层按钮，在新建图层上右击，设置图层名为“瓜皮”。

选择椭圆选框工具，选择“消除锯齿”选项，在该图层中画一个椭圆。

执行“编辑/填充”菜单命令，弹出“填充”对话框，使用“颜色”填充，弹出如图 4.120 所示的拾色器，选取绿色填充。

图 4.119 新建图层按钮

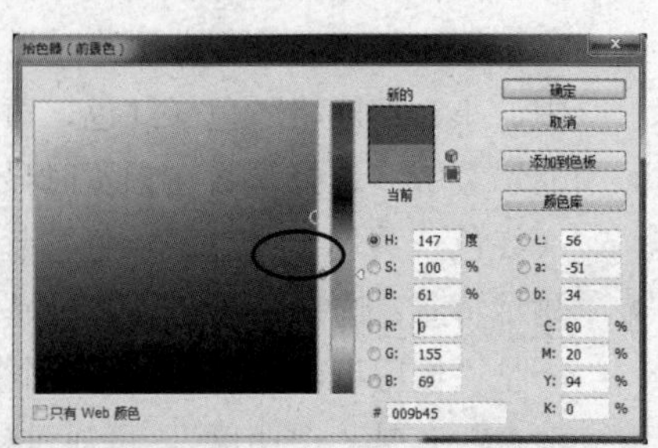

图 4.120 “拾色器”对话框

（2）新建一个图层，命名为“瓜纹”，用来制作西瓜表面的纹理。使用矩形选框工具，画出长条形选区，用步骤 1 中的方法，填充墨绿色。

选择移动工具，按住 Alt 键拖动矩形长条进行复制，这样复制的长条不会新增图层，都在“瓜纹”图层中，如图 4.121 所示。

在“瓜纹”图层，执行“滤镜/扭曲/波纹”菜单命令，数量设置为 400%，大小设置为中，如图 4.122 所示。

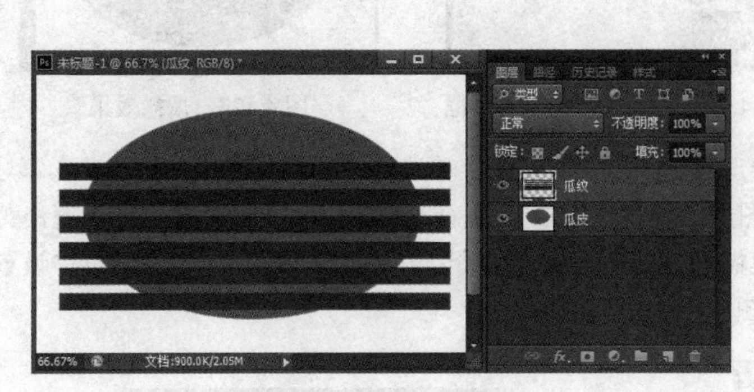

图 4.121　复制长条效果

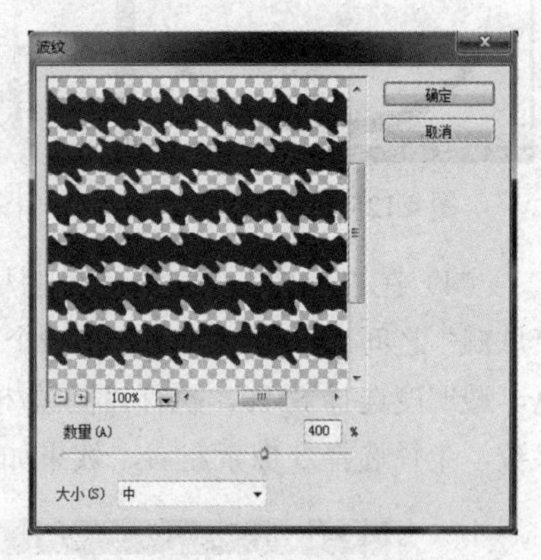

图 4.122　“波纹”对话框

执行“滤镜/扭曲/球面化”菜单命令，使用默认设置，即数量设置为 100%，模式设置为正常，如图 4.123 所示。

在“瓜皮”图层，用魔棒工具选中绿色得到椭圆选区。回到“瓜纹”图层，执行“选择/反选”菜单命令，按 Del 键删除多余的瓜纹，得到的效果如图 4.124 所示。

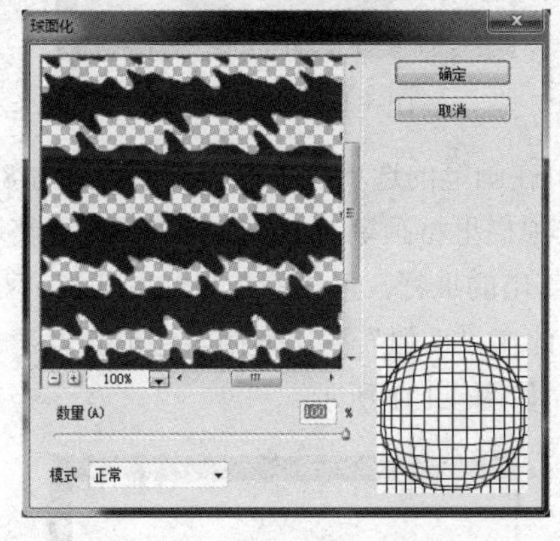

图 4.123　“球面化”对话框

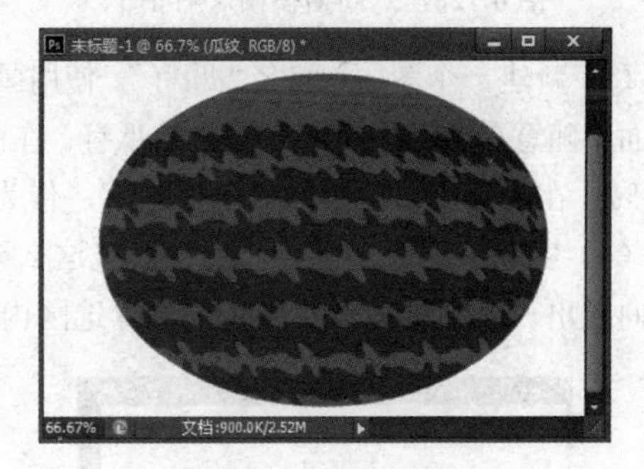

图 4.124　西瓜皮效果

（3）在“瓜皮”图层，使用魔棒工具选择绿色椭圆，上移选区至一定位置，按 Del 键删除。保留选区，在“瓜纹”图层，按 Del 键删除。

保留选区，新建一个图层，取名“瓜瓤”图层。使用矩形选框工具，按住 Alt 键，拖动鼠标框住椭圆选区的上半部分，形成的选区如图 4.125 所示。

执行“编辑/填充”菜单命令，在该选区内填充红色。这样得到的“瓜瓤”太平滑，因此需要执行“滤镜/杂色/添加杂色”菜单命令为瓜瓤添加纹理。在如图 4.126 所示的“添加杂色”对话框中设置参数，数量选择 18.92%左右，采用平均分布方式，形成的效果如图 4.127 所示。

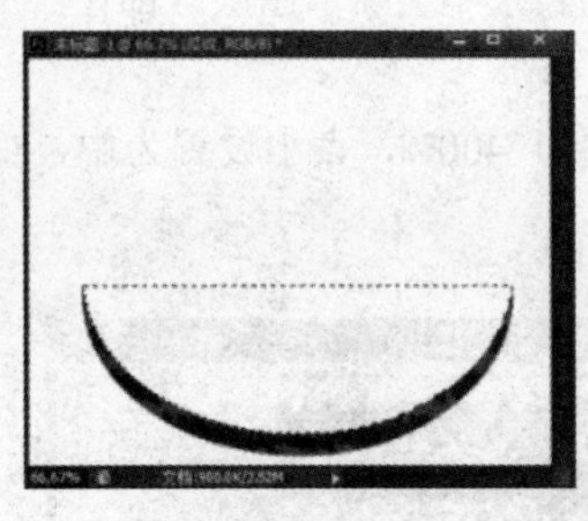
图 4.125　减去选区

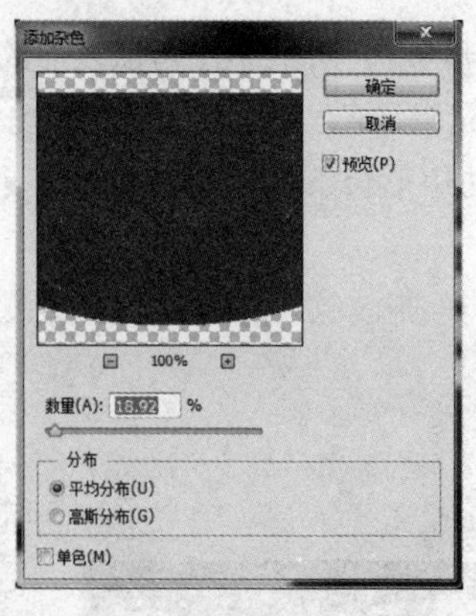

图 4.126　“添加杂色”对话框

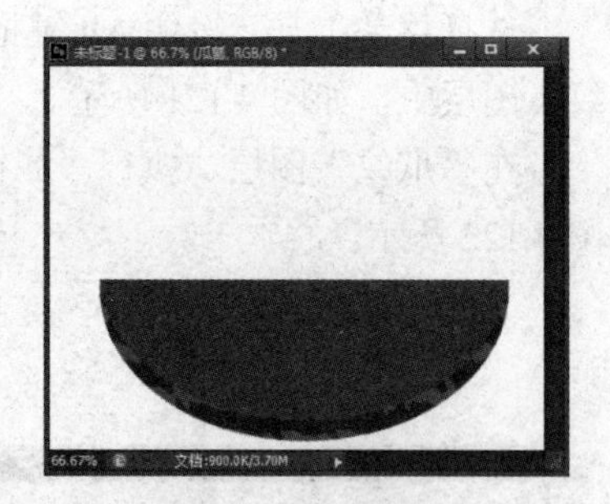
图 4.127　瓜瓤效果

（4）在“瓜皮”图层，使用魔棒工具选择绿色月牙，上移选区，使月牙选区介于“瓜皮”与“瓜瓤”之间。保留选区，新建一个图层，取名“瓜白”。执行“编辑/填充”菜单命令，填充淡黄色，透明度选择 85%。执行“滤镜/模糊/高斯模糊”菜单命令，在如图 4.128 所示的对话框中设置参数，半径选择 5 像素左右，效果如图 4.129 所示。

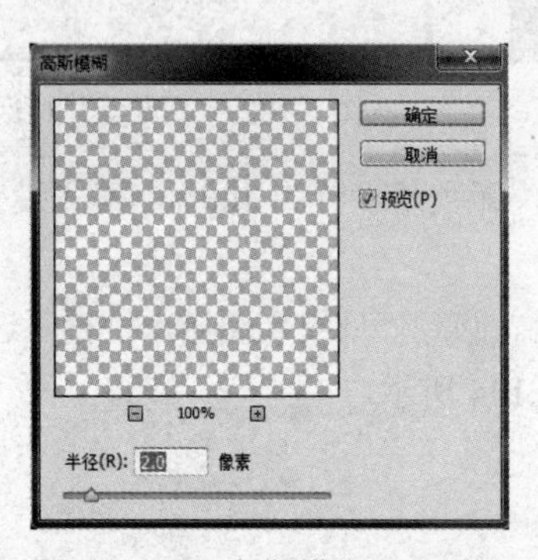

图 4.128　“高斯模糊”对话框

图 4.129　瓜白效果

（5）新建一个图层，取名“瓜籽”。使用画笔工具，在画笔的选项栏里选择画笔大小为 8 像素，在画面中随意单击几次，作为露出的瓜籽。在画笔的选项栏里将画笔大小改为 5 像素，调整透明度为 60%，在之前的瓜籽中间隔单击几下，作为未完全露出的瓜籽，形成的效果如图 4.130 所示。

（6）实际情况下切开的西瓜不可能这么平整，因此在“瓜瓤”图层使用多边形套索工具在水平方向拉出一个不规则形状选区，删除选区内的图像，如图 4.131 所示。

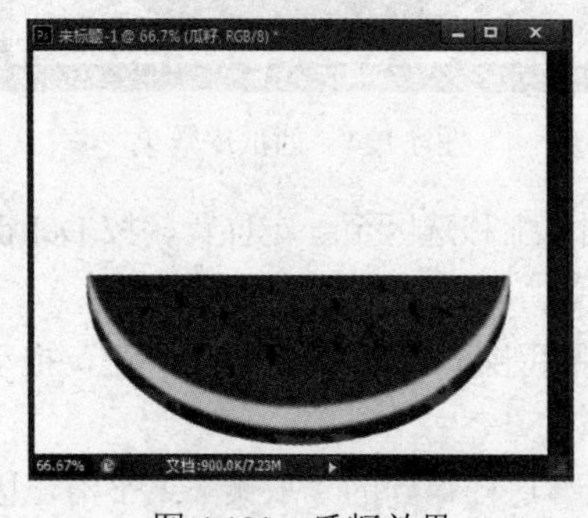
图 4.130　瓜籽效果

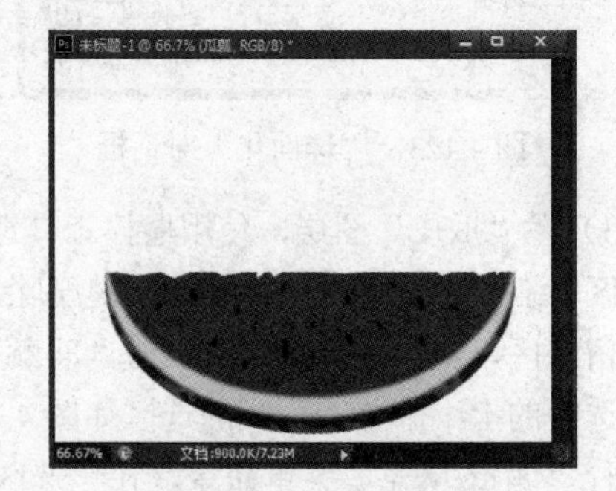
图 4.131　瓜瓤效果

（7）在“瓜皮”图层，用魔棒工具选取西瓜皮绿色月牙。保持选区，在“瓜白”图层，用橡皮擦工具在选区内涂抹，这样可得到清晰的“瓜皮”与“瓜白”的边缘。最后的效果如图 4.132 所示。

图 4.132　最终效果

这个实例主要用到椭圆选框工具、矩形选框工具、魔棒工具、多边形套索工具、颜色填充、改变选区、选区内图像的复制、画笔工具、橡皮擦和部分滤镜功能。

本章小结

Photoshop 在对图像进行处理前必须对它要处理的内容加以指定，即选定选区。选区的选取在 Photoshop 中是最基本的操作，也是应用最多的操作。

在 Photoshop 中，选框工具有 4 种，即矩形选框工具、椭圆选框工具、单列选框工具和单行选框工具。矩形选框工具用于选择矩形区域；椭圆选框工具可以在图像中选择椭圆形区域；单列选框工具用于选择 1 个像素的竖线区域；单行选框工具用于选择 1 个像素的横线区域。套索工具共有 3 个，即套索工具、多边形套索工具和磁性套索工具。套索工具可以选择出极其不规则的形状，一般用于选取一些无规则、外形极其复杂的图形；多边形套索工具可以选择出极其不规则的多边形形状，一般用于选取一些复杂、棱角分明、边缘呈直线的图形；磁性套索工具用来选择外形极其不规则的图形，所选图形与背景的反差越大，选取的精度越高。使用魔棒工具在图像上单击图像的某个点时，附近与该点颜色相同或相近的点都将自动融入到选区中。裁剪工具用于切除选中区域以外的图像，以重新设置图像的大小。

Photoshop 还提供了其他几个选区选取命令。色彩范围命令通过设置颜色容差调整选择范围，值越大，所包含的近似颜色越多，选取的范围越大。抽出命令提供了一个选取前景对象的捷径，可以在最短的时间内从背景图像中提取前景对象。使用液化命令可以创建出图像弯曲、旋转和变形的效果。

当选取了一个选区后，可能因该选区的位置、大小等不合适而需要进行移动和改变。通常有以下几种操作：移动位置、缩放、旋转、自由变形、斜切、扭曲、透视、变形以及选区的翻转和旋转工作。需要注意的是，要实现对选区的操作，必须先执行“选择/变换选区”菜单命令，否则变换的将是选区内的图像。

在 Photoshop 中可以对选区和图像进行旋转和翻转操作，旋转和翻转的操作方法基本相同，只是针对的对象不同而已。对整个图像进行旋转和翻转主要通过“图像/旋转画布”子菜单中的命令完成。要对局部的图像进行旋转和翻转，首先选取一个范围，然后执行“编辑/变换”子菜单中的旋转和翻转命令。

还原和重做命令可以帮助还原或重做操作。历史记录面板也用于还原和重做操作，它可以跳到在当前工作阶段中创建图像的任何状态。历史记录画笔工具可以将图像的一个状态或快照的副本绘制到当前图像窗口。

一、选择题（每题可能有多项选择）

1．下面哪些选择工具形成的选区可以用来定义画笔的形状？（　　）

A．矩形工具　　B．椭圆工具　　C．套索工具　　D．魔棒工具

2．下面哪些选项属于规则选择工具？（　　）

A．矩形工具　　B．椭圆工具　　C．魔棒工具　　D．套索工具

3．下列创建选区时常用的功能，哪些是正确的？（　　）

A．按住 Alt 键的同时单击工具箱的选择工具，就会切换不同的选择工具

B．按住 Alt 键的同时拖拉鼠标可得到正方形的选区

C．按住 Alt 和 Shift 键可以形成以鼠标落点为中心的正方形和正圆形的选区

D．按住 Shift 键使选择区域以鼠标的落点为中心向四周扩散

4．下列哪种工具可以选择连续的相似颜色的区域？（　　）

A．矩形选框工具　　B．椭圆选框工具

C．魔棒工具　　D．磁性套索工具

5．若选择了前面的一个历史记录，在下列哪个选项被选中的时候，这个历史记录后面的历史记录不受影响？（　　）

A．自动创建的第一幅快照　　B．允许线性历史记录

C．允许非线性历史记录　　D．允许两次线性插值运算

6．下列哪些操作可以实现选区的羽化？（　　）

A．如果使用矩形选框工具，可以先在其工具选项栏中设定“羽化”数值，然后再在图像中拖拉创建选区

B．如果使用魔棒工具，可以先在其工具选项栏中设定“羽化”数值，然后在图像中单击创建选区

C．对于图像中一个已经创建好的没有羽化边缘的选区，可以先将其存储在 Alpha 通道中，然后对 Alpha 通道执行“滤镜/模糊/高斯模糊”命令，然后再载入选区

D．对于图像中一个已经创建好的没有羽化边缘的选区，可通过“选择/羽化”命令来实现羽化程度的数字化控制

二、填空题

1．为了确定磁性套索工具对图像边缘的敏感程度，应调整________数值。

2．“色彩范围”对话框中为了调整颜色的范围，应当调整________数值。

3．Photoshop 内默认的历史记录数是________。

4．在使用矩形选框工具的情况下，按住________两个键可以创建一个以鼠标落点为中心的正方形的选区。

5．“修改”命令是用来编辑已经做好的选择范围，它提供了 4 个功能，分别是：________、________、________和________。

三、判断题

（　）1．使用魔棒工具时，在魔棒工具选项栏中容差数值越大选择颜色范围也越大。
（　）2．按住 Shift 键并选择清除历史记录，只删除当前图像的所有历史记录。
（　）3．快照可以用来存储图像处理的中间状态。
（　）4．单列选框工具所形成的选区不可以填充。
（　）5．切片的形状可以是多边不规则形。
（　）6．历史记录面板中所记录的操作步骤是不能随图像一起存储的。

四、简答题

1．什么是选区？在 Photoshop 中选区有什么优点？
2．如何设置磁性套索工具的选项栏中套索宽度、频率和边对比度的值？
3．有几种增加选取范围的方法？扩大选取和选取相似之间有什么不同？
4．在 Photoshop 中可以对哪些对象进行旋转和翻转？“图像/旋转画布”命令和“编辑/变换”命令都具有旋转和翻转的功能，其区别是什么？
5．如何记录保存对图像所做的操作？
6．快照和图案有什么区别？如何定义一个图案？

五、操作题

1．打开 Photoshop 自带的小鸭图像，选取鸭嘴，定义为图案。新建一个空白图像，用该图案进行填充。
2．打开 Photoshop 自带的消失点文件，建立线团、刷子和狗三个切片，并给予相应命名。
3．打开 Photoshop 自带的向日葵图像，选取向日葵花朵，对花朵进行变形操作。
4．清理内存中的历史记录和剪贴板数据。
5．运用本章所学知识，设计制作一个水杯。

第5章　图层、通道、路径和蒙版

图层、通道、路径及蒙版都是Photoshop中最基本、最重要的概念，也是Photoshop极具特色的设计和图像处理工具，在Photoshop中大多数需要高级操作技巧的地方都涉及到图层、通道、路径和蒙版等工具的联合使用。在Photoshop中使用图层功能，可以让一幅图像具有一个或多个图层，以便于对部分图像或部分特定的对象进行控制，能很方便地编辑图像。通道和蒙版将图像分割为多个特定的颜色元素，方便处理图像，利用通道和蒙版能创建一些特殊的图像效果。利用钢笔等工具可以绘制曲线，作为精确选取或绘制复杂图形的工具，同时，还可以使用路径功能绘制线条、曲线或基本图形，对绘制后的线条进行填充或描边，从而完成一般绘图工具无法胜任的工作，对图像进行更多的控制。

教学目标

- 掌握图层的概念和图层的编辑操作。
- 了解图层的分类以及各种图层的作用。
- 理解各种图层效果样式和图层复合的作用。
- 掌握图层使用方法，通过具体实例展示图层的使用效果。
- 掌握通道的含义、功能及使用方法。
- 掌握蒙版、快速蒙版的含义、功能及其使用方法。
- 理解路径的相关概念。
- 掌握钢笔工具的使用方法和功能；了解路径的创建途径和路径文字的制作方法。

5.1　图层功能简述

图层（Layer），又称为层，它是Photoshop的重要组成部分。幻灯机的胶片相信大家都见过，图层就类似胶片，每张胶片都有自己的内容，可以把多张胶片重叠在一起形成组合图像。每个图层都有自己的内容，而且是相对独立的，图层间也可以建立联系，并相互影响。Photoshop可以把所有的图层或部分图层合并成为一个图层，还可以改变图层叠放次序等操作。图层是非常灵活、实用的工具，在图像编辑中有很大的潜力。

5.1.1　图层的基本功能

图层是Photoshop中一种非常重要的功能，Photoshop中一幅图像可以有许多（考虑系统中的内存量等因素，每个图像实际最多可以创建约1000个图层、图层组和图层效果）相对独立的图层构成，在对某一图层操作时不影响到其他图层，从而可以很方便地在不影响图像中其他图像元素的情况下处理某一图像元素，从而对图像进行修改、润色。

图层可以独立存在，易于修改，同时还可以控制其透明度、混合模式，能够产生许多特殊效果。根据图层的作用不同而将图层分为普通图层、调整图层、背景图层、文本图层、填充图层和形状图层。同时，为了便于组织和管理图层，Photoshop 支持图层组，并且支持图层组的嵌套。

1. 普通图层

普通图层指的是用一般方法建立的图层，在图像处理过程中使用得最多的也是普通图层，这种图层是透明无色的，可以在其上任意创建、编辑图像。

2. 调整图层

调整图层是一种比较特殊的图层，这种类型的图层主要用来控制色调及色彩的调整。调整图层上存放的不是图像，而是图像的色调和色彩的设定，包括色阶、色彩均衡等调节的结果。Photoshop 将这些信息存放到单独的图层中，可以在调整图层中进行调整，而不会永久性地改变原始图像。

3. 背景图层

背景图层是不透明的图层，它的底色是以背景颜色来显示的，背景图层也可以有自己的图像内容。因为背景图层是不透明的，所以不能进行不透明度和颜色模式的控制。背景图层也不能改变叠放次序。用 Photoshop 打开不具有保存图层功能图像文件格式（如 Gif、Tif 格式文件）时，Photoshop 会自动将图像设置成背景图层。

并非所有的图像都有背景图层。背景图层可以转换成普通图层；除调节图层外的其他非背景图层也可以转换成背景图层，需要注意的是，背景图层只能转换为普通图层。

4. 文本图层

文本图层是用工具箱中的文字工具建立的图层，这种图层上放置的是使用文字工具输入的文本，而不是图形。使用文本图层可以很方便地修改文本内容，对文本进行多种格式排版，对字体、文本颜色、大小等都可以极为方便地修改。

文本图层是一种比较特殊的图层，在文本图层上，Photoshop 的许多命令和工具以及所有的滤镜都不能使用。如果要使用这些工具和命令，必须先把文本图层转换成普通图层或进行栅格化。

5. 填充图层

在 Photoshop 中，可以使用图案库中提供的图案或创建自己的图案来填充图层。可以用前景色、背景色或图案填充选区或图层。还可以使用“颜色”、“渐变”或“图案叠加”效果，或使用“纯色”、“渐变”或“图案”填充图层面板上的图层。

6. 形状图层

形状图层是带图层剪贴路径的填充图层；填充图层定义形状的颜色，而图层剪贴路径定义形状的几何轮廓。通过编辑形状的填充图层并对其应用图层样式，可以更改其颜色和其他属性。通过编辑形状的图层剪贴路径，可以更改形状的轮廓。

7. 图层组

图层组（以下简称组）可以用来组织和管理图层，还可以使用组将属性和蒙版同时应用到多个图层。可以使用组按逻辑顺序排列图层，并使图层面板中的图层整洁有序。组和图层就类似文件夹和文件的关系，可以将组嵌套在其他组内。Photoshop CS6 版本可以像普通图层一样设置样式、填充不透明度、混合颜色带以及其他高级混合选项。

另外，使用图层效果，只需要执行一个简单的命令就能得到一些特殊的效果，如阴影、发光、浮雕等。对图层可以进行许多的操作，如移动、复制、删除、调整次序、链接、合并、排列以及设置图层效果等，图层功能的实现要使用图层面板以及图层菜单。

5.1.2 图层面板与图层菜单

图层面板与图层菜单是进行图层编辑操作时不可缺少的工具，几乎所有的图层操作都可以通过它来实现。图层面板在图层操作中的使用频率非常高，在使用图层之前，有必要先来了解一下图层面板的组成和使用方法。

默认情况下，图层面板和通道面板、路径面板放在一组面板中，如图 5.1 所示，图层面板的各个组件功能如下：

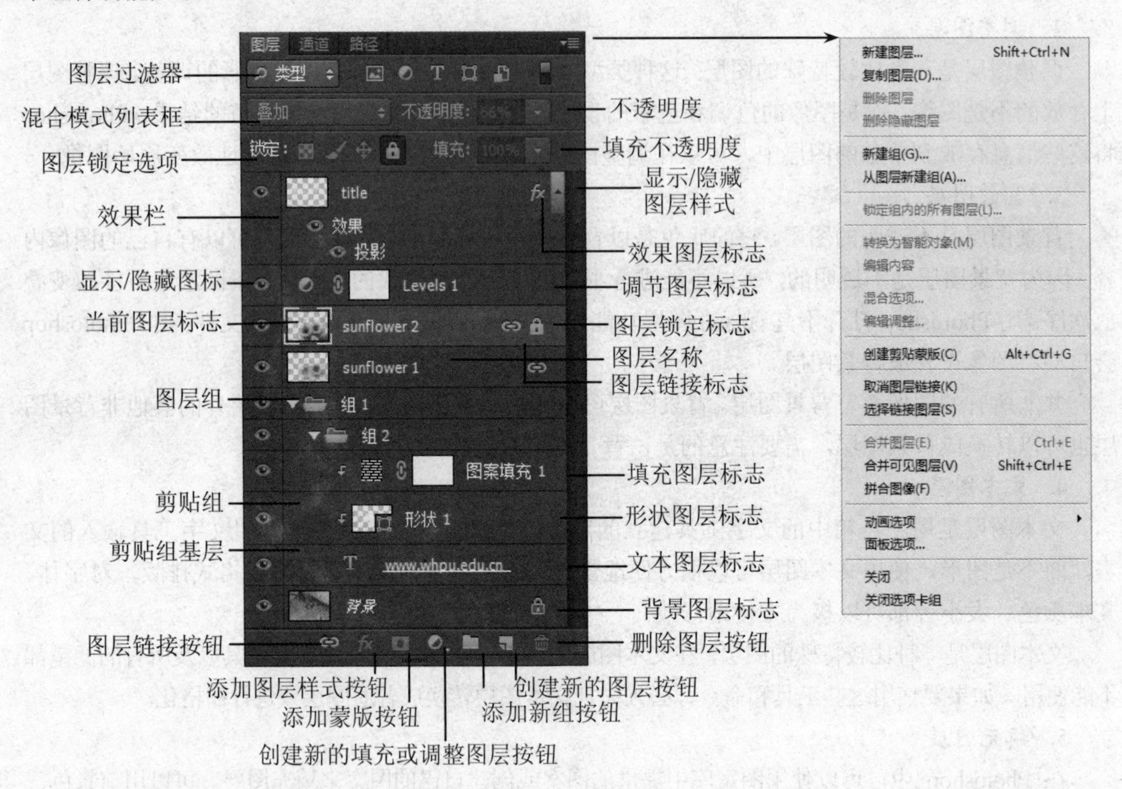

图 5.1　图层面板

1. *图层过滤器*

Photoshop CS6 新增图层过滤功能，用于选择某些特定的图层，并在图层面板中隐藏其他图层。图层筛选功能对一些图层元素分类比较明确的文档比较适用，能快速地隔离一些图层单独编辑。使用图层过滤器筛选后被筛选出来的图层在图层面板中显示，所有的图层并不因为是否被选取而在图像中改变其可见性。

选取滤镜类型（类型）：此选项下有名称、效果、模式、属性和颜色一共 5 种类型供选择。选择名称并在其后输入框中输入图层名称的部分文字后，图层面板将显示图层名称中包含输入文字的图层；选取效果、模式、属性或颜色类型并在其后的下拉选择框中选中一种对应的指定类型后，在图层面板中分别显示出该指定类型的图层。

像素图层滤镜（）：图层面板只留下像素化类型的图层，不显示矢量化图层。

调整图层滤镜（）：图层面板只留下调整类型的图层。

文本图层滤镜（）：图层面板只留下文本类型的图层。

形状层滤镜（ ）：图层面板只留下形状类型的图层。

智能对象滤镜（ ）：图层面板只留下含有智能对象的图层。

启用/关闭图层过滤（ ）：启用和关闭图层筛选功能。

2. 混合模式列表框

单击该列表框将打开一个下拉列表，可从中选择该图层与其他图层叠合时所采用的混合模式。

3. 不透明度与填充不透明度

该项用于设定每个图层的不透明度值。除了设置图层的不透明度（它会影响应用于图层的任何图层样式和混合模式）外，还可以为图层指定填充不透明度。填充不透明度只影响在图层中绘画的像素或在图层上绘制的形状的填充，不影响已应用的图层效果（斜面、投影等）的不透明度。

4. 图层锁定选项

该项用于显示和设定当前图层（背景图层除外）或图层组的锁定状态。可以锁定图层和图层组的部分属性，以确保图层的属性不被更改。图层完全锁定时，不能编辑图像像素、移动图像或更改不透明度、混合模式以及该图层上应用的图层样式。设定图层锁定选项后图层面板上该图层后面将更改相应的图层锁定标志。

5. 图层面板菜单

单击图层面板右上角的小三角形按钮（ ），可打开如图5.1右边所示的图层面板菜单，其中可以执行图层的一些基本操作，如建立新图层、删除图层、复制图层、合并图层、合并链接图层、合并可见图层等。

6. 显示/隐藏图标

显示/隐藏图标位于图层面板一个图层的最左端，形似眼睛（ ），如图5.1所示，用于显示或隐藏该图层。用鼠标单击该图标，可切换该图层的显示或隐藏状态。当“眼睛”可见时，该图层在图像中可见，此时可以对该图层进行各种编辑操作；反之，若其不可见，则该图层也隐藏。

7. 现用图层

现用图层（在Photoshop CS以前的版本中称为当前图层，在本书中后面均称为当前图层）即正在编辑的图层，或者说是正处于编辑状态的图层。当前图层在图层面板中以蓝色背景区别于其他图层。要对某一图层进行编辑时，必须把该图层变成当前图层。用鼠标单击某一个图层的缩略图或图层名时，该图层即变为当前图层。

8. 图层缩略图

在图层面板中每一行对应一个图层，每个图层都有一个图层缩略图，也称预览视图，以图标的形式显示该图层的内容，以便于识别。在编辑过程中，图层缩略图也会同步改变。为了能够更易于识别缩略图中的内容，可以调整预览图像的大小。执行图层面板菜单中的“面板选项”菜单命令，打开如图5.2所示的“图层面板选项”对话框，在缩略图大小选项组中可以设置缩略图的大小，若选择“无”单选按钮，则在图层面板中不显示预览缩图。现在设置如图5.2所示的选择，单击“确定”按钮，会发现预览图像被放大了，如图5.3所示为图5.1图层面板调整之后的结果。

9. 图层名称

所有的图层都有自己的名称，如果在建立新图层时没有给新图层命名，Photoshop会以默认的图层1、图层2……给图层命名。图层名称在预览缩略图的右侧。直接双击图层名称，可以更改图层或图层组的名称。为了更加简洁明确地体现各图层之间的关系，还可以在图层面板中以不同的底色来显示图层。

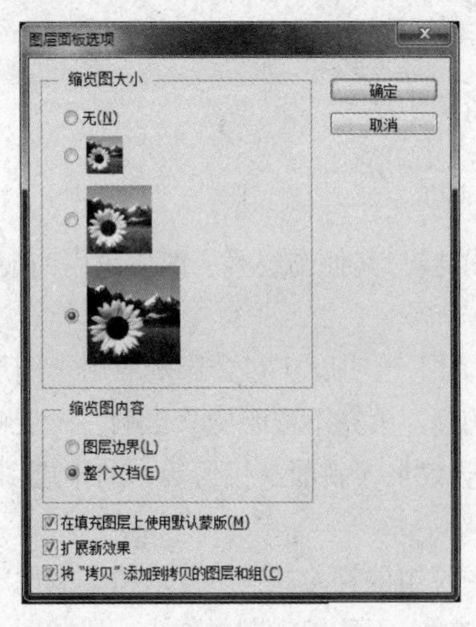

图 5.2　“图层面板选项”对话框

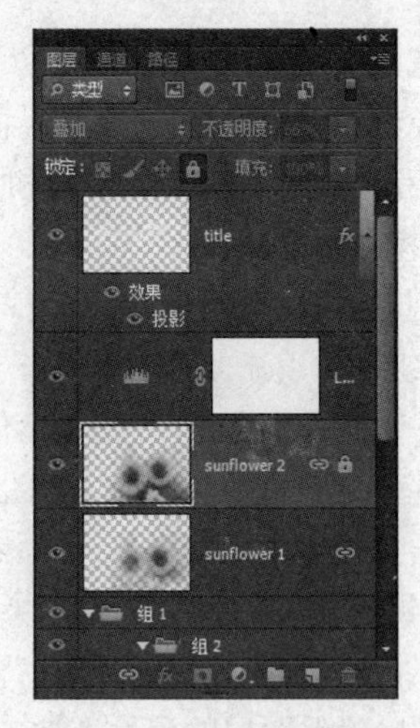

图 5.3　调整后的预览视图

10. 图层链接标志

如果该图层或组与其他图层或组建立了链接，在其名称后面就有图层链接标志（）。图层链接用于把两个或多个图层或组链接起来。与同时选定的多个图层不同，链接的图层将保持关联，直至取消它们的链接为止。可以对链接的图层移动、应用变换以及创建剪贴蒙版等操作。建立了链接关系的图层在移动时将一起移动，它们的相对位置保持不变。任何图层都可以建立链接。

11. 各种特殊图层标记

对于一些特殊的图层，如文本图层、调整图层和效果图层，在图层面板中都有对应的标记，用鼠标双击图层标记可以打开相应的对话框，然后对其进行编辑。

12. 剪贴组与剪贴组基层

通过使用剪贴蒙版结合在一起的多个图层称为一个剪贴组，在剪贴组中，最底下的图层（称为剪贴组基层）充当整个剪贴组的蒙版。例如，一个图层上可能有某种形状，覆盖在上面的图层可能有纹理，而最顶层的图层上有一些文字。如果将三个图层定义都为剪贴组，则纹理和文本只能通过基底层上的形状显示，并采用基底层的不透明度。

要想创建一个剪贴组，可以选择一个图层为当前图层，然后执行“图层/创建剪贴蒙版”菜单命令。

13. 图层蒙版

在图层中使用蒙版后，在图层缩略图的右侧出现蒙版的缩略图。关于图层蒙版的介绍请参见 5.7 节。

14. 图层菜单

在“图层”菜单中提供了大量的图层操作命令，如图 5.4 所示，通过这些命令可实现对图层的几乎所有操作。其中大部分命令在图层面板中已有提及，本章后续会作详细的介绍。

图 5.4　“图层”菜单

注意：根据当前图层的属性不同，该菜单中的部分命令的有效性和内容会发生一些变化。

5.2　新建图层

下面具体介绍 Photoshop 中的 6 种图层——普通图层、调整图层、背景图层、文本图层和形状图层以及填充图层的建立方法。

5.2.1　新建普通图层

普通图层在图层的运用中是最频繁的。执行“图层/新建/图层”菜单命令，打开新建普通图层对话框，如图 5.5 所示。在名称一栏中输入将要建立的新图层的名称；若不输入，则默认的名称为图层 1，图层 2 等；其中，“不透明度”选项和“模式”选项可以参见第 3 章中的内容。“使用前一图层创建剪贴蒙版”复选框用于设定新图层是否与前面的图层为同一编组。新建立的普通图层将位于原当前图层的上面，图层上是空白的，背景为透明的，并成为当前图层。

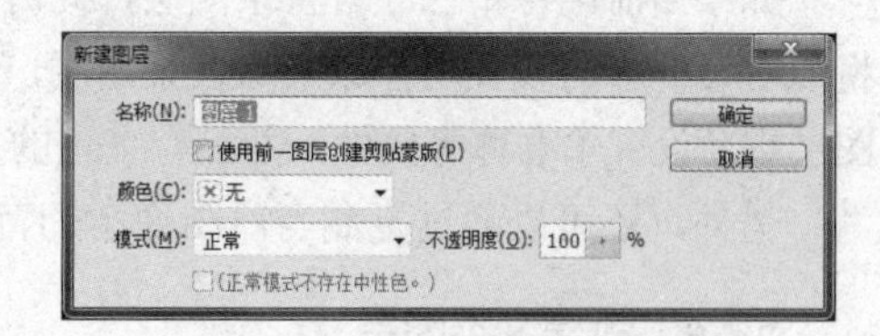

图 5.5　新建普通图层对话框

5.2.2　新建调整图层

调整图层的功能是在图片的像素点之外，用颜色及其色调来调节图片的色彩和色调，调整图层犹如一层面纱，它覆盖在其他图层的上面。

执行“图层/新建调整图层”菜单命令将打开如图 5.6 所示的子菜单，在选中一个调整类型后系统弹出新建调整图层对话框，如图 5.7 所示（以新建“色阶”调整图层为例），设置好各项参数之后单击“确定”按钮，将出现相应的调整对话框（如图 5.8 所示），然后可以使用该对话框，进行色彩或色调的调节。

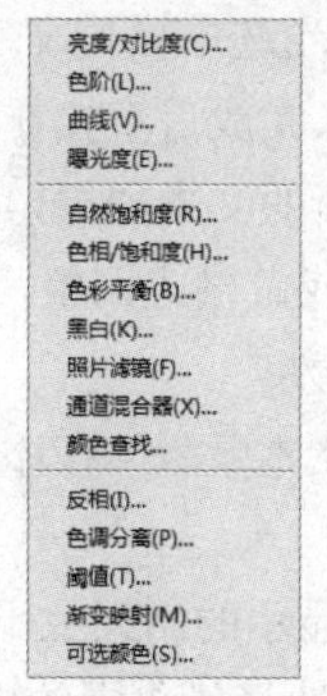

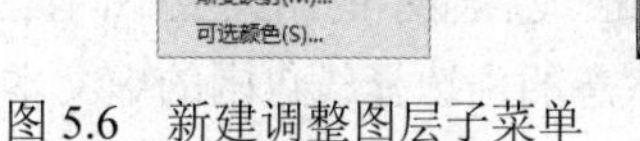

图 5.6　新建调整图层子菜单

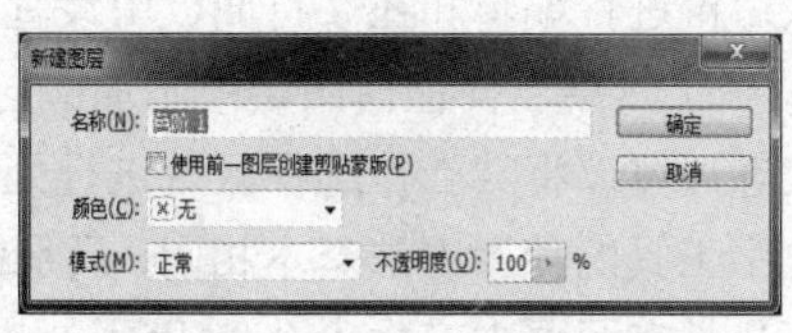

图 5.7　新建调整图层对话框

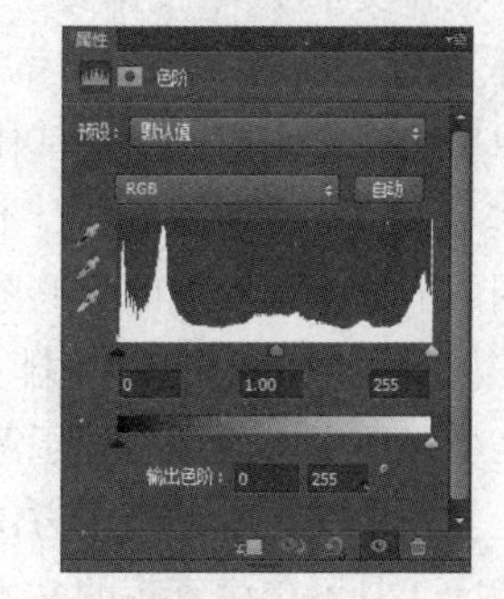

图 5.8　调整图层对话框（色阶）

建立了调整图层后，它将影响其所在调整图层覆盖下的其他图层，将多个图层一起来调整，这种方法比分开来一层一层地调整要好得多。为了控制调整图层覆盖其他图层的效果，可创建一个剪贴组，其中包含调整图层和其他图层。

新创建的调整图层将出现在图层面板的最后一个图层的上面，可以在任何时候编辑其色彩和色调。调整图层具有与其他图层相同的模式和透明度，并可以将其在命令序列中删除、隐藏或复制。调整图层始终具有选择下面图层区域的功效，如果在创建调整图层之前选择了一个区域，那么调整范围就定义于该选择区域内。

5.2.3 创建背景图层

一幅图像最多只能有一个背景图层，如果当前图像没有背景图层，可以将图像中原有的某一个或多个非调节图层转化为背景图层。

如果当前图像没有背景图层，可以执行“图层/新建/背景图层”菜单命令得到背景图层。首先新建一个图层或选中准备转换为背景图层的层作为当前图层，然后执行“图层/新建/背景图层”菜单命令。新创建背景图层时不打开对话框，可以观察到前面选中的图层已经变为背景图层：图层名已被改为“背景”，其位置也一定在最下面，而且不论原先的锁定状态如何，一律变为背景锁定状态；但该图层中的图像内容依然不变，透明区域全部用背景颜色填充。

如果当前图像中已经有背景图层，此时执行“背景图层”命令后将弹出“新建图层”对话框，将该对话框中的设置用于原来的背景图层，而原有的背景图层还是背景图层，也就是相当于给背景图层重新设置了名称等属性，并没有真正的重新建立新的背景图层。

另外，还可以通过复制当前图像中的背景图层到新建的图像文件中作为背景图层。

5.2.4 新建文本图层

1. 创建文本图层

可以在图像中的任何位置创建横排文字或直排文字。根据使用字体工具的不同，可以输入“点文字”或“段落文字”。点文字用于输入一个或一行字符，段落文字用于以一个或多个段落的形式输入文字并设置格式。

新建文本图层要使用文字工具。文字工具包括横排文字工具（）、直排文字工具（）、横排文字蒙版工具（）和直排文字蒙版工具（），分别对应输入横行文字和直行文字。利用文字工具中的文字工具和直排文字工具输入文字后，Photoshop 将自动创建一个新文本图层，此时的新图层带有大写的“T”字母标识。

横排文字工具/直排文字工具用于向图像中添加横向/竖向格式的文本。当选中横排文字工具/直排文字工具后，在图像中需要输入文本的地方单击即可开始输入文字，输入完成后直接在图层面板中单击其他图层或新建其他图层等操作即可，Photoshop 将自动创建一个新的文本图层，将输入的文本放置于文本图层中且不处于浮选状态。如果要对输入的文字进行编辑或做格式调整，可以双击图层面板中该图层的缩略图，然后再进行编辑和在字符面板中设置各项参数。

横排文字蒙版工具/直排文字蒙版工具用于向任何图层中添加横向/竖向文本蒙版，在添加时不会产生新图层，且文本处于浮选状态，可以将其当作选择区域进行处理。

文本蒙版工具的使用方法与文字工具的使用方法基本相同，只是在最后显示的结果上不同，文本蒙版工具不产生真正的文本，而只是在图层中产生一个处于浮选状态的由选择线包围的虚文本。对于这种虚文本，可以进行如下操作：

- 使用移动工具将虚文本移至任意位置。
- 使用油漆桶等着色工具对虚文本进行填充着色或填充图形。
- 将虚文本存储到一个文字通道中，以便在将来随时调出使用。
- 可添加一个新图层，将虚文本贴入新图层并填充颜色。

2. 编辑文本图层

创建文本图层后，可以编辑文字，包括更改文字取向、应用消除锯齿、在点文字与段落文字之间转换、基于文字创建工作路径或将文字转换为形状。可以像处理正常图层那样移动、重新叠放、拷贝和更改文本图层的图层选项，也可以对文本图层做以下更改并且编辑文字：

- 应用“编辑”菜单中的变换命令，“透视”和“扭曲”除外。（若要应用“透视”或“扭曲”命令，或要变换部分文本图层，必须栅格化文本图层，使文字无法编辑。）
- 使用图层样式。
- 使用填充快捷键。
- 变形文字以适应多种形状。

（1）更改文字取向。文本图层的取向决定了文字行相对于文档窗口（对于点文字）或定界框（对于段落文字）的方向。当文本图层垂直时，文字行上下排列；当文本图层水平时，文字行左右排列。不要混淆文本图层的取向与文字行中字符的方向。

需要更改文字取向时的操作步骤为：在图层面板中选中文本图层；然后执行“图层/文字/水平”命令或执行“图层/文字/垂直”命令。其中，水平、垂直的意义如下：

- 水平：执行该命令可以将当前文本图层中的文字改变为水平格式。
- 垂直：执行该命令可以将当前文本图层中的文字改变为垂直格式。

（2）消除锯齿。消除锯齿允许通过部分填充边缘像素产生边缘平滑的文字，其结果使文字边缘平滑融合到背景中。

当创建联机使用的文字时，需考虑到消除锯齿会大大增加原图像中的颜色数量。这限制了减少图像中的颜色数量并由此减小优化文件大小的能力，并可能导致文字边缘出现杂色。当文件大小和限制颜色数量是最重要的因素时，最好不使用消除文字锯齿边缘功能，不考虑锯齿状边缘。另外，考虑使用比印刷品中所用的文字大些的文字。较大的文字使联机查看更方便，并且使在决定是否对文字应用消除锯齿时有更大的自由度。

使用消除锯齿时，小尺寸和低分辨率（如用于 Web 图形的分辨率）的文字的渲染可能不一致。若要减少这种不一致，请在字符面板菜单中取消选择“部分宽度”选项。

文本图层消除锯齿的方法为：首先在图层面板中选择文本图层，然后选择“图层/文字”，并从子菜单中选取选项；或选择文字工具并从选项栏的消除锯齿菜单中选取选项：

- 消除锯齿无：不应用消除锯齿，如图 5.9 左图所示。
- 消除锯齿锐化：使用过渡颜色消除文字边缘锯齿。
- 消除锯齿明晰：使文字显得更鲜明。
- 消除锯齿强：使文字显得更粗重，如图 5.9 右图所示。
- 消除锯齿平滑：使文字显得更平滑。

图 5.9　消除锯齿“无”和“强”效果对比

（3）文字变形。Photoshop 允许扭曲文字以适应各种形状；例如，可以按扇形或波浪形使文字变形。选择的变形样式是文本图层的一个属性，可以随时更改图层的变形样式以更改变形的整体形状。变形选项可以精确控制变形效果的取向及透视。

变形应用于文本图层的所有字符，不能只变形选中的字符。将变形应用到文本图层时，无法调整段落文字定界框的大小或变换定界框。

无法变形包含“仿粗体”格式的文本图层，也无法变形使用不包含轮廓数据的字体（如位图字体）的文本图层。

变形文字的步骤如下：

1）选择文本图层。

2）执行“文字/文字变形”命令，系统弹出如图 5.10 所示的“变形文字”对话框。

3）从“样式”下拉列表中选取变形样式。

4）选择变形效果的取向：“水平”或“垂直”。

5）如果需要，设定其他变形选项：“弯曲”指定对图层应用的变形程度；“水平扭曲”和“垂直扭曲”对变形应用透视效果。

6）单击“确定”按钮，文字变形的效果如图 5.11 所示。取消变形字体的方法是按上述应用变形文字的步骤 3）中选择样式为“无”即可。

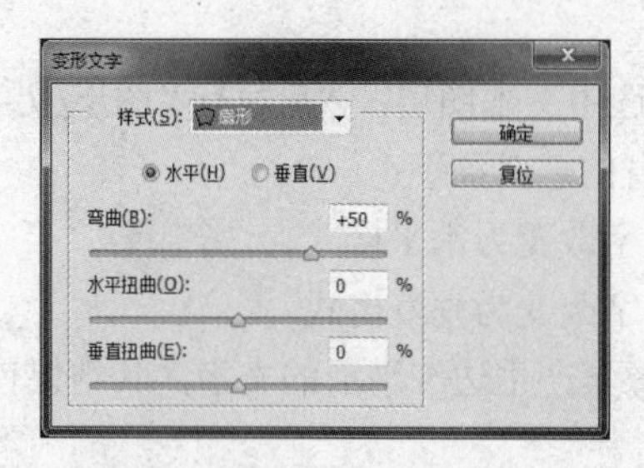

图 5.10　“变形文字”对话框

图 5.11　文字变形效果对比

（4）点文字与段落文字的相互转换。可以将点文字转换为段落文字，在定界框中调整字符排列。也可以将段落文字转换为点文字，使各文本行彼此独立排列。

将段落文字转换为点文字时，每个文字行的末尾（最后一行除外）都添加一个回车。将点文字转换为段落文字时，必须删除段落文字中的回车，使字符在定界框中重新排列。

将段落文字转换为点文字时，所有溢出定界框的字符都被删除。若要避免丢失文本，请调整定界框，使全部文字在转换前都显示。

（5）基于文字创建工作路径或将文字转换为形状。基于文字创建工作路径将字符作为矢量形状处理。工作路径是出现在路径面板中的临时路径。基于文本图层创建了工作路径后，就可以像对待其他路径那样存储和处理该路径。无法将此路径中的字符作为文本进行编辑，但是，原文本图层保持不变并可编辑。

将文字转换为形状时，文本图层由包含基于矢量的图层剪贴路径的图层所替换。可以编辑图层剪贴路径并将样式应用于图层，但是，无法在图层中将字符作为文本进行编辑。

（6）栅格化文本图层。某些命令和工具不适用于文本图层，例如滤镜效果和绘画工具。必须在应用命令或使用工具之前栅格化文字。栅格化将文本图层转换为正常图层，并使其内容成为不可编辑的文本。如果选取了需要栅格化图层的命令或工具，将出现一条警告信息。警告信息提供“确定”按钮，单击此按钮将栅格化图层。但需要注意的是，文本图层转变为普通图层后便不能再转变回文本图层了，即文本图层转变为普通图层后也就失去了文本图层的文本编辑功能。

（7）编辑文字。可以在文本图层中插入新文本、更改现有文本和删除文本。

在文本图层中编辑文本的步骤如下：

1）选择文字工具。

2）在图层面板中选择文本图层，或者单击文本项自动选择文本图层。

3）在文本中置入插入点，然后单击设置插入点（或选择要编辑的一个或多个字符）。

4）根据需要输入文本。

5）确认对文本图层的更改。

用文字工具在图像中单击可将文字工具置于编辑模式。当文字工具处于编辑模式时，可以输入并编辑字符。但是，必须提交对文本图层的更改后才能执行其他操作。若要确定文字工具是否处于编辑模式，请查看选项栏，如果看到“提交”与“取消”按钮( )，说明文字工具处于编辑模式。

5.2.5　新建形状图层

形状图层实际上是一种带有填充路径的填充图层，可以使用形状工具或钢笔工具创建形状图层。首先在工具箱中选中钢笔工具或形状工具，然后在工具选项栏中将形状选项（ ）设定为“新建图层”，依次设定其他各项参数，最后用钢笔工具、自由钢笔工具或形状工具绘制一个图形即可。（如果用钢笔工具或自由钢笔工具绘制的图形不构成一个封闭区域，回车后系统将自动在所绘图形的首尾两点用一条直线段连接起来而构成一个封闭的区域）。此时新的形状图层已经按前面各项参数设定的值新建完成。如果在该形状图层上还要添加其他形状，可以更改工具选项栏中第五组参数后再绘制。

5.2.6　新建填充图层

执行“图层/新填充图层”菜单命令，在如图 5.12 所示子菜单中选取一种填充类型（或单击图层面板下面的“新建调整图层或填充图层”按钮后选择一种填充类型），系统弹出如图 5.13 所示的新建填充图层对话框，在对话框中设定各项参数，单击“确定”按钮，弹出相应的新建填充图层对话框（图 5.13 所示为新建纯色填充图层对话框，图 5.14 和图 5.15 所示为新建渐变填充图层对话框，图 5.16 和图 5.17 所示为新建图案填充图层对话框）。

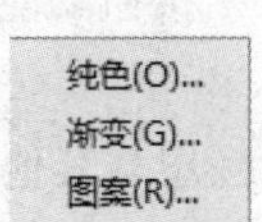

图 5.12　新建填充图层子菜单

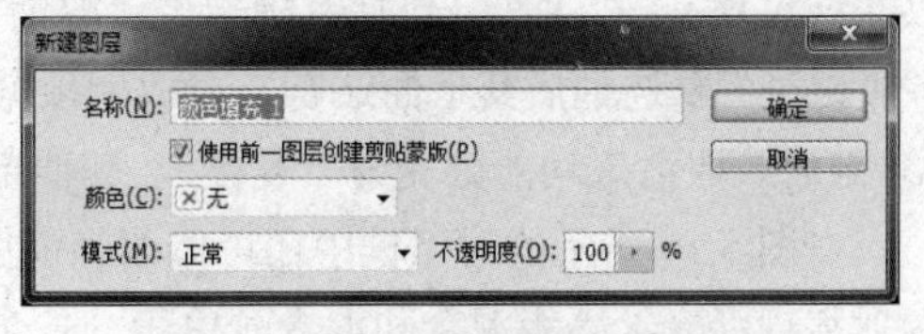

图 5.13　新建纯色填充图层对话框

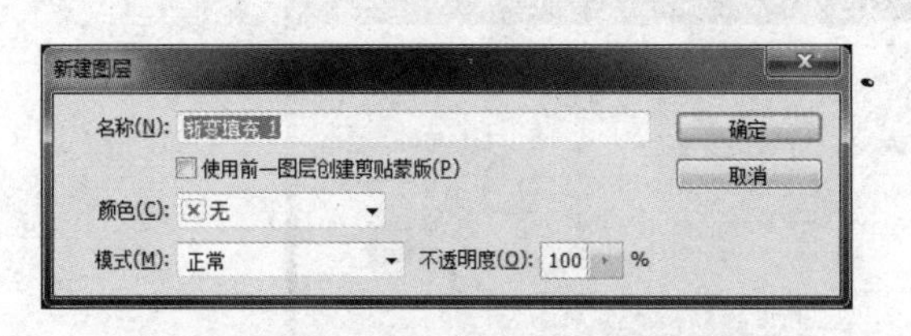

图 5.14　新建渐变填充图层对话框 1

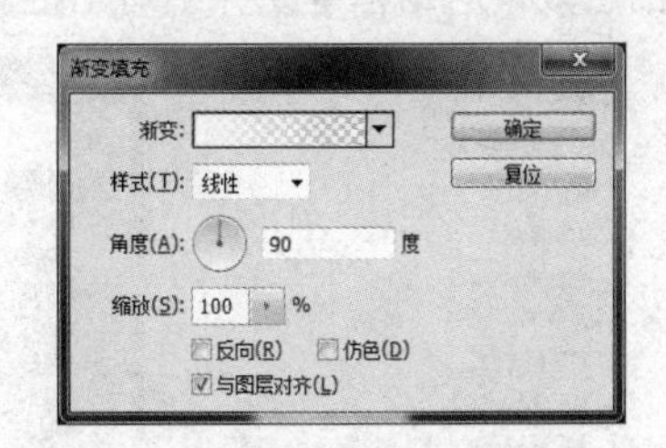

图 5.15　新建渐变填充图层对话框 2

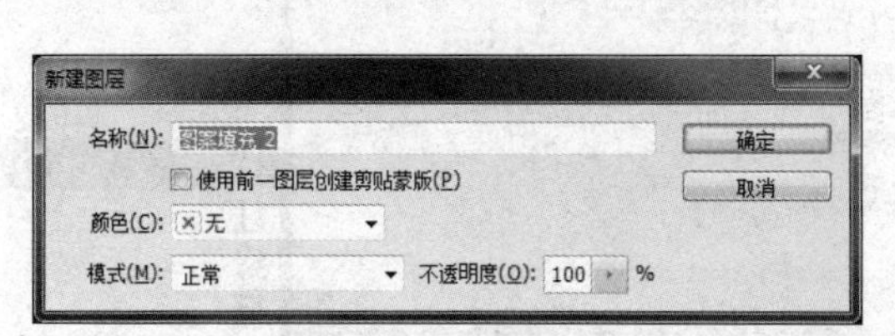

图 5.16　新建图案填充图层对话框 1

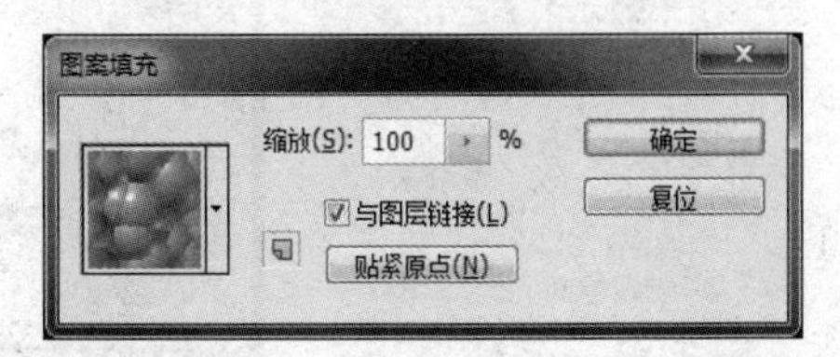

图 5.17　新建图案填充图层对话框 2

若要将填充图层的效果限制到一个选中的区域，先建立一个选区，创建一条闭合的路径并选中该路径，或选中一条现有的闭合路径。使用选区时，创建的调整图层或填充图层由图层蒙版限制。

使用路径时，创建的调整图层或填充图层由图层剪贴路径限制。

5.3 设置图层效果

图层效果可以方便地产生阴影、发光、斜面、浮雕等效果，这些效果可以作用在单个的图层上，而且同一图层中也可以同时使用多种图层效果，也可以将获得的效果进行复制、粘贴、清除等操作。

5.3.1 使用图层效果的方法

图层效果是 Photoshop 中一项强大功能，通过使用它可以很轻松地制作出各种奇妙的效果。它可以在不合并图层的情况下很容易地实现某些滤镜的功能，而且图层的效果可以编辑，从而使图像的编辑具有一定的弹性。

选择“图层/图层样式”，在打开的如图 5.18 所示的子菜单中选择一种图层效果即可以打开相应的对话框，在打开的对话框中输入相应的参数即可以设置图层的效果。

如图 5.19 所示为在图 5.18 所示的子菜单中选择“混合选项”打开的“图层样式”对话框，也可以右击要设置的图层选择“混合选项”或在如图 5.1 右图所示的图层面板菜单中选择“混合选项”来打开。

实际上不管是选择混合模式或是投影等效果时系统弹出的对话框左边和右边部分基本相同，只是中间可以设置参数的部分不一样，以下各小节着重介绍前面没有介绍的部分。

在系统弹出的对话框中左边部分用于设置该图层的混合选项和使用在该图层上的效果（效果可以选择多项）。右边部分包括“确定”、“取消”、“新建样式”三个按钮和一个“预览”复选框，选中“预览”复选框后其下面还有一个效果预览图。其中“新建样式” 按钮功能参考 5.3.6 节。按住 Alt 键后“取消”功能键变为“复位”，其他部分不变。

在图 5.19 所示的对话框中还可修改当前图层的混合选项，即本图层与其他图层混合时的属性，包括常规混合、高级混合和混合颜色带。各个“图层样式”对话框中左边和右边的部分基本一致，以下各图层效果对话框中只介绍对话框中间部分前面未出现的选项。

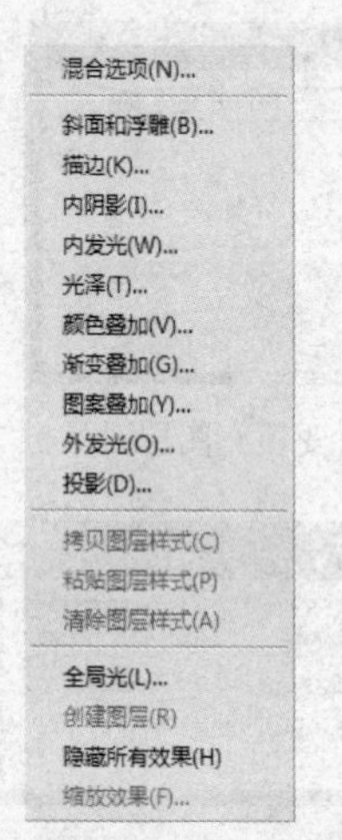

图 5.18 “图层样式”子菜单

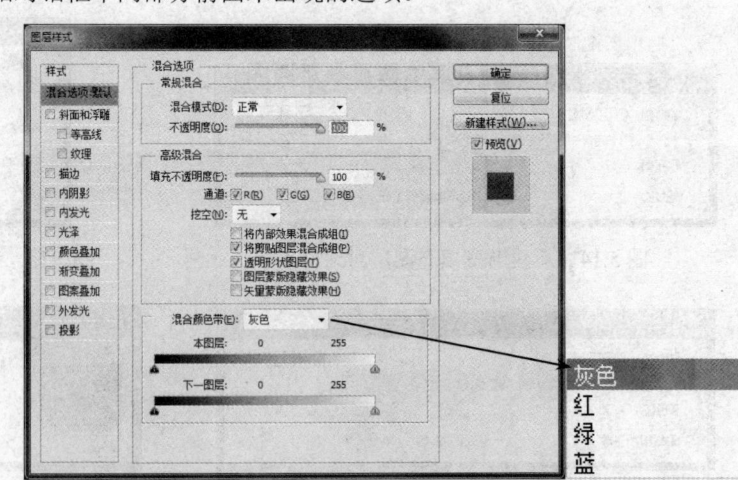

图 5.19 “图层样式”对话框 1

常规混合列出了当前图层的不透明度和当前所应用的混合模式，可直接对相应的参数进行修改。

高级混合中各项意义如下：

填充不透明度：除了设置不透明度（影响应用于图层的任何图层样式和混合模式）以外，还可以为图层指定填充不透明度。填充不透明度影响图层中绘制的像素或图层上绘制的形状，但不影响已应用于图层的任何图层效果的不透明度。

通道：将混合效果限制在指定的通道内。关于通道的概念可参考 5.5.1 节。默认情况下，将包括所有原色通道。根据图像的通道模式不同其后面出现的复选框内容也不相同，图 5.19 所示为 RGB 模式。

挖空：包括“无”、“浅”和“深”三个选项。选择“浅”会挖空到第一个可能的停止点（如包含挖空选项的组或剪贴蒙版的底部）。选择“深”会挖空到背景。如果没有背景，则“深”会挖空到透明区域。

将内部效果混合组成：相当于把内发光、光泽、颜色叠加/渐变叠加/图案叠加这几种样式合并到图层本身中，从而使这些样式受填充不透明度和图层混合模式的作用且不遮挡上方被剪切层。

将剪贴图层混合组成：选中此选项可以将构成一个剪切组的层中最下面图层的混合模式样式应用于这个组中的所有的层。如果不选中，组中所有的层都将使用自己的混合模式。

透明形状图层：不选中此项的话，整个图层就没有“透明”的地方了。在图层组的剪切蒙版中添加图层样式效果，同样也会受限制。

图层蒙版隐藏效果/矢量蒙版隐藏效果：选中此选项相当于先把样式和图层合并，然后使用蒙版，不选中则相当于先使用图层蒙版再使用样式。在使用蒙版制造渐隐效果的时候需要把样式一起隐掉。

混合颜色带：在此选项中可以在指定的颜色通道中进行调整。此选项将根据图像的颜色模式不同而不同。选取“灰色”以指定所有通道的混合范围。选择单个颜色通道（如 RGB 图像中的红色、绿色或蓝色）以指定该通道内的混合。最终图像中将显示现用图层中的那些像素以及下面的可视图层中的那些像素。例如，您可以去除现用图层中的暗像素，或强制下层图层中的亮像素显示出来，还可以定义部分混合像素的范围，在混合区域和非混合区域之间产生一种平滑的过渡。

使用“本图层”和“下一图层”滑块来设置混合像素的亮度范围从 0（黑）～255（白）。使用“本图层”滑块指定现用图层上将要混合并因此出现在最终图像中的像素范围。例如，如果将白色滑块拖到 235，则亮度值大于 235 的像素将保持不混合，并且排除在最终图像之外。

使用“下一图层”滑块指定将在最终图像中混合的下面的可视图层的像素范围。混合的像素与现用图层中的像素组合产生复合像素，而未混合的像素透过现用图层的上层区域显示出来。例如，如果将黑色滑块拖移到 19，则亮度值低于 19 的像素保持不混合，并将透过最终图像中的现用图层显示出来。拖移右边的白色滑块（）设置范围的高值，拖移左边的黑色滑块（）设置范围的低值。

5.3.2　斜面和浮雕效果

斜面和浮雕效果可以为图层增加不同组合方式的高亮和阴影效果。执行“图层/效果/斜面和浮雕”菜单命令，将弹出斜面和浮雕效果对话框，如图 5.20 所示（效果对比如图 5.21 所示）。在该对话框中可以设置如下选项：

- 样式：该选项用来设置斜面和浮雕效果的样式，共有以下 5 种：
  - 外斜面：沿图层内容的外边缘创建斜面。
  - 内斜面：沿图层内容的内边缘创建斜面。
  - 浮雕效果：创建图层内容相对它下面的图层凸出的效果。

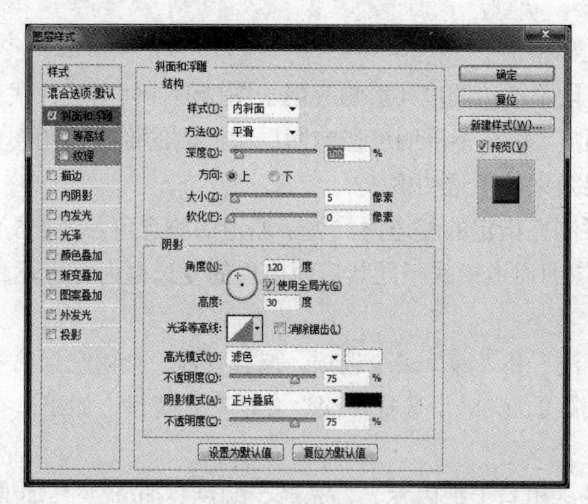

图 5.20 “图层样式”对话框 2（斜面和浮雕效果）

图 5.21 外斜面及枕状浮雕效果

➢ 枕状浮雕：创建图层内容的边缘陷进下面图层的效果。

➢ 描边浮雕：一般用于对文字产生描边的浮雕效果。

- 方法：用于选择斜面或浮雕的硬度，共包括平滑、雕刻清晰和雕刻柔和 3 个选项。其中平滑居中，雕刻清晰效果最强，雕刻柔和效果最柔和。
- 深度：用来指定斜面或浮雕效果的深浅。值越大，则斜面或浮雕效果越深，其中“上”指定向上的深度，“下”指定向下的深度。
- 大小：用来设置高台的高度，一般和“深度”配合使用。
- 柔化：用来对整个效果进行进一步的模糊，使对象的表面更加柔和，减少棱角感。
- 角度：角度调节不仅能够反映光源方位的变化，而且可以反映光源和对象所在平面所成的角度，具体来说就是那个小小的十字和圆心所成的角度以及光源和层所成的角度（高度）。角度设置既可以在圆中拖动来设定，也可以在旁边的编辑框中直接输入数值。“使用全局光”选项选上表示所有的样式都受同一个光源的照射。
- 光泽等高线：光泽等高线高度决定映射颜色的亮度，等高线的形状决定应映射颜色的分布位置，可以通过不同亮度的分布模式来增强图像的立体感。
- 高光模式：用来设置图层效果中高亮部分（模拟光照效果部分）的混合模式和不透明度。模式右侧的颜色框用来决定突出部分的颜色，用此颜色框来选择颜色。
- 阴影模式：用来设置图层效果中阴影部分的混合模式和不透明度。

5.3.3 投影和内阴影效果

通过 Photoshop 中提供的投影效果可以为图层内容添加投影，创建外部阴影效果，为图像增加一些如太阳光照产生的阴影；而内阴影效果则在图层边缘的内部增加投影，与投影效果的突出不同是内阴影使图像产生凹陷的效果，增强图像立体感。

1. 投影效果

执行“图层/图层样式/投影”菜单命令，打开如图 5.22 所示的“图层样式”对话框，该对话框中各项参数意义如下：

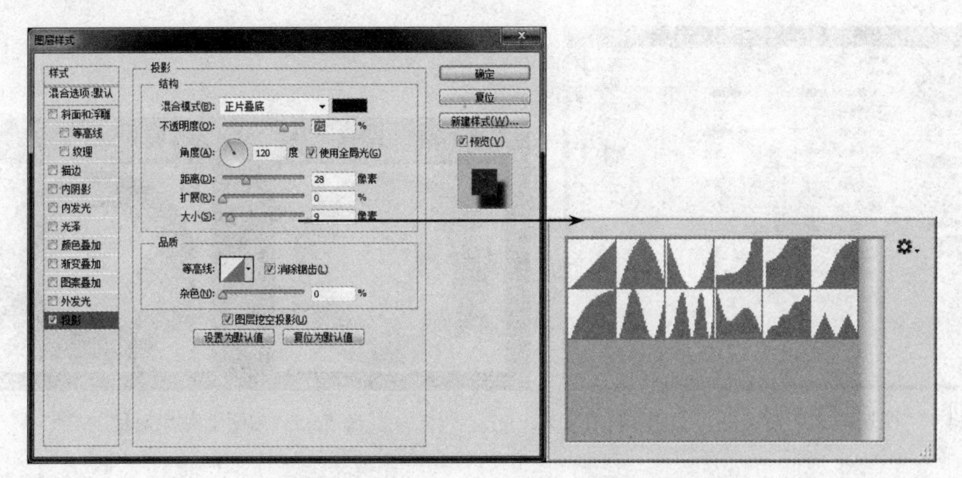

图 5.22　“图层样式”对话框 3（投影效果）

- 角度：设置应用于图层投影效果的光照角度。其中“使用全局光”复选框用来指定是否所有图层投影效果使用相同的角度值。
- 距离：用来指定投影与当前图层内图像的距离，默认为 5 像素。
- 扩展：指定阴影的模糊程度，体现光源的远近，取值范围是 0%～100%，其值越大，模糊的效果将会越明显。
- 大小：指定阴影的浓度，取值范围是 0%～100%，值越大，阴影的浓度越大。
- 等高线：用于调整应用到阴影上的轮廓线，以得到立体效果。单击右侧的三角按钮可以在对话框中选择一种等高线（也可以自定义等高线）。
- 消除锯齿：选中该复选框将平滑处理阴影边缘。
- 杂色：在阴影中添加斑点或杂色效果。
- 在投影效果对话框中设置好上述选项，此时，如果选定了“预览”复选框，就可以在图像中看到设置的投影效果。调整各选项，达到自己满意的效果后单击“确定”按钮即可，按图 5.22 所示设置参数后投影的效果如图 5.23 所示。

图 5.23　投影效果对比

2. 内阴影效果

内阴影效果能在图层内图像边缘的内部增加投影，使图像产生立体感和凹陷感，但效果相对来说不是太明显。

执行“图层/图层样式/内阴影”菜单命令，打开如图 5.24 所示的“图层样式”对话框，其中的选项设置与投影对话框中的基本相同，在此不再详细讲解了。图 5.25 所示分别为图像中的图层应用内阴影效果前后的不同表现。

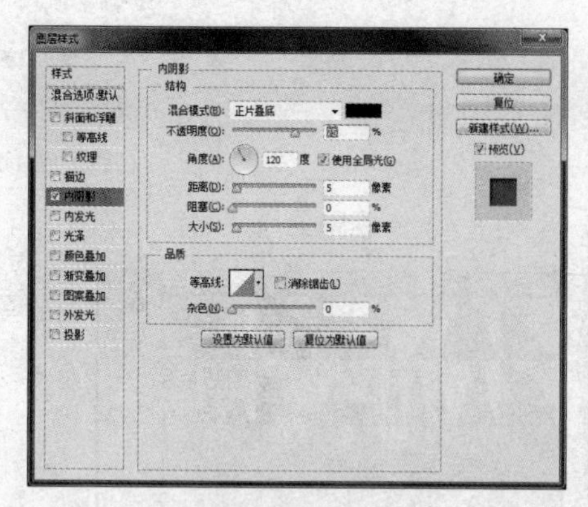

图 5.24 “图层样式”对话框 4（内阴影效果）

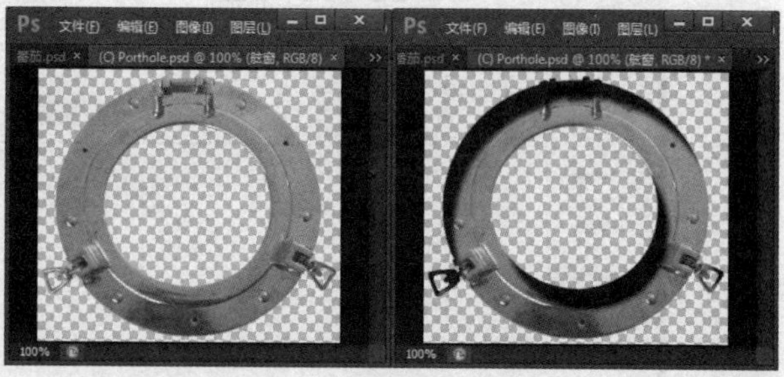

图 5.25 内阴影效果对比

5.3.4 外发光和内发光效果

外发光效果可使图像边缘的外部增加发光效果。执行“图层/图层样式/外发光”菜单命令，将弹出如图 5.26 所示的外发光效果对话框，如图 5.27 左图所示为外发光时的效果。在外发光效果对话框中各项设置意义如下：

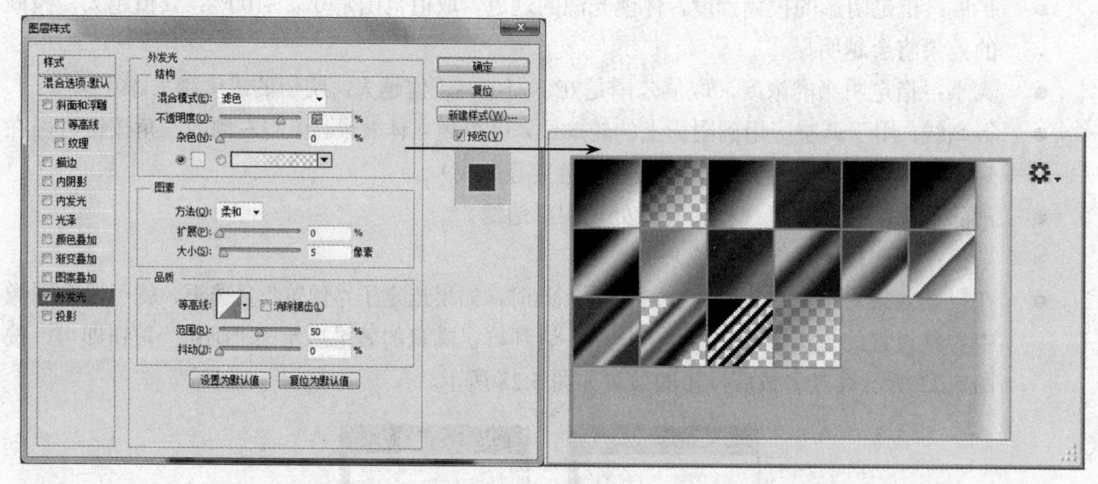

图 5.26 “图层样式”对话框 5（外发光效果）

- 颜色方块：单击后打开“拾色器”对话框，在其中可以选择发光的颜色。选中前面的单选按钮使用纯色光照效果。单击渐变效果前的单选按钮使用渐变效果，可以单击其右边的小三角按钮在下拉列表框中选择需要使用的渐变色彩模式。
- 方法：边缘像素的分布类型，下拉框中包括柔和和精确两个选项。
- 扩展：设置光晕效果的边缘扩展程度。
- 大小：调整光晕的范围和柔和程度。
- 范围：调整轮廓的应用范围，数值越大，发光的光晕越模糊。

- 抖动：在对话框中选择渐变色的光晕时，随机调整渐变光线，并添加噪音效果。

内发光效果可使图像边缘的内部增加发光效果。执行“图层/图层样式/内发光”菜单命令，将弹出与外发光效果对话框基本相同的内发光效果对话框，如图 5.28 所示，其中比外发光效果对话框多了两个单选按钮。选择“居中”单选按钮可使发光效果从图层内容的中心发光。选择“边缘”单选按钮可使发光效果从图层内容的边缘发光。如图 5.27 右图所示为选择内发光的效果。

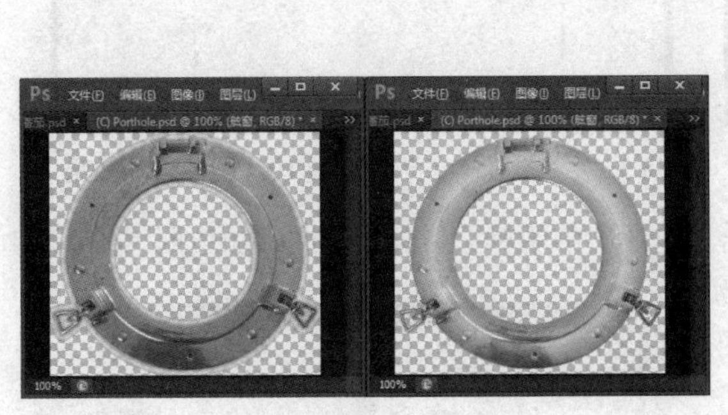

图 5.27　外发光及内发光效果

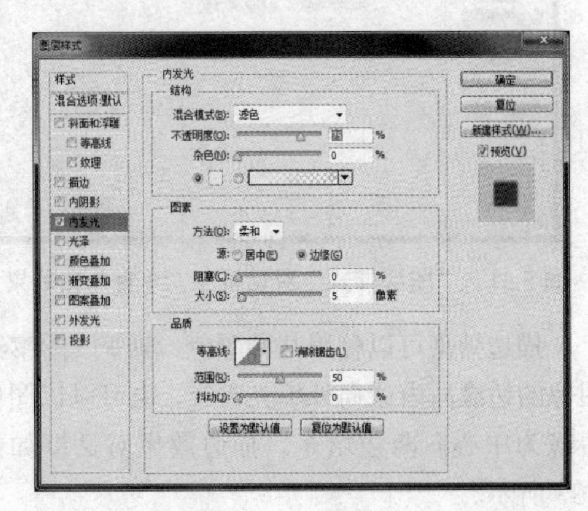

图 5.28　“图层样式”对话框 6（内发光效果）

5.3.5　其他图层效果

在 Photoshop 中，除了以上各小节介绍的图层效果外，还有光泽、颜色叠加、图样叠加、描边和渐近叠加等特殊图层效果。

使用光泽效果时为图层中的对象添加光线照射效果，使对象内部产生过渡阴影，消除图层中各部分之间的强烈颜色反差，可以用来为图像产生一种类似绸缎般光滑的效果，其对话框如图 5.29 所示。颜色叠加可以方便地为所选定的图层填充一定的颜色，其作用相当于在当前图层之上叠加一个颜色膜。颜色叠加效果对话框如图 5.30 所示。

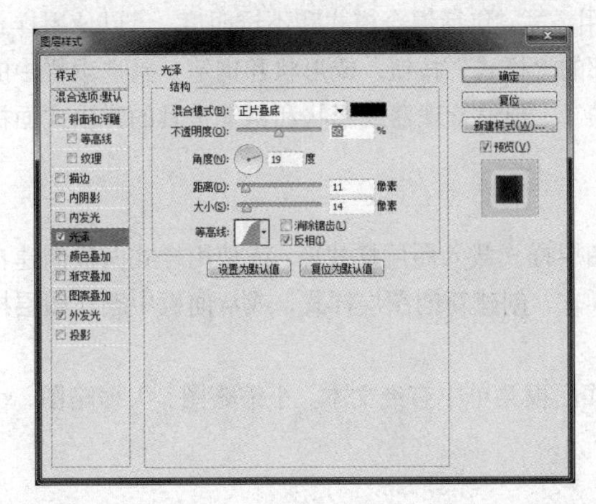

图 5.29　“图层样式”对话框 7（光泽效果）

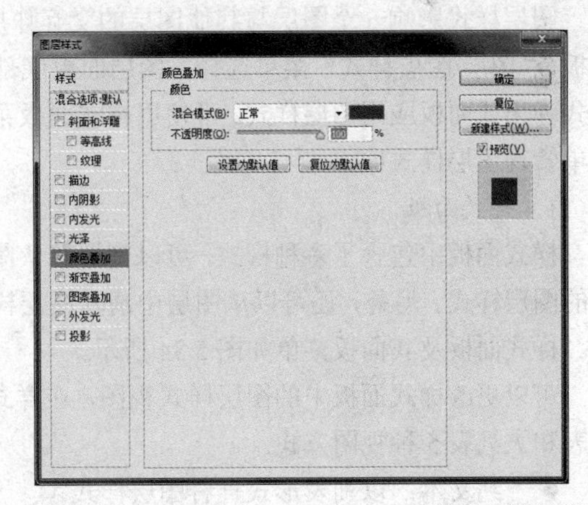

图 5.30　“图层样式”对话框 8（颜色叠加效果）

渐变叠加效果为图层中的对象按一定角度和方向添加渐变填充的效果。渐变叠加效果对话框如图 5.31 所示，其中的样式下拉列表框中包括线性、径向、角度、对称和菱形共 5 种渐变填充样式。

图案叠加就是用某种图案覆盖图层中的内容，图案叠加效果对话框如图 5.32 所示。

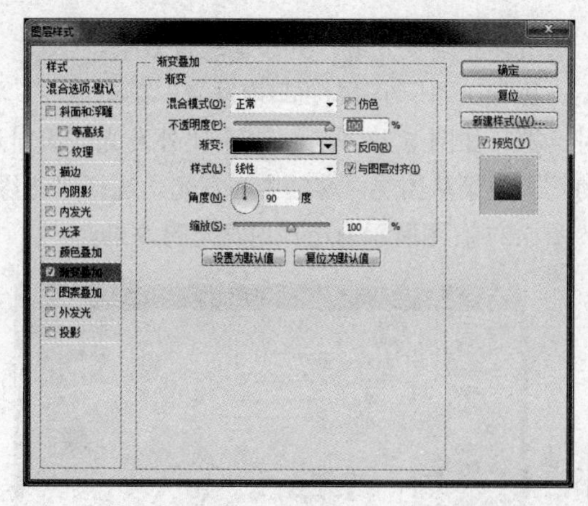

图 5.31　“图层样式”对话框 9（渐变叠加效果）

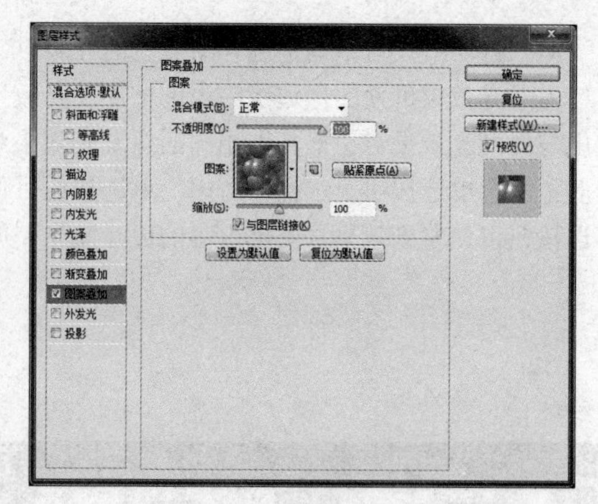

图 5.32　“图层样式”对话框 10（图案叠加效果）

描边效果可以使用某种颜色、渐变或图案给选定图层中的对象勾画轮廓或添加边框。它可以由图像的边缘向内或向外填充内容，也可以以图像边缘为中心向两边填充。描边效果对话框如图 5.33 所示。

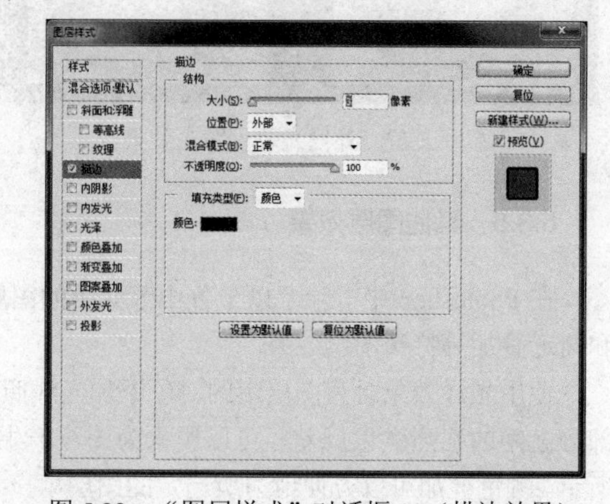

图 5.33　“图层样式”对话框 11（描边效果）

5.3.6　图层效果样式

图层样式由一个或多个图层效果组成，可以在任何图像的图层中应用图层样式。将图层效果应用于图层后，即创建了一个由这个单独的效果组成的自定图层样式。可以使用图层样式替换应用于图层的所有当前图层效果，或者添加图层效果而同时保留现有图层效果，还可以存储结果图层样式以便重新使用。

图层样式影响一个图层与其他图层的交互作用方式，包括混合模式和不透明度。可以使用样式面板、“图层/图层样式”菜单选择、图层面板底部的“样式”按钮，或形状和钢笔工具选项栏中的样式弹出式面板应用图层样式。可使用样式面板菜单、预设管理器或形状和钢笔工具的弹出式面板菜单管理图层样式库。

1. 样式面板

样式面板中包含了多种样式，可以使用默认图层样式载入图层样式库，或使用样式面板创建自己的图层样式。另外，还可以从图层中清除图层样式，创建新的图层样式，或从面板中删除图层样式。样式面板及其面板菜单如图 5.34 所示。

可以更改样式面板中的图层样式视图，在样式面板菜单中有纯文本、小缩略图、大缩略图、小列表和大列表 5 种视图方式。

- 纯文本：以列表形式查看图层样式。
- 小缩略图：以小缩略图形式查看图层样式。
- 大缩略图：以大缩略图形式查看图层样式。
- 小列表：以列表形式查看图层样式，同时显示选中图层样式的缩略图（较小）。
- 大列表：以列表形式查看图层样式，同时显示选中图层样式的缩略图（较大）。

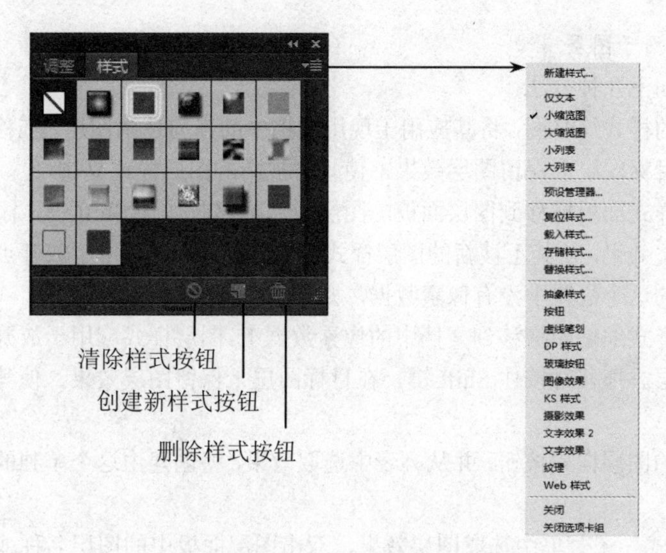

图 5.34　图层样式面板及面板菜单

图层样式按创建的顺序从上到下（在缩略图视图中从左到右）显示。

如果要从样式面板中删除图层样式可以在样式面板中选择图层样式，然后将图层样式拖移到样式面板底部的“删除样式”按钮上（或按住 Alt 键并单击样式面板中的图层样式）。

若要重新命名图层样式，可以在样式面板中双击新图层样式，重新命名图层样式，然后单击“确定”按钮。

2. 新建样式

可以使用现有样式创建新样式，或将一些图层效果应用于图层，包括投影、发光、斜面和浮雕效果。将一个或多个图层效果或图层样式应用于图层时，图层面板中图层名称的右边会出现倒三角形和图层样式图标。另外，包含图层样式中每种图层效果的效果栏显示在图层名称下面的缩进列表中。图层样式与图层内容链接，移动或编辑图层上的内容时，应用于该图层的图层样式也相应地被修改。

新建样式的步骤是：首先将图层效果应用于图层，在图层面板中，单击该图层中的效果栏或图层名称旁边的图层样式图标选择图层上的样式（或单击选中图层效果名称）选择一个或一组图层效果，然后将选中的图层样式拖移到样式面板中或拖移到样式面板中的“创建新样式”按钮上。在“新建样式”对话框中输入名称，并选择“包含图层效果”或“包含图层混合选项”，最后单击“确定”按钮。

也可以在“图层样式”对话框中创建新样式，先在左边的效果列表中选中效果名称，然后在右边设置选项，再单击“新建样式”按钮，在弹出的对话框中输入新样式名称即可。从左边的列表中选择名称时，右边的选项也随之更改。可以从样式面板中选择或取消选择选项，以创建所需的结果。

3. 将图层样式存储为图层

若要自定或调整图层样式的外观，可以将图层样式转换为常规图像图层。将图层样式转换成图像图层后，就可以通过绘画或应用命令和滤镜来增强效果。但是不能再在原图层上编辑图层样式，并且在更改原图像图层时图层样式将不再更新。

在图层面板中，选择包含要转换的图层样式的图层，然后执行“图层/图层样式/创建图层”菜单命令。接下来可以用处理常规图层的方法修改和重新堆叠新图层。某些效果将转换为剪贴组中的图层。

4. 将图层样式应用于图层

应用图层样式有如下几种方法：

单击样式面板中的样式缩略图，将其应用于现用文档中的当前选中图层。拖移时按住 Shift 键，添加图层样式同时在目标图层上保留图层效果，使其不被新的图层样式复制。

将样式缩略图从样式面板拖移到图层面板的图层上。拖移时按住 Shift 键，添加图层样式同时在目标图层上保留图层效果，使其不被新的图层样式复制。图层样式应用于放开点处的像素数据所在的图层。如果图像的这个位置中没有像素数据，则不应用图层样式。

将样式面板中的样式缩略图拖移到文档中的像素数据上。图层样式应用于放开点处的图层样式像素所在的最顶层图层。拖移时按住 Shift 键，在目标图层上保留图层效果，使其不被新的图层样式复制。

单击图层面板中的图层样式按钮，并从列表中选取效果，将创建由这个单独的效果组成的图层样式。

从“图层/图层样式”子菜单中选取图层效果，双击图层面板中的图层名称或缩略图，从“图层样式”对话框的样式面板中选择一个或多个图层效果创建图层样式，然后单击“确定”按钮。

打开“图层样式”对话框并单击样式（如图 5.19 所示的对话框左边的列表中最上面一项），单击要应用的样式缩略图，并单击“确定”按钮。

如果正在使用形状或钢笔工具创建图层剪贴路径，则在绘制形状之前从选项栏的弹出式面板中选择样式。

如果在将图层样式拖移到图层上时没有按住 Shift 键，则该图层样式将替换目标图层上的任何现有效果。

在图层之间拷贝图层样式：在图层面板中，选择包含要拷贝的图层样式的源图层，然后执行“图层/图层样式/拷贝图层样式”菜单命令；若要粘贴到一个图层，则在面板中选择目标图层，并选取“图层/图层样式/粘贴图层样式”菜单命令；若要粘贴到多个图层，就需要链接目标图层，然后选取“图层/将图层样式粘贴到链接的”菜单命令，粘贴的图层样式将替换一个或多个目标图层上的现有图层样式。

5.3.7 编辑图层效果

图层效果设置好后如果对图层效果有不满意的地方还可以修改，包括效果类型的编辑。

1. 编辑图层效果参数

编辑图层效果最简单的方法就是在图层面板中双击要编辑效果的图层，此时打开相应的“图层样式”对话框，然后在其中编辑各项参数和选项。也可以执行“图层/图层样式/…”（其中…为相应的图层效果）菜单命令打开效果对话框，重新设置参数后单击“确定”按钮即可。

2. 删除图层效果

移除图层样式：首先在图层面板中选择包含要删除的图层样式的图层，然后双击包含要删除的图层样式的图层名称或图层缩略图。在“图层样式”对话框中取消选择要删除的图层样式，或在图层面板中选取所需的图层样式，并将其拖放到删除按钮上将该效果删除。

删除应用于图层的所有图层效果：首先在图层面板中选择包含要删除的图层效果的图层，然后执行“图层/图层样式/清除图层样式”菜单命令，或在图层面板中将效果栏拖移到“废纸篓”按钮；还可以选择图层，然后单击样式面板底部的删除样式按钮。

3. 将图层效果应用到其他图层

将单个图层效果从一个图层拖移到另一个图层以复制图层效果，或将效果栏从一个图层拖移到另一个图层以复制图层样式。

从图层中将一个或多个图层效果拖移到图像上，将结果图层样式应用于图层面板中放开点处的像素所在的最高图层。

4. 图层效果缩放

图层样式可能已经过优化，以设定大小的特点在目标分辨率上看起来最佳。使用“缩放图层效果”让缩放图层样式中包含的效果，而不会缩放图层样式应用的对象。

首先在图层面板中选择图层，然后执行“图层/图层样式/缩放效果”菜单命令，系统弹出如图 5.35 所示的对话框，在对话框中输入缩放比例或拖移滑块，选择“预览”复选项预览图像中的更改，单击“确定”按钮完成图层效果缩放。

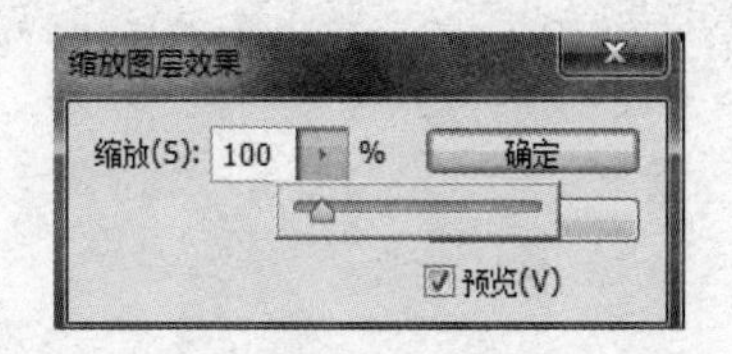

图 5.35　“缩放图层效果”对话框

5.3.8　图层复合

Photoshop 图层复合面板可将同一文件内的不同图层设置多种不同的图层样式以及位置和可见性，可以更加方便快捷地展示不同参数设计的视觉效果。

默认情况下，Photoshop 没有显示图层复合面板，可以通过“窗口/图层复合”菜单选项来显示该面板。图层复合面板如图 5.36 所示。

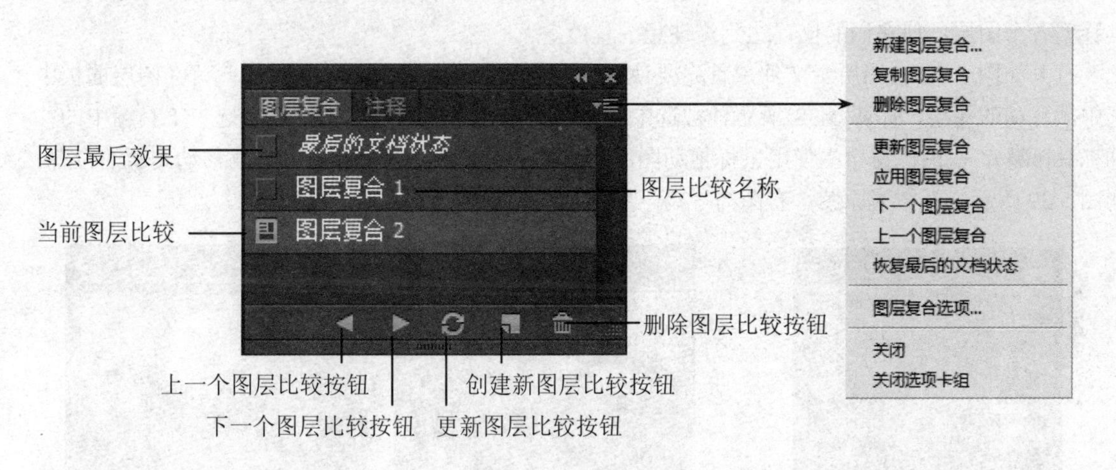

图 5.36　图层复合面板

打开一幅带有多个图层的图像（如图 5.37 所示），分别对文本图层和“tomato”图层做投影效果处理，然后单击创建新图层比较按钮（或执行图层复合面板菜单中的“新建图层复合”命令），在弹出的对话框中确认“可视性”（Visibility）、“位置”（Position）和“外观（图层样式）”（Appearance）都为选中状态，然后单击“确定”按钮。再在图层复合面板中确认刚才新建的“图层复合 1”处于选中状态（最前面的图标位于该图层比较前面），然后单击更新图层比较按钮。此时两个图层的可见性、位置和图层样式都存储在“图层复合 1”中了。适当做一些调整，将文本图层移动位置并设置为隐藏，将“tomato”图层中的图像移动到中间位置并更改图层样式为描边，再新建一个“图层复合 2”并单击更新图层比较按钮。最后把文本图层显示出来，适当调整效果样式。如图 5.37 所示依次是图层复合 1、图层复合 2 和默认的最后文档状态三个图层复合的效果。

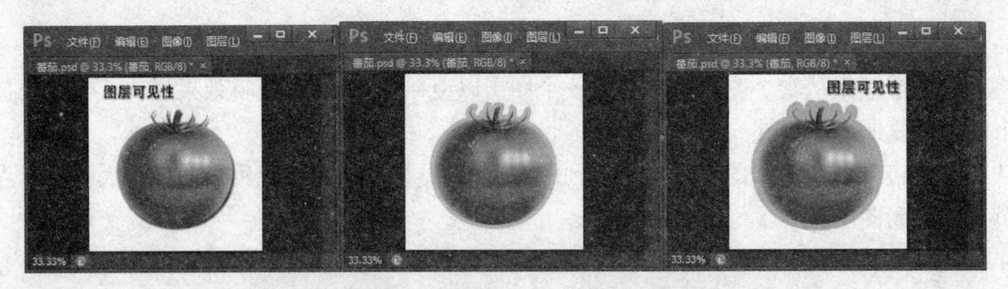

图 5.37　图层复合功能比较

图层效果在调节过程中可以使用图层复合功能进行比较，选中最满意或最符合要求的一种作为最终效果。

5.4　图层编辑操作

当在图像中创建了多个图层之后，就需要对这些图层进行编辑，如进行位置、大小的调整、改变叠放次序以及排列与分布、合并与删除等操作。

5.4.1　移动、复制和删除图层

1. *移动图层*

在 Photoshop 的多图层图像中，组成图像的各个图层就像叠放在一起的透明胶片，可以利用工具移动各个图层，使它们的位置达到最理想的程度。

打开如图 5.39 左图所示文件，首先要使欲移动的图层处于可编辑状态，为此可在图层面板中选中欲移动的图层，如图 5.38 所示，被选中的图层前将会出现笔刷标志，然后选中工具箱中的移动工具（），在图像窗口中使用鼠标拖动图层到合适的位置，松开鼠标，图层就移动到新的位置。如图 5.39 所示，左图为原图，右图为“鸟”图层被移动后的效果。

图 5.38　选中欲移动的图层

图 5.39　移动图层的对比效果

2. *复制图层*

复制图层是较为常见的操作，可以将某一图层复制到同一图像或另一图像中。当在同一图像中复制图层时，最快的方法就是在图层面板中用鼠标将图层拖到创建新图层按钮（）上即可完成该图层的复制操作，复制后的图层将出现在被复制图层的上面。如图 5.40 所示即为将“鸟”图层复制并移动之后的效果。

此外，还可以使用菜单中的命令复制图层。在图层面板中选取要复制的图层后，执行“图层”菜单或图层面板菜单中的“复制图层”菜单命令，此时会弹出一个“复制图层“对话框，如图 5.41

所示。在“为”文本框中键入复制后的图层名称；在“目标”选项组为复制后的图层指定一个目的地，其中文档列表框中列出当前已打开的所有图像文件，可从中选择文件，如果选择“新建”选项，表示复制图层到一个新建的图层中，此时名称选项将被置亮，可以为新文件指定一个文件名。设定图层名称和复制目的地后，单击“确定”按钮即可复制图层到指定的图像中。如图 5.42 所示为将“鸟”图层复制到另一个图像中移动之后的效果。

图 5.40　复制和移动图层

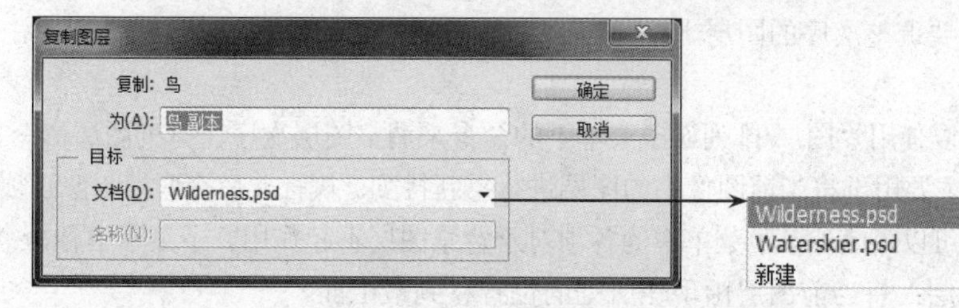

图 5.41　“复制图层”对话框

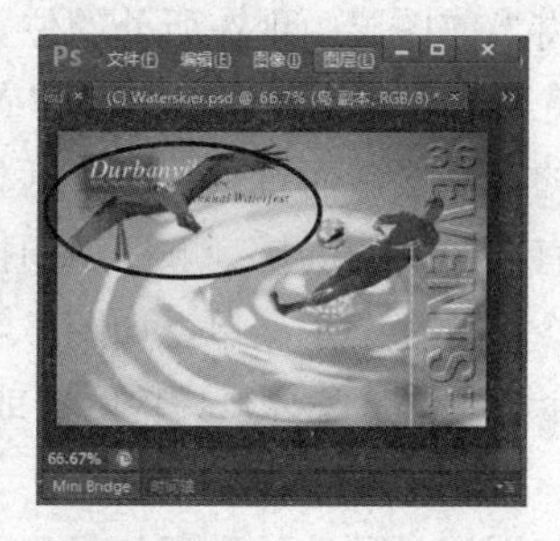

图 5.42　两个图像间复制图层

将图像中的某一图层复制到另一图像中，还有一个快速和直观的方法：首先，同时显示这两个图像文件，然后，在被复制图像的图层面板中拖曳被复制的图层至另一图像窗口中即可，被复制的图层将出现在另一图像的原当前图层的上方，并成为复制后的当前图层。

3. 删除图层

对于没有用的图层，可以将它删除。删除图层时只需先选中要删除的图层，然后单击图层面板上的删除图层按钮（🗑）或单击图层面板菜单中的“删除图层”命令，也可以直接用鼠标拖曳图层到删除图层按钮上来删除。

4. 复制选区为新图层

如果在图层中选取了一个范围，就可以剪切和复制选取区域内的图像来制作一个新图层。先选定一个选取区域，然后执行“图层/新建/通过拷贝的图层”或“图层/新建/通过剪切的图层”菜单命令，完成复制选区为新图层的操作。图 5.43 中为在“鸟”图层中选定一个选取区域，在打开的快捷菜单中执行“通过拷贝的图层”菜单命令的结果。

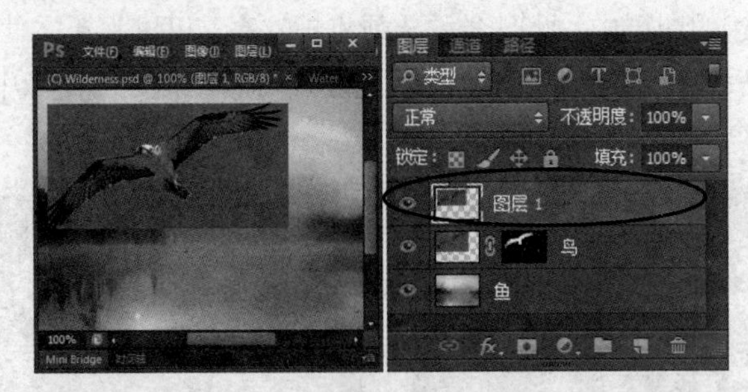

图 5.43　复制选区为新图层

5.4.2　调整图层的叠放次序与对齐

多图层图像是由一层一层的图层叠放组成的，处于上方的图层有时会遮盖住其底下的图层，影响图像的显示效果。在编辑图像时，可以调整各图层之间的叠放次序来实现最终的效果。在图层面板中将鼠标移到要调整次序的图层上，用鼠标将该图层拖曳至适当的位置，就可以完成图层的次序调整。

此外，还可以使用“图层/排列”子菜单下的命令来调整图层次序。排列图层命令打开如图 5.44 所示的子菜单，主要用于将当前图像中的图层进行重新排列。执行此命令时，图像必须具备 3 个或 3 个以上的图层才可以，此外，子菜单中的各项对于背景图层不起作用。子菜单中各命令和意义如下：

- 置为顶层：将当前图层由现在所处的位置移到最上面。
- 前移一层：将当前图层由现在所处的位置向上移一层。
- 后移一层：将当前图层由现在所处的位置向下移一层。
- 置为底层：将当前图层由现在所处的位置向下移到最底部，但如果有背景图层，则只能移到背景图层的上一层，而背景图层永远处于最底部。
- 反向：将所有选中的图层排列顺序逆向排列。

对齐链接图层命令打开一个子菜单，如图 5.45 所示，主要用于将当前图层链接的图层按照要求进行对齐。执行此命令时，图像必须具备两个或两个以上的图层时才可以。子菜单中各命令的意义如下：

- 顶边：使链接图层最顶端的像素与当前图层最顶端的像素或选区边框的最顶边对齐。
- 垂直居中：使链接图层垂直方向的中心像素与当前垂直方向的中心像素或选区边框的垂直中心对齐。
- 底边：使链接图层最底端的像素与当前图层最底端的像素或选区边框的最底边对齐。
- 左边：使链接图层最左端的像素与当前最左端的像素或选区边框的最左边对齐。
- 水平居中：使链接图层的水平方向的中心像素与当前图层水平方向的中心像素或选区边框的水平中心对齐。
- 右边：使链接图层最右端的像素与当前图层最左端的像素或选区边框的最右边对齐。

分布链接图层命令打开一个与对齐链接图层菜单基本相同的菜单，如图 5.46 所示，同样是用于将相互链接的图层按照要求对齐，不过要求图像必须具备 3 个或 3 个以上的相互链接的图层时，此命令才可用。菜单中的各项命令与上述命令基本相同。

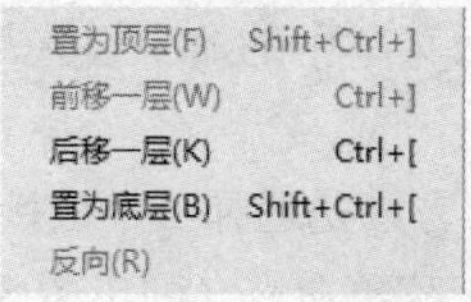

置为顶层(F)　Shift+Ctrl+]
前移一层(W)　Ctrl+]
后移一层(K)　Ctrl+[
置为底层(B)　Shift+Ctrl+[
反向(R)

图 5.44　“排列”子菜单

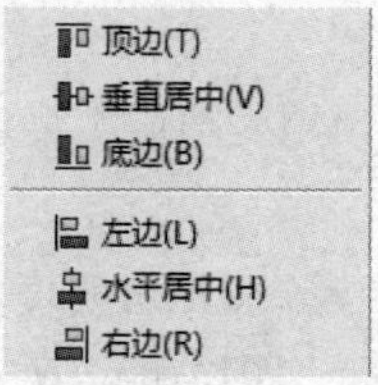

顶边(T)
垂直居中(V)
底边(B)
左边(L)
水平居中(H)
右边(R)

图 5.45　对齐链接图层子菜单

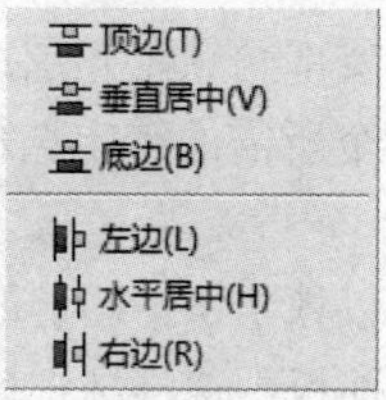

顶边(T)
垂直居中(V)
底边(B)
左边(L)
水平居中(H)
右边(R)

图 5.46　分布链接图层子菜单

5.4.3　图层的链接与合并

要使图像中的几个图层成为链接图层，其方法是首先选定需要链接的多个图层（使用 Ctrl 或 Shift 键）使它成为当前图层，然后单击图层面板底部的链接图标；当要将链接的图层取消时，则可单击链接的符号（），当前图层就会取消链接。图层链接功能可以方便地移动多图层图像，以及合并、排列和分布图像中的图层。图层链接后，当选中其中任一图层进行移动时，同一链接中的其他图层图像都会同时移动。

在一个图像中，建立的图层越多，则该文件占用的磁盘空间也就越多，因此，对一些不必要分开的图层可以将它们合并，以减少文件所占用的磁盘空间，同时也可以提高操作速度。要将图层合并可以选中需要合并的图层，然后打开图层面板菜单，执行其中的“合并图层”菜单命令即可。图层面板菜单中的命令项与“图层”菜单基本相同。

向下合并命令将当前图层和它紧邻的下一图层合并。使用该命令时，上下两图层都必须是可见的。如果活动图层与其他图层已链接在一起，则不会有“向下合并”菜单项，而只有下面要介绍的“合并可见图层”菜单项。

“合并可见图层”命令将合并所有可见图层。图层面板的左栏中所有打开了显示/隐藏图标的图层均被合并，而关闭了显示/隐藏图标的图层则不会被合并。

“拼合图像”命令可将所有的可见图层合并成一个背景图层，合并时将丢弃不可见的图层，同时用白色填充透明区域。

5.4.4　锁定图层内容与图层内容的修正

可以锁定图层和图层组，以确保图层的属性不可更改，将绘画和编辑限制在已包含像素的图层区域。图层锁定后，图层名称的右边会出现一个锁形图标。图层完全锁定后，锁为实心（），这时无法对图层进行任何编辑；图层部分锁定时，锁为空心（）。

1．图层锁定类型

锁定透明度像素（）：将绘画和编辑限制在已包含像素的图层区域。锁定透明度时可以编辑对象（添加特殊效果、更改颜色）而不向对象外的透明区域添加。

锁定图像像素（）：防止无意间更改像素或移动图像，但仍然可以编辑混合模式、不透明度或图层样式。例如，可以使用锁定的像素数据编辑图层的图层蒙版。这种方法可以创建蒙太奇效果。

锁定位置（）：防止图层的位置发生移动，此时停用移动工具。

锁定全部（）：图层或图层组的所有属性，包括混合模式、不透明度和图层样式。

2．图层锁定

要锁定图层或图层组的所有属性时首先选择图层或图层组，然后单击图层面板中的“锁定全部”图标自动锁定图层或图层组的所有属性。选择“锁定全部”图标时，图层组的所有图层旁出现变灰的锁图标，但那些单独设置了自己的锁定选项的图层例外。

如果要部分锁定图层或图层组则先选择一个要部分锁定图层或图层组，并从图层面板中选择一个或多个所需的锁定选项即可。也可以使用“图层”菜单和图层面板菜单中的命令设置部分锁定选项。

还可以锁定链接图层的属性，包括混合模式、不透明度和图层样式。方法是选择一个链接图层，并在图层面板中选择锁定选项，也可以执行“图层/锁定所有连接图层”菜单命令（弹出图 5.47 所示对话框）或执行图层面板菜单中的命令锁定链接图层。

图 5.47 “锁定组内的所有图层”对话框

5.4.5 使用图层进行图像合成

利用图层的处理功能，可以将要设计的作品分为若干部分，然后进行合成。下面用一个实例介绍利用图层进行图像合成的方法。

（1）打开一幅如图 5.48 左图所示的图像，中间为该图的图层面板。

（2）将其中名为 Backgroud 的图层复制到一个新的文件中，并将新文件命名为“轻工.psd”；执行“图层/新建/背景图层”命令，将背景图层转换为普通图层，并命名为 keyboard，然后对该图层进行渐变处理，效果如图 5.49 所示。

图 5.48 合成图像的素材及图层面板

图 5.49 渐变效果

（3）将原图像中的 Gauge 图层复制到“轻工.psd”中。

（4）打开一幅如图 5.48 右图所示的图像，在图层面板中背景图层的名称右边的空白处双击，将弹出“图层选项”对话框，不必改动，直接单击“确定”按钮，即可将背景图层转化为普通图层。

（5）使用“选择/色彩范围”菜单命令，在弹出对话框中的列表框中选择取样颜色，然后将鼠标移到图像中的深色区单击，再按下 Del 键将图像中与整体不相称的深色部分删除，然后用魔棒工具选择图像中的其他不需要的白色背景区域，再按下 Del 键将图像中时钟以外的区域删除，效果如图 5.50 所示。用椭圆选框工具选中整个时钟，使用“编辑/变换/旋转”菜单命令，将该图像顺时针方向旋转 30 度左右，再将该图层复制到“轻工.psd”中并移动，效果如图 5.51 所示。

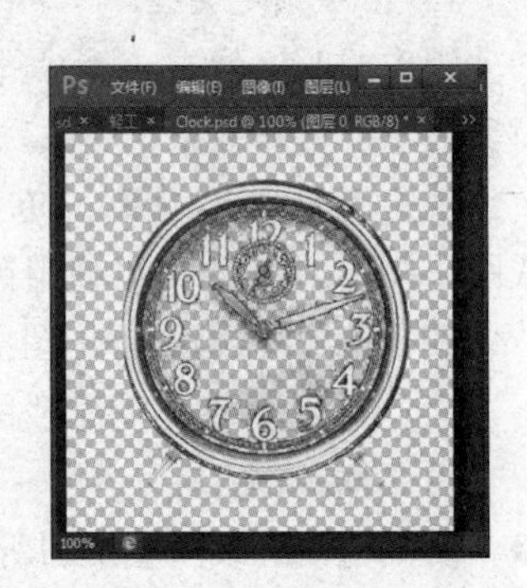

图 5.50 时钟处理效果

（6）复制并适当移动 Bearing 图层，关闭除“轻工.psd”以外的其他图像。新建一个文本图层，输入“武汉轻工大学”并设置字体，使用“图层/图层样式/斜面和浮雕”菜单命令设置效果，最后效果如图 5.52 所示。

图 5.51　添加时钟图层效果

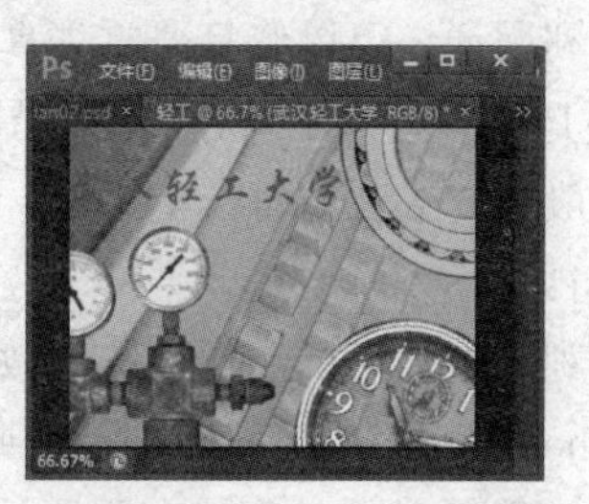

图 5.52　合成文字效果

5.5　通道的基本功能和通道面板

通道是图像处理中不可缺少的利器，利用它们能创建一些特殊的图像效果。在使用通道之前必须理解通道的概念、功能以及通道的工具和使用方法。

5.5.1　通道的基本功能

Photoshop 中的通道是用来保存图像颜色、独立的原色平面。通道与图层有些相似，图层的功能是保存不同层次像素的各种信息，而通道的主要功能是保存图像中像素的各种颜色信息。

对于 RGB 模式的图像，有 4 个基本通道：R（红色）、G（绿色）、B（蓝色）3 个原色通道和 1 个 RGB 主通道。对于 CMYK 模式的图像，则有 5 个基本通道：C（青色）、M（洋红色）、Y（黄色）、K（黑色）4 个原色通道和 1 个 CMYK 主通道。

如果见过供印刷机用的 CMYK 四色胶片，一切就明白了。这些胶片就是由单一色通道生成的。C——青色通道，构成了一幅由青色描绘的画面。M——洋红色通道，构成了一幅由洋红色描绘的画面。Y——黄色通道，构成了一幅由黄色描绘的画面。K——黑色通道，构成了一幅由黑色描绘的画面。单张胶片看不出好的效果，图像色彩很淡，而且细节也看不清楚，可就是这些单张效果并不好的胶片，在印刷时套印出来，就会呈现出一张张层次丰富的全彩图像。

通道除了能保存颜色数据外，还可以用来保存蒙版。当选择区域保存后，就会成为一个蒙版保存在一个新的通道中。这些新增的通道有一个专门的名称叫 Alpha 通道。Alpha 通道是透明的，利用它可以制作一些神奇的效果。在进行图像编辑时，单独创建的新通道都被称为 Alpha 通道，在 Alpha 通道中，存储的并不是图像的色彩，而是用于存储和修改的选定区域。

图像中的通道可以在通道面板中看到，如图 5.53 所示是一幅 RGB 模式的图像与它的通道面板，由通道面板可见该图像有 4 个通道：RGB、红色、绿色和蓝色通道。关于通道面板的组成与用法将在 5.5.2 节中介绍。

图 5.53　RGB 模式图像通道

通道在图像处理中的作用和地位不亚于图层。概括起来通道主要有以下两种作用：

首先，利用通道可以修复严重失真的扫描输入图像。当扫描输入一幅图片后，经常会发现扫描的效果并不是很理想，如果对整幅的图像进行修改，往往会越改越糟糕。对于 Photoshop 精通者来说，他们一般会先去观察每一个通道，仔细分析每一个通道的优缺点，然后再针对缺点对某个通道单独进行修改。

其次，利用通道可以制作特殊的效果。利用通道可以创作出一些神奇的效果，这时的通道就不再局限于 Photoshop 的原色通道了，主要是利用 Alpha 通道来制作一些特殊的效果，比如利用 Alpha 通道来产生渐隐的效果、创建有阴影的文字和创建有三维效果的图像，还可以利用通道合并图像。

5.5.2 通道面板的组成

使用通道离不开通道面板。通过通道面板可以完成所有与通道有关的操作，如建立新通道、复制通道、合并以及分离通道等。

在默认情况下，通道面板与图层面板放在同一组面板中。单击可以切换到通道面板，也可以执行“窗口/显示通道”菜单命令调用通道面板。如图 5.54 所示，通道面板与图层面板颇有相似之处，通道面板主要由以下几部分组成。

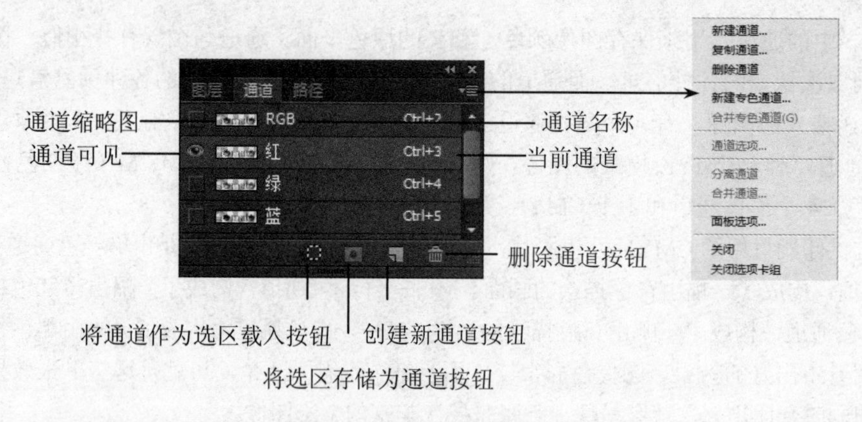

图 5.54 通道面板及通道面板菜单

1. 通道缩略图

通道缩略图用于显示通道中的内容，利用它可以迅速辨别每个通道。当对某一个通道的内容进行编辑时，相应的通道缩略图将会随之改变。

2. 通道名称

每个通道都有一个名称，如图 5.54 所示，通道面板的名称紧靠在通道缩略图的右侧。对于非原色通道可以用鼠标右击通道名来改变通道名称，然而图像的原色通道和主通道的名称不能改变。

3. 显示/隐藏图标

通道面板上每个通道都有一个显示/隐藏图标，用于显示/隐藏相应的通道。切换时，只需用鼠标单击显示/隐藏图标即可。但要注意的是，由于主通道和每个原色通道的关系特殊，因此，单击显示/隐藏图标隐藏某一颜色通道时，主通道会自动隐藏。换句话说，只要主通道显示，则所有的原色通道必定显示。如 RGB 图像的主通道显示，则红、绿和蓝三个原色通道必显示。

4. 当前通道

在通道面板中使用鼠标单击通道的缩略图或名称可将该通道设为当前通道，当前通道用蓝色背景显示。可以同时选定多个当前通道，方法是按住 Shift 键，再单击通道的缩略图或名称，即可把通道添加到当前通道中。

5. 将通道作为选区载入按钮

单击此按钮可将当前通道的内容转换为选择区域，或者将某一通道拖曳到该按钮上也可将当前通道的内容转化为选择区域。该按钮的作用就是把通道中的选择区域调出，功能与“选择/载入选区”菜单命令相同。按住 Ctrl 键单击通道，可以将当前通道中的内容转换成选择区域。

6. 将选区存储为通道按钮

单击此按钮可将当前图像中选择区域转换成一个蒙版，并保存到一个新增的 Alpha 通道中，功能与“选择/存储选区”菜单命令相同。

7. 创建新通道按钮

单击此按钮可以快速建立一个新的 Alpha 通道。如果要复制图像中已经存在的通道，则可以使用鼠标将要复制的通道拖到此按钮上，也可复制一个新通道。

8. 删除通道按钮

单击此按钮可以删除当前通道，也可以使用鼠标将通道直接拖曳到该按钮上进行删除。当在通道面板中删除一个原色通道后，系统将自动将模式切换为多通道模式，该模式通常是颜色模式之间转换时的中间模式。

9. 通道面板菜单按钮

单击此按钮可打开如图 5.54 右图所示的菜单，在菜单中可以完成通道的所有操作，如新建通道（包括专色通道）、复制、删除、分离、合并通道以及更改通道选项等。

5.6　通道的基本操作

5.6.1　新建通道

单击通道面板上的创建新通道按钮可快速创建一个新的 Alpha 通道，利用通道面板菜单也可以创建一个新通道。单击通道面板右上角的黑三角按钮，打开如图 5.54 所示的面板菜单。选择其中的“新建通道”命令（或按住 Alt 键并单击面板底部的“创建新通道”按钮），打开如图 5.55 所示的“新建通道”对话框。

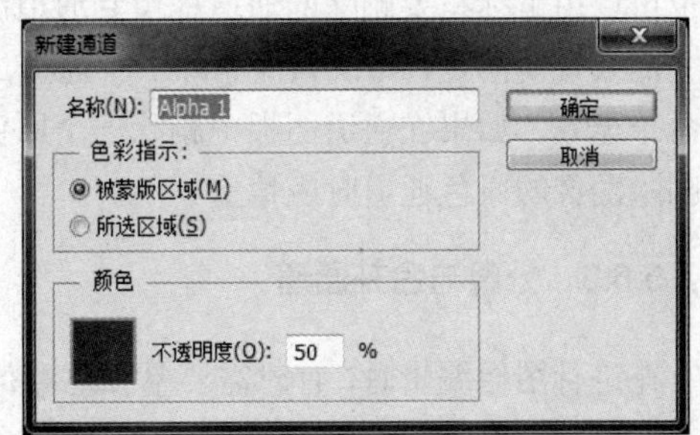

图 5.55　“新建通道”对话框

可以在该对话框中的名称文本框中设置通道名称，若不输入通道名，则 Photoshop 将自动依序给新通道命名为 Alpha1、Alpha2、Alpha3 等。

在色彩指示选项组中，可以设定通道中颜色的显示方式，有以下两种方式：

- 被蒙版区域：选择此单选项后，新建的 Alpha 通道中有颜色的区域代表蒙版区，而没有颜色的区域代表非蒙版区。
- 所选区域：此选项和被蒙版区域选项刚好相反，选中此项后，则新建的 Alpha 通道中没有颜色的区域为蒙版区，而有颜色的区域代表非蒙版区域。

单击“颜色”选项组中的颜色框，打开“拾色器”对话框，可以从中选择用于显示蒙版的颜色。默认情况下，蒙版的颜色为半透明的红色。在这里选择的颜色只是用来识别遮盖区域和选择区域，对图像的色彩并无影响。为了便于编辑，通常用 Photoshop 的默认设置即有颜色的区域来表示蒙版区域。

在颜色框右侧有不透明度文本框，可以在文本框中输入数值设定蒙版的不透明度。设置蒙版的不透明度是为了便于在图像中能准确地选择区域。设置完参数后，单击“确定”按钮，当前图像将添加一个 Alpha 通道，从通道面板中可以看到新建的通道自动设置为当前通道。

5.6.2 复制和删除通道

当保存了一个选择区域进行编辑时，通常先复制该通道，然后再进行编辑，以免编辑后不能还原。各原色通道都可以复制，但主通道不能复制。

通道的复制操作很简单，首先用鼠标单击选中要复制的通道，然后执行通道面板菜单中的“复制通道”菜单命令，打开如图 5.56 所示的对话框。

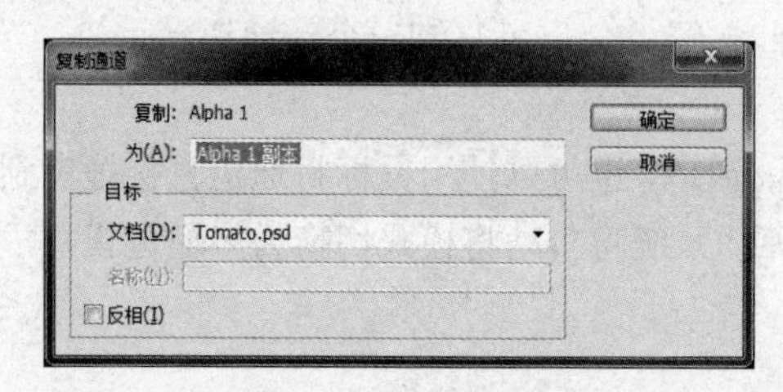

图 5.56 “复制通道”对话框

在“复制通道”对话框中，有一个“为”文本框，在该文本框中输入复制后的通道名，默认为“原通道名+副本”。在文档列表框中，可以选择通道复制的目标图像，如果选择“新建”选项，则将把通道复制到一个新文件中，此时“名称”文本框将被置亮，可以在其中输入新文件名，在文档列表中只显示与当前图像具有相同分辨率和尺寸的文件。

选择“反相”复选框，复制后的通道颜色将为反色，即黑变白、白变黑。设置好各选项之后，单击“确定”按钮，即可完成通道的复制。

用鼠标拖曳需要复制的通道到通道面板上的创建新通道按钮上，也可以完成快速复制通道的操作。为了节省硬盘的存储空间，提高程序的运行速度，可以将没用的通道删除。方法是用鼠标单击选中要删除的通道，然后通过执行通道面板菜单中的“删除通道”命令，即可删除该通道。删除通道也可以用鼠标将要删除的通道拖曳到通道面板上的删除通道按钮上完成。

需要说明的是，每次只能删除一个通道，当选中多个通道时，删除通道按钮将不可用，删除通道命令无效。如果在通道面板中删除一个原色通道，则图像的颜色模式就变为多通道的颜色模式。在删除图像的原色通道时应慎重。

5.6.3 分离与合并通道

在进行图像编辑时，有时需要单独地对每个通道中的图像进行处理，此时可将图像进行通道分离，然后就可以很方便地在单一的通道上进行编辑，以便制作出特殊的图像效果。

使用通道面板菜单中的“分离通道”命令，可以将一个图像中的各个通道分离出来，Photoshop 将把图像的每个通道分离成各自独立的 8 位灰度图像，对于这些分离出来的灰度图像可以分别进行存储，也可以单独修改每个灰度图像。如果图像中存在非背景图层，则先要使用“图层/拼合图层”命令把所有的图层合并到背景图层，然后再进行通道分离，带有非背景图层的图像是不能够进行分离的。

打开如图 5.57 所示的图像，它是 RGB 模式的图像，含有一个吉他图层，此时便不能进行通道分离。执行“图层/拼合图层”菜单命令，把该吉他图层合并到背景层中，如图 5.58 所示，此时便可以进行通道分离。

当执行“分离通道”命令之后，每个通道都将从原图像中分离出来，同时关闭原图像。分离出来的图像都以单独的窗口显示在屏幕上，这些文件都是灰度图像。分离出来的单通道图像在各自的图像窗口的标题栏上显示其文件名，文件名由“原文件名_通道简称”组成。如 Guitar.psd 文件的“蓝”通道分离出来的文件名为 Guitar.psd _蓝，如图 5.59 所示。

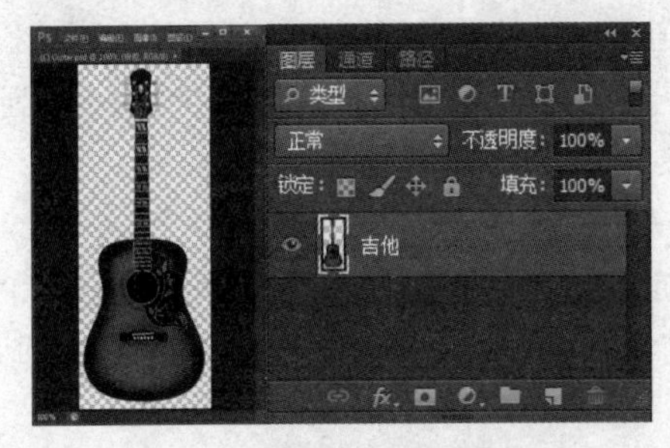

图 5.57　原图像及其图层情况

图 5.58　拼合图层后图像及其图层情况

图 5.59　通道分离后的结果

分离后的文件占用的存储空间较大，所以在编辑完每个单独通道图像后应该进行通道合并，把经过编辑的通道重新合并成一个图像。此时可以执行通道面板菜单中的“合并通道”命令,它将打开如图 5.60 左图所示的“合并通道”对话框。

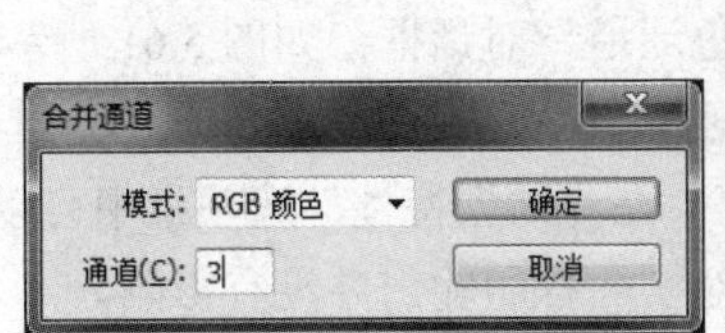

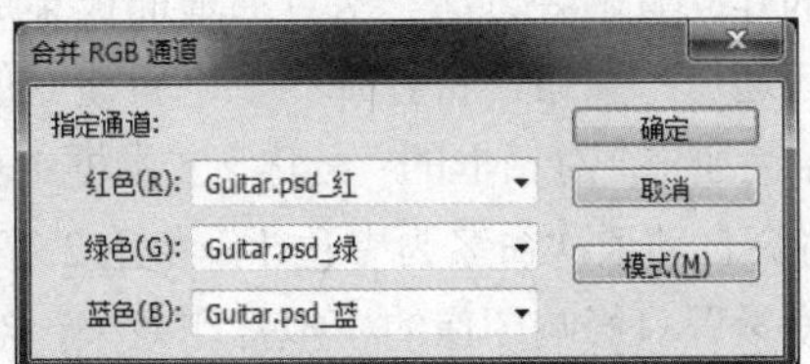

图 5.60　“合并通道”对话框和“合并 RGB 通道”对话框

在该对话框中可以设置颜色混合模式。单击“模式”下拉列表可以从中选择图像合并后的色彩，在“通道”文本框中可以输入合并的通道数目，最大的数目不能大于分离的通道数目。设定完毕后单击“确定”按钮将打开一个“合并 RGB 通道”对话框，如图 5.60 右图所示，是将 Guitar.tif 文件分离出来的各个通道按 RGB 模式进行合并时出现的对话框。在该对话框中依次设定各原色通道后单击“确定”按钮。三原色选定的源文件不同将直接关系到合并后的图像效果。由于没有对分离后的通道作任何编辑修改，故合并后的图像与以前的图像一样。若想重新设定合并的色彩模式，单击“模式”按钮可回到如图 5.60 左图所示的“合并通道”对话框。

5.6.4 Alpha 通道和专色通道

每个图像（除 16 位图像外）最多可包含 24 个通道，包括所有的颜色通道和 Alpha 通道。所有的通道都是 8 位灰度图像，可显示 256 级灰阶。所有的新通道都具有与原图像相同的尺寸和像素数目。

Alpha 通道可以将选区存储为 8 位灰度图像。还可以使用 Alpha 通道创建并存储蒙版，这些蒙版是可以处理、隔离和保护图像的特定部分。专色通道是一种特殊的通道，它可以使一种特殊的混合油墨附加到图像颜色油墨中去。每个专色通道都有一个属于自己的印板，当打印含有专色通道的图像时，专色通道会作为一个单独的页被打印出来。

1. Alpha 通道

只要以支持图像颜色模式的格式存储文件就保留颜色通道。仅当以 Adobe Photoshop、PDF、PICT、TIFF 或 Raw 格式存储文件时，才保留 Alpha 通道。DCS 2.0 格式只保留专色通道。以其他格式存储文件可能会导致通道信息丢失。

（1）创建 Alpha 通道。首先执行通道面板菜单中的“新建通道”命令或按住 Alt 键并单击面板底部的“创建新通道”按钮。系统弹出如图 5.55 所示的“新建通道”对话框，在其中键入通道名称，并单击“确定”按钮，新通道即出现在通道面板底部，并且是图像窗口中惟一的可视通道。单击颜色通道或复合颜色通道旁边的眼睛图标即显示具有颜色叠加的图像。

用绘画或编辑工具在图像中绘画。用黑色绘画可添加到新通道，用白色绘画可从新通道中删除，或用较低的不透明度或颜色绘画则将以较低透明度添加到新通道。

（2）编辑 Alpha 通道。使用绘画或编辑工具在图像中绘画。用黑色绘画可添加到通道，用白色绘画可从通道中删除，或用较低不透明度或颜色绘画则将以较低透明度添加到通道。

若要更改 Alpha 通道的选项，首先在通道面板中选择通道并从面板菜单中选取“通道选项”或在通道面板中双击通道名称，输入新名称，按照在快速蒙版模式中创建临时蒙版中“快速蒙版”的步骤 2～4 所述，选取显示选项。

2. 专色通道

可以创建新的专色通道或将现有 Alpha 通道转换为专色通道。

● 创建专色通道。

专色通道的建立有两种方法。执行通道面板菜单中的“新建专色通道”命令或者按住 Ctrl 键再单击“创建新通道”按钮，将打开一个“新建专色通道”对话框，如图 5.61 所示。

在“新建专色通道”对话框的“名称”文本框中可以输入新专色通道的名称，如不输入通道名，则 Photoshop 将会自动依次命名为专色 1、专色 2 等。在“油墨特性”选项组中可以设定油墨的颜色和密度。密度设置只影响图像的模拟打印效果，对实际打印输出并没有影响。

专色通道在通道面板中将依次排列在原色通道的下面，Alpha 通道的上面。在建立专色通道时，若已经含有 Alpha 通道，则专色通道将自动把 Alpha 通道往下挤而占据其位置。

Alpha 通道可以转换为专色通道，其操作步骤如下：

（1）在通道面板中双击 Alpha 通道，或选中 Alpha 通道后执行面板菜单中的“面板选项”命令，此时将打开如图 5.62 所示的“通道选项”对话框。

（2）选取“专色”单选按钮，然后单击“确定”按钮，即完成把 Alpha 通道转化成专色通道的操作。

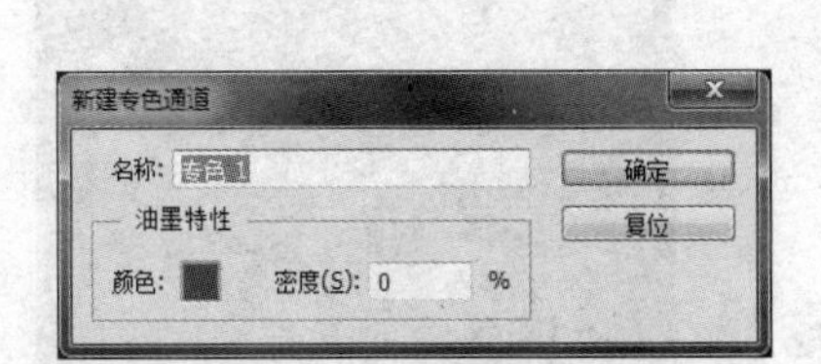

图 5.61　“新建专色通道”对话框

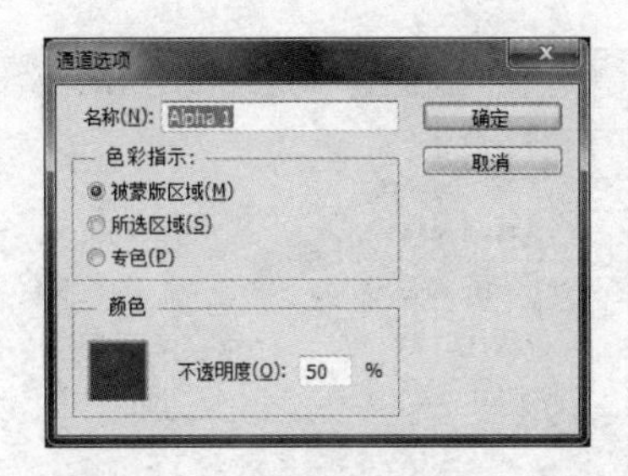

图 5.62　“通道选项”对话框

- 编辑专色通道。

首先在通道面板中选择专色通道，然后使用绘画或编辑工具在图像中绘画。用黑色绘画可添加更多不透明度为 100%的专色；用灰色绘画可添加不透明度较低的专色。

若要更改专色通道的选项，首先在通道面板中选择专色通道，并从此面板菜单中选取“通道选项”或双击通道面板中的专色通道名称。单击颜色框并选取颜色（通过选择自定颜色，印刷服务供应商可以更容易地提供合适的油墨以重现图像）。

对于“密度”选项的设置，输入介于 0%～100%之间的一个数值即可。该选项可以在屏幕上模拟印刷后专色的密度，数值 100%模拟完全覆盖下层油墨的油墨（如金属质感油墨）；0%模拟完全显示下层油墨的透明油墨（如透明光油）。也可以用该选项查看其他透明专色（如光油）的显示位置。设置完成后单击“确定”按钮即可。

5.6.5　使用通道进行图像的合成

使用“图像/应用图像”菜单命令，可以快速地将一个或多个图像中的图层与通道合并，从而产生许多合成效果。下面通过一个图层与通道合成的例子说明图像合成的方法。

（1）首先打开一个如图 5.63 左图所示的图像文件，此图中只有一个背景图层。

图 5.63　准备合并的图像

（2）新建一个大小、分辨率与前面图像一样的文件，背景色选择透明。利用文字工具输入“中国水利水电出版社”，效果如图 5.63 右图所示。然后将其通道之一（如红色通道）复制到前面一个文件中，成为 Alpha1 通道。

（3）使用“图像/应用图像”菜单命令，打开“应用图像”对话框，参数设置如图 5.64 所示，然后单击“确定”按钮。执行上述操作后，即可得到合成后的图像，如图 5.65 所示。

“应用图像”对话框中的各项设置功能如下：

- 源：从中可以选择一幅原图像与当前活动图像相混合。在其下拉列表框中将列出 Photoshop 当前已经打开的图像，并且这些图像的分辨率和尺寸大小必须是与当前活动图像相一致的，才能显示在该下拉列表框中。

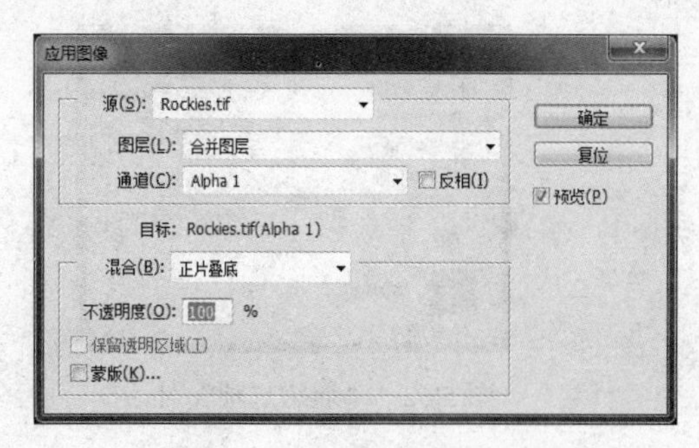

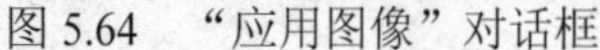
图 5.64 “应用图像”对话框

图 5.65 图像合成的效果

- 图层：即选择源文件中的哪一个图层。如果源文件中有多个图层，该选项的下拉菜单中除包含源文件的各图层外，还有一个“合并图层”选项，表示选定源文件的所有图层。
- 通道：该选项指定使用源文件中的哪一个通道。
- 目标：系统自动设定为当前活动图像。
- 混合：其下拉列表框中有 23 种混合模式供选择。其中大部分与图层面板中的合成模式相同，另外增加了“相加”和“减去”选项，其作用是分别增加和减小不同通道中像素的亮度值。当选择这两个模式时，在列表框的右下方会增加“缩放”和“补偿值”两个选项，如图 5.66 所示，可以设定亮度值变化的比例和偏移距离。
- 不透明度：与图层面板中的不透明度滑块作用相同。
- 蒙版：选取后，在其下面会增加 3 个列表框和“反相”复选框，如图 5.67 所示，从中可以再选择一个通道或图层作为蒙版来合成图像。

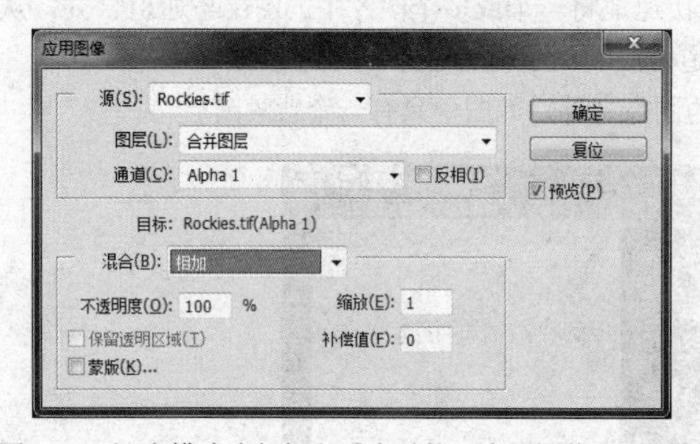

图 5.66 混合模式为相加和减去时的“应用图像”对话框

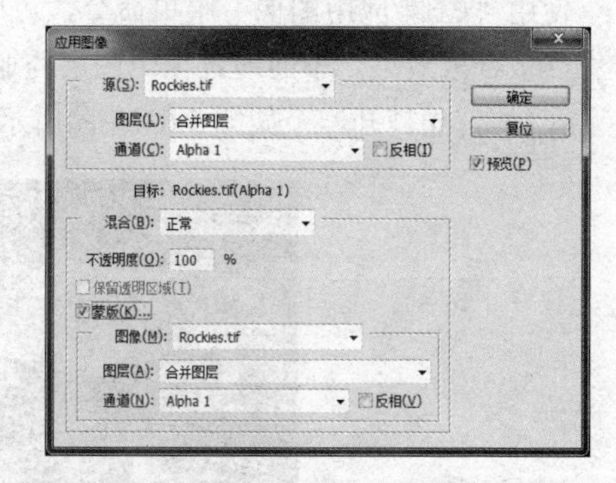

图 5.67 选择蒙版后的“应用图像”对话框

- 反相：选中此项，则将通道列表框中蒙版内容进行反相。

也可以选择另一图像与当前图像进行合成，需要注意的是两幅图像的分辨率和尺寸大小必须一样，并且第二幅图像不能包含任何其他额外的图层和通道。例如本小节中的两幅图像就可以直接合成，而不一定要将一幅图像中的通道复制到另外一幅图像中。合成方法与前面几乎一样。

另外，使用“图像/计算”菜单命令可以将同一图像或不同图像中的两个通道进行合成，并将合成后的结果保存到一个新的图像中，或者是将合成后的结果保存到当前活动图像的新通道中，或者直接将合成后的结果转换成选区范围。计算的功能与应用通道的功能基本相同，“计算”对话框选项与“应用图像”对话框选项也基本相同，只不过它是对两个通道进行合成，在此不再作重复介绍。

5.7　蒙版的功能和使用

蒙版用来保护被遮蔽的区域,它与选择区域功能在这一点上是相同的,两者之间可以相互转化,但两者在本质上是有差别的。可以对蒙版进行一些更有效的处理（如使用滤镜），然后把它转化为选择区域，再应用到图像中。

5.7.1　蒙版的基本功能

当要给图像的某些区域运用颜色变化、滤镜和其他效果时，蒙版能隔离和保护图像的其余区域。当选择了图像的一部分时，没有被选择的区域“被蒙版”或被保护而不被编辑，可以将蒙版用于复杂图像编辑，比如将颜色或滤镜效果逐渐运用到图像上。另外，利用蒙版能将费时的选区存储为 Alpha 通道，Alpha 通道又可以转换为选区，然后用于图像编辑，因为蒙版是作为 8 位灰度通道存放的，可以用所有绘画和编辑工具细调和编辑它们、创建复杂边缘选区，从而能替换局部图像，配合渐变工具使用还能达到无痕迹拼接多幅图像的效果，同时也能结合调整图层随心所欲调整局部图像。

蒙版分为图层蒙版、通道蒙版和矢量蒙版（剪切路径蒙版）。Photoshop 的每一个图像都是由一个和多个通道组成的。每一个通道都是一个灰阶图像，它们既可以当作蒙版来使用，更是图像色彩组成的一部分。从某种意义上来说，每个 Alpha 通道都是一个蒙版通道，可以利用“图像/计算”菜单命令等方式对图像中的某些区域进行加亮或变暗等编辑,使图像产生视觉上凹凸不平的立体效果。在实际应用中的金属字、立体字等都是使用这一类似方法做出来的。

图层蒙版只作用于某一图层上的有关像素。每一个图层都可以带有一个蒙版，用来隐藏或显示图层上的部分信息，从而在不改变原图层的前提下实现多种编辑。图层蒙版中的白色区域就是图层中的显示区域；图层蒙版中的黑色区域就是图层中的隐藏区域；图层蒙版中的灰色渐变区域就是图层中不同程度显示的区域。

矢量蒙版在 Photoshop 不与其他软件共同处理图像时几乎没有影响，但是它的褪除底色功能还是起到了将图像中被描绘路径的那一部分显示，而将剪切路径外的区域隐藏起来。

5.7.2　创建蒙版

蒙版的应用非常广泛，产生一个蒙版的方法也很多，通常有以下几种方法：

（1）通过使用“存储选择区域”菜单命令可以建立一个选择区域转化为蒙版。

（2）利用通道面板建立一个 Alpha 通道，然后用绘图工具或其他的编辑工具在该通道上编辑以产生一个蒙版。

（3）使用图层蒙版功能也可以在图层面板中产生一个图层蒙版。

（4）利用文字工具中的快速蒙版工具或使用工具箱中的快速蒙版功能可以产生一个快速蒙版。

其中前 3 种方法已经在本章前面相应的小节作过介绍，下面介绍快速蒙版。

5.7.3　快速蒙版

利用快速蒙版功能可以快速地将一个选区范围变成一个蒙版，然后对这个快速蒙版进行修改或编辑，以完成精确的选取范围，此后再转换为选区范围使用。下面用实例来说明。

假设在图 5.68 中用魔棒工具或者用色彩范围命令选取了一个范围，由于图像中像素颜色过于相似，所以始终不能很精确地选择人像的范围。所以，可以利用快速蒙版的功能进行修改。单击“以快速蒙版模式编辑”按钮，结果如图 5.69 所示。

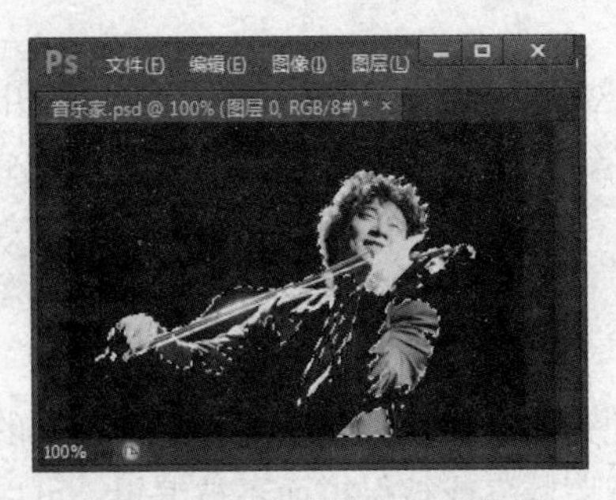

图 5.68　用魔棒选取一个范围

图 5.69　编辑状态中的快速蒙版

首先在工具箱中单击“以快速蒙版模式编辑”按钮（）切换到快速蒙版的模式。此时，进入快速蒙版模式，在通道面板中将出现一个名为“快速蒙版”的蒙版，如图 5.70 所示，其作用与将选取范围保存到通道中相同，只不过它是临时的蒙版，一旦单击“以标准模式编辑”按钮（）切换为一般模式后，快速蒙版就会马上消失。在快速蒙版模式下，可以用绘图工具进行编辑，如用橡皮擦工具将要选取的范围擦除，用画笔工具或其他绘图工具将不需要选取的范围填上颜色，这样，就可以很准确地将人像选取出来。

编辑完毕后，单击“以标准模式编辑”按钮切换成一般模式（或在通道面板上单击“将通道作为选区载入”按钮），此时就可以得到一个较为精确的选区范围，如图 5.71 所示。若要让快速蒙版永久地保留在通道面板中成为一个普通的蒙版，那么可将其拖曳至创建新通道按钮上。

图 5.70　快速蒙版

图 5.71　用快速蒙版选取的结果

在编辑快速蒙版时，可先双击“以快速蒙版模式编辑”按钮，打开“快速蒙版选项”对话框如图 5.72 所示，设定是否以有颜色的区域来显示被遮盖的区域，若是则选择“被蒙版区域”单选按钮，否则选择“所选区域”单选按钮，同时可以设定蒙版颜色和不透明度。按下 Alt 键单击“以快速蒙版模式编辑”按钮，则可在“被蒙版区域”与“所选区域”两种方式之间切换。

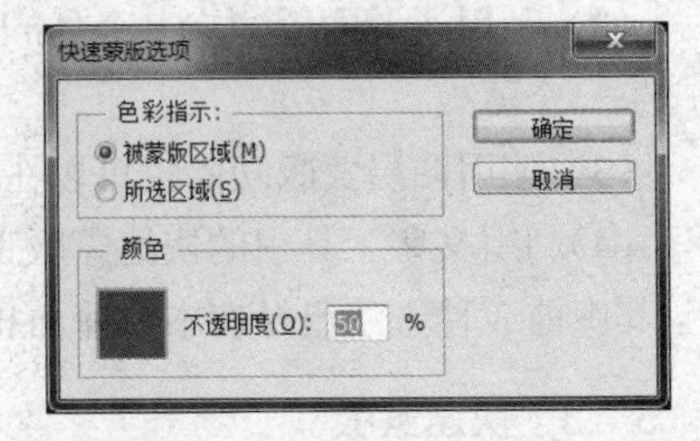

图 5.72　“快速蒙版选项”对话框

为了编辑一个准确的选区范围，在编辑快速蒙版时，最好不要使用软边画笔，因为软边画笔会给选区范围边缘加上一种羽化效果，因而不能准确地选取。在使用绘图工具填色时，可以按下 CapsLock 键将光标切换成“+”字形，以便更准确地填色。从快速蒙版模式切换到一般模式时，Photoshop 会将颜色灰度值小于或等于 50%的像素转换为选区范围。

5.7.4　编辑和使用蒙版

用椭圆形选取工具在图像中选择椭圆形区域，单击添加图层蒙版按钮，得到如图 5.73 所示的图层蒙版。创建蒙版后就可以编辑图层蒙版了。先单击图层面板中的蒙版缩略图，这时所有的操作都只对该图层蒙版起作用，而对图层中的图像没有任何影响。在用铅笔、渐变、剪贴和滤镜等工具对图层蒙版进行编辑以后，图像的整体会产生不同的效果。

图 5.73　选区转换为图层蒙板

因为图层蒙版是一个灰度 Alpha 通道，当蒙版为选中时，前景色和背景色默认为灰度值。进行编辑时，蒙版缩略图显示所做的更改。

- 要隐藏图层并添加到蒙版，用黑色绘画蒙版，如图 5.74 为图 5.73 用黑色绘画后结果。
- 要显示图层并从蒙版中减去，用白色绘画蒙版，如图 5.75 为图 5.74 用白色绘画后结果。
- 要使图层部分可见（半透明状态），用灰色绘画蒙版。

图 5.74　用黑色绘画的头部和背景

图 5.75　用白色绘画的头部

对通道面板中的蒙版进行编辑与编辑快速蒙版的目的是一样的，都是为了转换为选取范围以便应用到图像中。下面制作一个“图像处理”的文字效果来说明蒙版的编辑和使用。

首先，打开如图 5.76 所示的图像，然后在图像中用文本蒙版工具输入文字“图像处理”，在通道面板中单击“将选区存储为通道”按钮，将文字区域保存到通道中。

此时在通道中将出现 Alpha 1 通道，此时可以执行“选择/取消选择”菜单命令或按下 Ctrl+D 组合键取消区域选择，拖曳 Alpha 1 通道至“创建新通道”按钮上复制该通道，出现通道 Alpha 1 副本，如图 5.77 所示。按下 Ctrl 键单击 Alpha 1 通道，可以安装 Alpha 1 通道的选取范围。

图 5.76　文字蒙版输入效果

图 5.77　复制蒙版通道后的通道面板

执行“选择/反选”菜单命令将选取范围反转，如图 5.78 所示。单击 RGB 通道，让所有通道均可见，接着按下 Del 键删除选取范围内的图像区域。接下来执行“选择/取消选择”菜单命令或按下 Ctrl+D 组合键取消区域选择就可以得到如图 5.79 所示的“图像处理”文字。

图 5.78　反选蒙版后选择区域

图 5.79　最后的效果

从上面的例子中可以得知，通过通道面板中的蒙版编辑和使用可以很快制作出漂亮的文字图像，所以说，灵活使用蒙版的功能可以产生许许多多富于变化的选取范围，从而制作出形态万千的图像效果。

5.7.5　使用蒙版进行图像的合成

利用蒙版进行图像的合成当然离不开图层、通道。利用蒙版的渐隐功能使图像变得很柔和，并很自然地融入背景图像，制作出有创意、漂亮的融合图像。

下面通过一个例子来介绍利用蒙版进行图像合成的方法。

（1）打开如图 5.80 所示的热气球图像文件。

（2）单击工具箱中的快速蒙版工具按钮，切换到蒙版方式，此时通道面板中将添加一个快速蒙版通道，并且成为当前通道，如图 5.81 所示。

图 5.80　热气球图像

图 5.81　通道面板

（3）在工具箱中选择线性渐变工具，按照如图 5.82 所示进行设置。先选取图像右上角，再按住鼠标左键从右上角往左下角拖曳，对图像进行线性渐变处理，效果如图 5.83 所示。

图 5.82　线性渐变选项栏

（4）打开如图 5.63 左图所示的背景图像文件作为背景。

（5）单击工具箱中的标准模式按钮，切换到正常模式，这时图像将出现一个选择区域，如图 5.84 所示。

（6）将选中的内容复制到作为背景的图像中，适当调整位置，得到如图 5.85 所示的合成效果。

图 5.83　渐变效果

图 5.84　正常模式效果

图 5.85　图像合成效果

5.8　路径的功能和使用

路径是 Photoshop 中一项很重要的功能，使用“路径”可以绘制线条或曲线，对绘制后的线条进行填充或描边，从而完成一般绘图工具所不能完成的工作，对图像进行更多的控制。使用路径必须了解路径的概念、路径面板及路径工具。

5.8.1　路径的功能和有关概念

路径提供了一种有效的方法绘制精确的选区边界。路径是使用钢笔、自由钢笔、磁性钢笔或形状工具绘制的任何线条或形状。与铅笔工具或其他绘画工具绘制的位图图形不同，路径是不包含像素的矢量对象。因此，路径与位图图像是分开的，但除剪贴路径外的路径是不会打印出来的。

如果已创建了一个路径，可以将其存储到路径面板中，将其转换为选区边框，或者用颜色填充或描边路径。另外，还可以将选区转换为路径。由于它们占用的磁盘空间比基于像素的数据要少，路径可以作为简单蒙版长期存储；也可以用来剪贴图像的部分，输出到插图或页面排版应用程序中。

路径对于初学者来说是比较陌生的，但是对于 Photoshop 的高手来说确实是一个非常得力的助手。使用路径可以进行复杂图像的选取，可以将选择区域进行存储以备再次使用，可以将一些不够精确的选择区域转换为路径进行编辑，也可以绘制出线条平滑的优美图形。

在 Photoshop 中，“路径”是指由贝塞尔曲线构成的线条或图形。所谓贝塞尔曲线是指由三点组合定义成的曲线，其中一个点在曲线上，另外两个点在控制手柄上，拖动这三个点就可以改变线条的曲度和方向，如图 5.86 所示。

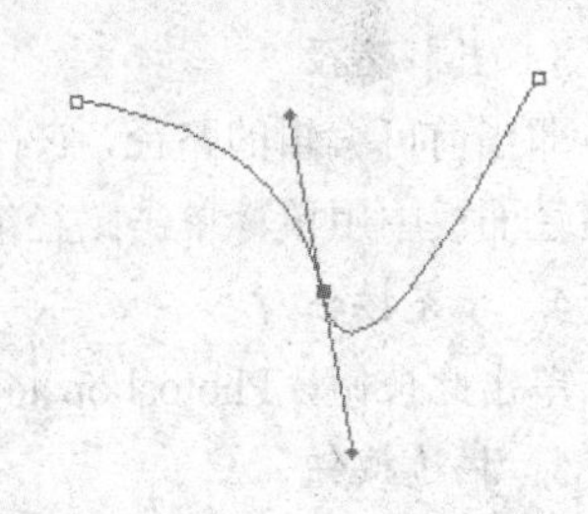

图 5.86　贝塞尔曲线

下面介绍一下有关路径的概念。

锚点（角点）：由钢笔工具创建的一条路径中的两条线段的交点。

平滑点：拖动一个角点，将把角点转换成一个带手柄的平滑点，它使一个线段与另一个线段以弧线方式连接。

拐点：画了一条线段以后，按着 Alt 键拖动平滑点，将平滑点转换成带有两个独立手柄的角点，然后在不同的位置再拖动一次，将创建一个与先前曲线弧度相反的曲线，在这两个曲线段之间的点称为拐点。

直线段：使用钢笔工具在图像中单击两个不同的位置，将在两点之间创建一条直线段。如果按住 Shift 键再建立一个点，则新创建的线段与以前的直线段形成 45 度角。

曲线段：拖动两个平滑点，位于平滑点之间的线段就是曲线段。

5.8.2 路径面板的组成

使用路径必然要用到路径面板。路径面板列出了每个已存储路径的名称及其内容的缩略图。减小缩略图的尺寸或将其关闭可以在面板中一次查看更多的路径，可提高操作效率。要查看路径，必须先在路径面板中选择路径名。

执行“窗口/路径”菜单命令可打开路径面板。如果在当前图像中没有任何路径，则路径面板将是空的，使用路径工具在图像中创建了路径后，路径的缩略图及其名称将会在路径面板中显示出来，如图 5.87 所示。

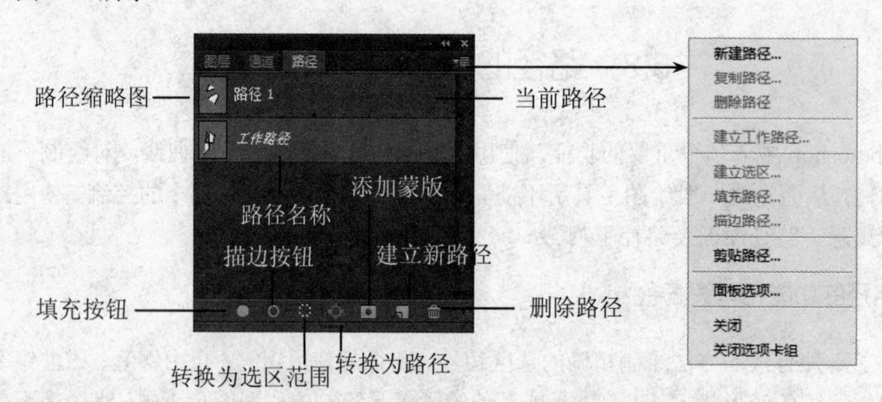

图 5.87 路径面板

下面介绍路径面板的组成与使用。

1. 路径名称

路径名称是路径的文字标识，可协助识别路径。在新建路径时，若不输入路径的名称，则 Photoshop 将自动依次命名为路径 1、路径 2 等。

2. 路径缩略图

用于显示路径的大致形状，以便迅速地区分每条路径。在编辑路径时，相应的路径缩略图也将随着变化。

3. 当前路径

即当前可编辑的路径，它在路径面板中以蓝色背景显示。当前路径只能有一个，切换路径只需在路径面板中用鼠标单击路径缩略图或路径名称。

4. 填充按钮

单击此按钮，Photoshop 将以前景色填充路径包围的区域。

5. 描边按钮

单击此按钮，可以按设定的绘图工具和前景色沿着路径进行描边。该功能在使用路径绘制图像时经常要用到。

6. 转换为选区范围

单击此按钮，可以将当前路径转换为选择区域。在使用路径的过程中要经常进行路径和选择区域之间的相互转换。

7. 转换为路径

该功能与上一个功能正好相反，它将当前的选择区域转换为工作路径。只有在图像中选取了一个选择区域之后该按钮才可用。

8. 建立新路径

单击此按钮，可以建立一个新路径。

9. 删除路径

单击此按钮，将删除当前路径。

10. 路径面板菜单按钮

与其他面板一样，路径面板也有自己的面板菜单。单击路径面板右上角的黑色小三角形按钮，打开如图 5.87 所示的菜单，使用该菜单可以完成关于路径的所有操作。

5.8.3　路径编辑工具

编辑路径时要使用路径工具，这些工具大多数（路径选择工具除外）汇集在工具箱的钢笔工具中，如图 5.88 所示。此外，工具箱中还有一个单独的形状工具，其作用与钢笔工具选项中的形状工具相同。在工具箱中按住钢笔工具图标，Photoshop 将会弹出隐藏的 5 个路径编辑工具，从上至下依次为：钢笔工具、自由钢笔工具、添加锚点工具、删除锚点工具和转换点工具。使用路径编辑工具可以很轻松地完成路径的编辑。

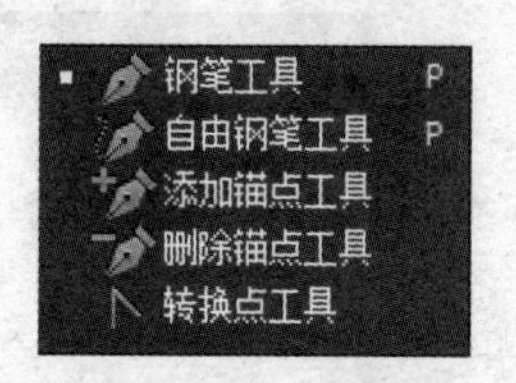

图 5.88　路径编辑工具

钢笔工具：使用该工具可以绘制出由多个点连接而成的线段或曲线。一般情况下，在 Photoshop 中使用此工具绘制直线路径。在图像中每单击一下鼠标将创建一个定位点，该定位点将和上一个定位点之间自动用直线连接。也可以使用钢笔工具来绘制一定的形状。

设置好椭圆工具的各项属性后就可以开始在图像中绘制相应的椭圆形状路径了。

自由钢笔工具：使用该工具可以自由地绘制线条或曲线，它将以一种自由手绘的方式在图像中创建路径，就像套索工具一样，当在图像中创建出第一个锚点后，就可以随意拖动鼠标来创建形状极不规则的路径了。当释放鼠标时，路径的创建过程就完成了。

添加锚点工具：使用该工具可以在现有的路径上增加一个锚点，它用于在已存在的路径上插入一个锚点。在路径上单击即可在线段上面增加一个锚点，并同时产生两个调节手柄，就像一个杠杆，可利用这两个手柄对路径线段进行调节。

当路径的创建工具（即钢笔工具、磁性钢笔工具和自由钢笔工具）指向路径上无锚点的位置时，它们将暂时变成添加锚点工具，也可以使用它们在路径上插入一个锚点。

删除锚点工具：使用该工具可以在现有的路径上删除一个锚点，它用于删除路径上已存在的锚点。在路径上的锚点上单击即可将该锚点删除，而原有路径将自动调整以保持连贯。如果路径中的线段少于 3 条，则路径将不是连贯的路径。

当路径的创建工具（即钢笔工具、磁性钢笔工具和自由钢笔工具）指向路径上的锚点时，将暂时变成删除锚点工具。

转换点工具：使用该工具可以在平滑曲线转折点和直线转折点之间进行转换。平滑曲线转折点所连接的是一条曲线段，而直线转折点所连接的是直线，如图 5.89 所示。

5.8.4 建立路径

路径是由多个点组成的直线段或平滑曲线段，它可以单独的线段或曲线存在，在 Photoshop 中把终点没有连接开始点的路径称为开放式路径，将终点连接了开始点的路径称为封闭路径。每制作一个精美的路径，都要花费很多的时间，对于初学者来说，更是如此。下面将着重介绍建立路径的操作。

1. 使用钢笔工具建立路径

钢笔工具是建立路径的基本工具，使用该工具可创建直线路径和曲线路径。下面以如图 5.90 所示中的五角星为例介绍绘制直线路径的过程。

首先在工具箱中选取钢笔工具，然后移动鼠标至图像窗口单击可以制作出路径的开始点，即路径的第一个锚点。移动鼠标到需要建立第二个锚点的位置上单击，即可将第二个锚点与开始点连接成为线段，再将鼠标移至第三个锚点上单击即可定位第三个锚点的位置，第二个锚点和第三个锚点间也自动连接成直线段，如图 5.90 左图所示。

按上述方法，完成其他线段的绘制。当回到开始点时，如图 5.90 右图所示，在光标右下方会出现一个小圆圈的光标，表示终点已经连接开始点，此时单击鼠标即可完成一个封闭路径制作。

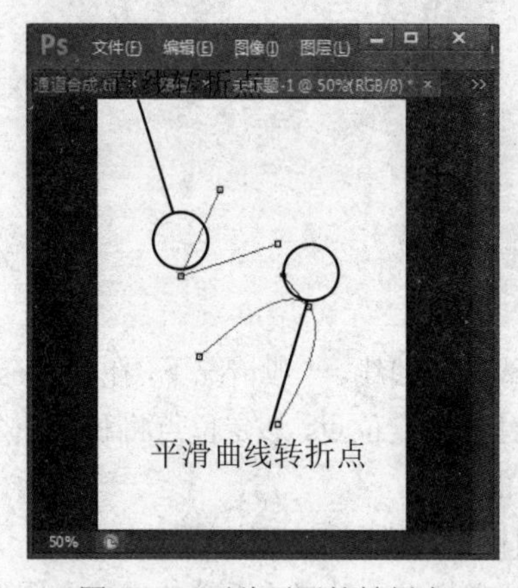

图 5.89 两种不同的转折点

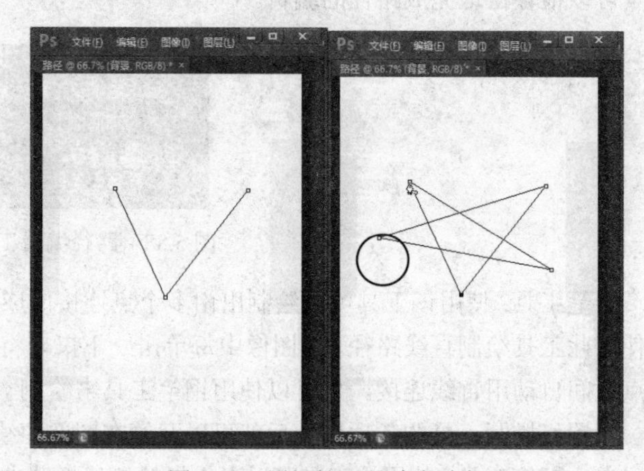

图 5.90 用钢笔工具建立路径

在单击鼠标确定锚点的位置时，若按下 Shift 键，则会按 45 度角、水平或垂直的方向绘制线条。

在绘制路径之前，若没有在路径面板中新建路径，则会自动出现一个工作路径，其路径名称以斜体显示，这种路径始终出现在路径面板的最底部，如同图层面板中的背景图层一样不能将它往上调整。工作路径是一种暂时的路径，一旦有选区范围转换为工作路径，则马上被新的工作路径所覆盖。

使用钢笔工具除了可以绘制线段以外，还可绘制曲线，其操作方法与绘制线段不同，下面以绘制一个苹果来说明绘制曲线的操作过程。

首先在工具箱中选择钢笔工具，然后移动鼠标至图像窗口单击可以确定路径的开始点，即路径的第一个锚点。移动鼠标至图像的第二个锚点处单击并拖曳，此时绘制出如图 5.91 所示的曲线，用钢笔工具拖曳锚点时，会产生一条方向线，方向线两端的锚点为方向点，拖曳锚点时，这两个方向点即可改变方向线的长度和位置，同时也就改变曲线的形状和平滑程度。

将鼠标移到开始点上单击封闭路径，就完成了“苹果”路径基本轮廓。接着，需要对整个路径进行调整，以完成一个完美的路径。最后，在“苹果”的上方绘制出一条短曲线，作为“苹果柄”，这样即可完成“苹果”路径的编辑。图 5.92 是调整路径后的最终效果。路径绘制完成后，可以将它应用到图像中。需要提醒的是，在调整路径时需要使用其他编辑路径的工具，这方面的内容可参阅 5.8.5 节中的内容。

图 5.91　使用钢笔工具绘制曲线

图 5.92　绘制苹果轮廓路径的最终效果

2. 使用自由钢笔工具建立路径

自由钢笔工具可以非常自由地在图像中绘制出曲线路径。要使用自由钢笔工具绘制路径，首先在工具箱中选中该工具，然后移动鼠标至图像窗口中，拖曳至适当的位置松开鼠标即可完成。

使用自由钢笔工具可以对未封闭的路径继续进行绘制，其方法是在未完成的路径始点或终点上按下鼠标并拖曳，若到达路径的另一端点时松开鼠标，则可以完成封闭路径。

自由钢笔工具选项中选中磁性选项后，自由钢笔工具就变成了磁性钢笔工具。磁性钢笔工具的使用方法与磁性套索工具的使用方法基本上是一样的，也是根据选取边缘在指定宽度内的不同像素值的反差来确定路径的方向和轮廓。使用磁性钢笔工具建立的路径始终是一个封闭式路径。磁性套索工具在选取后，直接成为一个选区范围，而磁性钢笔范围可以转换成路径，而路径又可以转换成选区范围。所以，可以先用磁性套索工具选取范围后，再转成路径进行编辑，或者用磁性钢笔工具选取了一个路径后转换成选区范围使用。

使用磁性钢笔工具绘制路径，一般先打开一个已有的图像作为背景，然后在想成为路径的物体边缘上单击后，沿着该物体的边缘移动鼠标，当鼠标从开始点回到终点后，路径即可完成。如图 5.93 所示为使用磁性钢笔工具建立的路径。

由于磁性钢笔具有快速、方便的优点，因此，对图像中指定的某一区域内容制作路径时，一般都使用该工具。

图 5.93　使用磁性钢笔工具建立路径

3. 使用形状工具和自定形状工具建立路径

使用形状工具和自定形状工具建立路径的方法与使用形状工具或自定形状工具建立形状图层的方法大同小异，只是在选择路径或形状图层时选项不一样，在此不作详细说明。

5.8.5　路径选择工具

通过路径选择工具或直接选择工具可以选择路径段和路径。

选择一个形状后将显示选中部分的所有锚点，包括全部的方向线和方向点。方向点显示为实心圆，选中的锚点为实心方形，而未选中的锚点为空心方形，如图 5.94 所示。

若要选择整条路径，可以使用选择路径选择工具（），并单击该路径组件。如果某路径由几个路径组件组成，则只有指针所指的路径组件被选中。若要同时显示定界框和选中的路径组件，请选择选项栏中的“显示定界框”。

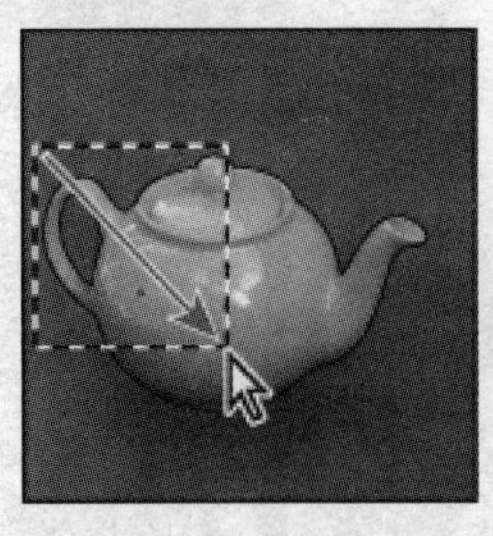

图 5.94　使用路径选择工具选择部分路径

若要选择路径段，请选择直接选择工具（![]），并单击路径段上的某一个锚点，或在线段的一部分上拖移选框。

若要选择其他组件或段，请选择路径组件选择工具或直接选择工具，然后按住 Shift 键选择其他的路径或段。

当选中直接选择工具时，可以按住 Alt 键并单击，选择整条路径或某路径组件。若要在选中其他工具的同时启动直接选择工具，请将指针放在锚点上，并按下 Ctrl 键。

5.8.6　调整路径锚点的设置

在制作路径的过程中，由自由钢笔工具或磁性钢笔工具绘制成的路径往往不符合要求，需要进行调整后才能彻底地完成路径的制作。也就是说，需要对路径进行修改，如增加或减少锚点、移动锚点的位置、转换锚点等操作。

1. 选择路径的锚点

要调整锚点的位置，必须先使用工具箱中的直接选择工具选择锚点，利用它可以选择整个路径或路径中的任一锚点。如图 5.95 所示，首先在工具箱中选择“直接选择”工具，然后移动鼠标至图像窗口中单击路径，这样该路径被选中，并显示出路径中的所有锚点，接着移动鼠标至路径上某锚点处单击即可选择该锚点，如图 5.96 所示。选中锚点后，用鼠标拖动该锚点即可移动其位置，从而改变路径形状。按下 Del 键可以删除选中的锚点。可以直接使用直接选择工具拖曳两锚点的曲线段来调整该曲线的形状，或者在选中锚点后，用键盘上的方向键进行微小的移动调整。

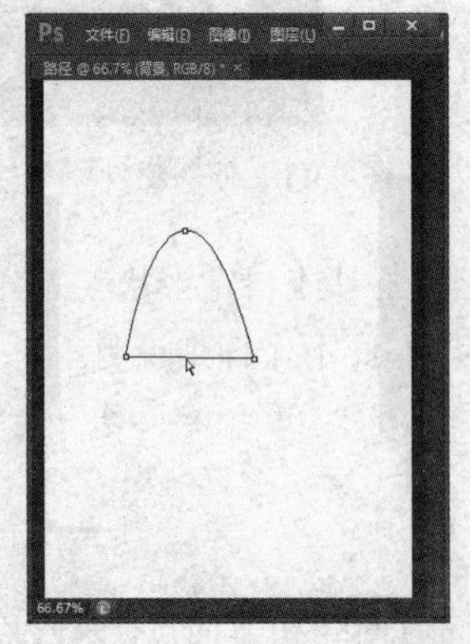

图 5.95　选择路径

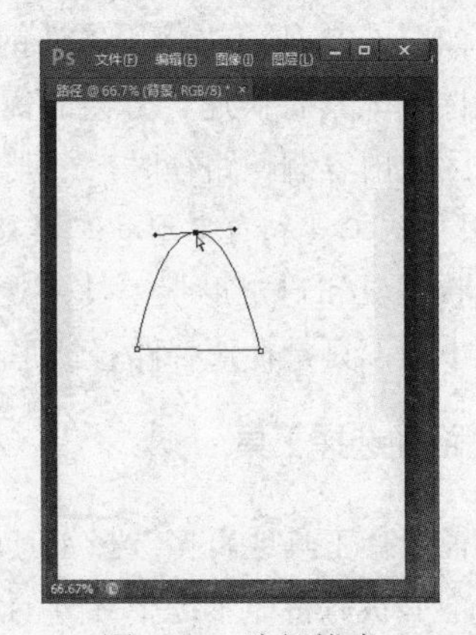

图 5.96　选择锚点

如果按下 Shift 键，然后用直接选择工具单击各锚点则可以选中多个锚点。如果按下 Alt 键，然后用直接选择工具单击路径，即可在选中路径的同时选中该路径中的所有锚点。

一次性地选中同一路径中的所有路径线段的方法是使用直接选择工具，框住所有要选择的锚点在图像中拖曳，或按下 Shift+Alt 键的同时单击各路径，也可以逐一选中各路径中的锚点。如果按下 Shift 键的同时单击各路径，则会选中各路径，而不会同时选中各路径中的锚点。在任何一个“编辑路径工具”被选择的情况下，只要按住 Ctrl 键，就等于在工具箱中选择了直接选择工具。

2. 增加和删除锚点

增加和删除锚点需要使用工具箱中的增加锚点和删除锚点工具。这两个工具的操作方法如下：如果要在现有的路径中增加一个锚点，在选中增加锚点工具后，移动鼠标至图像中的路径上（不能移动到锚点上）单击即可，如图 5.97 所示为图 5.96 中的直线路径上增加一个锚点后的路径。如果要删除锚点，则可以在选中删除锚点工具后，移动鼠标至图像路径上的锚点处单击即可，如图 5.98 所示为图 5.97 删除左下角锚点后的路径。

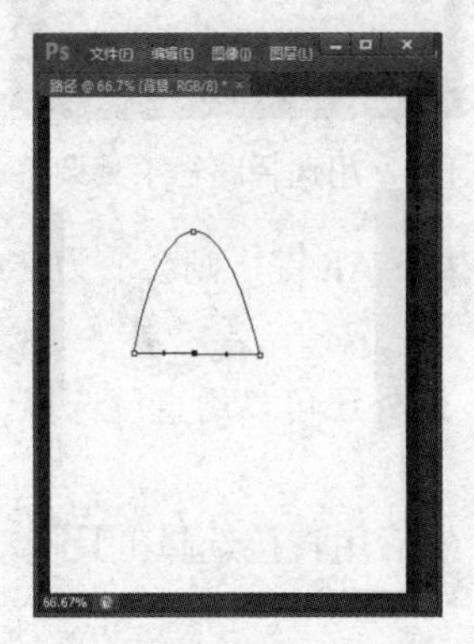

图 5.97　增加锚点

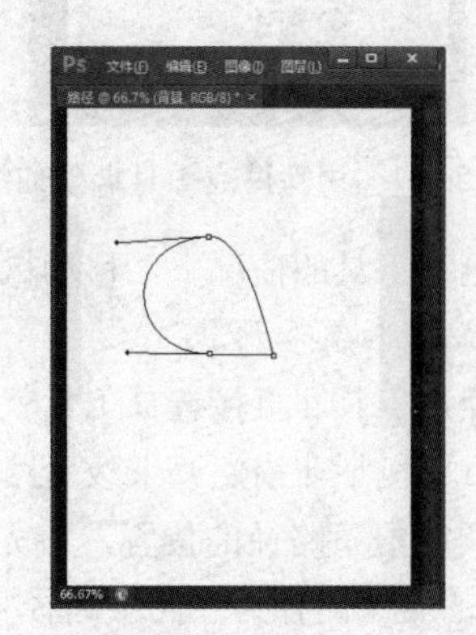

图 5.98　删除锚点

若在选中增加锚点和删除锚点工具的情况下，按下 Alt 键则可在这两个工具之间切换。

3. 更改锚点属性

锚点共有两种类型，即直线锚点和曲线锚点，这两种锚点所连接的分别是直线和曲线。为满足需求，直线锚点和曲线锚点之间可以互相切换。使用编辑路径工具中的转换点工具，就可以轻松自如地实现这一操作。

首先，在工具箱中选取转换点工具，然后移动鼠标至图像中的路径锚点上单击，即可将一个曲线锚点转换为一个直线锚点，如图 5.99 所示为图 5.96 中曲线锚点转换后的结果。如果要转换的锚点是直线锚点，则需要单击并拖曳，如图 5.100 所示是单击图 5.99 中右上角的锚点并拖曳后的结果。

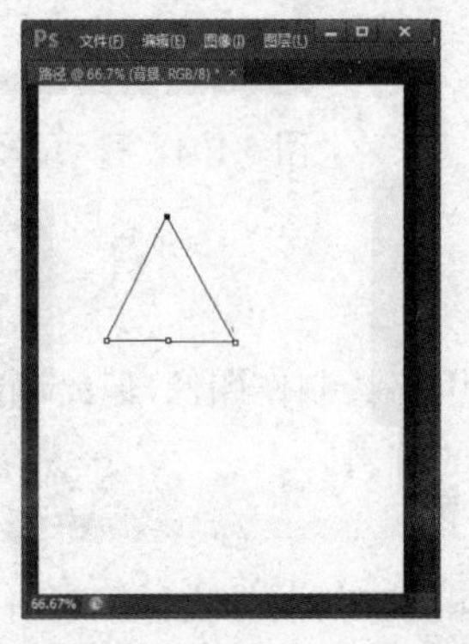

图 5.99　转换曲线锚点为直线锚点

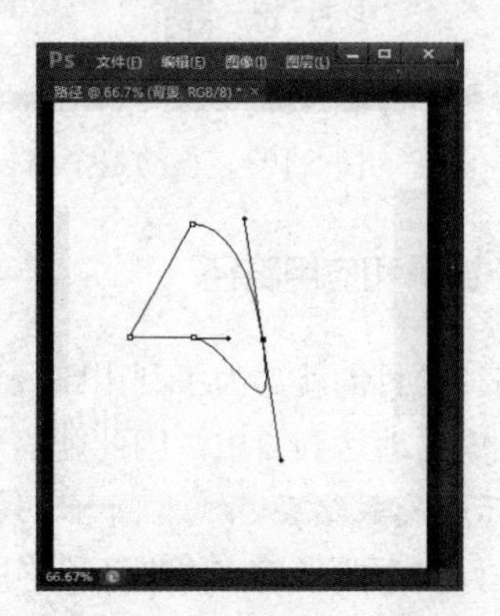

图 5.100　转换为曲线锚点

转换点工具还可以用来调整曲线的方向，如图 5.101 所示，用转换点工具在曲线锚点方向线的一端的方向点上按下鼠标并拖动，就可以单独地调整方向线这一端的曲线形状。如果使用直接选择工具拖动该方向点调整，将影响锚点两端的曲线形状，如图 5.102 所示。因此，在制作曲线路径时，转换点工具有非常重要的作用。

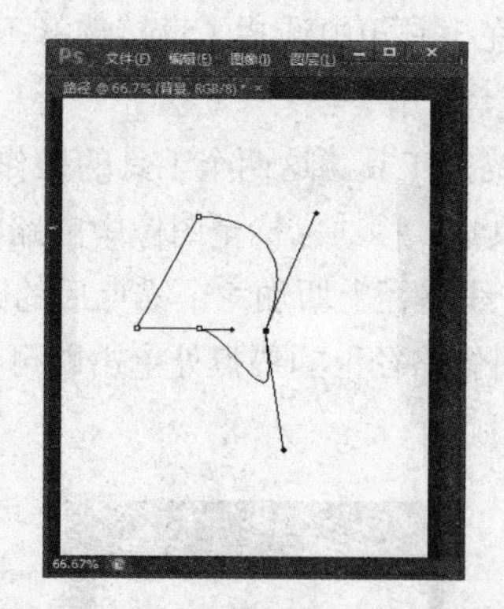

图 5.101 用转换点工具调整曲线

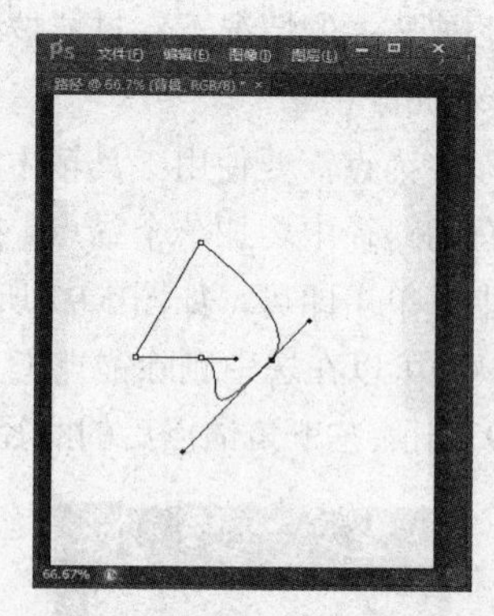

图 5.102 用选择路径工具调整曲线

在选中钢笔工具的情况下，移动鼠标至曲线的方向线上按下 Alt 键，则会变为转换点工具。

4. 调整路径位置和形状

使用转换点工具和直接选择工具就可以调整路径的形状，此外还可以用直接选择工具来拖动路径上的任一点（包括非锚点）来改变路径的形状。

如果要调整整条路径的位置，首先需要选中整条路径，然后用直接选择工具拖动即可，如图 5.103 所示中的右图路径为左图中路径整体下移以后的结果。

如果要移动路径中的某一段或某几段，则只要选中要移动的路径的所有锚点，然后用鼠标拖曳移动部分路径即可，如图 5.104 所示为图 5.103 左图移动其中三段路径的效果。

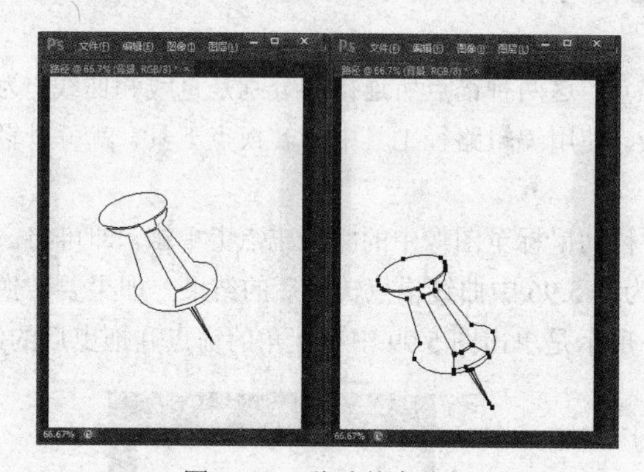

图 5.103 移动整个路径

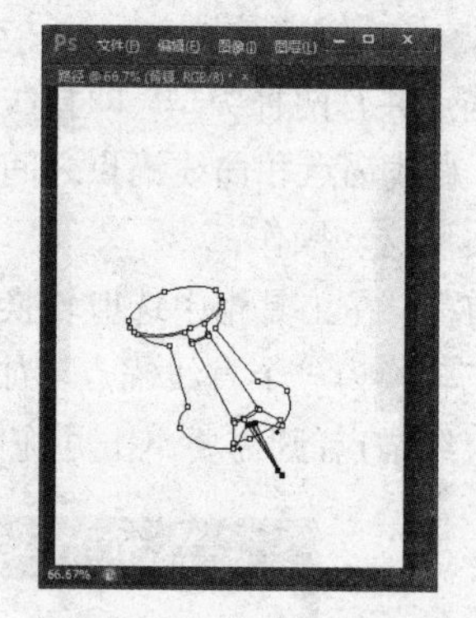

图 5.104 移动部分路径

5.8.7 编辑和应用路径

绘制路径的目的就是为了利用路径进行图像的选取或利用路径制作图像，但绘制的路径几乎不可能一次性成功地达到要求，因此就需要对路径进行一系列的编辑。

1. 显示和隐藏路径

当制作好一个路径后，该路径始终出现在图像中，在对图层中的图像进行编辑时，路径会给编辑图层内容带来很多不便。为了能尽情地在图层中遨游，需要将路径根据需要进行隐藏和显示。

将鼠标在路径面板的空白区域单击，即可隐藏所有路径。如图 5.105 所示是隐藏路径后的图像，可以看到隐藏路径后，在图像中没有路径显示，并且在路径面板中将没有以蓝色显示的路径名称。按下 Shift 键单击路径名称可隐藏当前路径，隐藏路径后就不能使用路径编辑图像了。如果目标路径当前为显示状态，执行"视图/显示/目标路径"菜单命令也可以将路径隐藏。

若要重新显示路径，只需要用鼠标在路径面板中单击要打开的路径名称即可，如图 5.106 所示。如果要再次打开该路径，只要执行"视图/显示/目标路径"菜单命令即可。

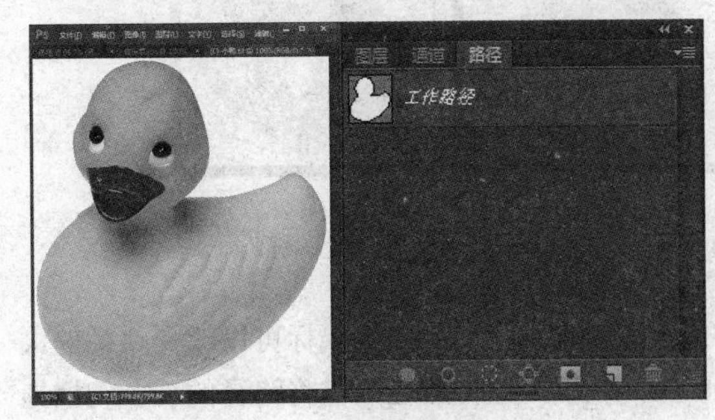

图 5.105　隐藏路径

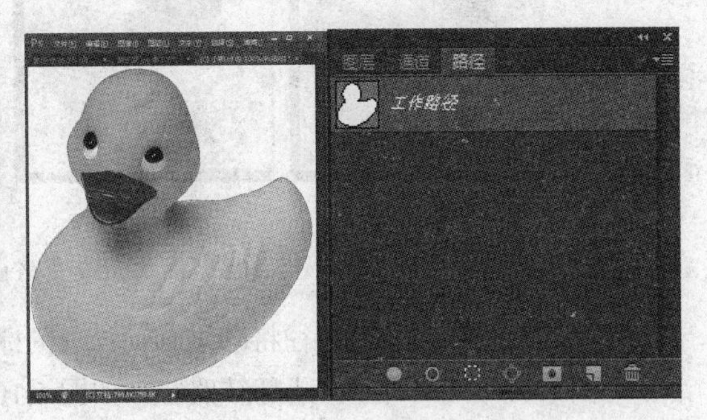

图 5.106　显示路径

2. 编辑路径

将路径看成是一个图层中的图像，可以对它进行复制、移动、删除等操作，还可以对它进行旋转、翻转和自由变形。

在同一图像中复制路径的操作与在同一图像中复制图层、通道的操作几乎一样，在此不多介绍。但有一点值得注意，在同一时刻同一幅图像中最多只能打开一条路径。

不同图像之间的路径可以互相复制使用，如同复制图层内容一样，可以将路径从一个图像中拖曳至另一图像中来完成复制。如果在复制后的图像中已经建立了路径，那么，复制后的内容将增加到这个图像的当前路径之中，如图 5.107 所示。

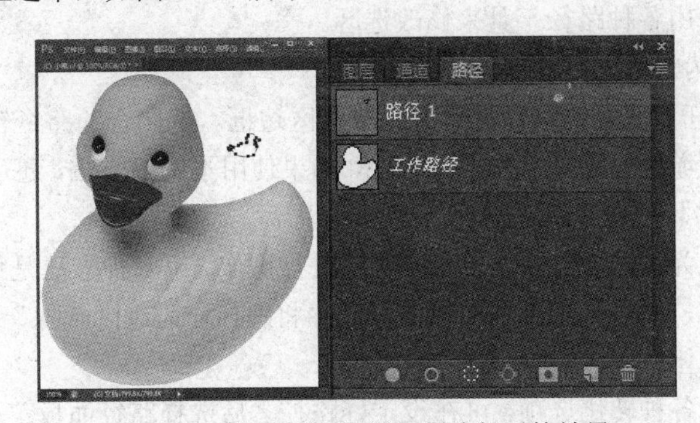

图 5.107　在不同图像间复制路径后的效果

若要快速复制路径，可将当前路径拖曳至"创建新路径"按钮上。对于图像中没有用的路径，可将其删除，方法是将该路径拖曳至"删除路径"按钮上即可。另外，也可在选中路径后，通过单击路径面板菜单中的"删除路径"命令来删除。

对路径旋转和变形的操作方法有两种：使用"编辑/自由变换路径"菜单命令和"编辑/变换路径"菜单命令。这两个命令都要求在工具箱中选中钢笔工具组中的一个工具才有效。对路径旋转和变形之前，先要选定要编辑的路径，然后使用命令进行编辑。

使用"自由变换路径"命令没有下拉菜单或对话框弹出。使用该命令后，被选中的路径将处于被编辑状态，该路径将被一个矩形框包围，在矩形框的 4 个顶点和 4 条边上各有一个小正方形框（句柄），如图 5.108（a）所示。此时能对其进行任意倍数的缩小和放大、任意角度的旋转，任意角度的翻转等操作。

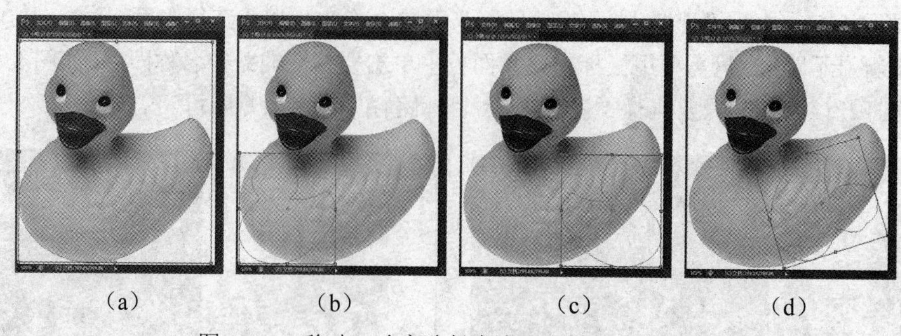

（a）（b）（c）（d）

图 5.108　移动、改变路径大小、翻转及旋转路径

如果此时拖曳鼠标，路径将随之移动；当鼠标位于 8 个句柄上时，拖曳鼠标可以改变路径的大小，如图 5.108（b）所示，或翻转路径，如图 5.108（c）所示，翻转路径只需将路径的一个句柄拖曳到对称的位置即可。当鼠标放在矩形外面时变为旋转路径形状，此时可以拖曳鼠标来以任意角度旋转路径，旋转效果如图 5.108（d）所示。

使用“编辑/变换路径”菜单命令将弹出如图 5.109 所示的子菜单命令。变换路径命令能完成的路径变换功能全部包含在“编辑/自由变换路径”菜单命令中，使用变换路径能完成的功能在使用自由变换路径命令中都能实现。使用自由变换路径要使用手工操作，不很精确，但很灵活。使用变换路径命令时一次只能对路径进行一种操作，比如选择旋转则不能对路径进行缩放等。因此，可以使用它而不必担心无意中对路径做了不允许的修改。

3. 转换路径和选区

在进行具体的图像处理工作时，常常需要在路径和选区之间相互转换。使用路径的主要目的是创建一个选区，或者使用各种路径工具来修改选区。

（1）把路径转化为选区。

Photoshop 允许把任何闭合的路径轮廓转化成选区边框。把闭合的路径转化成选区边框后，闭合路径所包围的图像区域能够添加到当前选区中，如果使用不同的方法，还可以将新定义的选区与图像中原有的选区进行不同的组合。

要把当前路径转化为选区，可以使用两种方法进行操作。第一种方法是使用路径面板。把要转化的路径设为当前路径，然后单击路径面板底部的“将路径作为选区载入”按钮，Photoshop 将使用默认的设置把路径转化成选区边框。

如果要精确地设置各种转化选项，可在设定好路径之后选择路径面板菜单中的“建立选区”菜单命令，将打开如图 5.110 所示的“建立选区”对话框。该对话框用来设置把当前路径转换为选区的方式，包括以下选项：

- 羽化半径：用来设置羽化半径的值。
- 消除锯齿：该选项通过部分填充选区的边缘像素，在选区中的像素与周围像素之间创建精细的过渡。要使该选项有明显的效果，必须确保羽化半径值设置为 0。
- 新建选区：用来把当前路径创建为一个新选区，而不对图像中其他选区产生任何影响。
- 添加到选区：该选项只有在当前图像中已存在选区时有效，用来把路径创建的选区添加到已有的选区中。若有相交部分，将自动合并成一个选区。

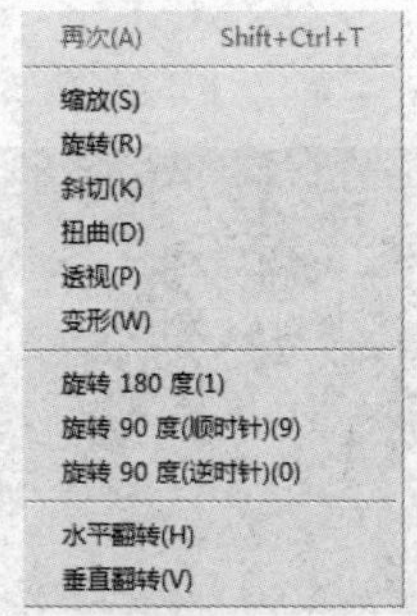

图 5.109　“编辑/变换路径”下拉菜单

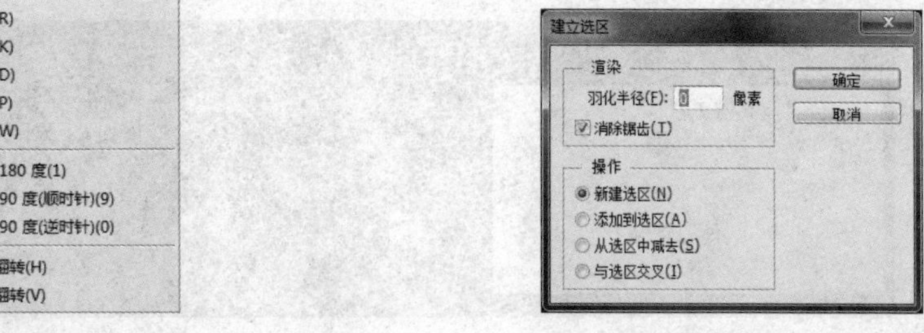

图 5.110　“建立选区”对话框

- 从选区中减去：该选项只有在当前图像中已存在选区时有效，用来从已有的选区中减去由当前路径创建的选区。要求两个选区有相交部分。
- 与选区交叉：该选项只有在当前图像中已存在选区时有效，用来保留路径与原有选区的重叠部分。如果路径与选区没有重叠，则不会选择任何内容。如图 5.111 所示为路径与选区相交时的情况。

（2）把选区转化为路径。

有时候，从选区创建路径可能比直接使用钢笔工具创建路径方便，如图 5.111 所示。例如创建选区的椭圆选框工具可以创建各种宽度与高度比的椭圆形选区。可以选择路径面板菜单中的“建立工作路径”命令打开“建立工作路径”对话框，如图 5.112 所示。

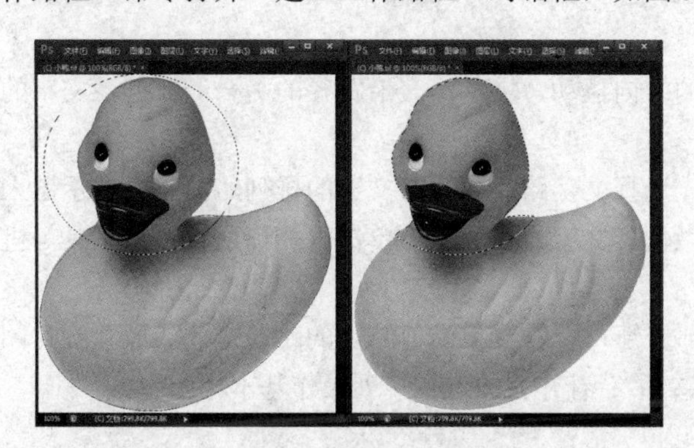

图 5.111　选区转换为路径（路径与选区交叉）

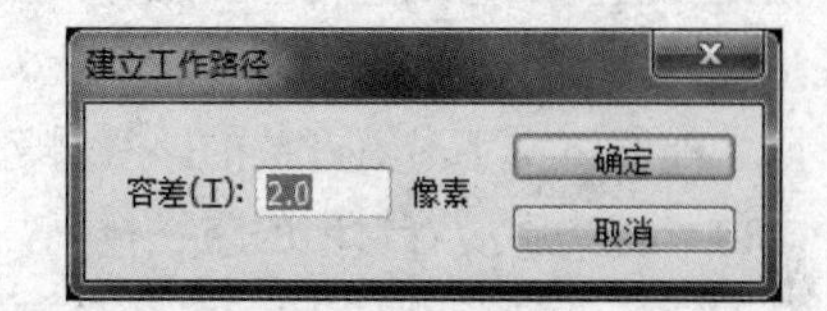

图 5.112　“建立工作路径”对话框

该对话框中只有一个“容差”选项，用来设置转换后路径上包括的锚点数，其默认值为 2 像素。输入值的变化范围为 0.5～10 像素。值越高，锚点数越少，产生的路径就越不平滑；值越低，锚点数就越多，产生的路径就越平滑。在设置了恰当的容差值之后，单击“确定”按钮，就把选区转化为路径了。

如果是一个开放式的路径，在转换为选区范围后，会自动增加一条线段将路径的起点与终点连接起来成为一个封闭的选区范围。

4. 路径文字

Photoshop 从 CS 版本开始提供了路径文字功能。

（1）将文字沿路径排列。

首先使用钢笔工具的路径方式画一条开放的路径，然后选用文字工具在路径上需要开始输入文字的地方单击即可输入文字，将光标放到路径上时光标变成⫯，在输入过程中文字将按照路径的走向排列。在单击的地方除了输入文字的光标提示符外多了一个文字起点标识符（╳），路径的终点出现文字终点标识符（○），如图 5.113 所示。

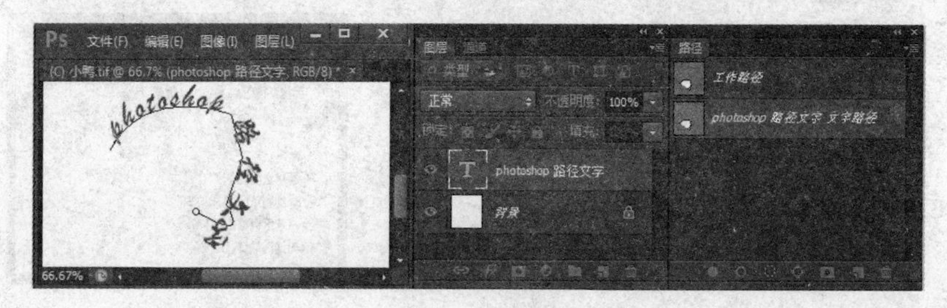

图 5.113 路径文字效果及其面板

使用文字工具输入文字后，除了在图层面板中增加了一个文本图层外，在路径面板中也增加了一条跟前面形状一样的路径。因为路径文字将目标路径复制一条出来，再将文字排列在其上，这时文字与原先绘制的路径已经没有关系了，即使现在删除最初绘制的路径，也不会改变文字的形态，同样，即使现在修改最初绘制的路径形态，也不会改变文字的排列。同时，文字路径是无法在路径面板删除的，除非在图层面板中删除这个文本图层。

文字输入完成后，可以对文字排列继续实施以下编辑工作：

1）使用普通的移动工具移动整段文字。

2）使用路径选择工具和直接选择工具移动文字的起点和终点，这样可以改变文字在路径上的排列位置。当显示范围小于文字所需的最小长度时，终点的小圆圈中会显示一个+号，此时文字的一部分将被隐藏。

3）将文字的起点或终点沿垂直于路径的方向拉动，文字将会沿路径的另一侧排列，文字的起点和终点互换位置。

4）修改文字排列的形态：在路径面板先选择文字路径，此时文字的排列路径就会显示出来，再使用路径选择工具或直接选择工具，在稍微偏离文字路径的地方单击就能使用转换点工具等进行路径形态的调整，此时文字将随之变化。

除了能够将文字沿着开放的路径排列以外，还可以将文字沿着封闭的路径排列或放置到封闭的路径之内。将文字沿着封闭的路径排列与将文字沿着开放的路径排列操作基本相同。

（2）将文字放置到封闭的路径之内。

首先使用钢笔工具的路径方式画一条封闭的路径，然后选用文字工具，在封闭的路径所包围区域内任意地方单击即可输入文字，文字将自动找到最前面的位置开始排列，如图 5.114 所示。

从图 5.114 中可以观察到文字输入完成后可以像编辑路径（参见本小节标题 2）一样编辑该文字范围，不同的是此时编辑的对象是文本图层。

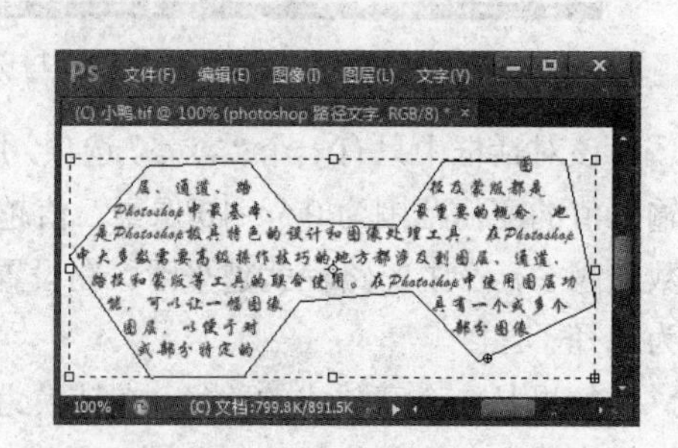

图 5.114 将文字置于封闭路径内

5. 输出剪贴路径

剪贴路径的功能主要是制作除去背景效果，也就是说，使用剪贴路径功能输出的图像插入到其他软件时，在路径之内的图像会被输出，而路径之外的图像会成为透明的区域。下面以一个例子进行说明。

首先打开要输出路径的图像，如图 5.115 所示，然后执行路径面板菜单中的“剪贴路径”命令，打开“剪贴路径”对话框，如图 5.116 所示，在对话框中可调整输出剪辑路径名称和展平度。

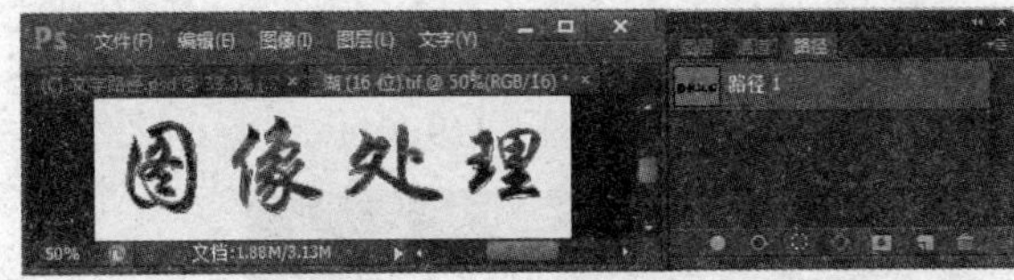

图 5.115 打开带路径的图像

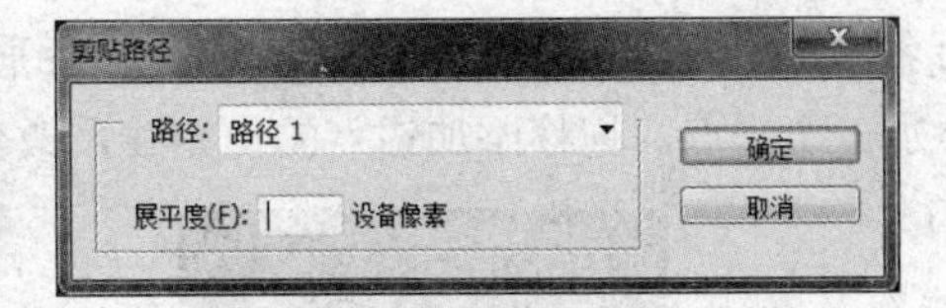

图 5.116 剪贴路径对话框

- 路径：列出显示在路径面板中的所有路径名称，若选择“无”选项，则表示不输出剪贴路径。
- 展平度：用于控制线条的平滑度，变化范围为 0.2～100，其值越大，线段数目越多，也就是锚点越多，曲线也就越精密。一般而言，1200～2400dpi 的高分辨图像展平度的值可设为 8～10；300～600dpi 的图像展平度的值大多定为 1.3。

在“剪贴路径”对话框中进行设置后，单击“确定”按钮就完成输出剪贴路径。输出剪贴路径后，就可以将该图像存储为.TIF 的图像格式，然后插入到其他图像应用软件中进行使用。未使用“剪贴路径”命令保存的图像插入到其他图像应用软件打开的图像后，会显示出白色的背景；而使用了“剪贴路径”命令保存的图像插入到其他图像应用软件打开的图像后，则不会显示出白色的背景，而是透明的底色。

对工作路径不能输出为剪贴路径，应该将工作路径拖曳到“建立新路径”按钮上，使之变为永久性的路径才可输出为剪贴路径。

6. 导出路径

路径可以保存在图像文件中，也可以将它单独保存为一个文件。首先，打开已建立路径的文件，如图 5.115 所示，然后执行“文件/导出/路径到 Illustrator”菜单命令，打开“导出路径到文件”对话框，如图 5.117 左图所示，选好要导出的路径后单击确定按钮弹出右图所示的选择文件对话框。

图 5.117 “导出路径到文件”对话框

在“保存在”下拉列表框中选定文件夹位置，在“文件名”文本框中键入文件名，在“保存类型”下拉列表框中选定保存文件类型，最后在“路径”列表框中指定要保存的路径内容。若选择所有路径选项，可将图像中的所有路径一并保存；若选择文档范围，将不保存图像中的路径；选择其他选项可分别保存指定的某一路径。设定完毕后，单击“保存”按钮就可以将所指定的路径单独保存成为一个文件。保存后的文件扩展名默认为.ai，此后可将该文件插入到 Adobe Illustrator 软件中进行编辑和修改。

5.8.8 利用路径合成图像

在 Photoshop 中使用路径来制作、合成图像是非常奇妙的，只要稍加运用就可实现一些意想不到的效果。本节将以制作一幅拼图画为例来说明路径的各种操作和运用。

（1）打开一幅如图 5.118 所示的风景画作为背景图像。

（2）将前景色设置为黑色，单击图层面板上的创建新图层按钮，建立一个新图层，将新图层命名为“拼图”。选择钢笔工具，绘制一条垂直方向的直线路径，然后在路径的大约 1/3、2/3 处各添加一个锚点，拖移添加锚点的控制线，改变路径的形状，效果如图 5.119 所示。

图 5.118　背景图像

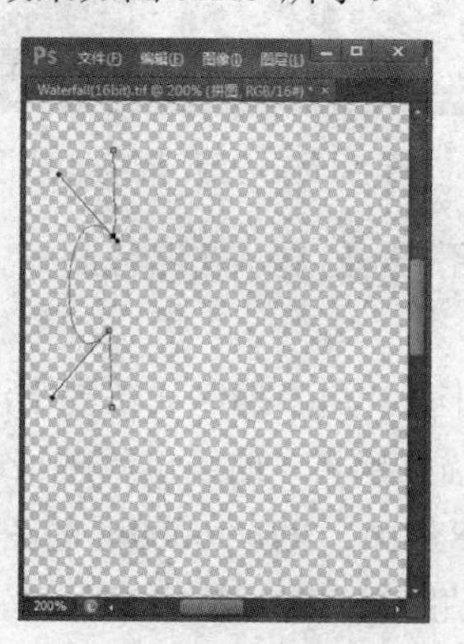

图 5.119　绘制路径

（3）复制路径并旋转 90 度，拖动新路径，使之与原来的路径首尾相连，如图 5.120 所示。复制前面的所生成的路径，旋转并拖动，形成一个拼图块的轮廓，如图 5.121 所示。

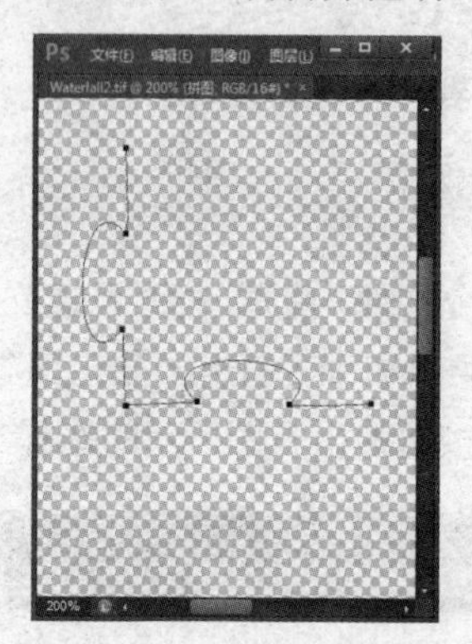

图 5.120　旋转移动路径

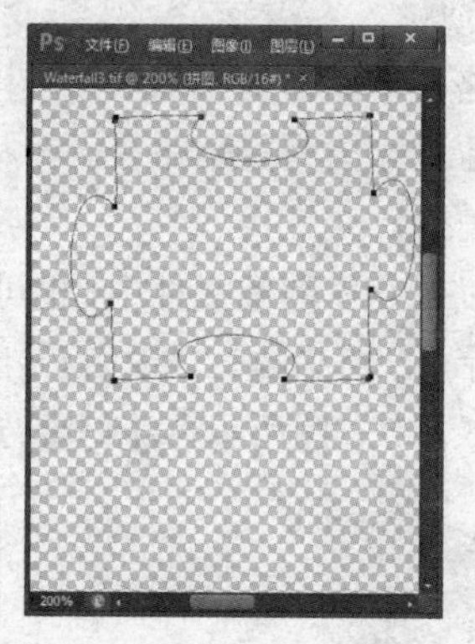

图 5.121　单个拼图块路径

（4）将铅笔工具大小设置为 1（最细），然后描边路径。

（5）将路径按顺时针方向旋转 90 度，移动路径，使之与原先的拼图块相连接，再描边（如图 5.122 所示）。

（6）重复步骤（5）直到拼图块将整个背景图像全部覆盖（可结合图层功能进行复制粘贴），结果如图 5.123 所示。

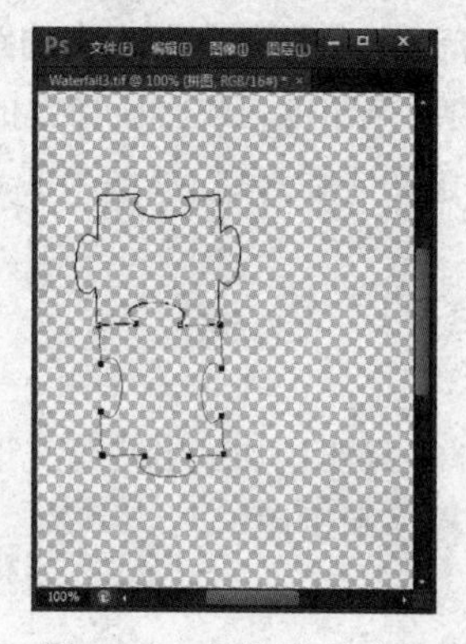

图 5.122　旋转移动路径

图 5.123　描边路径完成

（7）用魔棒工具在拼图图层中选择一个拼图块，在通道面板中将其载入通道，系统自动命名为 Alpha1 通道，如图 5.124 所示。选中 Alpha1 通道，执行“滤镜/风格化/浮雕效果”命令（参数按图 5.125 所示进行设置），执行“图像/调整/阈值”命令，将阈值设置为 200，以获取图像的高亮度区域，如图 5.126 所示。执行“滤镜/模糊/高斯模糊”命令（模糊半径为 1.0）。

图 5.124　Alpha1 通道

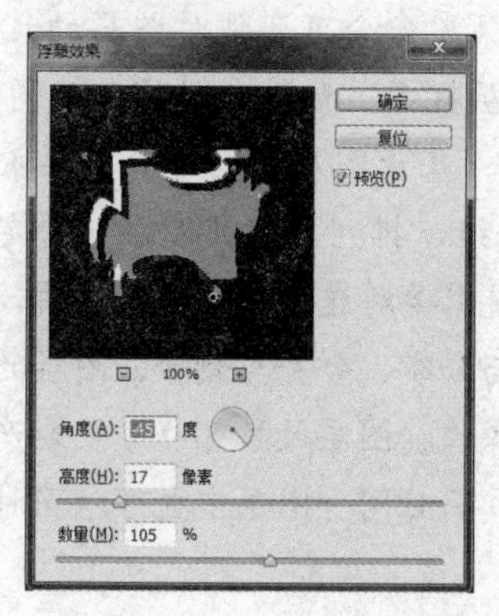

图 5.125　浮雕效果参数

图 5.126　调整阈值效果

（8）在图层面板中选中背景图像所在图层，然后打开通道面板，按下 Ctrl 键的同时单击 Alpha1 通道，将选区载入到综合通道。设置前景色为白色，执行“编辑/填充”命令，效果如图 5.127 所示。到此为止，一个拼图块已经制作完成，用同样的方法完成其他拼图块的效果（可以同时选择多个不相邻的小拼图块进行制作），效果如图 5.128 所示。

选中“拼图”图层，为拼图的边缘创建内发光效果。内发光效果参数设置为不透明度 95%、范围为 60%、其他参数为默认设置，最终效果如图 5.129 所示。

图 5.127　单块拼图效果

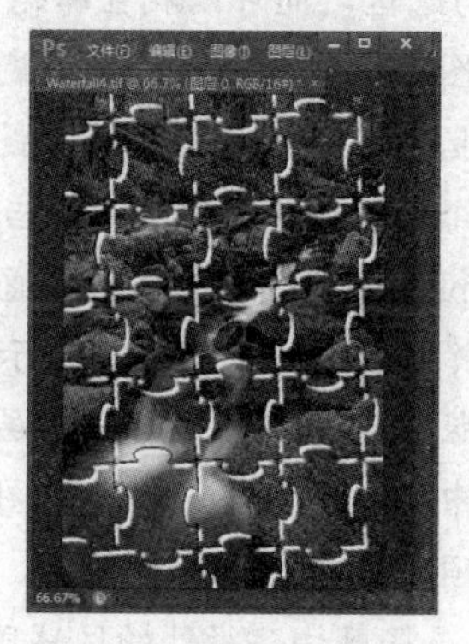
图 5.128　全部拼图效果

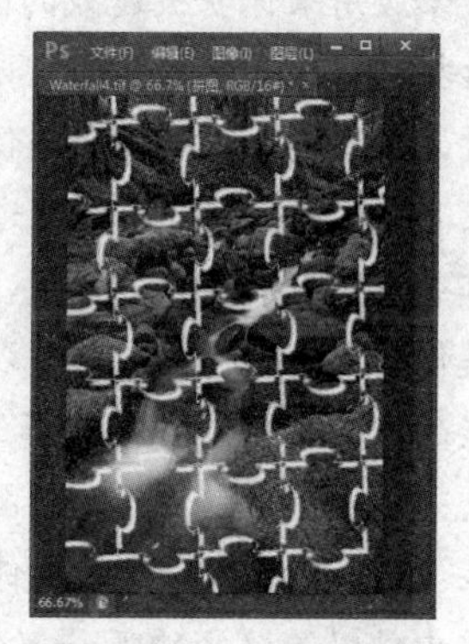
图 5.129　最终效果

图层、通道、路径及蒙版都是 Photoshop 中最基本、最重要的概念和工具，也是 Photoshop 极具特色的设计和图像处理工具，在 Photoshop 中大多数需要高级操作技巧的地方都涉及到图层、通道、路径和蒙版等工具的联合使用。

图层是 Photoshop 中非常灵活的实用工具，在图像编辑中有很大的潜力。每个图层都有自己的内容，而且是相对独立的，图层间也可以建立联系，并相互影响。Photoshop 可以把所有的图层或部分图层合并成为一个图层，还可以改变图层叠放次序等操作。图层易于修改，同时还可以控制其透明度、混合模式，能够产生许多特殊效果。根据图层的作用可将图层分为普通图层、调整图层、背景图层、文本图层、填充图层和形状图层这6种图层，为了便于组织和管理图层，Photoshop CS版开始支持图层组的嵌套；CS6以后的版本可以像普通图层一样设置样式、填充不透明度、混合颜色带以及其他高级混合选项。图层面板是进行图层编辑操作时不可缺少的工具，几乎所有的图层操作都可以通过它来实现。通过图层菜单命令可实现对图层的几乎所有操作，包括新建图层命令、复制图层、删除图层、图层属性、图层样式、新填充图层、新调整图层、更改图层内容、图层内容选项、智能对象、文字命令、栅格化、基于图层的切片、图层蒙版与停用图层蒙版、矢量蒙版操作、创建剪贴蒙版、图层编组与取消编组、排列与对齐图层、锁定图层、图层链接、图层合并和修边。当在图像中创建了多个图层之后，就需要对这些图层进行编辑，包括移动、复制和删除图层、图层大小的调整、改变叠放次序以及排列与分布、合并与删除、图层的链接与合并、建立和使用图层蒙版、锁定图层内容与图层内容的修正等操作。图层效果可以方便地产生阴影、发光、斜面、浮雕等效果，这些效果可以作用在单个的图层上，而且同一图层中也可以同时使用多种图层效果，也可以将获得的效果进行复制、粘贴、清除等操作。

Photoshop中的通道是用来保存图像颜色信息、独立的原色平面，它是图像处理中不可缺少的利器，利用它能创建一些特殊的图像效果。通道的基本操作包括新建通道、复制删除通道和分离与合并通道，通过通道面板可以完成所有与通道有关的操作。通道除了能保存颜色数据外，还可用来保存蒙版，用来保存选区和蒙版的通道叫做Alpha通道。Alpha通道是透明的，利用它可以制作一些神奇的效果。专色通道是一种特殊的通道，它可以使一种特殊的混合油墨附加到图像颜色油墨中去，每个专色通道都有一个属于自己的印板，当打印含有专色通道的图像时，专色通道会作为一个单独的页被打印出来。

蒙版用来保护被遮蔽的区域，它与选区之间可以相互转化。可以对蒙版进行一些更有效的处理，然后把它转化为选择区域，再应用到图像中。当要给图像的某些区域运用颜色变化、滤镜和其他效果时，蒙版能隔离和保护图像的其余区域。蒙版分为图层蒙版、通道蒙版和矢量蒙版（剪切路径蒙版）。Photoshop的每一个通道都是一个灰阶图像，它既可以当作蒙版来使用，更是图像色彩组成的一部分，从某种意义上来说，每个Alpha通道都是一个蒙版通道。图层蒙版只作用于某一图层上的有关像素，每一个图层都可以带有一个蒙版，用来隐藏或显示图层上的部分信息，从而在不改变原图层的前提下实现多种编辑。图层蒙版中的白色区域就是图层中的显示区域，图层蒙版中的黑色区域就是图层中的隐藏区域，图层蒙版中的灰色渐变区域就是图层中的不同程度显示的区域。矢量蒙版在Photoshop不与其他软件共同处理图像时几乎没有影响，但是它的褪除底色功能还是起到了将图像中被描绘路径的那一部分显示，而将剪切路径外的区域隐藏起来。

在Photoshop中，路径是指由贝塞尔曲线构成的线条或图形，它由三点组合定义而成，其中一个点在曲线上，另外两个点在控制手柄上，拖动这三个点就可以改变线条的曲度和方向。路径是Photoshop中一项很重要的功能，它是使用钢笔、自由钢笔、磁性钢笔或形状工具绘制的任何线条或形状。对绘制后的线条进行填充或描边，从而完成一般绘图工具所不能完成的工作，对图像进行更多的控制。在Photoshop中把终点没有连接开始点的路径称为开放式路径，将终点连接了开始点的路径称为封闭路径。

使用路径的主要目的是创建一个选区，或者使用各种路径工具来修改选区，路径提供了一种有效的方法绘制精确的选区边界，使用路径可以进行复杂图像的选取，与绘图工具绘制的位图图形不同，路径是不包含像素的矢量对象，因此，路径与位图图像是分开的。可以将选择区域进行存储以备再次使用，可以将一些不够精确的选择区域转换为路径进行编辑，也可以绘制出线条平滑的优美图形。

如果已创建了一个路径，可以将其存储到路径面板中，将其转换为选区边框，或者用颜色填充或描边路径，还可以将选区转换为路径。路径面板列出了每个已存储路径的名称及其内容的缩略图。

编辑路径的工具包括钢笔工具、自由钢笔工具、添加锚点工具、删除锚点工具和转换点工具，使用路径编辑工具，可以很轻松地完成路径的编辑。当制作好一个路径后，该路径始终出现在图像中，在对图层中的图像进行编辑时，可以根据需要将路径进行隐藏和显示。将路径看成是一个图层中的图像，可以对它进行复制、移动、删除等操作，还可以对它进行旋转、翻转和自由变形。在同一图像中复制路径的操作与在同一图像中复制图层、通道的操作几乎一样，但在同一时刻同一幅图像中最多只能打开一条路径。在不同图像之间的路径可以互相复制使用，可以将路径从一个图像中拖曳至另一图像中来完成复制。对路径旋转和变形的操作方法有两种，即使用“编辑/自由变换路径”菜单命令和“编辑/变换路径”菜单命令。从 Photoshop CS 版本开始提供了路径文字功能，利用它可以将文字沿路径排列，也可以将文字放置到封闭的路径之内。剪贴路径的功能主要是制作除去背景效果，即使用剪贴路径功能输出的图像插入到其他软件时，在路径之内的图像会被输出，而路径之外的图像会成为透明的区域。

习题五

一、选择题（每题可能有多项选择）

1．下列关于背景层的描述哪个是正确的？（ ）

A．在图层面板上背景层是不能上下移动的，只能是最下面一层

B．背景层可以设置图层蒙版

C．背景层不能转换为其他类型的图层

D．背景层不可以执行滤镜效果

2．下面关于图层的描述哪个不正确？（ ）

A．任何一个图像图层都可以转换为背景层 B．图层透明的部分是有像素的

C．图层透明的部分是没有像素的 D．背景层可以转化为普通的图像图层

3．对于图层蒙版下列哪些说法不正确？（ ）

A．用黑色的毛笔在图层蒙版上涂抹，图层上的像素就会被遮住

B．用白色的毛笔在图层蒙版上涂抹，图层上的像素就会显示出来

C．用灰色的毛笔在图层蒙版上涂抹，图层上的像素就会出现渐隐的效果

D．图层蒙版一旦建立就不能被修改

4．如果当前处理的图像有多个图层，执行“图像/调整/去色”命令对哪一个图层有效？（ ）

A．所有图层 B．背景图层

C．除文字层外的其他所有图层 D．当前选择的图层

5．Alpha 通道最主要的用途是（ ）。

A．保存图像色彩信息 B．创建新通道

C．存储和建立选择范围 D．为路径提供的通道

6．下列哪些不是路径的组成部分？（ ）

A．直线 B．曲线 C．锚点 D．像素

7．在 Photoshop 中有哪几种通道？（ ）

A．彩色通道　　B．Alpha 通道　　C．专色通道　　D．路径通道

二、填空题

1．形状图层是带________的填充图层；填充图层定义形状的颜色，而________定义形状的几何轮廓。

2．在工具箱中按住钢笔工具图标，Photoshop 将会弹出隐藏的 5 个路径编辑工具，分别为________、________、________、________和________。

3．蒙版分为________、________和________。

4．Photoshop 中的图层包括________、________、________、________、________和________等 6 类。

5．图层效果可以方便地产生________、________、________、________等效果。

6．图层复合面板可将同一文件内的不同图层设置多种不同的________、________和________。

三、判断题

（　）1．调整图层上存放的不是图像，而是图像的色调和色彩的设定，包括色阶、色彩均衡等调节的结果。

（　）2．在通道面板中，颜色通道和 Alpha 通道不能同时显示。

（　）3．在使用磁性钢笔工具时，此工具的“频率”参数值越大，通常情况下得到的路径上的节点越多。

（　）4．将鼠标在路径面板的空白区域单击，即可显示所有路径。

（　）5．图层的功能是保存不同层次的像素的各种信息，而通道的主要功能是保存图像中像素的各种颜色信息。

（　）6．对于 CMYK 模式的图像，有 4 个基本通道。

四、简答题

1．如何将两幅不同的图像中的图层合并到一幅图像中？

2．试在一幅只有一个背景图层的图像中加入带有阴影的文字。

3．现有一幅 RGB 通道模式的图像，如何才能观察到其 CMYK 主通道？

4．如何将 Alpha 通道转换为专色通道？

5．如何利用蒙版工具将一幅图像中的某一文字范围内的内容添加到另一幅图像中去？

6．如何利用路径工具精确选取图像中的某一特定图像范围？

五、操作题

1．新建一个背景色为黑色，宽 500 像素，高 400 像素的 RGB 图像。

2．使用文字工具输入“Photoshop”，并隐藏背景图层。

3．选择文本图层，创建文字边缘的工作路径。

4．选取画笔工具，设置不透明度渐隐步长为 50，选择“柔角 13 像素”画笔，新建一个图层，隐藏文本图层，用前景色描边。

5．设置画笔工具不透明度渐隐步长为 150，选择“柔角 5 像素”，用前景色描边路径。重复此步骤，每次描边时都将笔型设置得更小些。

6．删除路径和文本图层，显示剩下的所有图层。

第6章 图像滤镜的使用

滤镜是 Photoshop 中功能最强大、效果最奇特的工具之一。它利用各种不同的算法实现对图像像素的数据重构，以产生绚丽多姿、风格迥异的图像。Photoshop CS6 除本身带近百种插件式滤镜（或称内置滤镜）外，还支持由非 Adobe 软件开发商开发的增效滤镜（或称外挂滤镜），而且可以创建自己的滤镜。本章对各种滤镜的使用将作详细说明。

- 熟悉各种滤镜的基本使用方法。
- 熟悉外挂滤镜的使用。
- 能综合地运用滤镜制作各种效果图。

6.1 滤镜概述

Photoshop CS6 中的滤镜有 16 组，较以前版本新增了自适应广角和镜头校正等滤镜。滤镜可分为两种类型：一类是校正性滤镜，另一类是破坏性滤镜。要使用某种滤镜，可从菜单栏的“滤镜”下选取相应的子菜单命令，如图 6.1 所示，其中视频滤镜属于 Photoshop 的外部接口程序，主要用来处理从摄像机输入的图像或是要输出到录像带上的图像，本章不做详细介绍。

Photoshop 从 CS3 版本开始支持智能滤镜。因为普通滤镜是通过修改像素来达到滤镜效果的，执行滤镜功能后，原图层就被更改为滤镜的效果了，它对图像是一种破坏性的修改，一旦保存就很难还原。而智能滤镜，就好似给图层加样式一样，在图层面板，可以把这个滤镜给删除，或者重新修改这个滤镜的参数，可以关掉滤镜效果的小眼睛而显示原图，很方便再次修改。

使用滤镜操作时，往往要耗费许多时间。除考虑到计算机硬件设备性能对其影响外，熟练地使用一些快捷键或技巧，将有助于工作效率的提高。如：

- 要取消正在应用的滤镜，可按 Esc 键。
- 要撤消滤镜操作，可按 Ctrl+Z 组合键。
- 要再次应用最近使用的滤镜，可直接按 Ctrl+F 组合键，或是选取“滤镜”菜单下的第一个命令项。
- 要显示最后一次应用滤镜的对话框，按 Ctrl+Alt+F 组合键。
- 要在图层的某一区域应用滤镜，应先选择该区域。要对整个图层应用滤镜，则不对图像作任何选择。
- 从“滤镜”菜单的子菜单中选取相应的滤镜时，如果滤镜名称后跟有省略号（…），选择后会出现其相应的对话框，如图 6.2 所示的“高斯模糊”对话框，在该对话框中可以通过输入数值或选择选项来设置该滤镜的参数。在预览框中单击鼠标，光标会变成手形状图标，此时拖动鼠标可以有选择地观察图像的局部效果；使用鼠标单击预览框下的“+”或“-”按钮可以对预览图进行放大或缩小；选择“预览”复选项，可以在整个图像上预览滤镜效果。输入参数值时，可在文本框中直接输入或用鼠标移动滑杆下的三角形滑块，也可以采用 Shift+↑或 Shift+↓快捷键增加或减少单位个数值。需要说明的是，并非所有的滤镜都有对话框。

在使用滤镜前，要对滤镜的适用范围和作用区域等内容应有所了解。滤镜应用于正在使用的、可见的图层，不能应用于位图模式、索引颜色或 16 位/通道图像，有些滤镜只能用于 RGB 图像，有些滤镜完全在 RAM 中处理。合理、有效地使用滤镜，可制作出充满创意的精美图像作品，但这是一个需要勤于实践、不断地积累相关知识和总结经验的过程。

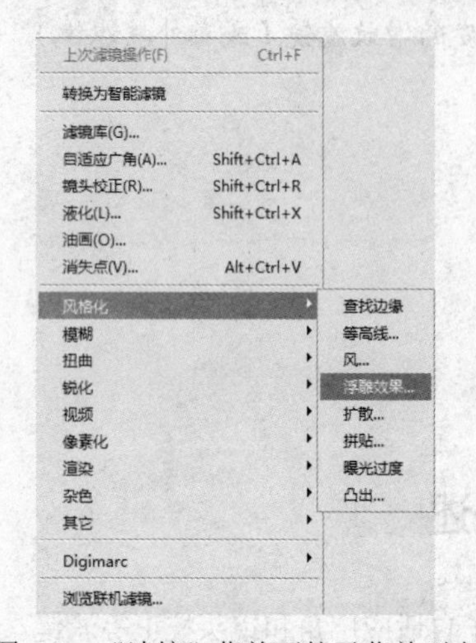

图 6.1 “滤镜”菜单下的子菜单列表

图 6.2 滤镜对话框举例

6.2 风格化效果滤镜

风格化滤镜有 8 种。该组滤镜能对图像像素作置换操作，使得像素之间在一定范围内产生错位，并增强像素的对比度，从而制作出不同风格或流派的艺术作品。这组滤镜在“滤镜”菜单下的“风格化”子菜单中。

6.2.1 查找边缘滤镜

查找边缘滤镜可用来搜索图像的边缘部分，将低对比度区域变成白色，高对比度区域变成黑色，中等对比度区域变成灰色，产生一种用铅笔勾绘的画面效果。查找边缘滤镜是单步操作滤镜，处理后的效果如图 6.3 所示。

图 6.3 查找边缘滤镜效果

6.2.2 等高线滤镜

等高线滤镜能在图像中查找主要亮度区域的过渡，并对每个颜色通道用细线勾画它们，得到与等高线图中的线相似的结果。执行“滤镜/风格化/等高线”菜单命令，打开如图 6.4 所示的对话框，其中各参数的含义如下：

- 色阶：设置边缘线对应的像素的明暗程度，取值范围是 0～255，数值越大，勾绘出图像边缘的线越亮。
- 边缘：设置边缘的特性。选择“较低”项时，则是低于色阶值的像素；选择“较高”项时，则是高于色阶值的像素。

等高线滤镜处理后的效果如图 6.5 所示。

图 6.4　“等高线”对话框

图 6.5　等高线滤镜效果

6.2.3　风滤镜

风滤镜通过在图像中添加一些细小水平线来模拟刮风效果。它只能使水平方向的像素发生偏移，故其风的效果也仅表现为同一方向上。执行“滤镜/风格化/风”菜单命令，打开如图 6.6 所示的对话框，其中各参数的含义如下：

- 方法：设置风的类型，有“风”、“大风”和“飓风”等 3 种选项。
- 方向：设置起风的方向，有两种方向选项：“从左”和“从右”。

风滤镜处理后的效果如图 6.7 所示。

图 6.6　“风”对话框

图 6.7　风滤镜效果

6.2.4　浮雕效果滤镜

浮雕效果滤镜可以产生浮雕效果。它通过用黑色或白色像素加亮图像中的高对比度边缘，同时用灰色填充低对比度区域来完成浮雕效果。执行“滤镜/风格化/浮雕效果”菜单命令，打开如图 6.8 所示的对话框，其中各参数的含义如下：

- 角度：设置照射浮雕的光线角度，取值范围是-360～+360 度。
- 高度：设置浮雕凸起的高度，取值范围是 1～100 像素，数值越大，浮雕效果越好。
- 数量：设置浮雕凸起部分的色值，取值范围是 1%～500%，数值越大，图像边缘颜色显现得越多，浮雕效果越好。

浮雕滤镜处理后的效果如图 6.9 所示。

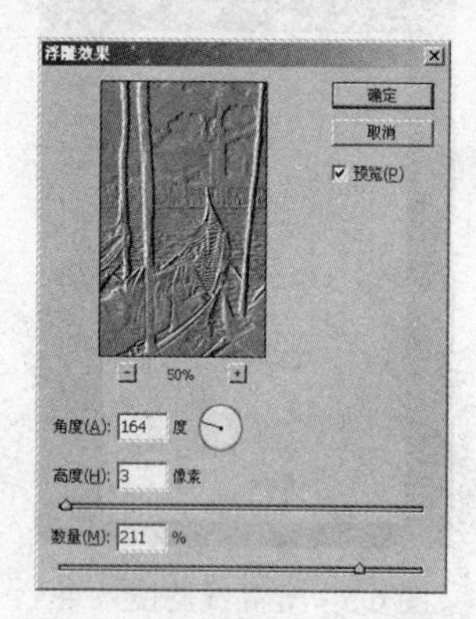

图 6.8 “浮雕效果”对话框

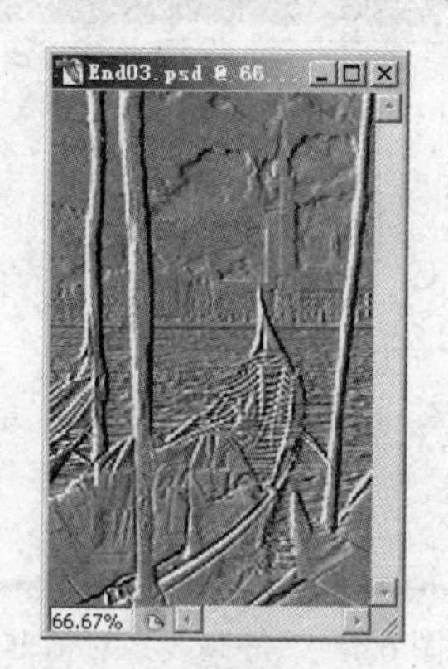

图 6.9 浮雕滤镜效果

6.2.5 扩散滤镜

扩散滤镜能形成一种如同透过磨砂玻璃观察景物时的模糊效果。它可以将图像中相邻像素作随机地移动或互换，得到模糊化的图像边缘。执行“滤镜/风格化/扩散”菜单命令，打开如图 6.10 所示的对话框，其中，“模式”组合框中提供 4 种选项，用来选择扩散效果的模式，“正常”通过随机移动像素点来实现扩散效果；“变暗优先”通过用暗色像素代替亮色像素来实现扩散效果；“变亮优先”通过用亮色像素代替暗色像素来实现扩散效果；“各向异性”选项可向颜色变化最小的方向扰乱像素。该滤镜可通过重复使用来加强扩散效果。扩散滤镜处理前后的效果对比如图 6.11 所示。

图 6.10 “扩散”对话框

图 6.11 扩散滤镜处理前后的效果对比

6.2.6 拼贴滤镜

拼贴滤镜能产生一种由瓷砖方块拼贴出来的图像效果。拼贴空隙可选用不同颜色或图像来给予填充。执行“滤镜/风格化/拼贴”菜单命令，打开如图 6.12 所示的对话框，其中各参数的含义如下：

- 拼贴数：设置图像中每列平铺的瓷砖数目，取值范围是 1～99。
- 最大位移：设置瓷砖距离原始位置的最大偏移，取值范围是 1%～100%。
- 填充空白区域用：设置瓷砖间空隙的填充方式，有 4 种选择："背景色"用背景色填充，"前景颜色"用前景色填充，"反向图像"用原图像的反色填充；"未改变的图像"用原图像作衬底来填充。

拼贴滤镜处理后的效果如图 6.13 所示。

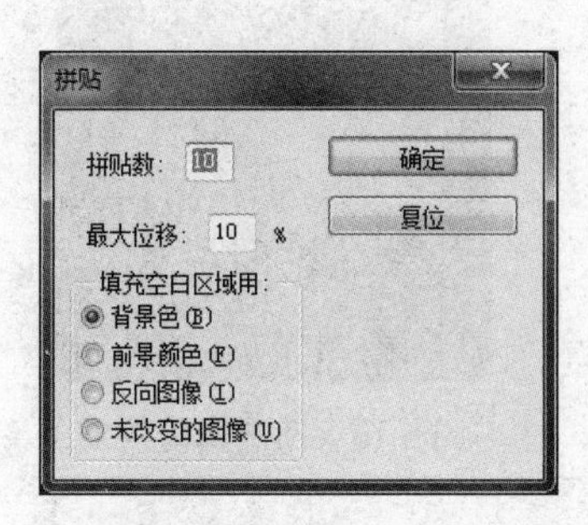

图 6.12　"拼贴"对话框

图 6.13　拼贴滤镜效果

6.2.7　曝光过度滤镜

曝光过度滤镜可模拟摄影时由于光线过强而产生过度曝光的图像效果。该滤镜是单步操作滤镜。曝光过度滤镜处理后的效果如图 6.14 所示。

图 6.14　曝光过度滤镜效果

6.2.8　凸出滤镜

凸出滤镜能把图像转换成由一系列的立方体或金字塔形状单元构成的图面，生成的图像具有立体背景的拼合效果。执行"滤镜/风格化/凸出"菜单命令，打开如图 6.15 所示的对话框，其中各参数的含义如下：

- 类型：用来选择三维背景的类型。它有两个选项，"块"用来生成立方体状；"金字塔"用来生成锥体状。
- 大小：设置立方体或金字塔的底面大小，取值范围是 2～255 像素。
- 深度：设置立方体或金字塔的凸起深度，取值范围是 2～255。凸起的生成方式有两种选择："随机"，凸起深度将随机地产生；"基于色阶"，使图像中较亮部分的凸起更大并使其某部分的亮度值增加。

- 立方体正面：设定在立方体表面填充作用对象像素的平均颜色。
- 蒙版不完整块：设定不能形成凸起造型部分的像素保持原状。

凸出滤镜处理后的效果如图 6.16 所示。

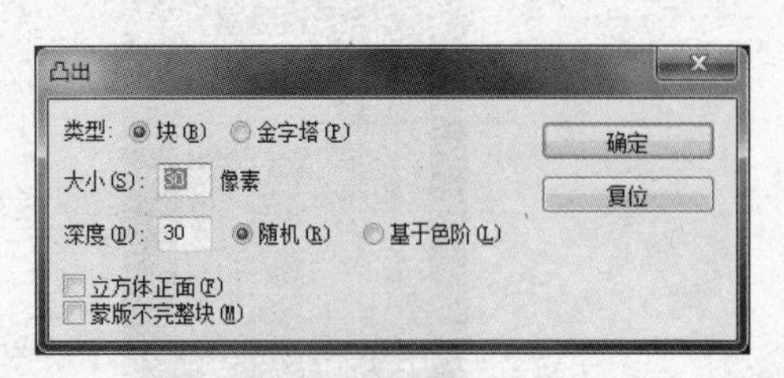

图 6.15 “凸出”对话框

图 6.16 凸出滤镜效果

6.3 模糊效果滤镜

模糊滤镜有 14 种。该组滤镜可以通过将图像中所定义线条和阴影区域硬边的邻近像素平均，产生平滑过渡，从而生成模糊效果。模糊滤镜对修饰图像非常有用，这组滤镜在菜单栏“滤镜”下的“模糊”子菜单中。Photoshop CS6 中，在模糊工具中新增加了场景模糊、光圈模糊和倾斜偏移三种全新的模糊方式来通过非常简单的操作在编辑照片时创造媲美真实相机拍摄的景深效果。

6.3.1 表面模糊滤镜

表面模糊滤镜能在保留边缘的同时模糊图像，此滤镜用于创建特殊效果并消除杂色或粒度。执行“滤镜/模糊/表面模糊”菜单命令，打开如图 6.17 所示的对话框，其中各参数的含义如下：

- 半径：指定模糊取样区域的大小。
- 阈值：控制相邻像素色调值与中心像素值相差多大时才能成为模糊的一部分。色调值差小于阈值的像素被排除在模糊之外。

表面模糊滤镜处理前后的效果对比如图 6.18 所示。

图 6.17 “表面模糊”对话框

图 6.18 表面模糊滤镜处理前后的效果对比

6.3.2　动感模糊滤镜

动感模糊滤镜能产生运动模糊效果，看上去如同用照相机抓拍正在运动的物体一样。执行“滤镜/模糊/动感模糊”菜单命令，打开如图 6.19 所示的对话框，其中各参数的含义如下：

- 角度：设置图像中物体的运动方向，取值范围是-90～90 度。
- 距离：调整图像的模糊程度，取值范围是 1～999 像素，数值取得越大，所产生的模糊效果越强，图像中物体的运动效果越明显。

动感模糊滤镜处理后的效果如图 6.20 所示。

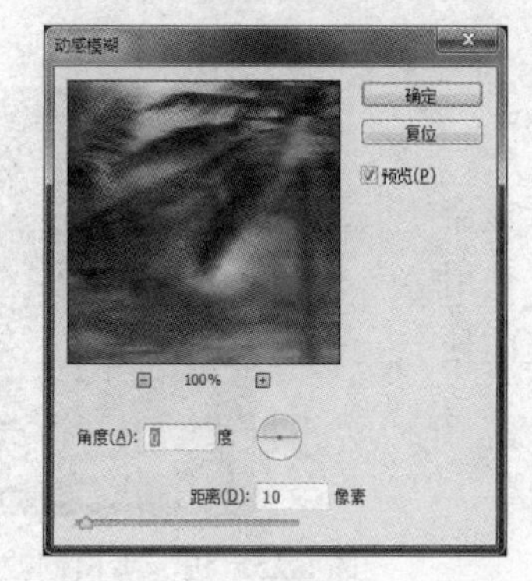

图 6.19　“动感模糊”对话框

图 6.20　动感模糊滤镜效果

6.3.3　方框模糊滤镜

方框模糊滤镜基于相邻像素的平均颜色值来模糊图像。此滤镜用于创建特殊效果。执行“滤镜/模糊/动感模糊”菜单命令，打开如图 6.21 所示的对话框，其中“半径”用于调整计算给定像素的平均值的区域大小，半径越大，产生的模糊效果越显著。方框模糊滤镜处理的效果如图 6.22 所示。

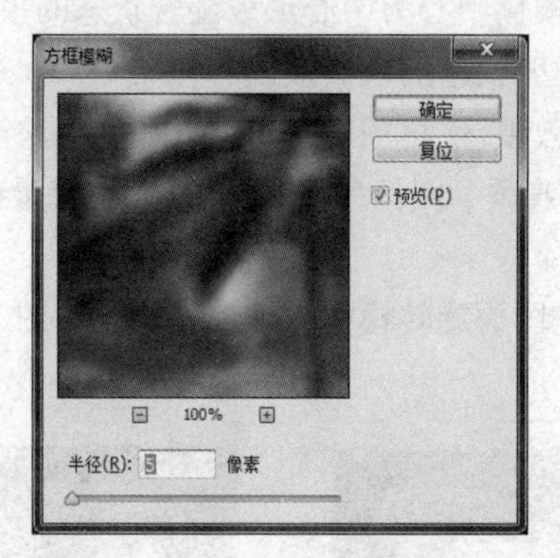

图 6.21　“方框模糊”对话框

图 6.22　方框模糊滤镜效果

6.3.4　高斯模糊滤镜

高斯模糊滤镜是使用较为广泛的模糊滤镜，它是利用高斯曲线来对图像像素值进行计算处理，能产生比上述两种模糊滤镜更加强烈的模糊效果。执行“滤镜/模糊/高斯模糊”菜单命令，打开如图 6.23 所示的对话框，其中，“半径”表示以像素为单位模糊半径的大小，取值范围是 0.1～1000.0 像素，数值越大，则模糊效果越强。高斯模糊滤镜处理的效果如图 6.24 所示。

图 6.23 “高斯模糊”对话框

图 6.24 高斯模糊滤镜效果

6.3.5 进一步模糊滤镜

进一步模糊滤镜能够使图像变得更加模糊。执行一次该命令的模糊程度比起模糊滤镜命令执行一次要强 4 倍左右。使用该滤镜的方法与模糊滤镜类似，图 6.25 为进一步模糊滤镜的处理效果。

图 6.25 进一步模糊滤镜效果

6.3.6 径向模糊滤镜

径向模糊滤镜可以产生沿径向伸缩或绕某中心旋转运动的图像。执行“滤镜/模糊/径向模糊”菜单命令，打开如图 6.26 所示的对话框，其中各参数的含义如下：

- 数量：设置图像处理后的模糊程度。它的取值范围是 1～100，所取数值越大，图像的模糊效果就越强。
- 中心模糊：可以用鼠标在该线性预览框中拖动设定模糊中心的位置。
- 模糊方法：有两个选项，一个是“旋转”，即以模糊中心为中心形成旋转状态的模糊效果；另一个是“缩放”，即由模糊中心向径向形成发射状态的模糊效果。
- 品质：设置图像处理质量水平。分为 3 种质量效果，“草图”对图像处理的算法简单，图像效果差，但处理速度快；“好”对图像处理时兼顾了图像质量和处理速度；“最好”图像处理的效果最好，但处理时间较长。

径向模糊滤镜处理的效果如图 6.27 所示，其中，左图为旋转模糊方法的效果，右图为缩放模糊方法的效果。

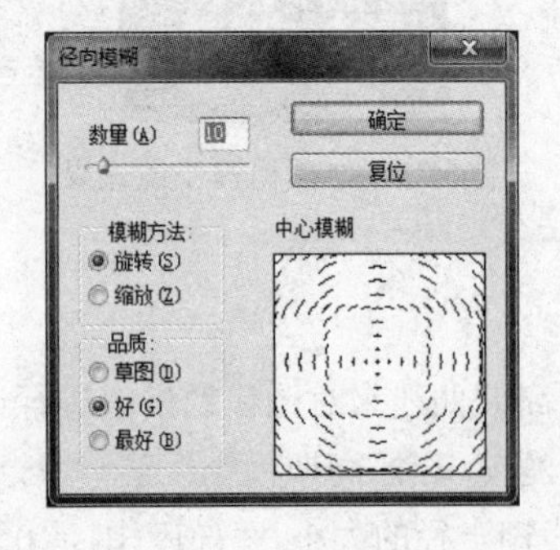

图 6.26 “径向模糊”对话框

旋转

缩放

图 6.27 径向模糊滤镜效果

6.3.7　镜头模糊滤镜

镜头模糊滤镜能向图像中添加模糊以产生更窄的景深效果，以便使图像中的一些对象在焦点内，而使另一些区域变模糊。可以使用简单的选区来确定哪些区域变模糊，或者可以提供单独的 Alpha 通道深度映射来准确描述希望如何增加模糊。执行“滤镜/模糊/镜头模糊”菜单命令，打开如图 6.28 所示的对话框，镜头模糊滤镜处理前后的效果对比如图 6.29 所示。

图 6.28　“镜头模糊”对话框

图 6.29　镜头模糊滤镜处理前后的效果对比

6.3.8　模糊滤镜

模糊滤镜能降低图像的对比度，使图像变得模糊一些，适用于对噪声过大的图像进行处理。该滤镜是单步操作滤镜，一般需要对图像施加多次“模糊”处理才能得到比较满意的效果。如图 6.30 所示，给出了模糊滤镜处理前后的效果对比。

6.3.9　平均滤镜

平均滤镜计算图像或选区内像素点的颜色的平均值，并以该值重绘图像或选区。执行“滤镜/模糊/平均”菜单命令，平均滤镜对矩形区内应用处理的效果如图 6.31 所示。

图 6.30 模糊滤镜处理前后的效果对比

图 6.31 平均滤镜模糊效果

6.3.10 特殊模糊滤镜

特殊模糊滤镜能确定图像的边缘，且仅对边界线以内的区域作模糊处理，使处理后的图像仍然有着清晰的边界。执行“滤镜/模糊/特殊模糊”菜单命令，打开如图 6.32 所示的对话框，其中各参数的含义如下：

- 半径：设置模糊辐射范围的大小，取值范围为 0.1～100.0，数值越大，图像的模糊效果就越强。
- 阈值：设置模糊处理的颜色限定值，取值范围为 0.1～100.0，数值越大，被模糊处理的色值范围越大。
- 品质：设置模糊处理后图像的质量水平，有“低”、“中”和“高”3 种品质水平可供选择。选择的品质越高，图像处理所花费的时间就越多，生成的图像效果便越好。
- 模式：设置滤镜的工作模式。在其下拉菜单里有 3 种模式选择项：“正常”模式是根据所设置的阈值来确定图像的边缘，对图像作正常模糊处理；“仅限于边”模式将只对图像边界线作模糊处理；“叠加边缘”模式既对图像进行“正常”模糊，又能突出边界，产生前两种模式作用的叠加效果。

特殊模糊滤镜处理前后的效果对比如图 6.33 所示。

图 6.32 “特殊模糊”对话框

图 6.33 特殊模糊滤镜处理前后的效果对比

6.3.11 形状模糊滤镜

形状模糊滤镜使用指定的内核来创建模糊。执行“滤镜/模糊/动感模糊”菜单命令，打开如图

6.34 所示的对话框，从自定形状预设列表中选取一种内核，并使用“半径”滑块来调整其大小。通过单击右边三角形并从列表中进行选取，可以载入不同的形状库。半径决定了内核的大小，内核越大，模糊效果越好。

形状模糊滤镜处理前后的效果对比如图 6.35 所示。

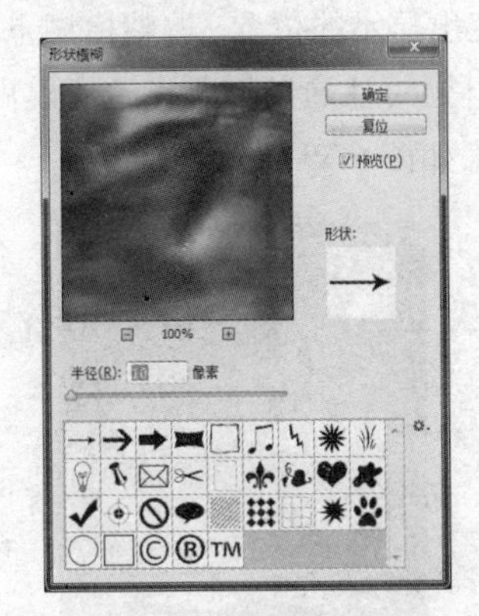

图 6.34　“形状模糊”对话框

图 6.35　形状模糊滤镜处理的效果对比

6.3.12　场景模糊滤镜

场景模糊在摄影中可以很好地突出拍摄主体，漂亮的景深更为照片添加了很多美感。使用“场景模糊”通过定义具有不同模糊量的多个模糊图钉来创建渐变的模糊效果。将多个图钉添加到图像，并指定每个图钉的模糊量，最终结果是合并图像上所有模糊图钉的效果。

执行“滤镜/模糊/场景模糊”菜单命令，打开如图 6.36 所示的对话框，其中各参数的含义如下：

- 模糊：控制模糊的强弱程度，通过移动照片上的控制点来选择模糊作用的位置，而控制点旁的滑块则可以实时调整模糊的强弱程度。
- 光源散景：控制散景的亮度，也就是图像中高光区域的亮度，数值越大亮度越高。
- 散景颜色：控制高光区域的颜色，由于是高光，颜色一般都比较淡。
- 光照范围：用色阶来控制高光范围，数值为 0～255 之间数值，范围越大高光范围越大，相反高光就越少，可以自由控制。

场景模糊滤镜处理前后的效果对比如图 6.37 所示。

图 6.36　“场景模糊”对话框

图 6.37　场景模糊滤镜处理的效果对比

6.3.13 光圈模糊滤镜

使用“光圈模糊”对图片模拟浅景深效果，也可以定义多个焦点。执行“滤镜/模糊/光圈模糊”菜单命令，打开如图 6.38 所示的对话框，其中各参数的含义与场景模糊滤镜相同。

在光圈模糊滤镜中，将模糊控制点放置在画面中需要突出显示的位置，调整模糊范围并通过控制点来调整模糊的起始点的位置精确控制模糊过渡范围，甚至可以通过控制点改变模糊框的形状，以便更好地形成光圈模糊效果。光圈模糊滤镜处理后的效果如图 6.39 所示。

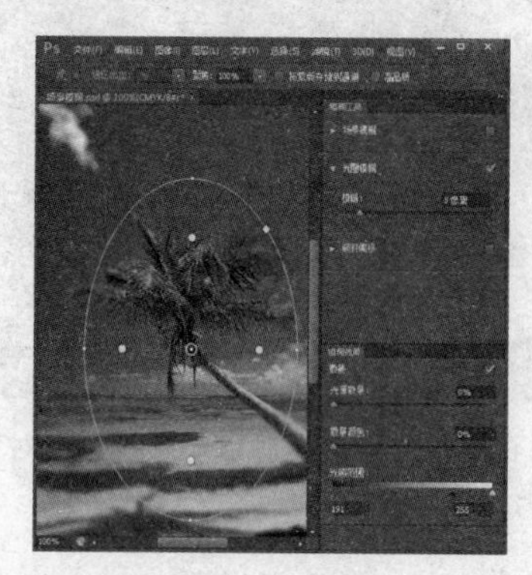

图 6.38 “光圈模糊”对话框

图 6.39 光圈模糊滤镜效果

6.3.14 倾斜偏移滤镜

倾斜偏移模仿微距图片拍摄的效果，比较适合俯拍或者镜头有点倾斜的图片使用。

执行“滤镜/模糊/倾斜偏移”菜单命令，打开如图 6.40 所示的对话框，扭曲是广角镜或一些其他镜头拍摄出现移位的现象。扭曲只对图片底部的图像进行扭曲处理，勾选“对称扭曲”后顶部及底部图像同时扭曲；其他各参数的含义同场景模糊对话框。

两组平行的线条最里面的两条直线区域为聚焦区，位于这个区域的图像是清晰的，并且中间有两个小方块，叫做旋转手柄，可以旋转线条的角度及调大聚焦区的区域。聚焦区以外，虚线区以内的部分为模糊过渡区，把鼠标放到虚线位置可以拖拽拉大或缩小相应模糊区的区域。最外围的部分为模糊区。先把中心点移到主体位置，这样就可以预览模糊后的效果，在参数设置栏设置好相关参数。

倾斜偏移滤镜处理后的效果如图 6.41 所示。

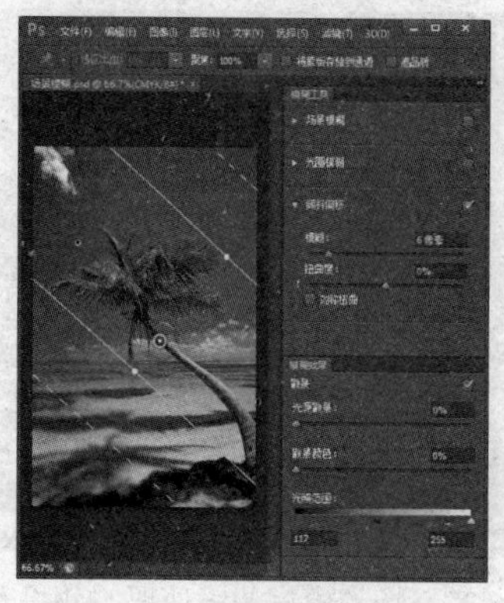

图 6.40 “倾斜偏移”对话框

图 6.41 倾斜偏移滤镜效果

6.4　扭曲效果滤镜

扭曲滤镜共有 9 种。该组滤镜能对图像进行几何变形处理，改变原图像的像素分布状态，生成三维或其他变形效果，产生移动位置、球面、波浪、扭曲的图像变形。这组滤镜在“滤镜”菜单的“扭曲”子菜单中。

6.4.1　波浪滤镜

波浪滤镜能产生有波浪效果的图像。执行“滤镜/扭曲/波浪”菜单命令，打开如图 6.42 所示的对话框，其中各参数的含义如下：

- 生成器数：用来设置波浪的数量，取值范围为 1～999，数值越大，生成波浪越多，图像越模糊。
- 波长：用来设置波峰间的距离，其取值范围为 1～999。它有“最小”和“最大”两个选项。最小值必须小于等于最大值。
- 波幅：用来设置波浪的幅值范围，取值范围为 1～999。
- 比例：用来设置水平和垂直方向的变形程度，取值范围为 0%～100%。
- 类型：用来设置波浪的形状特征。有“正弦”、“三角形”和“方形”三种波形可选择。
- 未定义区域：用来设置未填充区域的处理方式。有“折回”和“重复边缘像素”两种选择，其设置和作用与前述相关滤镜相同。
- 随机化：用来随机地产生波纹。使用时，单击此按钮即可。

波浪滤镜处理的效果如图 6.43 所示。

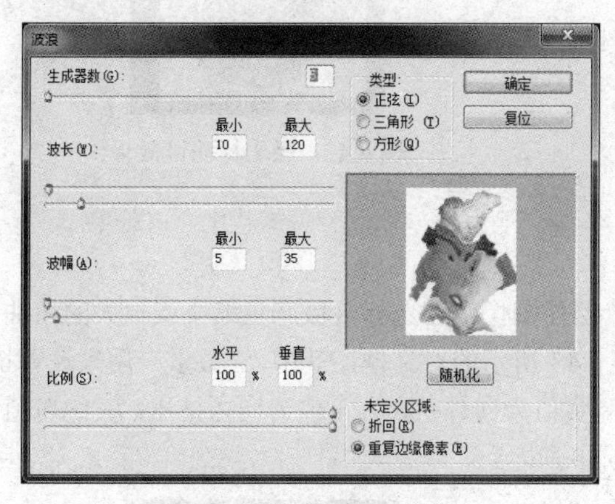

图 6.42　“波浪”对话框

图 6.43　波浪滤镜效果

6.4.2　波纹滤镜

波纹滤镜可以使图像产生水波纹的效果。执行“滤镜/扭曲/波纹”菜单命令，打开如图 6.44 所示的对话框，其中各参数的含义如下：

- 数量：设置产生波纹的数量，取值范围是-999～+999。负值表示波谷，正值为波峰。
- 大小：设置波纹的大小，有“小”、“中”、“大” 3 个选项。

波纹滤镜处理的效果如图 6.45 所示。

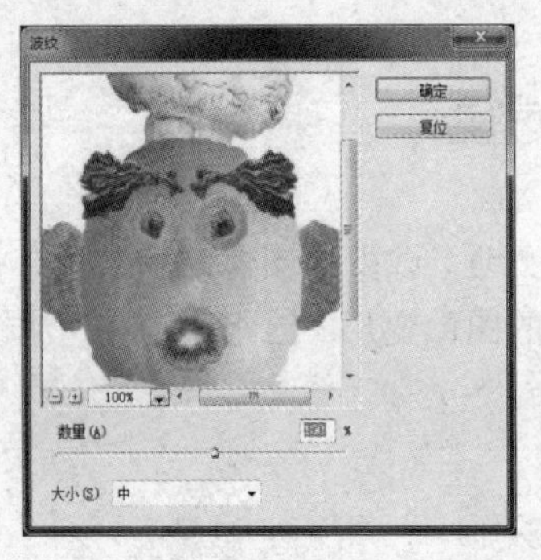

图 6.44 “波纹”对话框

图 6.45 波纹滤镜效果

6.4.3 极坐标滤镜

极坐标滤镜可对图像所处的坐标系进行转换，即从直角坐标系变换到极坐标系或是由极坐标系变换到直角坐标系。执行“滤镜/扭曲/极坐标”菜单命令，打开如图 6.46 所示的对话框，“平面坐标到极坐标”可将图像从直角坐标系转换到极坐标系，“极坐标到平面坐标”可将图像从极坐标系转换到直角坐标系。

极坐标滤镜处理的效果如图 6.47 所示。

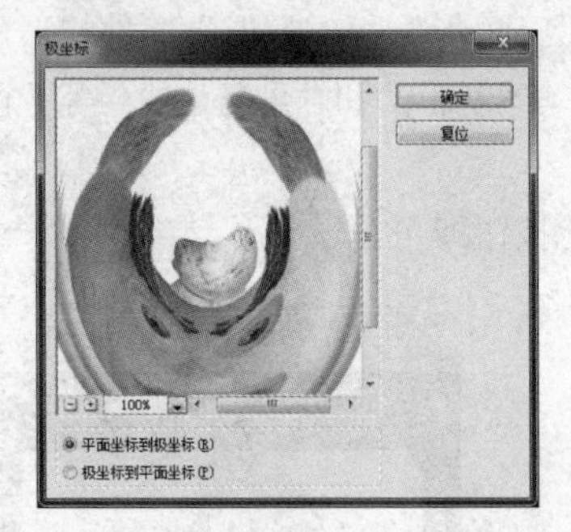

图 6.46 “极坐标”对话框

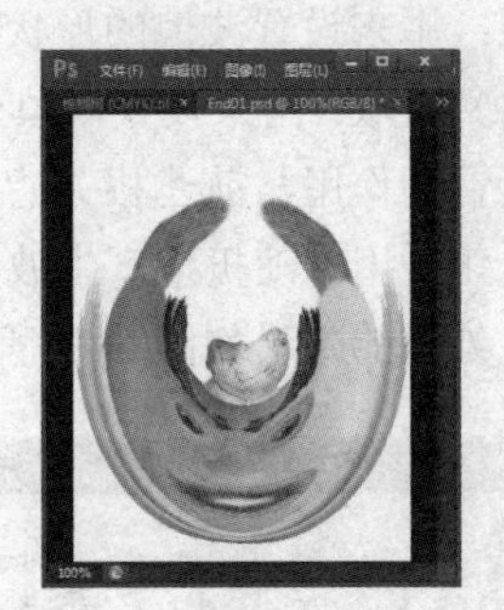

图 6.47 极坐标滤镜效果

6.4.4 挤压滤镜

挤压滤镜可产生向内或向外挤压的效果，即使图像中的选择区域产生缩小或放大的扭曲效果。执行“滤镜/扭曲/挤压”菜单命令，打开如图 6.48 所示的对话框，其中，“数量”用来设置挤压变形的方向和程度，取值范围为-100%～+100%。负值为向外挤压，正值为向内挤压，其绝对值越大，挤压变形越厉害。挤压滤镜处理的效果如图 6.49 所示。

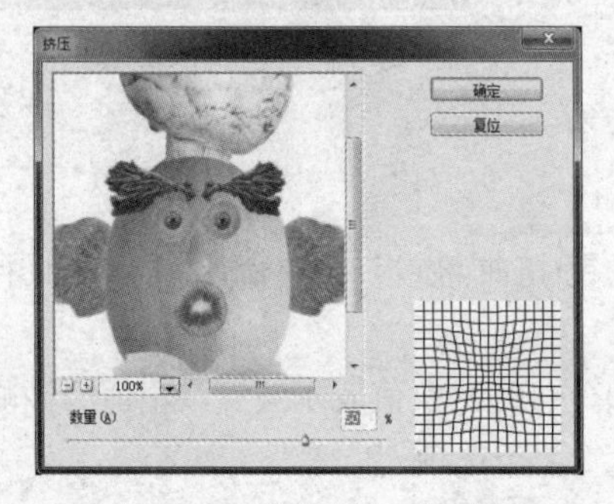

图 6.48 “挤压”对话框

图 6.49 挤压滤镜效果

6.4.5　切变滤镜

该滤镜能够使图像按设定方向产生扭曲效果。执行“滤镜/扭曲/切变”菜单命令，打开如图 6.50 所示的对话框，其中各参数的含义如下：

- 未定义区域：用来设置图像切变后未填充区域的处理方式。有两种方式可以选择：“折回”是将某一边被裁剪出的图像区域部分填充在其相反的位置上；“重复边缘像素”是用其边缘像素来填充。
- 曲线图：用来控制图像变形的趋势。系统默认为一条垂直线作为切变控制线，在该曲线上单击可以产生一个控制点，拖动此节点可改变曲线的形状，同时图像将随曲线的变化产生相应的扭曲效果。对于复杂的切变，在曲线图中的切变控制线上单击可以增加控制点，并分别拖动这些控制点来调整曲线的形状，同时观察预览框中图像的变化，以确定理想的效果图。

切变滤镜处理的效果如图 6.51 所示。

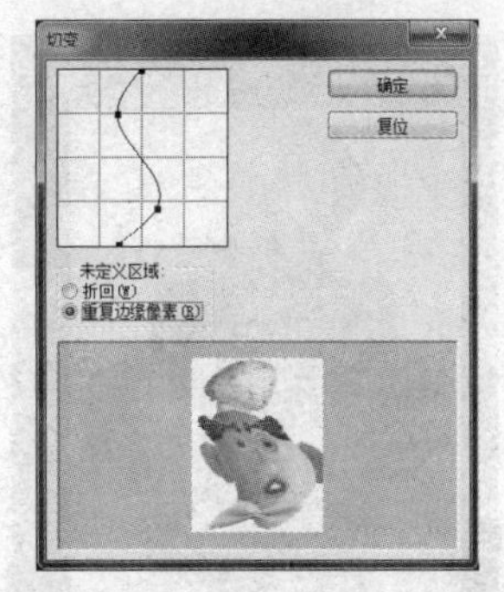

图 6.50　“切变”对话框

图 6.51　切变滤镜效果

6.4.6　球面化滤镜

球面化滤镜能使图像产生球形凸起，图像中的线条模拟出在球面或柱面上的效果。执行“滤镜/扭曲/球面化”菜单命令，打开如图 6.52 所示的对话框，其中各参数的含义如下：

- 数量：用来设置球面化的区域大小，取值范围是-100%～+100%。正值表示向外凸，负值表示向内凹，数值的绝对值越大，球面化的区域越大。
- 模式：用来设置球面化的模式。它有 3 个选择项，“正常”产生球面化的效果；“水平优先”产生水平圆柱面的效果；“垂直优先”产生垂直圆柱的效果。

球面化滤镜处理的效果如图 6.53 所示。

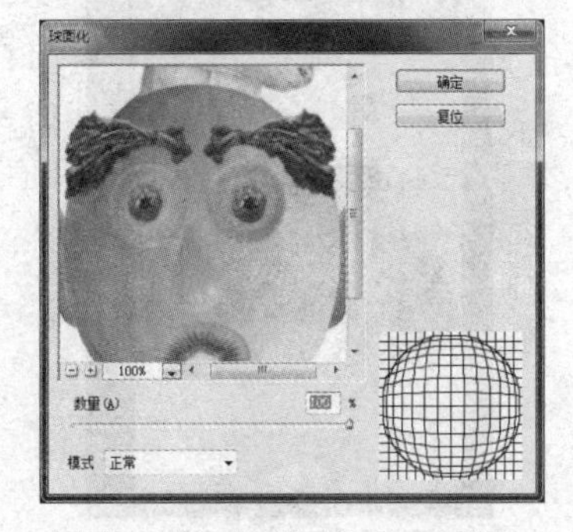

图 6.52　“球面化”对话框

图 6.53　球面化滤镜效果

6.4.7 水波滤镜

水波滤镜能使图像发生径向扭曲，产生类似于向池塘中投掷石头所形成的涟漪效果。它非常适合制作同心圆类的波纹。执行“滤镜/扭曲/水波”菜单命令，打开如图 6.54 所示的对话框，其中各参数的含义如下：

- 数量：用来设置水波波纹的大小，取值范围为-100%～+100%。选取正值时，产生凸波纹；选取负值时，产生凹波纹。
- 起伏：用来设置波纹产生的数量，取值范围为 0～20，数值越大，所产生的波纹越多。
- 样式：用来设置产生水波的方式。有 3 种方式可选择样式，“围绕中心”是水波由中心向四周旋转而形成，“从中心向外”是水波由中心向四周扩散辐射形成，“水池波纹”是水波能形成“一石激起千层浪”的效果。

水波滤镜处理的效果如图 6.55 所示。

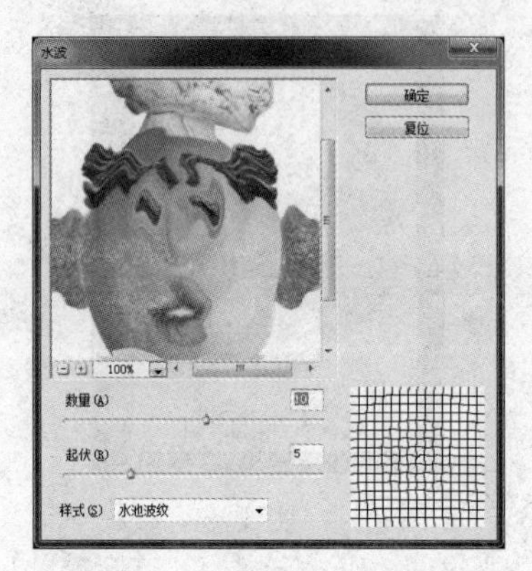

图 6.54 “水波”对话框

图 6.55 水波滤镜效果

6.4.8 旋转扭曲滤镜

旋转扭曲滤镜能使图像产生旋转的效果，且旋转中心位于该图像的中心。执行“滤镜/扭曲/旋转扭曲”菜单命令，打开如图 6.56 所示的对话框，其中，“角度”用来设置图像旋转的角度，取值范围是-999～+999 度。取值为正时，旋转方向为顺时针方向；取值为负时，旋转方向为逆时针方向。

旋转扭曲滤镜处理的效果如图 6.57 所示。

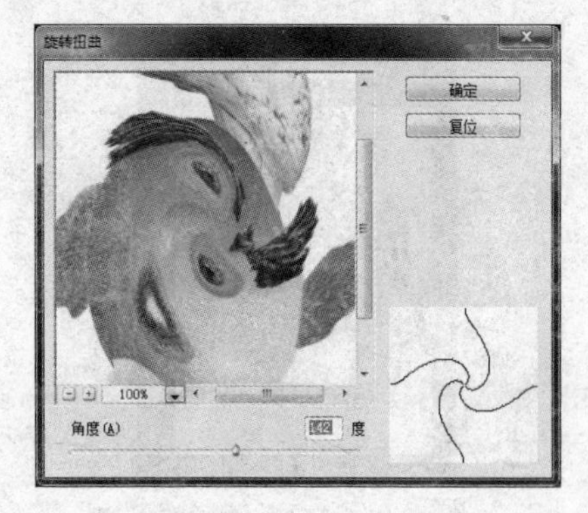

图 6.56 “旋转扭曲”对话框

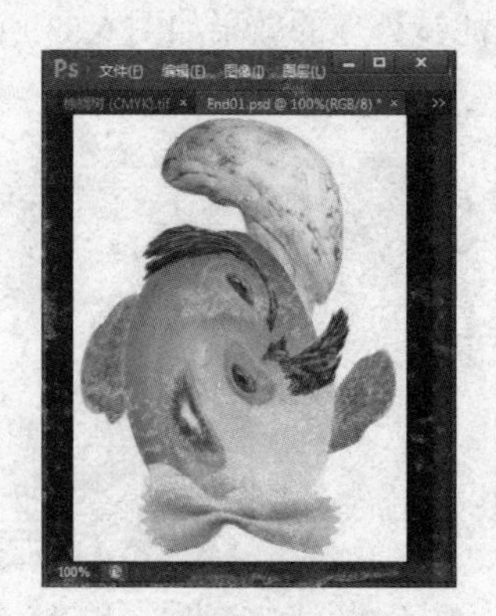

图 6.57 旋转扭曲滤镜效果

6.4.9　置换滤镜

置换滤镜是一个较为特殊的滤镜，使用它可使图像产生相对移动，图像像素移动的方向不仅取决于对话框的设置，还取决于置换图的选取，置换滤镜根据置换图上的像素的色值来移动像素。执行“滤镜/扭曲/置换”菜单命令，打开“置换”对话框，如图 6.58 所示，完成各项设置后，单击“确定”按钮，便出现如图 6.59 左图所示的“选择一个置换图”对话框，就可从中选取所需的位移图。

- 水平比例：设置水平方向的位移量，其取值范围为-9999%～+9999%。
- 垂直比例：设置垂直方向的位移量，其取值范围为-9999%～+9999%。
- 置换图：设置置换图的作用区域。它有两项设置可供选择，“伸展以适合”置换图的尺寸将自动地与当前处理图像或选择区域的尺寸相匹配；“拼贴”将置换图放大，使之满足图像的大小。
- 未定义区域：设置未定义区域的填充方式。它有两个选项，“折回”是将某一边被裁剪出的图像区域部分填充在其相反的位置上；“重复边缘像素”是用其边缘像素来填充。

置换滤镜处理的效果如图 6.59 右图所示。

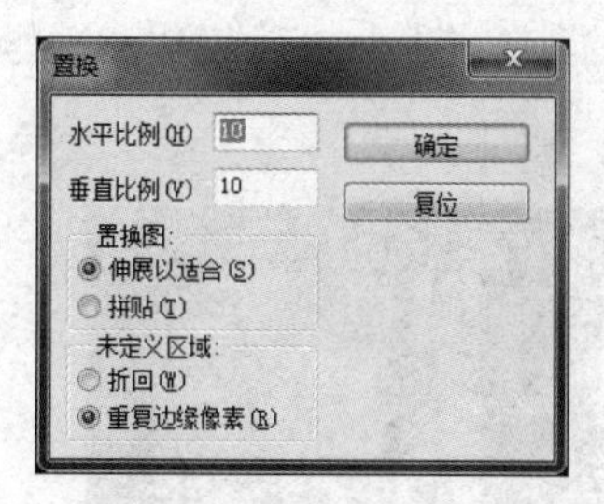

图 6.58　“置换”对话框

图 6.59　“选择一个置换图”对话框及置换滤镜效果

6.5　锐化滤镜

锐化滤镜共有 5 种。该组滤镜能增强相邻像素间的对比度，使图像轮廓分明，产生清晰的效果，其效果与模糊滤镜恰好相反。这组滤镜在菜单栏“滤镜”下的“锐化”子菜单中。

6.5.1　USM（Unsharp Mask）锐化滤镜

USM 锐化滤镜的作用类似于锐化边缘滤镜，但其功能更为强大，它可以通过对数值的设定，有选择地调整图像边缘的锐化程度，从而产生一种更清晰的图像效果。执行“滤镜/锐化/USM 锐化”菜单命令，打开如图 6.60 所示的对话框，其中各参数的含义如下：

- 数量：设置边缘锐化的强度，取值范围是 1%～500%，数值越大，锐化效果越明显。
- 半径：用来设置边缘锐化的范围，取值范围是 0.1～250 像素，数值越大，锐化作用范围越大。
- 阈值：设置相邻两个像素色值之差的限定值，取值范围是 0～255 色阶。当两相邻像素色值差大于某个设定阈值时，则将对其作锐化处理；否则将不予锐化处理。

USM 锐化滤镜处理的效果如图 6.61 所示。

图 6.60 “USM 锐化”对话框

图 6.61 USM 锐化滤镜效果

6.5.2 进一步锐化滤镜

进一步锐化滤镜与锐化滤镜有同样的作用效果，但前者的锐化程度是后者的 3～4 倍。它也是单步操作滤镜。进一步锐化滤镜处理的效果如图 6.62 所示。

6.5.3 锐化滤镜

锐化滤镜可增加相邻像素间的对比度，使图像边缘有明显的反差，产生清晰的图像效果。使用时往往要反复执行多次才会有较为显著的效果。锐化滤镜是单步操作滤镜，图 6.63 为锐化滤镜作用前后的效果对比。

图 6.62 进一步锐化滤镜效果

图 6.63 锐化滤镜前后的效果对比

6.5.4 锐化边缘滤镜

锐化边缘滤镜只对图像的轮廓加以锐化，使不同颜色之间的分界突出，从而实现图像的清晰化。锐化边缘滤镜处理的效果如图 6.64 所示，它是单步操作滤镜。

图 6.64 锐化边缘滤镜效果

6.5.5 智能锐化滤镜

智能锐化滤镜通过设置锐化算法来锐化图像，或者控制阴影和高光中的锐化量。执行“滤镜/锐化/智能锐化”菜单命令，打开如图 6.65 所示的对话框，其中各参数的含义如下：

- 数量：设置锐化量。较大的值将会增强边缘像素之间的对比度，从而看起来更加锐利。

- 半径：确定边缘像素周围受锐化影响的像素数量。半径值越大，受影响的边缘就越宽，锐化的效果也就越明显。
- 移去：设置用于对图像进行锐化的锐化算法。“高斯模糊”是“USM 锐化”滤镜使用的方法。“镜头模糊”将检测图像中的边缘和细节，可对细节进行更精细的锐化，并减少了锐化光晕。“动感模糊”将尝试减少由于相机或主体移动而导致的模糊效果。如果选取了“动感模糊”，需设置“角度”控件。
- 角度：为“移去”控件的“动感模糊”选项设置运动方向。
- 更加准确：花更长的时间处理文件，以便更精确地移去模糊。

单击“高级”按钮可显示“阴影”和“高光”选项卡，可用来调整较暗和较亮区域的锐化。如果较暗或较亮的锐化光晕出现得太强烈，可以使用以下控件减弱它们：

- 渐隐量：调整高光或阴影中的锐化量。
- 色调宽度：控制阴影或高光中色调的修改范围。向左移动滑块会减小“色调宽度”值，向右移动滑块会增加该值。较小的值会限制只对较暗区域进行阴影校正的调整，并只对较亮区域进行“高光”校正的调整。
- 半径：控制每个像素周围的区域的大小，该大小用于确定像素是在阴影还是在高光中。向左移动滑块会指定较小的区域，向右移动滑块会指定较大的区域。

智能锐化滤镜处理的效果如图 6.66 所示。

图 6.65　“智能锐化”对话框

图 6.66　智能锐化滤镜效果

6.6　像素化滤镜

像素化滤镜共有 7 个。该组滤镜的作用是将图像分块进行分析处理，使图像分解成各种不同的色块单元。这组滤镜在“滤镜”菜单下的“像素化”子菜单中。

6.6.1　彩块化滤镜

彩块化滤镜可对图像的色素块进行分组和变换，将图像中的原色与相似颜色的像素组合成许多小的彩色像素块，以产生手工绘制的图像效果。彩块化滤镜是单步操作滤镜。彩块化滤镜处理的效果如图 6.67 所示。

图 6.67　彩块化滤镜效果

6.6.2 彩色半调滤镜

彩色半调滤镜可产生半调网格的网络，形成铜版画似的图像效果。执行“滤镜/像素化/彩色半调”菜单命令，打开如图 6.68 所示的对话框，其中各参数的含义如下：

- 最大半径：用来设置图像半调网格的最大半径，取值范围是 4～127 像素，数值越大，产生的网格越大。
- 网角：设置图像每个半调网格点的角度，取值范围是-360～+360 度。在 RGB 系统颜色模式下，可使用前 3 个通道；在 CMYK 颜色模式下，可使用图中的所有通道。

彩色半调滤镜处理的效果如图 6.69 所示。

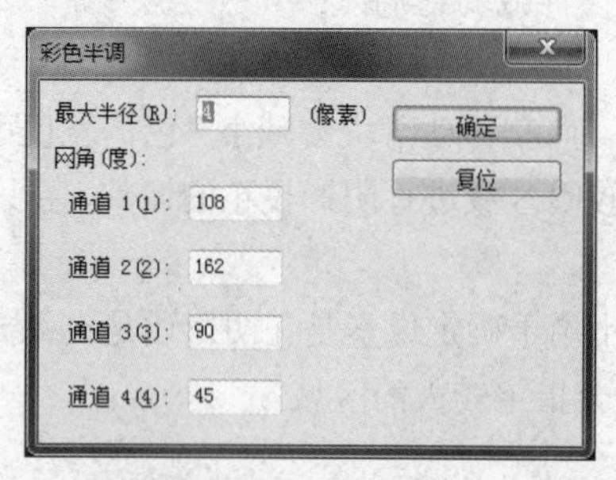

图 6.68 “彩色半调”对话框

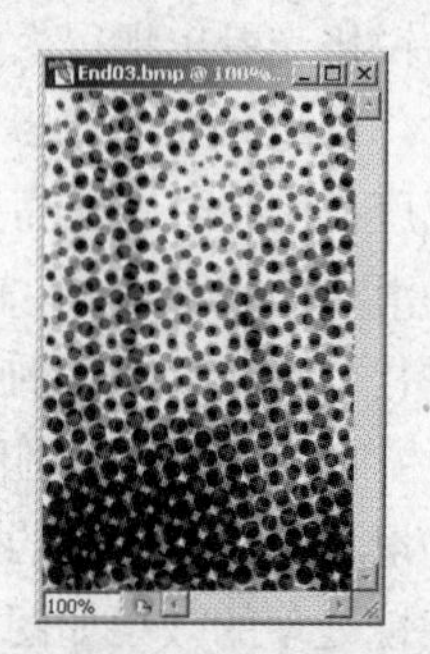

图 6.69 彩色半调滤镜效果

6.6.3 点状化滤镜

点状化滤镜将图像分解为随机的色点，并且以背景色填充色点间的区域，形成一种点画图像效果。执行“滤镜/像素化/点状化”菜单命令，打开如图 6.70 所示的对话框，其中，“单元格大小”用来设置色点的大小，取值范围是 3～300，数值越大，色点越大。点状化滤镜处理的效果如图 6.71 所示。

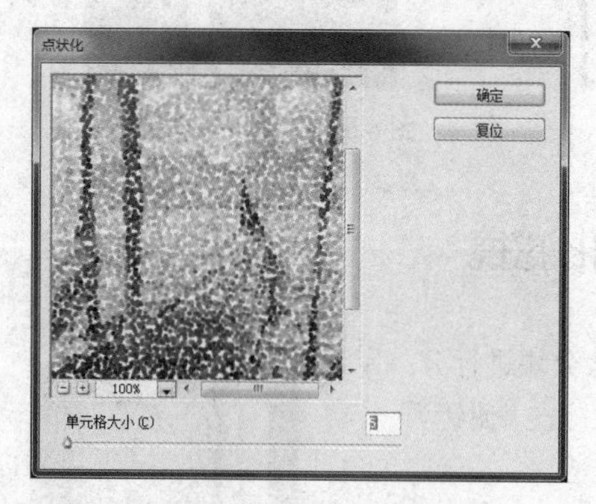

图 6.70 “点状化”对话框

图 6.71 点状化滤镜效果

6.6.4 晶格化滤镜

晶格化滤镜是将图像中相近像素值集中到一个单一色调的多边形网格中，从而形成用许多个不规则小色块组成图像以产生晶格化的效果。执行“滤镜/像素化/晶格化”菜单命令，打开如图 6.72 所示的对话框，其中“单元格大小”用来设置结晶颗粒的大小，取值范围是 3～300，数值越大，结晶颗粒越大，晶格效果越明显，图像的失真越大。晶格化滤镜处理的效果如图 6.73 所示。

图 6.72　“晶格化”对话框

图 6.73　晶格化滤镜效果

6.6.5　马赛克滤镜

马赛克滤镜能使图像变换为规则统一、排列整齐的方形色块（称为单元格），产生马赛克的效果。执行“滤镜/像素化/马赛克”菜单命令，打开如图 6.74 所示的对话框，其中“单元格大小”用来设置马赛克方格的大小，取值范围是 2～200 方形，数值越大，方格越大，马赛克效果越明显。马赛克滤镜处理的效果如图 6.75 所示。

图 6.74　“马赛克”对话框

图 6.75　马赛克滤镜效果

6.6.6　碎片滤镜

碎片滤镜先将原图像拷贝一次，再将它进行平均和移位处理，以产生一种不聚焦的效果。碎片滤镜处理的效果如图 6.76 所示。该滤镜是单步操作滤镜。

图 6.76　碎片滤镜效果

6.6.7　铜版雕刻滤镜

铜板雕刻滤镜可用点、线条和笔划来重新绘制图像，模拟出版刻画的粗放效果。执行“滤镜/像素化/铜版雕刻”菜单命令，打开如图 6.77 所示的“铜版雕刻”对话框，其中“类型”下拉列表框用来设置图像雕刻风格的类型，可设置为“精网点”、“中等点”、“颗粒点”、“粗网点”、“短线”、“中长线”、“长线”、“短线条”、“中长线条”、“长线条”等 10 种类型。系统默认为“精网点”。铜版雕刻滤镜处理的效果如图 6.78 所示。

图 6.77 “铜版雕刻”对话框

图 6.78 铜版雕刻滤镜效果

6.7 渲染滤镜

渲染滤镜共有 5 种。该组滤镜具有三维造型功能，能产生云彩、镜头光晕等效果。该滤镜在“滤镜”菜单下的“渲染”子菜单中。

6.7.1 分层云彩滤镜

分层云彩滤镜可利用前景色和背景色随机地产生的色值生成云彩，并与原图像像素值进行差值运算，二者混合后产生一种奇特的云彩效果。分层云彩滤镜处理后的效果如图 6.79 所示。它是一种单步操作滤镜，反复对其使用可生成类似于大理石纹路的效果。

图 6.79 分层云彩滤镜效果

6.7.2 光照效果滤镜

光照效果滤镜可以对图像使用各种类型光源照射，产生不同光照效果，光照效果滤镜只能对 RGB 颜色模式图像进行处理。Photoshop CS6 中对光照效果滤镜进行了改进，执行“滤镜/渲染/光照效果”菜单命令，打开如图 6.80 所示的对话框，其中各参数的含义如下：

- 在其预览框上方，用鼠标单击添加新的聚光灯（ ）、点光（ ）或无限光（ ）图标可增加相应的光源。
- 预设：设置灯光模式。在其下拉式列表框中共有 17 种风格样式的光源供选择，包括两点钟聚光、蓝色光、光圈、交叉光、交叉俯射光、缺省值、五灯仰射光、五灯俯射光、闪光、泛光、平行光、RGB 光、柔和光、柔和全光、柔和点光、三灯俯射光、三角点光等，其中“缺省值”为中等强度聚光。另外，可以通过完成对参数设置，单击“保存”按钮和样式命名等操作，定义自己的光源样式。同样也可以单击“删除”按钮来删除某一种光源样式。
- 光照类型：设置光源类型。该对话框只有在复选框“开”被选中时才能起作用。共有 3 种光照类型，“点光”用来设定以点光源照射图像中的一个椭圆形区域；“全光源”用来设定以全光源照射图像中的一个圆形区域；“平行光”用来设定以平行光线照射图像中的一个选定或整个区域。光照类型一经确定，对于“点光”和“全光源”来讲，可以在预览框中用鼠标单击线框上的方形控制点，并按住鼠标左键拖动来调整光照区域的范围大小，或是对线框的中心圆点进行同样操作来调整光照中心的位置；“平行光”对光照区域的调整通过一条直线来控制。该直线越长，则光源距离图像越远。另外，有两个滑杆分别用于调节光源强度和焦距，其调节范围均在-100～+100 之间；右边的方框可通过双击鼠标来得到“拾色器”以定义所需灯光的颜色。

- 属性：设置光线照射在物体上所表现出的物体材质及其反光性质。它共有 4 个带滑块的参数可供设定，“光泽”用以设置图像中物体的反光效果，其调节范围在-100～+100 之间，其中“杂边”可模拟物体的粗糙表面的反光效果，“发光”可模拟物体的光滑表面的反光效果；“材料”用以设置光照物体所产生的光折射程度，其调节范围在-100～+100 之间，对“材料”进行调节可模拟出从塑料到金属材料对光线折射的变化效果；“曝光度”用来设置照射光线的明暗程度，取值范围在-100～+100 之间，可用于调整经光照后图像上光线的明暗程度，产生从“曝光不足”到“曝光过度”间的变化效果；“环境”用来调节光源照射与图像的混合效果，其取值范围在-100～+100 之间。“正值”表示以图像原有光线作用为主，“负值”表示处理光源的作用较强。另外，环境光的颜色由右边的方框来定义。
- 纹理通道：用来在图像中加入纹理，产生一种浮雕效果。有“红”、“绿”、“蓝”和“无”4 个选项。前面的 3 个选项可分别用其对应的灰度通道来设定图像的反光程度；选项“无”表示不产生纹理。当选择某一确定的灰度通道时，该对话框下面的两个选项生效，即“白色部分凸出”和“高度”。复选框“白色部分凸出”用于将图像中白色部分作为处理对象，可产生光线由图像表面发出的效果；“高度”用来设置纹理的平整度，其取值范围为-100～+100，也可通过滑杆调节可产生由“平滑”到“凸起”之间的变化效果。

光照效果滤镜处理后的效果如图 6.81 所示。

图 6.80　“光照效果”对话框

图 6.81　光照效果滤镜效果

6.7.3　镜头光晕滤镜

镜头光晕滤镜可用来模拟逆光拍照时光线直射相机镜头所拍摄出带有光晕的图像效果。执行“滤镜/渲染/镜头光晕”菜单命令，打开如图 6.82 所示的对话框，其中各参数的含义如下：

- 亮度：设置光线的亮度，取值范围为 10%～300%，数值越大，入射光线的强度越强。
- 光晕中心：设置发光中心位置。将光标移动到预览框中的适当地方，单击可改变当前光晕中心的位置。
- 镜头类型：用来选择相机镜头种类。共有 4 种型号的镜头可供选取，“50～300mm 变焦”、“35mm 聚焦”、“105mm 聚焦”和“电影镜头”。

镜头光晕滤镜处理后的效果如图 6.83 所示。

图 6.82 “镜头光晕”对话框

图 6.83 镜头光晕滤镜效果

6.7.4 纤维滤镜

纤维滤镜使用前景色和背景色创建编织纤维的外观。参考前景色和背景色设置如图 6.84 所示。执行“滤镜/渲染/纤维”菜单命令，打开如图 6.85 所示的对话框，其中各参数的含义如下：

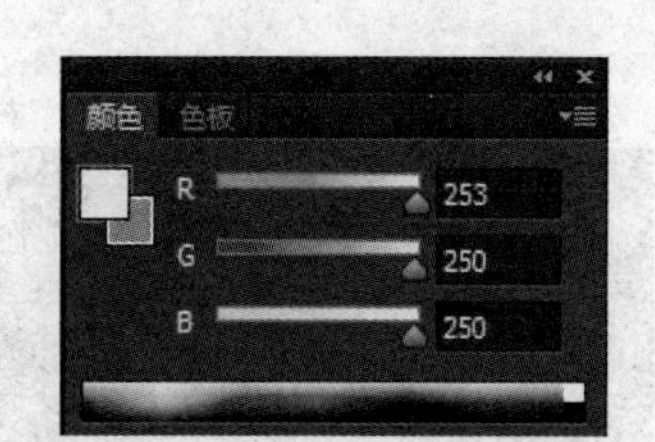

图 6.84 前景色设置

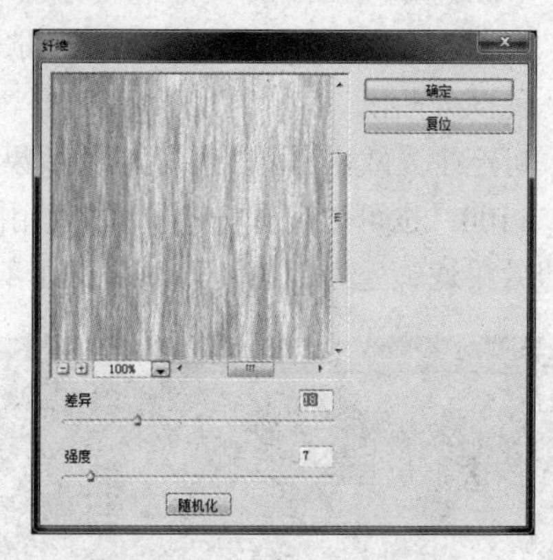

图 6.85 “纤维”对话框

- 差异：控制颜色的变化方式。较低的值会产生较长的颜色条纹；较高的值会产生非常短且颜色分布变化更大的纤维。
- 强度：滑块控制每根纤维的外观。低设置会产生松散的织物，高设置会产生短的绳状纤维。
- 单击“随机化”按钮可更改图案的外观，可多次单击该按钮，直到看到喜欢的图案。

纤维滤镜处理后的效果如图 6.86 所示。

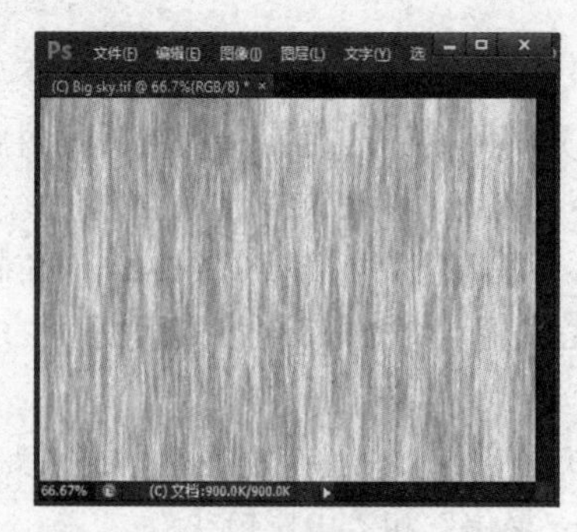

图 6.86 纤维滤镜效果

6.7.5　云彩滤镜

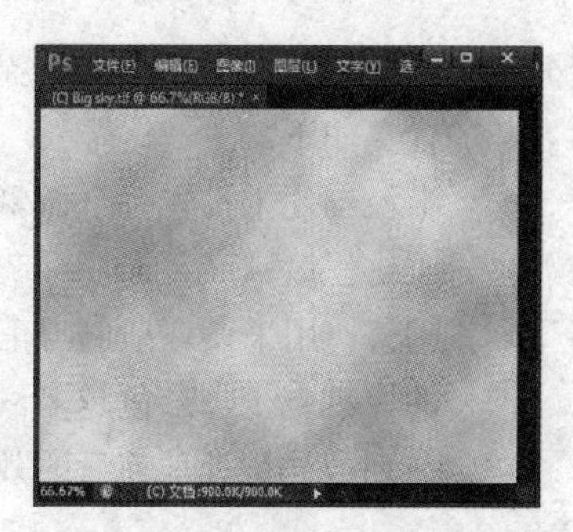

图 6.87　云彩滤镜效果

云彩滤镜能随机地用前景色与背景色的色值来产生云彩效果。云彩滤镜是单步操作的滤镜。若操作执行时，先按下 Shift 键，再选择云彩滤镜，则可以产生柔和的云彩效果；若按下 Alt 键，再选择云彩，则产生较为清晰的云彩效果。在对某一具体图像使用该滤镜时，生成的“云彩”将覆盖在原图像上。图 6.87 为在前景色是蓝色和背景色是白色时，执行云彩滤镜后的效果。

6.8　杂色滤镜

杂色滤镜共有 5 种。该组滤镜可以随机地给图像添加杂色点，也可以修饰图像中有杂色缺陷的区域，尤其在图像的修复与校正方面的作用更为突出。该类滤镜在“滤镜”菜单下的“杂色”子菜单中。

6.8.1　减少杂色滤镜

减少杂色滤镜能去除影响图像质量的杂色。执行“滤镜/杂色/减少杂色”菜单命令，打开如图 6.88 所示的对话框，其中各参数的含义如下：

- 强度：设置处理图像所有通道的杂色的力度。
- 保留细节：设置图像中边缘或细节的保护强度。
- 减少杂色：能通过设置处理图像中随机产生的杂色，取值越高，减少的杂色就越多。
- 锐化细节：对图像作锐化处理，提高降低杂色后图像的锐度。
- 移去 JPEG 不自然感：选择此项能消除低质量的 JPEG 图像中的晕影。

减少杂色滤镜处理的效果如图 6.89 所示。

图 6.88　“减少杂色”对话框

图 6.89　减少杂色滤镜效果

6.8.2　蒙尘与划痕滤镜

蒙尘与划痕滤镜用于消除图像中的杂色、划痕等瑕疵，该滤镜通过对图像像素与附近像素的比较分析消除杂色点。执行“滤镜/杂色/蒙尘与划痕”菜单命令，打开如图 6.90 所示的对话框，其中各参数的含义如下：

- 半径：用于设置每个像素检查的半径范围，取值范围是 1～100 像素，数值越大，对图像柔化程度越高。
- 阈值：用来设置杂色与正常像素值间的差异，取值范围是 0～255 色阶，数值越大，处理的像素越少，杂色越多。

蒙尘与划痕滤镜处理前后的效果对比如图 6.91 所示。

图 6.90 “蒙尘与划痕”对话框

图 6.91 蒙尘与划痕滤镜处理前后的效果对比

6.8.3 去斑滤镜

去斑滤镜能作用于图像中颜色变化较大的区域。该滤镜通过模糊除去过渡边缘外的部分，从而使图像减少干扰或使过于清晰化的区域变模糊，以达到消除图像中的斑点、杂色和保留细节等目的。该滤镜是单步操作滤镜，图 6.92 为去斑滤镜处理前后的效果对比。

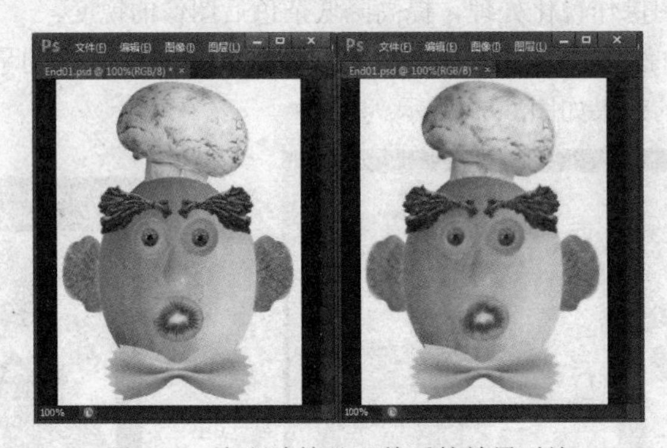

图 6.92 去斑滤镜处理前后的效果对比

6.8.4 添加杂色滤镜

添加杂色滤镜可在图像上增加一些细小的像素颗粒，使图像产生受该颗粒色散干扰的效果，用于消除人工修饰后留下的痕迹，减少渐变填充的色带现象。执行“滤镜/杂色/添加杂色”菜单命令，打开如图 6.93 所示的对话框，其中各参数的含义如下：

- 数量：设置添加干扰粒子的数量，其取值范围为 0.10%～400.00%，数值越大，杂色色素越多。

- 分布：设置干扰粒子产生方式。它有两个选项，可按“平均分布”或“高斯分布”来产生杂色色素。
- 单色：用来设置杂色色素是单色还是彩色干扰粒子。

添加杂色滤镜处理的效果如图 6.94 所示。

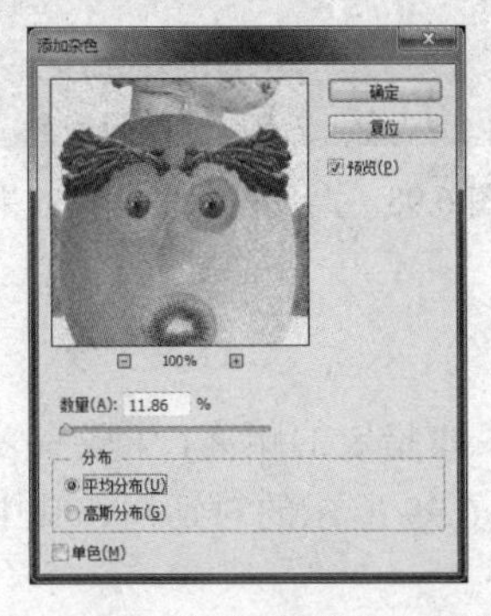

图 6.93　“添加杂色”对话框

图 6.94　添加杂色滤镜效果

6.8.5　中间值滤镜

中间值滤镜用来消除图像中的杂色点，通过对图像像素搜索半径，对各像素亮度用平均亮度值替换该半径区域的像素的亮度值。执行“滤镜/杂色/中间值”菜单命令，打开如图 6.95 所示的对话框，其中“半径”用来设置每个像素处理的范围大小，取值范围是 1～100 像素，数值越大，分析处理的像素就越多，图像越柔和。中间值滤镜处理的效果如图 6.96 所示。

图 6.95　“中间值”对话框

图 6.96　中间值滤镜效果

6.9　其他滤镜

其他滤镜有 5 个。这类滤镜不能简单地进行分类，用户使用它们可构造出一些特殊效果。该组滤镜在菜单栏“滤镜”下的“其他”子菜单中。

6.9.1　高反差保留滤镜

高反差保留滤镜能削弱图像中色调变化频率低的部分，加强其中色调变化频率高的部分，即具有“通高频，阻低频”的作用。执行“滤镜/其他/高反差保留”菜单命令，打开如图 6.97 所示的对话框，其中“半径”用于设定所处理像素的分析的大小，取值范围是 0.1～250 像素，数值越大，分析处理的范围越大。高反差保留滤镜处理的效果如图 6.98 所示。

图 6.97 “高反差保留”对话框

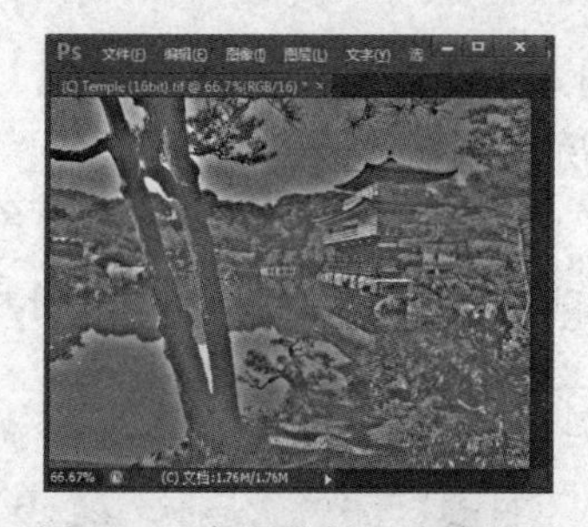

图 6.98 高反差保留滤镜效果

6.9.2 位移滤镜

位移滤镜可以将图像像素按水平和垂直方向分别移动一段指定的距离，生成有多种填充效果的位移效果。执行“滤镜/其他/位移”菜单命令，打开如图 6.99 所示的对话框，其中各参数的含义如下：

- 水平：设置图像像素在水平方向的左、右偏移量，取值范围是-30000～+30000 像素。正值，向右移动；负值，则向左移动。
- 垂直：设置图像像素在垂直方向的上、下偏移量，取值范围是-30000～+30000 像素。正值，向下偏移；负值，则向上移动。
- 未定义区域：设置移出图像的空白区域的填充方式。有 3 种方式选项，即“设置为背景”、“重复边缘像素”和“折回”。

位移滤镜处理前后的效果对比如图 6.100 所示。

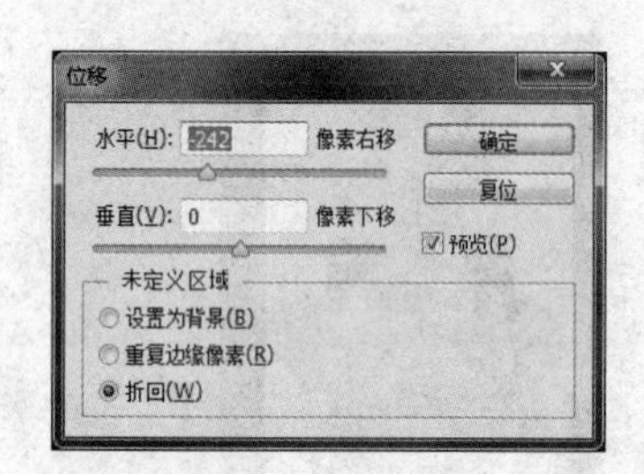

图 6.99 “位移”对话框

图 6.100 位移滤镜处理前后的效果对比

6.9.3 自定滤镜

自定滤镜是整个滤镜家族中功能最强大的滤镜，它可以创建由用户自己定义的滤镜，可使生成的图像具有清晰化、模糊或浮雕等效果。执行“滤镜/其他/自定”菜单命令，打开如图 6.101 所示的对话框，其中矩形框矩阵用来设置图像像素的亮度，它是由该对话框中的一个 5×5 个矩形框组成的矩阵，其框内的取值范围是-999～+999。其中位于正中间的矩形框代表目标像素，其余的矩形框则代表它周围相对应的像素；该矩阵中心框的数值，表示该像素亮度的增强或减弱倍数，其他框内的数值表示其相邻像素的亮度的变化，数值为正，亮度增强；数值为负，亮度减弱。

矩阵下方有两个附加选项：

- 缩放：用来设定总体亮度值的除数，取值范围是 1～9999。
- 位移：用来调节图像的亮度，取值范围是-9999～+9999。

在执行自定义滤镜时，Photoshop 将这个矩阵中各个值与图像中的各像素相乘，然后将所得到的积作加法运算，再将其结果除以缩放比例值并加上位移值，最后的结果就是关于目标像素的新亮度值。自定滤镜处理效果如图 6.102 所示。

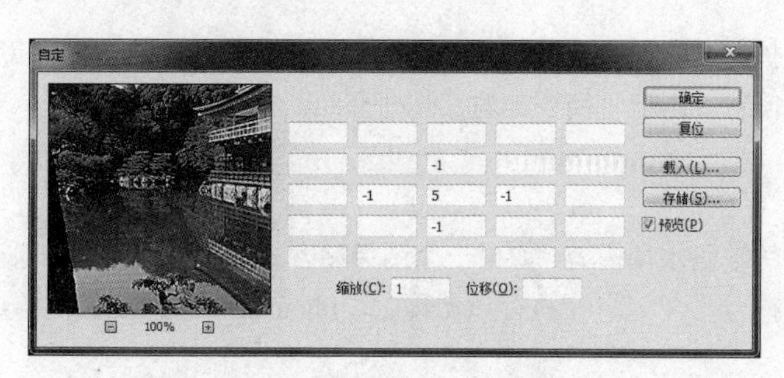

图 6.101　“自定”对话框

图 6.102　自定滤镜处理效果

6.9.4　最大值滤镜

最大值滤镜可将图像中的较亮区域放大，较暗区域缩减。显然，它处理后的图像会出现亮且模糊的效果。执行“滤镜/其他/最大值”菜单命令，打开如图 6.103 所示的对话框，其中，“半径”用于设定所处理像素的分析的大小，取值范围是 1～100 像素，数值越大，分析处理的范围越大。

最大值滤镜处理后的效果如图 6.104 所示。

图 6.103　“最大值”对话框

图 6.104　最大值滤镜效果

6.9.5　最小值滤镜

最小值滤镜与最大值滤镜的作用恰好相反，可将图像中的较暗区域放大，较亮区域缩减，处理后的图像会出现暗且模糊的效果。执行“滤镜/其他/最小值”菜单命令，打开如图 6.105 所示的对话框，其中，“半径”参数的含义同前。最小值滤镜处理后的效果如图 6.106 所示。

图 6.105　“最小值”对话框

图 6.106　最小值滤镜效果

6.10 Digimarc 滤镜

Digimarc 滤镜也可以叫做“作品保护”滤镜，它包括两种效果，即嵌入水印和读取水印滤镜，主要用来加入或读取有关图像的著作权信息。本节将简要地对其作些介绍。

6.10.1 读取水印滤镜

读取水印滤镜主要用来阅读图像中的数码水印内容。如果一个图像中含有数码水印效果，则在图像窗口标题栏和状态栏上会显示一个符号“(C)”。在执行该滤镜时，Photoshop 将对图像内容进行分析并找出内含的数码水印数据。

执行“滤镜/Digimarc/读取水印”菜单命令，如果滤镜找到水印，则会打开“读取水印”对话框，其中显示了有关该图像的创建程序标识号、版权年份和图像属性等信息，也可以单击“Web 查限”按钮，连接到 Digimarc 公司的 WWW 站点，便得到关于作者的联络资料及一些其他的相关资料。

6.10.2 嵌入水印滤镜

嵌入水印滤镜能够在图像中嵌入数码水印和著作权信息，使该图像的著作权受到保护。这种水印效果以杂纹形式加入，且肉眼不易察觉，它可以在电脑中的图像上或是在印刷出版物上作永久性保存。要在图像中嵌入数码水印，必须在 Digimarc 公司注册后得到一个 Creator ID，即创建程序标识号，然后将这个 ID 号码随同著作权信息（如：创建年份等）插入到图像中。嵌入水印滤镜只能作用于 CMYK、RGB、Lab 或灰度图像，同时，对以前已嵌入过的图像不起作用。执行“滤镜/Digimarc/嵌入水印”菜单命令，打开如图 6.107 所示的对话框，其中各参数的含义如下：

- Digimarc 标识号：首次对图像加入水印时，单击“个人注册”按钮，屏幕上会出现如图 6.108 所示的对话框，在“Digimarc 标识号”文本框中填入 ID 号；若用户没有自己的 ID 号时，则单击“信息”按钮可通过网上注册，以有偿申请来获得 ID 号。

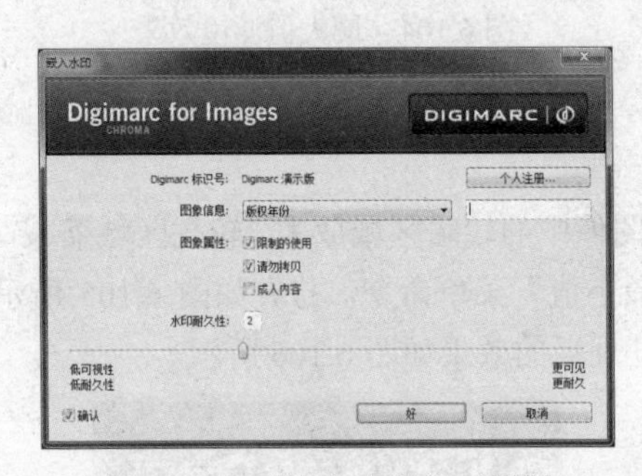

图 6.107 “嵌入水印”对话框

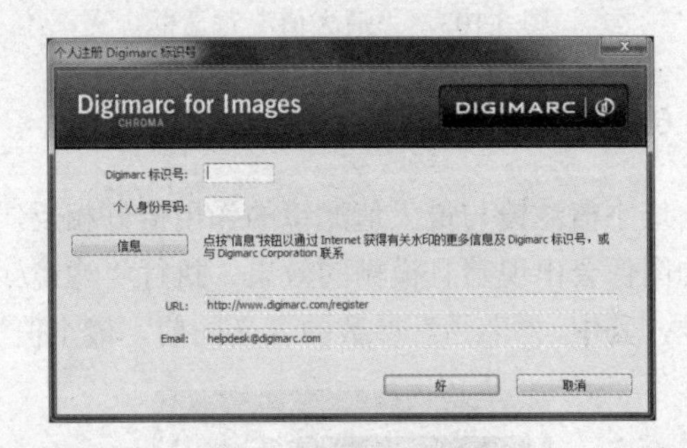

图 6.108 “个人注册 Digimarc 标识号”对话框

- 版权信息：用来确定图像版权年份。
- 图像属性：设置图像使用权限。包括 3 个选项：“限制的使用”限制使用图像；“成人内容”表明该图像仅适宜于成人；“请勿拷贝”不允许非法复制。
- 目标输出：设置图像输出显示方式。有“显示器”，“网络”和“打印机”3 个选项。
- 水印耐久性：用来设定图像的耐久性及可视性，取值范围是 1～4，数值越高，耐久性越高。

- 确认：用来设定是否要验证当前水印。若选取该项，单击“好”按钮，用户可确认所设定的嵌入水印的有关信息。

6.11　自适应广角滤镜

自适应广角滤镜用来校正广角镜头畸变和找回由于拍摄时相机倾斜或仰俯丢失的平面。能拉直全景图像或使用鱼眼或广角镜头拍摄的照片中的弯曲对象。执行“滤镜/自适应广角”菜单命令，打开其对话框，如图 6.109 所示。其中各参数的含义如下：

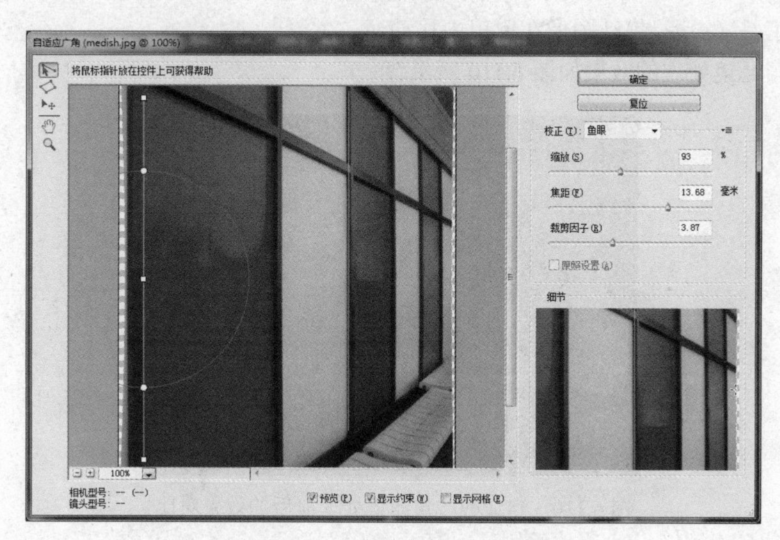

图 6.109　“自适应广角”对话框

- 校正类型：

鱼眼：校正由鱼眼镜头所引起的极度弯度。

透视：校正由视角和相机倾斜角所引起的会聚线。

全景图：校正 Photomerge 全景图。

完整球面：校正 360 度全景图。全景图的长宽比必须为 2:1。

自动：自动地检测合适的校正。

- 缩放：指定值以缩放图像。使用此值最小化在应用滤镜之后引入的空白区域。
- 焦距：指定镜头的焦距。如果在照片中检测到透镜信息，则此值会自动填充。
- 裁剪因子：指定值以确定如何裁剪最终图像。将此值结合“缩放”一起使用可以补偿在应用此滤镜时导致的任何空白区域。
- 原照设置：启用此选项以使用镜头配置文件中定义的值。如果没有找到镜头信息，则禁用此选项。

要校正弯曲的对象，只需要用约束工具或者多边形约束工具沿着弯曲对象拖拉线条，线条会自动检测弯曲，拖拉完成以后图像就会根据拖拉出的线条进行校正。可以添加多个约束，约束图像中的各个部分，并拖动圆形控制点对约束角度进行调整，以尽可能移除扭曲。

- 约束工具（![]）：选中后在效果预览中可以添加或编辑约束。按住 Alt 键并将鼠标移动到前面建立的约束控制点或直线上可删除该约束或多边形约束。可以通过拖动控制点来编辑约束。如图 6.109 所示左侧约束从上往下五个控制点依次为：端点控制点、旋转控制点、曲线弯曲程度控制点、旋转控制点、端点控制点。改变端点控制点位置可以设定需要校正的范围，通过旋转控制点来控制校正部分的旋转角度，曲线弯曲程度控制点用来设置校正的程度。

- 多边形约束（）：选中后在效果预览中可以添加或编辑约束。通过多个控制点形成的封闭多边形来形成一个多边形约束，单击初始端点结束约束的建立过程。按住 Alt 键并将鼠标移动到前面建立的约束控制点或直线上可删除该约束或多边形约束。利用多边形校正工具可以直接将一个多条边变形的多边形校正。
- 移动工具（）：拖动图像在画布上移动。
- 拖动工具（）：拖动图像在窗口中移动。

自适应广角滤镜处理的效果如图 6.110 所示。

图 6.110　自适应广角滤镜处理前后的效果对比

6.12　镜头校正滤镜

镜头校正滤镜用来校正一般相机镜头产生的变形失真，特别是对桶形变形、枕形失真、晕影和色彩失真等现象的处理。执行“滤镜/镜头校正”菜单命令，打开其对话框，如图 6.111 所示。其中各参数的含义如下：

- 移去扭曲：能对枕形和桶形失真进行校正。拖动滑块或输入数值来调整图像对边线的弯曲程度。
- 色差：校正镜头对不同平面的聚焦所产生的图像边缘色，主要修复红/青边或蓝/黄边。
- 晕影：对图像边缘产生模糊的过渡效果。“数量”用于设置图像边缘亮度值；“中点”用于限制数量影响的范围。
- 变换：对图像作几何变换。“垂直透视”使图像在垂直方向上作简单透视变换；“水平透视”使图像在垂直方向上作简单透视变换；“角度”对图像进行整体旋转；“边缘”有边缘扩展、透明度和背景色 3 个选项，可以用来选择图像变换后空白处的填充方式；“比例”对图像作缩放处理。

移去扭曲工具：向中心拖动或拖离中心来校正失真。

拉直工具：绘制一条直线来将图像拉直到新的横轴或纵轴，相当于旋转横纵轴。

移动网格工具：通过拖动网格使图像特定部分对其网格线。

镜头校正滤镜处理的效果如图 6.112 所示。

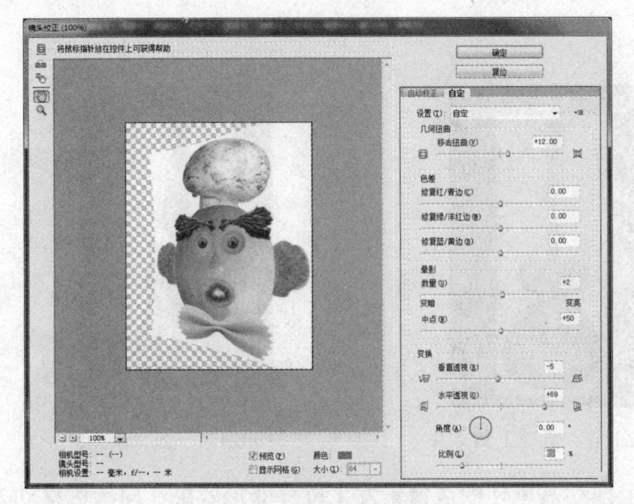

图 6.111　“镜头校正”对话框

图 6.112　镜头校正滤镜效果

6.13　液化滤镜

液化滤镜可用来对图像作液化变形处理，实现对图像区域进行位移、旋转、挤压、膨胀、镜像等变换处理。执行“滤镜/液化”菜单命令，打开如图 6.113 所示的对话框，其中各工具使用说明如下：

- 向前变形工具：用此工具作用于图像上，可使指定区域图像产生扭曲变形的效果。调抹工具处理的效果如图 6.114 所示。

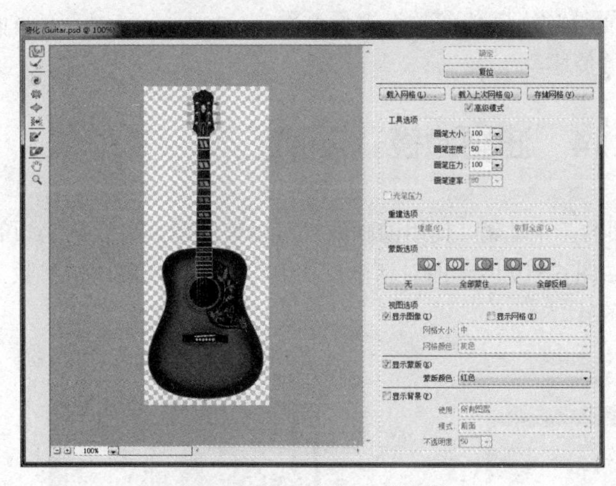

图 6.113　“液化”对话框

图 6.114　调抹工具效果

- 重建工具：用此工具可对处理后的图像进行恢复。
- 顺时针旋转扭曲工具：该工具作用于图像上，可使其作用区域内的图像按顺时针方向产生旋转效果。其处理的效果如图 6.115 所示。
- 褶皱工具：用此工具在图像上拖动或在某个区域固定不动，可使图像像素向画笔中心移动和挤压，产生褶皱的效果。其处理的效果如图 6.116 所示。
- 膨胀工具：用此工具作用于图像上某个区域，可使图像向上膨胀凸起，产生凸镜效果。

其处理的效果如图 6.117 所示。

图 6.115　顺时针旋转扭曲效果

图 6.116　褶皱工具效果

图 6.117　膨胀效果

- 左推工具：用此工具在图像上拖动，可使图像像素发生位移变形效果（向鼠标移动方向的左边移位）。其处理的效果如图 6.118 所示。
- 冻结蒙版工具：该工具可将不需要变形的区域作冻结处理。
- 解冻蒙版工具：该工具可解除被冻结区域。
- 抓手工具：工作区的图像经放大后，对无法显示的图像部分，可用该工具移动图像使其显示出来。
- 缩放工具：直接使用该工具时，可对图像进行放大处理。用 Alt+组合键时，可对图像作缩小处理。

图 6.118　左推工具效果

以上介绍的工具，多数在使用时应对工具选项作必要的设置，仅是缩放工具和抓手工具例外。如画笔大小、画笔压力（即作用效果的强度）等工具都是我们较熟悉的常用设置选项，其他参数设置通过不断地尝试是可以理解和掌握的，这里不再赘述。

6.14　油画滤镜

油画滤镜是 Photoshop CS6 中新增加的一个滤镜，使用油画滤镜可以使图像具有经典绘画的效果。执行“滤镜/油画”菜单命令，打开如图 6.119 所示的对话框，其中有画笔和光照两组参数，分别用来设置模拟油画的画笔和现场光照条件。

油画滤镜处理的效果如图 6.120 所示。

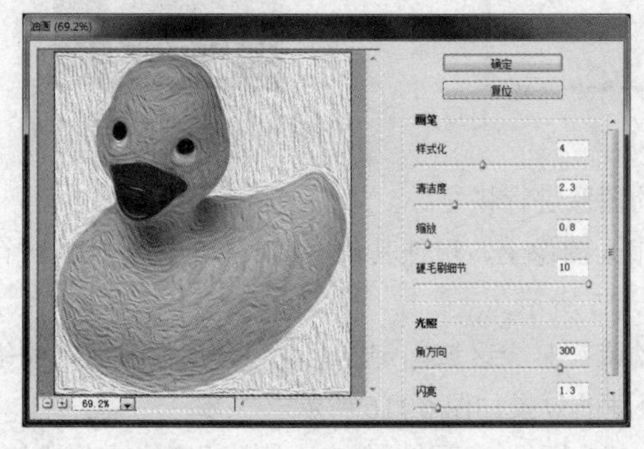

图 6.119　“油画”对话框

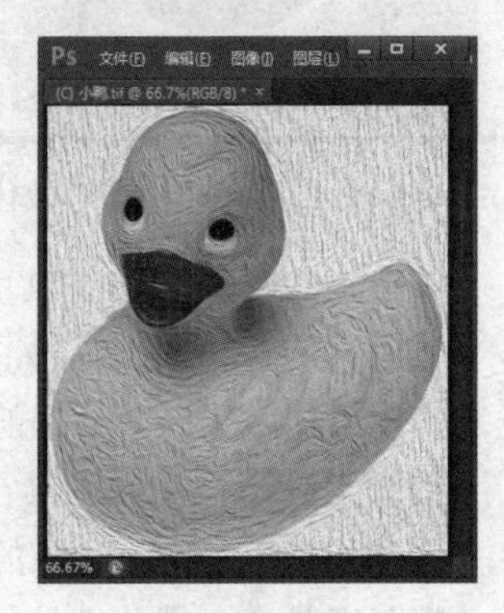

图 6.120　油画滤镜效果

6.15　消失点滤镜

消失点滤镜允许在包含透视平面（例如建筑物侧面或任何矩形对象）的图像中进行透视校正编辑。通过使用消失点，可以在图像中指定平面，然后应用诸如绘画、仿制、拷贝或粘贴以及变换等编辑操作。所有编辑操作都将采用所处理平面的透视。执行“滤镜/消失点”菜单命令，打开如图 6.121 所示的对话框，其中各工具使用说明如下：

- 编辑平面工具：该工具可用来选择和移动透明网格。“显示边缘”设置透视网格及选区是否显示；“网格大小”可以设置每个网格的大小。
- 创建平面工具：该工具用来绘制透视网格以确定图像的透视角度。“网格大小”可以设置每个网格的大小。
- 选框工具：该工具能在透视网格内绘制选区，复制图像。“羽化”用于设置羽化属性；“不透明度”用于设置透明属性；选择“修复”下拉菜单的“关”能直接复制图像，“亮度”能将目标位置的亮度对图像作调整，“开”能按目标位置状态对图像作自动调整；“移动模式”选择“目标”能将选区中的图像复制到目标位置，选择“源”能将目标位置的图像复制到当前选区中。
- 图章工具：使用该工具可以在透视网格中定义一个源图像，使用时要按住 Alt 键，并在显示的地方进行涂抹。
- 画笔工具：使用该工具能在透视网格内绘画。
- 变换工具：该工具能对复制的图像作比例变换、水平翻转或垂直翻转。
- 吸管工具：该工具能拾取图像上像素点的颜色值。
- 测量工具：　该工具能在平面中测量项目的距离和角度。
- 抓手工具：使用该工具能在图像上拖动以显示没有显示出的部分图像。
- 缩放工具：对图像作放大变换。按住 Alt 键时，能对图像作缩小变换。

消失点滤镜处理的效果如图 6.122 所示。

图 6.121 “消失点”对话框

图 6.122　消失点滤镜效果

6.16　滤镜库

滤镜库提供了方便地使用多种滤镜的环境，也可以多次使用单个滤镜。可以查看每个滤镜效果的缩略图示例，还可以重新排列滤镜并更改已应用的每个滤镜的设置，以便实现所需的效果。滤镜库是非常灵活的，通常它是应用滤镜的最佳选择。但是，并非“滤镜”菜单中列出的所有滤镜在“滤镜库”中都可用。执行“滤镜/滤镜库”菜单命令，打开如图 6.123 所示的对话框。

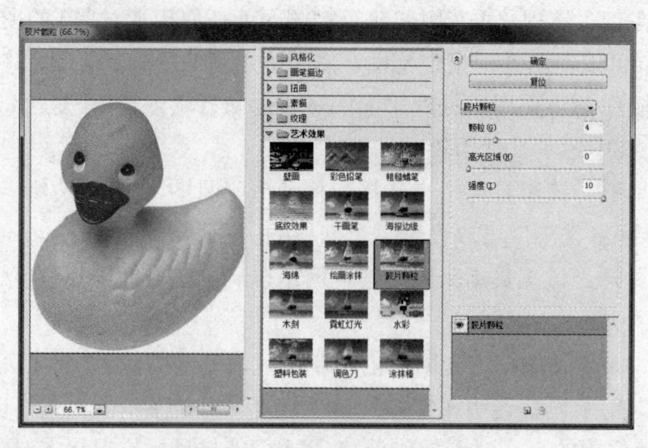

图 6.123 “滤镜库”对话框

该对话框从左至右分为三个区域：预览区，滤镜缩览区（可显示/隐藏）和滤镜参数与图层管理区。滤镜库中单个滤镜的应用方法和普通滤镜的使用一样，没有什么区别。值得注意的是在该对话框右下角可以新建多个层，每个层可以用不同的滤镜处理，当用拖动的方法改变不同层的顺序时，图像可产生很奇特的变化。

6.17 外挂滤镜简介

Photoshop 支持由非 Adobe 软件开发商开发的增效滤镜，也称做第三方滤镜或外挂滤镜。外挂滤镜安装后，出现在“滤镜”菜单的底部，与内置滤镜一样使用，如图 6.124 所示。许多图像处理软件公司和个人都为 Photoshop 开发了大量的外挂滤镜，比如 KPT、Eye Candy 和 Alf’s Border Fx 等系列滤镜。外挂滤镜的使用方法同内置滤镜基本类似，不同的是它们往往有各自的更具特色的用户操作界面，并且有效地扩展了 Photoshop 中的滤镜处理功能。外挂滤镜的种类繁多，部分还带有安装程序可以直接安装，如果外挂滤镜没有提供安装程序，可以将其模块副本拖移到 Adobe Photoshop 文件夹中的安装目录下的/Required/Plug-Ins/Filters 文件夹中。限于篇幅，外挂滤镜的使用将不作详细介绍。

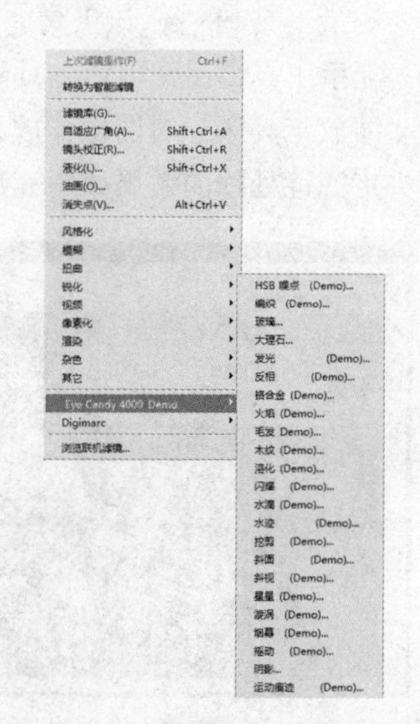

图 6.124 滤镜菜单下的外挂滤镜

6.18 滤镜应用实例

下面通过一个实例进一步学习滤镜在实际工作中的应用。这里，将利用滤镜功能制作一幅宣传广告画，其制作过程如下：

（1）执行菜单栏中的“文件/新建”，建立一个尺寸为 500×700 像素，分辨率为 72 像素/英寸的 RGB 图像。

（2）选择工具箱中的渐变工具，单击其工具选项栏中的▭区域，在打开的“渐变编辑器”中设置两个色标的 RGB 值分别为 RGB（30，10，66），RGB（25，41，205），并将它们交替分布，如图 6.125 所示。

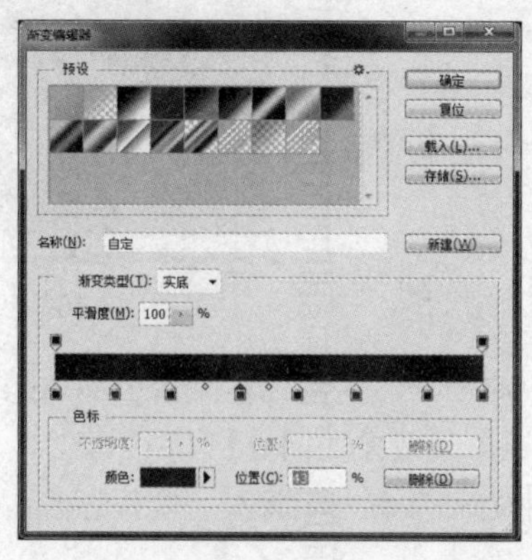

图 6.125　“渐变编辑器”对话框

（3）单击“确定”按钮，设置渐变工具选项栏中的其他参数，如图 6.126 所示。

图 6.126　渐变工具选项栏

（4）在图像中由上向下拖动鼠标，填充渐变色，其图像效果如图 6.127 所示。

图 6.127　渐变色填充效果

（5）设置前景色为淡蓝色 RGB（109，142，241）。

（6）选择工具箱中的矩形选框工具，其参数设置如图 6.128 所示。

图 6.128　矩形选框工具选项栏

（7）在图像中创建带有羽化值的矩形选择区域，按 Del 键填充前景色，如图 6.129 所示。使用 Ctrl+D 键执行取消选择。

（8）执行菜单栏中的“滤镜/液化”命令，在“液化”对话框中设置参数如图 6.130 所示。

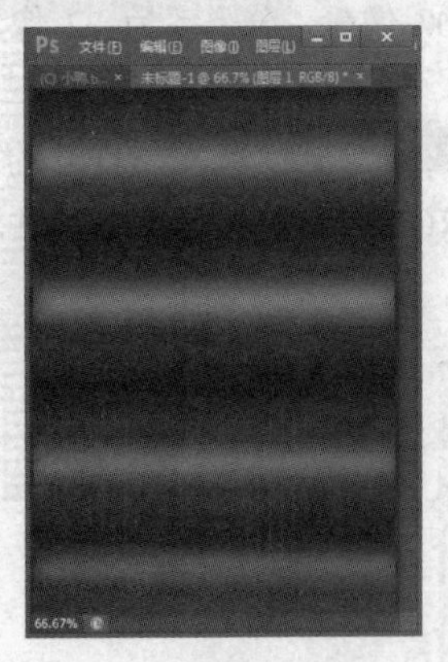

图 6.129　羽化填充效果

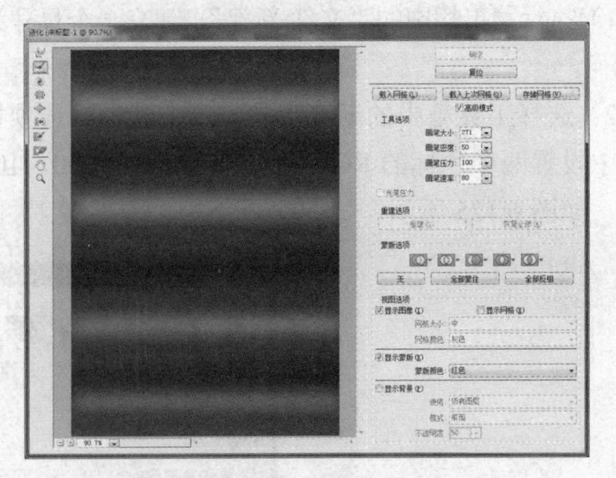

图 6.130　“液化”对话框

（9）使用“液化”对话框中的工具，用鼠标在图像上拖动来调整图像纹理，使之产生满意的绸缎效果，最后单击“确定”按钮，其效果如图 6.131 所示。

（10）执行菜单栏中的“文件/打开”命令，调入一幅事先准备好的图像，如图 6.132 所示。

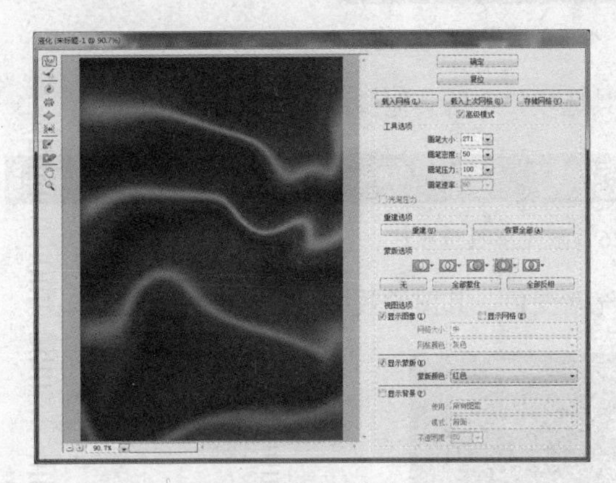

图 6.131　液化效果

图 6.132　素材图像

（11）先执行菜单栏中的“滤镜/模糊/高斯模糊”命令，再执行菜单栏中的“滤镜/渲染/光照效果”命令，令其产生浮雕效果。在“光照效果”对话框中设置参数如图 6.133 所示。

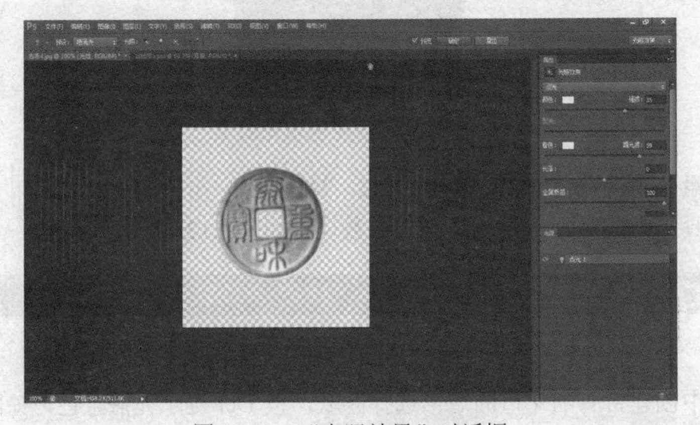

图 6.133　“光照效果”对话框

图 6.134　图像效果

（12）使用工具箱中的移动工具，将处理好的浮雕效果图像插入到已制作好的绸缎效果图像中，效果如图 6.134 所示。

（13）选择工具箱中的文字工具，设置其工具栏中的参数，如图 6.135 所示。

在图像中输入文字“古钱币博览会”，此时，在图层调板中产生一个名字为“古钱币博览会”的文本图层。使文本图层处于被选择状态，执行菜单栏中的“图层/图层样式/斜面和浮雕”命令，在弹出的对话框中作相应的参数设置，如图 6.136 所示。其效果如图 6.137 所示。

（14）执行“图层/拼合图像”命令，得到最终图像效果，如图 6.137 所示。

另外，若对上述处理的最终效果图再次执行菜单栏中的“滤镜/渲染/镜头光晕”命令，在弹出的对话框中作相应的参数设置，如图 6.138 所示。其再次处理后的效果如图 6.139 所示。

图 6.135　文字工具选项栏

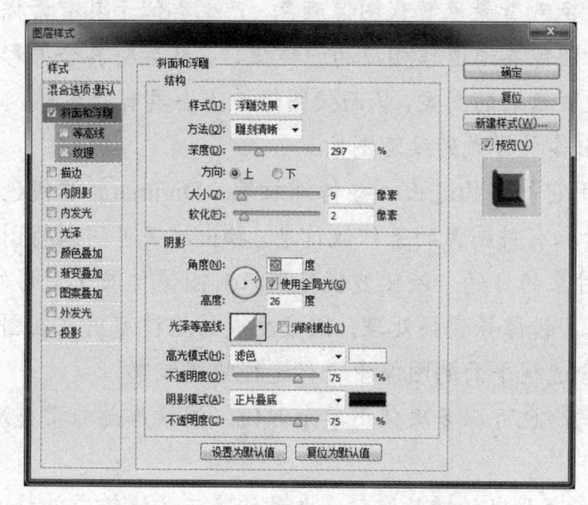

图 6.136　“图层样式”对话框

图 6.137　图像最终效果

图 6.138　“镜头光晕”对话框

图 6.139　图像再次处理后的效果

滤镜是Photoshop中功能最强大、效果最奇特的工具之一，它利用各种不同的算法实现对图像像素的数据重构，以产生绚丽多姿、风格迥异的图像。滤镜可分为两种类型：一类是校正性滤镜，另一类是破坏性滤镜。合理有效地使用滤镜，可制作出充满创意的精美图像作品。

风格化滤镜能对图像像素作置换操作，使得像素之间在一定范围内产生错位，并增强像素的对比度，从而制作出不同风格或流派的艺术作品。模糊滤镜通过将图像中所定义线条和阴影区域的硬边邻近的像素平均，产生平滑的过渡来生成模糊效果。模糊滤镜对修饰图像非常有用，能降低图像的对比度，使图像变得模糊一些。扭曲滤镜能对图像进行几何变形处理，改变原图像的像素分布状态，生成三维或其他变形效果，产生移动位置、球面、波浪、扭曲的图像变形。锐化滤镜能增强相邻像素间的对比度，使图像轮廓分明，产生清晰的效果，其效果与模糊滤镜恰好相反。像素化滤镜的作用是将图像分块进行分析处理，使图像分解成各种不同的色块单元。渲染滤镜具有三维造型功能，能产生云彩、镜头光晕等效果。杂色滤镜可以随机地给图像添加杂色点，也可以修饰图像中有杂色缺陷的区域，尤其是在图像的修复与校正方面的作用更为突出。画笔描边滤镜通过使用不同的画笔和油墨笔触效果，从而产生类似画笔绘出的画面效果，需要注意的是，它们对CMYK和Lab颜色模式的图像不起作用。素描滤镜利用前景色和背景色替代图像颜色，产生类似于具有素描的手工绘制的艺术作品。若要得到彩色图像，可对图像各通道作相应的滤镜操作，然后将其合并形成彩色图像。纹理滤镜主要用来使图像产生各种纹理效果的图案，从而使图像看上去具有材质感，同时，可以利用前景色和背景色在空白图像上制作出各种样式的纹理图案。

其他滤镜不能简单地进行分类，用户使用它们可构造出一些特殊效果。Digimarc滤镜包括嵌入水印和读取水印滤镜，主要是用来加入或读取有关图像的著作权信息。抽出滤镜可用来将图像中目标对象与其背景分离出来，实现抽出目标对象的目的。液化滤镜可用来对图像作液化变形处理，实现对图像区域进行位移、旋转、挤压、膨胀、镜像等变换处理。图案生成器滤镜可用来在图像中提出样本，制作图案。消失点滤镜允许在包含透视平面的图像中进行透视校正编辑。

滤镜库提供了方便地使用多种滤镜的环境，也可以多次使用单个滤镜。滤镜库是非常灵活的，通常它是应用滤镜的最佳选择。

Photoshop CS6支持由非 Adobe 软件开发商开发的增效滤镜，也称作第三方滤镜或外挂滤镜。外挂滤镜安装后，出现在“滤镜”菜单的底部，与内置滤镜一样使用。

一、选择题（每题可能有多项选择）

1．若在使用高斯滤镜时，发现该滤镜是无效的，可能是以下哪个原因造成的？（　　）

A．图像是CMYK模式　　B．图像包括选择层

C．当前图层不可见　　D．图像无背景层

2．下面哪个滤镜可加载一个通道以作为纹理图案？（　　）

A．锐化滤镜　　B．置换滤镜　　C．照明效果　　D．3D变换

3．哪种滤镜可以把图像边缘变得柔和？（　　）

A．模糊滤镜　　B．加入杂质滤镜　　C．灰尘和划痕　　D．照明效果

4．下面哪种文件不能被置换滤镜用作置换图案？（　　）

A．RGB 模式文件　　B．Lab 模式文件

C．CMYK 模式文件　　D．位图模式文件

5．下面对模糊工具功能的描述哪些是正确的？（　　）

A．模糊工具只能使图像的一部分边缘模糊

B．模糊工具的强度是不能调整的

C．模糊工具可降低相邻像素的对比度

D．如果在有图层的图像上使用模糊工具，只有所选中的图层才会起变化

二、思考题

1．滤镜的作用什么？是否任何图像格式都可以使用滤镜来处理？

2．使用哪一种滤镜可以消除由扫描仪所产生的斑点？

3．位图文件是否可以被置换滤镜作为置换图文件使用？纹理填充滤镜对纹理填充文件格式有何要求？

三、操作题

1．试比较马赛克拼贴滤镜、拼缀图滤镜和马赛克滤镜这三种不同滤镜的功能和使用后的效果。

2．请用三种以上的不同滤镜处理某幅图像，分别使其画面产生具有类似于浮雕的艺术效果。

3．尝试用模糊滤镜对图像边缘进行柔化处理，并比较几种不同滤镜的处理效果。

4．你认为"滤镜"菜单下的"褪去"命令也是一种滤镜吗？对一图像使用"云彩"滤镜后，选择执行"褪去"命令，调整其对话框中的参数，并观察图像的变化。

5．尝试利用液化滤镜修改人像照片的表情。

第7章　Photoshop的自动化功能

在进行图像处理时，很多情况下需要对多个图像文件进行相同的处理，如果逐个进行处理，会浪费很多时间。如果在Photoshop中使用自动化功能，可以将要反复进行的操作录制为一个动作，然后每次只需运行该动作就可以执行录制时的操作，让计算机自动进行工作，实现图像处理的自动化。本章介绍了Photoshop CS6的自动化功能，其中包括自动功能在图像处理中的作用、动作的使用及批处理的操作方法，对各个命令也都分别进行了详尽的介绍，并通过实例介绍了如何有效利用Photoshop CS6的自动化功能来简化编辑图像的操作。

- 了解自动化功能的作用和使用方法。
- 熟悉动作面板的组成及其操作方法。
- 熟练使用创建、执行、编辑、引入、保存动作等操作处理图像。
- 掌握批处理命令在图像处理中的运用方法。

7.1　自动化功能概述

自动化功能可以将Photoshop中的多个操作和过程录制下来反复使用，使繁琐复杂的工作变得简单易行。自动化功能还可以对多个文件进行批处理，从而大幅度提高工作效率。例如对图像中位于不同图层的文字进行相同的特效加工或对成千上万个图像文件进行色彩模式的转化时，将RGB转化为CMYK模式或者转换它们的色度及明暗度，如果每转化一个图像都需要经过打开、处理、保存和关闭四步操作，手工一次一次操作将花费很多的时间，而且会感到非常厌倦、烦躁和劳累。而使用Photoshop的自动化功能进行批处理，只需发一次运行命令就可以将全部图像文件自动打开、转化、保存和关闭，让计算机自动完成，从而省时省力。

Photoshop的自动化功能是很强大的，它具体有以下几个方面的特点：

- 对于反复进行的编辑操作，可以录制成一个动作，进行多次使用。例如可以将转换图像色彩模式、更改图像的尺寸和分辨率等操作录制成一个动作来使用，以加快操作速度，提高工作效率。
- 将多个滤镜操作录制成一个动作，执行这个动作能完成多个滤镜的操作，节省操作时间。
- 大批量的文件使用同一操作时（如转换色彩模式、改变图像格式等），使用自动化的批处理功能可以让计算机自动进行工作，使繁琐的工作变得简单。

7.1.1　动作面板

在Photoshop中，动作是一系列操作命令的集合，它可以独立操作，执行动作就相当于依次执行动作管理下的所有命令。所有的动作均可由*.atn 动作组文件来管理，Photoshop 系统自带的动作组文件包括命令、图像效果、纹理、画框、文字效果和处理等，用户可以建立自己的动作组文件。

动作的录制、播放、编辑、删除、存储和载入等操作都通过动作面板和动作面板菜单来实现。执行“窗口/动作”菜单命令（或 Alt+F9 键）可以打开或关闭动作面板，如图 7.1 所示。动作面板以列表模式显示动作，可以展开和折叠组、动作和命令。在 Photoshop 中，可以选择以按钮模式显示动作（与动作面板中的按钮一样，单击鼠标即可播放动作），但是，不能以按钮形式查看单个的命令或组。在动作面板的窗口中依次有切换动作开关、暂停设定、展开动作和组名称、动作面板菜单、具体动作以及面板按钮。下面将详细介绍动作面板的组成和使用方法。

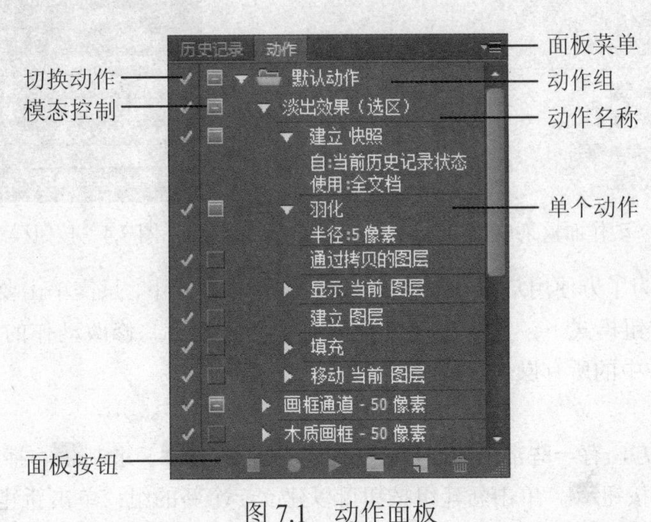

图 7.1　动作面板

1. 切换动作

当选中该复选框时，可以切换某一动作或命令是否执行；若没有选中该复选框，则表示该组中的所有动作都不能执行。

2. 模态控制

当某一动作或动作组中出现图标时，在动作执行过程中，会暂停动作的执行并出现对话框，等用户确认后才能继续执行。例如，当一个动作中录制了建立快照命令，此命令左边会出现图标，在执行该动作时，就会停留在“新建快照”对话框中，如图 7.2 所示，单击“确定”按钮往下执行。若某一动作或动作组前没显示图标，则 Photoshop 会按动作中的设定逐一往下执行。

图 7.2　“新建快照”对话框

3. 切换展开按钮

单击该按钮可以展开/折叠组中的所有动作，显示/关闭组中的操作命令。

4. 动作组

用于标识组名称。Photoshop 默认设置下只有一个动作组，如图 7.1 所示，这个组里面是一组动作的集合，在组名称的左侧显示的是一个组图标，表示这是一个动作的集合，双击可以重命名组或组中各动作的名称。

5. 面板菜单按钮

单击动作面板右上角的按钮，可打开动作面板菜单，如图 7.3 所示，通过它可以执行相应的动作命令。例如，执行“按钮模式”命令，则动作面板中的各个动作将以按钮模式显示，如图 7.4 所示，此时，不显示“组”，而只显示动作名称以及属于该动作的快捷键与颜色设置。

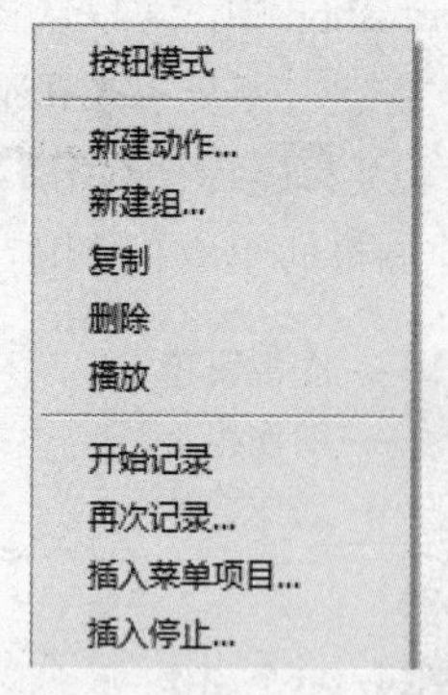

图 7.3 动作面板菜单

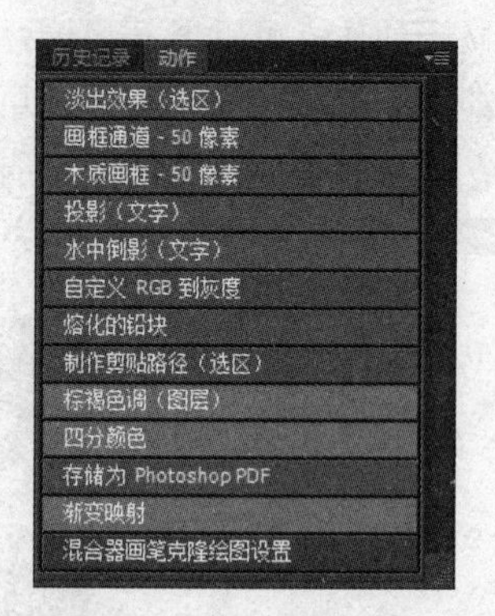

图 7.4 按钮模式

按钮模式主要是为了方便用户执行动作的功能。在这种模式下，只需单击要使用的动作就可以执行它的功能。在按钮模式下，用户不能进行任何录制、删除、修改动作的操作，执行动作时 Photoshop 会执行动作中的所有操作步骤。

6. 面板按钮

在动作面板的下方，有一些常用的面板按钮，分别是停止、录制、播放、新建组、新建动作以及删除按钮。单击新建组按钮可以建立一个新的组；单击新建动作按钮可以建立一个新的动作；单击播放动作按钮可以执行一个已录制好的动作；单击录制按钮可以开始录制动作。当处于录制状态时，按钮呈红色显示；单击暂停按钮可以将执行或录制的过程暂停。这些命令不仅可以通过按钮方式执行，也可以通过在面板菜单中执行相应的菜单命令来实现。

7.1.2 建立动作

一个动作必须在录制后才能使用，所以，在使用动作之前，需要将所要进行的操作录制成一个动作。本节将详细介绍如何建立动作的所有操作，能够正确录制及使用动作功能。

假设要将一个图像进行多次滤镜转化，可以将多个滤镜录制成一个动作，以后每进行同样的转化时就可以执行录制好的动作。其步骤如下：

（1）先打开一个图像，单击动作面板上的“新建组”按钮或者执行动作面板菜单中的“新建组”命令，打开“新建组”对话框，输入组名：组 1，如图 7.5 所示，单击“确定”按钮继续。

（2）在动作面板菜单中执行“新建动作”命令或者单击面板中的“新建动作”按钮，打开“新建动作”对话框，如图 7.6 所示。

图 7.5 “新建组”对话框

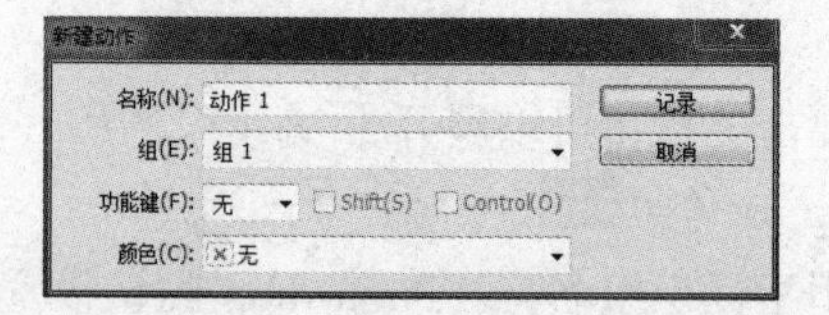

图 7.6 “新建动作”对话框

其中各项参数含义如下：

- 名称：用于设置新动作的名称。
- 组：在其后的下拉框中显示动作面板中所有的组，可以通过下拉列表选择组选项。如果在打开该对话框之前，已经选定要放置的组，打开该对话框之后，在组列表框中自动显示已经选择的组。
- 功能键：用于选择执行动作功能时的快捷键。有 11 种（F2～F12）快捷键，选择其中任一项后，其后的 Shift 和 Control 复选框会被置亮，可以组合使用。Shift 和 Ctrl 键组合后可以产生 44 种快捷键。
- 颜色：选择动作的颜色，用于设定在“按钮模式”下动作面板中该动作的显示颜色。

（3）在对话框中进行设置，然后单击“记录”按钮，进入录制状态，此时录制动作按钮呈按下状态，并以红色显示。接下来执行要进行录制的动作，选中即将进行滤镜转化的图像区域，如图 7.7 所示，依次进行“图像/图像大小”、“滤镜/渲染/镜头光晕”两个菜单命令，Photoshop 就将两个操作过程录制下来。滤镜产生的效果如图 7.8 所示。

（4）录制完毕后，单击“停止录制”按钮停止录制，动作就成功地录制完成。录制后的动作面板如图 7.9 所示，“动作 1”出现在面板中，下面依次为具体的命令。

图 7.7　原始图像

图 7.8　滤镜产生的效果

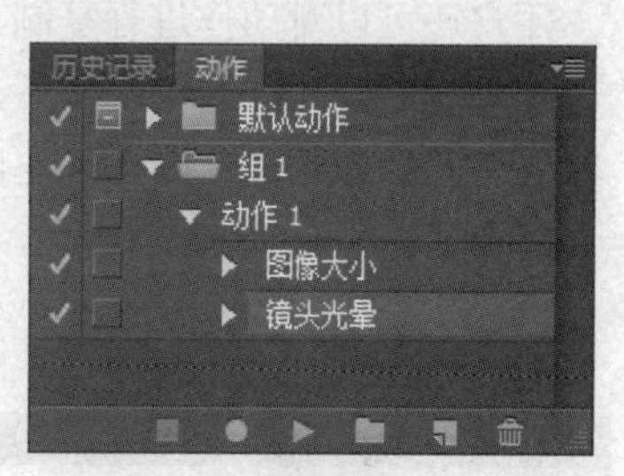

图 7.9　录制完后的动作面板

7.1.3　执行动作

录制完动作后，就可以像使用菜单中的命令一样使用动作。先执行“文件/打开”菜单命令，打开一幅要进行操作的图像，如图 7.10 所示，选中要操作的区域，然后选中要执行的动作，单击动作面板上的执行“动作”按钮，或者执行动作面板菜单中的“播放”命令，Photoshop 会开始自动执行选中动作中的所有命令，在上述 7.1.2 节中录制的滤镜操作就会应用到图像中。如果对动作设置了快捷功能键，则可以直接用功能键方式执行该动作。如图 7.11 所示为动作 1 执行完后的效果。

在执行动作之前，可以对动作的执行方式进行设置。执行动作面板菜单中的“回放选项”命令，打开“回放选项”对话框，如图 7.12 所示。

图 7.10　打开的原图

图 7.11　执行动作 1 的效果

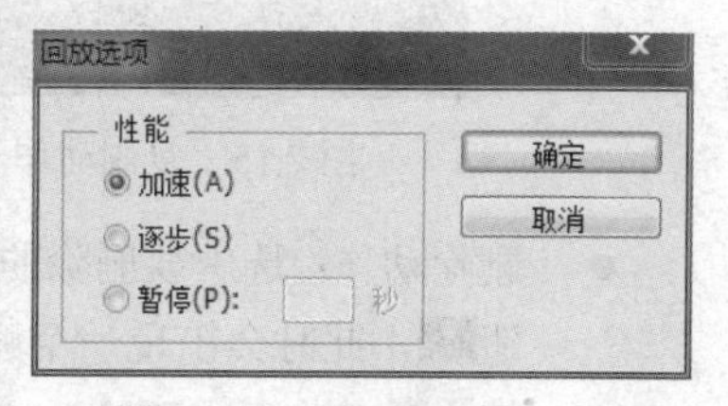

图 7.12　“回放选项”对话框

其选项的含义如下：

- 加速：选中后，动作执行速度最快。
- 逐步：选中后，以蓝色显示方式表示当前正在执行的操作命令。
- 暂停：用于设置暂停的时间，暂停时间可以自行设定，范围为 0～60 秒。

如果选中的组名按钮为灰色显示，表示不可执行。若要连续执行多个动作，可以在动作面板中选定多个动作，然后单击“播放”按钮或动作面板菜单中的“播放”命令。选中多个动作时，可以配合 Ctrl 和 Shift 键完成。

7.1.4 编辑动作

对于一个已录制完成的动作可以进行修改或重新录制，也可以将它复制或更名。若要更改动作的名称，可以在动作控制面板中双击该动作名称或选中它后执行动作面板菜单中的“动作选项”命令，打开“动作选项”对话框，如图 7.13 所示，在“名称”文本框中键入要更改的名称，更改好后单击“确定”按钮。当然，在“动作选项”对话框中，还可重新设定动作的快捷键和颜色，但不能够更改动作中实际命令的名称。

用户还可以对动作进行复制、移动和删除，其操作方法如下：

- 复制动作：选中动作后，执行动作面板菜单中的“复制”命令，如图 7.14 所示，其复制的动作副本立即出现在面板中，如图 7.15 所示。

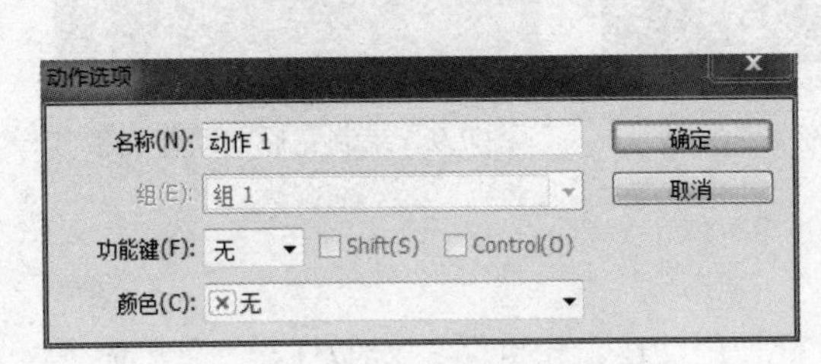

图 7.13 “动作选项”对话框

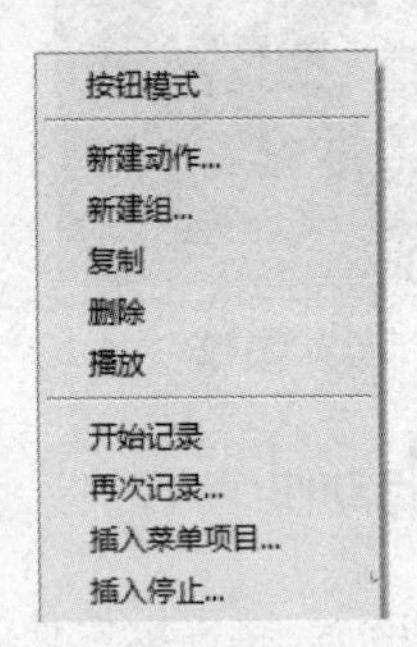

图 7.14 动作面板菜单中的“复制”命令

- 移动动作：选中要移动的动作，按住鼠标左键拖曳动作至适当位置后释放鼠标即可，如图 7.16 所示。

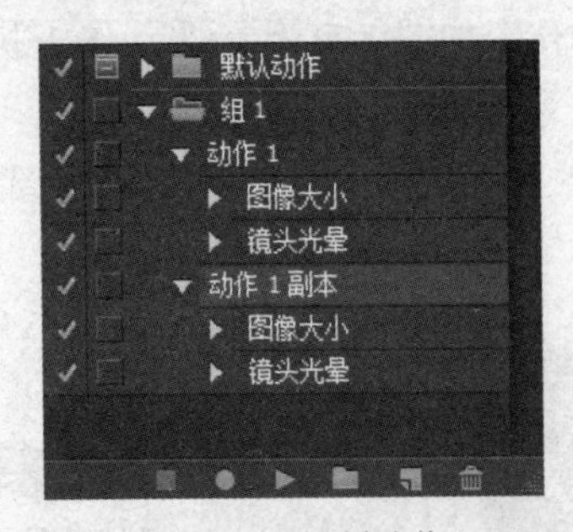

图 7.15 复制动作

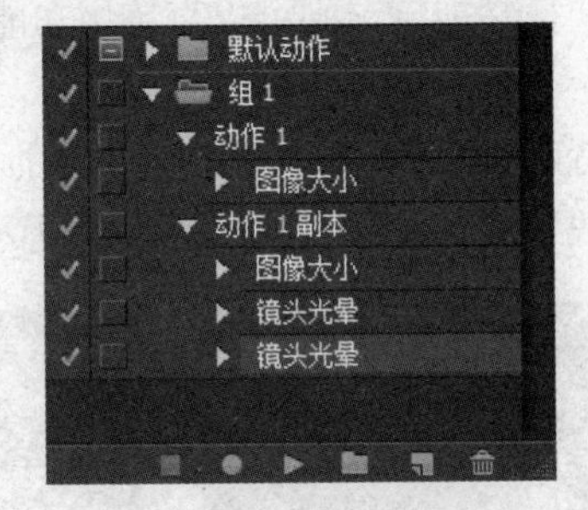

图 7.16 移动动作

- 删除动作：选中要删除的动作，执行动作面板菜单中的“删除”命令或者单击“删除”按钮，此时会出现一个删除确认对话框，单击“确定”按钮即可完成删除操作。也可直接拖曳动作至“删除”按钮图标上来完成动作的删除操作。

如果要修改动作的内容，则需首先选中要修改的动作。第一种方法是执行动作面板菜单的“开始录制”命令，可以在动作中增加录制动作。若当前所选的是某一动作，那么新增的命令将出现在该动作中命令的最后面；若所选的是动作中某一命令，那么，新增的命令将出现在该命令之下。第二种方法是执行动作面板菜单的“重新录制”命令，可以该动作中原有的命令为基础，将某个动作从头重新录制。录制时会打开“动作选项”对话框重新设定对话框中的各项内容。

7.1.5　保存动作

在一个动作录制结束后，即使重新启动了 Photoshop，该动作在 Photoshop 中也仍然会存在。但是，如果重新安装了 Photoshop，则录制的动作就会被删除。因此，为了在重新安装 Photoshop 后能使用所录制的动作，可以将它保存起来。其操作方法如下：首先选中要保存的动作组，执行动作面板菜单中的“存储动作”命令，打开“存储”对话框，如图 7.17 所示。在对话框中设定文件名和文件位置后，单击“保存”按钮，保存后的文件扩展名为*.ATN。

图 7.17　“存储”对话框

7.1.6　引入动作

对已保存的动作可以载入反复使用。执行动作面板菜单中的“载入动作”命令，打开“载入动作”对话框，选择需要载入的动作进行安装。新装入的动作会出现在原有的动作之下。

Photoshop 除提供了默认动作之外，还提供了许多内建的动作，它们可以对图像产生许许多漂亮的效果（如各种底纹、文本和按钮效果）。要使用时，可以执行动作面板菜单中的“载入动作”命令来装入文件。需要注意的是，在使用这些动作之前，务必先了解它们的内在设定和意义，以便更有效地发挥其功能。

7.1.7　动作的其他选项

前面已经介绍了录制、编辑、执行、保存和引入安装等有关动作的操作，针对某些特殊情况，还有必要了解动作面板菜单中的其他选项。

（1）插入菜单项目：执行动作面板菜单的“插入菜单项目”命令，打开“插入菜单项目”对话框，如图 7.18 所示。在对话框显示状态下，在 Photoshop 主菜单中选择某一菜单命令来指定插入项，例如指定“滤镜/模糊/高斯模糊”命令，单击插入提示框中的“确定”按钮，即可将选定的命令插入到动作中，如图 7.19 所示。

（2）插入停止：执行动作面板菜单中的“插入停止”命令，可以在动作中插入一个停止设定。在录制动作时，用画笔、喷枪等绘图工具进行绘制图形的操作不能录制下来，插入停止设定，就可以在执行动作时停留在这一步操作上，手动进行部分操作。当用户手工操作完成后再继续执行动作中的其他命令。执行插入停止命令后会出现“记录停止”对话框，如图 7.20 所示，在“信息”文本框中可以键入文本内容作为停止对话框的提示信息。假设键入“ok”，则运行到停止这一步时，“信息”对话框中会出现此处键入的内容，如图 7.21 所示。若选中“允许继续”复选框，则在信息对话框中会显示“继续”按钮，允许继续执行动作后面的命令，否则只会出现“停止”按钮。

图 7.18 “插入菜单项目”对话框

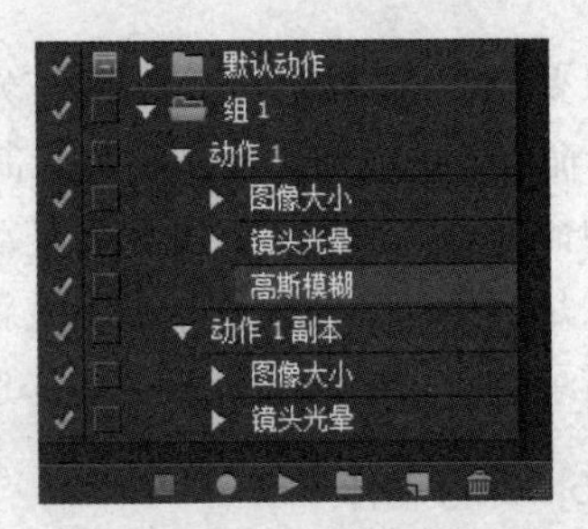

图 7.19 指定插入菜单项目

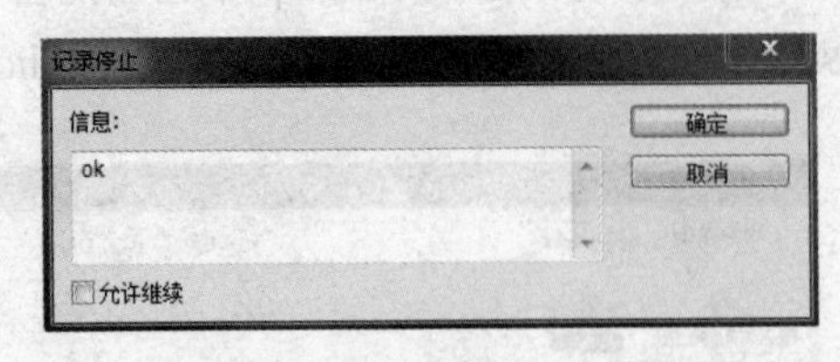

图 7.20 “记录停止”对话框

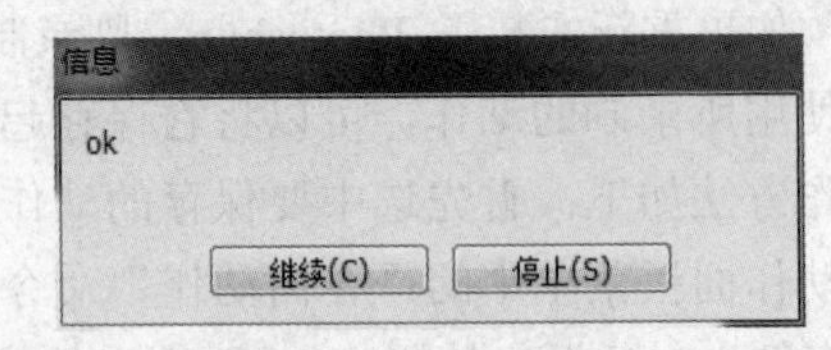

图 7.21 “信息”对话框

（3）插入路径：由于录制动作时不能直接录制绘制路径的操作，因此 Photoshop 提供了一个专门在动作中插入路径的命令。操作时可按以下方法进行：打开一幅要进行操作的图像，先在路径面板中选定要插入的路径名，然后在动作面板中指定好要插入的位置，最后执行动作面板菜单中的“插入路径”命令，这样即可在动作中插入一个路径。需要注意的是，如果该图像中不存在路径，则“插入路径”命令不能使用。

（4）清除全部动作：执行动作面板菜单中的“清除全部动作”命令，可以清空动作面板中的所有内容。

（5）替换动作：执行动作面板菜单中的“替换动作”命令，可以装入动作，同时取代当前动作面板中的内容。

（6）复位动作：执行动作面板菜单中的“复位动作”命令，可以将动作面板重新设置为 Photoshop 的默认状态。

7.2 自动菜单

打开“文件/自动”菜单，如图 7.22 所示，“自动”菜单中的命令可以简化编辑图像的操作，提高工作效率。下面对“自动”菜单中的各个命令逐一介绍。

7.2.1 批处理操作

“批处理”命令可以对多个图像文件自动执行同一个动作的操作，从而实现操作自动化。执行“文件/自动/批处理”菜单命令，打开“批处理”对话框，如图 7.23 所示，对话框中各选项的含义如下：

图 7.22 “自动”菜单

- 在“组”和“动作”下拉列表中可以指定要用来处理文件的动作。下拉框中会列出“动作”面板中可用的动作。如果未显示所需的动作，可能需要选取另一组或在面板中载入组。
- 从“源”下拉列表框中选取要处理的文件：
- 文件夹：处理指定文件夹中的文件。单击“选择”按钮可以查找并选择文件夹。

➢ 导入：处理来自数码相机、扫描仪或 PDF 文档的图像。

➢ 打开的文件：处理所有打开的文件。

➢ Bridge：Adobe Bridge 中选定的文件。如果未选择任何文件，则处理当前 Bridge 文件夹中的文件。

- 覆盖动作中的“打开”命令：覆盖引用特定文件名（而非批处理的文件）动作中的“打开”命令。如果记录的动作是在打开的文件上操作的，或者动作中包含它所需要对特定文件的“打开”命令，则取消选择“覆盖动作中的‘打开’命令”。如果选择此选项，则动作必须包含一个“打开”命令，否则源文件将不会打开。
- 包含所有子文件夹：处理指定文件夹的子目录中的文件。
- 禁止显示文件打开选项对话框：隐藏“文件打开选项”对话框。当对相机原始图像文件的动作进行批处理时，该选项是很有用的。
- 禁止颜色配置文件警告：关闭颜色方案信息的显示。
- 目标：用于设定执行动作后文件保存的位置。若选择“无”选项，则不保存文件并保持文件打开。若选择“存储并关闭”选项，则对文件执行动作后，保存该文件后关闭。若选择“文件夹”选项，就可在目的列表框中选择一个指定的文件夹以及一定的命名方式来保存文件。单击“选择”按钮，打开“浏览文件夹”对话框，如图 7.24 所示。如果选中“覆盖动作中的‘存储为’命令”选项，则可以按照选择中设定的路径保存文件。

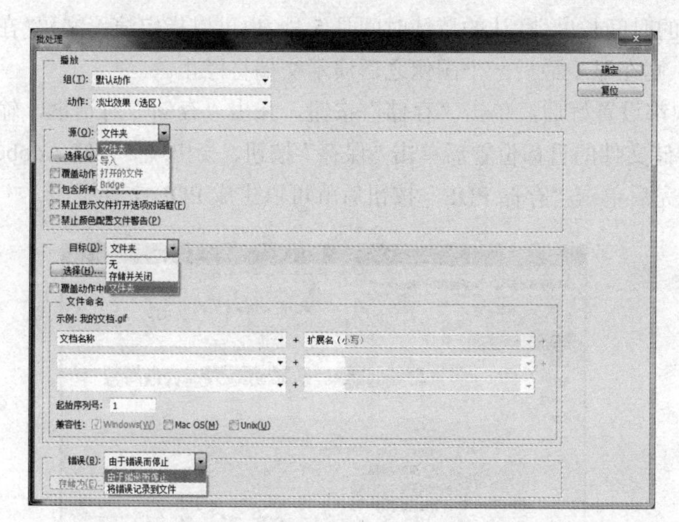

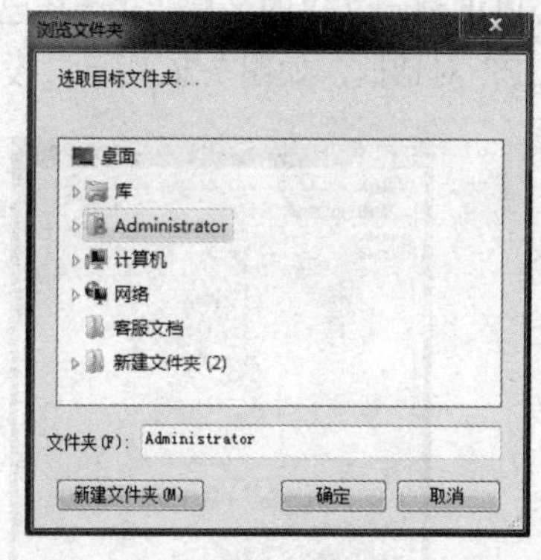

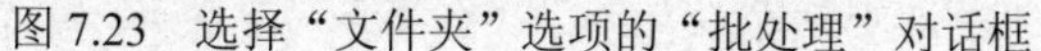
图 7.23　选择“文件夹”选项的“批处理”对话框

图 7.24　“浏览文件夹”对话框

- 兼容性：可以选取 Windows、Mac OS 和 UNIX，使文件名与 Windows、Mac OS 和 UNIX 操作系统都兼容，在默认情况下与 Windows 兼容。
- 错误：用于指定批处理时出现错误时的操作。若选择“由于错误而停止”选项，则批处理出现错误时提示信息，并中止往下执行。若选择“将错误记录到文件”选项，则 Photoshop 会将在批处理时出现的错误信息记录下来，并保存到文件中，选择此项时不会中止程序往下执行，但必须单击该列表框下面的“存储为”按钮指定一个保存的文件名和位置。当执行批处理命令进行批处理时，若要中止它，可以按下 Esc 键。

用户可以将批处理命令录制到动作中，这样可以将多个动作组合到一个动作中，从而可以一次性地执行多个动作。批处理命令在实际工作中是非常实用的，特别是在对大量图片进行同一操作时，更显出了它的威力。例如，要将许多张图片进行“动作 1”中的转换时，就可以使用“批处理”命令，指定好对应的动作后在该命令对话框中设定图片的“来源文件夹”与“目的文件夹”，并指定想执行的某组中的动作，最后单击“确定”按钮，Photoshop 马上就依照所设定的动作，逐一打开、转换、保存并关闭，从而实现了自动化操作。

7.2.2 创建 PDF 演示文稿

通过“PDF 演示文稿”命令，可以使用多种图像创建多页面文档或放映幻灯片演示文稿。用户可以设置选项以维护 PDF 中的图像品质，指定安全性设置以及将文档设置为像放映幻灯片那样自动打开。执行“文件/自动/PDF 演示文稿”菜单命令，打开如图 7.25 所示的“PDF 演示文稿”对话框，其中各选项的含义如下。

“源文件”窗口中如果没有文件，可以单击“浏览”按钮选择要添加到“PDF 演示文稿”中的文件。如果选择“添加打开的文件”选项可以添加已经在 Photoshop 中打开的图像文件。文件列表中最上面的文件生成第一页，它下面的文件生成后续页面。若要更改一个文件在序列中的顺序，选择该文件，然后将它拖移到列表中的新位置。

在“输出选项”区域中，可以选择多页面文档和演示文稿两种方式。其中多页面文档方式是创建一个图像在不同页面上的 PDF 文档，而演示文稿则是创建一个 PDF 放映幻灯片演示文稿。如果选择了“演示文稿”，则在“演示文稿选项”区域中可以设置换片间隔的秒数以及指定演示文稿前进到下一个图像之前显示每个图像的时间长度，默认的持续时间是 5 秒。也可以指定演示文稿“在最后一页之后循环”，若取消此选项，则在显示最后一个图像之后演示文稿将停止。

当“PDF 演示文稿”对话框选项都设置好后，单击“存储”按钮，弹出“存储”对话框，输入 PDF 演示文稿的名称，并选择已存储文件的目标位置后单击“保存”按钮，会出现“存储 Adobe PDF”对话框，如图 7.26 所示。设置完后单击“存储 PDF”按钮后就可以生成 PDF 文件了。

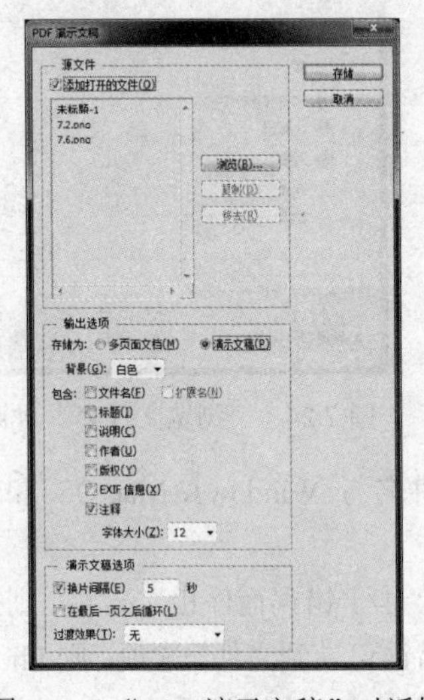

图 7.25 “PDF 演示文稿”对话框

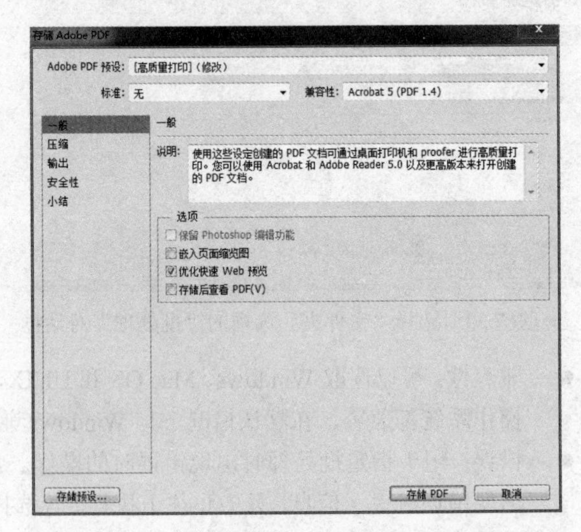

图 7.26 “存储 Adobe PDF”对话框

7.2.3 创建快捷批处理

快捷批处理是一个小应用程序，它可将动作的应用生成一个可执行文件。用户使用该动作时，可以直接将要进行操作的图像拖移到该执行文件的图标上，Photoshop 会自动打开并且执行对应的操作。快捷批处理可以存储在桌面或磁盘上。这个功能可以非常方便地处理图像文件，可以将经常进行的动作生成一个可执行文件，然后放到一个要进行同样操作的图像目录中，以后就可以用拖放的方式来进行操作了，具体步骤如下：

（1）执行“创建快捷批处理”命令，打开如图 7.27 所示的“创建快捷批处理”对话框。

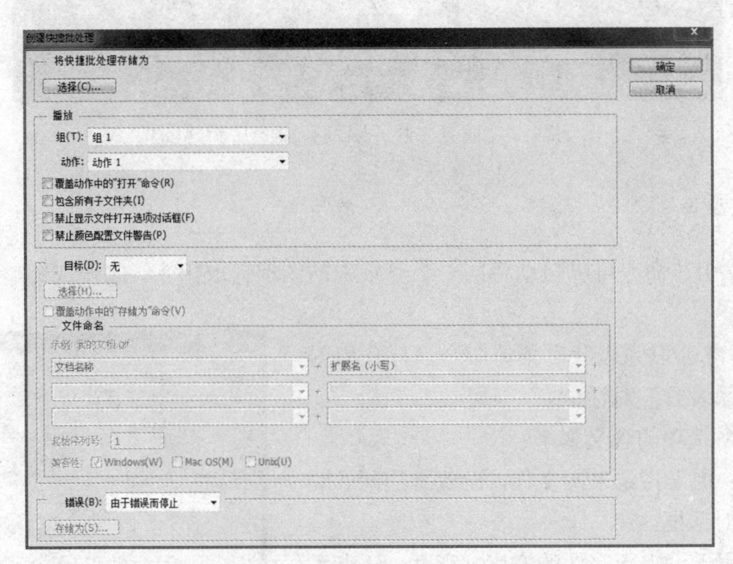

图 7.27　“创建快捷批处理”对话框

（2）单击对话框的“将快捷批处理存储为”项中的“选择”按钮，并选择存储快捷批处理的位置，即快捷批处理图标将显示的位置。

（3）该对话框中的其他选项设置方法与“批处理”对话框的选项设置方法相同。

7.2.4　裁剪并修齐照片

这个功能是针对扫描仪一次性扫描若干张照片并保存成一个图像文件的操作。“裁剪并修齐照片”命令是一项自动化功能，可以通过多图像扫描创建单独的图像文件。它能够在扫描图像中识别出各个图片，并旋转使它们在水平方向和垂直方向上正好对齐，然后再将它们复制到新文档中，并保持原始文档不变。

为了更好地发挥这个功能，在扫描时，照片与照片之间至少保持 0.4cm 的间距，这样自动裁剪出来的照片往往准确。并且在扫描的时候，最好铺一张白纸，这样扫描出来就是白底的，如果背景复杂，则不适宜使用此功能。否则就可能几张照片被当作一张照片裁剪出来，或者有的照片被裁去一半，也有的照片被忽略不被裁剪出来。

图 7.28　扫描图片

具体步骤如下：

（1）打开包含要分离的图像的扫描文件，如图 7.28 所示。

（2）选择包含这些图像的图层。

（3）选择“文件/自动/裁剪并修齐照片”菜单命令，Photoshop CS6 将建立图像的三个副本，分别存储三张图像，如图 7.29 所示。

图 7.29 “裁剪并修齐照片”命令后新建图像

7.2.5 联系表Ⅱ

使用“联系表Ⅱ”命令可以自动将同一个目录中的图像提取出来，制作成缩略图后排放到单个图像文件中。

执行“文件/自动/联系表Ⅱ”菜单命令，打开如图 7.30 所示的“联系表Ⅱ”对话框。

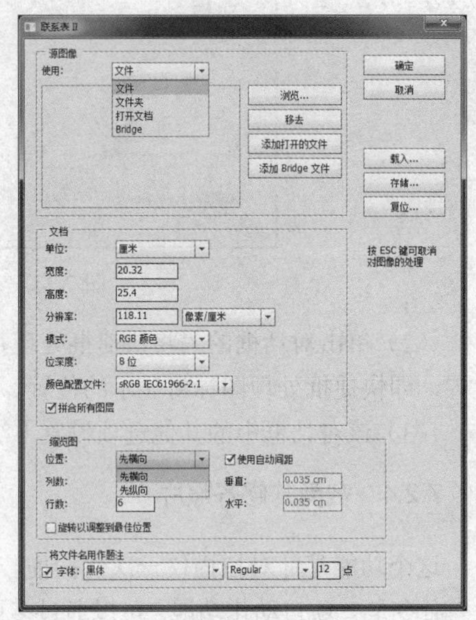

图 7.30 “联系表Ⅱ”对话框

该对话框中各选项的含义如下：

- 源图像：用于指定来源文件，设置方法同“批处理”对话框。
- 文档：用于设定新文件的宽度、高度、分辨率和色彩模式等。因为提取缩览图时，Photoshop 会根据设定好的参数自动建立相应的新文件来存放缩览图。勾选“拼合所有图层”，将创建所有图像和文本都位于一个图层的联系表。取消选择则创建每个图像位于一个单独图层的联系表。
- 缩览图：在“位置”下拉列表框中，可以设定图像的排列顺序是横向排列还是纵向排列。若选择选“先横向”选项，则缩览图从左至右，再从上到下排列；若选择“先纵向”选项，则缩览图从上到下，再从左到右排列。可以设定缩览图的行和列的数目，变化范围都在 1～100。行数和列数的积即为该文件中所能存放的缩览图数目。例如，在图中设定行数为 6，列数为 5，即表示在一个新文件中只能放置 5×6=30 个缩略图。当来源目录中的图像文件多于缩览图中的数目设定时，Photoshop 会自动建立第二个、第三个或更多的新文件，以便存放所有缩览图。
- 将文件名用作题注：选中此复选框后，在建立的新文件中的每个图下面会显示文件名题注，如果不选则没有题注。同时通过“字体”与“字体大小”下拉列表框可以设定图像文件名的字体与大小。

当在“联系表Ⅱ”对话框中设定各项参数后，单击“确定”按钮，Photoshop 就自动地从指定的目录中读出图像文件，缩小后整齐地排放到新文件中，如图 7.31 所示。

在执行“联系表Ⅱ”命令之前，用户必须确保所指定的来源目录中的图像没有被打开，若已打开则该图像将被跳过，而不对该图像进行操作。

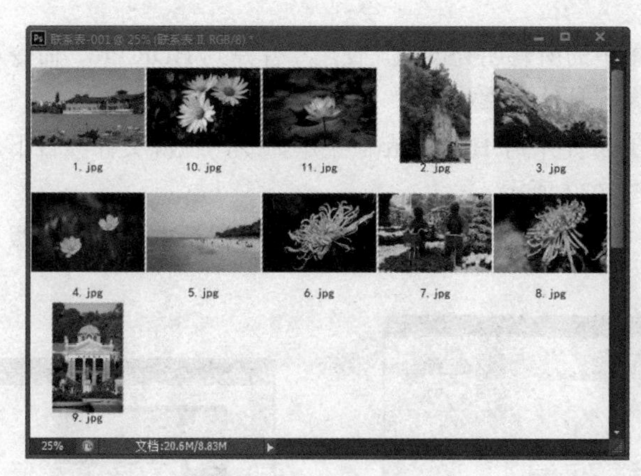

图 7.31　图像提取结果

7.2.6　Photomerge

Photomerge 是一个图片自动拼贴的命令，可以将同一个取景位置拍摄的多幅照片组成一个连续的图像，获得全景图效果，也能拼接分页扫描的图像。具体步骤如下：

（1）执行“文件/自动/Photomerge”菜单命令，打开如图 7.32 所示的对话框。

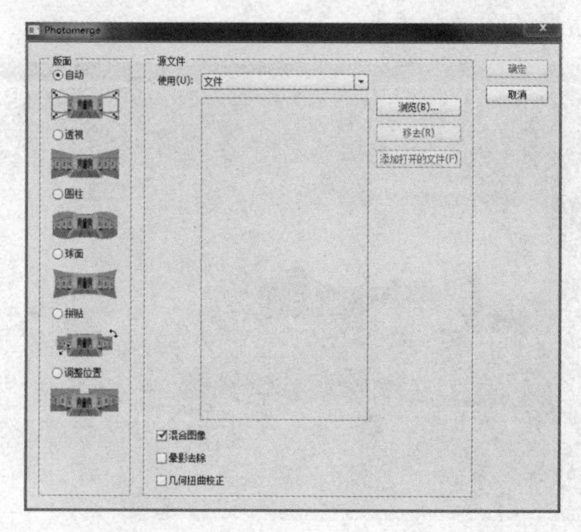

图 7.32　“Photomerge”对话框

（2）在“源文件”项目下，浏览选择需要拼接的图像文件或文件夹。

（3）在“版面”项目下选择拼接方法，“自动”、“球面”或“圆柱”比较普遍，视拍照场景实际情形选择需要的版面。如果原照本身拼接效果就比较好，不希望处理时变形得厉害，则应选择“调整位置”。

（4）点击“确定”按钮，稍等片刻完成图像的拼接。不符合全景拼接要求的照片将会被扔到下面单独列出来。将其剔除后就可以合并所有图层了。

为了达到最佳的合成效果，需要在拍摄时保持相机处于相同的位置并保持水平，使用同一焦距和曝光度，保证图像之间有一定的重叠区域。

7.2.7　合并到 HDR Pro

HDR（High-Dynamic Range，高动态范围）图像能表示现实世界的全部可视动态范围，可以按比例表示和存储真实场景中的所有明亮度值。使用“合并到 HDR Pro”命令可以创建写实或超现实的图像，更好地调整图像。具体步骤如下：

（1）执行“文件/自动/合并到 HDR Pro”菜单命令，在源文件项目下，浏览选择需要合并的图像文件或文件夹，如图 7.33 所示。

（2）点击“确定”按钮，弹出“手动设置曝光值”对话框，对每幅照片进行设置，如图 7.34 所示。

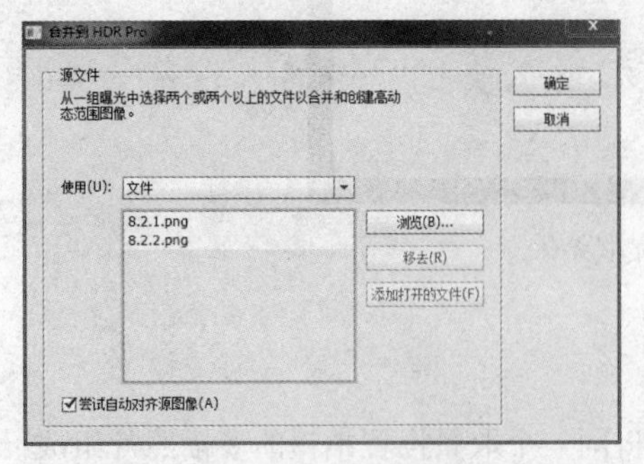

图 7.33 “合并到 HDR Pro”对话框

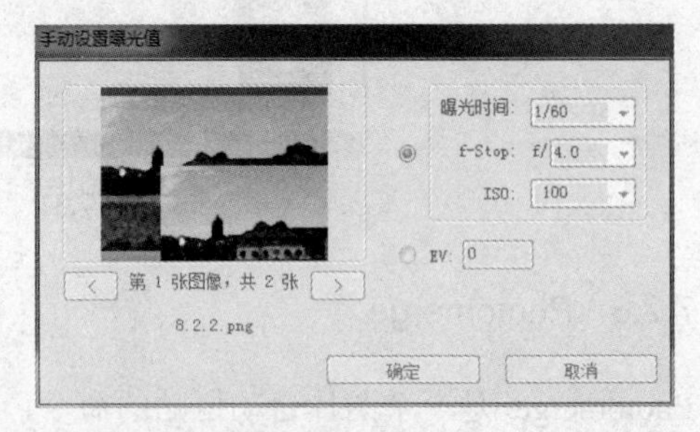

图 7.34 “手动设置曝光值”对话框

（3）点击“确定”按钮，弹出“合并到 HDR Pro”对话框，如图 7.35 所示。设置参数，点击“确定”按钮即可合成高质量的图像效果。

图 7.35 “合并到 HDR Pro”对话框

7.2.8 镜头校正

镜头在拍摄时会出现一些状况，如广角端的桶状和长焦端的枕状畸变、大光圈高光比下易出现的紫边、大光圈易出现四角失光等。Photoshop 对各种相机与镜头的测量自动校正，可更轻易消除桶状和枕状变型、相片周边暗角，以及造成边缘出现彩色光晕的色像差。

使用“文件/自动/镜头校正”，可对图像文件进行批量镜头校正。具体步骤如下：

（1）执行“文件/自动/镜头校正”菜单命令，在“源文件”项目下，浏览选择需要镜头校正的图像文件或文件夹，如图 7.36 所示。

（2）设置各项参数，点击“确定”按钮，完成批量文件的镜头校正。

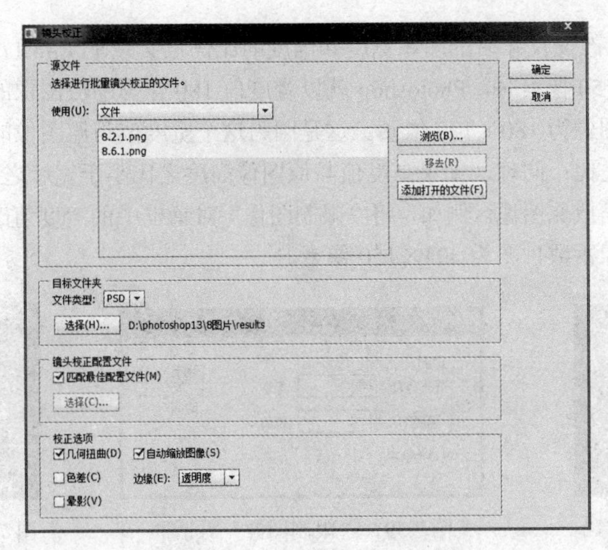

图 7.36 “镜头校正”对话框

7.2.9　条件模式更改

使用“条件模式更改”命令可以有条件地转换图像色彩模式。转换模式之前 Photoshop 会先检测在“条件模式更改”对话框中的原图像色彩模式设定，然后根据该设定转换图像色彩模式。虽然该命令与“图像/模式”菜单中“模式”命令的作用相同，都可以转换色彩模式，但是如果将该命令录制到动作中，那么所起的作用就大有区别了。这是因为“条件模式更改”命令可以设定原图像的色彩模式，因此，在执行批处理命令来转换图像模式时，就不会因源文件夹中的图像色彩模式的多样化而中断批处理命令，出现各种错误的提示信息。

执行“文件/自动/条件模式更改”菜单命令打开如图 7.37 所示的对话框。在“源模式”选项组中，设定原有图像的色彩模式，也就是说只有与此处设定相同模式的图像才会被转换，不同模式的图像则被忽略。单击“全部”按钮可以选择所有模式，单击“无”按钮则可以取消所有选择。在“目标模式”列表框中可以设定转换后的图像模式，例如选择 CMYK，那么转换后的图像模式就为 CMYK。单击“确定”按钮即可完成。

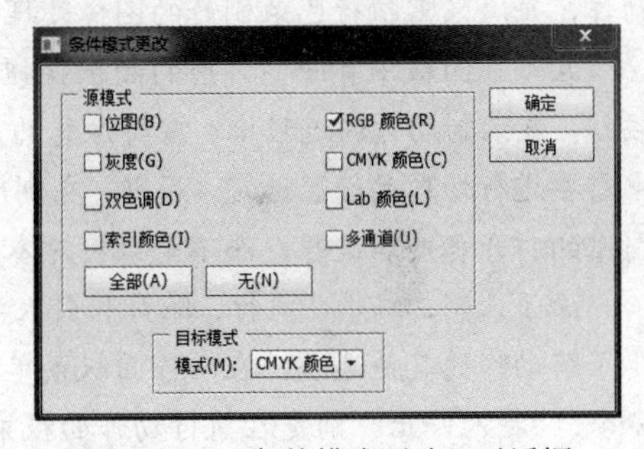

图 7.37　“条件模式更改”对话框

7.2.10　限制图像

使用“限制图像”命令可以依照用户指定的高度和宽度来改变图像尺寸。该命令的功能与“图像大小”命令的功能不同，下面用实例来说明。

（1）打开一个图像，如图 7.38 所示。假设该图像的像素数目为 138×103 像素，分辨率为 72dpi。

（2）执行“文件/自动/限制图像”菜单命令，打开“限制图像”对话框，如图 7.39 所示。在对话框中键入宽度为 180 像素，高度为 150 像素，然后单击“确定”按钮。

执行上一步操作后，图像就改变了尺寸，其像素数目变成 180×132 像素，而分辨率没有发生变化，如图 7.40 所示。因为要兼顾长宽比例不变的原则，所以使用限制图像命令改变图像尺寸时，不完全按照“限制图像”对话框中的宽度和高度设定改变图像尺寸。在上例中，原图像的宽度和高度之比是 1.36:1，那么改变尺寸后的图像宽度和高度的比例也必须是 1.36:1，所以当将宽度和高度分别设为 180 像素和 150 像素时，Photoshop 就以宽度值 180 作为缩放图像的依据来成比例地缩放原图像，即缩放后的图像为 180×132 像素。这是因为这个宽度值与原图像的宽度之比小于设定的高度值与原图像高度之比；同理，如果高度值与原图像高度之比小于宽度之比的话，Photoshop 就以高度为依据成比例缩放原图像。例如，将“限制图像”对话框中的宽度值改为 300 像素，图像的尺寸会发生变化，其像素数目变为 204×150 像素。

图 7.38　限制图像前

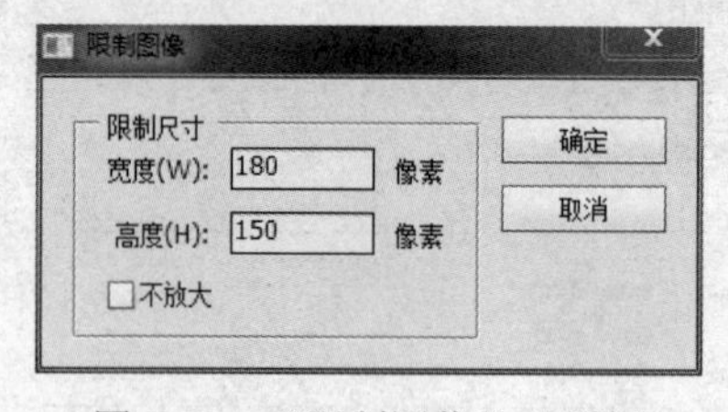

图 7.39　“限制图像”对话框

图 7.40　限制图像后

从上面的例子可以知道，使用限制图像命令不会改变图像的分辨率，但会改变图像的尺寸大小和像素数目，因此，改变图像尺寸时，会对图像重新取样，以便在图像中增减像素数目。用户可以将限制图像命令录制到动作中，以便对多个目录下的图像进行相同的图像缩放。

在进行图像处理时，很多情况下需要对多个图像文件进行相同的处理，如果逐个进行处理，会浪费很多时间。如果在 Photoshop 中使用自动化功能就能很方便地将要反复进行的操作录制为一个动作，每次只需执行已录制好的图像处理动作，实现图像的自动化处理过程。

在动作面板中有一些常用的面板按钮，分别是暂停、录制、执行、新建组、新建动作以及删除按钮。在录制动作的过程中，需要注意的是单击“录制”按钮前，需要事先将图像打开以及将图像中需要进行处理的选区选定，否则，在利用录制的动作对其他图像进行自动化处理时，会执行前一图像的打开和处理过程，而不是只针对本次打开的图像进行处理。

除了录制、编辑、执行、保存和引入安装等有关动作的所有操作，针对某些特殊情况，还有必要了解动作的其他选项，在动作面板菜单中，“插入菜单”可在动作中人为地插入用户想要执行的命令；“插入停止”则是在执行动作面板菜单的插入停止命令，以便手动进行部分操作后继续其他动作；“插入路径”是由于录制动作时不能直接录制绘制路径的操作。除了上述三种，还有一些不常用的选项，例如“清除全部动作”、“替换动作”、“复位动作”等，这些需要根据实际应用情况进行使用。

在针对单个图像进行自动化处理的过程中，可以通过录制好的动作处理图像，如果是针对一批图像进行相同类型的图像处理时，就可以通过 Photoshop 自动菜单中的功能来进行操作。

在“文件/自动”菜单命令中主要有批处理、创建 PDF 演示文稿、创建快捷批处理、裁剪并修齐照片等功能。在图像的自动化处理过程中，很多情况下是需要对一批图像进行处理。批处理可以实现对多个图像文件执行相同动作的图像处理操作，从而实现操作自动化。用户将批处理命令录制到动作中，也可以将多个动作组合到一个动作中，从而可以一次性地执行多个动作。在对大量图片进行同一操作时，依照所设定的动作逐一打开、转换、保存并关闭，就可以实现多图像的自动化操作。

通过“PDF 演示文稿”命令，可以使用多种图像创建多页面文档或放映幻灯片演示文稿。

“裁剪并修齐照片”命令是一项自动化功能，通过多图像扫描创建单独的图像文件。它能够在扫描图像中识别出各个图片，并旋转使它们在水平方向和垂直方向上正好对齐，然后再将它们复制到新文档中，并保持原始文档不变。

使用“联系表Ⅱ”命令可以将同一个目录中的图像提取出来，缩成小图后按设定的排放方式排放到单个图像文件中。需要注意的是在联系命令之前，用户必须确保所指定的来源目录中的图像没有被打开，若已打开则该图像将被跳过，而不对该图像进行操作。

“Photomerge”是一个图片自动拼贴的命令，有点类似于全景图拼接，但是功能更加强大。主要用来拼接全景照片，也能拼接分页扫描的图像。

“合并到 HDR Pro”命令可以创建写实或超现实的图像，更好地调整图像。

使用“文件/自动/镜头校正”命令可对图像文件进行批量镜头校正，消除桶状和枕状变型、相片周边暗角，以及造成边缘出现彩色光晕的色像差。

“条件模式更改”命令则可以进行有条件地转换图像色彩模式，即在转换模式之前 Photoshop 会先检测在“条件模式更改”对话框中的原图像色彩模式设定，然后根据该设定转换图像色彩模式。

使用“限制图像”命令可以依照用户指定的高度和宽度来改变图像尺寸。

在图像处理过程中，读者可以根据实际的需求灵活地通过 Photoshop 的自动化功能对图像进行处理，这样可以节省时间和精力，使繁琐的工作变简单，实现多图像处理的自动化。

一、选择题（每题可能有多项选择）

1．下面对动作面板的功能及作用的正确描述是（　）。

A．动作面板可以记录下所有工具的操作步骤，然后对其他图像进行同样的处理

B．当某一动作中有关闭的命令时，此时动作前的“√”状图标呈灰色

C．可以将一批需要同样处理的图像放在一个文件夹中，对此文件夹进行批处理

D．“√”状图标右边的方形图标表示此命令包含对话框

2．关于“限制图像”命令下面哪一种说法是错误的？（　）

A．通过该命令可以改变图像的高度

B．通过该命令可以改变图像的宽度

C．因为要兼顾长宽比例不变的原则，所以使用限制图像命令改变图像尺寸时，不完全按照限制图像对话框中的宽度和高度设定改变图像尺寸

D．通过该命令可以改变图像的分辨率

3．对批处理描述错误的是（　）。

A．批处理命令可以对多个图像文件执行同一个动作的操作，从而实现操作自动化

B．批处理中可以选择图片的来源有一种，即从文件夹中得到图像

C．在对图像进行批处理的过程中，需选择对应的序列中相应的动作

D．在“批处理”对话框中如果选中“覆盖动作中的‘存储为’命令”选项，则可以按照选择中设定的路径保存文件，而忽略在动作中录制的“保存”操作

4．下列说法错误的是（　）。

A．在按钮模式下，用户不能进行任何录制、删除、修改动作的操作

B．当动作面板左侧出现▣图标时，在执行动作过程中会停止并出现对话框，等用户确认后才能继续执行

C．使用条件的模式更改命令与“图像/模式”菜单中模式的命令作用完全相同

D．在使用“联系表Ⅱ”命令时，如果来源目录中的图像已打开，则新形成的新文件中没有该图像

二、判断题

（　）1．所谓“动作”就是对单个或一批文件回放一系列命令。

（　）2．对一个已录制完成的动作可以进行修改或重新录制，也可以将它复制或更名，还可重新设定动作的快捷键和颜色以及更改动作中实际命令的名称。

（　）3．大多数命令和工具操作都可以记录在动作中，动作可以包含停止。

（　）4．录制了动作后，这个动作就会暂时保留在 Photoshop 中，即使重新启动了 Photoshop 也仍然会存在，但重新安装 Photoshop 后就会丢失。

（　）5．限制图像命令会改变图像的分辨率，但不会改变图像的尺寸大小和像素数目。

三、简答题

1．简述动作的概念以及其基本功能。

2．如何将多个操作录制成一个动作？

3．批处理操作如何进行？其主要作用是什么？

4．如何将录制好的动作保存下来？如何引入动作？

四、操作题

1．使用录制好的动作对打开的图像制作纹理。

2．对一个文件夹里的图像进行批量镜头校正。

第8章　艺术效果

本章介绍“滤镜/滤镜库/艺术效果”列表中的一组命令，主要包括壁画效果、彩色铅笔效果、粗糙蜡笔效果、底纹效果、干画笔效果、海报边缘效果、海绵效果、绘画涂抹效果、胶片颗粒效果、木刻效果、霓虹灯光效果、水彩效果、塑料包装效果、调色刀效果和涂抹棒效果。从“艺术效果”列表中选择一个滤镜，以得到用于精美艺术品或商业项目的绘画式或特殊效果。在本章的最后，结合本书前面介绍的图层、通道、滤镜等功能制作了特效文字效果，并通过一个综合实例让读者进一步了解 Photoshop 在图像处理方面的特殊能力。

- 掌握“艺术效果”列表中 15 种艺术效果滤镜的使用。
- 了解 15 种艺术效果滤镜中各个参数的含义。
- 熟练掌握使用本书前面介绍的各种图层、通道、滤镜等功能制作特效文字效果。
- 能综合使用 Photoshop 的各种图像处理功能完成特色艺术效果的制作。

8.1　壁画效果

壁画效果是使图像产生一种古旧壁画的斑点效果，用短的、圆的和潦草的斑点绘制风格粗犷的图像。该功能与干画笔效果很相似，不同的是它能够改变图像的对比度，使暗调区域的图像轮廓清晰，并可抽象图像，增加颜色。

执行“滤镜/滤镜库/艺术效果”列表中的“壁画”命令，打开“壁画”对话框，如图 8.1 所示，该对话框中各参数的含义如下：

- 画笔大小：可设置画笔的大小，取值范围为 0～10，值越小，画笔越细且图像越清晰。
- 画笔细节：可设置壁画古旧程度，取值范围为 0～10，值越大，产生的图像越陈旧。
- 纹理：控制颜色间的过渡效果，取值范围为 0～3，值越大，纹理越深，图像变形越大。

如图 8.2 所示为图 8.1“壁画”对话框中对应参数设置作用的效果。

图 8.1　“壁画”对话框

图 8.2　原图和壁画效果

8.2 彩色铅笔效果

彩色铅笔效果的作用是把图像变成用彩色铅笔在黑色、灰色、白色纸上作画的效果。该滤镜使用图像中的主要颜色，把那些次要的颜色变为纸色（取决于参数的设置）。使用彩色铅笔在纯色背景上绘制图像，重要的边缘被保留并带有粗糙的阴影线外观；纯背景色通过较光滑区域显示出来。

执行“滤镜/滤镜库/艺术效果”列表中的“彩色铅笔”命令，打开 “彩色铅笔”对话框，如图 8.3 所示，该对话框中各参数的含义如下：

- 铅笔宽度：用于设置笔画的宽度与密度，它的取值范围是 1～24。
- 描边压力：其取值范围是 0～15，用于设置笔触的用力程度，控制图像中颜色的明暗度。
- 纸张亮度：用于设置图像背景的亮度，取值范围是 0～50。

如图 8.4 所示为图 8.3“彩色铅笔”对话框中对应参数设置作用的效果。

图 8.3 “彩色铅笔”对话框

图 8.4 原图和彩色铅笔效果

8.3 粗糙蜡笔效果

粗糙蜡笔效果使图像显得像是用彩色粗糙蜡笔在纹理背景上描绘的效果。在亮色区域，粗糙蜡笔显得比较厚且稍带纹理；在较暗的区域，粗糙蜡笔像是被刮掉而露出纹理，将图像转化为表面粗糙不平整的纹理效果，从而使图像具有鲜明的层次感，有些像粗糙蜡笔点的效果。

执行“滤镜/滤镜库/艺术效果”列表中的“粗糙蜡笔”命令，打开 “粗糙蜡笔”对话框，如图 8.5 所示，该对话框中各参数的含义如下：

- 描边长度：用于设置笔画的长度，取值范围为 0～40。设置为 40 时，被处理的图像看上去就像用多种颜色的笔在图像上划过；设置为 0 时，用笔画划过的线像被切断似的，出现不连续的色点。
- 描边细节：用于设置笔画的细腻程度，取值范围为 1～20。
- “纹理”列表框：包括砖形、粗麻布、画布、砂岩等覆盖纹理，载入纹理选项用来加载并使用自定义的纹理。

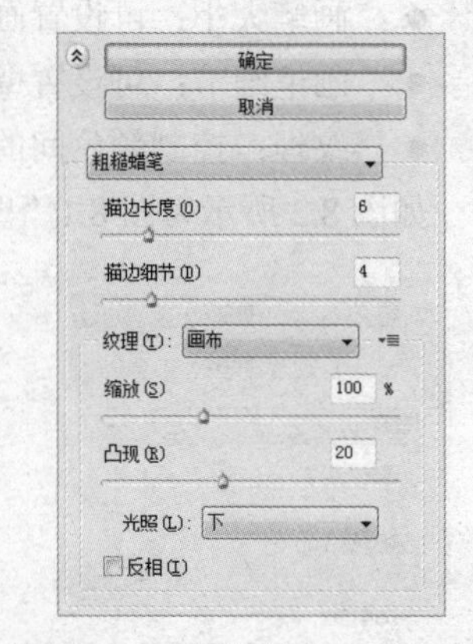

图 8.5 “粗糙蜡笔”对话框

➢ 缩放：用于设置覆盖纹理的缩放比例，取值范围为 50%～200%。
➢ 凸现：用于设置覆盖纹理的起伏程度，取值范围为 0～50，值越大，纹理的立体感越强。
➢ 光照：用于设置光照的方向，有下、左下、左、左上、上、右上、右、右下等 8 种方向。默认为下方向。
➢ 反相：该复选框选中后将使图像反相处理。

如图 8.6 所示为图 8.5“粗糙蜡笔”对话框中对应参数设置作用的效果。

图 8.6　原图和粗糙蜡笔效果

8.4　底纹效果

底纹效果将产生用不同纹理类型喷绘过的效果，并调整图像中局部颜色的深浅和颜色过渡的平滑程度。

执行“滤镜/滤镜库/艺术效果”列表中的“底纹”命令，打开“底纹效果”对话框，如图 8.7 所示，该对话框中各参数的含义如下：

- 画笔大小：用于设置画笔的大小，取值范围为 0～40。设置为 40 时，处理后的图像非常模糊，将出现非常大的斑点状态。此参数最好不要设置得太大。
- 纹理覆盖：用于控制纹理覆盖的范围，取值范围为 0～40。
- “纹理”列表框：包括砖形、粗麻布、画布、沙岩等覆盖纹理，还可以选择“载入纹理”选项来加载并使用自定义的纹理。

  ➢ 缩放：用于设置覆盖纹理的缩放比例，取值范围为 50%～200%。
  ➢ 凸现：用于设置覆盖纹理的起伏程度，取值范围为 0～50，值越大，纹理的立体感越强。
  ➢ 光照：用于设置光照的方向，共有下、左下、左、左上、上、右上、右和右下等 8 种方向。默认为上方向。
  ➢ 反相：该选项选中后将使图像反相处理。

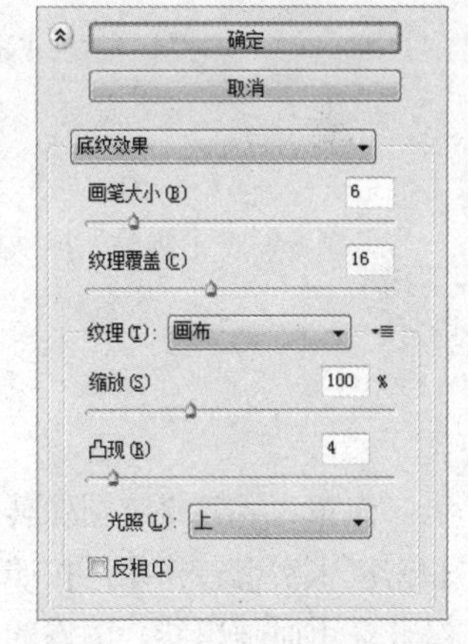

图 8.7　“底纹效果”对话框

如图 8.8 所示为图 8.7“底纹效果”对话框中对应参数设置作用的效果。

图 8.8　原图和底纹效果

8.5　干画笔效果

使用干画笔技术（介于油画和水彩画之间）绘画图像的边缘，模仿作画时毛笔上的颜料快用完时的状态，产生笔迹的边缘断断续续、若有若无的效果，使图像产生干的油彩不饱和的油画效果。该滤镜通过将图像的颜色范围减少为常用的颜色区来简化图像。

执行“滤镜/滤镜库/艺术效果”列表中的“干画笔”命令，打开“干画笔”对话框，如图 8.9 所示，该对话框中各参数的含义如下：

- 画笔大小：用于设置画笔的大小，取值范围为 0～10，值越小，则画笔越密且图像越清晰。
- 画笔细节：用于设置画笔细腻的程度，取值范围为 0～10，值越大，则产生的图像越细腻。
- 纹理：可用于控制颜色间的过渡效果，取值范围为 1～3。其值越大，则纹理越深，图像变形越大。

如图 8.10 所示为图 8.9“干画笔”对话框中对应参数设置作用的效果。

图 8.9 “干画笔”对话框

图 8.10　原图和干画笔效果

8.6　海报边缘效果

海报边缘效果将图像转换成美观的海报招贴画风格。它是通过改换原有图像中颜色边界的深度和密度来实现转换的。按照设置的海报化选项，减少图像中的颜色数目（海报化），查找图像的边缘并在上面画黑线，图像的大范围区域用简单的阴影表示，精细的深色细节分布在整个图像中。

执行“滤镜/滤镜库/艺术效果”列表中的“海报边缘”命令，打开 “海报边缘”对话框，如图 8.11 所示，该对话框中各参数的含义如下：

- 边缘厚度：用于设置边缘的厚度，取值范围为 0～10，值越大，边缘越厚。
- 边缘强度：用于设置边缘出现的强度，取值范围为 0～10，值越大，则边缘越明显。
- 海报化：用于控制颜色在图像上出现的效果。取值范围为 0～6，值越大，效果越明显。

如图 8.12 所示为图 8.11“海报边缘”对话框中对应参数设置作用的效果。

图 8.11　“海报边缘”对话框

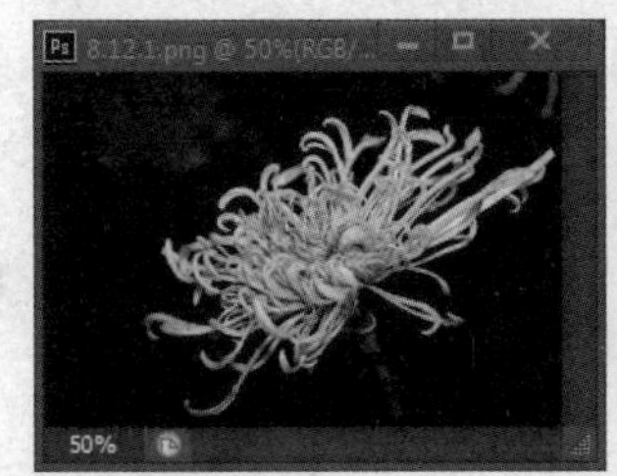

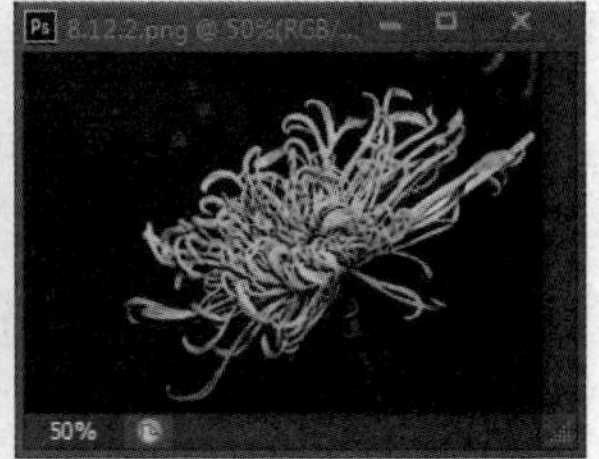

图 8.12　原图和海报边缘效果

8.7　海绵效果

海绵效果将创建带对比颜色的强纹理图像，使图像产生像是被海绵润湿的效果，并能调整图像中局部颜色的深浅和颜色过渡的平滑程度。

执行“滤镜/滤镜库/艺术效果”列表中的“海绵”命令，打开 “海绵”对话框，如图 8.13 所示。

该对话框中各参数的含义如下：

- 画笔大小：用于设置画笔的大小，取值范围为 0～10，值越大，海绵越大。
- 清晰度：用于调整海绵所铺颜色的深浅，取值范围为 0～25，值越大，所取得的颜色越深。
- 平滑度：用于设置画面的平滑程度，取值范围为 1～15，值越大，产生的海绵边缘的锯齿越小，处理后图像的效果也越平滑。

如图 8.14 所示为图 8.13“海绵”对话框中对应参数设置作用的效果。

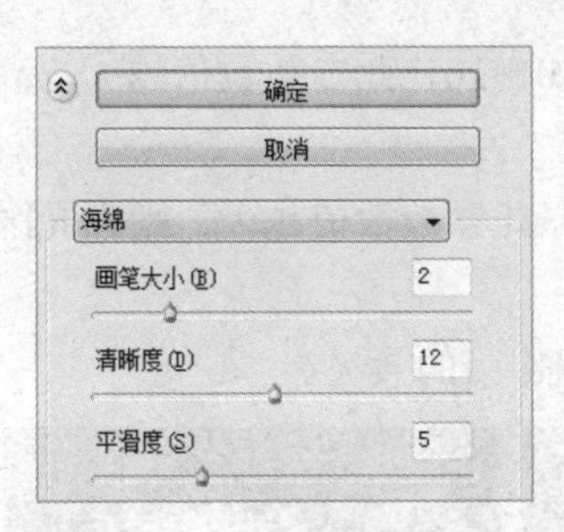

图 8.13　“海绵”对话框

图 8.14　原图和海绵效果

8.8　绘画涂抹效果

绘画涂抹效果将删除图像中不合适背景的细节，使背景抽象化，产生不同类型画笔的绘画涂抹效果。绘画涂抹可以为绘画式效果选取多种画笔大小（1～50）和画笔类型。画笔类型包括简单、未处理光照、未处理深色、宽锐化、宽模糊和火花。

执行“滤镜/滤镜库/艺术效果”列表中的“绘画涂抹”命令，打开 “绘画涂抹”对话框，如图 8.15 所示，该对话框中各参数的含义如下：

- 画笔大小：用于设置画笔的大小，取值范围为 1～50，值越小，画笔越细且图像越清晰。

- 锐化程度：用于设置涂抹时的笔画尖锐程度，取值范围为 0～40，值越大，笔画越尖锐。
- 画笔类型：用于设置画笔的类型。画笔类型有简单、未处理光照、未处理深色、宽锐化、宽模糊和火花。Photoshop 的默认值是“简单”。

如图 8.16 所示为图 8.15“绘画涂抹”对话框中对应参数设置作用的效果。

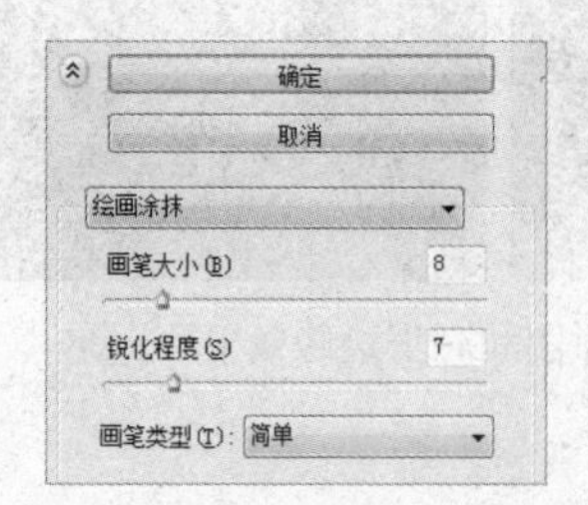

图 8.15 “绘画涂抹”对话框

图 8.16 原图和绘画涂抹效果

8.9 胶片颗粒效果

胶片颗粒效果在图像的暗调和中间调应用均匀的图案，为图像的较亮区域添加更平滑、更饱和的图案，使图像产生在胶片颗粒上分布着小颗粒的纹理效果。它允许对高光区和暗调区增加噪声的多少确定图像局部调亮的范围和程度。此滤镜对于消除混合中的色带及在视觉上统一不同来源的图像非常有用。

执行“滤镜/滤镜库/艺术效果”列表中的“胶片颗粒”命令，打开 “胶片颗粒”对话框，如图 8.17 所示，该对话框中各参数的含义如下：

- 颗粒：用于设置图像上分布的小颗粒的数量，其取值范围为 0～20，此参数数值越大，颗粒的数量越多。
- 高光区域：用于设置高亮度区域的面积，其取值范围为 0～20，此参数数值越大，高光亮区越大。
- 强度：用于控制局部亮度的程度，其取值范围为 0～10，此参数数值越大，则强光区域的颗粒将明显减少。

如图 8.18 所示为图 8.17“胶片颗粒”对话框中对应参数设置作用的效果。

图 8.17 “胶片颗粒”对话框

图 8.18 原图和胶片颗粒效果

8.10 木刻效果

木刻效果可以将图像中的颜色作平衡处理，即依据设定的色阶获得图像的轮廓，使得图像产生剪纸或木刻的效果。用木刻效果描绘图像，就好像由粗糙剪切的彩纸组成，高对比度图像看起来像黑色剪影，而彩色图像由几层彩纸构成。

执行“滤镜/滤镜库/艺术效果”列表中的“木刻”命令，打开“木刻”对话框，如图 8.19 所示，该对话框中各参数的含义如下：

- 色阶数：用于设置当前图层上分成的层次数，值越大，色阶及颜色种类越多。
- 边缘简化度：用于设置边缘的简化程度，值越大，边缘分化越快。
- 边缘逼真度：用于控制边缘的清晰度。

如图 8.20 所示为图 8.19“木刻”对话框中对应参数设置作用的效果。

图 8.19 “木刻”对话框

图 8.20 原图和木刻效果

8.11 霓虹灯光效果

霓虹灯光效果对图像中的对象添加不同类型的氖光发光效果，营造出朦胧浪漫的氛围。给图像加上适当的颜色，给人们一种虚幻的感觉。霓虹灯光效果对柔和图像的外观着色非常有用。要选择发光颜色，单击发光颜色框并从拾色器中选择一种颜色。

执行“滤镜/滤镜库/艺术效果”列表中的“霓虹灯光”命令，打开 “霓虹灯光”对话框，如图 8.21 所示，该对话框中各参数的含义如下：

- 发光大小：用于调节氖光照射的范围，取值范围为-24～+24。
- 发光亮度：用于调节氖光的亮度，取值范围为 0～50。
- 发光颜色：用于调节氖光的颜色。

如图 8.22 所示为图 8.21“霓虹灯光”对话框中对应参数设置作用的效果。

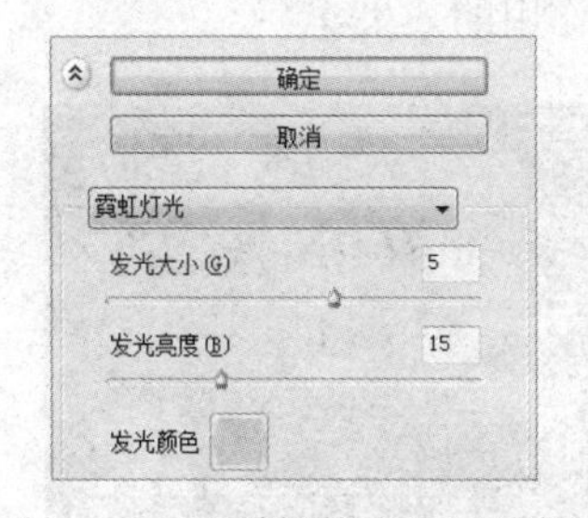

图 8.21 “霓虹灯光”对话框

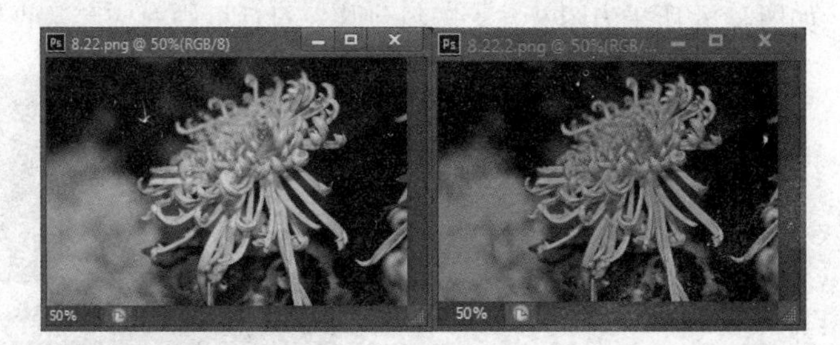

图 8.22 原图和霓虹灯光效果

8.12 水彩效果

水彩效果将使图像产生一种水彩画的效果。绘制水彩风格的图像，简化图像中的细节，用的是含水分和颜色的中号画笔。在边缘处有明显的色调改变的地方，此滤镜使颜色饱和。

执行“滤镜/滤镜库/艺术效果”列表中的“水彩”命令，打开 “水彩”对话框，如图 8.23 所示，该对话框中各参数的含义如下：

- 画笔细节：用于设置画笔的细腻程度，取值范围是 1～14。
- 阴影强度：用于设置水彩效果阴影的强度，取值范围是 0～10。
- 纹理：用于设置水彩效果的纹理，取值范围是 1～3。

如图 8.24 所示为图 8.23“水彩”对话框中对应参数设置作用的效果。

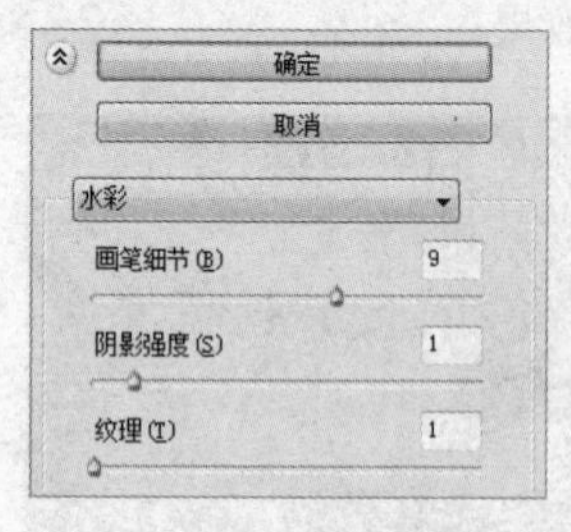

图 8.23 “水彩”对话框

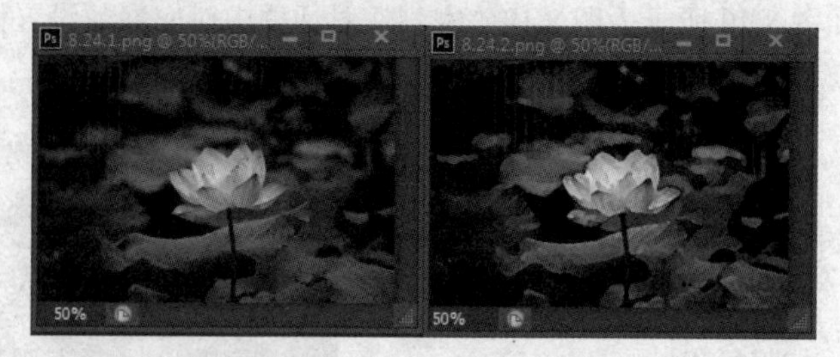

图 8.24 原图和水彩效果

8.13 塑料包装效果

塑料包装效果用闪亮的塑料包装图像，强调表面细节，看上去整幅图像具有鲜明的立体感，产生一种表面质感很强的塑料包装效果。重复该命令能产生非常有趣的塑料泡泡，从而得到有很多凸起的效果和用来替换的图案。

执行“滤镜/滤镜库/艺术效果”列表中的“塑料包装”命令，打开 “塑料包装”对话框，如图 8.25 所示，其中各参数的含义如下：

- 高光强度：用于设置塑料包装效果高光点的亮度，取值范围为 0～20，值越大，反射光的强度越大。
- 细节：用于设置塑料包装细节的复杂程度，取值范围为 1～15，值越大，塑料包装效果显得越紧密。
- 平滑度：用于设置塑料包装的平滑程度，取值范围为 1～15，值越大，塑料包装效果越光滑。

如图 8.26 所示为图 8.25“塑料包装”对话框中对应参数设置作用的效果。

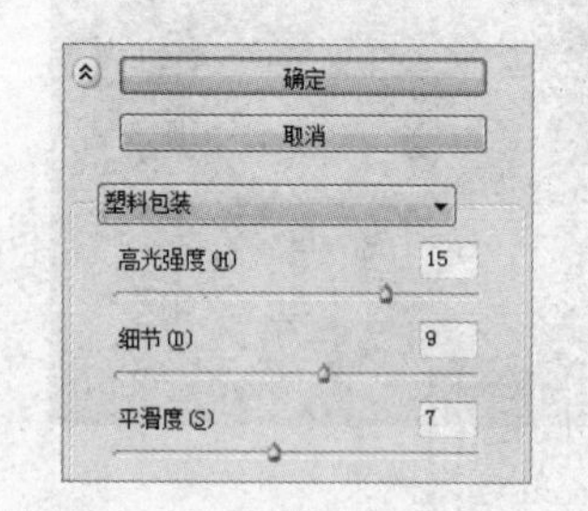

图 8.25 “塑料包装”对话框

图 8.26 原图和塑料包装效果

8.14 调色刀效果

调色刀分割效果将图像中相近的颜色互相融合，减少图像中的细节，露出下面的纹理，以产生薄薄的画布，产生类似中国山水画中泼墨画法的写意效果。

执行“滤镜/滤镜库/艺术效果”列表中的“调色刀”命令，打开“调色刀”对话框。如图 8.27 所示。

该对话框中各参数的含义如下：

- 描边大小：用于设置写意画笔的大小，取值范围为 1～50。
- 描边细节：用于设置将融合的颜色的相近程度，取值范围为 1～3。
- 软化度：用于设置边界的柔化程度，取值范围为 0～10。

如图 8.28 所示为图 8.27“调色刀”对话框中对应参数设置作用的效果。

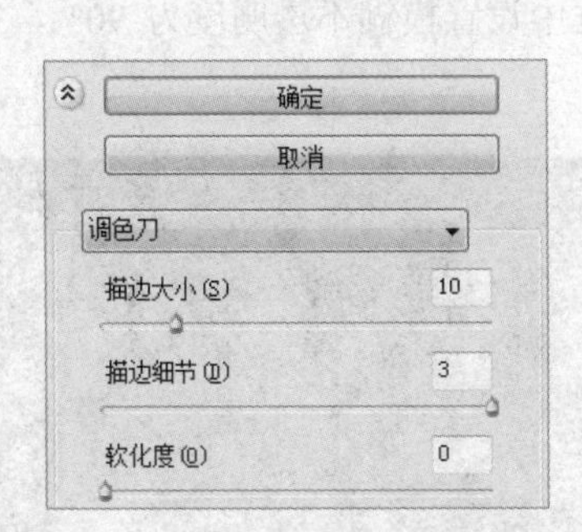

图 8.27　“调色刀”对话框

图 8.28　原图和调色刀分割效果

8.15　涂抹棒效果

涂抹棒效果模拟用粗糙彩笔或蜡笔在图像上涂抹，使用短的对角线涂或抹图像的较暗区域来柔和图像较亮区域，较亮区域变得更明亮并丢失细节，它适合于在含有杂色的图像上加工出纹理图案。

执行“滤镜/滤镜库/艺术效果”列表中的“涂抹棒”命令，打开 “涂抹棒”对话框，如图 8.29 所示，该对话框中各参数的含义如下：

- 描边长度：用于设置笔画的长度，取值范围为 0～10，值越大，图像中颜色暗调部分越亮。
- 高光区域：用于设置亮度区域面积，取值范围为 0～20，值越大，图像中亮度较强部分变得更亮。
- 强度：用于控制涂抹的强度，取值范围为 0～10，值越大，产生的涂抹强度也越大，有很强的反差效果。

如图 8.30 所示为图 8.29“涂抹棒”对话框中对应参数设置作用的效果。

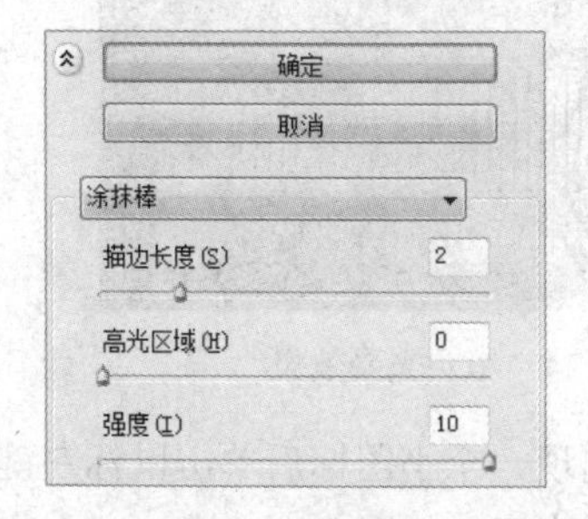

图 8.29　“涂抹棒”对话框

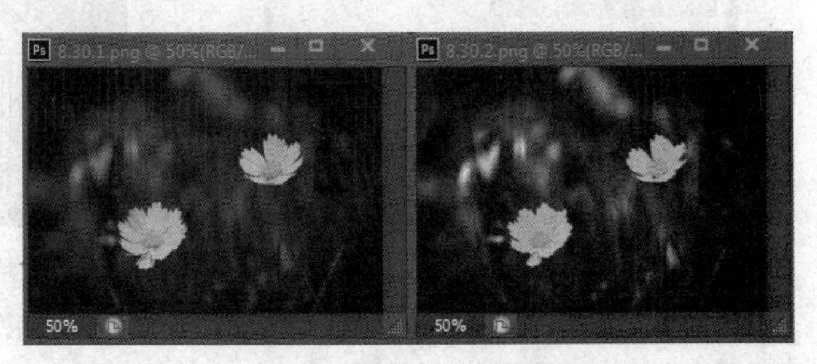

图 8.30　原图和涂抹棒效果

8.16　特效文字效果

使用 Photoshop 的图层功能、通道功能、编辑功能及滤镜功能，可以制作出很多的特效文字。本节将具体介绍各种特殊效果文字的制作方法。

8.16.1　金属字效果

（1）新建一个 RGB 图像，填充背景色为黑色，使用文字工具在图像中输入文字“金属字”，效果如图 8.31 所示。

（2）新建一个图层“光”，填充 50%灰色，在对话框中设置模糊不透明度为 90%，得到如图 8.32 所示的效果。

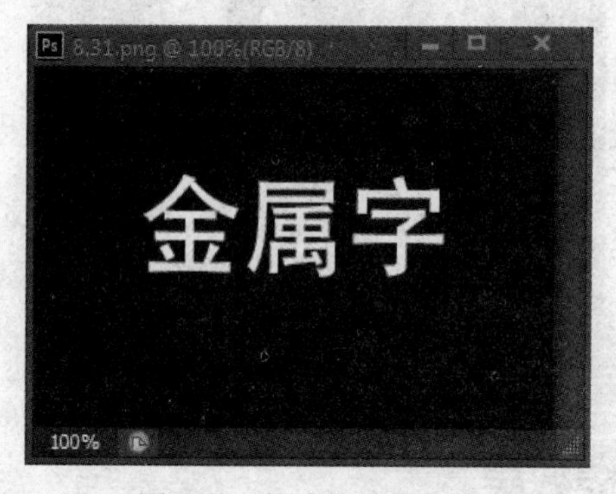

图 8.31　新建的图像文件

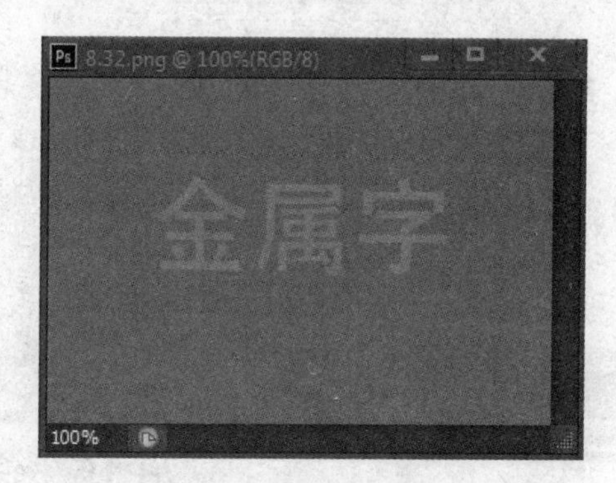

图 8.32　填充 50%灰色

（3）执行“滤镜/渲染/镜头光晕”菜单命令，打开如图 8.33 所示的“镜头光晕”对话框，设置亮度值为 125 度，镜头类型选择“50～300 毫米变焦”，单击“确定”按钮，得到如图 8.34 所示的效果。

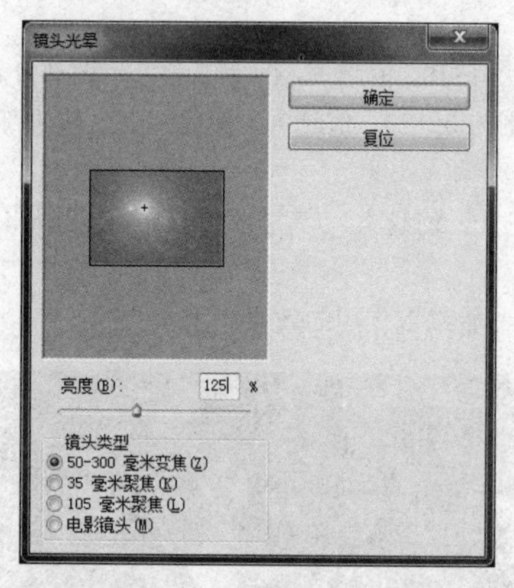

图 8.33　“镜头光晕”对话框

图 8.34　镜头光晕效果

（4）按住 Alt 键，将鼠标放在“光”图层和文字图层之间，出现一个小图标后单击鼠标左键，文字图层成为“光”图层的蒙版，这样简单的金属字表面质感就出来了，如图 8.35 所示。

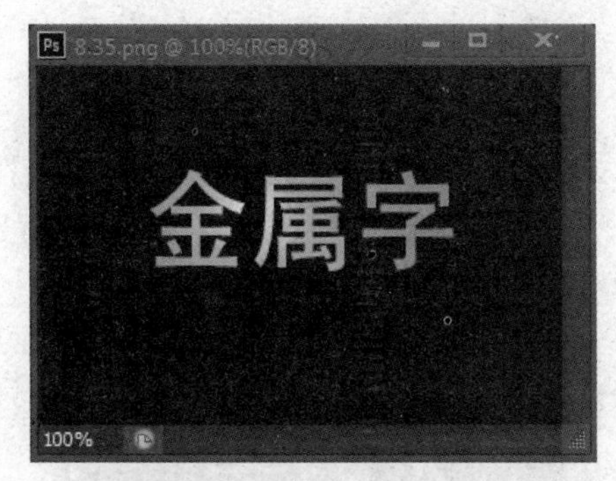

图 8.35　具有灰度金属光泽的文字

8.16.2　阴影字效果

（1）新建一个 RGB 图像文件，填充蓝色背景色，使用文字工具在图像中输入文字“阴影字”，得到如图 8.36 所示的效果。

（2）执行“图层/图层样式/斜面和浮雕”菜单命令后，打开其对应的对话框，采用默认设置，得到如图 8.37 所示的浮雕文字效果。

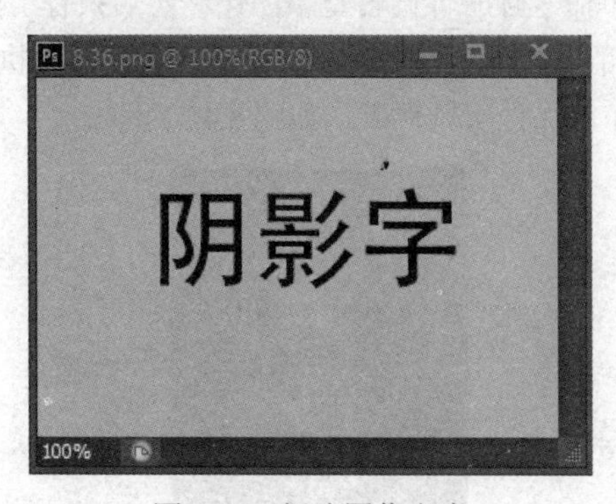

图 8.36　新建图像文字

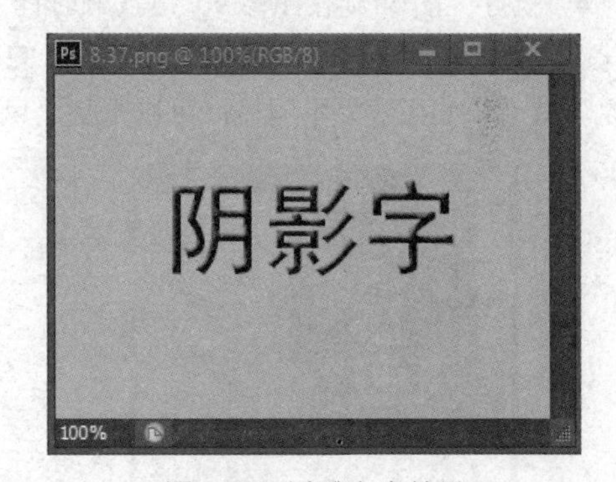

图 8.37　浮雕文字效果

（3）再次执行“图层/图层样式/投影”菜单命令，打开投影的效果对话框，如图 8.38 所示。将距离值设为 10、大小设为 5，其他选项为默认值，得到如图 8.39 所示的阴影效果。调整角度值，可以得到不同角度的投影，距离值控制投影的偏移距离，大小控制阴影模糊度。

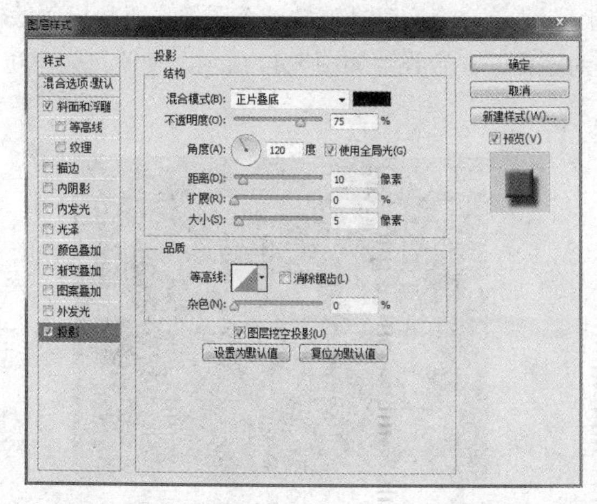

图 8.38　“图层样式”对话框（投影效果）

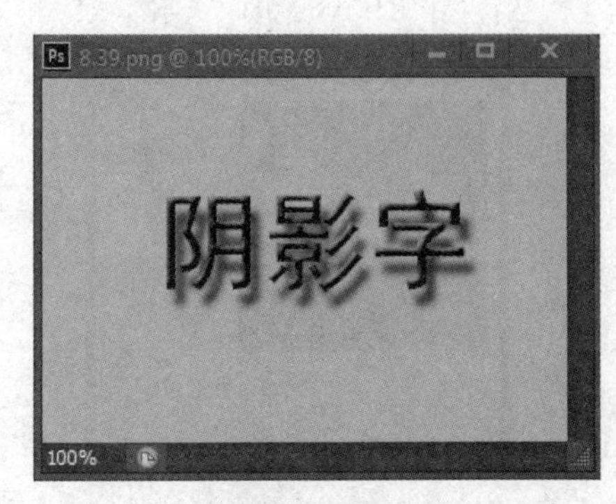

图 8.39　阴影效果

8.16.3 火焰字效果

（1）新建一个 RGB 图像文件，背景填充为黑色，使用文字工具在图像中输入文字“火焰字”，得到如图 8.40 所示的效果。

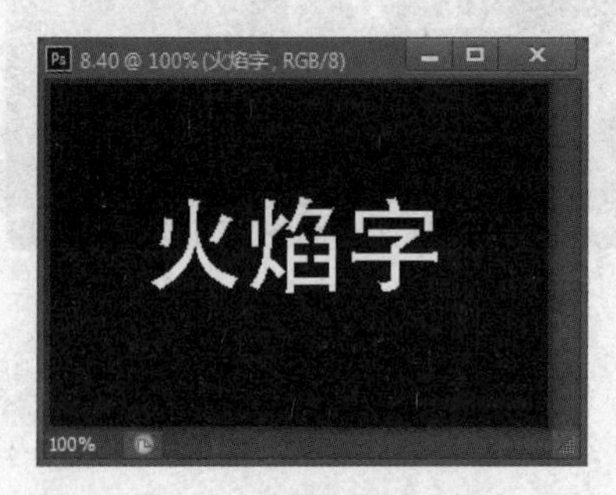

图 8.40 新建图像文字

（2）选取文字，按 Ctrl+C 键将选取的文字拷贝到剪贴板。

（3）执行“图层/拼合图像”菜单命令，拼合图像为一个背景层。

（4）执行“图像/旋转图像/90 度（顺时针）”菜单命令顺时针旋转整个图像，然后执行“滤镜/风格化/风”菜单命令，打开如图 8.41 所示的“风”对话框，从左到右给图像增加吹风效果。执行一次“风”命令，如果效果不明显，可以重复“风”操作，加强吹风效果，如图 8.42 所示。

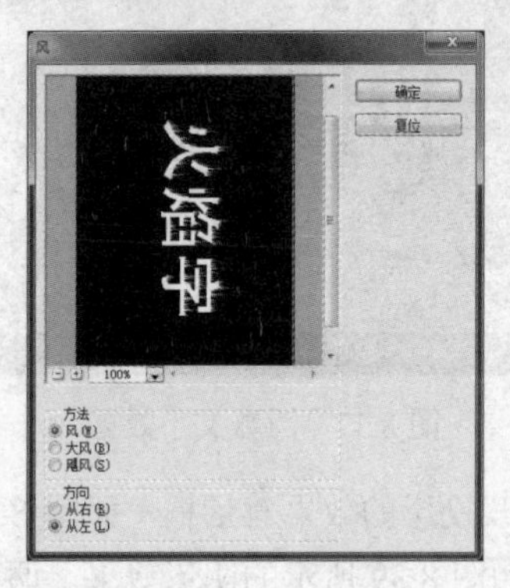

图 8.41 “风”对话框

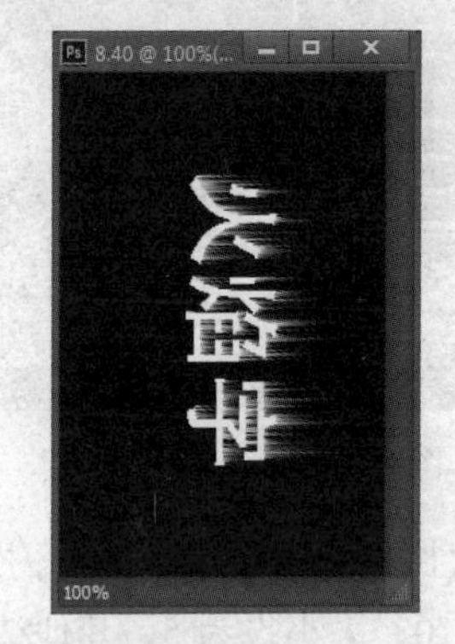

图 8.42 二次“风”操作后的图像

（5）执行“图像/旋转画布/90 度（逆时针）”菜单命令逆时针旋转整个图像。再执行“滤镜/模糊/高斯模糊”菜单命令，打开“高斯模糊”对话框，参数设置如图 8.43 所示，使吹风效果更加逼真，如图 8.44 所示。

图 8.43 “高斯模糊”对话框

图 8.44 “高斯模糊”效果

（6）执行“图像/模式/灰度”菜单命令，将图像转换为灰度模式。再执行“图像/模式/索引颜色”菜单命令将图像转换为索引模式。最后执行“图像/模式/颜色表”菜单命令，打开如图 8.45 所示的“颜色表”对话框，在“颜色表”列表框中选择“黑体”，得到图 8.46 所示效果。

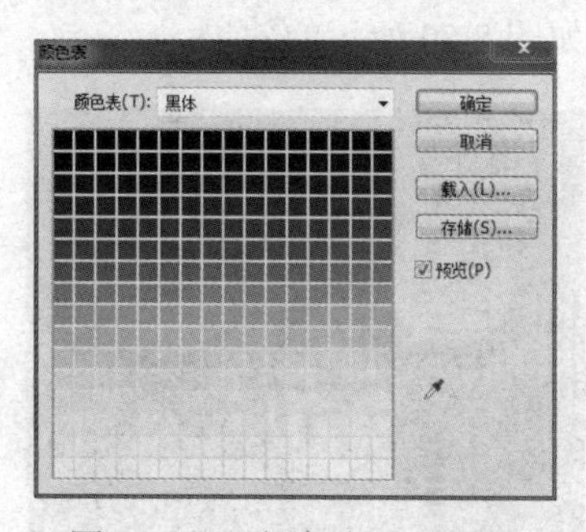

图 8.45　“颜色表”对话框

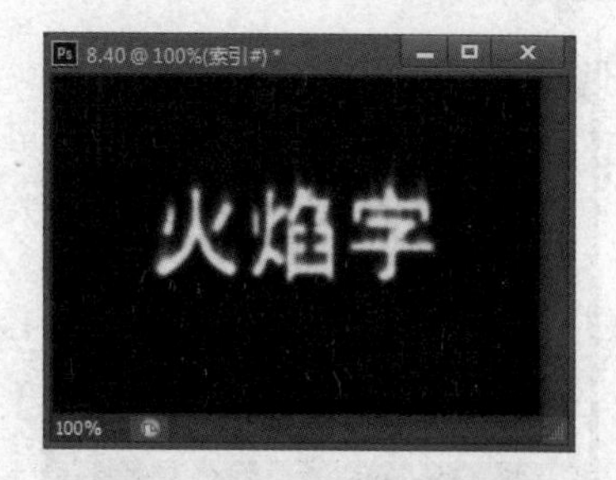

图 8.46　“颜色表”效果

（7）执行“编辑/粘贴”菜单命令，把保存在剪贴板中的文字取出，设置前景色为黑色，接下来执行“编辑/填充”菜单命令把文字填充为黑色，用移动工具调整文字到适合的位置。

（8）取消选择，执行“图像/模式/RGB 颜色”菜单命令把图像模式变为 RGB 模式，得到如图 8.47 所示的火焰字效果。

图 8.47　火焰字效果

8.16.4　泡泡字效果

（1）新建一个 RGB 图像文件，前景色设为黄色，执行“编辑/填充”菜单命令将画面填充（作为泡泡的颜色）。

（2）将前景色设为红色，分别使用文字工具在图像中输入文字“泡”、“泡”、“字”3 个字，用移动工具移至适当位置，得到如图 8.48 所示的效果。

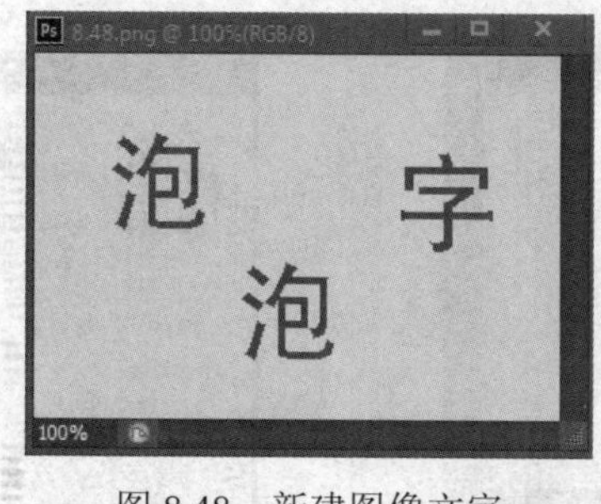

图 8.48　新建图像文字

（3）执行“图层/拼合图像”菜单命令拼合所有层。

（4）选取椭圆选框工具，按 Shift 键，在“泡泡字”周围画 3 个圆，将文字选取。

（5）执行“滤镜/扭曲/球面化”菜单命令，打开“球面化”对话框，参数设置采用默认值。得到的球面效果如图 8.49 所示。

（6）执行“选择/反向”菜单命令，填充黑色，得到如图 8.50 所示的效果。

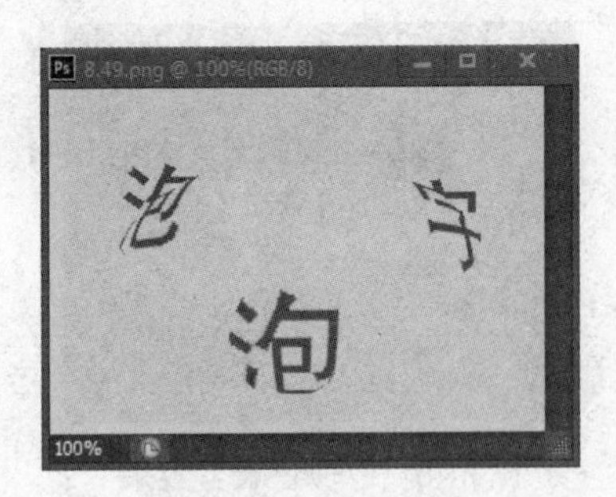

图 8.49　球面效果

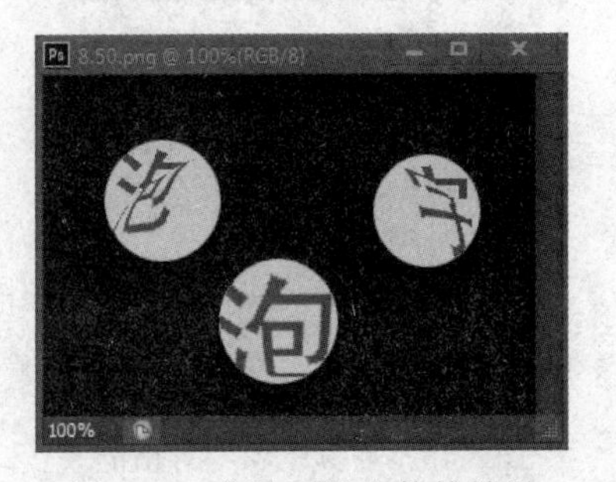

图 8.50　剪贴到新文件的效果

（7）执行“滤镜/渲染/镜头光晕”菜单命令，打开如图 8.51 所示的“镜头光晕”对话框，按对话框中的设置调整亮度、光晕中心、镜头类型参数，单击“确定”按钮后可得到如图 8.52 所示的泡泡字效果。

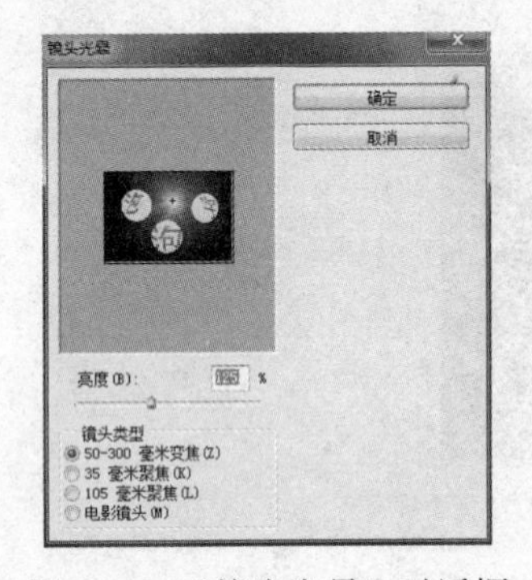

图 8.51　“镜头光晕”对话框

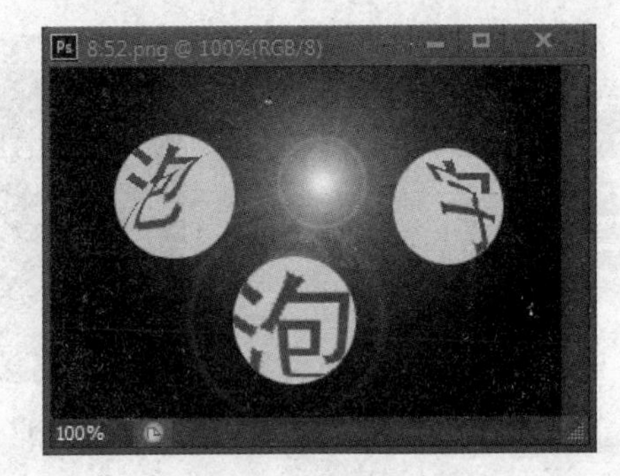

图 8.52　泡泡字效果

8.16.5　颜料字效果

（1）新建一个 RGB 图像，填充背景色为黄色，使用文字工具在图像中输入文字“颜料字”，如图 8.53 所示。

（2）执行“选择/载入选区”菜单命令，打开“载入选区”对话框，参数设置如图 8.54 所示。

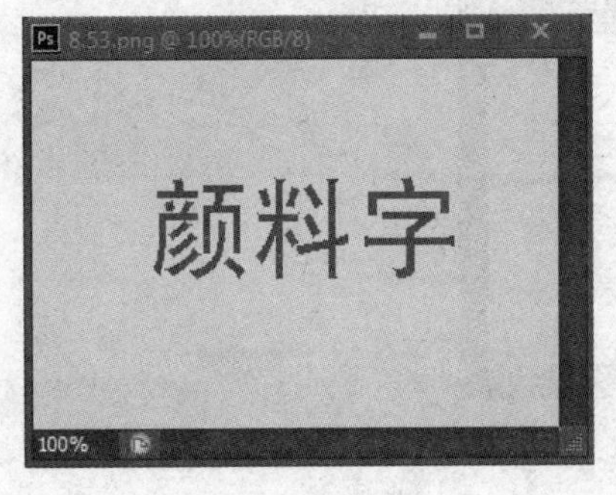

图 8.53　新建图像文字

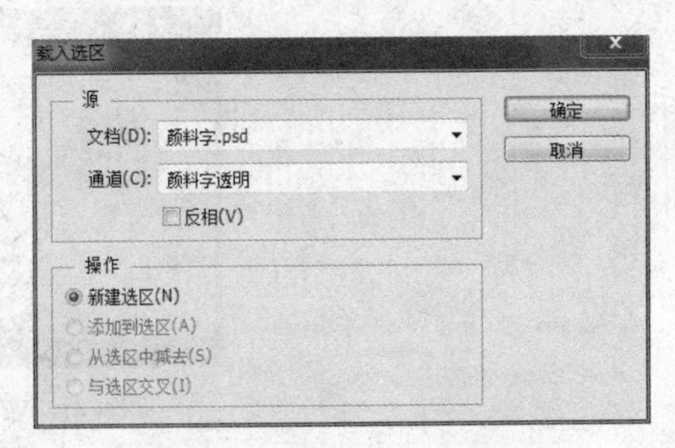

图 8.54　“载入选区”对话框

（3）执行“选择/存储选区”菜单命令，打开“存储选区”对话框，参数设置如图 8.55 所示，把选定区域存入一个新通道。

（4）执行“图层/拼合图层”菜单命令拼合图层。

（5）取消选择，执行“滤镜/模糊/高斯模糊”菜单命令，把半径参数设置为 2 像素，得到如图 8.56 所示的模糊效果。

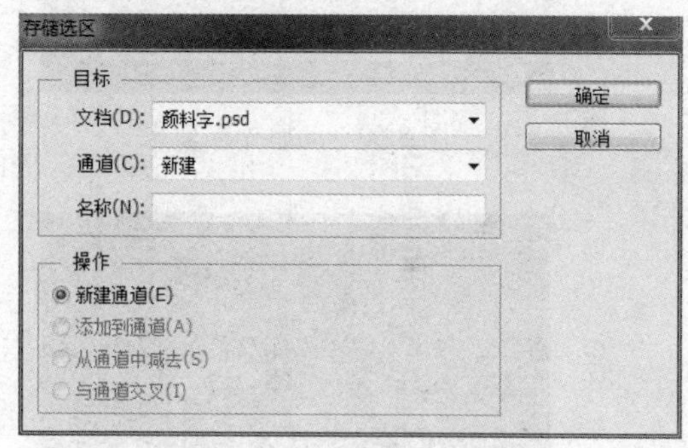

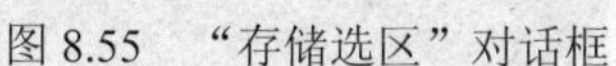

图 8.55　“存储选区”对话框

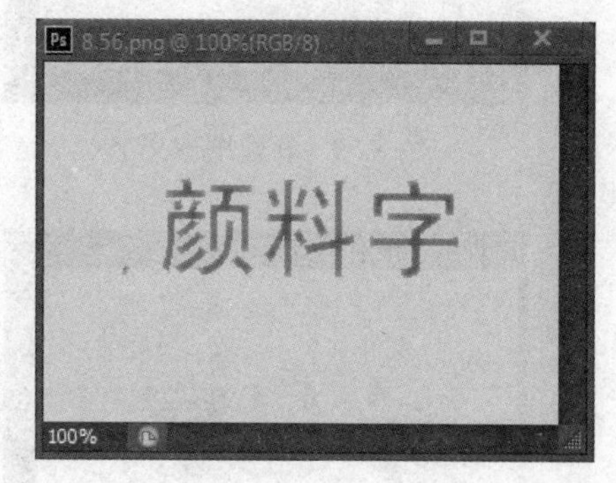

图 8.56　模糊效果

（6）执行“选择/载入选区”菜单命令，将先前存放于通道中的选区调出。

（7）执行“选择/选取相似”菜单命令，将模糊边缘加入到选定的区域。

（8）执行“滤镜/风格化/浮雕效果”菜单命令，在“浮雕效果”对话框中设置角度参数为 45 度、高度为 2 像素、数量为 100%，得到如图 8.57 所示的浮雕效果。

（9）再次执行“选择/选取相似”菜单命令，将模糊边缘加入到选定的区域。

（10）选取吸管工具，在色板中选取各种颜色，用喷枪工具对文字各部分进行喷绘，得到如图 8.58 所示的颜料字效果。

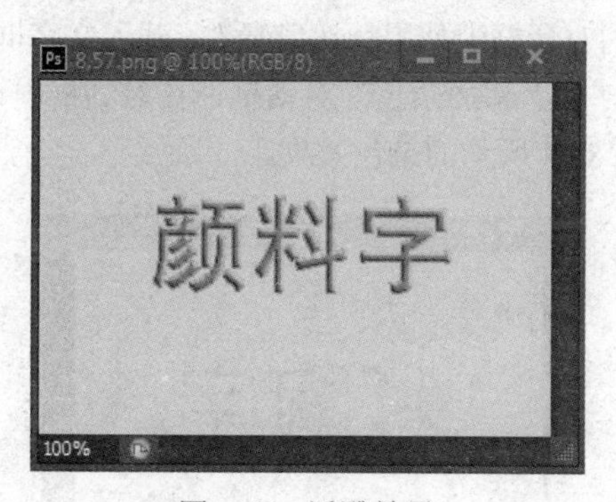

图 8.57　浮雕效果

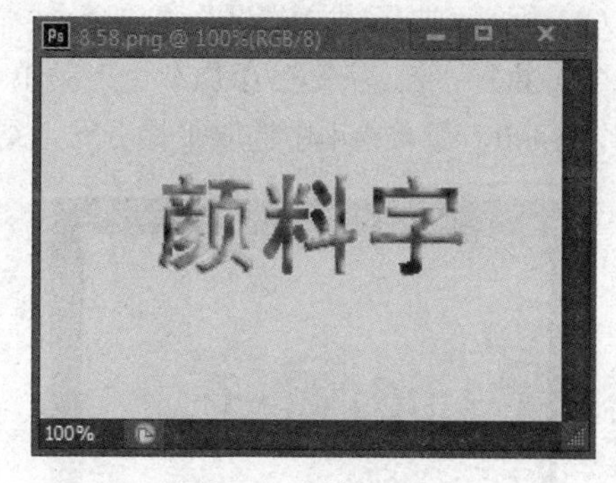

图 8.58　颜料字效果

8.16.6　水晶字效果

（1）新建一个 RGB 图像，使用文字工具在图像中输入文字“水晶字”，如图 8.59 所示。

（2）执行“图层/拼合图层”菜单命令拼合图层。

（3）执行“滤镜/模糊/动感模糊”菜单命令，打开“动感模糊”对话框，设置角度为 45 度、距离 12 像素，得到图 8.60 所示的效果。

（4）执行“滤镜/风格化/查找边缘”菜单命令，查找得到如图 8.61 所示边缘效果。

（5）执行“图像/调整/反相”菜单命令，将图像反相，得到如图 8.62 所示的水晶字效果。

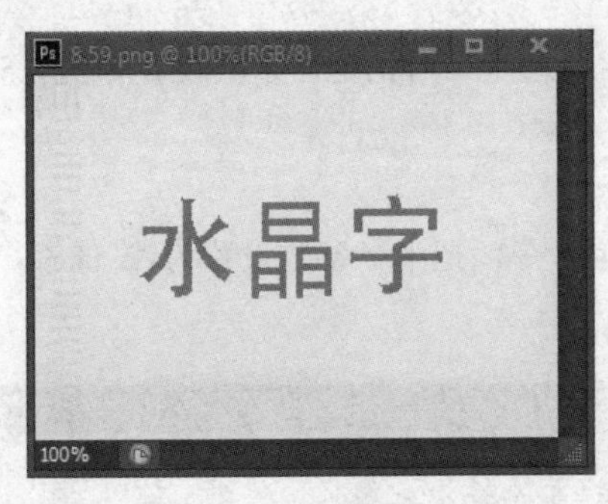

图 8.59　新建图像文字

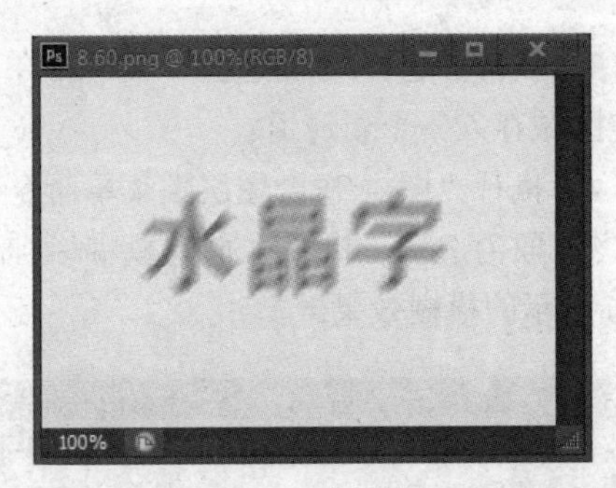

图 8.60　动感模糊效果

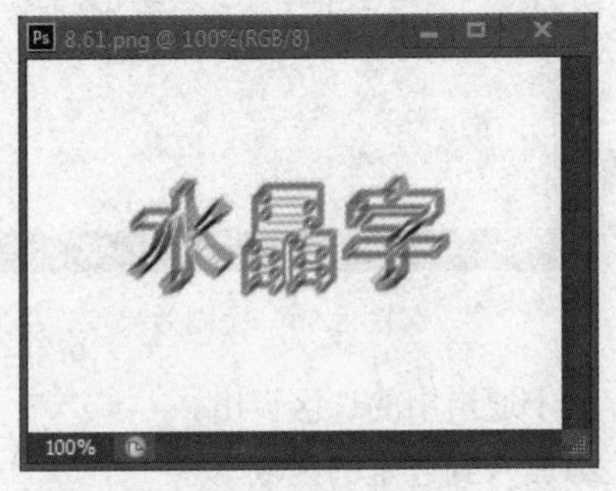

图 8.61　查找边缘效果

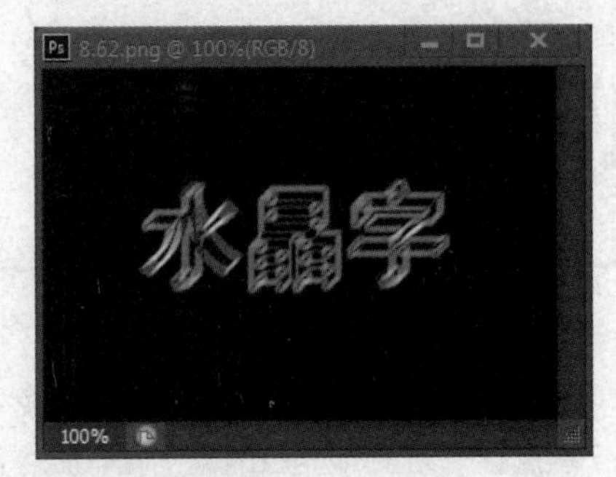

图 8.62　水晶字效果

8.16.7　彩陶字效果

（1）新建一个 RGB 图像，使用文字工具在图像中输入文字“彩陶字”，然后执行“文字/栅格化文字图层”菜单命令，将文本层转换成普通层，如图 8.63 所示。

（2）执行“选择/载入选区”菜单命令，在打开的对话框中使用默认值参数，载入文字框选区。

（3）执行“滤镜/杂色/添加杂色”菜单命令，打开“添加杂色”对话框，在对话框中设置数量参数为 400、分布选项中选取平均分布，得到如图 8.64 所示的杂色效果。

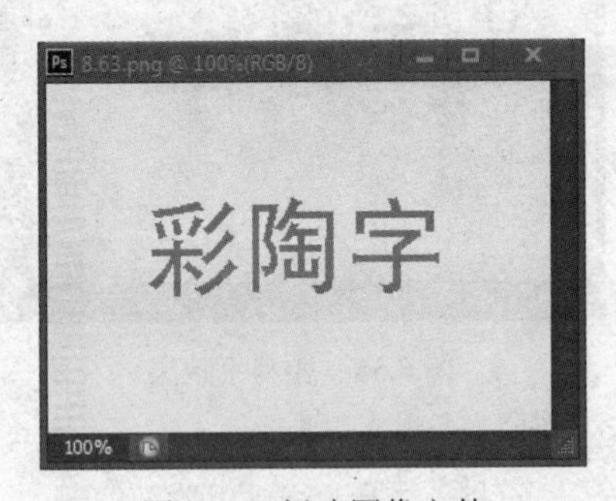

图 8.63　新建图像文件

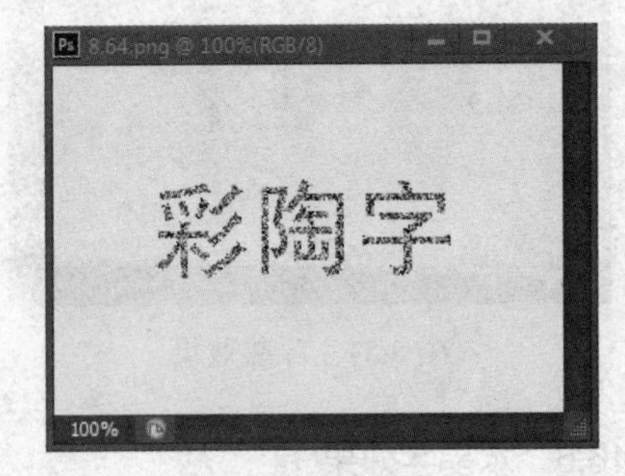

图 8.64　杂色效果

（4）按 Ctrl+D 键取消选区，执行“滤镜/像素化/马赛克”菜单命令，打开“马赛克”对话框。在对话框中设置单元格大小参数为 3 平方像素，得到如图 8.65 所示的马赛克效果。

（5）执行“图像/调整/亮度与对比度”菜单命令，打开“亮度/对比度”对话框，在对话框中将亮度参数设置为 0，对比度参数设置为 60。

（6）执行“滤镜/风格化/查找边缘”菜单命令，再执行“图像/调整/反相”，效果如图 8.66 所示。

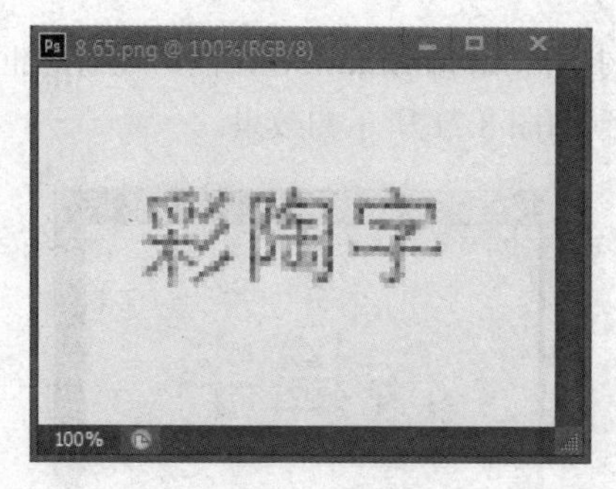

图 8.65　马赛克效果

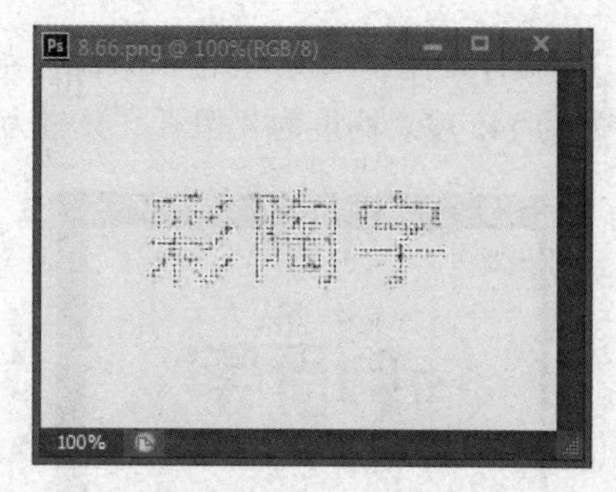

图 8.66　“反相”效果

（7）执行“图层/图层样式/投影”菜单命令，打开效果对话框，其中的参数设置如图 8.67 所示。

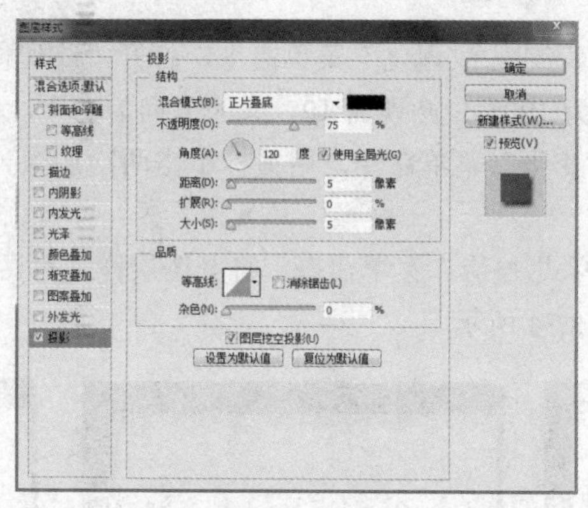

图 8.67　“图层样式”对话框（投影效果）

（8）执行“滤镜/扭曲/波纹”菜单命令，打开“波纹”对话框，其参数设置如图 8.68 所示，将得到如图 8.69 所示的彩陶字效果。

图 8.68　“波纹”对话框

图 8.69　彩陶字效果

8.16.8　砖墙字效果

（1）新建一个 RGB 图像，使用文字工具在图像中输入文字“砖墙字”，然后执行“图层/栅格化/文字”菜单命令，将文本层转换成普通层，如图 8.70 所示。

（2）执行“滤镜/模糊/进一步模糊”菜单命令。

（3）执行“滤镜/风格化/浮雕效果”菜单命令，打开“浮雕效果”对话框，在对话框中设置角度参数为 145 度、高度为 4 像素、数量为 80%，得到如图 8.71 所示的效果。

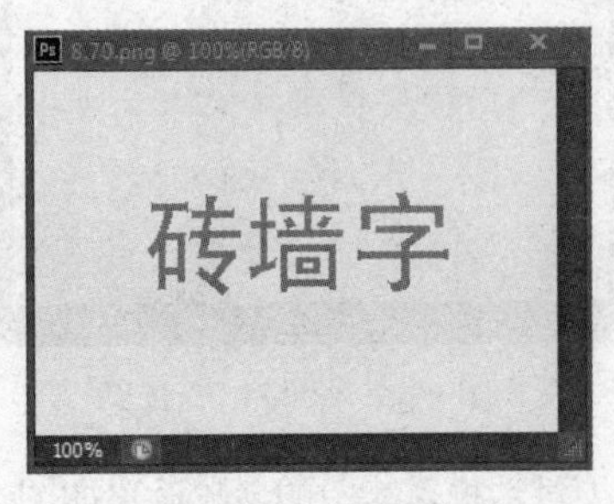

图 8.70　新建图像文件

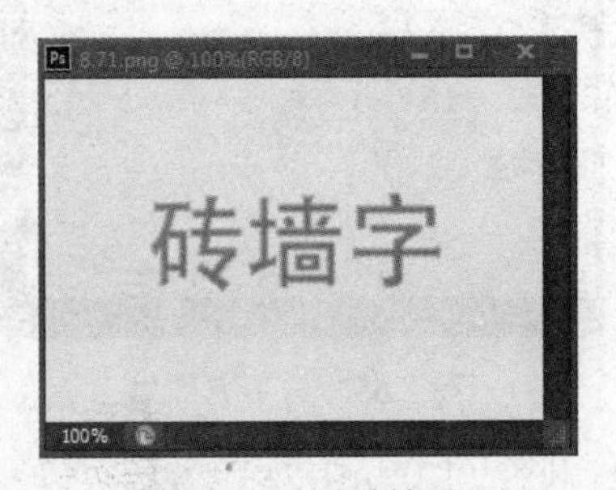

图 8.71　浮雕效果

（4）执行“滤镜/滤镜库/纹理/纹理化”菜单命令，打开“纹理化”对话框，在对话框中设置纹理参数为砖形、比例缩放为 100%、凸现为 10、光照方向为右上，得到如图 8.72 所示的效果。

（5）执行“图像/调整/变化”菜单命令，用鼠标单击两次加深黄色，单击一次加深红色，得到如图 8.73 所示的效果。

（6）执行“图层/图层样式/投影”菜单命令，打开图层样式对话框，设置距离和大小均为 1，得到文字的阴影效果，如图 8.74 所示。

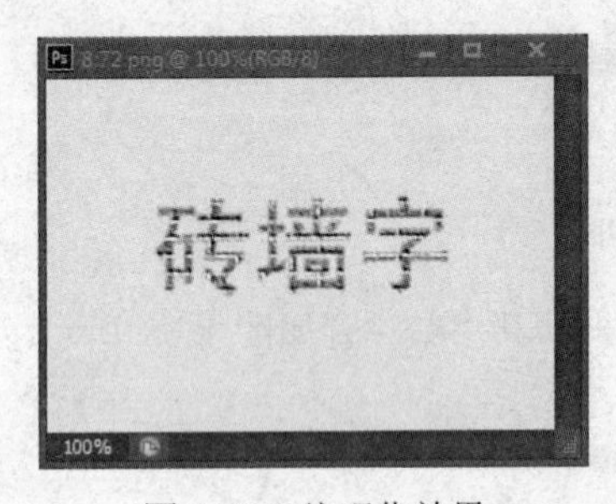

图 8.72　纹理化效果

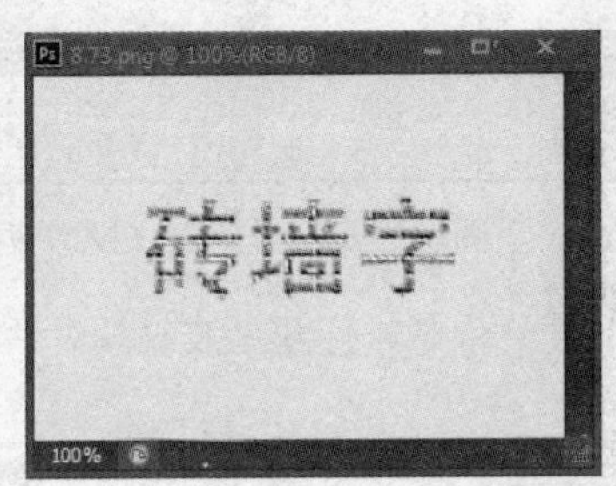

图 8.73　调整变化后的效果

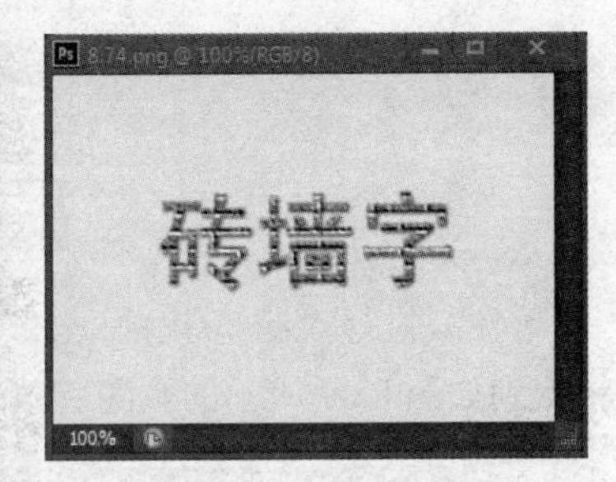

图 8.74　砖墙字效果

8.17　综合实例

本节将具体介绍使用 Photoshop 的各种工具制作下雨效果的实例，从而让读者掌握 Photoshop 图像处理中各种相关功能的应用方法。

（1）首先打开一幅要添加下雨效果的原始图像，如图 8.75 所示。

图 8.75　原始图像

（2）新增一图层，以黑色填充，执行“滤镜/杂色/添加杂色”菜单命令，打开如图 8.76 所示的对话框，设置数量值为 120%，同时把平均分布选项和单色选项选中，得到如图 8.77 所示的效果。

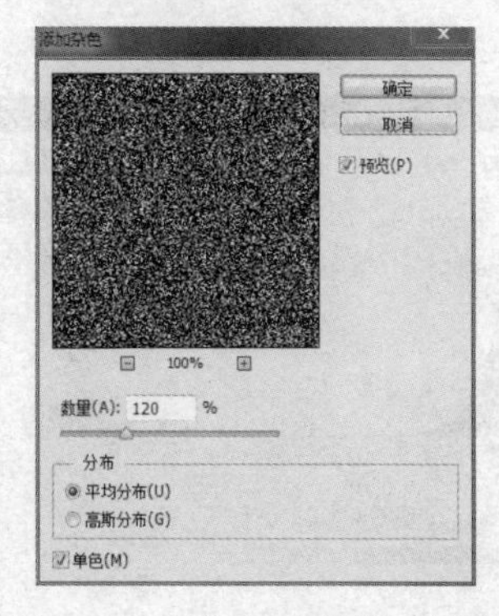

图 8.76　“添加杂色”对话框

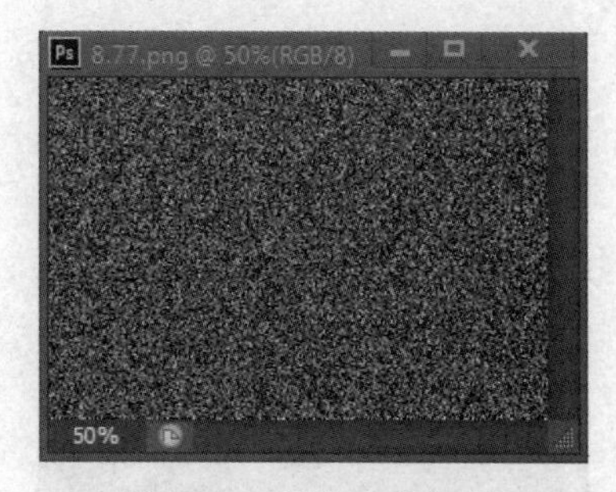

图 8.77　添加杂色效果

（3）取消选区，执行“滤镜/模糊/动感模糊”菜单命令，打开如图 8.78 所示的对话框，设置角度值为 45 度、距离值为 10 像素，其中角度参数可根据实际情况设定，用于控制雨效果的视觉角度。设定好各参数后，单击“确定”按钮得到如图 8.79 所示的效果。

图 8.78　“动感模糊”对话框

图 8.79　动感模糊效果

（4）把“图层 1”的混合模式改为“滤色”，此时雨效果就已经初步显示出来了，如图 8.80 所示。

（5）由于“滤色”混合模式会使整个图像变亮，可以执行“图像/调整/色阶”菜单命令，打开“色阶”对话框，其参数设置如图 8.81 所示。

图 8.80　雨的初步效果

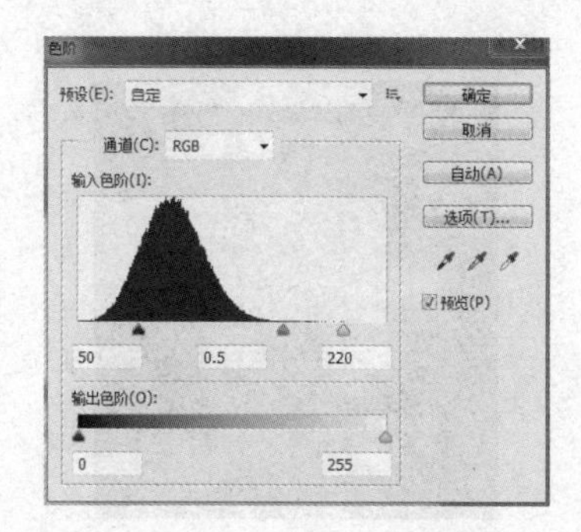

图 8.81　“色阶”对话框

（6）复制“图层 1”层，然后按 Ctrl+T 键对复制层做变形，按住 Shift+Alt 键，然后拖动一个角点向外移动，使复制层的雨点变得更细，如图 8.82 所示。

（7）同样对新复制的图层做步骤（5）的操作，执行“图像/调整/色阶”菜单命令，打开“色阶”对话框，其参数设置如图 8.83 所示，目的是为了加亮部分雨滴的轨迹，使得雨效果更为逼真，如图 8.84 所示。

图 8.82 雨点变细的效果

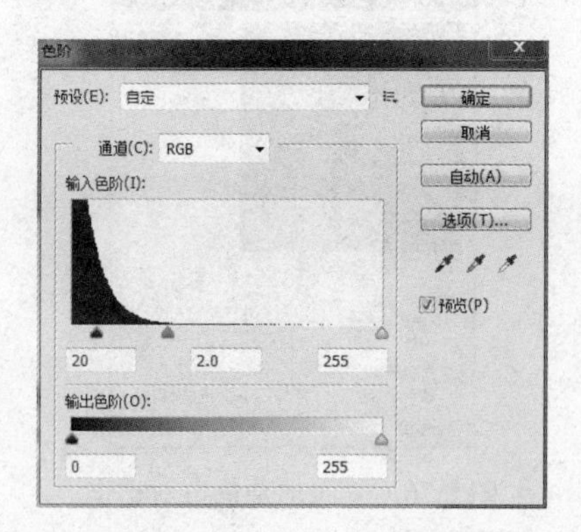

图 8.83 “色阶”对话框

（8）至此，虽然做出了下雨的效果，但是整个图像的颜色还不够逼真，需要在图像的颜色上做适当的调整。

（9）再新增一个图层“图层 2”，重设前景色为黑色，背景色为白色。选择渐变工具做渐变过渡，其中天空部分的黑色可以多一些，得到如图 8.85 所示的渐变效果。

图 8.84 复制图层效果

图 8.85 渐变效果

（10）设置“图层 2”层的混合模式为“正片叠底”，调节图层的不透明度为 50%，如图 8.86 所示。选择原始图层，执行“图像/调整/色阶”菜单命令，调节后得到最后的下雨效果图，如图 8.87 所示。

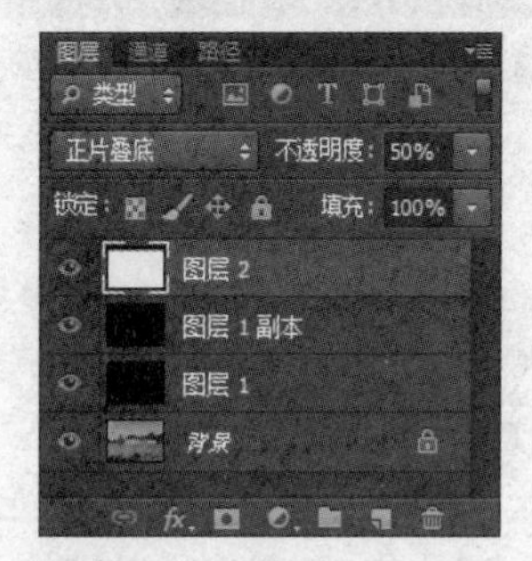

图 8.86 混合模式调整框

图 8.87 最终的下雨效果

本章主要介绍了“滤镜/滤镜库/艺术效果”列表中的 15 个滤镜效果。

壁画效果是使图像产生一种古旧壁画的斑点效果，用短的、圆的和潦草的斑点绘制风格粗犷的图像。

彩色铅笔效果的作用是把图像变成用彩色铅笔在黑色、灰色、白色纸上作画的效果。该滤镜使用图像中的主要颜色，把那些次要的颜色变为纸色。

粗糙蜡笔效果使图像显得好像是用彩色粗糙蜡笔在纹理背景上描绘的效果。

底纹效果将产生用不同纹理类型喷绘过的效果，并调整图像中局部颜色的深浅和颜色过渡的平滑程度。

使用干画笔技术绘画图像的边缘，模仿作画时毛笔上的颜料快用完时的状态，产生笔迹的边缘断断续续、若有若无的效果，使图像产生干油彩不饱和的油画效果。

海报边缘效果将图像转换成美观的海报招贴画风格。

绘画涂抹效果将删除图像中不合适背景的细节，使背景抽象化，产生不同类型画笔的绘画涂抹效果。

海绵效果将创建带对比颜色的强纹理图像，使图像产生像是被海绵润湿的效果，并能调整图像中局部颜色的深浅和颜色过渡的平滑程度。

胶片颗粒效果在图像的暗调和中间调应用均匀的图案，为图像的较亮区域添加更平滑、更饱和的图案，使图像产生在胶片颗粒上分布着小颗粒的纹理效果。

木刻效果可以将图像中的颜色作平衡处理，即依据设定的色阶获得图像的轮廓，使得图像产生剪纸或木刻的效果。

霓虹灯光效果对图像中的对象添加不同类型的氛光发光效果，营造出朦胧浪漫的氛围。

水彩效果将使图像产生一种水彩画的效果。绘制水彩风格的图像，简化图像中的细节，用的是含水分和颜色的中号画笔。

使用塑料包装效果像闪亮的塑料包装图像，强调表面细节，看上去整幅图像具有鲜明的立体感，产生一种表面质感很强的塑料包装效果。

调色刀效果将图像中相近的颜色互相融合，减少图像中的细节，露出下面的纹理，以产生薄薄的画布，产生类似中国山水画中泼墨画法的写意效果。

涂抹棒效果模拟用粗糙彩笔或蜡笔在图像上涂抹，使用短的对角线涂或抹图像的较暗区域来柔和图像较亮区域，较亮区域变得更明亮并丢失细节，它适合于在含有杂色的图像上加工出纹理图案。

一、选择题（每题可能有多项选择）

1. 干笔画效果中的“画笔细节”参数用于设置画笔细腻的程度，值越大，则产生的图像（　　）。

　A. 越清晰　　B. 越细腻　　C. 变形越大　　D. 越光滑

2. 海报边缘效果中的“边缘强度”参数用于设置边缘出现的强度，值越大，则边缘（　　）。

　A. 越明显　　B. 越厚　　C. 越模糊　　D. 越大

3．彩色铅笔效果中的“铅笔宽度”参数用于设置笔画的宽度与密度，它的取值范围是（　）。

A．-24～24　　B．0～24　　C．1～24　　D．-10～10

4．霓虹灯光效果的参数设置对话框中包含的参数有（　）。

A．发光大小、发光亮度、发光颜色　　B．描边大小、描边细节、软化度

C．画笔大小、清晰度、平滑度　　D．发光大小、清晰度、软化度

5．绘画涂抹效果中的“画笔类型”参数用于设置画笔的类型。画笔类型有简单、未处理光照、未处理深色、宽锐化、宽模糊和火花。Photoshop 的默认值是（　）。

A．宽锐化　　B．宽模糊　　C．简单　　D．未处理深色

二、填空题

1．塑料包装效果像闪亮的塑料包装图像，强调表面________，看上去整幅图像具有鲜明的________，产生一种表面质感很强的塑料包装效果。

2．壁画效果功能与________效果很相似，不同的是壁画效果能够改变图像的________，使暗调区域的图像轮廓清晰。

3．底纹效果中的“光照”参数用于设置光照的方向，共有________种方向。

4．木刻效果中的“色阶数”参数用于设置当前图层上分成的层次数，值越大，色阶及颜色种类________。

5．霓虹灯光效果对图像中的对象添加不同类型的________发光效果，营造出朦胧浪漫的氛围。

三、操作题

1．制作树叶上带水珠的效果。

提示：要使用亮度/对比度、投影效果、斜面和浮雕效果等操作。

2．制作彩虹天空效果。

提示：要使用渐变、羽化、模糊、涂抹等操作。

3．制作邮票边框效果。

提示：要突出邮票打边孔，可在一幅图像的边缘先产生出断续的小孔，然后再处理。

4．制作光芒字。

提示：要使用羽化、模糊等操作。

5．制作雕刻字。

提示：要使用模糊、浮雕效果、曲线等操作。

6．制作波浪字。

提示：要使用波浪操作。

第 9 章　视频和动画

自从 Photoshop CS3 后，Adobe 则将原来的 ImageReady 整拼到 Photoshop 中，因此直接通过 Photoshop 就可完成 GIF 动画制作。在 Photoshop CS6 中则会发现，在窗口的下拉菜单中找不到“动画”选项，只有“时间轴”。重新设计的“时间轴”面板中包含可提供专业效果的过渡和特效，可轻松更改剪辑持续时间和速度，并将动态效果应用到文字、静态图像和智能对象。

- 熟悉“视频时间轴”面板。
- 熟悉“帧动画时间轴”面板。
- 掌握创建和编辑视频图像的流程。
- 掌握制作动画的基本方法。
- 熟悉优化和输出动画流程。

9.1　时间轴面板

新建一个文档，执行“窗口/时间轴”菜单命令，在 Photoshop 界面下方出现如图 9.1 所示的时间轴面板。

图 9.1　时间轴面板

9.1.1　视频时间轴面板

点击创建视频时间轴，视频时间轴界面如图 9.2 所示。

- 播放控制：控制视频播放，分别是转到第一帧、转到上一帧、播放、转到下一帧按钮。
- 在播放头处拆分：点击该按钮后，视频将会在播放头处进行分割。
- 选择过渡效果：用于选择素材过渡的效果及持续时间。
- 面板扩展菜单：以菜单形式显示更多命令。
- 图层轨：用于显示图层面板中的所有图层，包括文字、图片和视频。
- 音频轨：视频音轨，可进行编辑和调整。
- 转换为帧动画：转换为帧动画时间轴面板。

- 渲染视频：将工作渲染成视频。
- 时间设置：拖动以设置时间。
- 帧速率：显示时间轴的帧速率。

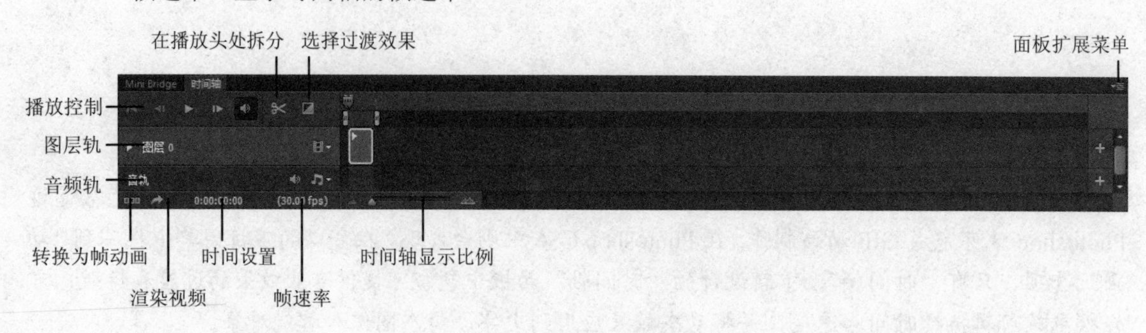

图 9.2 视频时间轴面板

9.1.2 帧动画时间轴面板

帧动画模式显示动画中每个帧的缩略图，可使用面板底部工具进行动画帧的浏览、添加和删除帧等操作。

单击视频时间轴面板左下角“转换为帧动画”按钮▭，即可打开帧动画时间轴面板。也可新建一个文件，执行“窗口/时间轴”菜单命令，在出现的时间轴面板（如图 9.3 所示）中选择“创建帧动画”命令，打开帧动画时间轴面板，如图 9.4 所示。

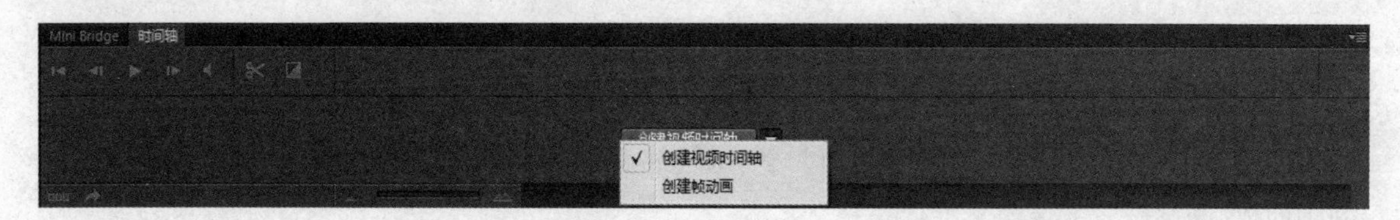

图 9.3 时间轴面板

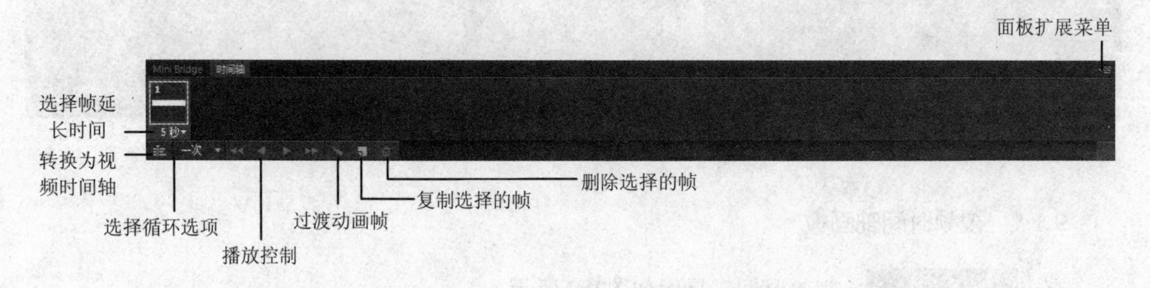

图 9.4 帧动画时间轴面板

- 选择帧延长时间：设置当前帧播放时显示延续时间。
- 转换为视频时间轴：转换为视频时间轴面板。
- 选择循环选项：设置导出动画文件的播放次数。
- 播放控制：控制动画播放，依次分别是选择第一帧、选择上一帧、播放动画、选择下一帧按钮。
- 过渡动画帧：在两个现有帧之间添加一系列帧，通过插值方法使新帧之间的图层属性均匀。

- 复制选择的帧：复制面板中选择的帧向动画添加帧。
- 删除选择的帧：删除面板中选择的帧。

9.2　创建和编辑视频图像

9.2.1　创建视频图像

1. 新建视频文件

选择“文件/新建”菜单命令，打开“新建”对话框，在“预设”下拉列表中选择“胶片和视频”，如图 9.5 所示。在“大小”下拉列表中选择一个文件大小选项，如图 9.6 所示。点击“确定”按钮，即可新建一个视频图像文件。

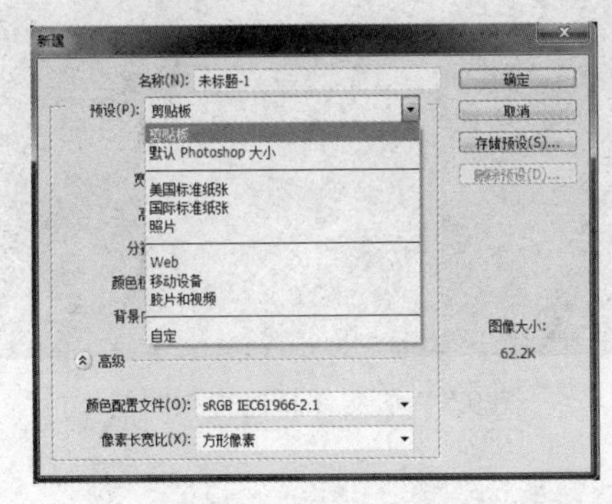

图 9.5　选择预设选项

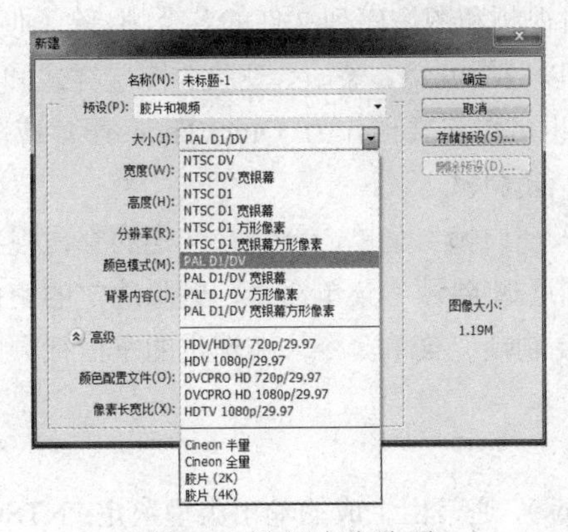

图 9.6　选择大小选项

2. 新建空白视频图层

新建或打开视频图像文件后，选择“图层/视频图层/新建空白视频图层”菜单命令，如图 9.7 所示，即可创建一个空白的视频图层。

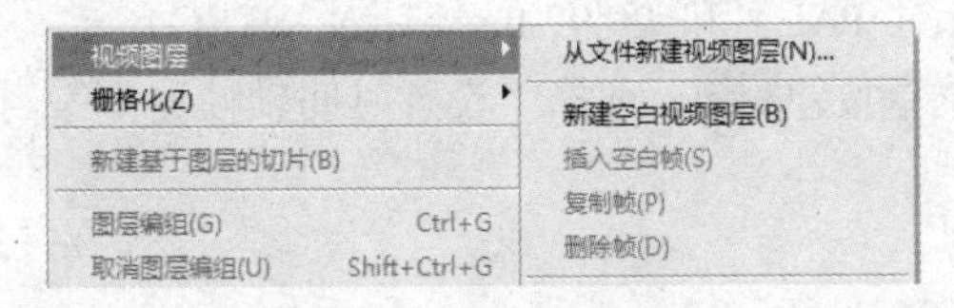

图 9.7　视频图层菜单

3. 从文件新建视频图层

新建或打开视频图像文件后，选择“图层/视频图层/从文件新建视频图层”菜单命令，即可导入已有视频到该文件中，并新建一个图层，如图 9.8 所示。可以像常规图层一样使用视频图层，而不会对源文件造成任何修改。

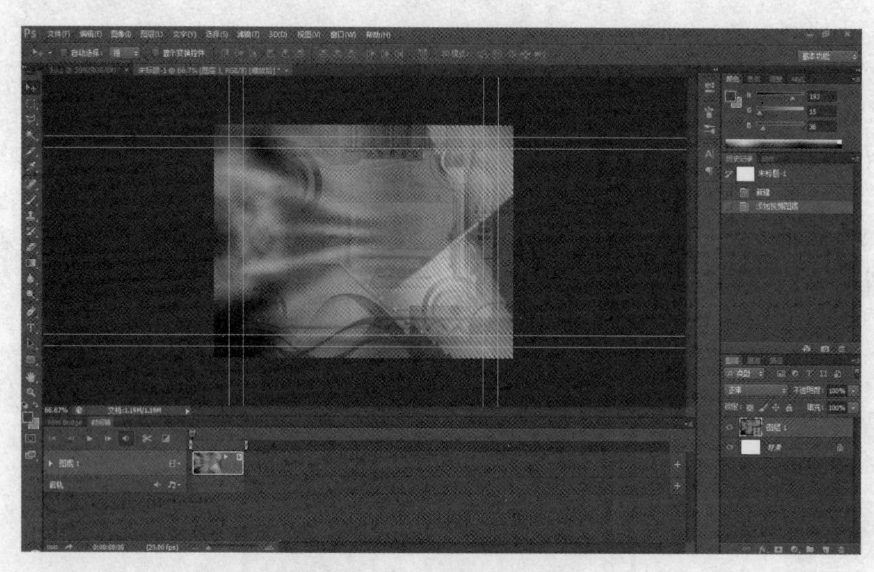

图 9.8　从文件新建视频图层

9.2.2　编辑视频图像

可以使用 Photoshop 编辑视频和图像序列文件的各个帧。除了使用任一 Photoshop 工具在视频上进行编辑和绘制之外，还可以应用滤镜、蒙版、变换、图层样式和混合模式。进行编辑之后，可以将文档存储为 PSD 文件，也可以将文档作为 QuickTime 影片或图像序列进行渲染。

1. 新建空白帧、删除帧、复制帧

选择“图层/视频图层/插入空白帧”菜单命令，在选定的空白视频图层中的当前时间处插入空白视频帧；选择“图层/视频图层/删除帧”菜单命令，删除选定的空白视频图层中当前时间处的视频帧；选择“图层/视频图层/复制帧”菜单命令，在选定的空白视频图层中添加处于当前时间的视频帧的副本。

2. 设置时间轴帧速率

帧速率，即每秒的帧数（fps），通常由生成的输出类型决定：NTSC 视频的帧速率为 29.97 fps；PAL 视频的帧速率为 25 fps；而电影胶片的帧速率为 24 fps。根据广播系统的不同，DVD 视频的帧速率可以与 NTSC 视频或 PAL 视频的帧速率相同，也可以为 23.976 fps。通常，用于 CD-ROM 或 Web 的视频的帧速率介于 10～15fps 之间。在创建新文档时，默认的时间轴持续时间为 5 秒。帧速率取决于选定的文档预设。对于非视频预设（如国际标准纸张），默认速率为 30 fps。对于视频预设，速率为 25 fps（针对 PAL）和 29.97 fps（针对 NTSC）。

点击时间轴面板扩展菜单按钮，选择“设置时间轴帧速率”，打开设置对话框，如图 9.9 所示。

3. 替换素材

由于链接源文件移动或丢失，需要重新建立视频图层与源文件或替换文件之间的链接。在“时间轴”或“图层”面板中，选择“图层/视频图层/替换素材”菜单命令，可以重新制定链接文件，如图 9.10 所示。

图 9.9　时间轴帧速率

4. 动画面板

在“动画”面板中，可以更改用于表示每个帧或图层的缩览图的大小。点击时间轴面板扩展菜单按钮，选择“动画面板”，打开设置对话框，如图 9.11 所示。

图 9.10　替换素材

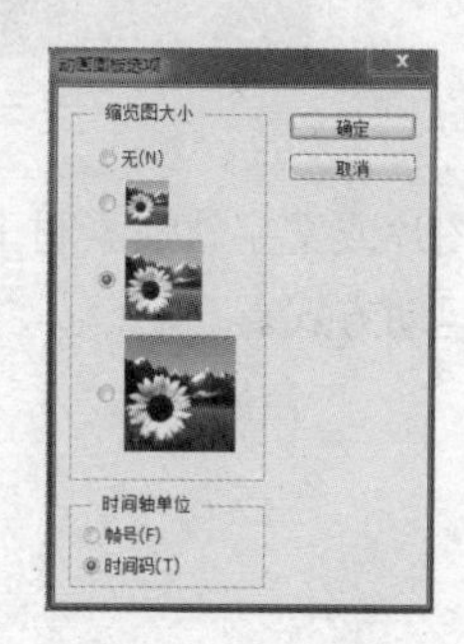

图 9.11　动画面板

在“动画”面板中可以切换时间轴单位，可以用帧号或时间码为单位显示“动画”面板时间轴。在单位之间进行切换，要按住 Alt 键并单击在时间轴的左下角显示的当前时间轴单位。

5. 向视频内添加图片和文字

添加图片：在 Photoshop 中打开一个图片文件，复制图片，粘贴到已打开或新建的视频文件中，如图 9.12 所示。

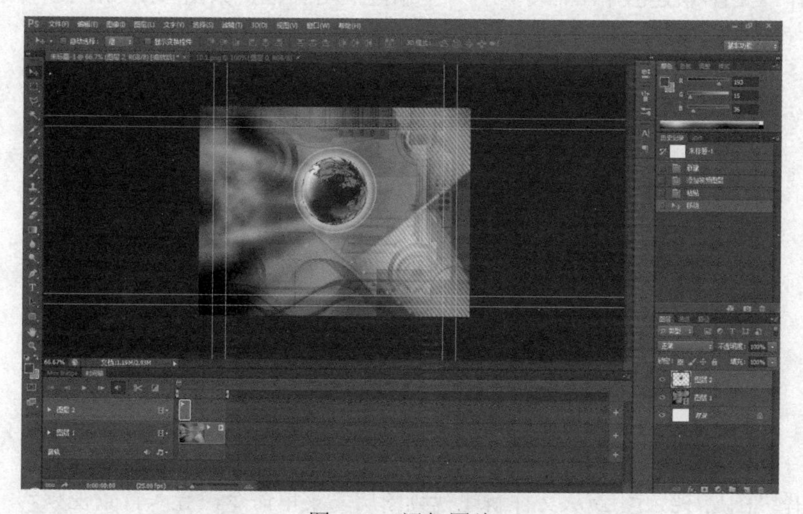

图 9.12　添加图片

添加文字：点击文字工具，输入 PHOTOSHOP CS6，如图 9.13 所示。

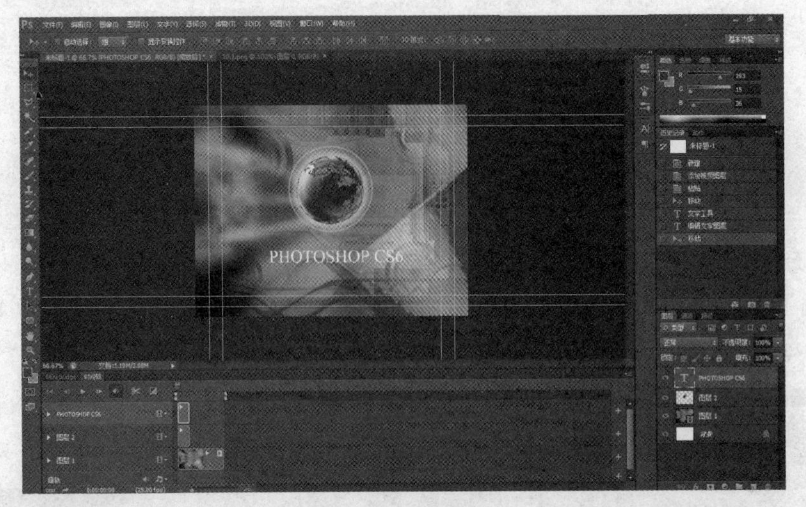

图 9.13　添加文字

在图片或文字轨道素材上点击右键，打开如图 9.14 所示的“动感”对话框，可以设置文字或图片的运动方式。

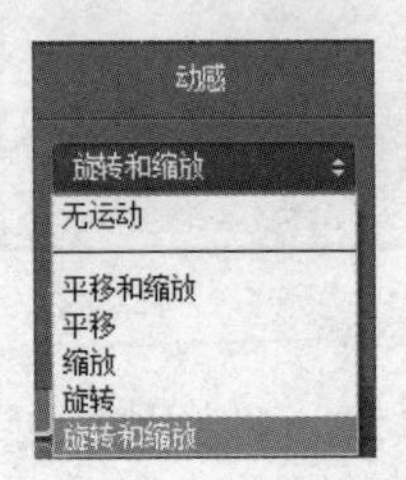

图 9.14　动感设置图

9.2.3　视频动画实例

（1）选择“文件/新建”菜单命令，打开“新建”对话框，如图 9.15 所示，点击“确定”新建一个视频文件。

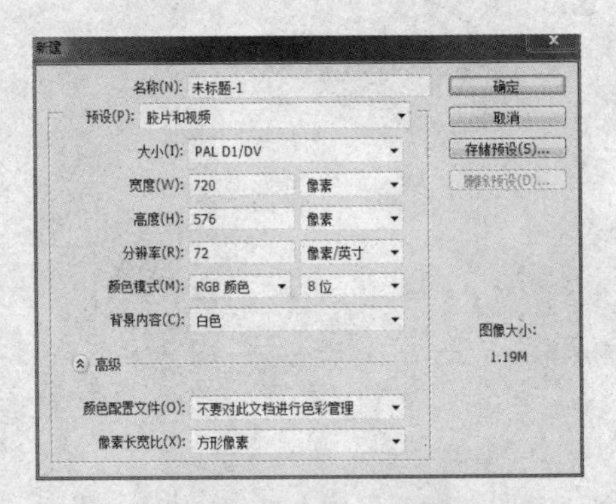

图 9.15　“新建”对话框

（2）选择“图层/视频图层/从文件新建视频图层”菜单命令，导入背景视频。

（3）选择文字工具，输入 PHOTOSHOP CS6。在时间轴面板中选中文字轨道，拖动文字轨道右侧使文字持续时间与背景视频相同，如图 9.16 所示。

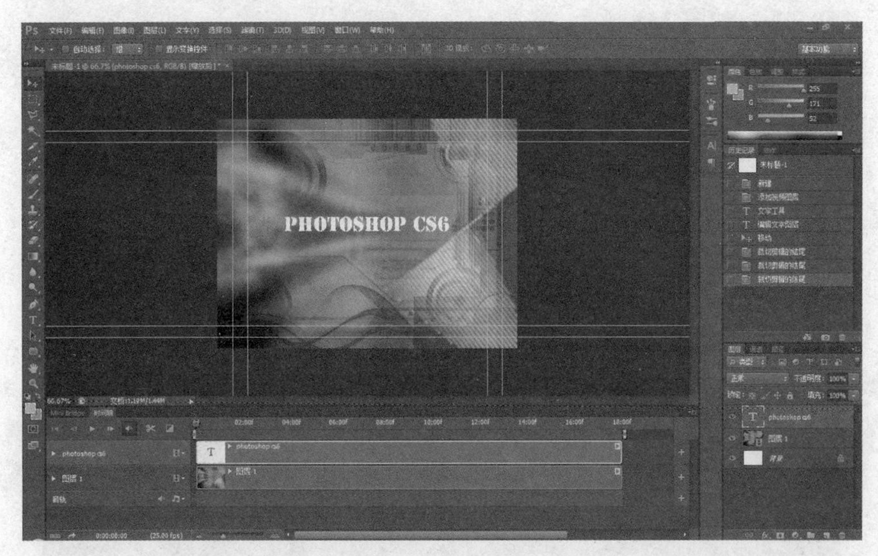

图 9.16　输入文字

（4）点击 PHOTOSHOP CS6 轨左侧的，展开图层的属性选项，如图 9.17 所示。

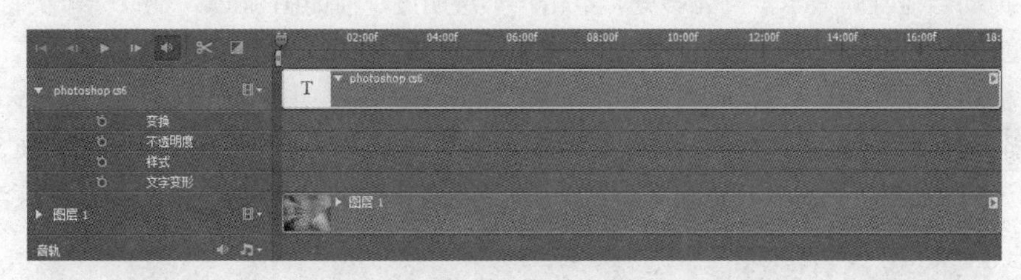

图 9.17　图层轨选项

（5）点击“变换”前的图标，建立一个关键帧。选择“编辑/变换/旋转”命令，任意旋转文字，如图 9.18 所示。

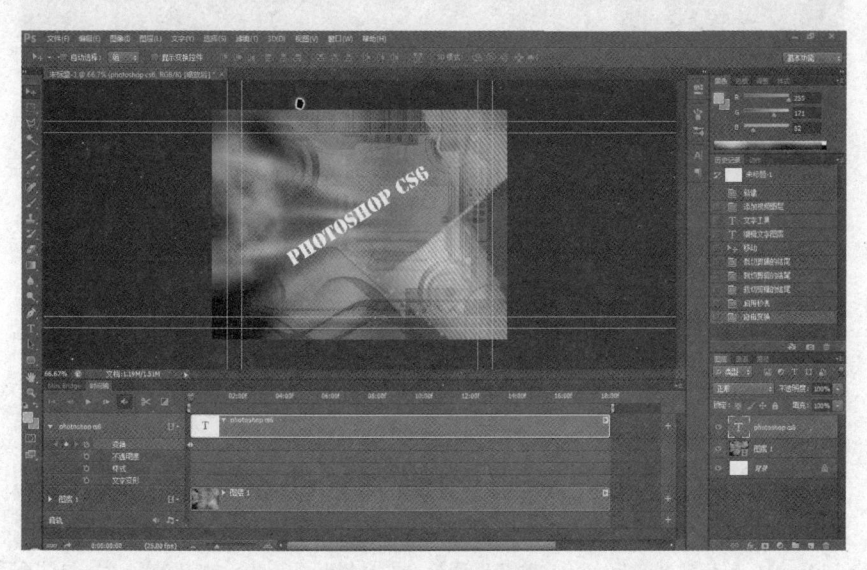

图 9.18　变换开始关键帧

（6）将当前时间指示器拖动到 10 秒处，即是旋转结束的地方，再次选择“编辑/变换/旋转”命令，任意旋转文字，如图 9.19 所示。

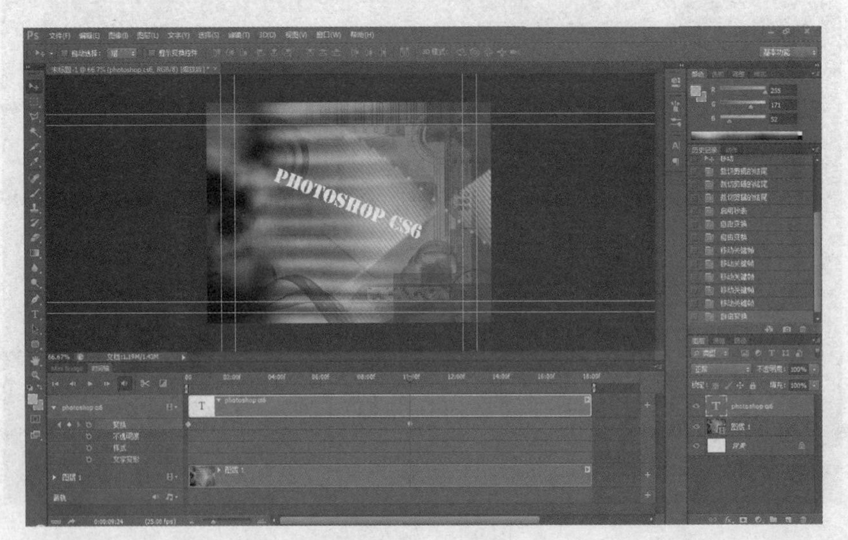

图 9.19　变换结束关键帧

（7）拖动当前时间显示器到 4 秒处，点击“不透明度”前的图标，建立一个关键帧，从此处不透明度开始变换。

（8）拖动当前时间显示器到 12 秒处，在图层面板，更改透明度为 0，如图 9.20 所示。将当前时间显示器拖到第一帧，点击时间轴面板图标，可以浏览动画效果。PHOTOSHOP CS6 文字开始旋转，在 4 秒处旋转的同时开始渐隐，在 10 秒处结束旋转继续渐隐，在 12 秒处结束渐隐。

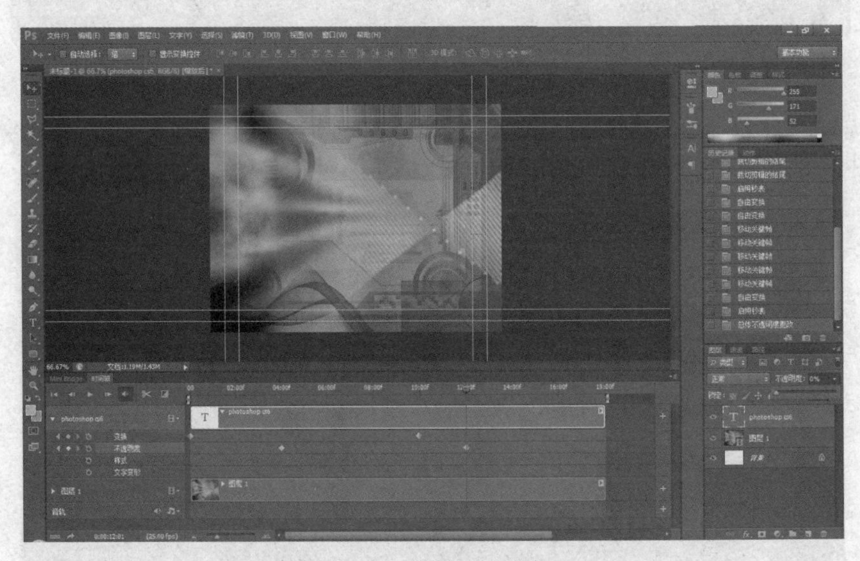

图 9.20　设置不透明度

9.3　创建和编辑帧动画

在 Photoshop 中，使用“时间轴创建帧动画”创建帧动画，每一帧代表一个图层配置。

9.3.1　创建帧动画

创建一个新文档，文档大小可与素材大小相同，确保像素长宽比和大小适合于动画输出。颜色模式应为 RGB。一般情况下保持分辨率为 72 像素/英寸、位深度为 8 位/通道且像素长宽比为方形。

选择“窗口/时间轴”打开时间轴面板，然后单击“创建帧动画”按钮，得到如图 9.21 所示的界面。如果“时间轴”面板处于视频时间轴模式，单击面板左下角的“转换为帧动画”图标。

图 9.21　帧动画面板

9.3.2　编辑帧动画

1. 添加帧

添加帧是创建动画的第一步。如果已经打开了一幅图像，则该图像将作为动画的第一帧显示在时间轴面板中，添加帧时，新添加的帧将复制它前一帧的内容。

向动画中添加帧的操作步骤如下：

（1）在时间轴面板中选择添加帧的位置。

（2）单击按钮，或单击扩展菜单中的“新建帧”命令，则向时间轴面板中添加了帧，新添加的帧是前一个帧的副本。

2. 删除帧

一般情况下，制作完动画以后，都要检查一下动画中是否含有多余的帧，如果有的话，则要删除。删除帧的步骤如下：

（1）在时间轴面板中选择要删除的帧。

（2）单击面板下方的按钮，则可以删除所选帧。

如果要删除整个动画，则单击时间轴扩展菜单中的“删除动画”命令。

3. 编辑帧

编辑帧的过程实质上就是设置动画的过程，编辑帧包括帧的选择、复制、反转和重新排序等操作。

（1）选择帧。在对帧进行操作之前必须选择帧，所有的操作只对选择的帧生效。选择帧的方法有以下几种：

- 在时间轴面板中，单击某一帧的缩略图，则选择了该帧。
- 在时间轴面板中单击◀按钮，则选择了当前帧前面的一帧；单击▶▶按钮，则选择了当前帧后面的一帧；单击◀◀按钮，则选择动画的第一帧。
- 在时间轴面板中，按住 Shift 键的同时单击第一帧和最后一帧，可以选择多个连续的帧；按住 Ctrl 键的同时单击不同的帧，可选择多个不连续的帧。
- 执行时间轴扩展菜单中的“选择全部帧”命令，如图 9.22 所示，可选中动画的所有帧，如图 9.23 所示。

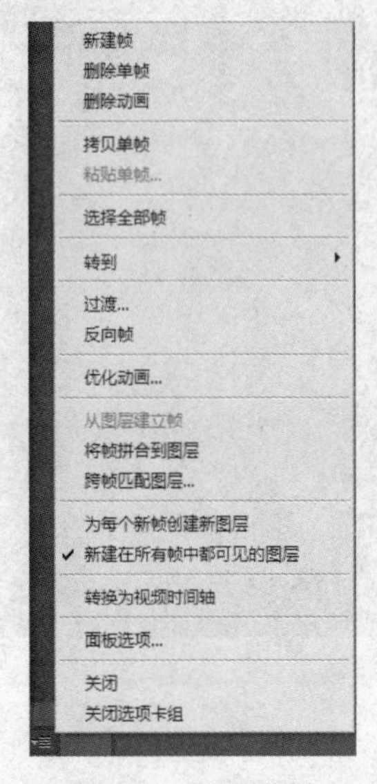

图 9.22　扩展菜单

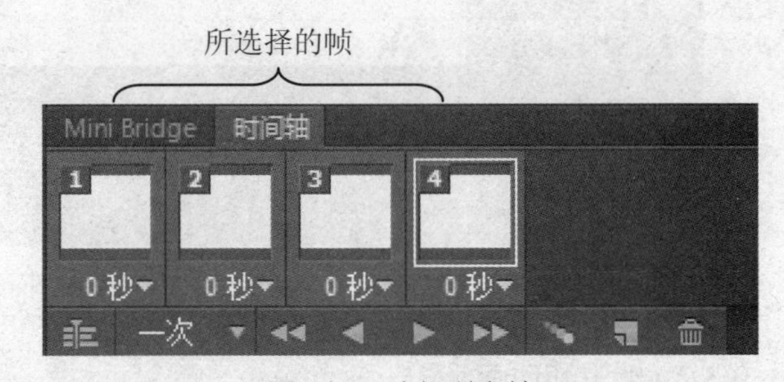

图 9.23　选择所有帧

（2）复制和粘贴帧。帧与图层有着密切的联系，可以把帧认为是一个具有图层属性的图像副本。复制帧时，就是复制图层的属性（包括图层的可见性、位置、效果和其他属性），通常情况下，粘贴帧时只是向目标帧中粘贴了这些图层属性，并不产生新的图层。

复制与粘贴帧的步骤如下：

在时间轴面板中选择要复制的一个或多个帧，单击扩展菜单中的“拷贝帧”命令，复制选择的帧。在时间轴面板中选择要粘贴帧的位置，单击扩展菜单中的“粘贴帧”命令，则弹出“粘贴帧”对话框，如图 9.24 所示。

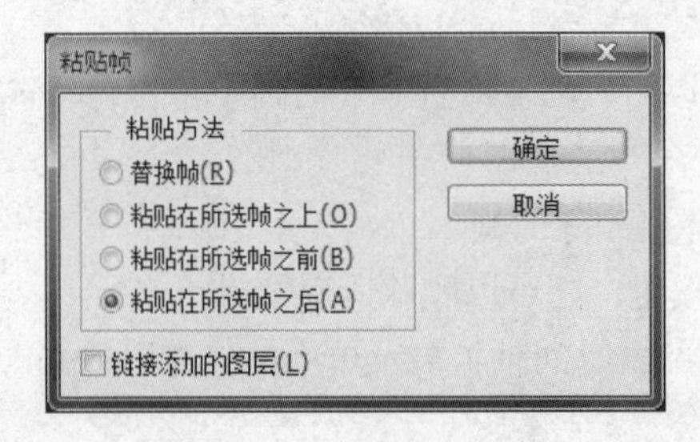

图 9.24　“粘贴帧”对话框

- 替换帧：复制的帧将覆盖掉所选择的帧。

- 粘贴在所选帧之上：复制的帧将作为新的图层添加在图像中。
- 粘贴在所选帧之前：复制的帧将粘贴到所选择的帧之前。
- 粘贴在所选帧之后：复制的帧将粘贴到所选择的帧之后。如果要在图层调板中链接粘贴的图层，可以选择链接添加的图层。当需要将粘贴的图层作为一个单元重新定位时，使用该选项。

单击“确定”按钮，则可以复制帧。

（3）重新排列帧。帧的排列顺序直接影响到动画的效果，在制作动画的过程中，可以根据需要重新排列帧的位置。重新排列帧的步骤如下：在时间轴面板中选择要改变位置的帧，用鼠标拖曳所选择的帧到目标位置，释放鼠标，即可改变帧的排列顺序。

（4）反向帧。反向帧是制作 GIF 动画的一项常用技术，主要用来颠倒动画的播放效果。反向帧的操作步骤如下：先选择要进行反向的帧（必须是连续的），单击时间轴扩展菜单中的“反向帧”命令，则所选择的连续的帧即可反转方向。

4. 设置帧延迟时间

设置帧延迟是创建动画的一个重要过程，所谓帧延迟是指在播放动画时每一个帧的停留时间。帧延迟时间以秒为单位，可以保留两位小数。设置帧延迟的具体步骤如下：

（1）在时间轴面板中选择要设置延迟时间的帧。

（2）单击该帧缩略图右下角的帧延迟时间设置按钮 0 秒▾，则弹出设置帧延迟时间菜单，如图 9.25 所示。

（3）在菜单中选择所需的帧延迟时间，则该时间将显示在帧缩略图的底部。

（4）如果需要定义帧延迟时间，可以选择“其他”选项，在弹出的“设置帧延迟”对话框中输入帧延迟时间，单击“确定”按钮即可，如图 9.26 所示。

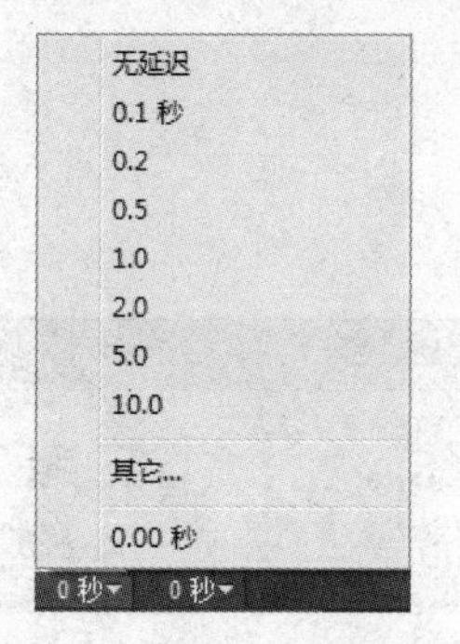

图 9.25　帧延迟时间菜单

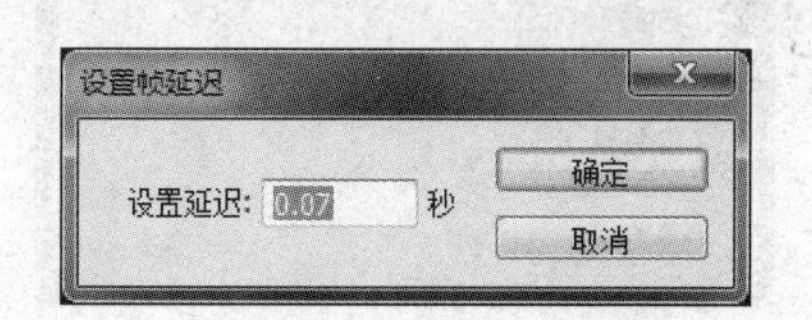

图 9.26　“设置帧延迟”对话框

为动画中的帧设置帧延迟时间时，如果同时选择了多个帧，则为一个帧指定帧延迟时间后，其他所选择的帧也将具有相同的帧延迟时间。

5. 设置动画循环

在时间轴面板中，通过设置循环选项可以控制动画的循环播放次数。设置循环动画的具体步骤如下：

（1）单击时间轴面板左下角的“循环选项”按钮，则弹出一个下拉菜单，如图 9.27 所示。

（2）从下拉菜单中选择所需的循环次数选项：选择“一次”选项，动画只播放一次；选择“一直有效”选项，则动画循环播放；选择“其他”选项，则弹出一个“设置循环计数”对话框，用于设置动画循环的次数，如图 9.28 所示。

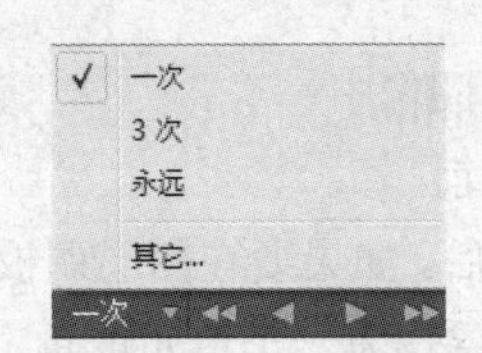

图 9.27 循环选项菜单

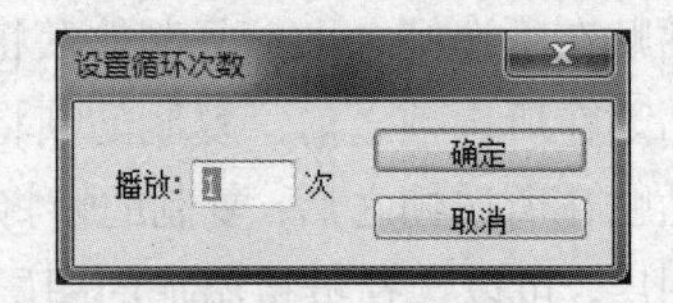

图 9.28 “设置循环计数”对话框

（3）在“播放”文本框中输入所需的循环播放次数。

（4）单击“确定”按钮，则动画将按设定的循环次数进行播放。

6. 设置过渡帧

使用“过渡”命令可以在两个具有不同图层属性的帧之间建立一种均匀的过渡效果，从而创建出平滑的渐变动画。例如，要创建一个淡入淡出的动画，可以设置开始帧中的图层不透明度为 100%，然后在新的帧中设置图层的不透明度为 0%，再使用“过渡”命令就可以在两个帧之间创建一个逐渐过渡到透明的动画。设置过渡帧的步骤如下：

（1）选择一个帧或多个连续帧。

（2）在时间轴面板中单击按钮或单击扩展菜单中的“过渡”命令，则打开“过渡”对话框，如图 9.29 所示。

（3）在“过渡”对话框中设置所需要的参数。

（4）单击“确定”按钮，则添加了渐变帧。

7. 优化动画

动画制作完成后，应优化动画以便快速下载到 Web 浏览器。优化动画的具体步骤如下：

（1）单击时间轴扩展菜单中的“优化动画”命令，则弹出“优化动画”对话框，如图 9.30 所示。

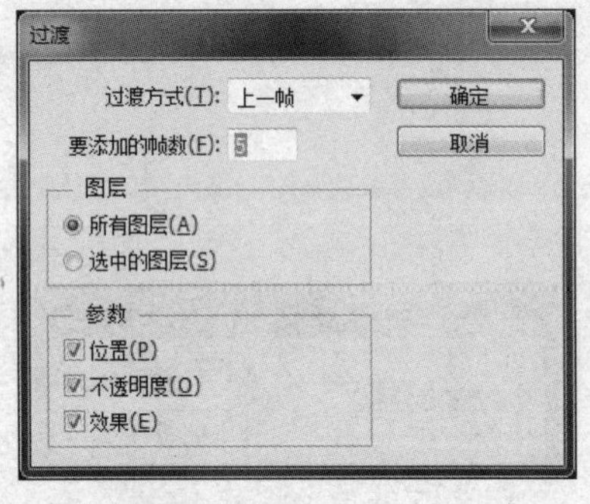

图 9.29 “过渡”对话框

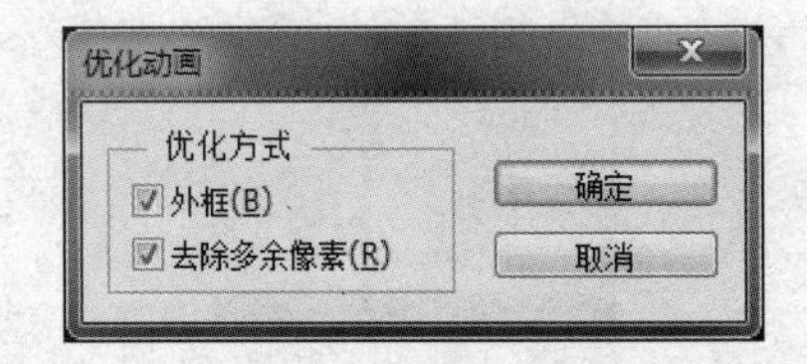

图 9.30 “优化动画”对话框

（2）在对话框中进行选项设置。

- 选择“外框”复选框，将每一帧裁剪到相对应上一帧发生了变化的区域，这样创建的动画文件比较小。
- 选择“去除多余像素”复选框，则前面的帧中未转换的像素变为透明。

（3）单击“确定”按钮，确定该优化选项。

9.3.3 帧动画实例

（1）选择“文件/新建”菜单命令，新建一个文档，点击时间轴面板“创建帧动画”按钮。

（2）选择文件工具，输入“PHOTOSHOP CS6”，得到第 1 帧，点击帧缩略图右下角的三角，设置帧持续时间为 1 秒，如图 9.31 所示。

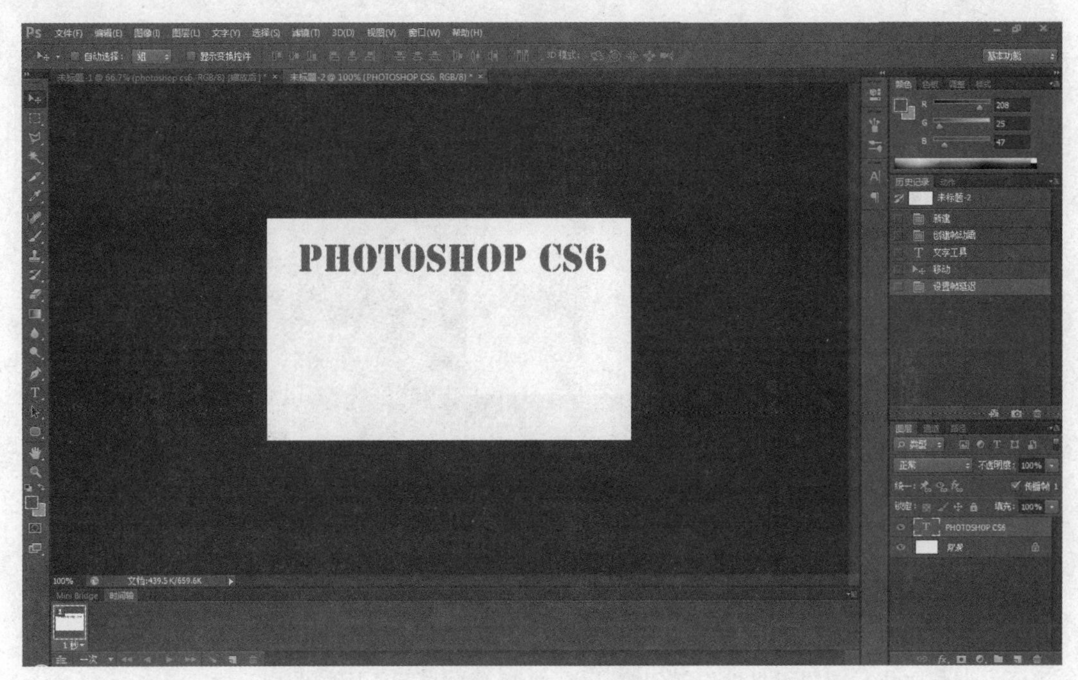

图 9.31　第 1 帧

（3）点击时间轴面板按钮，复制得到第 2 帧，移动 PHOTOSHOP CS6 图层到图像中间，如图 9.32 所示。

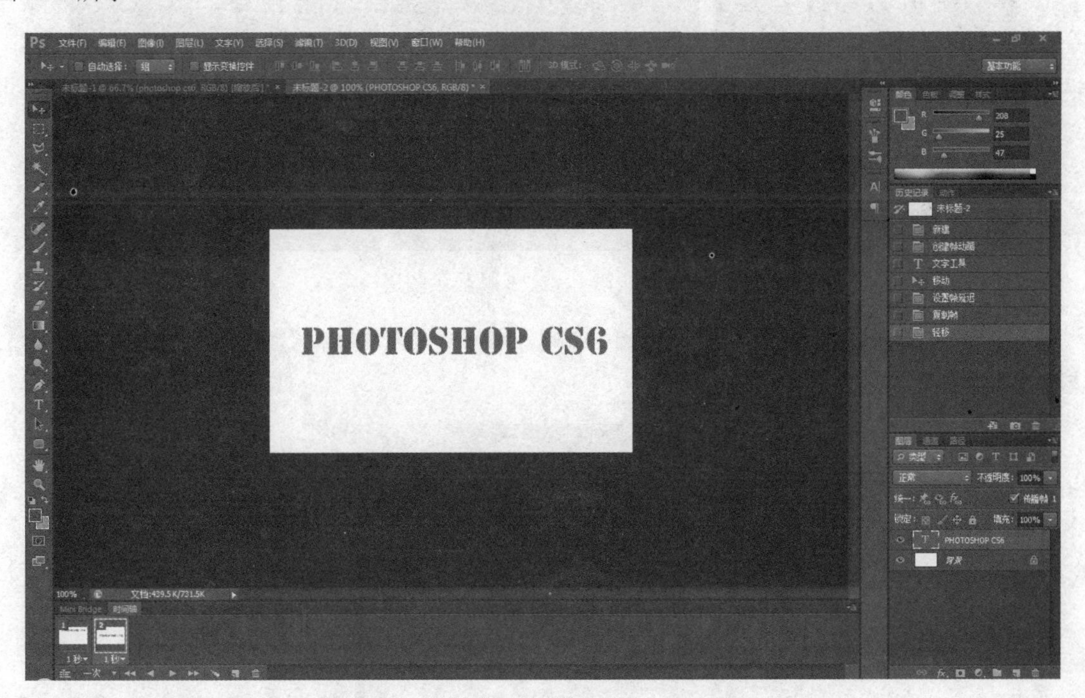

图 9.32　第 2 帧

（4）点击时间轴面板按钮，复制得到第 3 帧。选择复制 PHOTOSHOP CS6 图层得到

PHOTOSHOP CS6 副本图层，更改文字颜色，如图 9.33 所示。

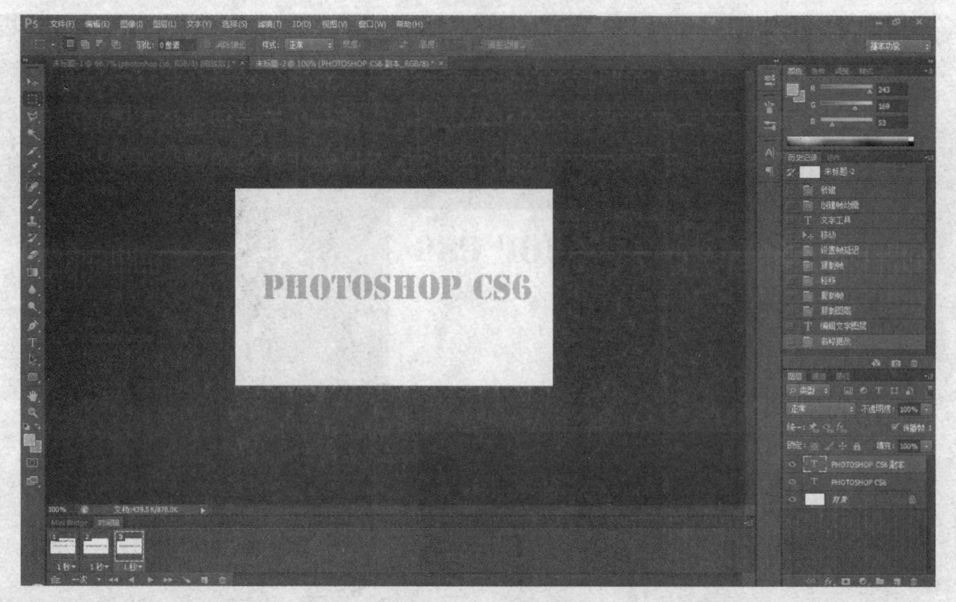

图 9.33　第 3 帧

（5）调整“指示图层可见性”按钮为 1～3 帧分别显示不同的图层。

图 9.34　第 1、2、3 帧显示图层

（6）按住 Shift 键单击，同时选中第 1、2 帧，单击“过渡动画帧”按钮，打开“过渡”对话框，如图 9.35 所示。

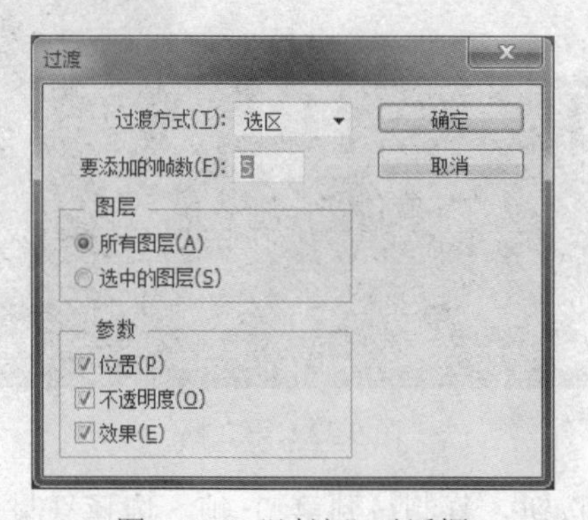

图 9.35　“过渡”对话框

（7）按住 Shift 键单击，同时选中第 7、8 帧，单击“过渡动画帧”按钮，参数同第 6 步，得到如图 9.36 所示的帧动画面板。

图 9.36　实例动画面板

（8）选中第 1 帧，点击播放按钮，可以浏览动画效果。从第 1 帧到第 7 帧实现文件渐现并逐渐移动；从第 7 帧到第 13 帧实现颜色的渐变。

9.4　存储动画

根据需要可将动画存储为不同的格式，可以是 GIF 格式，或是图像序列或视频，也可以存储为 PSD 格式，此格式的动画可以导入到 Adobe After Effects 中。

9.4.1　存储为 GIF 格式

单击时间轴面板中的按钮，可以预览到动画的效果。制作完的动画可以保存为 GIF 格式图片，执行“文件/存储为 Web 所用格式”菜单命令，打开如图 9.37 所示对话框。

图 9.37　“存储为 Web 所用格式”对话框

从“预设”下拉列表中选择保存类型为 GIF，设置参数，点击“存储”，输入文件名称，单击“确定”按钮，即可将动画保存为 GIF 文件。

9.4.2 存储为视频格式

在视频时间轴模式下，可单击时间轴面板中的 按钮，或点击扩展菜单中的“渲染视频”命令打开“渲染视频”对话框。在帧动画时间轴模式下，点击“文件/导出/渲染视频”，打开“渲染视频”对话框，如图 9.38 所示。

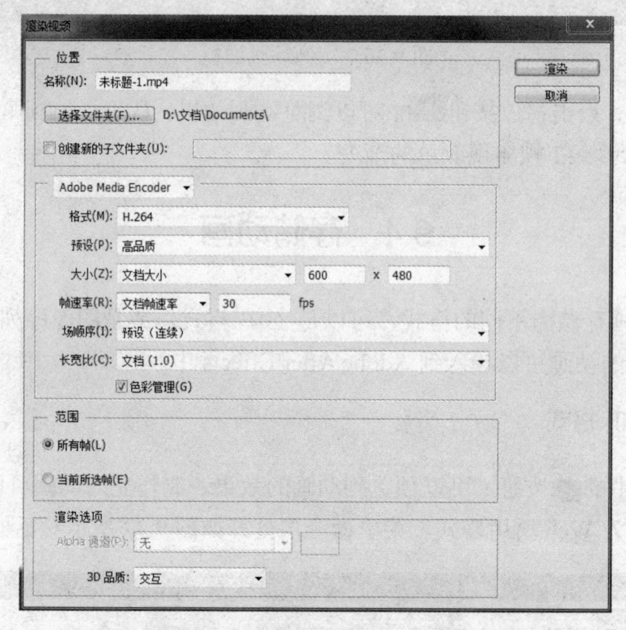

图 9.38 “渲染视频”对话框

设置好文件名称、存储位置和视频的相关参数等，点击“渲染”按钮，完成视频的导出。

在 Photoshop CS6 中，“时间轴”面板替换了原来的“窗口/动画”菜单命令，包含可提供专业效果的过渡和特效，可轻松更改剪辑持续时间和速度，并将动态效果应用到文字、静态图像和智能对象。

Photoshop CS6 中使用完全重新设计的视频引擎，可以导入更广泛的视频、音频和图像序列。视频导入支持 AVC*、AVI、F4V*、FLV*、MOV、MPE*、MPEG-1、MPEG-2、MPEG-4、MTS*、MXF*、R3D*、TS*、VOB*、3GP、3GPP*和.264*等格式；音频导入支持 AAC、AIFF、M2A、M4A、MP2 和 MP3 等格式；视频导出支持 DPX、MOV 和 MP4 等格式。可像普通图层一样操作视频图层，调整图像色调曲线、增加滤镜效果等。还可以设置关键帧的形式来设置素材的动画效果，可以通过设置素材的位置、透明度、风格来得到丰富多彩的动画效果。

在这一章中，我们主要介绍了时间轴面板、创建和编辑视频动画及帧动画的流程。需要注意的是，帧动画制作完成后，应优化动画以便提高下载速度。优化动画最重要的一点就是在其显示质量基本不变的情况下，尽量让文件小一些，通过压缩格式存储图像文件以减小动画的体积。

最后是动画的存储。根据需要可将动画存储为不同的格式，可以是 GIF 格式，或是图像序列或视频，也可以存储为 PSD 格式，此格式的动画可以导入到 Adobe After Effects 中。

一、选择题（每题可能有多项选择）

1．PAL 视频的帧速率为（　　）fbs。

A．30　　B．25　　C．29.97　　D．24

2．有关时间轴面板说法错误的有（　　）。

A．帧就是图层，一个图层即生成一帧　　B．视频时间轴有单独的音频轨

C．视频时间轴和帧动画时间轴可互换　　D．帧动画时间轴模式下不能渲染视频

3．优化动画是指（　　）。

A．把动画处理得更美观一些

B．把动画尺寸放大使观看更方便一些

C．使动画质量和动画文件大小两者的平衡达到最佳，也就是说在保证动画质量的情况下使动画文件达到最小

D．把原来模糊的动画处理得更清楚一些

二、填空题

1．制作完成后，动画文件可以存储为________、________、________三种格式。

2．帧速率，即____________，通常由生成的输出类型决定。

3．在帧动画时间轴模式下，播放控制的四个按钮◀◀ ◀ ▶ ▶▶分别执行________、________、________、________操作。

三、简答题

1．什么是视频图层？视频图层的操作与常规图层有什么不同？

2．什么是过渡动画帧？在动画制作中有什么作用？

3．在复制粘贴帧时有哪几个选项？分别代表什么含义？

四、操作题

1．制作一个有视频、图像、文字三种素材且图像和文字有动态效果的视频动画。

2．试制作一个动画，存为 GIF 格式后发布到网页上。

第 10 章　3D 设计

Photoshop CS6 对 3D 性能、工作流程和材质等功能进行了优化，使用改进的 Adobe Ray Tracer 引擎进行渲染，增加了“3D 材质吸管”和“3D 材质施救”工具。3D 界面中各个功能模块的逻辑结构发生了很大的变换，旧版 3D 组件只包含网格、材质、灯光三类，这三类组件共同构成了 3D 场景。而在 CS6 中，3D 组件还包含了环境与相机两个组件，其中网格、材质、灯光、相机共同构成了 3D 场景，而环境则是独立于场景之外的另外一个专门的组件。

- 熟悉“3D”界面。
- 熟悉“3D”面板。
- 掌握创建和编辑 3D 对象的基本方法。
- 掌握 3D 对象的渲染。
- 掌握不同的存储方式。

10.1　3D 界面

Photoshop CS6 使用户能够设定 3D 对象的位置、编辑纹理和光照，选择不同的渲染的模式。功能强大的同时，对显卡的要求也更高，显卡必须支持 OPEN GL，且驱动程序更强劲，否则无法使用 3D 工具。在新建 3D 文件时，可能会弹出如图 10.1 所示的对话框。

执行“编辑/首选项/性能”菜单命令，打开“首选项”对话框，勾选“使用图形处理器”选项，如图 10.2 所示。

图 10.1　提示对话框

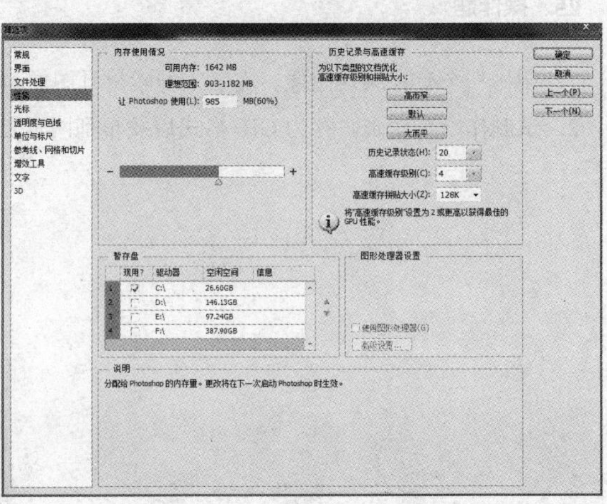

图 10.2　“首选项”对话框

10.1.1　3D 界面

打开 Photoshop CS6，新建一个文件，输入文字“PHOTOSHOP CS6”。在工作界面右上角点击“基本功能”按钮，展开下拉列表，选中“3D”，如图 10.3 所示。在图 10.4 所示的 3D 面板中点击“创建”按钮，新建一个 3D 文件，完整地打开了 3D 工作界面，如图 10.5 所示。

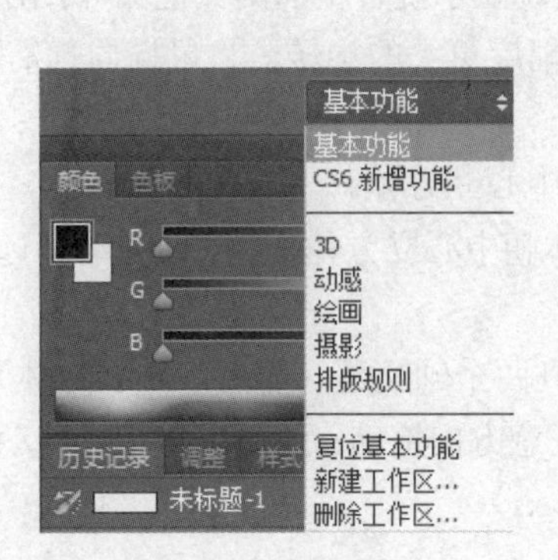

图 10.3　界面菜单

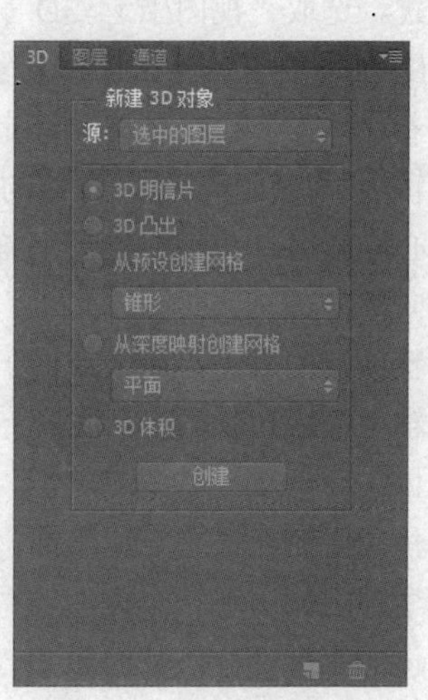

图 10.4　3D 面板

图 10.5　3D 工作界面

在界面中我们可以看到，在 Photoshop CS6 中，3D 组件中相机与网格、材质、光源共同构成了 3D 场景，而环境则是独立于场景之外的另外一个专门的组件，主要用于设置全局环境色以及地面、背景等基础要素的属性。3D 功能模块进行了逻辑重组。对象、网格、相机、灯光共享同一组变换工具，使得逻辑上更加简洁和条理。各个 3D 组件的属性设置不再在 3D 面板中设置，而是统一集中到属性面板中设置；另外，渲染设置和凸纹编辑等次级设置面板也被统一整合到属性面板设置。3D 变换工具被整合到了移动工具中。材质选择工具与材质填充工具分别被整合到了吸管工具组与填充工具组。

10.1.2 3D 轴

3D 轴是 3D 文件与 2D 文件的本质区别，3D 轴显示 3D 空间中模型、相机、光源和网格的当前 X、Y 和 Z 轴的方向。当选择任意 3D 工具时，都会显示 3D 轴，从而提供了另一种操作选定项目的方式。选取“视图/显示/3D 轴”可以显示或隐藏 3D 轴。

使用 3D 轴，要将鼠标指针移到轴控件上方，使其高亮显示，然后按如下方式进行拖动：

- 沿着 X、Y 或 Z 轴移动选定项目：高亮显示任意轴的锥尖，以任意方向沿轴拖动。
- 旋转项目：单击轴尖内弯曲的旋转线段，将会出现显示旋转平面的黄色圆环，围绕 3D 轴中心沿顺时针或逆时针方向拖动圆环。要进行幅度更大的旋转，将鼠标向远离 3D 轴的方向移动。
- 调整项目的大小：向上或向下拖动 3D 轴中的中心立方体。
- 沿轴压缩或拉长项目：将某个彩色的变形立方体朝中心立方体拖动，或拖动其远离中心立方体。
- 将移动限制在某个对象平面：将鼠标指针移动到两个轴交叉（靠近中心立方体）的区域，两个轴之间出现一个黄色的“平面”图标，向任意方向拖动。还可以将指针移动到中心立方体的下半部分，从而激活“平面”图标。

10.1.3 3D 对象工具

在 Photoshop CS6 中，移动工具整合了对象和相机调整功能，可调整对象和相机的位置。选择“移动”工具，在工具选项栏显示 3D 移动工具，如图 10.6 所示。

3D 模式：　　3D 模式：

图 10.6 3D 对象工具和相机工具

- 旋转：上下拖动可将模型围绕其 X 轴旋转；两侧拖动可将模型围绕其 Y 轴旋转。按住 Alt 键的同时进行拖移可滚动模型。
- 滚动：两侧拖动可使模型绕 Z 轴旋转。
- 平移：两侧拖动可沿水平方向移动模型；上下拖动可沿垂直方向移动模型。按住 Alt 键的同时进行拖移可沿 X/Z 方向移动。
- 滑动：两侧拖动可沿水平方向移动模型；上下拖动可将模型移近或移远。按住 Alt 键的同时进行拖移可沿 X/Y 方向移动。
- 缩放 3D 对象：上下拖动可将模型放大或缩小。按住 Alt 键的同时进行拖移可沿 z 方向缩放。
- 缩放 3D 场景：只在打开“3D 相机”面板情况下出现，上下拖动可将整个场景放大或缩小。

10.1.4 3D 面板

在 Photoshop CS6 中，3D 面板进行了简化，选择要编辑的元素，在 3D 面板中选择相应的选项，更多的选项参数则调整到“属性面板”。

1. 场景面板

新建或打开一个 3D 文件，3D 面板会显示关联的 3D 文件的组件，在面板顶部列出文件中的场景、网格、材质和光源选项。点击“场景”按钮，然后点击面板中的“环境”选项，在“属性”面板中显示“环境”面板，如图 10.7 所示。

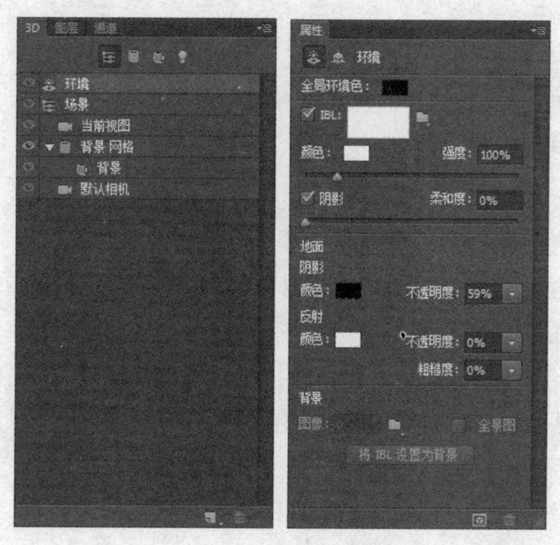

图 10.7 环境面板

- 全局环境色：设置在反射表面上可见的全局环境光的颜色。该颜色与用于特定材质的环境色相互作用。
- IBL：启用基于图像的光照。
- 阴影柔和度：控制选定网格投影的柔和度。
- 阴影颜色：地面阴影的颜色。
- 反射颜色：地面反射的颜色。
- 背景：设置背景图片。
- 将 IBL 设置为背景：只有 IBL 添加纹理后才能使用。

单击“3D”面板中的“场景”选项，则在“属性”面板中显示“场景”面板，如图 10.8 所示。

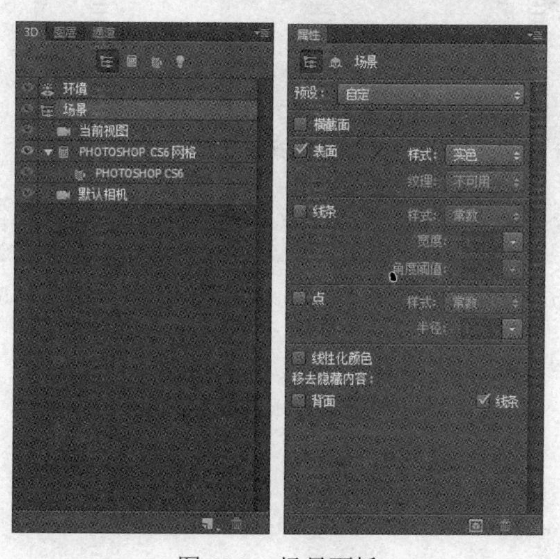

图 10.8 场景面板

- 横截面：勾选该复选框可创建以所选角度与模型相交的平面横截面。这样，可以切入模型内部，查看里面的内容。
- 表面：启用表面渲染。
- 线条：启用线渲染。
- 点：启用点渲染。
- 线性化颜色：线性化场景颜色。
- 背面：移去隐藏背面。
- 线条：隐去隐藏线。

2. 网格面板

网格提供 3D 模型的底层结构，看起来是由成千上万个单独的多边形框架结构组成的线框。3D 模型通常至少包含一个网格，也可能包含多个网格。点击“3D”面板中的“网格”按钮，在“属性”面板中显示“网格”面板，如图 10.9 所示。

- 捕捉阴影：控制选定网格是否在其表面上显示其他网格所产生的阴影。选择“3D/地面阴影捕捉器”，在网格上捕捉地面所产生的阴影；选择“3D/将对象贴紧地面”，将这些阴影与对象对齐。
- 投影：控制选定网格是否投影到其他网格表面上。
- 不可见：隐藏网格，但显示其表面的所有阴影

如果对文字图层使用“3D 凸出命令”创建 3D 文件，点击“3D”面板中的“网格”按钮，将显示如图 10.10 所示的“网格”面板。

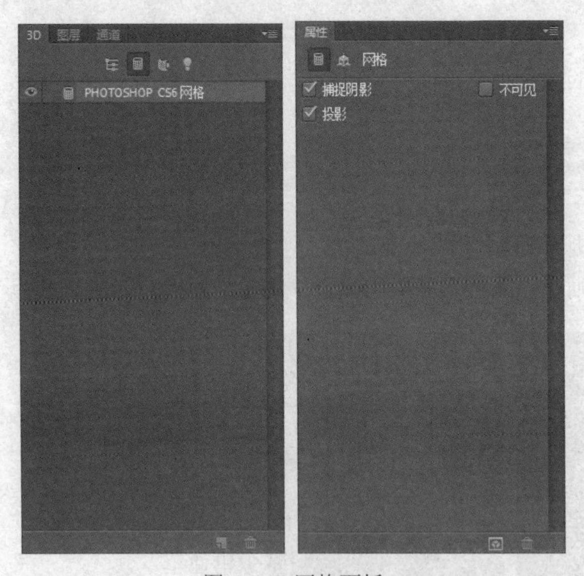

图 10.9　网格面板

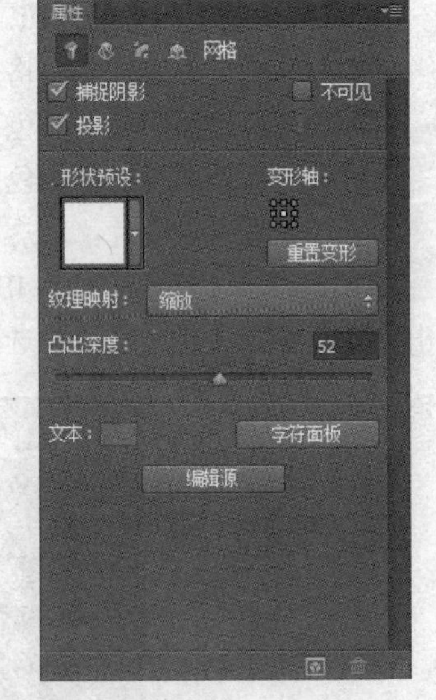

图 10.10　网格面板

- 形状预设：选择不同的突出方式。
- 变形轴：使用轴来控制变形，共有 9 个控制点。
- 纹理映射：凸出部分的纹理映射方式。
- 凸出深度：凸出到对象前表面的距离。
- 文本：设置文本颜色。
- 字符面板：打开字符面板，设置文字参数。

● 编辑源：在新窗口内编辑源文件。

3. 材质面板

可使用一种或多种材质来创建模型的整体外观。这些材质依次构建于被称为纹理映射的子组件，它们的积累效果创建材质的外观。如果模型包含多个网格，则每个网格可能会有与之关联的特定材质。或者模型可能是通过一个网格构建的，但在模型的不同区域中使用了不同的材质。点击“3D”面板中的“材质”按钮，在“属性”面板中显示“材质”面板，如图 10.11 所示。

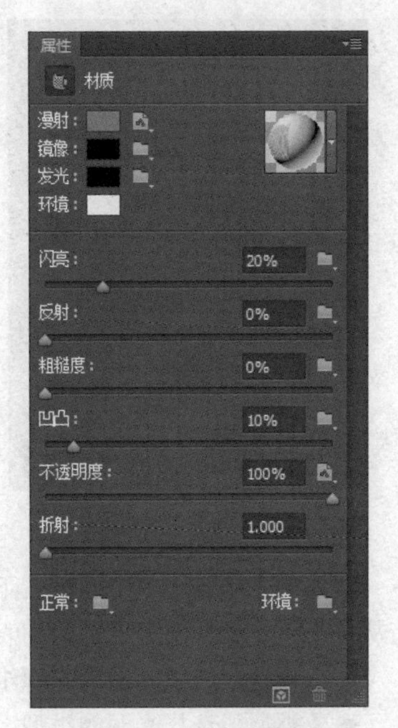

图 10.11 材质面板

● 漫射：材质的颜色。漫射映射可以是实色或任意 2D 内容。如果选择了移去漫射纹理映射，则“漫射”色板值会设置漫射颜色。还可以通过直接在模型上绘画来创建漫射映射。
● 镜像：设置镜面颜色和纹理。
● 发光：设置发光颜色和纹理。
● 环境：设置在反射表面上可见的环境光的颜色。该颜色用于整个场景的全局环境色相互作用。
● 闪亮：材质闪亮。低反光度（高散射）产生更明显的光照，而焦点不足。高反光度（低散射）产生较不明显、更亮、更耀眼的高光。
● 反射：增加 3D 场景、环境映射和材质表面上其他对象的反射。
● 粗糙度：设置材质的粗糙度。
● 凹凸：在材质表面创建凹凸，无需改变底层网格。凹凸映射是一种灰度图像，其中较亮的值创建突出的表面区域，较暗的值创建平坦的表面区域。可以创建或载入凹凸映射文件，或在模型上绘画以自动创建凹凸映射文件。“凹凸”字段增加或减少崎岖度。只有存在凹凸映射时，才会激活。从正面（而不是以一定角度）观看时，崎岖度最明显。
● 不透明度：增加或减少材质的不透明度。可以使用纹理映射或小滑块来控制不透明度。纹理映射的灰度值控制材质的不透明度。白色值创建完全的不透明度，而黑色值创建完全的透明度。
● 折射：设置透明材质折射率。两种折射率不同的介质（如空气和水）相交时，光线方向发生改变，即产生折射。新材质的默认值是 1.0 （空气的近似值）。
● 环境：储存 3D 模型周围环境的图像。环境映射会作为球面全景来应用。可以在模型的反射区域中看到环境映射的内容。
● 正常：像凹凸映射纹理一样，正常映射会增加表面细节。与基于单通道灰度图像的凹凸纹理映射不同，正常映射基于多通道（RGB）图像。每个颜色通道的值代表模型表面上正常映射的 X、Y 和 Z 分量。正常映射可用于使低多边形网格的表面变平滑。

4. 光源面板

光源类型包括点光、聚光灯和无限光。点光像灯泡一样，向各个方向照射。聚光灯照射出可调整的锥形光线。无限光像太阳光，从一个方向平面照射。光源面板用于调整光源的类型、位置、颜色、强度等参数，以获得逼真的光线深度和阴影。点击“3D”面板中的“光源”按钮，在“属性”面板中显示“无限光”面板，如图 10.12 所示。

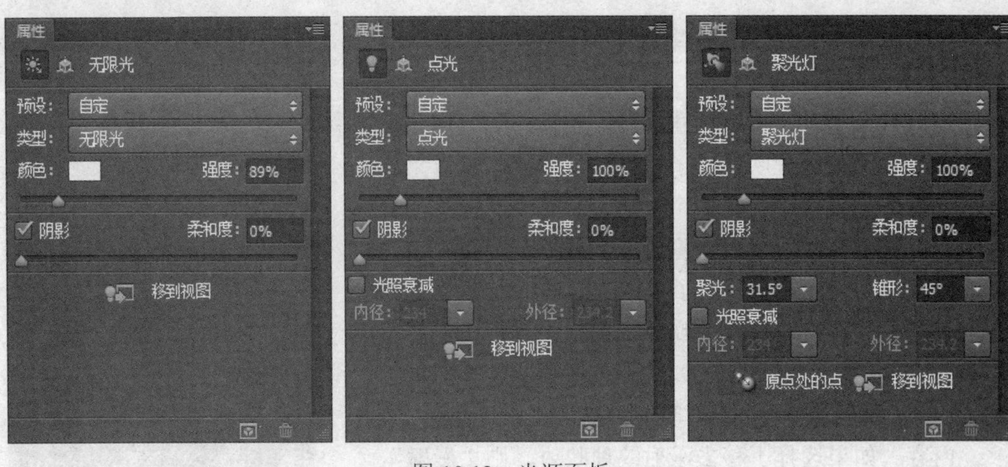

图 10.12　光源面板

要添加光源，请单击面板右下角“创建新光源”按钮，然后选择光源类型。要删除某光源，请从位于“光源”部分顶部的列表中选择该光源，单击面板底部的“删除”按钮。

- 预设：应用存储的光源组和设置组。
- 类型：选择光源的类型。
- 颜色：设置光源的颜色。
- 强度：调整光源亮度。
- 阴影：从前景表面到背景表面、从单一网格到其自身或从一个网格到另一个网格的投影。
- 柔和度：模糊阴影边缘，产生逐渐的衰减。
- 移到视图：将光照移到当前视图。

对于点光或聚光灯，还需要设置以下附加选项：

- 光照衰减：“内径”和“外径”选项决定衰减锥形，以及光源强度随对象距离的增加而减弱的速度。对象接近“内径”限制时，光源强度最大。对象接近“外径”限制时，光源强度为零。处于中间距离时，光源从最大强度线性衰减为零。
- 聚光：（仅限聚光灯）设置光源明亮中心的宽度。聚光角度控制内圆大小，内圆用于表示照亮区域。
- 锥形：（仅限聚光灯）设置光源的外部宽度。锥形角度控制外圆大小，外圆与内圆之间用于表示光照衰减范围，外圆之外表示未照亮区域。
- 原点处的光：使聚光灯对准原点处。

10.2　创建编辑 3D 对象实例

在 Photoshop CS6 中可以选择从图层、文字层、路径、形状层或特定的像素来制作 3D 对象。下面我们来通过实例介绍一下 3D 对象的创建和编辑过程。

10.2.1　制作立体 3D 文字

（1）新建一个文件，选择文字工具，输入文字“PHOTOSHOP CS6”。在工具选项栏单击“更新此文本关联的 3D”按钮，新建 3D 对象，如图 10.13 所示。

（2）选择“旋转 3D 对象”工具，调整立体文字的角度，如图 10.14 所示。

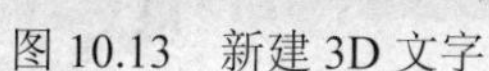
图 10.13　新建 3D 文字

图 10.14　旋转文字

（3）在 3D 面板中，点击“光源”按钮，点击新增聚光灯，采用默认参数设置，效果如图 10.15 所示。

（4）在 3D 面板中，点击“网格”按钮，然后在属性面板中点击“盖子”按钮，切换到“盖子”属性面板。设置如图 10.16 所示的参数，斜面宽度为 16%，角度为 63%，膨胀角度为 45°，强度为 15%，增加文字正面的变化，效果如图 10.17 所示。

图 10.15　添加聚光灯

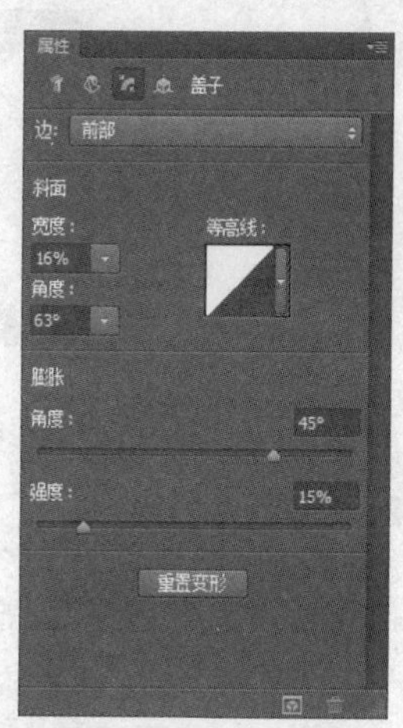

图 10.16　“盖子”参数

（5）点击“变形”按钮，打开“变形”面板，扭曲一下文字，设置参数如图 10.18 所示，形状预设选择下拉列表中第一个形状，凸出深度设为 140，扭转设为 50，锥度设为 56%，水平角度为 50°，垂直角度为-7°，这样得出的效果如图 10.19 所示。

图 10.17　“盖子”效果

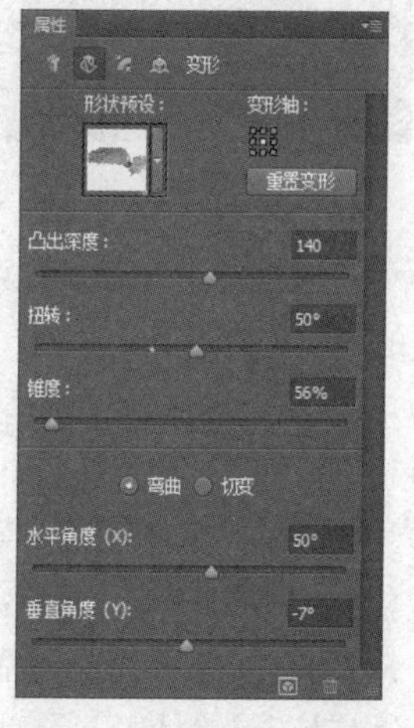

图 10.18　“变形”参数

（6）回到 3D 面板，点击“材质”按钮，选择“前膨胀材质”，在“材质”面板中选择“软木”材质，采用默认参数设置，效果如图 10.20 所示。

图 10.19 “变形”效果

图 10.20 “前膨胀材质”效果

（7）在 3D 面板中选择“凸出材质”，在“材质”面板中选择“红木”材质，采用默认参数设置，效果如图 10.21 所示。

图 10.21 “凸出材质”效果

10.2.2 旋转的地球仪

（1）打开一幅地图文件，调整图像像素宽高比为 2:1，我们采取 600×300 像素大小，如图 10.22 所示。

（2）执行“3D/从图层新建网格/网格预设/球体”菜单命令，得到 3D 球体，如图 10.23 所示。

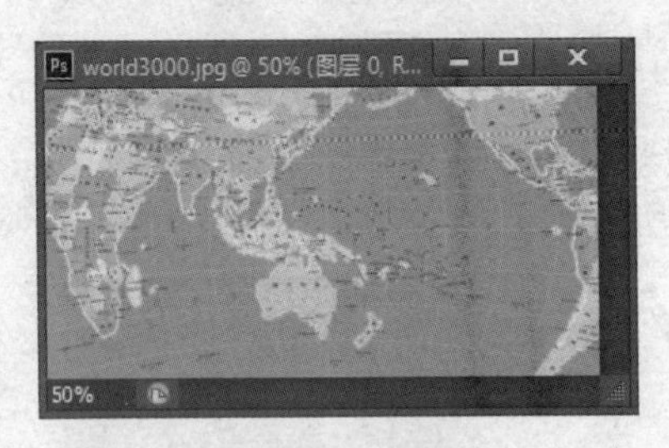

图 10.22 地图图像

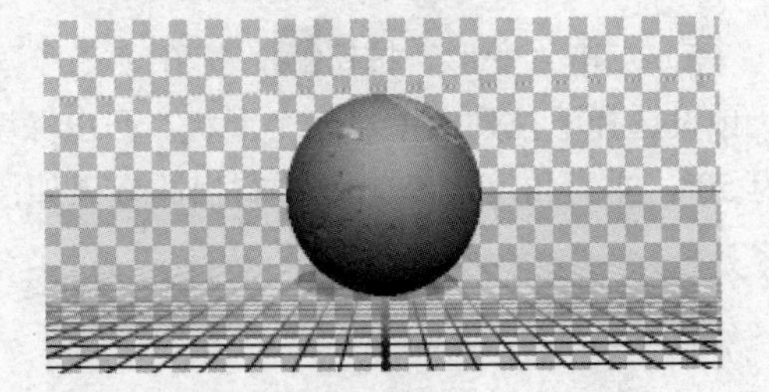

图 10.23 “球体”命令效果

（3）在 3D 面板中点击材质按钮，在材质属性面板中调整粗糙度、凹凸等参数，使地球仪具有一定的粗糙凹凸表面，如图 10.24 所示。

（4）在 3D 面板中点击光源按钮，在工具面板中选取移动工具，调整光源角度如图 10.25 所示。同时也可在光源属性面板中调整参数设置。

（5）执行“窗口/时间轴”菜单命令，打开时间轴面板，点击“创建视频时间轴”，如图 10.26 所示。

（6）拖动时间显示条，调整动画持续时间为 3 秒。在时间轴面板中，点击展开图层 0，点击“3D 场景位置”前的秒表，自动在视频起始位置添加一个关键帧，如图 10.27 所示。

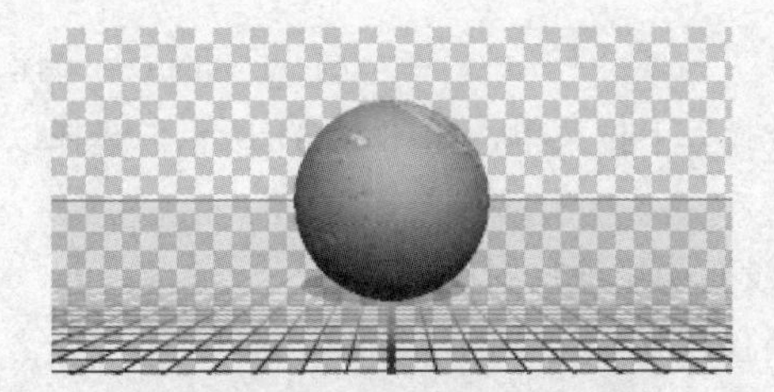

图 10.24　材质参数调整效果

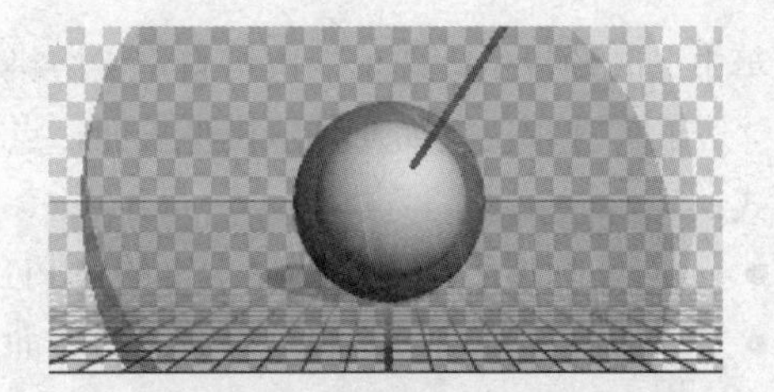

图 10.25　“球体”命令效果

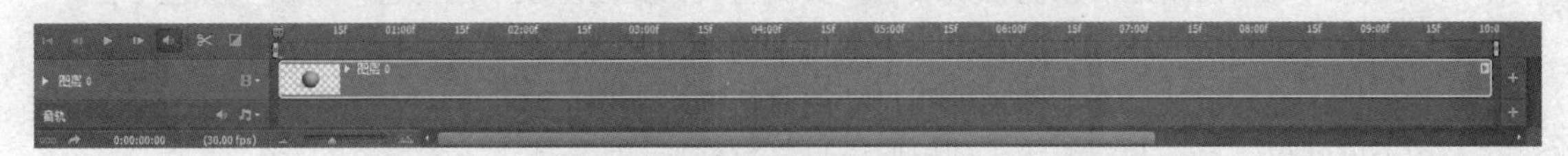

图 10.26　创建视频时间轴

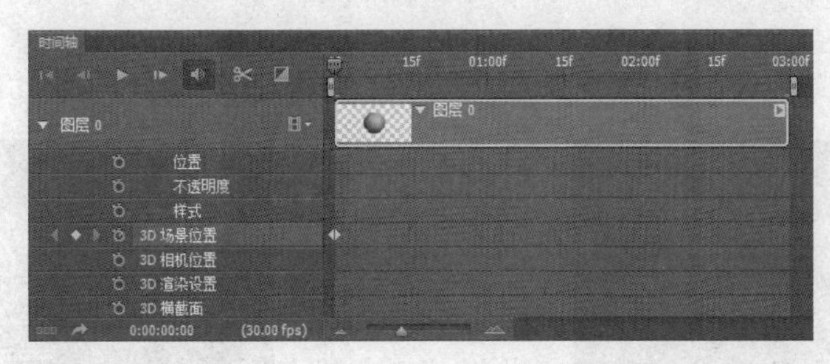

图 10.27　第一个关键帧

（7）拖动当前时间指示器移动到动画结束处，选择移动工具，选取旋转 3D 对象工具，任意旋转地球仪，如图 10.28 所示。旋转结束后，自动在动画结束处添加一个关键帧，如图 10.29 所示。

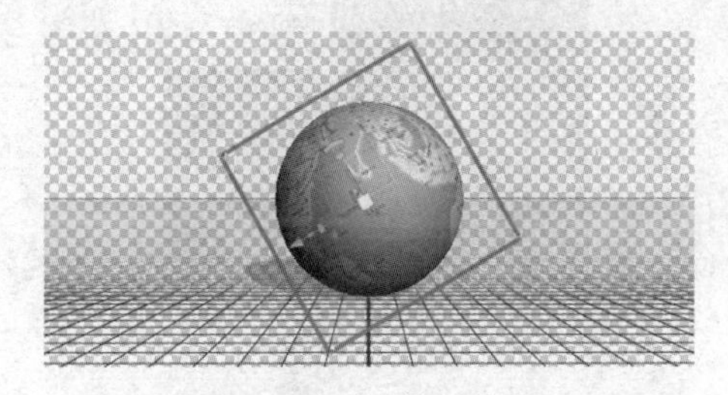

图 10.28　旋转地球仪

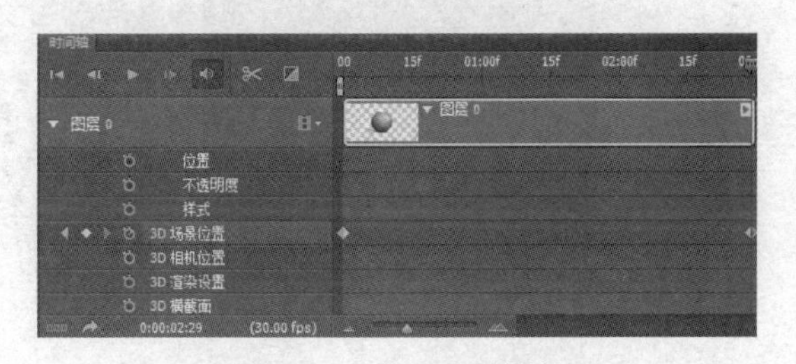

图 10.29　第二个关键帧

（8）点击播放按钮即可观看动画效果。

10.3　3D 文件的渲染和存储

10.3.1　3D 渲染

1. 渲染设置

渲染设置决定如何绘制 3D 模型。渲染设置是图层特定的。如果文档包含多个 3D 图层，要为每个图层分别指定渲染设置。

在 Photoshop CS6 中已经没有渲染设置面板，其功能被移动至 3D 面板的场景选项的“属性”面板下。在 3D 面板中，点击场景按钮，打开“场景”属性面板，如图 10.30 所示。从“预设”下拉菜单中选取预设渲染选项，也可自定义渲染设置。

“表面”选项决定如何显示模型表面，点击“样式”下拉菜单，如图 10.31 所示，选择以下任何方式：

- 实色：使用 OpenGL 显卡上的 GPU 绘制没有阴影或反射的表面。
- 未照亮的纹理：绘制没有光照的表面，而不仅仅显示选中的“纹理”选项。
- 平坦：对表面的所有顶点应用相同的表面标准，创建刻面外观。
- 常数：用当前指定的颜色替换纹理。要调整表面、边缘或顶点颜色，单击“颜色”框。
- 正常：以不同的 RGB 颜色显示表面标准的 X、Y 和 Z 组件。
- 外框：显示反映每个组件最外侧尺寸的对话框。
- 深度映射：显示灰度模式，使用明度显示深度。
- 绘画蒙版：可绘制区域以白色显示，过度取样的区域以红色显示，取样不足的区域以蓝色显示。

纹理：“表面样式”设置为“未照亮的纹理”时，需指定纹理映射。

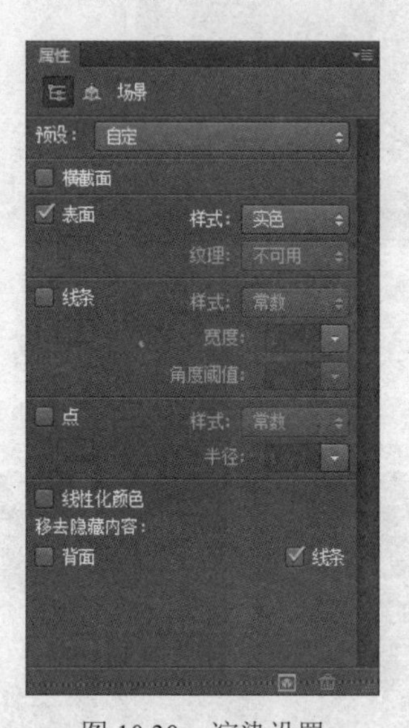

图 10.30　渲染设置

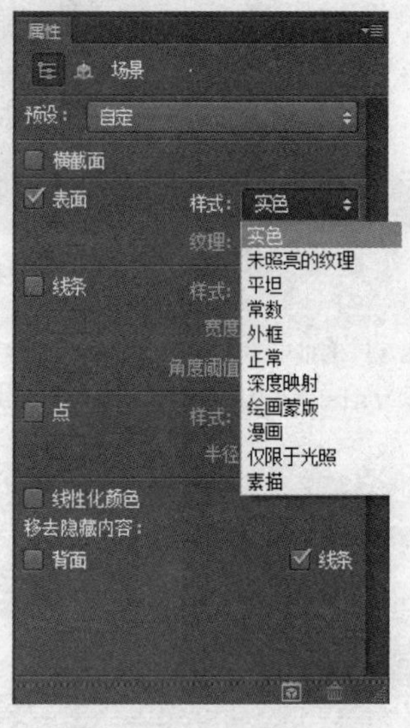

图 10.31　表面选项

“线条”选项决定线框线条的显示方式。

- 常数：用当前指定的颜色替换纹理。
- 平坦：对所有顶点应用相同的表面标准，创建表面外观。
- 外框：显示反映每个组件最外侧尺寸的对话框。
- 实色：正常以不同的 RGB 颜色显示表面。
- 宽度：指定宽度。
- 角度阈值：显示模型中的结构线条数量。

“点”选项用于调整顶点的外观，组成线框模型的多边形相交点。样式的选择同“线条”选项，“半径”用于设置每个顶点的像素半径。

2. 渲染

执行“3D/渲染”菜单命令，或点击“属性”面板右下角的渲染按钮，3D 对象即时开始渲染，如图 10.32 所示。

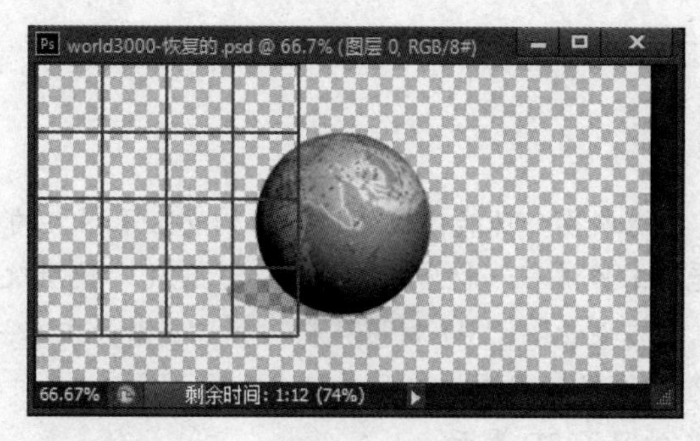

图 10.32　渲染

在文件窗口左下角显示渲染剩余时间，可以实时监测渲染情况。

10.3.2　3D 文件的导出和存储

1. 导出 3D 图层

可以用以下所有支持的 3D 格式导出 3D 图层：Collada DAE、Wavefront/OBJ、U3D 和 Google Earth 4 KMZ。选取导出格式时，需考虑以下因素："纹理"图层以所有 3D 文件格式存储，U3D 只保留"漫射"、"环境"和"不透明度"纹理映射，Wavefront/OBJ 格式不存储相机设置、光源和动画，只有 Collada DAE 会存储渲染设置。

导出 3D 图层的步骤如下：

（1）执行"3D/导出 3D 图层"菜单命令，打开"存储为"对话框，如图 10.33 所示。

（2）设置存储位置、文件名和格式后，点击保存，弹出"3D 导出选项"对话框，如图 10.34 所示。在下拉列表中选取导出纹理的格式。U3D 和 KMZ 支持 JPEG 或 PNG 作为纹理格式。DAE 和 OBJ 支持所有 Photoshop 支持的用于纹理的图像格式。如果导出为 U3D 格式，请选择编码选项。ECMA 1 与 Acrobat 7.0 兼容；ECMA 3 与 Acrobat 8.0 及更高版本兼容，并提供一些网格压缩。

图 10.33　"存储为"对话框

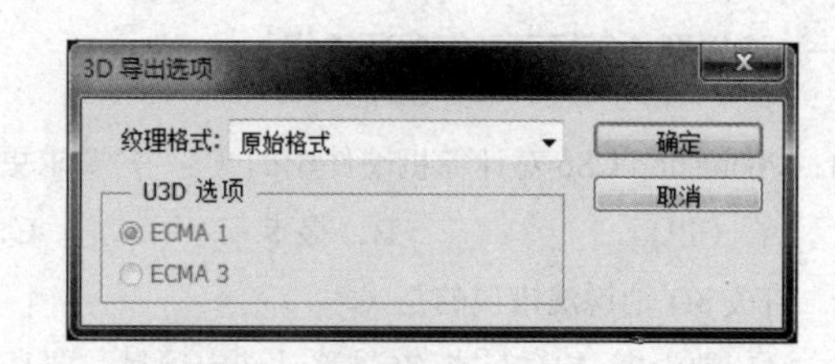

图 10.34　"3D 导出选项"对话框

（3）单击"确定"按钮，完成导出过程。

2. 存储 3D 文件

要保留 3D 模型的位置、光源、渲染模式和横截面，请将包含 3D 图层的文件以 PSD、PSB、TIFF 或 PDF 格式存储。

执行"文件/存储"或"文件/存储为"菜单命令，打开"存储为"对话框，选择 Photoshop (PSD)、Photoshop PDF 或 TIFF 格式，然后单击"确定"按钮即可。

Photoshop CS6 的 3D 功能中各个功能模块的逻辑结构发生了很大的变化，其操控方式的变化也是天翻地覆。对 3D 性能、工作流程和材质等功能进行了优化，使用改进的 Adobe Ray Tracer 引擎进行渲染，增加了“3D 材质吸管”、“3D 材质施救”和“更新此文本关联的 3D”三个工具。在操作上，具体有更灵活的组件选择、视图切换和属性参数设置方式。

在这一章中，我们首先学习了 3D 界面。

在界面中我们可以看到，在 Photoshop CS6 中，3D 组件中相机与网格、材质、光源共同构成了 3D 场景，而环境则是独立于场景之外的另外一个专门的组件，主要用于设置全局环境色以及地面、背景等基础要素的属性。

网格提供 3D 模型的底层结构，看起来是由成千上万个单独的多边形框架结构组成的线框。3D 模型通常至少包含一个网格，也可能包含多个网格。

材质用于创建模型的整体外观。这些材质依次构建于被称为纹理映射的子组件，它们的积累效果创建材质的外观。如果模型包含多个网格，则每个网格可能会有与之关联的特定材质。

光源面板用于调整光源的类型、位置、颜色、强度等参数，以获得逼真的光线深度和阴影。光源类型包括点光、聚光灯和无限光。

通过实例“立体 3D 文字”，初步掌握了 3D 对象的各个组件参数的设置，材质的选择、网格变形和光源调整。“旋转的地球仪”实例则结合了 3D 对象的移动和动画功能。

最后是 3D 对象的存储。要保留 3D 模型的位置、光源、渲染模式和横截面，请将包含 3D 图层的文件以 PSD、PSB、TIFF 或 PDF 格式存储。也可以用以下所有支持的 3D 格式导出 3D 图层：Collada DAE、Wavefront/OBJ、U3D 和 Google Earth 4 KMZ。选取导出格式时，需考虑以下因素：“纹理”图层以所有 3D 文件格式存储，U3D 只保留“漫射”、“环境”和“不透明度”纹理映射，Wavefront/OBJ 格式不存储相机设置、光源和动画，只有 Collada DAE 会存储渲染设置。

一、选择题（每题可能有多项选择）

1．Photoshop CS6 对计算机硬件中的（　）要求更高？

A．CPU　　B．显卡　　C．内存　　D．硬盘

2．有关 3D 轴说法错误的是（　）。

A．要沿着 X、Y 或 Z 轴移动选定项目，要高亮显示任意轴的锥尖

B．要调整项目的大小，请向上或向下拖动 3D 轴中的中心立方体

C．要沿轴压缩项目，请将某个彩色的变形立方体拖动远离中心立方体

D．要将移动限制在某个对象平面，请将鼠标指针移动到两个轴交叉（靠近中心立方体）的区域。两个轴之间出现一个黄色的“平面”图标

3．关于渲染设置说法正确的有（　）。

A．渲染设置决定如何绘制 3D 模型

B．渲染设置是图层特定的，可以为每个图层分别指定渲染设置

C．在 Photoshop CS6 中，设置了专门的渲染设置对话框

D．在渲染时可实时监测渲染情况，并查看剩余时间

二、填空题

1．3D 面板中包括有________、________、________、________、________等五个组件。

2．使用 3D 对象工具 3D 模式：，可以对 3D 对象进行________、________、________、________和________操作。

3．在光源面板中，可以添加的光源类型有________、________和________。

三、操作题

1．制作立体 3D 文字。

2．制作一个滚动的足球动画。

第 11 章　图像的导入导出

Photoshop CS6 中的图像导入功能可以将图像资源导入到计算机中用于编辑和处理，Photoshop CS6 对 TWAIN 接口提供了全面支持，可以方便地连接具有 TWAIN_32 接口的扫描仪、数码照相机等设备。本章主要介绍了图像的导入导出和打印输出的方法以及相关的一些设置。通过本章学习，可以学会如何使用 Photoshop CS6 从数码照相机中获取图像，从而使处理图像的范围更为广阔，更具有色彩，并且学会使用 Photoshop CS6 的导出功能，将一幅完美的作品输出。

- 掌握将数据组和注释信息导入 Photoshop 的方法。
- 掌握使用扫描仪和数码相机导入图片的方法。
- 掌握 Photoshop 图像的输出方法。
- 掌握 Photoshop 打印输出的方法以及相关的一些设置。

11.1　图像的导入

执行“文件/导入”菜单命令，如图 11.1 所示，Photoshop 的导入命令包括四种命令方式，它们分别完成了不同图像资源的导入。下面将结合 Photoshop 图像资源的来源方式对各种命令方式逐一介绍。

图 11.1　导入功能命令方式

11.1.1　导入数据组

执行“文件/导入/变量数据组”菜单命令可以导入文本文件数据。

导入文本文件数据的步骤如下：

（1）通过浏览找到要导入的文本文件。

（2）设置导入选项。

（3）将第一列用作数据组名称。使用文本文件第一列的内容（列出的第一个变量的值）命名每个数据组。否则，系统将数据组命名为“数据组 1、数据组 2”等。

（4）替换现有的数据组，新数据组导入前删除所有现有的数据组。

（5）设置文本文件的编码或保留设置“自动”。

（6）单击“确定”按钮则完成了外部变量数据组的导入。

11.1.2　导入视频帧到图层

执行“文件/导入/视频帧到图层”菜单命令，打开“打开”对话框，选择一个视频，单击“打开”按钮，弹出“将视频导入图层”对话框，如图 11.2 所示。

勾选“限制为每隔 10 帧”，Photoshop CS6 会以每隔 10 帧采集一个图层来导入文件，如果素材文件为 200 帧，置入完成后为 20 个帧图层。

设置好参数后，点击“确定”按钮完成导入视频帧到图层，如图 11.3 所示。

图 11.2　“将视频导入图层”对话框

图 11.3　“将视频导入图层”结果

11.1.3　导入注释

执行“文件/导入/注释”菜单命令，打开“载入”对话框，如图 11.4 所示。在“载入”对话框中选择已保存的 PDF 格式注释文件，单击“载入”按钮，则 PDF 文件的注释信息被载入 Photoshop CS6 中。

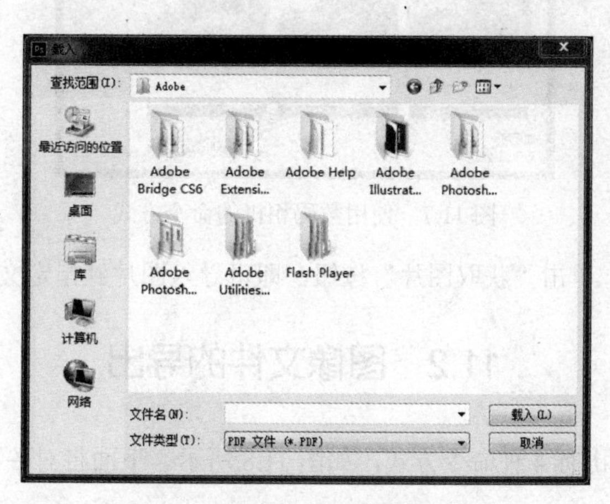

图 11.4　载入注释信息的对话框

11.1.4　使用 WIA 从数码照相机导入图像

要将数码照相机中的图像导入到计算机中，首先需要安装数码照相机的驱动程序，并用数据线与计算机相连。当确认已经正常连接计算机后，就可进行导入图像的过程。启动 Photoshop，执行“文件/导入/WIA 支持”菜单命令，弹出“WIA 支持”对话框，如图 11.5 所示。

- 目标文件夹：点击“浏览”选取存储文件的目标位置。
- 在 Photoshop 中打开已获取的图像：勾选该复选框则表示获取文件后立即在 Photoshop 中打开该图像文件；如果要导入大量图像，或想在以后编辑图像，则取消勾选。
- 使用今天的日期创建唯一的子文件夹：勾选该复选框后，将导入的图像直接存储到以当前日期命名的文件夹中。

点击“开始”按钮，弹出“选择设备”对话框，如图 11.6 所示。

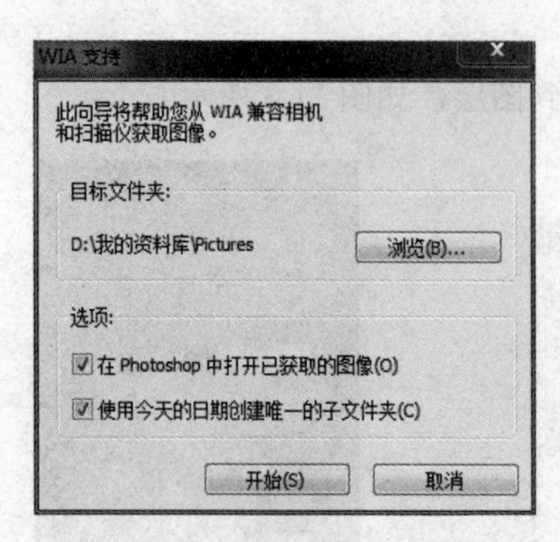

图 11.5 “WIA 支持”对话框

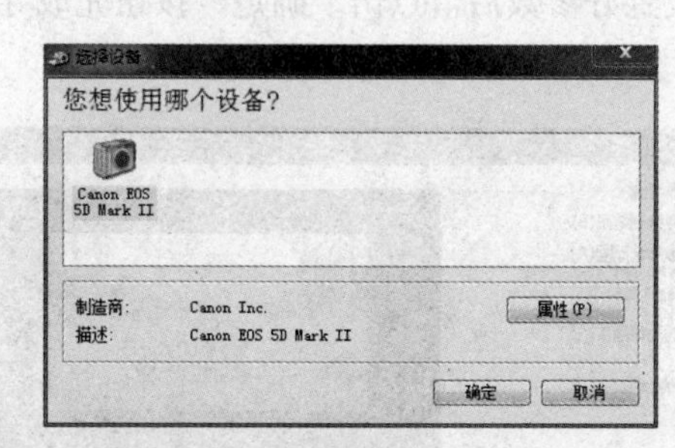

图 11.6 “选择设备”对话框

选择要导入图像的数码相机，单击“确定”按钮，读取图片信息，弹出获取图片对话框，如图 11.7 所示。

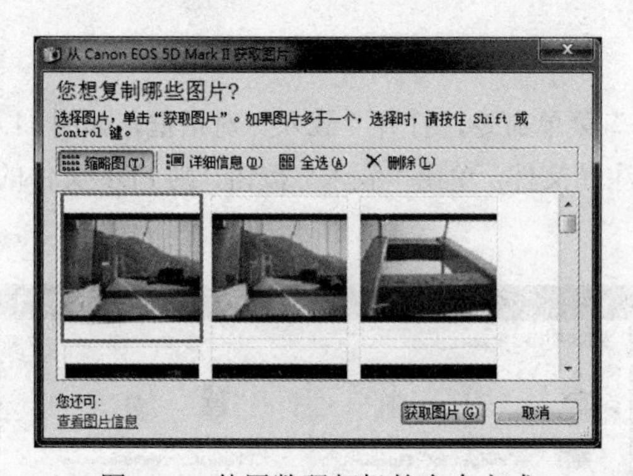

图 11.7 使用数码相机的命令方式

选择要导入的图像，单击“获取图片”按钮，即可导入图片到指定文件夹。

11.2 图像文件的导出

Photoshop 的文件导出有 4 种命令方式，如图 11.8 所示。下面将对各种命令方式逐一介绍。

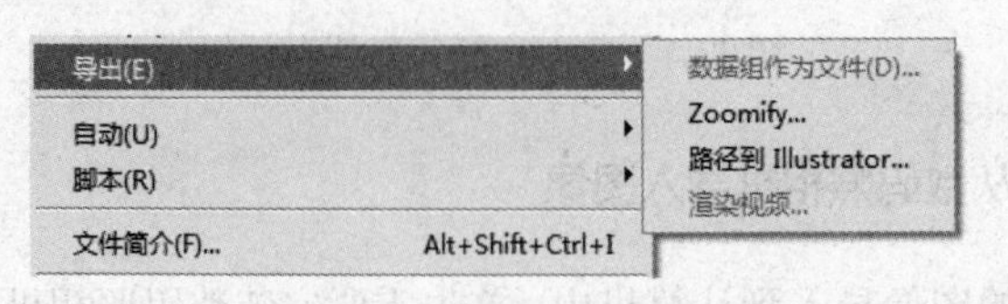

图 11.8 导出命令方式

11.2.1　数据组作为文件

Photoshop CS6 在定义变量及一个或多个数据组后，可按批处理模式使用数据组导出图像，将图像导出为 PSD 文件。具体导出步骤如下：

（1）执行“文件/导出/数据组作为文件”命令。

（2）为生成的所有文件输入基本名称。

（3）单击“选取”按钮，为文件选择一个目标目录。

（4）选取要导出的数据组。

（5）在“存储为”文本框中选取一种导出格式，并设置与格式相关的导出参数。

（6）单击“确定”按钮则完成了图像导出的全过程。

11.2.2　Zoomify

执行“文件/导出/Zoomify”菜单命令，打开如图 11.9 所示的“Zoomify”对话框，在该框中包括模板选择、输出位置选择、图像拼贴选项、品质、浏览器选项等，可以根据对图像存储的具体要求进行设置。

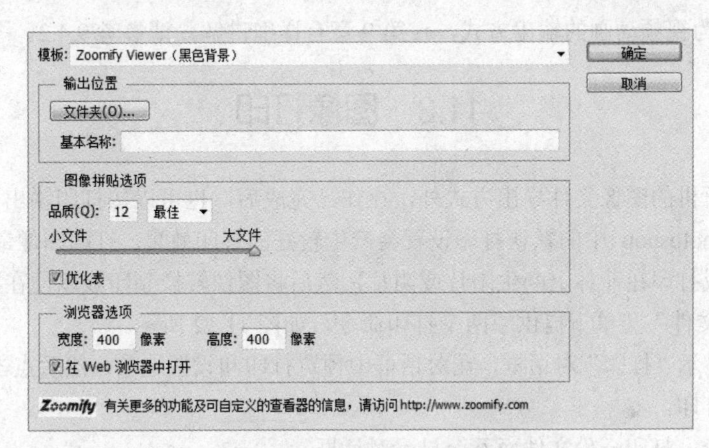

图 11.9　“Zoomify”对话框

11.2.3　路径到 Illustrator

Photoshop 的另一个导出命令为“文件/导出/路径到 Illustrator”。执行该命令后，“导出路径到文件”对话框被打开，如图 11.10 所示。

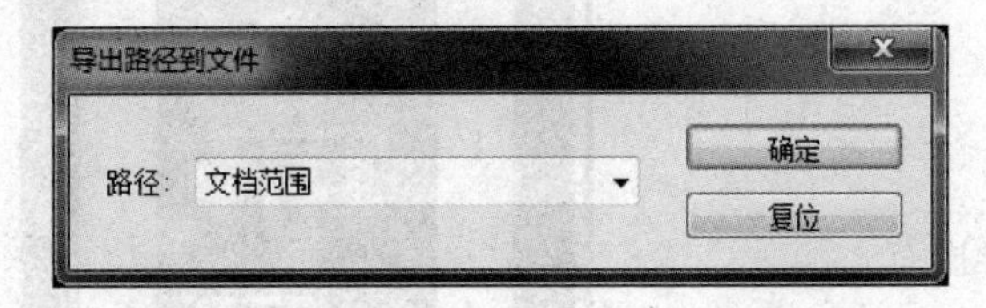

图 11.10　“导出路径到文件”对话框

选择要输出的路径后，单击“确定”按钮，弹出“选择存储路径的文件名”对话框，如图 11.11 所示。在“文件名”文本框中输入将导出的文件名称，单击“保存”按钮，则该图像被输出为 Adobe Illustrator 文件。

图 11.11 “选择存储路径的文件名”对话框

11.2.4 渲染视频

“渲染视频”为视频动画的输出方式，在第 9 章有详细讲解，请参考 9.4.2。

11.3 图像打印

除了上一节所讲的图像文件导出方式外，在作品完成后，也可以按打印输出的方式出版发表。大多数情况下，Photoshop 中的默认打印设置会产生较好的打印效果。打印图像最常用的方法是将图像打印在纸上或打印在菲林上产生阳片或阴片，然后将图像转换到印版以便在印刷机上印刷。

Photoshop“文件”菜单下提供了两个打印命令，如图 11.12 所示。

- 打印：显示“打印”对话框，在对话框中预览打印和设置选项，然后点击“打印”按钮即可完成打印。
- 打印一份：打印一份文件而不会显示对话框。

执行“文件/打印”菜单命令，打开“打印设置”对话框，如图 11.13 所示。

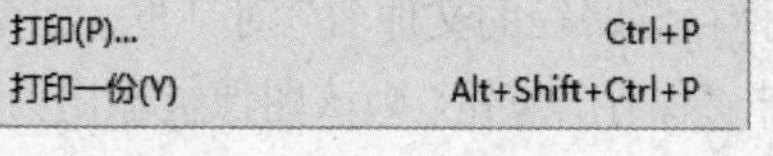

图 11.12 “打印”菜单命令

图 11.13 “打印设置”对话框

11.3.1　打印机设置

打印机设置项目组下，可进行页面设置，即进行纸张大小、打印质量等设定。点击“打印设置”按钮，打开如图 11.14 所示的“打印设置”对话框，包含高级、纸张/质量、效果、完成、服务等打印选项。

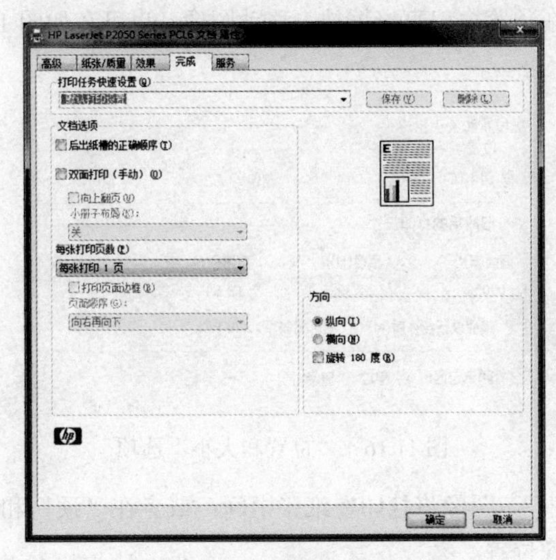

图 11.14　“打印设置”对话框

- 纸张/质量：打开“尺寸”下拉列表，根据自己所用的纸张类型从中选择一种对应的纸张类型。打开“来源”下拉列表，选择一种进纸方式，一般为“自动选择”。打开“类型”下拉列表，选择打印纸张的类型。
- 效果：可以调整打印的尺寸，设置水印效果。
- 完成：设置打印方向、打印份数、单/双面、打印边框、打印顺序等。

11.3.2　色彩管理

打印时可以选择不同的色彩管理模式来输出打印文件。

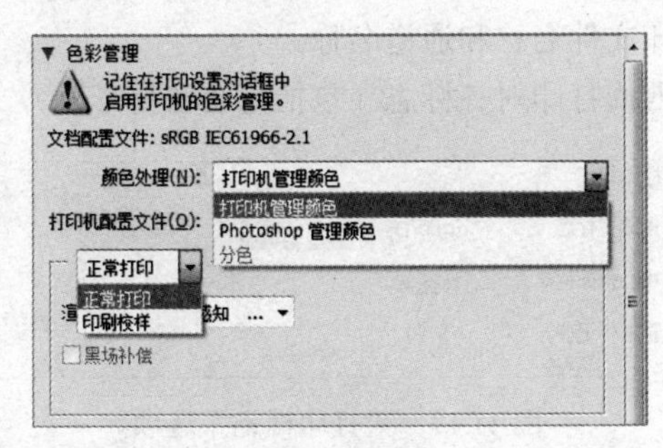

图 11.15　“色彩管理”选项

- 颜色处理：打印机管理颜色，由打印机决定打印颜色；Photoshop 管理颜色，由 Photoshop 决定打印颜色；分色，将每个颜色通道作为单独一页打印。
- 一般情况下选择“正常打印”，如果对色彩还原的要求比较高，则选择“印刷校样”。
- 渲染方法：指定 Photoshop 如何将颜色转换为目标色彩。

- 黑场补偿：在色域之间转换时，通过模拟输出设备的全部动态范围来保留图像中的阴影细节。

11.3.3 位置和大小

设置打印大小及其在页面上的位置。在打印窗口中调整的文件尺寸与图像实际尺寸无关，只是控制打印文件的尺寸。可在预览窗口直接缩放、移动图像，也可在如图 11.16 所示的对话框中进行参数的设置。

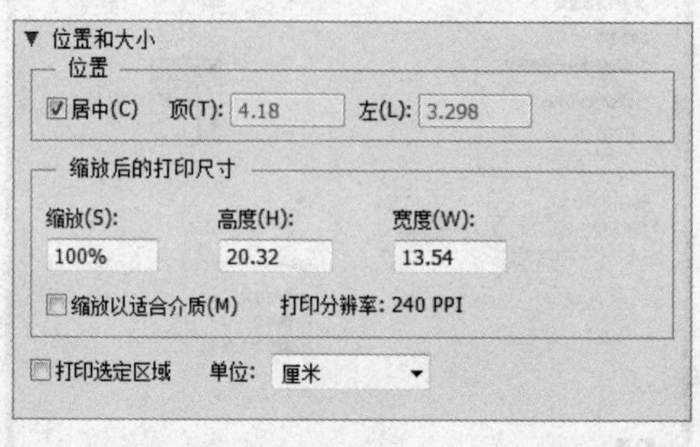

图 11.16 “位置和大小”选项

- 位置：勾选“居中”，图像将打印在纸张中间；或者在“顶”和“左”文本框内输入相应的参数来确定图像位置。
- 缩放后的打印尺寸：在缩放、高度、宽度窗口输入参数确定打印尺寸；勾选“缩放以适合介质”，可使图像打印尺寸符合打印纸张尺寸。

11.3.4 打印标记

设置与图像一起在页面显示的打印机标记，如图 11.17 所示。

- 角裁剪标志：可在图像四个角上打印出四角裁剪线，以便对准图像 4 个角落。
- 说明：可将用“文件/文件简介”菜单命令打开的文件简介对话框中输入的题注文本打印出来。
- 中心裁剪标志：在图像四周中心位置打印出中心裁剪线，以便对准图像中心。
- 标签：在图像上打印文件名称和通道名称。
- 套准标记：在图像四周打印对齐标志（包括靶心和星形靶），要用于对齐分色和双色调。

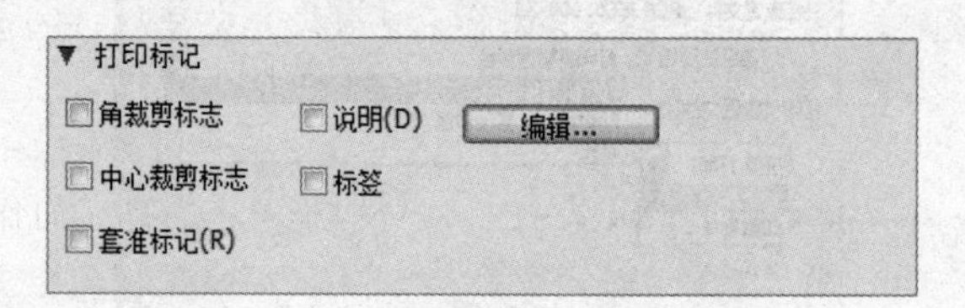

图 11.17 “打印标记”选项

11.3.5 函数

设置图像打印外观，常用于打印菲林、胶片，如图 11.18 所示。

- 药膜朝下：用于配合输出设备的设计。若感光乳剂朝下，也就是说当菲林或相纸上的感光层背对着用户时文字可读，则必须选中此选项，将图像左右反转。通常，打印在纸上的图像是药膜朝上打印的，感光层面对着用户时文字可读，则不要选中此项。打印在菲林上的图像通常采用药膜朝下，则需要选中此项。

图 11.18　“函数”选项

- 负片：打印图像的负相。与“图像/反相”菜单命令不同，选中“负片”是在打印时产生负相图像而不是将屏幕上显示的图像转换为阴片。尽管在许多国家使用阳片菲林很普遍，但是如果直接将分色打印到菲林，可能是想得到阴片。如果是打印到纸张上，则采用阳片打印，即不要选中此项。
- 背景：单击此按钮打开“拾色器”对话框，从中选择打印在页面之内图像内容之外区域的颜色。例如，打印到菲林记录器的幻灯片可能需要黑色或彩色背景。此按钮仅是一个打印选项，指定的颜色不会对图像自身产生任何影响。
- 边界：单击此按钮，在宽度文本框中可键入数值设定边框的宽度，单位可以选择点、厘米或毫米。此对话框用于指定在打印的图像周围加上边框，而对当前屏幕显示的图像无影响。
- 出血：在图像内而不是图像外打印裁切标记。当想在图形内裁切图像时，使用此选项可以在文本框中设定打印图像的出血宽度，即变化范围。

11.3.6　PostScript 选项

仅在链接 PostScript 设备或打印 PDF 文件时可用。用于设置印刷校准条、差值等。在“打印设置”对话框中设置完毕后，单击“确定”按钮，Photoshop 就开始进行打印了。

利用 Photoshop 的导入功能，通过连接支持 TWAIN_32 界面的扫描仪、数码照相机和其他输入设备，很容易地将一些来自大自然的风景或其他图像导入计算机作为图像的来源，也可以导入变量数据组到计算机作为图像的来源。使用 Photoshop 对图像进行加工处理之后，可以制作出形象逼真的艺术图像，利用 Photoshop 的导出功能可以将作品保存或打印输出。

Photoshop 中的“文件/导入”菜单命令可以将图像资源导入计算机用于编辑和处理。变量数据组命令可以导入文本文件数据。Photoshop 对 TWAIN 接口提供了全面支持，可以利用 Photoshop 方便地连接具有 TWAIN_32 接口的扫描仪、数码照相机等设备，将它们作为图像导入计算机的来源。要将数码照相机中的图像导入到计算机中，需要安装数码照相机的驱动程序，并用数据线与计算机相连，当确认已经正常连接计算机后，就可进行导入图像的过程。

Photoshop 的文件导出有 4 种命令方式，即导出数据组为文件、导出 Zoomify、导出路径到 Illustrator 和渲染视频。

大多数情况下，Photoshop 中的默认打印设置会产生较好的打印效果。打印图像最常用的方法是将图像打印在纸上或打印在菲林上产生阳片或阴片，然后将图像转换到印版以便在印刷机上印刷。

一、选择题（每题可能有多项选择）

1．若一幅图像在扫描时放反了方向，使图像头朝下了则应该（　　）。

A．将扫描后图像在软件中垂直翻转一下　　B．将扫描后图像在软件中旋转 180 度

C．重扫一遍　　D．以上都不对

2．导出分辨率与图像分辨率的关系是（　　）。

A．打印分辨率一定大于图像分辨率

B．打印分辨率一定小于图像分辨率

C．打印分辨率一定等于图像分辨率

D．打印分辨率的单位是 dpi，而图像分辨率的单位是 ppi

3．下列哪种格式可以通过“导出”而不是通过“存储”来创建的？（　　）

A．JPEG　　B．GIF　　C．AI　　D．TIFF

二、简答题

1．在 Photoshop CS6 中，如何通过输入设备导入图像？

2．简单介绍“打印设置”对话框中各选项的作用。

三、操作题

1．在 A4 纸上居中打印一个 16 开的个人简历封面。

2．将数码相机中的一组照片导入到 Photoshop 中。

附录　部分习题答案

习题一

一、选择题

1. C　2. CD　3. D　4. A　5. C　6. ABC

二、填空题

1. 4　2. 文件大小　3. 256　4. 色彩　5. 灰度

习题二

一、选择题

1. A　2. ABD　3. C　4. ABC　5. BD　6. AD

7. A　8. CD

二、填空题

1. 1600　2. 导航器调板

3. 黄色　4. lab 模式和多通道模式

5. 色彩平衡

习题三

一、选择题

1. C　2. B　3. C　4. B　5. C　6. A

7. C　8. A　9. A　10. ABC　11. ACD　12. BCD

13. ABC　14. ACD

二、填空题

1. 仿制图章、图案图章

2. 线性渐变、径向渐变、角度渐变、对称渐变、菱形渐变

3. 涂抹　4. 切片

5.“图层/文字/转换为段落文本”

三、判断题

1. ×　2. √　3. √　4. ×　5. ×　6. √　7. √

习题四

一、选择题

1. A　2. AB　3. AC　4. C　5. C　6. ACD

二、填空题

1．Contrast（边缘对比度）　2．Fuzziness（颜色容差）

3．20　4．Alt+Shift

5．边界、平滑、扩展、收缩

三、判断题

1．√　2．×　3．√　4．×　5．×　6．√

习题五

一、选择题

1．A　2．C　3．D　4．D　5．C　6．D

7．ABC

二、填空题

1．图层剪贴路径、图层剪贴路径

2．钢笔工具、自由钢笔工具、添加锚点工具、删除锚点工具、转换点工具

3．图层蒙版、通道蒙版、矢量蒙版

4．普通图层、调整图层、背景图层、文本图层、填充图层、形状图层

5．阴影、发光、斜面、浮雕　6．图层样式、位置、可见性

三、判断题

1．√　2．×　3．√　4．×　5．√　6．×

习题六

一、选择题

1．C　2．C　3．C　4．D　5．D

习题七

一、选择题

1．C　2．D　3．C　4．C

二、判断题

1．×　2．×　3．√　4．×　5．×

习题八

一、选择题

1．B　2．A　3．C　4．A　5．C

二、填空题

1．细节、立体感　2．干画笔、对比度

3．8　4．越多　5．氖光

习题九

一、选择题

1. B　　2. AD　　3. C

二、填空题

1. GIF、PSD、视频　　2. 每秒的帧数（fps）

3. 选择第一帧、选择上一帧、播放动画、选择下一帧按钮

习题十

一、选择题

1. B　　2. C　　3. ABD

二、填空题

1. 网格、材质、光源、相机、环境

2. 旋转、滚动、平移、滑动、缩放 3D 对象

3. 无限光、点光、聚光灯

习题十一

一、选择题

1. B　　2. D　　3. C